现代物理基础丛书·典藏版

量子光学导论

（第 二 版）

谭维翰 著

科学出版社

北京

内 容 简 介

本书从光与物质相互作用的经典与量子特性以及最新的实验与理论的研究成果出发, 系统介绍这门新学科(相对于经典光学而言)即量子光学的建立和发展. 内容共 8 章, 前三章为光场与介质相互作用的半经典与光量子理论, 是全书的预备知识. 4~7 章为量子光学的主体, 含激光振荡、光的相干性、场的相关函数表示、光的相干态、P 表象、光场二阶相关函数、群聚与反群聚、EPR 悖论、Bell 不等式、光的纠缠态、压缩态, 还有共振荧光、激光偏转原子束等. 第 8 章为光学参量下转换的动力学及其应用.

本书可供高等院校物理与激光专业的本科生和相关专业的研究生阅读, 也可供从事基础理论研究和应用的科研人员参考.

图书在版编目 (CIP) 数据

量子光学导论/谭维翰著. — 2 版. —北京: 科学出版社, 2012
(现代物理基础丛书·典藏版)
ISBN 978-7-03-033976-8

I. ①量… II. ①谭… III. ①量子光学 IV. ①O431.2

中国版本图书馆 CIP 数据核字(2012) 第 060135 号

责任编辑: 刘凤娟/责任校对: 张怡君
责任印制: 吴兆东/封面设计: 陈 敬

科 学 出 版 社 出版
北京东黄城根北街 16 号
邮政编码: 100717
http://www.sciencep.com

北京中石油彩色印刷有限责任公司印刷
科学出版社发行 各地新华书店经销
*
2009 年 1 月第一版 开本: B5(720 × 1000)
2012 年 5 月第二版 印张: 26 1/4
2025 年 2 月印 刷 字数: 509 000
定价: 138.00 元
(如有印装质量问题, 我社负责调换)

第二版前言

本书第二版对第一版进行了修订和充实. 第 2、5~8 章内容均有所增加, 但总的结构没有变. 第 2 章增加了光脉冲自聚的多焦点现象, 光束传输的 $ABCD$ 定理以及光脉冲的 "超光速传输". 第 6 章增加的 6.4.2 节 "不取旋波近似情形二能级原子的共振荧光谱" 是参照了刘仁红同志的文章写成的. 第 7 章增加的 7.8 节 "原子的玻色–爱因斯坦凝聚" 是参照闫珂柱教授的论文写成的. 第 2、5、8 章增加的内容, 部分参照了赵超樱、郭奇志等同志的相关研究.

最后借此机会感谢李师群教授对编写本书的关心与支持.

谭维翰

上海大学宝山校区

2011 年 8 月

第一版前言

　　1960 年激光出现以前, 光学处理的主要是经典的如光的干涉、衍射以及几何光学的成像等问题. 理论基础是几何光学、波动光学, 主要体现在 Maxwell 方程. 有关黑体辐射的量子理论一般放在原子物理中. 到激光出现后, 为了弄清楚激光产生的物理过程, 要用量子力学方法处理原子能级间的跃迁, 而光仍然用经典方法进行描述. 于是半经典理论诞生了. 这个理论很有用处, 几乎大部分激光物理, 非线性光学现象均能得到解释. 唯有涉及光的基本性质, 特别是光的相干统计性质与量子起伏, 已超出了半经典理论的范畴, 需要对光场也进行量子化, 即所谓全量子理论. 于是量子光学的研究引起了人们的注意. 其实很早 (1949)Hanbury-Brown 与 Twiss 的强度干涉实验就是典型的量子光学实验. 所用的光子符合计数正是现在量子光学实验最为常用的测量方法. 在激光出现后的几年, 理论及实验研究上最为重要的是光相干态表述 (Glauber,1964) 以及对激光统计分布的测量 (Areechi,1966). 再后来便是压缩态、纠缠态光的实验以及有关基础物理、量子信息的前沿研究. 一般将量子光学看成光学的一个分支. 但与其他分支不同的是, 它是基础理论, 也是一种处理和研究问题的方法, 是渗透到各个光学分支的. 主要体现为 Langevin 方程、密度矩阵 (density matrix) 方程以及 Fokker-Planck 方程. 与前面的半经典理论 M+S(Maxwell + Schrödinger 方程) 相比, 现在的全量子理论便应是 L+D+F 了. 将后者与前者相比, 除了全量子外, 作为研究对象主要是含损耗的开放体系. 本书的主要目的是介绍这个理论的基础, 并涉及它的应用. 在取材方面, 则是以作者多年在教学与科研方面的积累, 经多次整理删节而成, 也部分包含了作者及其合作者的一些工作. 内容共 8 章, 大体可分为三部分. ① 前三章为光与介质相互作用的半经典与光量子理论、二能级原子的密度矩阵求解及原子的缀饰态, 是全书的预备知识. ② 第 4~7 章为量子光学的主体. 第 4 章激光振荡为量子光学早期工作, 含热库模型引入、描述激光的 Langevin 方程及激光的统计分布等. 第 5 章为量子光学的核心内容, 含光的相干性、场的相关函数表示, 特别是光的相干态、P 表象、光场的二阶相关函数、群聚与反群聚、鬼态干涉、EPR 悖论、Bell 不等式、光的纠缠态, 还有压缩态等. 第 6 章为量子光学方法在共振荧光与吸收的应用, 包括 Mollow 共振荧光理论、JC 模型, 含二能级原子腔的透过率谱. 第 7 章为激光偏转原子束, 从激光偏转原子开始到光学粘胶, 到 Bose-Einstein 凝聚 (BEC), 为应用量子光学方法的进一步发展. ③ 第 8 章光学参量下转换的动力学及其应用, 这是量子光学在参量下转换产生光的纠缠态的具体应用, 也涉及一些前沿课题.

　　由于作者水平有限, 书中有差错与疏漏之处, 请读者批评指正, 作者将十分感谢.

　　第 8 章原稿由赵超樱仔细校阅. 这一章较多参照她的相关研究工作, 并进行了修订. 在本书成书过程中, 得到郭奇志老师以及方伟、彭新俊等同志的支持与帮助, 作者表示衷心感谢!

谭维翰

上海大学宝山校区

2008 年 5 月

目　　录

第 1 章　光与非线性介质相互作用的经典
与量子理论

光波在非线性介质中的传播、通过非线性介质的波波相互作用及非线性介质极化率计算, 均属非线性光学研究的重要内容 [1~3]. 本章, 首先讨论在给定非线性极化率情况下的波波耦合问题, 着重讨论三波耦合及四波耦合, 其中涉及了很多我们所关心的非线性光学现象. 理论基础是 Maxwell 方程, 属经典理论; 其次讨论非线性介质的极化率计算, 理论基础是 Maxwell 方程与 Schrödinger 方程, 属半经典理论. 最后简要讨论粒子表象、场的量子化规则、原子辐射的线宽与能级移位等.

1.1　非线性相互作用的经典理论

1.1.1　电磁波在非线性介质中的传播

我们从电磁波传播所满足的 Maxwell 方程出发 (Gauss 单位 $\epsilon_0 = \mu_0 = 1$)

$$\nabla \cdot \boldsymbol{D} = 4\pi \rho$$
$$\nabla \cdot \boldsymbol{B} = 0 \tag{1.1.1}$$

$$\nabla \times \boldsymbol{E} = -\frac{1}{c}\frac{\partial \boldsymbol{B}}{\partial t}$$
$$\nabla \times \boldsymbol{H} = \frac{1}{c}\frac{\partial \boldsymbol{D}}{\partial t} + \frac{4\pi}{c}\boldsymbol{J} \tag{1.1.2}$$

式中, ρ、$\boldsymbol{J}$ 分别为自由电荷密度、自由电流密度, $\boldsymbol{E}$、$\boldsymbol{H}$ 分别为电场强度、磁场强度, $\boldsymbol{B}$ 为磁感应强度, $\boldsymbol{D}$ 为电位移. Maxwell 方程组是描述电磁波在介质包括非线性介质中传播和相互作用的基础. 在非线性光学介质中通常遇到的情形是自由电荷密度 ρ, 自由电流密度 $\boldsymbol{J}$ 均为 0, 而且介质是非磁性的 $\boldsymbol{B} = \boldsymbol{H}$. 电位移 $\boldsymbol{D}$ 可通过电场强度 $\boldsymbol{E}$ 与极化矢量 $\boldsymbol{P}$ 表示出来, 故有

$$\nabla \cdot \boldsymbol{D} = \nabla \cdot \boldsymbol{H} = 0$$

$$\nabla \times \boldsymbol{E} = -\frac{1}{c}\frac{\partial \boldsymbol{H}}{\partial t}$$

$$\nabla \times \boldsymbol{H} = \frac{1}{c}\frac{\partial \boldsymbol{D}}{\partial t} \tag{1.1.3}$$

$$D = E + 4\pi P \tag{1.1.4}$$

非线性光学介质的性质, 主要从 (1.1.4) 式中的极化矢量 P 体现出来. 如果略去 P, 即略去感生极化对电磁波传播的影响, 便得到真空中的传播方程

$$\nabla \times E = -\frac{1}{c}\frac{\partial H}{\partial t}$$
$$\nabla \times H = \frac{1}{c}\frac{\partial E}{\partial t} \tag{1.1.5}$$

或者用二分量表示 $u = \begin{pmatrix} E \\ H \end{pmatrix}$, 则 (1.1.5) 式可写为

$$\frac{1}{c}\frac{\partial}{\partial t}\begin{pmatrix} E \\ H \end{pmatrix} + \begin{pmatrix} 0 & -1 \\ 1 & 0 \end{pmatrix}\nabla \times \begin{pmatrix} E \\ H \end{pmatrix} = 0 \tag{1.1.6}$$

由此易于得出 $\begin{pmatrix} E \\ H \end{pmatrix}$ 的二阶波动方程

$$\frac{1}{c}\frac{\partial^2}{\partial t^2}\begin{pmatrix} E \\ H \end{pmatrix} = \begin{pmatrix} -1 & 0 \\ 0 & -1 \end{pmatrix}\nabla \times \nabla \times \begin{pmatrix} E \\ H \end{pmatrix} \tag{1.1.7}$$

如果考虑到极化矢量 P 的影响, 则 (1.1.6) 式应写为

$$\frac{1}{c}\frac{\partial}{\partial t}\begin{pmatrix} E \\ H \end{pmatrix} + \begin{pmatrix} 0 & -1 \\ 1 & 0 \end{pmatrix}\nabla \times \begin{pmatrix} E \\ H \end{pmatrix} = -\frac{4\pi}{c}\frac{\partial}{\partial t}\begin{pmatrix} P \\ 0 \end{pmatrix} \tag{1.1.8}$$

从波动方程 (1.1.8) 消去 H 分量, 便得 E 分量的含非线性耦合项 P 的传播方程即

$$\nabla \times \nabla \times E + \frac{1}{c^2}\frac{\partial^2}{\partial t^2}E = -\frac{4\pi}{c^2}\frac{\partial^2}{\partial t^2}P \tag{1.1.9}$$

现将极化强度 P 写成线性部分 $P^{(1)}(\propto E)$ 与非线性部分 P^{NL} 之和, 并令

$$E + 4\pi P^{(1)} = \breve{\epsilon} \cdot E \tag{1.1.10}$$

式中, $\breve{\epsilon}$ 为并矢. 如果介质为各向同性的, 则并矢 $\breve{\epsilon}$ 可写为标量 ϵ, (1.1.10) 式可用下式代替:

$$E + 4\pi P^{(1)} = \epsilon E \tag{1.1.11}$$

于是 (1.1.9) 式可写为

$$\nabla \times \nabla \times E + \frac{\epsilon}{c^2}\frac{\partial^2}{\partial t^2}E = -\frac{4\pi}{c^2}\frac{\partial^2}{\partial t^2}P^{\mathrm{NL}} \tag{1.1.12}$$

式中, 右边为波动方程的驱动项, 即介质对场响应的非线性部分, 而线性部分已包括在左边电介质系数 ϵ 中, $\epsilon = n^2$, $n = n' + \mathrm{i}n''$. 而 n'、$\alpha = 2n''\omega/c$ 分别为波在介质中传播的折射率与吸收系数. 一般来说, 电介函数 ϵ 是场 $E(\boldsymbol{r}, t)$ 的振动频率的函数. 故 (1.1.11) 式和 (1.1.12) 式中的 ϵ 应理解为作用于振动 $\boldsymbol{E}(\boldsymbol{r}, t)$ 的算子 $\epsilon\left(\mathrm{i}\dfrac{\partial}{\partial t}\right)$, 若 $\boldsymbol{E}(\boldsymbol{r}, t)$ 可表示为主振动 $\mathrm{e}^{-\mathrm{i}\omega t}$ 与慢变振幅 $\mathcal{E}(\boldsymbol{r}, t)$ 之积, 即 $\boldsymbol{E}(\boldsymbol{r}, t) = \mathcal{E}(r, t)\mathrm{e}^{-\mathrm{i}\omega t}$, 则有 $\epsilon\left(\mathrm{i}\dfrac{\partial}{\partial t}\right)\boldsymbol{E}(\boldsymbol{r}, t) \simeq \epsilon(\omega)\boldsymbol{E}(\boldsymbol{r}, t)$. 由于 $\nabla \times \nabla \times \boldsymbol{E} = \nabla(\nabla \cdot \boldsymbol{E}) - \nabla^2\boldsymbol{E}$, 对于各向同性介质, $\nabla \cdot \boldsymbol{E} = \dfrac{1}{\epsilon}\nabla \cdot \boldsymbol{D} = 0$, 在一般情形下, 前一项 $\nabla(\nabla \cdot \boldsymbol{E})$ 的贡献很小, 可以略去. 于是 (1.1.12) 式可写为

$$\nabla^2 \boldsymbol{E} - \frac{\epsilon}{c^2}\frac{\partial^2}{\partial t^2}\boldsymbol{E} = \frac{4\pi}{c^2}\frac{\partial^2}{\partial t^2}\boldsymbol{P}^{\mathrm{NL}} \tag{1.1.13}$$

为便于表现波波相互作用, 将波动方程 (1.1.13) 按波数 k_n、频率 ω_n 作慢变振幅展开

$$\begin{aligned}
\boldsymbol{E} &= \sideset{}{'}\sum_n \boldsymbol{E}_n\mathrm{e}^{-\mathrm{i}\omega_n t} + \mathrm{c.c.}\\
&= \sideset{}{'}\sum_n \boldsymbol{A}_n(\boldsymbol{r}, t)\mathrm{e}^{-\mathrm{i}(\omega_n t - \boldsymbol{k}_n \cdot \boldsymbol{r})} + \mathrm{c.c.}
\end{aligned} \tag{1.1.14}$$

式中, 左端和式 $\sum{}'$ 上的一撇表示只对正频求和; 没有一撇表示对正、负频求和, 即

$$\boldsymbol{P}^{\mathrm{NL}} = \sideset{}{'}\sum_n \boldsymbol{P}_n(\boldsymbol{r}, t)\mathrm{e}^{-\mathrm{i}\omega_n t} \tag{1.1.15}$$

$$-k_n^2 + \frac{\epsilon(\omega_n)}{c^2}\omega_n^2 = 0 \tag{1.1.16}$$

注意因子 $\exp[-\mathrm{i}(\omega_n t - \boldsymbol{k}_n \cdot \boldsymbol{r})]$ 虽代表平面波, 但 $\boldsymbol{A}_n(\boldsymbol{r}, t)$ 为 $(\boldsymbol{r}, t)$ 的慢变函数, $\boldsymbol{P}_n(\boldsymbol{r}, t)$ 为 t 的慢变函数, 故 $\boldsymbol{E}$、$\boldsymbol{P}$ 展开的每一项均可偏离于平面波. 将 (1.1.14) 式和 (1.1.15) 式代入 (1.1.13) 式, 并注意到色散关系 (1.1.16) 式及慢变近似 $\dfrac{\partial^2}{\partial t^2}\boldsymbol{A}_n \simeq 0$, $\nabla^2\boldsymbol{A}_n \simeq 0$, $\dfrac{\partial^2}{\partial t^2}\boldsymbol{P}_n \simeq 0$, $\dfrac{\partial}{\partial t}\boldsymbol{P}_n \simeq 0$ 等, 得

$$\begin{aligned}
\left(\frac{\partial}{\partial t}\boldsymbol{A}_n + v_n\frac{\boldsymbol{k}_n}{k_n} \cdot \nabla\boldsymbol{A}_n\right)\mathrm{e}^{\mathrm{i}\boldsymbol{k}_n \cdot \boldsymbol{r}} &= \frac{\mathrm{i}2\pi\omega_n}{\epsilon(\omega_n)}\boldsymbol{P}_n(\omega_n)\\
v_n &= \frac{c}{\sqrt{\epsilon(\omega_n)}}
\end{aligned} \tag{1.1.17}$$

非线性极化 $\boldsymbol{P}^{\mathrm{NL}}$ 的展开可写为

$$\boldsymbol{P}_n = \boldsymbol{P}_n^{(2)} + \boldsymbol{P}_n^{(3)} + \cdots \tag{1.1.18}$$

$\boldsymbol{P}_n^{(2)}$, $\boldsymbol{P}_n^{(3)}$, · · · 分别为二波, 三波, · · · 展开项, 其分量为 $(\boldsymbol{E}_n, \boldsymbol{P}_n^{(2)}, \boldsymbol{P}_n^{(3)}, \cdots$ 均依赖于 $\boldsymbol{r}$, 下面为书写方便, 不写出与 $\boldsymbol{r}$ 的依赖关系)

$$P_{ni}^{(2)}(\omega_n = \omega_p + \omega_q) = \sum_{j,k} \chi_{ijk}^{(2)}(\omega_p + \omega_q, \omega_p, \omega_q) E_j(\omega_p) E_k(\omega_q)$$

$$P_{ni}^{(3)}(\omega_n = \omega_p + \omega_q + \omega_r) = \sum_{j,k,l} \chi_{ijkl}^{(3)}(\omega_p + \omega_q + \omega_r, \omega_p, \omega_q, \omega_r) E_j(\omega_p) E_k(\omega_q) E_l(\omega_r)$$

$$(1.1.19)$$

注意 (1.1.17) 式中 $\boldsymbol{A}_n$ 也可以是其共轭项 $\boldsymbol{A}_n^*$, 相应地 $(\omega_i, \boldsymbol{k}_i)$ 用 $(-\omega_i, \boldsymbol{k}_i)$ 来代替, A_j、A_k 也是这样. (1.1.19) 式中的极化率张量 $\chi_{ijk}^{(2)}$、$\chi_{ijkl}^{(3)}$ 是唯象引进的, 如何在量子力学微扰论的基础上计算这些张量, 是下面要讨论的问题.

1.1.2　极化率张量的对称性

这节我们主要讨论二阶极化张量, 向三阶或更高阶极化张量推广是容易的. 二阶极化张量与场的各分量间的关系为

$$P_i^{(2)}(\omega_p + \omega_q) = \sum_{jk} \chi_{ijk}^{(2)}(\omega_p + \omega_q, \omega_p, \omega_q) E_j(\omega_p) E_k(\omega_q) \tag{1.1.20}$$

二阶极化张量是描述三波相互作用的, 它包括和频、倍频、差频及参量放大等过程. 当三个波的频率 ω_1、ω_2、ω_3 给定后, 通过 ω_1、ω_2、ω_3 的重排, 有 $\chi_{ijk}^{(2)}(\omega_1, \omega_2, \omega_3)$, $\chi_{ijk}^{(2)}(\omega_1, \omega_3, \omega_2)$, $\chi_{ijk}^{(2)}(\omega_2, \omega_1, \omega_3)$, · · · 六个分量, 又通过 i、j、k 的重排列, 有 $3^3 = 27$ 个分量, 还有 $\chi_{ijk}^{(2)}(-\omega_1, -\omega_2, -\omega_3), \cdots$, 又增加一倍, 故共有 $6 \times 3^3 \times 2 = 324$ 个分量, 但并非所有的这些分量都是独立的. 考虑到极化强度 P_i 及场强 E_j 均为实函数, 要求

$$P_i(-\omega_p - \omega_q) = P_i^*(\omega_p + \omega_q)$$

$$E_j(-\omega_p) = E_j^*(\omega_p), \quad E_k(-\omega_q) = E_k^*(\omega_q)$$

$$(1.1.21)$$

由 (1.1.20) 式和 (1.1.21) 式易看出

$$\chi_{ijk}^{(2)}(\omega_p + \omega_q, \omega_p, \omega_q) = \chi_{ijk}^{(2)*}(-\omega_p - \omega_q, -\omega_p, -\omega_q) \tag{1.1.22}$$

再注意到将 (1.1.20) 式中的 $\chi_{ijk}^{(2)}(\omega_p + \omega_q, \omega_p, \omega_q) E_j(\omega_p) E_k(\omega_q)$ 可写成 $\chi_{ijk}^{(2)}(\omega_p + \omega_q, \omega_p, \omega_q) E_k(\omega_q) E_j(\omega_p)$ 形式, 对 $P^{(2)}(\omega_p + \omega_q)$ 的贡献应是一样的, 应有

$$\chi_{ijk}^{(2)}(\omega_p + \omega_q, \omega_p, \omega_q) = \chi_{ikj}^{(2)}(\omega_q + \omega_p, \omega_q, \omega_p) \tag{1.1.23}$$

而且对无损介质来说, 极化率张量 $\chi_{ijk}^{(2)}$ 应是实数, 各种频率重排后, 相应的指标

(i, j, k) 也随之重排, 极化张量的值不变, 即

$$\chi_{ijk}^{(2)}(\omega_3 = \omega_1 + \omega_2) = \chi_{jki}^{(2)}(-\omega_1 = \omega_2 - \omega_3)$$

$$\chi_{ijk}^{(2)}(\omega_3 = \omega_1 + \omega_2) = \chi_{kji}^{(2)}(\omega_1 = -\omega_2 + \omega_3) \quad (1.1.24)$$

$$\chi_{ijk}^{(2)}(\omega_3 = \omega_1 + \omega_2) = \chi_{kij}^{(2)}(\omega_2 = \omega_3 - \omega_1)$$

更进一步有

$$\chi_{ijk}^{(2)}(\omega_3 = \omega_1 + \omega_2) = \chi_{jki}^{(2)}(\omega_3 = \omega_1 + \omega_2) = \chi_{kij}^{(2)}(\omega_3 = \omega_1 + \omega_2)$$

$$= \chi_{ikj}^{(2)}(\omega_3 = \omega_1 + \omega_2) = \chi_{jik}^{(2)}(\omega_3 = \omega_1 + \omega_2) = \chi_{kji}^{(2)}(\omega_3 = \omega_1 + \omega_2)$$

$$(1.1.25)$$

(1.1.25) 式一般称为 Kleiman 猜想, 只有当 ω_1、ω_2、ω_3 远小于非线性介质的共振频率时才成立. 这时极化率张量基本与频率无关.

如 Kleiman 猜想成立, 即在二阶极化率与频率 ω 无关的情形下, 实用中还常用张量缩写记号

$$d_{ijk} = \frac{1}{2} \chi_{ijk}^{(2)} \quad (1.1.26)$$

l 与 jk 间的对应关系为

$$jk: \quad 11 \quad 22 \quad 33 \quad 23, 32 \quad 31, 13 \quad 12, 21$$
$$l: \quad 1 \quad 2 \quad 3 \quad 4 \quad 5 \quad 6$$

d_{il} 有 18 个分量, 但并非全是独立的. 通过重排还有关系

$$d_{12} = d_{122} = d_{212} = d_{26}$$
$$d_{14} = d_{123} = d_{213} = d_{25} \quad (1.1.27)$$

同样可证

$$d_{16} = d_{21}, \quad d_{31} = d_{15}, \quad d_{32} = d_{24}$$
$$d_{34} = d_{23}, \quad d_{35} = d_{13}, \quad d_{36} = d_{14} \quad (1.1.28)$$

故 18 个分量中只有 10 个是独立的.

倍频与和频的极化率张量可表示为

$$\begin{pmatrix} P_x(2\omega) \\ P_y(2\omega) \\ P_z(2\omega) \end{pmatrix} = 2 \begin{pmatrix} d_{11} & \cdots & d_{16} \\ d_{21} & \cdots & d_{26} \\ d_{31} & \cdots & d_{36} \end{pmatrix} \times \begin{pmatrix} E_x(\omega)^2 \\ E_y(\omega)^2 \\ E_z(\omega)^2 \\ 2E_y(\omega)E_z(\omega) \\ 2E_x(\omega)E_z(\omega) \\ 2E_x(\omega)E_y(\omega) \end{pmatrix} \quad (1.1.29)$$

$$
\begin{pmatrix} P_x(\omega_3) \\ P_y(\omega_3) \\ P_z(\omega_3) \end{pmatrix} = 4 \begin{pmatrix} d_{11} & \cdots & d_{16} \\ d_{21} & \cdots & d_{26} \\ d_{31} & \cdots & d_{36} \end{pmatrix} \times \begin{pmatrix} E_x(\omega_1)E_x(\omega_2) \\ E_y(\omega_1)E_y(\omega_2) \\ E_z(\omega_1)E_z(\omega_2) \\ E_y(\omega_1)E_z(\omega_2) + E_z(\omega_1)E_y(\omega_2) \\ E_z(\omega_1)E_x(\omega_2) + E_x(\omega_1)E_z(\omega_2) \\ E_x(\omega_1)E_y(\omega_2) + E_y(\omega_1)E_x(\omega_2) \end{pmatrix}
$$

$$(1.1.30)$$

比较 (1.1.29) 式与 (1.1.30) 式便看出和频比倍频多了一个因子 2, 这是由于交换 ω_p、ω_q 引起的.

非线性极化张量所反映的非线性介质的空间对称性, 实际上已包含在 $\chi_{ijk}^{(2)}$ 对空间分量 i、j、k 的依赖中了. 例如, 我们考虑一晶体, 它关于 x、y 方向为对称的, 即沿 z 方向转 $90°$, 晶体将自身重合. 对于这样的晶体, 光场沿 x 方向偏振或 y 方向偏振的响应用极化分量 $\chi_{zxx}^{(2)}$ 与 $\chi_{zyy}^{(2)}$ 来表示是一样的. 总之, 晶体的各种空间对称性均反映到极化张量 $\chi_{ijk}^{(2)}$ 中来. 特别是空间反演对称, 即具有反演中心对称晶体, 可证二阶张量为 $0(\chi^{(2)} = 0)$. 以二次谐波的产生为例, 当作用于晶体的场强为 $E(t) = \varepsilon \cos \omega t$, 产生的非线性极化为

$$P(t) = \chi^{(2)} E^2(t) \tag{1.1.31}$$

现在改变 $E(t)$ 的符号, 使之为 $-E(t)$. 按反演中心特征, 感生的极化 $P(t)$ 也改变为 $-P(t)$, 于是有

$$-P(t) = \chi^{(2)}[-E(t)]^2 \tag{1.1.32}$$

比较 (1.1.31) 式与 (1.1.32) 式, 必然有 $P(t) = 0$, 即 $\chi^{(2)} = 0$.

对于非中心对称晶体, Miller 还给出经验公式 [4]

$$\frac{\chi^{(2)}(\omega_1 + \omega_2, \omega_1, \omega_2)}{\chi(\omega_1 + \omega_2)\chi(\omega_1)\chi(\omega_2)} = \frac{ma}{N^2 e^3}, \quad a = \frac{\omega_0^2}{d} \tag{1.1.33}$$

它差不多是一个常数. ω_0、d 分别为晶体的共振频率与晶格常数, 而

$$\chi = -\frac{Ne^2}{m} \frac{1}{\omega_0^2 - \omega^2 - 2i\omega\gamma} \simeq -\frac{Ne^2}{m} \frac{1}{\omega_0^2} \tag{1.1.34}$$

将 (1.1.34) 式代入 (1.1.33) 式, 并令 $N = 1/d^3$, 得

$$\chi^{(2)} = -\frac{Ne^3}{m^2} \frac{a}{\omega_0^6} = -\frac{Ne^3}{m^2} \frac{1}{\omega_0^4} \frac{1}{d} = -\frac{e^3}{m^2 \omega_0^4 d^4} \tag{1.1.35}$$

用典型参量 $\omega_0 = 1 \times 10^{16} \text{rad/s}$, $d = 3\text{Å}$, $e = 4.8 \times 10^{-10} \text{esu}$, $m = 9.1 \times 10^{-28} \text{g}$ 代入, 最后得 $|\chi^{(2)}| \simeq 3 \times 10^{-8} \text{esu}$. 这与实际测定数值的量级相近. 用同样方法可估算出

三阶极化率为

$$\chi^{(3)} \simeq \frac{Nbe^4}{m^3\omega_0^8} = \frac{e^4}{m^3\omega_0^6 d^5} \simeq 3 \times 10^{-15}\ \text{esu} \tag{1.1.36}$$

1.2 光学中的波波相互作用

1.2.1 三波耦合

对于三波相互作用, 如果满足共振条件及相位匹配条件, 则应用 (1.1.17) 式和 (1.1.19) 式, 易于导出三波相互作用方程. 事实上, 令 $n = 0, 1, 2$, 则得

$$\left(\frac{\partial}{\partial t} + v_0\frac{\boldsymbol{k}_0}{k_0}\cdot\nabla\right)A_0 = \mathrm{i}\frac{4\pi\omega_0}{\epsilon(\omega_0)}\chi^{(2)}(\omega_0,\omega_1,\omega_2)A_1A_2\mathcal{K}$$

$$\left(\frac{\partial}{\partial t} + v_1\frac{\boldsymbol{k}_1}{k_1}\cdot\nabla\right)A_1 = \mathrm{i}\frac{4\pi\omega_1}{\epsilon(\omega_1)}\chi^{(2)}(\omega_1,\omega_0,-\omega_2)A_0A_2^* \tag{1.2.1}$$

$$\left(\frac{\partial}{\partial t} + v_2\frac{\boldsymbol{k}_2}{k_2}\cdot\nabla\right)A_2 = \mathrm{i}\frac{4\pi\omega_2}{\epsilon(\omega_2)}\chi^{(2)}(\omega_2,\omega_0,-\omega_1)A_0A_1^*$$

当 $\omega_1 \neq \omega_2$ 时, $\mathcal{K} = 1$; 当 $\omega_1 = \omega_2$ 时, $\mathcal{K} = 1/2$, 理由在推导 (1.1.29) 式和 (1.1.30) 式时已提过. 如 $A_0 \sim A_2$ 不明显地依赖于时间 t, 且 $\frac{\boldsymbol{k}_i}{k_i}\cdot\nabla = \frac{\mathrm{d}}{\mathrm{d}x}$, $i = 0 \sim 2$, 当相位不完全匹配, 并引进参数 $\tilde{\beta}_0$、$\tilde{\beta}_1$、$\tilde{\beta}_2$ 时, 则三波耦合方程可由 (1.2.1) 式写为

$$\frac{\mathrm{d}A_0}{\mathrm{d}x} = \mathrm{i}\tilde{\beta}_0 A_1A_2\mathrm{e}^{-\mathrm{i}\Delta kx}, \quad \tilde{\beta}_0 = \frac{4\pi\omega_0}{\epsilon(\omega_0)v_0}\chi^{(2)}(\omega_0,\omega_1,\omega_2)\mathcal{K}$$

$$\frac{\mathrm{d}A_1}{\mathrm{d}x} = \mathrm{i}\tilde{\beta}_1 A_0A_2^*\mathrm{e}^{\mathrm{i}\Delta kx}, \quad \tilde{\beta}_1 = \frac{4\pi\omega_1}{\epsilon(\omega_1)v_1}\chi^{(2)}(\omega_1,\omega_0,-\omega_2) \tag{1.2.2}$$

$$\frac{\mathrm{d}A_2}{\mathrm{d}x} = \mathrm{i}\tilde{\beta}_2 A_0A_1^*\mathrm{e}^{\mathrm{i}\Delta kx}, \quad \tilde{\beta}_2 = \frac{4\pi\omega_2}{\epsilon(\omega_2)v_2}\chi^{(2)}(\omega_2,\omega_0,-\omega_1)$$

式中, $\Delta k = k_0 - k_1 - k_2$. 因子 $\mathrm{e}^{-\mathrm{i}\Delta kx}$、$\mathrm{e}^{\mathrm{i}\Delta kx}$ 是考虑到相位不完全匹配而引进的. 形如 (1.2.2) 式的三波耦合方程, 包括了非线性光学和频 ($\omega_0 = \omega_1 + \omega_2$)、倍频 ($\omega_0 = \omega_1 + \omega_1$)、差频 ($\omega_0 = \omega_1 - \omega_2$). 作变换

$$\frac{A_i\mathrm{e}^{-\mathrm{i}\Delta kx}}{\tilde{\beta}_i^{1/2}} \Rightarrow C_i, \quad i = 0, 1, 2 \tag{1.2.3}$$

并令

$$\zeta = x\sqrt{\tilde{\beta}_0\tilde{\beta}_1\tilde{\beta}_2}, \quad \Delta s = \frac{\Delta k}{\sqrt{\tilde{\beta}_0\tilde{\beta}_1\tilde{\beta}_2}} \tag{1.2.4}$$

则 (1.2.2) 式可化为

$$\left(\frac{\mathrm{d}}{\mathrm{d}\zeta} + \mathrm{i}\Delta s\right)C_0 = \mathrm{i}C_1C_2$$

$$\left(\frac{\mathrm{d}}{\mathrm{d}\zeta} + \mathrm{i}\Delta s\right) C_1 = \mathrm{i} C_0 C_2^*   \tag{1.2.5}$$

$$\left(\frac{\mathrm{d}}{\mathrm{d}\zeta} + \mathrm{i}\Delta s\right) C_2 = \mathrm{i} C_0 C_1^*$$

令 $C_i = |C_i|\mathrm{e}^{\mathrm{i}\theta_i}$, $\theta = \theta_0 - \theta_1 - \theta_2$, 则 (1.2.5) 式的实部与虚部为

$$\frac{\mathrm{d}|C_0|}{\mathrm{d}\zeta} = |C_1||C_2|\sin\theta$$

$$\frac{\mathrm{d}|C_1|}{\mathrm{d}\zeta} = -|C_0||C_2|\sin\theta$$

$$\frac{\mathrm{d}|C_2|}{\mathrm{d}\zeta} = -|C_0||C_1|\sin\theta   \tag{1.2.6}$$

$$\frac{\mathrm{d}\theta}{\mathrm{d}\zeta} = \Delta s + \left(\frac{|C_1||C_2|}{|C_0|} - \frac{|C_0||C_2|}{|C_1|} - \frac{|C_0||C_1|}{|C_2|}\right)\cos\theta$$

积分 (1.2.6) 式, 得

$$|C_0|^2 + |C_1|^2 = n_0 + n_1 = m_1$$

$$|C_0|^2 + |C_2|^2 = n_0 + n_2 = m_2$$

$$|C_1|^2 - |C_2|^2 = n_1 - n_2 = m_3   \tag{1.2.7}$$

$$|C_0||C_1||C_2|\cos\theta - \frac{1}{2}|C_0|^2\Delta s = m_0$$

将 (1.2.7) 式代入 (1.2.6) 式的第一式, 得

$$\frac{\mathrm{d}n_0}{\mathrm{d}\zeta} = 2\sqrt{n_0(m_1 - n_0)(m_2 - n_0) - \left(m_0 + \frac{1}{2}n_0\Delta s\right)^2}   \tag{1.2.8}$$

(1.2.8) 式的积分, 即 Weierstrass 积分, 可通过 Jacobi 椭圆函数 sn 来表示. 设 n_a、n_b、n_c 为

$$n_0(m_1 - n_0)(m_1 - n_0) - \left(m_0 + \frac{1}{2}n_0\Delta s\right)^2 = 0$$

的三个根, 且 $n_a \geqslant n_b \geqslant n_c \geqslant 0$, 则 $n_0(\zeta)$ 可表示为

$$n_0(\zeta) = n_c + (n_a - n_c)\left\{\mathrm{sn}^2\left[(n_a - n_c)^{1/2}(\zeta - \zeta_0), m\right]\right\}^{-1}$$

$$m = \left(\frac{n_b - n_c}{n_a - n_c}\right)^{1/2}, \quad n_0(\zeta_0) = n_c   \tag{1.2.9}$$

1. 二次谐波

将解 (1.2.9) 应用到二次谐波情形 [6], 如图 1.1(a) 所示, 频率为 ω_1 的基波进入非线性晶体, 经过波波相互作用, 就会产生频率二倍于基波的二次谐波. 应用上面公式处理这问题, 便是 $|C_1| = |C_2| = u_1$ 为基波振幅, $|C_0| = u_2$ 为二次谐波振幅. (1.2.6) 式化为

$$\frac{\mathrm{d}u_2}{\mathrm{d}\zeta} = u_1^2 \sin\theta$$

$$\frac{\mathrm{d}u_1}{\mathrm{d}\zeta} = -u_1 u_2 \sin\theta \tag{1.2.10}$$

$$\frac{\mathrm{d}\theta}{\mathrm{d}\zeta} = \Delta s + \left(\frac{u_1^2}{u_2} - 2u_2\right)\cos\theta$$

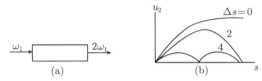

图 1.1　二次谐波的产生

设初始时二次谐波 $|C_0| = u_2 = 0$, 由 (1.2.7) 式, 故有

$$|C_0|^2 + |C_1|^2 = u_2^2 + u_1^2 = m_1, \quad m_0 = 0 \tag{1.2.11}$$

代入 (1.2.8) 式, 得

$$\frac{\mathrm{d}n_0}{\mathrm{d}\zeta} = 2\sqrt{n_0(m_1 - n_0)^2 - \left(\frac{1}{2}n_0\Delta s\right)^2} \tag{1.2.12}$$

经规一化

$$n_0/m_1 \to n_0, \quad \Delta s/m_1^{1/2} \to \Delta s, \quad m_1^{1/2}\zeta \to \zeta \tag{1.2.13}$$

(1.2.12) 式可写为

$$\frac{\mathrm{d}n_0}{\mathrm{d}\zeta} = 2\sqrt{n_0(1 - n_0)^2 - \left(\frac{1}{2}n_0\Delta s\right)^2} \tag{1.2.14}$$

图 1.1(b) 给出 $u_2 = n_0^{1/2}$ 随 ζ 的变化曲线, 只有在相位完全匹配 ($\Delta s = 0$) 的情况下, u_2 随 ζ 单调增长, 并达于饱和; 当位相不匹配, $\Delta s \neq 0$, u_2 随 ζ 周期变化, 其最大幅度随 Δs 的增大而递减.

在完全相位匹配的情形 ($\Delta s = 0$), n_0 的 Jacobi 椭圆函数解将退化到可用初等函数来表示. 因 $u_2 = n_0^{1/2}$, 方程 (1.2.14) 可写为

$$\frac{\mathrm{d}u_2}{\mathrm{d}\zeta} = 1 - u_2^2, \quad u_2 = \tanh(\zeta + \zeta_0), \quad n_0 = \tanh^2(\zeta + \zeta_0) \tag{1.2.15}$$

注意到上述结果是在采用归一化 (1.2.13) 式后得到的, 在未归一化前

$$m_1 = u_1^2 + u_2^2 = \frac{A_1^2}{\dfrac{4\pi\omega_1}{n_1 c}\chi^{(2)}} + \frac{A_2^2}{\dfrac{4\pi\omega_2}{n_2 c}\chi^{(2)}/2}$$

$$= \frac{1}{2d}\left(\frac{I_1}{2\omega_1} + \frac{I_2}{\omega_2}\right) = \frac{I}{2d\omega_2} \tag{1.2.16}$$

式中, $d = \dfrac{1}{2}\chi^{(2)}$ 为二阶非线性系数, $I_1 = \dfrac{n_1 c}{2\pi}A_1^2$, $I_2 = \dfrac{n_2 c}{2\pi}A_2^2$ 分别为基波与谐波的光强. (1.2.11) 式表明总光强 I 是一常量. 归一化后的 u_1、u_2 满足

$$u_1^2 + u_2^2 = 1, \quad u_1 = \sqrt{1 - u_2^2} = \mathrm{sech}[\zeta], \quad \zeta = x\sqrt{\beta_0}\beta_1 m_1^{1/2} = x/l \tag{1.2.17}$$

$$l = \frac{1}{\sqrt{\dfrac{4\pi\omega_2}{n_2 c}d\,\dfrac{8\pi\omega_1}{n_1 c}d}}\,\frac{1}{\sqrt{\dfrac{I}{2d\omega_2}}} = \frac{(n_1^2 n_2 c^3)^{1/2}}{\sqrt{2\pi I}8\pi\omega_1 d} = \frac{(n_1 n_2)^{1/2}c}{8\pi\omega_1 d|A_1(0)|} \tag{1.2.18}$$

又设基波光斑半径为 w_1, 焦深为 b, 入射激光功率为 P, 并将非线性介质厚度 L 取为 b, 即

$$I_1 = \frac{n_1 c}{2\pi}A_1^2 = \frac{P}{\pi w_1^2}$$

$$b = \frac{2\pi w_1^2 n_1}{\lambda_1} = L$$

由此消去 w_1, 得

$$A_1 = \left(\frac{4\pi P}{c\lambda_1 L}\right)^{1/2} \tag{1.2.19}$$

将 (1.2.19) 式代入 (1.2.17) 式, 得 $\zeta = L/l$ 为

$$\zeta = \left(\frac{1024\pi^5 d^2 LP}{n_1 n_2 c\lambda_1^3}\right)^{1/2} \tag{1.2.20}$$

典型的参量取值为 $d = 1 \times 10^{-8}$ esu, $L = 1$ cm, $P = 1\mathrm{W} = 1 \times 10^7$ erg/s, $\lambda_1 = 0.5 \times 10^{-4}$ cm, $n_1 = n_2 = 2$, 则按 (1.2.20) 式算得 $\zeta = 0.14$, 由基波至谐波的转换效率为

$$\eta = \frac{u_2^2(\zeta)}{u_1^2(0)} = 0.02 \tag{1.2.21}$$

η 的计算应用了 (1.2.15) 式和 (1.2.18) 式. u_1、u_2 随 ζ 的变化见图 1.2.

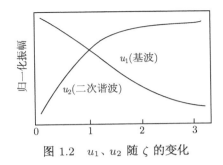

图 1.2 u_1、u_2 随 ζ 的变化

2. 参量过程

以弱的信号光 ω_1、强的泵浦光 ω_0 送入非线性介质, 通过波波相互作用的差频效应, 我们可以获得参量波 $\omega_2 = \omega_0 - \omega_1$, 见图 1.3. 考虑到泵浦光很强, 可以略去由于相互作用而导致的泵浦光的减弱. 故 (1.2.2) 式中的 A_0 可看成是常数, 而 A_1、A_2 的耦合方程可写成

$$\frac{\mathrm{d}A_1}{\mathrm{d}x} = \frac{\mathrm{i}8\pi\omega_1 d}{n_1 c} A_0 A_2^* \mathrm{e}^{\mathrm{i}\Delta kx} = \mathrm{i}\kappa_1 A_2^* \mathrm{e}^{\mathrm{i}\Delta kx}$$

$$\frac{\mathrm{d}A_2}{\mathrm{d}x} = \frac{\mathrm{i}8\pi\omega_2 d}{n_2 c} A_0 A_1^* \mathrm{e}^{\mathrm{i}\Delta kx} = \mathrm{i}\kappa_2 A_1^* \mathrm{e}^{\mathrm{i}\Delta kx} \qquad (1.2.22)$$

$$\Delta k = \boldsymbol{k}_0 - \boldsymbol{k}_1 - \boldsymbol{k}_2$$

明显的解是

$$A_1 = \tilde{A}_1 \mathrm{e}^{\mathrm{i}\Delta kx/2}, \quad A_2 = \tilde{A}_2 \mathrm{e}^{\mathrm{i}\Delta kx/2}$$

图 1.3 参量波相互作用

代入 (1.2.22) 式, 并消去 $\tilde{A}_1$(或 $\tilde{A}_2$), 可得

$$\frac{\mathrm{d}^2 \tilde{A}_i}{\mathrm{d}x^2} + \left(\frac{\Delta k}{2}\right)^2 \tilde{A}_i^2 = \kappa_1 \kappa_2 \tilde{A}_i, \quad i = 1, 2$$

即

$$\tilde{A}_1(x) = A_1(0)\left(\cosh gx - \frac{\mathrm{i}\Delta k}{2g}\sinh gx\right) + \frac{\kappa_1}{g} A_2^*(0)\sinh gx$$

$$\tilde{A}_2(x) = A_2(0)\left(\cosh gx - \frac{\mathrm{i}\Delta k}{2g}\sinh gx\right) + \frac{\kappa_2}{g} A_1^*(0)\sinh gx \qquad (1.2.23)$$

$$g = \sqrt{\kappa_1 \kappa_2 - (\Delta k/2)^2}$$

式中, g 为增益系数, 位相完全匹配时 $\Delta k = 0$, g 最大. 位相不匹配, g 随 Δk 的增大而下降.

1.2.2　四波耦合

在光学非线性波相互作用中, 除了上述三波耦合外, 四波耦合也很重要, 因为它包括三波和频、三次谐波、四波混频、简并四波混频、光束自聚效应和相位自调制等. 前两者为三波和频 $\omega_0 = \omega_1 + \omega_2 + \omega_3$, $\boldsymbol{k}_0 = \boldsymbol{k}_1 + \boldsymbol{k}_2 + \boldsymbol{k}_3$; 后四者为三波差频 $\omega_0 = \omega_1 - \omega_2 + \omega_3$, $\boldsymbol{k}_0 = \boldsymbol{k}_1 - \boldsymbol{k}_2 + \boldsymbol{k}_3$. 参照三波耦合方程 (1.2.5)~(1.2.9), 可得四波耦合方程及其解

$$\left(\frac{\mathrm{d}}{\mathrm{d}\zeta} + \mathrm{i}\Delta s\right) C_0 = \mathrm{i}C_1 C_2 C_3$$

$$\left(\frac{\mathrm{d}}{\mathrm{d}\zeta} + \mathrm{i}\Delta s\right) C_1 = \mathrm{i}C_0 C_2^* C_3^*$$

$$\left(\frac{\mathrm{d}}{\mathrm{d}\zeta} + \mathrm{i}\Delta s\right) C_2 = \pm\mathrm{i}C_0 C_1^* C_3^* \tag{1.2.24}$$

$$\left(\frac{\mathrm{d}}{\mathrm{d}\zeta} + \mathrm{i}\Delta s\right) C_3 = \mathrm{i}C_0 C_1^* C_2^*$$

式中, $\Delta s = k_0 - k_1 \mp k_2 - k_3$ 分别对应于三波和频 $\omega_0 = \omega_1 + \omega_2 + \omega_3$ 与三波差频 $\omega_0 = \omega_1 - \omega_2 + \omega_3$. 又设 $C_i = |C_i|\mathrm{e}^{-\mathrm{i}\theta_i}$, $i = 0, 1, 2, 3$, $\theta = \theta_0 - \theta_1 - \theta_2 - \theta_3$, 得

$$\frac{\mathrm{d}|C_0|}{\mathrm{d}\zeta} = |C_1 C_2 C_3| \sin\theta$$

$$\frac{\mathrm{d}|C_1|}{\mathrm{d}\zeta} = -|C_0 C_2 C_3| \sin\theta$$

$$\frac{\mathrm{d}|C_2|}{\mathrm{d}\zeta} = \mp|C_0 C_1 C_3| \sin\theta$$

$$\frac{\mathrm{d}|C_3|}{\mathrm{d}\zeta} = -|C_0 C_1 C_2| \sin\theta$$

$$\frac{\mathrm{d}\theta}{\mathrm{d}\zeta} = 2\Delta s + \left(\frac{|C_1 C_2 C_3|}{|C_0|} - \frac{|C_0 C_2 C_3|}{|C_1|} \mp \frac{|C_0 C_1 C_3|}{|C_2|} - \frac{|C_0 C_1 C_2|}{|C_3|}\right) \cos\theta \tag{1.2.25}$$

积分 (1.2.25) 式, 得

$$|C_0|^2 + |C_1|^2 = m_1, \quad |C_0|^2 - |C_3|^2 = m_4$$

$$|C_0|^2 + |C_3|^2 = m_3, \quad |C_0|^2 \pm |C_2|^2 = m_2 \tag{1.2.26}$$

$$|C_0 C_1 C_2 C_3| \cos\theta - |C_0|^2 \Delta s = m_0$$

代入 (1.2.25) 式的第一式得

$$\frac{\mathrm{d}n_0}{\mathrm{d}\zeta} = 2\sqrt{\pm n_0(m_1 - n_0)(m_2 - n_0)(m_3 - n_0) - (m_0 + n_0\Delta s)^2} \tag{1.2.27}$$

这可通过线性分式变换公式化为 Weiertrass 椭圆积分, 用 Jacobi 函数表示 [7,8] (见附录 1A).

1. 简并四波混频

对于一些特殊情况, (1.2.24) 式的积分也可用初等函数来表示. 例如, $C_2 = C_0$, $C_3^* = C_1$, $\Delta s = 0$, $\theta = \theta_0 - \theta_1 + \theta_2 - \theta_3 = 2(\theta_0 - \theta_1)$. 如图 1.4 所示的简并四波混频就是这种情形. C_0、C_1 为泵浦波, $\boldsymbol{k}_0 = \boldsymbol{k}_1$, $\omega_0 = \omega_1 = \omega_2 = \omega_3$. 由于泵浦波 $|C_0|$、$|C_1|$ 远远大于信号波及其复共轭波 $|C_2|$、$|C_3|$, 故在考虑 C_0、C_1 的波波相互作用时, 可略去信号波及其复共轭波, 主要考虑 C_0、C_1 自身的四波相互作用就

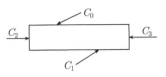

图 1.4　简并四波混频

可以了. 这就相当于在 (1.2.25) 式中取 $C_2 = C_0$, $C_3^* = C_1$. 又由于 $\Delta s = 0$, 故有

$$
\begin{aligned}
\frac{\mathrm{d}\theta}{\mathrm{d}\zeta} &= \left(\frac{|C_1 C_0 C_1^*|}{|C_0|} - \frac{|C_0 C_0 C_1^*|}{|C_1|} + \frac{|C_0 C_1 C_1^*|}{|C_0|} - \frac{|C_0 C_1 C_0|}{|C_1^*|} \right) \cos\theta \\
&= 2\left(|C_1|^2 - |C_0|^2 \right) \cos\theta
\end{aligned}
\tag{1.2.28}
$$

如 θ 随 ζ 的增加而变化, 就会影响到位相匹配, 故完全相位匹配应有 $\dfrac{\mathrm{d}\theta}{\mathrm{d}\zeta} = 0$. 由 (1.2.28) 式得出 $|C_1|^2 = |C_0|^2$, 即两个光泵强度相等是完全相位匹配的必要条件. 当满足此条件时, 有 $\dfrac{\mathrm{d}\theta}{\mathrm{d}\zeta} = 0$. 如果 θ 的初值也是 0, 则有 $\theta \equiv 0$. 由 (1.2.25) 式得 $\dfrac{\mathrm{d}|C_0|}{\mathrm{d}\zeta} = \dfrac{\mathrm{d}|C_1|}{\mathrm{d}\zeta} = 0$, 故泵浦波的振幅是不变的, 将这一结果应用到 (1.2.24) 式, 便得 C_2、C_3 信号波方程

$$
\begin{aligned}
\frac{\mathrm{d}C_2}{\mathrm{d}\zeta} &= -\mathrm{i}C_0^2 C_3^* \\
\frac{\mathrm{d}C_3}{\mathrm{d}\zeta} &= \mathrm{i}C_0^2 C_2^*
\end{aligned}
\tag{1.2.29}
$$

令 $n_0 = |C_0|^2$, C_2、C_3 的通解可写为

$$
\begin{aligned}
C_3 &= B \sin n_0 \zeta + C \cos n_0 \zeta \\
C_2^* &= -\frac{\mathrm{i}}{n_0} \frac{\mathrm{d}}{\mathrm{d}\zeta} C_3 = -\mathrm{i}B \cos\zeta + \mathrm{i}C \sin n_0 \zeta
\end{aligned}
\tag{1.2.30}
$$

式中, B、C 的取值由边界条件确定.

2. 波的自聚

将 (1.2.24) 式应用于分析波的自聚现象, 相当于方程中 $C_1 = C_3 = C_0$, $C_2 =$

$C_0^*, \Delta s = 0$. 这样就得出一对互为共轭的方程

$$\frac{\mathrm{d}C_0}{\mathrm{d}\zeta} = \mathrm{i}|C_0|^2 C_0$$
$$\frac{\mathrm{d}C_0^*}{\mathrm{d}\zeta} = -\mathrm{i}|C_0|^2 C_0^* \tag{1.2.31}$$

在 (1.2.31) 式中再加进被略去的横向项 $-\mathrm{i}/2\alpha\nabla_\perp^2 C_0$, 便得到非线性 Schrödinger 方程

$$\left(\nabla_\perp^2 + \mathrm{i}2\alpha\frac{\mathrm{d}}{\mathrm{d}\zeta} + 2\alpha|C_0|^2\right) C_0 = 0 \tag{1.2.32}$$

式中, $\alpha = k\sqrt{\tilde{\beta}_0\tilde{\beta}_1\tilde{\beta}_2\tilde{\beta}_3} = k\tilde{\beta}_0^{\ 2}$ 为一常数.

3. 三次谐波

在 (1.2.24) 式中令 $\omega_1 = \omega_2 = \omega_3$, $\omega_0 = 3\omega_1$, 并令 $C_0 = \phi_0$, $C_1 = C_2 = C_3 = \phi_1$, 于是得

$$\left(\frac{\mathrm{d}}{\mathrm{d}\zeta} + \mathrm{i}\Delta s\right)\phi_0 = \mathrm{i}\phi_1^3$$
$$\left(\frac{\mathrm{d}}{\mathrm{d}\zeta} + \mathrm{i}\Delta s\right)\phi_1 = \mathrm{i}\phi_0\phi_1^{*2} \tag{1.2.33}$$

$n_0 = \phi_0^2$, 满足 (1.2.27) 式

$$\frac{\mathrm{d}n_0}{\mathrm{d}\zeta} = 2\sqrt{n_0(m_1 - n_0)^3 - (m_0 + n_0\Delta s)^2} \tag{1.2.34}$$

(1.2.34) 式表明, 其通解可通过 Jacobi 椭圆函数准确求得. 由于 ϕ_1 很强, 产生三次谐波中造成的泵浦波 ϕ_1 的吃空可略去不计, 且可将 ϕ_1 看成常数的情况下, 才有简单的解析解. 考虑到 ϕ_0 的初值为 0, 积分 (1.2.33) 式的第一个方程, 得

$$\phi_0 = -\mathrm{i}\phi_1^3\frac{\mathrm{e}^{-\mathrm{i}\Delta s\zeta} - 1}{\mathrm{i}\Delta s} \tag{1.2.35}$$

出人意料的是, 当相位完全匹配 $\Delta s \to 0$, 由 (1.2.35) 式给出的三次谐波的振幅 $|\phi_0|$ 达到极大, 并正比于作用距离 ζ, 但这种情况仅发生在平面波. 如果是高斯光束, $|\phi_0|$ 的极大值就不一定是位相完全匹配[9]. 此时, (1.2.33) 式应加上被略去的 $\nabla^2 \simeq \nabla_\perp^2 = \left(\frac{\partial^2}{\partial\xi^2} + \frac{\partial^2}{\partial\eta^2}\right)$, 即

$$\left[\nabla_\perp^2 + 2\mathrm{i}\alpha\left(\frac{\mathrm{d}}{\mathrm{d}\zeta} + \mathrm{i}\Delta s\right)\right]\phi_0 = -2\alpha\phi_1^3 \tag{1.2.36}$$

采用圆柱坐标 $(\rho = \sqrt{\xi^2 + \eta^2}, \zeta)$, 将 $\phi_1(\rho, \zeta)$、$\phi_0(\rho, \zeta)$ 表示为试解函数

$$\phi_1(\rho, \zeta) = A_1 \frac{\exp[-\rho^2/w_1^2(1 + \mathrm{i}2\zeta/b)]}{(1 + \mathrm{i}2\zeta/b)}$$

$$\phi_0(\rho, \zeta) = \frac{A_0(\zeta)}{1 + \mathrm{i}2\zeta/b} \exp[-3\rho^2/w_1^2(1 + \mathrm{i}2\zeta/b) - \mathrm{i}\Delta s \zeta] \tag{1.2.37}$$

式中, $b = \alpha w_1^2/3$, $\alpha = k\sqrt{\tilde{\beta}_0 \tilde{\beta}_1 \tilde{\beta}_2 \tilde{\beta}_3} = k\tilde{\beta}_0^{\frac{1}{2}} \tilde{\beta}_1^{\frac{3}{2}}$, k_0、k_1 分别为谐波与基波的波矢, w_0、w_1 分别为谐波与基波的焦斑半径, $\zeta/b_0 w_0^2 = z/k_0 w_0^2 = z/k_1 w_1^2, w_0^2 = w_1^2/3$. 将 (1.2.37) 式代入 (1.2.36) 式, 便得

$$\frac{\mathrm{d}A_0(\zeta)}{\mathrm{d}\zeta} = \mathrm{i}\frac{A_1^3 \mathrm{e}^{\mathrm{i}\Delta s \zeta}}{(1 + \mathrm{i}2\zeta/b)^2} \tag{1.2.38}$$

$$A_0(\zeta) = \mathrm{i}A_1^3 \int_{-\zeta_0}^{\zeta} \frac{\mathrm{e}^{\mathrm{i}\Delta s \zeta'}}{(1 + \mathrm{i}2\zeta'/b)^2} \mathrm{d}\zeta' = \mathrm{i}A_1^3 \begin{cases} 0, & \Delta s \leqslant 0 \\ \dfrac{b}{2} 2\pi \left(\dfrac{b\Delta s}{2}\right) \mathrm{e}^{-b\Delta s/2}, & \Delta s > 0 \end{cases} \tag{1.2.39}$$

(1.2.39) 式表明 Δs 的最佳值应为

$$\Delta s = \frac{2}{b} \tag{1.2.40}$$

这是多次谐波中一个带有普遍性的现象 (图 1.5), 即对聚焦光束来说, 位相完全匹配 $\Delta k = 0$, 耦合效率反而为 0. 只有当 Δk 取为适当正值才会使耦合效率提高. 因为在会聚光产生多次谐波过程中, 也存在相似于 (1.2.39) 式的积分

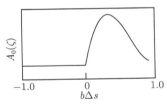

图 1.5 $A_0(\zeta)$ 随 Δs 的变化曲线 [1]

$$\int_{-\infty}^{\infty} \frac{\mathrm{e}^{\mathrm{i}\Delta k z'}}{(1 + 2\mathrm{i}z'/b)^{q-1}} \mathrm{d}z' = \begin{cases} 0, & \Delta k \leqslant 0 \\ \dfrac{b}{2} \dfrac{2\pi}{(q-2)!} \left(\dfrac{b\Delta k}{2}\right)^{q-2} \mathrm{e}^{-b\Delta k/2}, & \Delta k > 0 \end{cases}$$

从物理上来理解这一现象, 还得追溯到线性光学光束会聚处的位相变化特性 [10], 即除轴向光线外, 其他光线在通过焦点时, 要发生 π 角相移. 对于非线性光学来说, q 次谐波的极化率为 $P = \chi^{(q)} A_1^q$, 当入射光束 A_1 通过焦点发生 π 的位相变化时, 极化率 P 就要发生 $q\pi$ 的位相变化, 而 q 次谐波 A_q 只是发生 π 的变化, 这样非线性极化率 P 就不能有效地将基波能量耦合到 q 次谐波上, 除非 $\Delta k > 0$. 图 1.6(a) 为 $\Delta k > 0$; 在焦点处, 三个基波有些偏折如图 1.6(b) 所示, 恰好满足 $\Delta k = 0$; 但像图 1.6(c) $\Delta k < 0$, 是无论如何也不能实现相位匹配的.

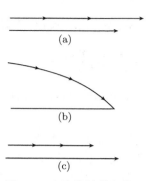

图 1.6　多次谐波的相位匹配

上面讨论了三波、四波耦合方程及其应用, 最后说明由 (1.2.7) 式和 (1.2.26) 式所反映的 Manley-Rowe 关系的物理意义 [11]. 注意到 $\tilde{\beta}_i \propto \omega_i$, 若定义

$$\left| \frac{A_i}{\tilde{\beta}^{1/2}} \right| = \left(\frac{I_i}{\omega_i} \right)^{1/2} \tag{1.2.41}$$

则有

$$|C_i|^2 = \frac{I_i}{\omega_i} \tag{1.2.42}$$

关系 (1.2.7) 式可写为

$$\frac{I_0}{\omega_0} + \frac{I_1}{\omega_1} = m_1$$
$$\frac{I_0}{\omega_0} + \frac{I_2}{\omega_2} = m_2 \tag{1.2.43}$$
$$\frac{I_1}{\omega_1} - \frac{I_2}{\omega_2} = m_3$$

即通常所说的 Manley-Rowe 关系. I_i/ω_i 恰好给出对应于该光强的光量子数 n_i (除一个常数因子 $\hbar$ 外). I_0/ω_0、I_1/ω_1、I_2/ω_2 分别对应于泵浦光、信号光及参量光的光量子数. (1.2.43) 式是给出光量子数间的守恒关系. 第一式表明产生一个 $\hbar\omega_1$ 光子也必然消耗一个 $\hbar\omega_0$ 光子; 第二式也表明 $\hbar\omega_2$ 与 $\hbar\omega_0$ 的产生与消耗是同时的; 第三式则表明 $\hbar\omega_1$、$\hbar\omega_2$ 是同时产生的.

1.3　光与非线性介质相互作用的量子理论

1.2 节研究表明辐射场与非线性介质的相互作用主要通过 Maxwell 方程中所包含的非线性极化体现出来. 当极化 P 用电场 E 展开时, 其展开系数, 即极化率, 表现了光与介质相互作用的多样性与复杂性. 显然这辐射场与原子的相互作用是建立在量子理论的基础上的.

在辐射场的作用下, 原子的波函数 $\psi(\boldsymbol{r}, t)$ 所满足的 Schrödinger 方程为 [12]

$$i\hbar\frac{\partial}{\partial t}\psi = (H_0 + H')\psi \tag{1.3.1}$$

式中, H_0 为原子的 Hamilton 量, H' 为原子与辐射场相互作用的 Hamilton 量

$$H' = -\frac{(-e)}{mc}\boldsymbol{A}\cdot\boldsymbol{P} + \frac{e^2}{2mc^2}\boldsymbol{A}^2 \tag{1.3.2}$$

(1.3.2) 式中的第二项比第一项小得多, 可略去 [12]. 但在光与原子的弹性散射中, 第二项是有作用的. 在下面的讨论也只计及第一项, 略去第二项. 式中 $-e$ 为电子的电荷, $\boldsymbol{P}$ 为原子的动量算符, $\boldsymbol{A}$ 为场的矢势. 在光波段范围内, 波长远大于原子波函数不为 0 的线度, 故在原子波函数线度内, $\boldsymbol{A}$ 可看成常数, 可以从含原子波函数的积分中提出来. 例如, 在计算 n 态至 m 态的跃迁矩阵元时, 有

$$\begin{aligned}
\langle n|H'|m\rangle &\simeq \frac{-(-e)}{mc}\boldsymbol{A}\cdot\langle n|\boldsymbol{P}|m\rangle \\
&= -(-e)\frac{\boldsymbol{E}}{i\omega}i\omega_{nm}\cdot\langle n|\boldsymbol{r}|m\rangle \\
&\simeq -\boldsymbol{E}\cdot\langle n|\boldsymbol{\mu}|m\rangle
\end{aligned} \tag{1.3.3}$$

式中, $\boldsymbol{\mu} = -e\boldsymbol{r}$ 为原子的偶极距, $-\boldsymbol{\mu}\cdot\boldsymbol{E}$ 为偶极相互作用能, ω、ω_{nm} 分别为辐射频率与原子跃迁频率. 在近共振的情况下, $\omega \simeq \omega_{nm}$, 于是有 (1.3.3) 式, 即 $H' = -\boldsymbol{\mu}\cdot\boldsymbol{E}$, 称其为偶极近似. (1.3.1) 式 $\sim$(1.3.3) 式为含相互作用的 Schrödinger 方程, 与 (1.1.1) 式 $\sim$(1.1.3) 式经典场的 Maxwell 方程合在一起为光与非线性介质相互作用半经典理论基础.

1.4　弱场微扰法解 Schrödinger 方程

Schrödinger 方程 (1.3.1), 一般很难准确求解, 经常采用微扰方法求解. 当 $H' = 0$ 时, Schrödinger 方程为

$$i\hbar\frac{\partial}{\partial t}\psi = H_0\psi \tag{1.4.1}$$

设 (1.4.1) 式的解为已知, 并可表示为一系列正交规一的定态解

$$\psi_n = \mathrm{e}^{-iE_n t/\hbar}u_n(\boldsymbol{r}), \quad n = 1, 2, \cdots \tag{1.4.2}$$

将 (1.4.2) 式代入 (1.4.1) 式, 得

$$H_0 u_n = E_n u_n \tag{1.4.3}$$

当 $H' \neq 0$ 时, 方程 (1.3.1) 的解 ψ 用定态解 ψ_n 展开, 得

$$\psi(\boldsymbol{r}, t) = \sum_n a_n(t) \mathrm{e}^{-\mathrm{i}E_n t/\hbar} u_n(\boldsymbol{r}) \tag{1.4.4}$$

将 (1.4.4) 式代入 (1.3.1) 式, 便得

$$\frac{\mathrm{d}a_k}{\mathrm{d}t} = \frac{1}{\mathrm{i}\hbar} \sum_n \langle k|H'|n\rangle a_n \mathrm{e}^{\mathrm{i}\omega_{kn}t} \tag{1.4.5}$$

或

$$\frac{\mathrm{d}C_k}{\mathrm{d}t} = \frac{1}{\mathrm{i}\hbar} \sum_n \langle k|H|n\rangle C_n, \quad C_n = a_n(t)\mathrm{e}^{-\mathrm{i}E_n t/\hbar}, \quad H = H_0 + H' \tag{1.4.6}$$

这组方程准确地等价于 Schrödinger 方程 (1.3.1), 求解 $\psi(\boldsymbol{r}, t)$ 变为求解 $a_n(t)$ 或 $C_n(t)$. 为此, 可将 $a_k(t)$ 按 $a_k^{(s)}(a_k^{(s)} \propto H'^s)$ 展开为

$$a_k = a_k^{(0)} + a_k^{(1)} + \cdots + a_k^{(s)} + \cdots \tag{1.4.7}$$

在弱场作用下, H' 很小, 这个展开是收敛的, 故可将 (1.4.7) 式代入 (1.4.5) 式, 并比较等式两端 H' 的同次幂, 便得

$$\frac{\mathrm{d}a_k^{(0)}}{\mathrm{d}t} = 0$$

$$\frac{\mathrm{d}a_k^{(s)}}{\mathrm{d}t} = (\mathrm{i}\hbar)^{-1} \sum_n \langle k|H'|n\rangle a_n^{(s-1)} \mathrm{e}^{\mathrm{i}\omega_{kn}t}, \quad s = 1, 2, \cdots \tag{1.4.8}$$

当常数 $a_k^{(0)}$ 给定, 方程 (1.4.8) 给出 $a_k^{(s)}$ 的递推方程, 此即弱场的微扰解. 但当 E 很强时, H' 增大, 展开式 (1.4.7) 已不收敛, 微扰法不适用.

现设

$$H' = -\boldsymbol{\mu} \cdot \boldsymbol{E} = -\boldsymbol{\mu} \cdot \sum_p \boldsymbol{E}(\omega_p)\mathrm{e}^{-\mathrm{i}\omega_p t} \tag{1.4.9}$$

则

$$H'_{kn} = \langle k|H'|n\rangle = -\boldsymbol{\mu}_{kn} \cdot \sum_p \boldsymbol{E}(\omega_p)\mathrm{e}^{-\mathrm{i}\omega_p t} \tag{1.4.10}$$

积分 (1.4.8) 式, 得

$$a_k^{(s)} = (\mathrm{i}\hbar)^{-1} \int_{-\infty}^t \mathrm{d}t' \sum_n H'_{kn} a_n^{(s-1)} \mathrm{e}^{\mathrm{i}\omega_{kn}t'}$$

$$= \mathrm{i}/\hbar \int_{-\infty}^t \mathrm{d}t' \sum_n \boldsymbol{\mu}_{kn} \cdot \sum_p \boldsymbol{E}(\omega_p)\mathrm{e}^{\mathrm{i}(\omega_{kn}-\omega_p)t'} a_n^{(s-1)}(t') \tag{1.4.11}$$

取初值 $a_n^{(0)} = \delta_{ng}$ 代入 (1.4.11) 式, 得

$$a_m^{(1)}(t) = \frac{1}{\hbar} \sum_p \frac{\boldsymbol{\mu}_{mg} \cdot \boldsymbol{E}(\omega_p)}{\omega_{mg} - \omega_p} \mathrm{e}^{\mathrm{i}(\omega_{mg} - \omega_p)t} \tag{1.4.12}$$

将 $a_m^{(1)}$ 代入 (1.4.11) 式, 得

$$a_n^{(2)}(t) = \frac{1}{\hbar^2} \sum_{p,q} \sum_m \frac{[\boldsymbol{\mu}_{nm} \cdot \boldsymbol{E}(\omega_q)][\boldsymbol{\mu}_{mg} \cdot \boldsymbol{E}(\omega_p)]}{(\omega_{ng} - \omega_p - \omega_q)(\omega_{mg} - \omega_p)} \mathrm{e}^{\mathrm{i}(\omega_{ng} - \omega_p - \omega_q)t} \tag{1.4.13}$$

将 $a_n^{(2)}$ 代入 (1.4.11) 式, 得

$$a_k^{(3)} = \frac{1}{\hbar^3} \sum_{pqr} \sum_{nm} \frac{[\boldsymbol{\mu}_{kn} \cdot \boldsymbol{E}(\omega_r)][\boldsymbol{\mu}_{nm} \cdot \boldsymbol{E}(\omega_q)][\boldsymbol{\mu}_{mg} \cdot \boldsymbol{E}(\omega_p)]}{(\omega_{kg} - \omega_p - \omega_q - \omega_r)(\omega_{ng} - \omega_p - \omega_q)(\omega_{mg} - \omega_p)} \mathrm{e}^{\mathrm{i}(\omega_{kg} - \omega_p - \omega_q - \omega_r)t}$$

$$\tag{1.4.14}$$

在此基础上可计算出 1~3 级微扰波函数及 1~3 阶极化与极化率为

$$|\psi^{(1)}\rangle = \sum_m a_m^{(1)}(t) u_m(\boldsymbol{r}) \mathrm{e}^{-\mathrm{i}\omega_m t}, \quad \langle\psi^{(1)}| = \sum_m a_m^{(1)*}(t) u_m^*(\boldsymbol{r}) \mathrm{e}^{\mathrm{i}\omega_m t}$$

$$|\psi^{(2)}\rangle = \sum_m a_m^{(2)}(t) u_m(\boldsymbol{r}) \mathrm{e}^{-\mathrm{i}\omega_m t}, \quad \langle\psi^{(2)}| = \sum_m a_m^{(2)*}(t) u_m^*(\boldsymbol{r}) \mathrm{e}^{\mathrm{i}\omega_m t} \tag{1.4.15}$$

$$|\psi^{(3)}\rangle = \sum_m a_m^{(3)}(t) u_m(\boldsymbol{r}) \mathrm{e}^{-\mathrm{i}\omega_m t}, \quad \langle\psi^{(3)}| = \sum_m a_m^{(3)*}(t) u_m^*(\boldsymbol{r}) \mathrm{e}^{\mathrm{i}\omega_m t}$$

一阶偶极矩为 (零级偶极矩为零, 因为原子波函数具有反射对称性)

$$\langle \boldsymbol{p}^{(1)} \rangle = \langle\psi^{(0)}|\boldsymbol{\mu}|\psi^{(1)}\rangle + \langle\psi^{(1)}|\boldsymbol{\mu}|\psi^{(0)}\rangle$$

$$= \frac{1}{\hbar} \sum_p \sum_m \left(\frac{\boldsymbol{\mu}_{gm}[\boldsymbol{\mu}_{mg} \cdot \boldsymbol{E}(\omega_p)]}{\omega_{mg} - \omega_p} \mathrm{e}^{-\mathrm{i}\omega_p t} + \frac{[\boldsymbol{\mu}_{mg} \cdot \boldsymbol{E}(\omega_p)]^* \boldsymbol{\mu}_{mg}}{\omega_{mg}^* - \omega_p} \mathrm{e}^{\mathrm{i}\omega_p t} \right) \tag{1.4.16}$$

式中, 我们已将 ω_{mg} 看成是一般复数, 实部即由 $m \sim g$ 能级的跃迁频率, 虚部是唯象引入的, 表示该能级跃迁辐射的线宽. 另外, (1.4.16) 式的求和号 $\sum_p$ 包括了正频 ω_p 与负频 $-\omega_p$, 故在第二项中用 $-\omega_p$ 代替 ω_p, 将不会改变和式的值, 并使表式更简洁, 再注意到 $\boldsymbol{E}^*(-\omega_p) = \boldsymbol{E}(\omega_p)$ 以及 $\boldsymbol{\mu}_{mg}^* = \boldsymbol{\mu}_{gm}$

$$\langle \boldsymbol{p}^{(1)} \rangle = \frac{1}{\hbar} \sum_p \sum_m \left(\frac{\boldsymbol{\mu}_{gm}[\boldsymbol{\mu}_{mg} \cdot \boldsymbol{E}(\omega_p)]}{\omega_{mg} - \omega_p} + \frac{[\boldsymbol{\mu}_{gm} \cdot \boldsymbol{E}(\omega_p)]\boldsymbol{\mu}_{mg}}{\omega_{mg}^* + \omega_p} \right) \mathrm{e}^{-\mathrm{i}\omega_p t} \tag{1.4.17}$$

由此得一阶极化

$$\boldsymbol{P}^{(1)} = N\langle \boldsymbol{p}^{(1)} \rangle = \sum_p \boldsymbol{P}^{(1)}(\omega_p) \mathrm{e}^{-\mathrm{i}\omega_p t} \tag{1.4.18}$$

式中, N 为原子密度. 将 $\boldsymbol{P}^{(1)}(\omega_p)$ 的分量 $P_i^{(1)}(\omega_p)$ 展开

$$P_i^{(1)}(\omega_p) = \sum_j \chi_{ij}^{(1)}(\omega_p)E_j(\omega_p) \tag{1.4.19}$$

系数 $\chi_{ij}^{(1)}$ 即线性极化率.

　　将 (1.4.17) 式代入 (1.4.18) 式, 并注意到 (1.4.19) 式, 便得线性极化率

$$\chi_{ij}^{(1)}(\omega_p) = \frac{N}{\hbar}\sum_m \left(\frac{\mu_{gm}^i\mu_{mg}^j}{\omega_{mg} - \omega_p} + \frac{\mu_{gm}^j\mu_{mg}^i}{\omega_{mg}^* + \omega_p} \right) \tag{1.4.20}$$

(1.4.20) 式的前一项为共振项, 后一项为非共振项. 主要贡献来自于共振项, 非线性效应的共振增强即来源于此. 因为当泵浦频率 ω_p 调谐到很接近于 ω_{mg} 时, 这一项的贡献将会增加, 从而也会增大相应的展开项 $a_n^{(s)}$, 而使 (1.4.7) 式不再收敛, 以致微扰展开不再适用. 我们称场的频率 ω_p 很接近于跃迁频率 ω_{mg}, 为共振相互作用.

　　现求二阶及三阶偶极矩及极化、极化率. 计算方法与上面相似, 现将主要结果写在下面:

$$\begin{aligned}
\langle \boldsymbol{p}^{(2)}\rangle &= \langle\psi^{(0)}|\boldsymbol{\mu}|\psi^{(2)}\rangle + \langle\psi^{(1)}|\boldsymbol{\mu}|\psi^{(1)}\rangle + \langle\psi^{(2)}|\boldsymbol{\mu}|\psi^{(0)}\rangle \\
&= \frac{1}{\hbar^2}\sum_{pq}\sum_{mn}\left(\frac{\boldsymbol{\mu}_{gn}[\boldsymbol{\mu}_{nm}\cdot\boldsymbol{E}(\omega_q)][\boldsymbol{\mu}_{mg}\cdot\boldsymbol{E}(\omega_p)]}{(\omega_{ng} - \omega_p - \omega_q)(\omega_{mg} - \omega_p)} \right. \\
&\quad + \frac{[\boldsymbol{\mu}_{gn}\cdot\boldsymbol{E}(\omega_q)]\boldsymbol{\mu}_{nm}[\boldsymbol{\mu}_{mg}\cdot\boldsymbol{E}(\omega_p)]}{(\omega_{ng}^* + \omega_q)(\omega_{mg} - \omega_p)} \\
&\quad \left. + \frac{[\boldsymbol{\mu}_{mg}\cdot\boldsymbol{E}(\omega_q)][\boldsymbol{\mu}_{nm}\cdot\boldsymbol{E}(\omega_p)]\boldsymbol{\mu}_{mg}}{(\omega_{ng}^* + \omega_q)(\omega_{mg}^* + \omega_p + \omega_q)} \right)\mathrm{e}^{-\mathrm{i}(\omega_p+\omega_q)t}
\end{aligned} \tag{1.4.21}$$

$$\begin{aligned}
\langle \boldsymbol{p}^{(3)}\rangle &= \frac{1}{\hbar^3}\sum_{pqr}\sum_{mn\nu}\left(\frac{\boldsymbol{\mu}_{g\nu}[\boldsymbol{\mu}_{\nu n}\cdot\boldsymbol{E}(\omega_r)][\boldsymbol{\mu}_{nm}\cdot\boldsymbol{E}(\omega_q)][\boldsymbol{\mu}_{mg}\cdot\boldsymbol{E}(\omega_p)]}{(\omega_{ng} - \omega_q - \omega_p - \omega_r)(\omega_{ng} - \omega_q - \omega_p)(\omega_{mg} - \omega_p)} \right. \\
&\quad + \frac{[\boldsymbol{\mu}_{g\nu}\cdot\boldsymbol{E}(\omega_r)]\boldsymbol{\mu}_{\nu n}[\boldsymbol{\mu}_{nm}\cdot\boldsymbol{E}(\omega_p)][\boldsymbol{\mu}_{mg}\cdot\boldsymbol{E}(\omega_p)]}{(\omega_{\nu g}^* + \omega_r)(\omega_{ng} - \omega_p - \omega_q)(\omega_{mg} - \omega_p)} \\
&\quad + \frac{[\boldsymbol{\mu}_{g\nu}\cdot\boldsymbol{E}(\omega_r)][\boldsymbol{\mu}_{\nu m}\cdot\boldsymbol{E}(\omega_q)]\boldsymbol{\mu}_{nm}[\boldsymbol{\mu}_{mg}\cdot\boldsymbol{E}(\omega_p)]}{(\omega_{\nu g}^* + \omega_r)(\omega_{ng}^* + \omega_r + \omega_q)(\omega_{mg} - \omega_p)} \\
&\quad \left. + \frac{[\boldsymbol{\mu}_{g\nu}\cdot\boldsymbol{E}(\omega_r)][\boldsymbol{\mu}_{\nu m}\cdot\boldsymbol{E}(\omega_p)][\boldsymbol{\mu}_{nm}\cdot\boldsymbol{E}(\omega_p)]\boldsymbol{\mu}_{mg}}{(\omega_{\nu g}^* + \omega_r)(\omega_{ng}^* + \omega_r + \omega_q)(\omega_{mg}^* + \omega_r + \omega_q + \omega_p)} \right)\mathrm{e}^{-\mathrm{i}(\omega_p+\omega_q+\omega_r)}
\end{aligned} \tag{1.4.22}$$

由此得出二阶、三阶极化率

$$\boldsymbol{P}^{(2)} = N\langle\boldsymbol{p}^{(2)}\rangle = \sum_r \boldsymbol{P}^{(2)}(\omega_r)\mathrm{e}^{-\mathrm{i}\omega_r t} \tag{1.4.23}$$

$$P_i^{(2)}(\omega_p + \omega_q, \omega_q, \omega_p) = \sum_{jk} \sum_{pq} \chi_{ijk}^{(2)}(\omega_p + \omega_q, \omega_q, \omega_p) E_j(\omega_q) E_k(\omega_p) \tag{1.4.24}$$

$$\chi_{ijk}^{(2)}(\omega_p + \omega_q, \omega_q, \omega_p) = \frac{N}{\hbar^2} P \sum_{mn} \left(\frac{\mu_{gn}^i \mu_{nm}^j \mu_{mg}^k}{(\omega_{ng} - \omega_p - \omega_q)(\omega_{mg} - \omega_p)} \right.$$
$$\left. + \frac{\mu_{gn}^j \mu_{nm}^i \mu_{mg}^k}{(\omega_{ng}^* + \omega_q)(\omega_{mg} - \omega_p)} + \frac{\mu_{gn}^j \mu_{nm}^k \mu_{mg}^i}{(\omega_{ng}^* + \omega_q)(\omega_{mg}^* + \omega_q + \omega_p)} \right) \tag{1.4.25}$$

式中, P 指 $(j, k; q, p)$ 间的排列, 例如

$$P \frac{\mu_{gn}^i \mu_{nm}^j \mu_{mg}^k}{(\omega_{ng} - \omega_p - \omega_q)(\omega_{mg} - \omega_p)}$$
$$= \frac{\mu_{gn}^i \mu_{nm}^j \mu_{mg}^k}{(\omega_{ng} - \omega_p - \omega_q)(\omega_{mg} - \omega_p)} + \frac{\mu_{gn}^i \mu_{nm}^k \mu_{mg}^j}{(\omega_{ng} - \omega_p - \omega_q)(\omega_{mg} - \omega_q)} \tag{1.4.26}$$

故二阶极化率 $\chi_{ijk}^{(2)}(\omega_p + \omega_q, \omega_q, \omega_p)$ 实际上包括了 6 项. 又因为

$$\boldsymbol{P}^{(3)} = N\langle \boldsymbol{p}^{(3)} \rangle = \sum \boldsymbol{P}^{(3)}(\omega_r) \mathrm{e}^{-\mathrm{i}\omega_r t}$$

$$P_k^{(3)}(\omega_p + \omega_q + \omega_r) = \sum_{hij} \sum_{pqr} \chi_{kjih}^{(3)}(\omega_p + \omega_q + \omega_r, \omega_r, \omega_q, \omega_p) E_j(\omega_r) E_i(\omega_q) E_h(\omega_p) \tag{1.4.27}$$

$$\chi_{kjih}^{(3)}(\omega_p + \omega_q + \omega_r, \omega_r, \omega_q, \omega_p)$$
$$= \frac{N}{\hbar^3} P \sum_{mn\nu} \frac{\mu_{g\nu}^k \mu_{\nu n}^j \mu_{nm}^i \mu_{mg}^h}{(\omega_{\nu g} - \omega_r - \omega_q - \omega_p)(\omega_{ng} - \omega_q - \omega_p)(\omega_{mg} - \omega_p)}$$
$$+ \frac{\mu_{g\nu}^j \mu_{\nu n}^k \mu_{nm}^i \mu_{mg}^h}{(\omega_{\nu g}^* + \omega_r)(\omega_{ng} - \omega_q - \omega_p)(\omega_{mg} - \omega_p)}$$
$$+ \frac{\mu_{g\nu}^j \mu_{\nu n}^i \mu_{nm}^k \mu_{mg}^h}{(\omega_{\nu g}^* + \omega_r)(\omega_{ng}^* + \omega_r + \omega_q)(\omega_{mg} - \omega_p)}$$
$$+ \frac{\mu_{g\nu}^j \mu_{\nu n}^i \mu_{nm}^h \mu_{mg}^k}{(\omega_{\nu g}^* + \omega_r)(\omega_{ng}^* + \omega_r + \omega_q)(\omega_{mg}^* + \omega_r + \omega_q + \omega_p)} \tag{1.4.28}$$

式中, P 为 $(j, i, h; r, q, p)$ 间排列, 故三阶极化率实际上包括 24 项.

由三阶极化与极化率的一般公式 (1.4.28), 可求得 $\omega_r = \omega_q = \omega_p = \omega$, 即三次谐波的极化率

$$\boldsymbol{P}^{(3)} = \boldsymbol{P}^{(3)}(3\omega) \mathrm{e}^{-\mathrm{i}3\omega t} + \mathrm{c.c},$$
$$\boldsymbol{E} = \boldsymbol{E}(\omega) \mathrm{e}^{-\mathrm{i}\omega t} + \mathrm{c.c},$$
$$P^{(3)}(3\omega) = \chi^{(3)}(3\omega) E^3$$

$$\chi^{(3)}(3\omega) = \frac{N}{\hbar^3} \sum_{mn\nu} \mu_{g\nu}\mu_{\nu n}\mu_{nm}\mu_{mg} \left(\frac{1}{(\omega_{\nu g} - 3\omega)(\omega_{ng} - 2\omega)(\omega_{mg} - \omega)} \right.$$
$$+ \frac{1}{(\omega_{\nu g}^* + \omega)(\omega_{ng} - 2\omega)(\omega_{mg} - \omega)} + \frac{1}{(\omega_{\nu g}^* + \omega)(\omega_{ng}^* + 2\omega)(\omega_{mg} - \omega)}$$
$$\left. + \frac{1}{(\omega_{\nu g}^* + \omega)(\omega_{ng}^* + 2\omega)(\omega_{mg}^* + 3\omega)} \right) \tag{1.4.29}$$

1.5　密度矩阵方程及其微扰解法

1.5.1　密度矩阵方程

Schrödinger 方程所描述的是不包含弛豫时间的守恒系统, 故基于求解 Schrödinger 方程波函数法不能处理由于碰撞引起的谱线加宽等问题. 也正因为没有考虑谱线加宽, 所以当光场频率与原子跃迁频率为共振时, 分母趋于 0, 微扰波函数系数趋于发散. 为了克服这类困难, 量子力学密度矩阵方法便相应发展起来. 与 Schrödinger 方程的不同之处在于密度矩阵方程中已唯象地引入了表征弛豫参数, 如寿命 T_1 及谱线宽度 $1/T_2$ 等.

方程 (1.4.4) 给出波函数 $\psi(\boldsymbol{r}, t)$ 按原子波函数 $u_n(\boldsymbol{r})\mathrm{e}^{-\mathrm{i}E_n t/\hbar}$ 的展开式. 设原子处于 $\psi_s(\boldsymbol{r}, t)$ 状态, 则按量子力学基本假定, 物理量 A 的期待值 $\langle A \rangle$ 可表示为

$$\langle A \rangle = \int \psi_s^*(\boldsymbol{r}, t) A \psi_s(\boldsymbol{r}, t) \mathrm{d}\boldsymbol{r} \tag{1.5.1}$$

按 (1.4.6) 式, 将 $\psi_s(\boldsymbol{r}, t)$ 展开为

$$\psi_s(\boldsymbol{r}, t) = \sum_n \mathrm{C}_n^s(t) u_n(\boldsymbol{r}) \tag{1.5.2}$$

将 (1.5.2) 式代入 (1.5.1) 式, 得

$$\langle A \rangle = \sum_{mn} \mathrm{C}_m^{s*} \mathrm{C}_n^s A_{mn}$$
$$A_{mn} = \int u_m^* A u_n \mathrm{d}\boldsymbol{r} \tag{1.5.3}$$

$\psi_s(\boldsymbol{r}, t)$ 满足 Schrödinger 方程 (1.3.1), 称其为纯态 [12]. (1.5.1) 式为按纯 $\psi_s(\boldsymbol{r}, t)$ 计算期待值, 纯态是量子力学中确定的状态. 在很多情况下, 我们并不确切地知道原子处于哪一纯态中, 只是概率地知道原子处于 $\psi_s(\boldsymbol{r}, t)$ 的概率为 $p(s)$, 还可能处于其他纯态 $\psi_{s'}(\boldsymbol{r}, t)$, 概率为 $p(s')$. 故还需将 (1.5.3) 式对各种状态按概率 $p(s)$ 求平

均, 并用 $\overline{\langle A \rangle}$ 表示求平均后的 $\langle A \rangle$ 值

$$\overline{\langle A \rangle} = \sum_s p(s) \sum_{mn} C_m^{s*} C_n^s A_{mn} = \sum_{nm} \rho_{nm} A_{mn} \tag{1.5.4}$$

$$\rho_{nm} = \sum_s p(s) C_m^{s*} C_n^s$$
$$\sum_s p(s) = 1 \tag{1.5.5}$$

按概率分布的各个状态称其为混态, 相对于纯态来说, 混态是不确定的, 是按照通常统计意义的概率 $p(s)$ 分布的各个态 $\psi_s(\boldsymbol{r}, t)$ 的混合, 只有当某一特定的 "s" 态的分布概率 $p(s) \to 1$ 时, 才趋于纯态. (1.5.4) 式就是对混态概率 $p(s)$ 的平均. 由 (1.5.5) 式定义的矩阵元 ρ_{nm} 即量子力学密度矩阵元, 当某一 s 的 $p(s) \to 1$ 时, 则

$$\rho_{nm} \to C_m^{s*} C_n^s \tag{1.5.6}$$

现讨论 ρ_{nm} 的物理意义. 其中对角矩阵元

$$\rho_{nn} = \sum_s p(s) C_n^{s*} C_n^s = \sum_s p(s) |C_n^s|^2 \tag{1.5.7}$$

为处于 n 态的概率; 非对角矩阵元 $(n \neq m)$

$$\rho_{nm} = \sum_s p(s) C_m^{s*} C_n^s = \sum_s p(s) |C_m^{s*} C_n^s| e^{i(\varPhi_m^s - \varPhi_n^s)} \tag{1.5.8}$$

则表示状态 n 与状态 m 间的关联. 这种关联将在原子辐射的谱线宽度中体现出来, 这种关联不仅与振幅 $|C_n^{s*} C_m^s|$ 有关, 还与初始相位差 $\varPhi_m^s - \varPhi_n^s$ 有关, 后者是很重要的. 例如, 在热平衡情况下, 由于原子间的很频繁的碰撞, 初位相 $\varPhi_m^s$、$\varPhi_n^s$ 完全无规, 相位差 $\Delta\varPhi = \varPhi_m^s - \varPhi_n^s$ 在 $(0, 2\pi)$ 内均匀分布, 故有

$$\rho_{nm} \propto \int_0^{2\pi} e^{i\Delta\varPhi} \frac{\mathrm{d}\Delta\varPhi}{2\pi} = 0$$

这就是非相干情形. 另外, 在没有碰撞的相干的情形, $\Delta\varPhi = \varPhi_m^s - \varPhi_n^s$ 取一特定的数值, 而不是在 $(0, 2\pi)$ 内均匀分布. $e^{i\Delta\varPhi}$ 可从 (1.5.8) 式和求和号中提出来, 而不影响 ρ_{nm} 的绝对值.

现将 (1.5.4) 式的两重求和写成矩阵求迹的形式

$$\overline{\langle A \rangle} = \sum_{nm} \rho_{nm} A_{mn} = \sum_n (\rho A)_{nn} = \mathrm{tr}(\rho A) \tag{1.5.9}$$

故物理量 A 的期待值 $\langle A \rangle$ 对混态求平均 $\overline{\langle A \rangle}$, 即密度矩阵 ρ 与算子 A 的积 ρA 的对角元之和, 即求迹. 密度矩阵 ρ 的矩阵元 ρ_{nm} 由 (1.5.5) 式定义, 现在求 ρ_{nm} 对时间的导数, 并假定 $p(s)$ 不随时间变化. $\dfrac{\mathrm{d}C_n^s}{\mathrm{d}t}$、$\dfrac{\mathrm{d}C_m^{s*}}{\mathrm{d}t}$ 按 (1.4.6) 式消去, 便得

$$
\begin{aligned}
\dot{\rho}_{nm} &= \sum_s p(s)\left(C_m^{s*}\frac{\mathrm{d}C_n^s}{\mathrm{d}t} + \frac{\mathrm{d}C_m^{s*}}{\mathrm{d}t}C_n^s\right) \\
&= \frac{1}{\mathrm{i}\hbar}\sum_s p(s)\left(\sum_\nu C_m^{s*}H_{n\nu}C_\nu^s - \sum_\nu H_{\nu m}C_\nu^{s*}C_n^s\right) \\
&= \frac{-\mathrm{i}}{\hbar}\sum_\nu (H_{n\nu}\rho_{\nu m} - \rho_{n\nu}H_{\nu m}) \\
&= \frac{-\mathrm{i}}{\hbar}(H\rho - \rho H)_{nm} = \frac{-\mathrm{i}}{\hbar}[H\ ,\ \rho]_{nm}
\end{aligned}
\tag{1.5.10}
$$

(1.5.10) 式为密度矩阵随时间的演化方程, 与 Schrödinger 方程 (1.3.1) 等价. H 为包括 H_0 与相互作用 H' 在内的 Hamilton 量, 是完全确定的.

　　一些不确定的因素, 如原子间碰撞的影响, 在 (1.3.1) 式和 (1.5.10) 式中均没有包括进去, 因为碰撞的结果将使得原子系统改变其在 n、m 状态的概率与初位相, 即改变了原子在 $\psi^s(\boldsymbol{r},t)$ 态的分布概率, 于是有 $\dfrac{\mathrm{d}p(s)}{\mathrm{d}t} \neq 0$. 这与我们在导出 (1.5.10) 式时假定 $p(s)$ 不随时间变化是相悖的. 故 $\dfrac{\mathrm{d}p(s)}{\mathrm{d}t} = 0$ 与 (1.3.1) 式和 (1.5.10) 式 均不包含不确定的因素, 不确定的因素导致 $\dfrac{\mathrm{d}p(s)}{\mathrm{d}t} \neq 0$. 但是直接计算有困难, 我们可在 ρ_{nm} 的演化方程中, 唯象地引入一些表现弛豫过程的参量 γ_{nm}, 来体现这些不确定因素的影响 [1], 即

$$
\dot{\rho}_{nm} = -\mathrm{i}/\hbar[H,\rho]_{nm} - \gamma_{nm}(\rho_{nm} - \bar{\rho}_{nm})
\tag{1.5.11}
$$

式中, 第二项为弛豫项, γ_{nm} 为弛豫系数, $\bar{\rho}_{nm}$ 为稳态值. 考虑到在热平衡情况下, 各状态的初位相是无规则的, 故非对角矩阵元 ρ_{nm} 的稳态值 $\bar{\rho}_{nm}$ 应为 0, 故可将 (1.5.11) 式写为

$$
\dot{\rho}_{nm} = -\mathrm{i}/\hbar[H,\rho]_{nm} - \gamma_{nm}\rho_{nm}, \quad n \neq m
\tag{1.5.12}
$$

$$
\dot{\rho}_{nn} = -\mathrm{i}/\hbar[H,\rho]_{nn} - \gamma_{nn}(\rho_{nn} - \bar{\rho}_{nn})
\tag{1.5.13}
$$

可以证明对角矩阵元的弛豫 γ_{nn}、γ_{mm} 与非对角矩阵元的弛豫系数 γ_{nm} 之间存在关系

$$
\gamma_{nm} = \frac{1}{2}(\gamma_{nn} + \gamma_{mm}) + \gamma_{nm}^c
\tag{1.5.14}
$$

式中, γ_{nm}^c 表示原子碰撞对位相的影响. 对角矩阵元弛豫 γ_{nn} 为原子处于 n 态的寿命的倒数. 设初始时原子处于 n 态的概率为 $|C_n(0)|^2$, 则经过时间 t 的弛豫后为

$$|C_n(t)|^2 = |C_n(0)|^2 e^{-\gamma_{nn}t}$$

故有

$$C_n(t) = C_n(0)e^{-\gamma_{nn}t/2 - i\Phi_n - i\omega_n t}$$

同样有

$$C_m(t) = C_m(0)e^{-\gamma_{mm}t/2 - i\Phi_m - i\omega_m t} \tag{1.5.15}$$

$$\begin{aligned}
\rho_{nm}(t) &= \sum_s p(s)C_m^{s*}(t)C_n^s(t) \\
&= \sum_s p(s)C_m^{*s}(0)C_n^s(0)\exp[-(\gamma_{nn} + \gamma_{mm})t/2 - i\omega_{nm}t]\overline{\exp[i(\Phi_m - \Phi_n)]}
\end{aligned} \tag{1.5.16}$$

式中, $\overline{\exp[i(\Phi_m - \Phi_n)]}$ 为由于碰撞而引起的失相

$$\overline{e^{i(\Phi_m - \Phi_n)}} = \overline{e^{-i\Delta\Phi}} \simeq \overline{1 - i\Delta\Phi - (\Delta\Phi)^2/2} = 1 - \gamma_{nm}^c t \simeq e^{-\gamma_{nm}^c t} \tag{1.5.17}$$

将 (1.5.17) 式代入 (1.5.16) 式得

$$\rho_{nm}(t) = \sum_s p(s)C_m^{*s}(0)C_n^s(0)e^{-\gamma_{nm}t - i\omega_{nm}t} = \rho_{nm}(0)e^{-\gamma_{nm}t - i\omega_{nm}t}$$
$$\gamma_{nm} = \frac{1}{2}(\gamma_{nn} + \gamma_{mm}) + \gamma_{nm}^c \tag{1.5.18}$$

应用 (1.5.18) 式和 (1.5.9) 式可求得原子的偶极矩 $\boldsymbol{\mu}$ 的期待值

$$\overline{\langle\boldsymbol{\mu}\rangle} = \boldsymbol{\mu}_{mn}\rho_{nm}(t) + \boldsymbol{\mu}_{nm}\rho_{mn}(t) = \boldsymbol{\mu}_{mn}\rho_{nm}(0)e^{-\gamma_{nm}t - i\omega_{nm}t} + \text{c.c.} \tag{1.5.19}$$

故在外场为 0 的情况下, 原子的偶极矩自发辐射的线宽为 γ_{nm}.

1.5.2 用微扰法解密度矩阵方程

按前面方程 (1.4.5) 导出迭代方程 (1.4.8) 的方法, 我们不难由密度矩阵方程 (1.5.11) 出发导出相应的迭代方程. 注意到 $H = H_0 + H'$ 以及

$$[H_0, \rho]_{nm} = (H_0\rho - \rho H_0)_{nm} = (E_n - E_m)\rho_{nm} \tag{1.5.20}$$

于是 (1.5.11) 式可写为

$$\frac{\mathrm{d}\rho_{nm}}{\mathrm{d}t} = (-i\omega_{nm} - \gamma_{nm})\rho_{nm} - \frac{i}{\hbar}[H', \rho]_{nm} + \gamma_{nm}\bar{\rho}_{nm} \tag{1.5.21}$$

将 ρ_{nm} 按下式展开:

$$\rho_{nm} = \rho_{nm}^{(0)} + \rho_{nm}^{(1)} + \cdots + \rho_{nm}^{(s)} + \cdots$$
$$\rho_{nm}^{(s)} \propto (H')^s \tag{1.5.22}$$

将 (1.5.22) 式代入 (1.5.21) 式, 并比较 H' 的同次幂, 便得

$$\dot{\rho}_{nm}^{(0)} = -\mathrm{i}\omega_{nm}\rho_{nm}^{(0)} - \gamma_{nm}^{(0)}(\rho_{nm}^{(0)} - \bar{\rho}_{nm}) \tag{1.5.23}$$

$$\dot{\rho}_{nm}^{(s)} = -(\mathrm{i}\omega_{nm}^{(0)} + \gamma_{nm})\rho_{nm}^{(s)} - \mathrm{i}/\hbar[H', \rho^{(s-1)}]_{nm}, \quad s = 1, 2, \cdots \tag{1.5.24}$$

由 (1.5.23) 式易看出 $\rho_{nm}^{(0)}$ 的解为

$$\rho_{nn}^{(0)} = \bar{\rho}_{nn}$$
$$\rho_{nm}^{(0)} = \bar{\rho}_{nm} = 0, \quad n \neq m \tag{1.5.25}$$

由 (1.5.24) 式, 得

$$\rho_{nm}^{(s)} = \int_{-\infty}^{t} \frac{-\mathrm{i}}{\hbar}[H', \rho^{(s-1)}]_{nm}\mathrm{e}^{-(\mathrm{i}\omega_{nm}+\gamma_{nm})(t-t')}\mathrm{d}t' \tag{1.5.26}$$

注意到

$$[H', \rho^{(0)}]_{nm} = -\sum_{\nu}(\boldsymbol{\mu}_{n\nu}\rho_{\nu m}^{(0)} - \rho_{n\nu}^{(0)}\boldsymbol{\mu}_{\nu m}) \cdot \boldsymbol{E} = -(\bar{\rho}_{mm} - \bar{\rho}_{nn})\boldsymbol{\mu}_{nm} \cdot \boldsymbol{E} \tag{1.5.27}$$

以及

$$\boldsymbol{E} = \sum_{p}\boldsymbol{E}(\omega_p)\mathrm{e}^{-\mathrm{i}\omega_p t} \tag{1.5.28}$$

将 (1.5.27) 式代入 (1.5.26) 式, 得

$$\rho_{nm}^{(1)}(t) = \mathrm{i}\frac{\bar{\rho}_{mm} - \bar{\rho}_{nn}}{\hbar}\sum_{p}\boldsymbol{\mu}_{nm} \cdot \boldsymbol{E}(\omega_p)\mathrm{e}^{-\mathrm{i}(\omega_{nm}-\mathrm{i}\gamma_{nm})t}\int_{-\infty}^{t}\mathrm{e}^{(\mathrm{i}(\omega_{nm}-\omega_p)+\gamma_{nm})t'}\mathrm{d}t'$$
$$= \frac{\bar{\rho}_{mm} - \bar{\rho}_{nn}}{\hbar}\sum_{p}\frac{\boldsymbol{\mu}_{nm} \cdot \boldsymbol{E}(\omega_p)\mathrm{e}^{-\mathrm{i}\omega_p t}}{\omega_{nm} - \omega_p - \mathrm{i}\gamma_{nm}} \tag{1.5.29}$$

利用 $\rho_{nm}^{(1)}(t)$ 可计算感生偶极矩的期望值

$$\overline{\langle\boldsymbol{\mu}\rangle} = \mathrm{tr}(\rho_{nm}^{(1)}(t)\boldsymbol{\mu}) = \sum_{nm}\rho_{nm}^{(1)}\boldsymbol{\mu}_{mn}$$
$$= \sum_{nm}\frac{\bar{\rho}_{mm} - \bar{\rho}_{nn}}{\hbar}\sum_{p}\frac{\boldsymbol{\mu}_{mn}(\boldsymbol{\mu}_{nm} \cdot \boldsymbol{E}(\omega_p))\mathrm{e}^{-\mathrm{i}\omega_p t}}{\omega_{nm} - \omega_p - \mathrm{i}\gamma_{nm}} \tag{1.5.30}$$

将 $\overline{\langle \boldsymbol{\mu} \rangle}$ 写成 $\sum_p \langle \boldsymbol{\mu}(\omega_p) \rangle \mathrm{e}^{-\mathrm{i}\omega_p t}$ 的形式, 得

$$\langle \boldsymbol{\mu}(\omega_p) \rangle = \sum_{nm} \frac{\bar{\rho}_{mm} - \bar{\rho}_{nn}}{\hbar} \frac{\boldsymbol{\mu}_{mn}(\boldsymbol{\mu}_{nm} \cdot \boldsymbol{E}(\omega_p))}{\omega_{nm} - \omega_p - \mathrm{i}\gamma_{nm}} \tag{1.5.31}$$

由此可求得线性极化 $\boldsymbol{P}^{(1)}(\omega_p)$ 及极化率 $\chi_{ij}^{(1)}(\omega_p)$ 分别为

$$\boldsymbol{P}^{(1)}(\omega_p) = N\langle \boldsymbol{\mu}(\omega_p) \rangle = \boldsymbol{\chi}^{(1)}(\omega_p) \cdot \boldsymbol{E}(\omega_p) \tag{1.5.32}$$

$$\boldsymbol{\chi}^{(1)}(\omega_p) = \frac{N}{\hbar} \sum_{nm} (\bar{\rho}_{mm} - \bar{\rho}_{nn}) \frac{\boldsymbol{\mu}_{mn}\boldsymbol{\mu}_{nm}}{\omega_{nm} - \omega_p - \mathrm{i}\gamma_{nm}} \tag{1.5.33}$$

或

$$\begin{aligned}
\chi_{ij}^{(1)}(\omega_p) &= \frac{N}{\hbar} \sum_{nm} (\bar{\rho}_{mm} - \bar{\rho}_{nn}) \frac{\mu_{mn}^i \mu_{nm}^j}{\omega_{nm} - \omega_p - \mathrm{i}\gamma_{nm}} \\
&= \frac{N}{\hbar} \sum_{nm} \bar{\rho}_{mm} \left(\frac{\mu_{mn}^i \mu_{nm}^j}{\omega_{nm} - \omega_p - \mathrm{i}\gamma_{nm}} + \frac{\mu_{mn}^i \mu_{nm}^j}{\omega_{nm} + \omega_p + \mathrm{i}\gamma_{nm}} \right)
\end{aligned} \tag{1.5.34}$$

这结果与波函数微扰法得到的结果 (1.4.20) 式比较, 主要是增加了弛豫 γ_{nm} 及布居数 $\bar{\rho}_{mm}$ 的影响. 若初始时原子处于基态, 则有

$$\bar{\rho}_{gg} = 1, \quad \bar{\rho}_{mm} = 0, \quad m \neq g \tag{1.5.35}$$

$$\chi_{ij}^{(1)} = \frac{N}{\hbar} \sum_n \left(\frac{\mu_{gn}^i \mu_{ng}^j}{\omega_{ng} - \omega_p - \mathrm{i}\gamma_{ng}} + \frac{\mu_{gn}^i \mu_{ng}^j}{\omega_{ng} + \omega_p + \mathrm{i}\gamma_{ng}} \right) \tag{1.5.36}$$

对于二能级原子, (1.5.36) 式对 n 的求和号可去掉, 并略去反共振的第二项, 便得二能级的极化率公式

$$\chi_{ij}^{(1)}(\omega_p) = \frac{N}{\hbar} \frac{\mu_{gn}^i \mu_{ng}^j}{\omega_{ng} - \omega_p - \mathrm{i}\gamma_{ng}} \tag{1.5.37}$$

其实部与虚部如图 1.7(a)、(b) 所示, 为具有宽度 $2\gamma_{ng}$ 的 Lorentz 线型. 折射率 $n(\omega)$ 也可通过线性极化率 $\chi^{(1)}(\omega)$ 来计算, 即

$$n(\omega) = \sqrt{\epsilon(\omega)} = \sqrt{1 + 4\pi\chi^{(1)}(\omega)} \simeq 1 + 2\pi\chi^{(1)}(\omega) \tag{1.5.38}$$

又设

$$n = n' + \mathrm{i}n'' \tag{1.5.39}$$

而传播的波矢为 k, 则有

$$k = \frac{n'(\omega)\omega}{c} \tag{1.5.40}$$

对波幅的吸收系数为

$$\tilde{\alpha} = \frac{n''(\omega)\omega}{c}$$

对强度的吸收系数为

$$\alpha = \frac{2n''(\omega)\omega}{c} \tag{1.5.41}$$

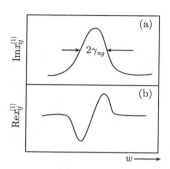

图 1.7 $\chi_{ij}^{(1)}$ 随 ω 的变化曲线

1.6 波场 $\psi(\boldsymbol{r}, t)$ 的量子化

在经典极限情形, 原子是粒子, 满足经典力学粒子运动方程. 经过量子化得出的 Schrödinger 方程 (1.3.1) 却赋予原子以波函数 $\psi(\boldsymbol{r}, t)$ 的描述, 同样在经典极限情形光是波满足 Maxwell 方程, 波场经过量子化后便给出光场的粒子即光子描述. 但场的量子化不仅适用于光场, 也适用于满足 Schrödinger 方程的物质波场 $\psi(\boldsymbol{r}, t)$. 虽然 $\psi(\boldsymbol{r}, t)$ 经量子化后又回到但不是简单地回到粒子, 而是由单粒子理论向多粒子理论的转化, 最重要的是包含了粒子的产生与湮没算符及算符对易规则所蕴含的粒子统计. 习惯上称由经典的能量守恒方程 $E = \boldsymbol{p}^2/2m + V(\boldsymbol{r}, t)$ 出发, 应用算符法 $E \to \mathrm{i}\hbar\dfrac{\partial}{\partial t}, \boldsymbol{p} \to -\mathrm{i}\hbar\nabla$ 得出 Schrödinger 方程 (1.3.1) 为一次量子化, 而由 $\psi(\boldsymbol{r}, t)$ 出发应用场算符的对易规则, 使场量子化为二次量子化. 光与原子相互作用本身就包含了场与粒子两个方面. 故只讨论由粒子得出物质波 $\psi(\boldsymbol{r}, t)$ 所满足的 Schrödinger 方程 (1.3.1) 是不够的, 还必须讨论电磁场及物质场 $\psi(\boldsymbol{r}, t)$ 的量子化, 由此得出的粒子表象也是本书常用到的表象. 这一节我们简要介绍非相对论波场 $\psi(\boldsymbol{r}, t)$ 的量子化.

参照 (1.4.4) 式, 将波函数 $\psi(\boldsymbol{r}, t)$ 及其共轭波函数 $\psi^\dagger(\boldsymbol{r}, t)$ 用定态解 (1.4.2) 展开

$$\begin{aligned}
\psi(\boldsymbol{r}, t) &= \sum_k a_k(t) u_k(\boldsymbol{r}) \mathrm{e}^{-\mathrm{i}\omega_k t} \\
\psi^\dagger(\boldsymbol{r}, t) &= \sum_k a_k^\dagger(t) u_k^*(\boldsymbol{r}) \mathrm{e}^{\mathrm{i}\omega_k t}
\end{aligned} \tag{1.6.1}$$

并将其中的展开系数 $a_k(t)$、$a_k^\dagger(t)$ 算符化. 式中 a_k、$a_k^\dagger$ 分别为状态 k 的湮没与产

生算符, 它们在相互作用绘景中的运动方程参照 (1.4.5) 式为

$$\frac{\mathrm{d}a_k}{\mathrm{d}t} = -\mathrm{i}/\hbar \sum_n \langle k|H'|n\rangle \mathrm{e}^{\mathrm{i}\omega_{kn}t} a_n$$

$$\frac{\mathrm{d}a_k^\dagger}{\mathrm{d}t} = \mathrm{i}/\hbar \sum_n \langle n|H'|k\rangle \mathrm{e}^{-\mathrm{i}\omega_{kn}t} a_n^\dagger$$

(1.6.2)

引进粒子数算符 $N_k = a_k^\dagger a_k$, a_k、a_l 的对易规则为

$$[a_k, a_l]_\pm = a_k a_l \pm a_l a_k = 0$$
$$[a_k^\dagger, a_l^\dagger]_\pm = a_k^\dagger a_l^\dagger \pm a_l^\dagger a_k^\dagger = 0$$
$$[a_k, a_l^\dagger]_\pm = a_k a_l^\dagger \pm a_l^\dagger a_k = \delta_{kl}$$

(1.6.3)

在 (1.6.3) 式中, 按粒子服从 Bose 统计或 Fermi 统计, 分别取 "$-$" 或 "$+$" 号. 取 "$-$" 号时, 称其为对易关系; 取 "$+$" 号时, 称其为反对易关系.

服从对易关系 $a_k a_k^\dagger - a_k^\dagger a_k = 1$ 的 Bose 子, 其粒子数态 (即粒子算符 $N_k = a_k^\dagger a_k$ 的本征态) 可表示为 $|n_1, n_2, \cdots, n_k, \cdots\rangle$, a_k、$a_k^\dagger$ 作用于其上, 得

$$a_k|n_1, n_2, \cdots, n_k, \cdots\rangle = n_k^{1/2}|n_1, \cdots, n_k - 1, \cdots\rangle$$
$$a^\dagger|n_1, n_2, \cdots, n_k, \cdots\rangle = (n_k + 1)^{1/2}|n_1, \cdots, n_k + 1, \cdots\rangle$$

(1.6.4)

易证由 (1.6.4) 式定义的 a_k、$a_k^\dagger$ 满足对易关系 $a_k a_k^\dagger - a_k^\dagger a_k = 1$. 事实上, 由 (1.6.4) 式易得出

$$(a_k a_k^\dagger - a_k^\dagger a_k)|n_1, \cdots, n_k, \cdots\rangle = |n_1, \cdots, n_k, \cdots\rangle$$
$$a_k a^\dagger - a_k^\dagger a_k = 1$$

(1.6.5)

另外, 满足反对易关系 $a_k a_k^\dagger + a_k^\dagger a_k = 1$ 的 Fermi 子, 是服从 Pauli 不相容原理的, 因此

$$N_k^2 = a_k^\dagger a_k a_k^\dagger a_k = a_k^\dagger(1 - a_k^\dagger a_k)a_k = a_k^\dagger a_k = N_k$$

(1.6.6)

设 N_k 的本征值为 n_k, 则

$$N_k^2|n_1, \cdots, n_k, \cdots\rangle = n_k^2|n_1, \cdots, n_k, \cdots\rangle$$

(1.6.7)

$$N_k|n_1, \cdots, n_k, \cdots\rangle = n_k|n_1, \cdots, n_k, \cdots\rangle$$

(1.6.8)

由 (1.6.6) 式 $\sim$(1.6.8) 式得 $n_k^2 = n_k$, $n_k = 0, 1$, 即同一状态 k 中最多只能有一个粒子. 相应于本征值 $n_k = 0, 1$ 的本征态可表示为

$$|0\rangle = \begin{pmatrix} 1 \\ 0 \end{pmatrix}, \quad |1\rangle = \begin{pmatrix} 0 \\ 1 \end{pmatrix}$$

(1.6.9)

满足 Fermi 子反对易关系的 a、$a^\dagger$ 的矩阵表示为

$$a = \begin{pmatrix} 0 & 1 \\ 0 & 0 \end{pmatrix}, \quad a^\dagger = \begin{pmatrix} 0 & 0 \\ 1 & 0 \end{pmatrix}$$

(1.6.10)

由 (1.6.9) 式和 (1.6.10) 式易证下面的关系成立:

$$a|n\rangle = n|1-n\rangle, \quad a^\dagger|n\rangle = (1-n)|1-n\rangle \tag{1.6.11}$$

系统的状态仍可写为 $|n_1, n_2, \cdots, n_k, \cdots\rangle$. 考虑到要同时满足 (1.6.3) 式前面两个对易关系, (1.6.11) 式应推广为 (与 (1.6.4) 式相对应)[12]

$$\begin{aligned} a_k|n_1, \cdots, n_k, \cdots\rangle &= \theta_k n_k |n_1, \cdots, 1-n_k, \cdots\rangle \\ a_k^\dagger|n_1, \cdots, n_k, \cdots\rangle &= \theta_k(1-n_k)|n_1, \cdots, 1-n_k, \cdots\rangle \\ \theta_k = (-1)^{\nu_k}, \quad \nu_k &= \sum_{j=1}^{k-1} n_j \end{aligned} \tag{1.6.12}$$

还可证明总的粒子数 $N = \sum a_k^\dagger a_k$ 是一个常数, 因为

$$\begin{aligned} \frac{\mathrm{d}N}{\mathrm{d}t} &= \sum_k \left(\frac{\mathrm{d}a_k^\dagger}{\mathrm{d}t} a_k + a_k^\dagger \frac{\mathrm{d}a_k}{\mathrm{d}t} \right) \\ &= \mathrm{i}/\hbar \sum_k \sum_n \left(\langle n|H'|k\rangle a_n^\dagger \mathrm{e}^{-\mathrm{i}\omega_{kn}t} a_k - a_k^\dagger \langle k|H'|n\rangle a_n \mathrm{e}^{\mathrm{i}\omega_{kn}t} \right) \\ &= \mathrm{i}/\hbar \sum_k \sum_n (\langle k|H'|n\rangle - \langle k|H'|n\rangle) a_k^\dagger a_n \mathrm{e}^{\mathrm{i}\omega_{kn}t} = 0 \end{aligned} \tag{1.6.13}$$

对于含单电子的二能级原子系统, $N=1$, $k=1,2$. 由 $a_2^\dagger a_2 + a_2 a_2^\dagger = 1, a_1^\dagger a_1 + a_1 a_1^\dagger = 1$ 及一个能级上电子不能连续湮没 (或产生) 两次, 因总共只有一个电子, 故有

$$a_1 a_2 = a_2 a_1 = a_1 a_1 = a_1^\dagger a_1^\dagger = a_2 a_2 = a_2^\dagger a_2^\dagger = 0$$

定义 $\sigma^+ = a_2^\dagger a_1 = \rho_{21}$, $\sigma^- = a_1^\dagger a_2 = \rho_{12}$. $\sigma_z = (a_2^\dagger a_2 - a_1^\dagger a_1)/2$, $\sigma^+(\sigma^-)$ 为电子的上升 (下降) 算符, 即电子由基态跃迁到激发态 (或由激发态跃迁到基态), σ_z 为处于激发态原子数与处于基态原子数之差除以 2, 即半反转粒子数. 根据 $\sigma^\pm$、σ_z 的定义可以证明

$$\begin{aligned} \sigma^+\sigma^- + \sigma^-\sigma^+ &= a_2^\dagger a_1 a_1^\dagger a_2 + a_1^\dagger a_2 a_2^\dagger a_1 \\ &= a_2^\dagger(1 - a_1^\dagger a_1)a_2 + a_1^\dagger(1 - a_2^\dagger a_2)a_1 \\ &= a_2^\dagger a_2 + a_1^\dagger a_1 = 1 \end{aligned} \tag{1.6.14}$$

同样

$$\begin{aligned} \sigma^+\sigma^- - \sigma^-\sigma^+ &= a_2^\dagger a_2 - a_1^\dagger a_1 = 2\sigma_z \\ \sigma^{+2} &= \sigma^{-2} = 0 \\ \sigma^\pm\sigma_z - \sigma_z\sigma^\pm &= \mp\sigma^\pm \end{aligned} \tag{1.6.15}$$

参照 (1.6.13) 式的计算方法, 可求得二能级原子系统 σ_z、σ^-、σ^+ 的运动方程

$$\frac{\mathrm{d}\sigma_z}{\mathrm{d}t} = -\mathrm{i}\frac{\tilde{\Omega}^*}{2}\sigma^- + \mathrm{i}\frac{\tilde{\Omega}}{2}\sigma^+$$

$$\frac{\mathrm{d}\sigma^-}{\mathrm{d}t} = -\mathrm{i}\tilde{\Omega}\sigma_z \qquad\qquad (1.6.16)$$

$$\frac{\mathrm{d}\sigma^+}{\mathrm{d}t} = \mathrm{i}\tilde{\Omega}^*\sigma_z$$

式中

$$\tilde{\Omega} = -2\frac{\langle 1|H'|2\rangle}{\hbar}\mathrm{e}^{\mathrm{i}\omega_{21}t}$$

$$= \frac{2\mu_{12}E(\omega_p)}{\hbar}(\mathrm{e}^{\mathrm{i}\omega_p t} + \mathrm{e}^{-\mathrm{i}\omega_p t})\mathrm{e}^{\mathrm{i}\omega_{21}t} \simeq \Omega \mathrm{e}^{-\mathrm{i}\Delta\omega t} \qquad (1.6.17)$$

$$\Omega = \frac{2\mu_{12}E(\omega_p)}{\hbar}, \quad \Delta\omega = \omega_p - \omega_{21}$$

参照在密度矩阵方程 (1.5.21) 中引入弛豫系数的办法, 在方程 (1.6.16) 中引入弛豫系数 γ_1、γ_2 及 $\bar{\sigma}_z$, 便得 Bloch 方程

$$\frac{\mathrm{d}\sigma_z}{\mathrm{d}t} = -\gamma_1(\sigma_z - \bar{\sigma}_z) - \mathrm{i}\frac{\tilde{\Omega}^*}{2}\sigma^- + \mathrm{i}\frac{\tilde{\Omega}}{2}\sigma^+$$

$$\frac{\mathrm{d}\sigma^-}{\mathrm{d}t} = -\gamma_2\sigma^- - \mathrm{i}\tilde{\Omega}\sigma_z \qquad\qquad (1.6.18)$$

$$\frac{\mathrm{d}\sigma^+}{\mathrm{d}t} = -\gamma_2\sigma^+ + \mathrm{i}\tilde{\Omega}^*\sigma_z$$

式中, $\gamma_1 = \dfrac{1}{T_1}, \gamma_2 = \dfrac{1}{T_2}$. T_1 为原子处于激发态的寿命, 也称为纵弛豫时间; T_2 为原子的位相失相时间, 也称为横弛豫时间. 它反映原子辐射的线宽, 与原子的自发辐射寿命及碰撞频率有关.

1.7　电磁场的量子化

电磁场的量子化是量子光学首先要讨论的问题. 人们对光即对电磁波场的认识, 经历了一个漫长的过程. 在经典力学范围内, 众所周知, 首先有 Newton 的光微粒假设, 后来有 Huygens 的波动学说, 最后定论在 Maxwell 的光的电磁波理论. 在量子力学范围内, 最先有黑体辐射的简谐振子理论, 后来有 Einstein 为了解释光电效应提出的光子假说. 如何将电磁波与光子学说统一起来, 就是我们要讨论的电磁场的量子化. 解决这一问题的依据是什么呢? 简单地说就是电磁场能的经典表示式与量子表示式, 前者代表 Maxwell 的波动理论, 而后者则代表黑体辐射量子论.

$$H_c = \frac{1}{8\pi}\int \mathrm{d}\tau(E^2 + H^2)$$

$$H_Q = \frac{1}{2} \sum_j \hbar\omega_j \left(n_j + \frac{1}{2} \right)$$

第一个表达式, 表明场能应是能密度 $(E^2 + H^2)/8\pi$ 的体积分, 而第二个表达式则说明场能可理解为许多独立简谐振子能量 $(n_j + 1/2)\hbar\omega_j$ 的总和. 其中 ω_j 为第 j 简谐振子的角频, 而 $\hbar\omega_j$ 为具有该频率的光子能量, 而 n_j 为具有该频率的光子数, $1/2$ 为零点振动能. 这些恰是 Planck 与 Einstein 所给出的量子论图像. 为何将这两个者统一起来, 开创性的工作是 Dirac 与 Fermi 最早发表. 实质上就是将电磁场展开为一系列驻波模式的叠加, 并与简谐振子等同起来. 而简谐振子的量子化规则是已有了的. 这样一步一步建立了场地量子化规则.

1.7.1　电磁场的模式展开

首先将自由空间的电磁场用驻波模式展开. 参照前面的 (1.1.13) 式并计及自由空间的 $\boldsymbol{P}^{\mathrm{NL}} = 0$ 便得出

$$\nabla^2 \boldsymbol{E} - \frac{1}{c^2} \frac{\partial^2 \boldsymbol{E}}{\partial t^2} = 0 \tag{1.7.1}$$

现在考虑一长度为 L 的谐振腔内, 电场 $\boldsymbol{E}$ 的驻波模式, 亦即满足波动方程 (1.7.1) 的各种驻波模式解. 为简单起见, 故取电场 $\boldsymbol{E}$ 的 x 方向分量 $E_x(z,t)$ 的正交模式展开

$$E_x(z,t) = -\sum_j \left(\frac{8\pi\omega_j^2 m_j}{V} \right)^{\frac{1}{2}} q_j(t) \sin(k_j z)$$

$$k_j = \frac{j\pi}{L}, \quad j = 1, 2, 3, \cdots \tag{1.7.2}$$

式中, q_j 为模式幅度, 具有长度因次, 而 k_j 为波数. $\omega_j = j\pi c/L$ 为腔所允许的谐振频率, 即本征频率. $V = LA$ 为腔的体积, A 为腔的横截面, m_j 为常数, 具有质量的因次. m_j、q_j 的引进均是为了将电磁场的单模振荡与经典力学质点的简谐振动等价, 只有形式上的意义. 由 (1.1.2) 式, 并注意到在真空中 $\boldsymbol{P} = 0$, $\boldsymbol{D} = \boldsymbol{E} + 4\pi\boldsymbol{P}$, 自由空间的 $\boldsymbol{J} = 0$, 便得

$$\nabla \times \boldsymbol{H} = \frac{1}{c} \frac{\partial \boldsymbol{E}}{\partial t} \tag{1.7.3}$$

将 (1.7.2) 式代入 (1.7.3) 式便得 H_y 的展开式

$$H_y = \sum_j \left(\frac{8\pi m_j}{V} \right)^{\frac{1}{2}} \dot{q}_j(t) \cos(k_j z) \tag{1.7.4}$$

将 (1.7.2) 式和 (1.7.4) 式代入经典场能表示式

$$H = \frac{1}{8\pi} \int_V \mathrm{d}\tau (E_x^2 + H_y^2)$$

$$= \frac{1}{2}\sum_j (m_j\omega_j^2 q_j^2 + m_j\dot{q}_j^2) = \frac{1}{2}\sum_j \left(m_j\omega_j^2 q_j^2 + \frac{p_j^2}{m_j}\right) \tag{1.7.5}$$

(1.7.5) 式左边为场能形式而右边为简谐振子的能量形式, $p_j = m_j\dot{q}_j$ 为第 j 模式的正则动量. 每一模式均等价于一个力学的频率为 ω_j 的简谐振子.

1.7.2 电磁场的量子化

按力学运动粒子量子化规则得出 p_j、q_j 的对易规则为

$$[q_j, p_j] = i\hbar\delta_{jj'}$$

$$[q_j, q_{j'}] = [p_j, p_{j'}] = 0 \tag{1.7.6}$$

(1.7.6) 式仅是量子力学粒子运动的量子化规则, 还未能帮助我们见到光子的产生及湮没 (被吸收) 的物理图像. 如果将 (1.7.5) 式右端作一正则变换, $q_j, p_j \longrightarrow a_j, a_j^\dagger$ 情况就不一样了. 这个变换被定义为

$$a_j \mathrm{e}^{-i\omega_j t} = \frac{1}{\sqrt{2m_j\hbar\omega_j}}(m_j\omega_j q_j + ip_j)$$

$$a_j^\dagger \mathrm{e}^{i\omega_j t} = \frac{1}{\sqrt{2m_j\hbar\omega_j}}(m_j\omega_j q_j - ip_j) \tag{1.7.7}$$

于是 (1.7.5) 式可写为

$$H = \hbar\sum_j \omega_j \left(a_j^\dagger a_j + \frac{1}{2}\right) \tag{1.7.8}$$

将 (1.7.8) 式与场能的量子表达式 H_Q 比较一下, 是非常接近的, 只要将 n_j 定义为 $a_j^\dagger a_j$, 两式便全等了. 由 (1.7.6) 式和 (1.7.7) 式不难证明, $a_j^\dagger$、a_j 满足如下对易关系:

$$[a_j, a_j^\dagger] = \delta_{jj'}, \quad [a_j, a_{j'}] = [a_j^\dagger, a_{j'}^\dagger] = 0 \tag{1.7.9}$$

参照式, 将 (1.7.2) 式和 (1.7.4) 式用 $a_j^\dagger$、a_j 来表示, 便得

$$E_x(z,t) = -\sum_j \left(\frac{4\pi\hbar\omega_j}{V}\right)^{\frac{1}{2}} (a_j \mathrm{e}^{-i\omega_j t} + a_j^\dagger \mathrm{e}^{i\omega_j t})\sin(k_j z)$$

$$H_y(z,t) = i\sum_j \left(\frac{4\pi\hbar\omega_j}{V}\right)^{\frac{1}{2}} (a_j \mathrm{e}^{-i\omega_j t} - a_j^\dagger \mathrm{e}^{i\omega_j t})\cos(k_j z) \tag{1.7.10}$$

注意到 (1.7.10) 式是将 $E_x(z,t)$ 用驻波模式 $\sin(k_j z)$ 进行展开的, 如用行波模式 $\mathrm{e}^{ik_j z} = \cos(k_j z) + i\sin(k_j z)$ 展开, 并考虑到 $\int_0^L \sin^2(k_j z)\mathrm{d}z/L = 1/2$, 而 $\int_0^L \mathrm{e}^{ik_j z}\cdot$

$e^{-ik_j z} dz/L = 1$, 故有

$$E_x(z,t) = i \sum_j \left(\frac{2\pi\hbar\omega_j}{V}\right)^{\frac{1}{2}} \left(a_j e^{-i\omega_j t + ik_j z} - a_j^\dagger e^{i\omega_j t - ik_j z}\right) \tag{1.7.11}$$

一般地, 令 $\varepsilon_{\boldsymbol{k}} = (2\pi\hbar\omega_{\boldsymbol{k}}/V)^{\frac{1}{2}}$,

$$\boldsymbol{E}(\boldsymbol{r},t) = i \sum_{\boldsymbol{k},\lambda} \hat{\boldsymbol{\epsilon}}_{\boldsymbol{k}}^{(\lambda)} \varepsilon_{\boldsymbol{k}} a_{\boldsymbol{k},\lambda} e^{-i\omega_{\boldsymbol{k}} t + i\boldsymbol{k}\cdot\boldsymbol{r}} + \text{c.c.}$$

$$\boldsymbol{H}(\boldsymbol{r},t) = i \sum_{\boldsymbol{k},\lambda} \frac{c\boldsymbol{k} \times \hat{\boldsymbol{\epsilon}}_{\boldsymbol{k}}^{(\lambda)}}{\omega_{\boldsymbol{k}}} \varepsilon_{\boldsymbol{k}} a_{\boldsymbol{k},\lambda} e^{-i\omega_{\boldsymbol{k}} t + i\boldsymbol{k}\cdot\boldsymbol{r}} + \text{c.c.} \tag{1.7.12}$$

式中, $\hat{\boldsymbol{\epsilon}}_{\boldsymbol{k}}^{(\lambda)}$ 为偏振方向的单位矢量, 而 λ 在相互垂直方向求和

$$\sum_{\boldsymbol{k},\lambda} = \sum_{\boldsymbol{k}} \sum_{\lambda} = \left(\frac{L}{2\pi}\right)^3 \int d^3\boldsymbol{k} \sum_{\lambda} \tag{1.7.13}$$

(1.7.13) 式 $\sum_{\lambda}$ 即对两个可能的偏振态求和. 这时对易关系 (1.7.9) 应推广为

$$\left[a_{\boldsymbol{k},\lambda}, a_{\boldsymbol{k}',\lambda'}\right] = \left[a_{\boldsymbol{k},\lambda}^\dagger, a_{\boldsymbol{k}',\lambda'}^\dagger\right] = 0$$

$$\left[a_{\boldsymbol{k},\lambda}, a_{\boldsymbol{k}',\lambda'}^\dagger\right] = \delta_{\boldsymbol{k}\boldsymbol{k}'} \delta_{\lambda\lambda'} \tag{1.7.14}$$

$\hat{\boldsymbol{\epsilon}}_{\boldsymbol{k}}^{(1)}$、$\hat{\boldsymbol{\epsilon}}_{\boldsymbol{k}}^{(2)}$、$\boldsymbol{k}/k$ 为彼此相互垂直的单位矢量. 由这三者可构成单位并矢

$$\hat{\boldsymbol{\epsilon}}_{\boldsymbol{k}}^{(1)} \hat{\boldsymbol{\epsilon}}_{\boldsymbol{k}}^{(1)} + \hat{\boldsymbol{\epsilon}}_{\boldsymbol{k}}^{(2)} \hat{\boldsymbol{\epsilon}}_{\boldsymbol{k}}^{(2)} + \frac{\boldsymbol{k}\boldsymbol{k}}{k^2} = I \tag{1.7.15}$$

并有

$$\hat{\epsilon}_{\boldsymbol{k}i}^{(1)} \hat{\epsilon}_{\boldsymbol{k}j}^{(1)} + \hat{\epsilon}_{\boldsymbol{k}i}^{(2)} \hat{\epsilon}_{\boldsymbol{k}j}^{(2)} = \delta_{ij} - \frac{k_i k_j}{k^2} \tag{1.7.16}$$

应用 (1.7.12) 式、(1.7.14) 式、(1.7.16) 式, 得

$$\begin{aligned}
[E_x(\boldsymbol{r},t), H_y(\boldsymbol{r},t)] &= \frac{2\pi\hbar c}{V} \sum_{\boldsymbol{k},\lambda} \epsilon_{\boldsymbol{k}x}^{(\lambda)} \left[\epsilon_{\boldsymbol{k}x}^{(\lambda)} k_z - \epsilon_{\boldsymbol{k}z}^{(\lambda)} k_x\right] \left[e^{i\boldsymbol{k}\cdot(\boldsymbol{r}-\boldsymbol{r}')} - e^{-i\boldsymbol{k}\cdot(\boldsymbol{r}-\boldsymbol{r}')}\right] \\
&= \frac{2\pi\hbar c}{V} \sum_{\boldsymbol{k}} k_z \left[e^{i\boldsymbol{k}\cdot(\boldsymbol{r}-\boldsymbol{r}')} - e^{-i\boldsymbol{k}\cdot(\boldsymbol{r}-\boldsymbol{r}')}\right] \\
&= i4\pi\hbar c \frac{\partial}{\partial z} \delta^{(3)}(\boldsymbol{r}-\boldsymbol{r}')
\end{aligned} \tag{1.7.17}$$

一般地

$$[E_j(\boldsymbol{r},t), H_j(\boldsymbol{r},t)] = 0, \quad j = x, y, z$$

$$[E_j(\boldsymbol{r},t), H_k(\boldsymbol{r}',t)] = i4\pi\hbar c \frac{\partial}{\partial l} \delta^{(3)}(\boldsymbol{r}-\boldsymbol{r}') \tag{1.7.18}$$

j、k、l 构成 x、y、z 顺序排列, 由 (1.7.18) 式得知 $\boldsymbol{E}$、$\boldsymbol{H}$ 的平行分量是可同时测量的, 但相互垂直的分量不能同时准确测量.

1.7.3 光子数态 (Fock 态)

现在讨论频率为 ω 的单模场, 它的能量算符的本征态用 $|n\rangle$ 表示, 本征值为 E_n, 于是由 (1.7.8) 式得

$$H|n\rangle = \hbar\omega \left(a^\dagger a + \frac{1}{2} \right) |n\rangle = E_n|n\rangle \tag{1.7.19}$$

我们将 H 作用在 $a|n\rangle$ 上, 并注意 $aa^\dagger - a^\dagger a = 1$, 则得

$$
\begin{aligned}
Ha|n\rangle &= \hbar\omega \left(a^\dagger a + \frac{1}{2} \right) a|n\rangle = \hbar\omega \left(aa^\dagger - \frac{1}{2} \right) a|n\rangle \\
&= \hbar\omega a \left(a^\dagger a + \frac{1}{2} \right) |n\rangle - \hbar\omega a|n\rangle \\
&= (E_n - \hbar\omega)a|n\rangle
\end{aligned} \tag{1.7.20}
$$

可见 $a|n\rangle$ 也是能量算子 H 的本征态, 其本征值为 $E_{n-1} = E_n - \hbar\omega$, 本征态应为 $|n-1\rangle = a/\alpha_n|n\rangle$, 按归一化条件

$$\langle n-1|n-1\rangle = \left\langle n|\frac{a^\dagger a}{|\alpha_n|^2}|n \right\rangle = \frac{n}{|\alpha_n|^2}\langle n|n\rangle = \frac{n}{|\alpha_n|^2} = 1 \tag{1.7.21}$$

故有 $\alpha_n = \sqrt{n}$.

$$a|n\rangle = \sqrt{n}|n-1\rangle, \quad a|0\rangle = 0 \tag{1.7.22}$$

同样方式可求出

$$a^\dagger|n\rangle = \sqrt{n+1}|n+1\rangle \tag{1.7.23}$$

重复这一过程, 得

$$|n\rangle = \frac{(a^\dagger)^n}{\sqrt{n!}}|0\rangle \tag{1.7.24}$$

而

$$H|n\rangle = \hbar\omega \left(a^\dagger a + \frac{1}{2} \right) |n\rangle = \hbar\omega \left(n + \frac{1}{2} \right) |n\rangle$$

即

$$E_n = \left(n + \frac{1}{2} \right) \hbar\omega \tag{1.7.25}$$

故 $|n\rangle$ 态表示有 n 个光子的态, $\hbar\omega/2$ 为零点能量, 使 $n = 0$, 什么光子也没有的真空态. 零点能量 $E_0 = \hbar\omega/2$ 也还是有的, 这个能量也称其为真空起伏能. 这一点非常重要, 它是引起原子的自发辐射及原子能级的 Lamb 移位之源. 有很多量子光学现象, 均与此有关. Fock 态的全体 $|n\rangle$, 构成一完备集, 即

$$\sum_{n=0}^{\infty} |n\rangle\langle n| = 1 \tag{1.7.26}$$

任意态

$$|\psi\rangle = \sum_n C_n|n\rangle, \quad C_n = \langle n|\psi\rangle \tag{1.7.27}$$

上面讨论的是单模场的光子数态, 推广到多模场是容易的.

$$H = \sum_k H_{\boldsymbol{k}} = \sum \hbar\omega_k\left(a_k^\dagger a_k + \frac{1}{2}\right)$$

$$H_{\boldsymbol{k}}|n_{\boldsymbol{k}}\rangle = \hbar\omega_k\left(n_{\boldsymbol{k}} + \frac{1}{2}\right)|n_{\boldsymbol{k}}\rangle$$

$$a_{\boldsymbol{k}j}|n_{\boldsymbol{k}_1}, n_{\boldsymbol{k}_2}, \cdots, n_{\boldsymbol{k}_j}, \cdots\rangle = \sqrt{n_{\boldsymbol{k}j}}|n_{\boldsymbol{k}_1}, n_{\boldsymbol{k}_2}, \cdots, n_{\boldsymbol{k}_j} - 1, \cdots\rangle$$

$$a_{\boldsymbol{k}j}^\dagger|n_{\boldsymbol{k}_1}, n_{\boldsymbol{k}_2}, \cdots, n_{\boldsymbol{k}_j}, \cdots\rangle = \sqrt{n_{\boldsymbol{k}j} + 1}|n_{\boldsymbol{k}_1}, n_{\boldsymbol{k}_2}, \cdots, n_{\boldsymbol{k}_j} + 1, \cdots\rangle \tag{1.7.28}$$

1.8　原子辐射的线宽与能级移位

1.8.1　单原子辐射

初始处于激发态的原子自发辐射回到基态, 由于辐射场对原子的反作用, 会使得原子辐射有一定的线宽且有能级移位. 这从原子波函数随时间的变化可以看出. 这就是 Wigner 与 Weisskopf 的自然线宽理论 [13,14].

将电场 $\boldsymbol{E}$ 经量子化后的 (1.7.12) 式用空间模式 $u_\lambda(\boldsymbol{r})$ 的展开来表示, 就是按空间模式 $u_\lambda(r)$ 的展开式

$$\begin{aligned}
\boldsymbol{E}(\boldsymbol{r}, t) &= -\mathrm{i}\sum_{\lambda,\sigma}\sqrt{2\pi\hbar\omega_\lambda}(b_\lambda^\dagger \mathrm{e}^{\mathrm{i}\omega_\lambda t} - b_\lambda \mathrm{e}^{-\mathrm{i}\omega_\lambda t})\boldsymbol{\varepsilon}_{\lambda,\sigma}u_\lambda(\boldsymbol{r}) \\
&= \sum_{\lambda,\sigma}(E_{\lambda,\sigma}\mathrm{e}^{-\mathrm{i}\omega_\lambda t} + E_{\lambda,\sigma}^*\mathrm{e}^{\mathrm{i}\omega_\lambda t})u_\lambda(\boldsymbol{r})
\end{aligned} \tag{1.8.1}$$

式中, λ 为模式指标, $\boldsymbol{\varepsilon}_{\lambda,\sigma}$ 为光的偏振, $u_\lambda(\boldsymbol{r})$ 为归一化的空间模式, 若为平面波, 则 $u_\lambda(\boldsymbol{r}) = L^{-3/2}\mathrm{e}^{\mathrm{i}\boldsymbol{k}_\lambda \cdot \boldsymbol{r}}$. L 为谐振腔的尺度, b_λ、$b_\lambda^\dagger$ 分别为第 λ 模式的光子的湮没与产生算符. 由 (1.8.1) 式给出的 $\boldsymbol{E}(\boldsymbol{r}, t)$ 是一个算符展开, 只有作用在态函数上才有意义. 例如, 作用在真空态 $|0_\lambda\rangle$ 上, $b_\lambda|0\rangle = 0$, $b_\lambda^\dagger|0\rangle = |1_\lambda\rangle$, 故 (1.8.1) 式为

$$\boldsymbol{E}(\boldsymbol{r}, t)|0\rangle = -\mathrm{i}\sum_{\lambda,\sigma}\sqrt{2\pi\hbar\omega_\lambda}\mathrm{e}^{\mathrm{i}\omega_\lambda t}\boldsymbol{\varepsilon}_{\lambda,\sigma}u_\lambda(\boldsymbol{r})|1_\lambda\rangle \tag{1.8.2}$$

于是原子与真空场的偶极相互作用矩阵元按 (1.3.3) 式有

$$\begin{aligned}
\langle g, 1_\lambda|H'|e, 0_\lambda\rangle &= \mathrm{i}\sqrt{2\pi\hbar\omega_\lambda}\mathrm{e}^{\mathrm{i}\omega_\lambda t}u_\lambda(\boldsymbol{r})\langle g| - e\boldsymbol{r}|e\rangle \cdot \boldsymbol{\varepsilon}_{\lambda,\sigma} \\
&\simeq (-e)\mathrm{i}\sqrt{\frac{2\pi\hbar}{\omega_\lambda}}\omega_{e,g}\mathrm{e}^{\mathrm{i}\omega_\lambda t}u_\lambda(\boldsymbol{r})\langle e|\boldsymbol{r}|g\rangle \cdot \boldsymbol{\varepsilon}_{\lambda,\sigma}
\end{aligned}$$

$$= (-e)\sqrt{\frac{2\pi\hbar}{\omega_\lambda}}e^{i\omega_\lambda t}u_\lambda(\boldsymbol{r})\boldsymbol{v}_{e,g}\cdot\boldsymbol{\varepsilon}_{\lambda,\sigma} \tag{1.8.3}$$

(1.8.3) 式代入了关系式 $v_{e,g}=\langle e|\boldsymbol{p}/m|g\rangle=i\omega_{e,g}\langle e|\boldsymbol{r}|g\rangle$ (参见文献 [12]). 这是一个激发态原子辐射出一个状态为 "λ, $\varepsilon_{\lambda,\sigma}$" 的光子, 并向末态 g 跃迁的 H' 矩阵元. 参照弱场微扰理论 (1.4.5) 式求得原子的初始状态 $|e,0\rangle$ 及末态 $|g,1_\lambda\rangle$ 的模量 $a_{e,0}(t)$、$a_{g,1_\lambda}(t)$ 随时间 t 的变率方程为

$$\frac{da_{e,0}(t)}{dt}=\frac{1}{i\hbar}\sum_{g,1_\lambda}\langle e,0|H'|g,1_\lambda\rangle e^{i\omega_{e,g}t}a_{g,1_\lambda}(t)$$

$$\frac{da_{g,1_\lambda}(t)}{dt}=\frac{1}{i\hbar}\langle g,1_\lambda|H'|e,0\rangle e^{-i\omega_{e,g}t}a_{e,0}(t) \tag{1.8.4}$$

由此解出

$$a_{g,1_\lambda}=\frac{1}{i\hbar}\int_0^t\langle g,1_\lambda|H'|e,0\rangle e^{-i\omega_{e,g}t'}a_{e,0}(t')dt'$$

$$=\frac{-ie}{\hbar}\sqrt{\frac{2\pi\hbar}{\omega_\lambda L^3}}e^{ik_\lambda\cdot\boldsymbol{r}}\boldsymbol{v}_{eg}\cdot\boldsymbol{\varepsilon}_{\lambda,\sigma}\int_0^t e^{-i(\omega_{e,g}-\omega_\lambda)t'}a_{e,0}(t')dt'$$

$$\frac{da_{e,0}(t)}{dt}=\frac{-1}{\hbar^2}\sum_{g,1_\lambda}\frac{2\pi\hbar e^2}{\omega_\lambda L^3}(\boldsymbol{v}_{eg}\cdot\boldsymbol{\varepsilon}_{\lambda,\sigma})^2\int_0^t e^{i(\omega_{e,g}-\omega_\lambda)(t-t')}a_{e,0}(t')dt' \tag{1.8.5}$$

现对 $a_{e,0}(t)$ 作 Laplace 变换, 并注意到 $a_{e,0}=1$, 于是有

$$\tilde{a}(s)=\int_0^\infty a_{e,0}(t)e^{-st}dt$$

$$\int_0^\infty e^{-st}\frac{d}{dt}a_{e,0}(t)dt=s\tilde{a}(s)-1$$

$$\int_0^\infty e^{-st}dt\int_0^t e^{i(\omega_{e,g}-\omega_\lambda)(t-t')}a_{e,0}(t')dt'$$

$$=\int_0^\infty a_{e,0}(t')e^{-i(\omega_{e,g}-\omega_\lambda)t'}dt'\int_{t'}^\infty e^{-[s-i(\omega_{e,g}-\omega_\lambda)]t}dt$$

$$=\int_0^\infty\frac{a_{e,0}(t)e^{-st}dt}{s-i(\omega_{e,g}-\omega_\lambda)}=\frac{\tilde{a}(s)}{s-i(\omega_{e,g}-\omega_\lambda)} \tag{1.8.6}$$

代入 (1.8.5) 式得

$$\tilde{a}(s)=\left(s+\frac{i}{\hbar^2}\sum_{g,1_\lambda,\sigma}\frac{2\pi\hbar e^2(\boldsymbol{v}_{eg}\cdot\boldsymbol{\varepsilon}_{\lambda\sigma})^2}{L^3\omega_\lambda(\omega_{e,g}-\omega_\lambda+is)}\right)^{-1} \tag{1.8.7}$$

由 Laplace 反变换得出初态模量 $a_{e,0}(t)$

$$a_{e,0}(t) = \frac{1}{2\pi i} \int_{\varepsilon-i\infty}^{\varepsilon+i\infty} e^{st}\tilde{a}(s)ds = \frac{1}{2\pi i} \int_{\varepsilon-i\infty}^{\varepsilon+i\infty} \frac{e^{st}ds}{s + \dfrac{i}{\hbar^2}\displaystyle\sum_{g,1_{\lambda,\sigma}} \dfrac{2\pi\hbar e^2(\boldsymbol{v}_{eg}\cdot\boldsymbol{\varepsilon}_{\lambda\sigma})^2}{L^3\omega_\lambda(\omega_{eg}-\omega_\lambda+is)}}$$

(1.8.8)

上面沿 s 复平面虚轴的路径积分, 再补上左半平面无限大半圆 (贡献可略去), 便是一包括左半平面的闭路积分, 显然对积分作出贡献的即被积函数在左半平面的极点 $R_e(s) < 0$, 当 s 很小时

$$\frac{1}{\omega_{eg}-\omega_\lambda+is} = \frac{\omega_{eg}-\omega_\lambda}{(\omega_{eg}-\omega_\lambda)^2+s^2} - \frac{is}{(\omega_{eg}-\omega_\lambda)^2+s^2} \approx \frac{P}{\omega_{eg}-\omega_\lambda} - i\pi\delta(\omega_{eg}-\omega_\lambda)$$

(1.8.9)

式中, P 为取主值, 而 $\displaystyle\int_{-\infty}^{\infty}\delta(x)dx = 1$, 代入 (1.8.8) 式得

$$a_{e,0}(t) = \frac{1}{2\pi i}\int_{\varepsilon-i\infty}^{\varepsilon+i\infty}\frac{e^{st}ds}{s+\dfrac{1}{2}\gamma_e+i\Delta\omega_e} = e^{-\left(\frac{1}{2}\gamma_e+i\Delta\omega_e\right)t}$$

(1.8.10)

式中

$$\gamma_e = \frac{2\pi}{\hbar^2}\sum_{g,1_{\lambda,\sigma}}\frac{2\pi\hbar e^2(\boldsymbol{v}_{eg}\cdot\boldsymbol{\varepsilon}_{\lambda\sigma})^2}{L^3\omega_\lambda}\delta(\omega_{eg}-\omega_\lambda)$$

$$\Delta\omega_e = \frac{1}{\hbar^2}\sum_{g,1_{\lambda,\sigma}}\frac{2\pi\hbar e^2(\boldsymbol{v}_{eg}\cdot\boldsymbol{\varepsilon}_{\lambda\sigma})^2}{L^3\omega_\lambda}\frac{P}{\omega_{eg}-\omega_\lambda}$$

(1.8.11)

由 (1.8.10) 式看出, 初态模量 $a_{e,0}(t)$ 由于原子与真空场 $|0\rangle$ 的相互作用按 $e^{-\gamma_e\frac{t}{2}}$ 衰减, 而且能级有 $\Delta\omega_e$ 的移位, γ_e、$\Delta\omega_e$ 的数值可按 (1.8.11) 式计算, 注意到 (图 1.8)

$$\sum_{1_\lambda}\frac{1}{L^3} = \int\frac{\omega_\lambda^2 d\omega_\lambda}{8\pi^3c^3}d\Omega$$

(1.8.12)

$$\sum_{\sigma=1,2}|\boldsymbol{v}_{eg}\cdot\boldsymbol{\varepsilon}_{\lambda\sigma}|^2 = v_{eg}^2(\cos^2\alpha+\cos^2\beta) = v_{eg}^2(1-\cos^2\theta)$$

代入 (1.8.11) 式得

$$\gamma_e = \sum_g\frac{e^2v_{eg}^2}{2\hbar\pi c^3}\int\omega_\lambda\delta(\omega_{eg}-\omega_\lambda)d\omega_\lambda\int(1-\cos^2\theta)d\Omega = \sum_g\frac{4\mu_{eg}^2\omega_{eg}^3}{3\hbar c^3}$$

(1.8.13)

$$\Delta\omega_e = -\sum_g\frac{e^2v_{eg}^2}{4\hbar\pi^2c^3}P\int\frac{\omega_\lambda d\omega_\lambda}{\omega_\lambda-\omega_{eg}}\int(1-\cos^2\theta)d\Omega = -\sum_g\frac{2e^2v_{eg}^2}{3\hbar c^3}P\int\frac{\omega_\lambda d\omega_\lambda}{\omega_\lambda-\omega_{eg}}$$

(1.8.13) 式给出的 γ_e, 即原子的自发辐射寿命, 但给出的能级移位则是发散的, 需要进行质量重整化才能得出有物理意义的结果.

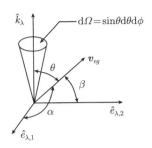

图 1.8 μ 与 k_λ、$\hat{e}_{\lambda,1}$、$\hat{e}_{\lambda,2}$ 的夹角

现引入参量 $k = \hbar\omega_\lambda$ 为光子的能量, $\hbar\omega_{eg} = E_e - E_g$, $W_e = \hbar\Delta\omega_e$ 为电子与光场相互作用而产生的移位能, 或称之为电子的自能. $\boldsymbol{v}_{eg} = \boldsymbol{p}/m = \hbar/im\nabla$ 为电子的速度, 则上式可写为

$$W_e = -\frac{2e^2}{3\pi\hbar c^3} \int_0^K k\mathrm{d}k \sum_g \frac{|\boldsymbol{v}_{eg}|^2}{k + E_g - E_e} \tag{1.8.14}$$

积分 (1.8.14) 式, K 取为 mc^2. 上面公式是对束缚电子而言的. 如果是自由电子, 则自能为

$$W_0 = \frac{-2e^2}{3\pi\hbar c^3} \int_0^K \sum_g |\boldsymbol{v}_{eg}|^2 \mathrm{d}k \tag{1.8.15}$$

如果认为这个自能已经被包含到自由电子的质量中去了, 则束缚电子添加的自能部分 W' 也称为 Lamb 移位, 应是 W 与 W_0 之差, 即

$$W'_e = W_e - W_0 = \frac{-2e^2}{3\pi\hbar c^3} \int_0^K \mathrm{d}k \sum_g \frac{|v_{eg}|^2(E_e - E_g)}{k + E_g - E_e} \tag{1.8.16}$$

Bethe 用此公式对氢原子的 2s 与 $2\mathrm{p}_{1/2}$ 能级作详细计算 [15]. 发现 $2\mathrm{p}_{1/2}$ 能级的移位可略去不计, 2s 电子能级移位达 $17.8R_y$, 即 1040MHz, 与 Lamb 用实验精确测定的 $W'_{2\mathrm{s}} - W'_{2\mathrm{p}_{1/2}} = 1000$MHz 很符合 [16]. 应指出上面的能级移位, 均是由真空场 (即虚光子) 与电子的相互作用引起的. 而激光 (实光子) 与电子的相互作用是否也同样可以引起能级移位呢? 在激光出现不久, 我们就作过计算 [17]. 虚光子与电子的相互作用是通过电子由初态 e 放出一个光子 $\hbar\nu$ 到达中间态 e', 然后又吸收这个光子回到初态 e 来实现, 对 Lamb 移位的贡献为 W'_e. 而光子与电子的相互作用, 除了这种形式外, 还可以由另一种形式, 即首先由初态先吸收一个光子到达中间态 e'', 其次放出一个光子回到初态 e, 对 Lamb 移位的贡献为 W''_e. W'_e、W''_e 及总的移位 ΔW_e 分别为

$$W'_e = \frac{-2e^2}{3\pi\hbar c^3} \int_0^K n(k)\mathrm{d}k \sum_g \frac{|v_{eg}|^2(E_e - E_g)}{k + E_g - E_e}$$

$$W_e'' = \frac{-2e^2}{3\pi\hbar c^3} \int_0^K n(k)\mathrm{d}k \sum_g \frac{-|v_{eg}|^2(E_e - E_g)}{-k + E_g - E_e}$$

$$\Delta W_e = W_e' + W_e'' = \frac{-2e^2}{3\pi\hbar c^3} \int_0^K n(k)\mathrm{d}k \sum_g \frac{2k|v_{eg}|^2(E_e - E_g)}{k^2 - (E_g - E_e)^2} \tag{1.8.17}$$

式中, $n(k)$ 为光子简并度. 我们用此式计算了红宝石的 R 线以及氦氖激光对氢原子的 2s 与 $2\mathrm{p}_{1/2}$ 能级移位 (这式也是计算 Compton 散射截面和共振荧光截面时所采用的 [16]). 在数值上, 激光产生的移位与真空场产生的移位有区别, 对真空场 $2\mathrm{p}_{1/2}$ 几乎不移位只有 2s 能级移位, 而对激光 $2\mathrm{p}_{1/2}$ 的移位比 2s 的移位大, 这主要是由于激光的单色性引起的. 对红宝石激光来说, 取光子简并度 $n = 5 \times 10^7$, 线宽 $\Delta\omega = 0.2\mathrm{cm}^{-1}$. 算得的移位 $W' = W_{2\mathrm{s}}' - W_{2\mathrm{p}_{1/2}}'$ 是真空场的 10.7 倍, 即 $0.37\mathrm{cm}^{-1}$, 对氦氖气体激光取 $n\Delta\omega = 6.67 \times 10^5\mathrm{cm}^{-1}$. 算得的移位 W' 是真空场的 0.029 倍, 即 $0.001\mathrm{cm}^{-1}$.

1.8.2　N 原子辐射

关于 N 原子辐射, 也有许多有趣的结果 [18]. 它的线宽 Γ 与能级 $\Delta\omega$ 可表示为 $\Gamma + \mathrm{i}\Delta\omega_\mathrm{s} + 2\gamma n(\gamma' + \mathrm{i}\delta')$, 其中前两项为单原子的线宽与能级位移, 第三项为正比于原子密度带来的修正. γ'、δ' 随用原子跃迁波长 λ 归一化的 de Broglie 波长 $\xi_\mathrm{B} = k_\mathrm{L}\lambda_\mathrm{B}/2\sqrt{2\pi} = k_\mathrm{L}/\sqrt{mKT}$ 而变化的曲线如图 1.9 所示.

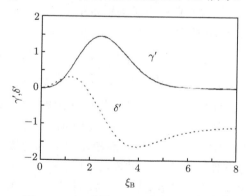

图 1.9　γ'、δ' 随 ξ_B 而变化的曲线 [18]

附录 1A　(1.2.27) 式的解析求解

将 (2.2.27) 式用椭圆积分表示为

$$\zeta = \int \frac{\mathrm{d}n_0}{2\sqrt{\pm n_0(m_1 - n_0)(m_2 - n_0)(m_3 - n_0) - (m_0 + n_0\Delta s)^2}} \tag{1A.1}$$

通过分式变换 $n_0 = \dfrac{\alpha x + \beta}{\gamma x + \delta}$, (1A.1) 式变为 [7]

$$\zeta = (\alpha\delta - \beta\gamma) \int_\rho^\infty \frac{\mathrm{d}x}{\sqrt{4x^3 - g_2 x - g_3}} \tag{1A.2}$$

或写为

$$u = \int_{\rho(u)}^\infty \frac{\mathrm{d}x}{\sqrt{4x^3 - g_2 x - g_3}}, \quad u = \frac{\zeta}{\alpha\delta - \beta\gamma} \tag{1A.3}$$

式中, $\rho(u)$ 即 Weierstrass 椭圆积分. 设

$$4x^3 - g_2 x - g_3 = (x - e_1)(x - e_2)(x - e_3) \tag{1A.4}$$

作如下判别:

(1) 当 (1A.4) 式左端三次方程判别式 $\Delta > 0$ 时, e_1、e_2、e_3 为实根, 且

$$e_1 > e_2 > e_3 \tag{1A.5}$$

Weierstrass 椭圆函数 $\rho(u)$ 与 Jacobi 椭圆函数 $\mathrm{sn}(u', k)$ 的关系为

$$\rho(u) = e_3 + (e_1 - e_3)\frac{1}{\mathrm{sn}^2(\sqrt{e_1 - e_3}\,u, k)}$$
$$k = \sqrt{\frac{e_2 - e_3}{e_1 - e_3}} \tag{1A.6}$$

(2) 判别式 $\Delta < 0$ 时, 设 e_2 为实根, e_1、e_3 为共轭复根: $e_1 = \alpha + \mathrm{i}\beta$, $e_3 = \alpha - \mathrm{i}\beta$, 则有

$$\rho(u) = e_2 + \sqrt{9\alpha^2 + \beta^2}\frac{1 + \mathrm{cn}(2\sqrt[4]{9\alpha^2 + \beta^2}\,u, k)}{1 - \mathrm{cn}(2\sqrt[4]{9\alpha^2 + \beta^2}\,u, k)}$$
$$k = \sqrt{\frac{1}{2} - \frac{3e_2}{\sqrt{9\alpha^2 + \beta^2}}} \tag{1A.7}$$

根据 (1A.1) 式 $\sim$(1A.7) 式就可将解 n_0 最终表示为 Jacobi 椭圆函数 sn 或 cn.

参 考 文 献

[1]　Boyd R W. Nonlinear Optics. New York: Academic Press, 1992.

[2]　Shen Y R. The Principles of Nonlinear Optics. New York: Academic Press, 1984.

[3]　Bloembergen N. Nonlinear Optics. New York: Benjamin, 1965.

[4]　Miller R C. Optical second harmonic generation in piezoelectric crystals. Appl. Phys. Letter., 1964, 5 :17.

[5]　Taniuti T, Nishihara K. Nonlinear Waves. New York: Pitman Pub. Program, 1983: 144.

[6] 阿希泽尔 H U. 椭圆函数纲要. 北京：商务印书馆, 1956: 59.

[7] Armstrong A, Blombergen N, Ducuing J, et al. Interaction between light waves in a nonlinear dielectric. Phys. Rev., 1962, 127:1818.

[8] Gradshteyn I S, Ryzhik I M. Table of Integrals, Series, and Products. New York: Academic Press, 1980: 919.

[9] Miles R B, Harris S E. Optical third-harmonic generation in alkali metal vapors. IEEE J. Quantum Electronics, 1973, QE-9: 470.

[10] Born M, Wolf E. 光学原理. 北京：科学出版社, 1981: 587.

[11] Manley J M, Rowe H E. General properties of nonlinear elements. Proc. IRE, 1956, 44:904; Proc. IRE, 1959, 47:215.

[12] Sehiff L I. Quantum Mechanics. 3rd ed. New York: MeGrAW-Hill Book Company, 1955.

[13] Dirac P A M. The Principles of Quantum Mechanics. 4th ed. New York: Oxford, 1958; Dirac P A M. The quantum theory of the emission and absorption of radiation. Proceeding of the Royal Society of London, 1927, A, 114: 243; Fermi E. Sopra Le'ttrodinamica quantisica. Atti della Reale Accademia Nazionale dei Lincei, 1930,12: 431.

[14] Weisskopf V G, Wigner E Z.Phys. 1930, 54: 63.

[15] Bethe H A. The electromagnetic shift of energy levels. Phys. Rev., 1947, 72: 339.

[16] Lamb W E Jr, Retherford R C. Fine structure of the hydrogen atom by a microwave method. Phys. Rev., 1947, 72: 241.

[17] 谭维翰, 支婷婷. 在 Laser 光中原子能级的移动. 物理学报, 1965, 21: 1827.

[18] 谭维翰, 刘仁红. 服从 Bose-Einstein 统计多原子体系的共振荧光. 量子光学学报, 1998, 42:78; Tan W H, Yan K Z, Liu R H. The enhancement of spontaneous and induced transition rates by a Bose-Einstein condensate. Jour. of Mod. Opt., 2000, 47:1729.

第2章 二能级系统的密度矩阵求解及光脉冲在非线性介质中的传播

非线性介质的量子理论的微扰展开, 虽给出通过解 Schrödinger 方程波函数计算非线性介质的极化与极化率的方法, 但只适用于弱场与非共振相互作用. 在强场与共振相互情况下, 微扰展开已不适用, 我们只能在旋波近似下解密度矩阵方程的基础上研究简化的二能级或三能级原子系统与辐射场相互作用. 模型虽然简化, 但仍具有典型性, 且理论结果已在实验中得到验证, 因而也是重要的. 这一章主要讨论二能级系统的密度矩阵求解, 三能级系统的密度矩阵求解要在第 3 章讨论.

2.1 二能级原子密度矩阵的矢量模型

在旋波近似下对二能级原子密度矩阵方程解析求解的研究, 最早是采用矢量模型 [1~5], 而且不考虑弛豫过程与无规力的作用. 现对 (1.6.16) 方程中的变数作一些变换, 令

$$\begin{aligned} &\Delta = 2\sigma_z, \quad \delta\omega = \omega_p - \omega_{21} \\ &v = \mathrm{i}(\sigma^- \mathrm{e}^{\mathrm{i}\delta\omega t} - \sigma^+ \mathrm{e}^{-\mathrm{i}\delta\omega t}) \\ &u = \sigma^- \mathrm{e}^{\mathrm{i}\delta\omega t} + \sigma^+ \mathrm{e}^{-\mathrm{i}\delta\omega t} \end{aligned} \tag{2.1.1}$$

则方程 (1.6.16) 可化为

$$\begin{aligned} \frac{\mathrm{d}u}{\mathrm{d}t} &= \delta\omega v \\ \frac{\mathrm{d}v}{\mathrm{d}t} &= -\delta\omega u + \Omega\Delta \\ \frac{\mathrm{d}\Delta}{\mathrm{d}t} &= -\Omega v \end{aligned} \tag{2.1.2}$$

令

$$\boldsymbol{R} = u\boldsymbol{i} + v\boldsymbol{j} + \Delta\boldsymbol{k}, \quad \boldsymbol{\beta} = \Omega\boldsymbol{i} + \delta\omega\boldsymbol{k} \tag{2.1.3}$$

则 (2.1.2) 式可写为矢量的形式

$$\frac{\mathrm{d}\boldsymbol{R}}{\mathrm{d}t} = -\boldsymbol{\beta} \times \boldsymbol{R} \tag{2.1.4}$$

(2.1.4) 式的解可用矢量 $\boldsymbol{R}$ 绕轴 $\boldsymbol{\beta}$ 的进动的几何图像表示出来. 对于辐射场频率 ω_p 与原子跃迁频率 ω_{21} 为共振情形 ($\delta\omega = \omega_p - \omega_{21} = 0$) 与偏离共振情形 ($\delta\omega \neq 0$)

的进动分别如图 2.1(a)、(b) 所示. 共振情形 $\delta\omega = 0$, β 与 i 轴重合. R 在 2–3 平面内绕轴 1 转动, 角速度为 $|\beta| = \Omega$. 当 R 转动到 $R_3 = 1$ 位置时 ($\rho_{22} = 1$, $\rho_{11} = 0$), 表明原子处于激发态; 当转动到 $R_3 = -1$ 位置时, 表明原子处于基态. 为求得偏离共振情形 $\delta\omega \neq 0$ 的通解, 可以这样来进行. 参照图 2.1(b), 设初始的 R 在坐标系 $(1, 2, 3)$ 中给出, 即 $R_0(R_{10}, R_{20}, R_{30})$. 将这初始值变换到 $(1', 2', 3')$ 坐标系, $1'$ 与 β 重合, 变换矩阵为 U, 得 $R_0' = UR_0$. 在坐标系 $(1', 2', 3')$ 中, R_0' 以角速度 $\beta = \sqrt{\Omega^2 + \delta\omega^2}$ 绕 $1'$ 转动, 得 $R' = WR_0'$, W 为转动矩阵. 然后再回到坐标系 $(1, 2, 3)$, 最后得 $R = U^{-1}R' = U^{-1}WR_0' = U^{-1}WUR_0$, 即

$$\begin{pmatrix} R_1 \\ R_2 \\ R3 \end{pmatrix} = \begin{pmatrix} \cos\theta & 0 & -\sin\theta \\ 0 & 1 & 0 \\ \sin\theta & 0 & \cos\theta \end{pmatrix} \begin{pmatrix} 1 & 0 & 0 \\ 0 & \cos\beta t & \sin\beta t \\ 0 & -\sin\beta t & \cos\beta t \end{pmatrix} \begin{pmatrix} \cos\theta & 0 & \sin\theta \\ 0 & 1 & 0 \\ -\sin\theta & 0 & \cos\theta \end{pmatrix} \begin{pmatrix} R_{10} \\ R_{20} \\ R_{30} \end{pmatrix}$$

式中, $\cos\theta = \dfrac{\Omega}{\beta}$, $\sin\theta = \dfrac{\delta\omega}{\beta}$, 代入上式得

$$\begin{pmatrix} R_1 \\ R_2 \\ R_3 \end{pmatrix} = \begin{pmatrix} \dfrac{\Omega^2 + \delta\omega^2 \cos\beta t}{\beta^2} & -\dfrac{\delta\omega}{\beta}\sin\beta t & \dfrac{-\Omega\delta\omega}{\beta^2}(1 - \cos\beta t) \\ \dfrac{\delta\omega}{\beta}\sin\beta t & \cos\beta t & \dfrac{\Omega}{\beta}\sin\beta t \\ \dfrac{-\delta\omega\,\Omega}{\beta^2}(1 - \cos\beta t) & -\dfrac{\Omega}{\beta}\sin\beta t & \dfrac{\delta\omega^2 + \Omega^2 \cos\beta t}{\beta^2} \end{pmatrix} \begin{pmatrix} R_{10} \\ R_{20} \\ R_{30} \end{pmatrix} \quad (2.1.5)$$

文献 [2] 中称 β 为 Rabi 频率. 对于共振情形, $\delta\omega = 0$, $\beta = \Omega$. 又若取定 $R_0 = (0, 0, -1)$, 由 (2.1.5) 式容易计算出 $R_1 = u = 0$, $R_2 = v = -\sin\Omega t$, $R_3 = \Delta = -\cos\Omega t$, 即

$$\rho_{21}\mathrm{e}^{\mathrm{i}\omega_{21}t} = a_1^\dagger a_2 = \mathrm{i}\frac{\sin\Omega t}{2}, \quad \rho_{22} - \rho_{11} = -\cos\Omega t$$

这结果表明外场 E 已通过 $\Omega = 2\dfrac{E_0 \cdot \mu_{21}}{\hbar}$ 将状态 $|2\rangle$, $|1\rangle$ 耦合起来了. 式中 E_0 为场强 E 的振幅. 耦合的结果, 状态 $|2\rangle$ 与 $|1\rangle$ 间存在一定的相干性, $\rho_{12} \neq 0$; 而粒子又在上能级 ($\Delta = 1$) 与下能级 ($\Delta = -1$) 之间来回聚积着, 频率为 Ω.

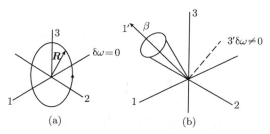

图 2.1　二能级系统的矢量表示

还应注意到, 对于共振情形, 若泵浦场振幅 E_0 是随时间 t 而变, 很明显, Rabi 频率 Ω 也将随时间而变, 即 $\Omega = \Omega(t)$. 这种情形也可严格求解, 只需引进参量 $z = \int_0^t \Omega \mathrm{d}t$ 代替 Ωt 就行了, 可参看 $\delta\omega = 0$ 情况下的 (2.1.2) 式. $\int_0^t \Omega \mathrm{d}t$ 实际上就是我们下面要讨论的光脉冲的面积.

对于非共振情形, 粒子反转数 Δ 对时间 t 的依赖关系可按 (2.1.5) 式的 R_3 分量直接写出, 即为 βt 的周期函数. 图 2.2 给出 W 即 R_0 随时间 t 的变化曲线, 最高的为共振曲线 $\delta\omega = 0$, 稍低的一条曲线失谐量为 $\delta\omega = 0.2\Omega$. 以下各曲线的失谐量依次为 $\delta\omega = \Omega, 1.2\Omega, 2\Omega, 2.2\Omega$. 图 2.3 为通过共振荧光强度随光脉冲面积的变化曲线而反映出来的反转粒子数的变化 [6].

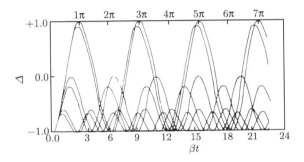

图 2.2　粒子反转数 Δ 随 βt 的变化曲线 [6]

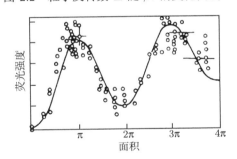

图 2.3　共振荧光强度随光脉冲面积变化的曲线 [6]

2.2　Bloch 方程及其解

上面求解了不含弛豫系数的密度矩阵方程 (1.6.16), 现求解在加上弛豫系数后的 Bloch 方程 (1.6.18). 仍按 (2.1.1) 式变换变数, 并令 $\gamma_1 = \dfrac{1}{T_1}, \gamma_2 = \dfrac{1}{T_2}$, 则由

(1.6.18) 式可导出通常称为 Bloch 方程的表达式 [2~4]

$$
\frac{\mathrm{d}u}{\mathrm{d}t} = -\frac{u}{T_2} + \delta\omega v
$$

$$
\frac{\mathrm{d}v}{\mathrm{d}t} = -\frac{v}{T_2} - \delta\omega u + \Omega\Delta \tag{2.2.1}
$$

$$
\frac{\mathrm{d}\Delta}{\mathrm{d}t} = -\frac{\Delta - \Delta_{\mathrm{eq}}}{T_1} - \Omega v
$$

(2.2.1) 式是关于 u、v、Δ 的线性微分方程组. 令左边为 0, 便得稳态解, 这是指外场振幅为常数 (即 Rabi 频率 Ω 为常数) 的情形. 这组稳态解记为 $(u_{\mathrm{s}}, v_{\mathrm{s}}, \Delta_{\mathrm{s}})$, 则得

$$
u_{\mathrm{s}} = \Delta_{\mathrm{eq}} \frac{\delta\omega\Omega}{\dfrac{1}{T_2^2} + \dfrac{T_1}{T_2}\Omega^2 + \delta\omega^2}
$$

$$
v_{\mathrm{s}} = \Delta_{\mathrm{eq}} \frac{\dfrac{1}{T_2}\Omega}{\dfrac{1}{T_2^2} + \dfrac{T_1}{T_2}\Omega^2 + \delta\omega^2} \tag{2.2.2}
$$

$$
\Delta_{\mathrm{s}} = \Delta_{\mathrm{eq}} \frac{\dfrac{1}{T_2^2} + \delta\omega^2}{\dfrac{1}{T_2^2} + \dfrac{T_1}{T_2}\Omega^2 + \delta\omega^2}
$$

(2.2.1) 式的通解可表示为稳态解与齐次解 $(\Delta_{\mathrm{eq}} = 0)$ 之和, 即

$$
\begin{pmatrix} u \\ v \\ \Delta \end{pmatrix} = \begin{pmatrix} u_{\mathrm{s}} + \tilde{u} \\ v_{\mathrm{s}} + \tilde{v} \\ \Delta_{\mathrm{s}} + \tilde{\Delta} \end{pmatrix} \tag{2.2.3}
$$

将 (2.2.3) 式代入 (2.2.1) 式, 得齐次解 $(\tilde{u}, \tilde{v}, \tilde{\Delta})$ 满足的方程

$$
\frac{\mathrm{d}\tilde{u}}{\mathrm{d}t} = -\frac{\tilde{u}}{T_2} + \delta\omega\tilde{v}
$$

$$
\frac{\mathrm{d}\tilde{v}}{\mathrm{d}t} = -\frac{\tilde{v}}{T_2} - \delta\omega\tilde{u} + \Omega\tilde{\Delta} \tag{2.2.4}
$$

$$
\frac{\mathrm{d}\tilde{\Delta}}{T_1} = -\frac{\tilde{\Delta}}{T_1} - \Omega\tilde{v}
$$

设 $\tilde{u}$、$\tilde{v}$、$\tilde{\Delta} \propto \mathrm{e}^{\lambda t}$, 代入 (2.2.4) 式得特征根 λ 的方程

$$
\left(\lambda + \frac{1}{T_2}\right)\left(\left(\lambda + \frac{1}{T_2}\right)\left(\lambda + \frac{1}{T_1}\right) + \Omega^2\right) + \delta\omega^2\left(\lambda + \frac{1}{T_1}\right) = 0 \tag{2.2.5}
$$

由 (2.2.4) 第一和第二式可将 $\tilde{u}$、$\tilde{v}$ 表示为 $\tilde{\Delta}$ 的函数, 即

$$\tilde{u} = \frac{\delta\omega\Omega\tilde{\Delta}}{(\lambda + 1/T_2)^2 + \delta\omega^2}$$
$$\tilde{v} = \frac{(\lambda + 1/T_2)\Omega\tilde{\Delta}}{(\lambda + 1/T_2)^2 + \delta\omega^2}$$

(2.2.6)

除了一个任意的常数外, 对应于特征根 λ 的 $\tilde{u}$、$\tilde{v}$、$\tilde{\Delta}$ 的函数值都是完全确定了. 这任意的常数只能靠 u、v、Δ 的初值 u_0、v_0、Δ_0 来确定. 设

$$a_i = \frac{\delta\omega\Omega}{(\lambda_i + 1/T_2)^2 + \delta\omega^2}$$
$$b_i = \frac{(\lambda_i + 1/T_2)\Omega}{(\lambda_i + 1/T_2)^2 + \delta\omega^2}$$

(2.2.7)

则由 (2.2.6) 式和 (2.2.7) 式得出对应于 λ_i 的解为

$$\tilde{u}_i = \tilde{u}_{0i}\mathrm{e}^{\lambda_i t}, \quad \tilde{u}_{0i} = a_i\tilde{\Delta}_{0i}$$
$$\tilde{v}_i = \tilde{v}_{0i}\mathrm{e}^{\lambda_i t}, \quad \tilde{v}_{0i} = b_i\tilde{\Delta}_{0i}$$
$$\tilde{\Delta}_i = \tilde{\Delta}_{0i}\mathrm{e}^{\lambda_i t}, \quad i = 1, 2, 3$$

(2.2.8)

初值为

$$\begin{aligned} u_0 &= u_\mathrm{s} + \tilde{u}_{01} + \tilde{u}_{02} + \tilde{u}_{03} \\ &= u_\mathrm{s} + a_1\tilde{\Delta}_{01} + a_2\tilde{\Delta}_{02} + a_3\tilde{\Delta}_{03} \\ v_0 &= v_\mathrm{s} + b_1\tilde{\Delta}_{01} + b_2\tilde{\Delta}_{02} + b_3\tilde{\Delta}_{03} \\ \Delta_0 &= \Delta_\mathrm{s} + \tilde{\Delta}_{01} + \tilde{\Delta}_{02} + \tilde{\Delta}_{03} \end{aligned}$$

(2.2.9)

只要初值 u_0、v_0、Δ_0 给定, 便可解 (2.2.9) 式, 求出 $\tilde{\Delta}_{01}$、$\tilde{\Delta}_{02}$、$\tilde{\Delta}_{03}$, 再由 (2.2.8) 式 $\tilde{u}_{0i}$、$\tilde{v}_{0i}$, 最后的通解可写为

$$\begin{aligned} u &= u_\mathrm{s} + \sum_i \tilde{u}_{0i}\mathrm{e}^{\lambda_i t} \\ v &= v_\mathrm{s} + \sum_i \tilde{v}_{0i}\mathrm{e}^{\lambda_i t} \\ \Delta &= \Delta_\mathrm{s} + \sum_i \tilde{\Delta}_{0i}\mathrm{e}^{\lambda_i t} \end{aligned}$$

(2.2.10)

关于 Bloch 方程的解, 最早 Torrey[4] 用 Laplace 变换的方法求得. 上面是用与其稍不同的方法得到的, 其中解 λ 的特征方程是很关键的. 现讨论几种特殊情形特征根 λ_i 的解.

1. 强碰撞

一般来说, 每一次碰撞均使相位关系中断. 但不一定每一次碰撞均使高能态的粒子跃迁到低能态, 故有 $T_1 > T_2$. 但若强碰撞, 则每一次碰撞均使粒子能态发生变化, 则 $T_1 = T_2$, 这时特征方程 (2.2.5) 的解为

$$\lambda = -\frac{1}{T_2}, \quad -\frac{1}{T_2} \pm \mathrm{i}\sqrt{\Omega^2 + \delta\omega^2} \tag{2.2.11}$$

2. 共振激发 $\delta\omega = 0$

易于看出这时的特征根为

$$\lambda = -\frac{1}{T_2}, \quad -\frac{1}{2}\left(\frac{1}{T_1} + \frac{1}{T_2}\right) \pm \mathrm{i}\sqrt{\Omega^2 - \frac{1}{4}\left(\frac{1}{T_1} - \frac{1}{T_2}\right)^2} \tag{2.2.12}$$

3. 强的外场作用

在强的外场用下, 我们有

$$\Omega \gg \frac{1}{T_2} > r = \left(\frac{1}{T_2} - \frac{1}{T_1}\right) \tag{2.2.13}$$

方程 (2.2.5) 可写为

$$\left(\lambda + \frac{1}{T_2}\right)\left(\delta\omega^2 + \Omega^2 + \left(\lambda + \frac{1}{T_2}\right)^2 - r\left(\lambda + \frac{1}{T_2}\right)\right) = r\delta\omega^2$$

$$\lambda + \frac{1}{T_2} = \frac{r\delta\omega^2}{(\delta\omega^2 + \Omega^2)\left(1 + \dfrac{(\lambda + 1/T_2)(\lambda + 1/T_2 - r)}{\delta\omega^2 + \Omega^2}\right)} \tag{2.2.14}$$

$$\lambda \simeq -\frac{1}{T_2} + r\frac{\delta\omega^2}{\Omega^2 + \delta\omega^2}$$

2.3　线性吸收与饱和吸收

第 1 章导出在弱场作用下的线性极化与极化率, 极化率的实部和虚部分别表示色散与吸收系数, 与外场无关. 但在强场作用下吸收系数会随着场的增加而下降, 这就是通常所说的吸收饱和现象.

在各向同性介质中, 极化 $\boldsymbol{P}$ 应平行于场强 $\boldsymbol{E}$, 即 $\boldsymbol{P} = \chi^{(1)}(\omega)\boldsymbol{E}(\omega)$, $\chi^{(1)}$ 为标量, 参照 (1.5.36) 式可写为

$$\chi^{(1)} = N\hbar^{-1}\sum_n \frac{1}{3}|\mu_{na}|^2\left[\frac{1}{(\omega_{na} - \omega) - \mathrm{i}\gamma_{na}} + \frac{1}{(\omega_{na} + \omega) + \mathrm{i}\gamma_{na}}\right]$$

$$\simeq \frac{N}{3\hbar}\sum_n \frac{2|\mu_{na}|^2\omega_{na}}{\omega_{na}^2 - \omega^2 - 2\mathrm{i}\omega\gamma_{na}} \simeq \frac{N}{3\hbar}\sum \frac{\omega_{na}}{\omega}\frac{|\mu_{na}|^2}{\omega_{na} - \omega - \mathrm{i}\gamma_{na}} \tag{2.3.1}$$

式中, 因子 1/3 的引入是考虑到由基态 a 向激发态 n 的跃迁, 包括各磁分量能级 m, 平均来说仅有 1/3 的跃迁产生的偶极矩的方向平行于入射场的偏振方向, 并对线性吸收作出贡献. 又参照 (1.5.39) 式, 光强的线性吸收系数 α_0 为

$$\alpha_0 = 2n''\omega/c, \quad n'' = 2\pi\mathrm{Im}\chi^{(1)}(\omega) \tag{2.3.2}$$

又引入振子力 f_{na} 及归一化线型 $g(\omega - \omega_{na})$

$$f_{na} = \frac{2m\omega_{na}|\mu_{na}|^2}{3\hbar e^2}, \quad g(\omega - \omega_{na}) = \frac{1}{\pi\gamma_{na}}\frac{\gamma_{na}^2}{(\omega_{na} - \omega)^2 + \gamma_{na}^2} \tag{2.3.3}$$

在文献 [15] 中证明了 $\sum_n f_{na} = 1$. 由 (2.3.1) 式 $\sim$(2.3.3) 式得

$$\alpha_0 = \sum_n \frac{2\pi^2 f_{na} N e^2}{mc} g(\omega_{na} - \omega) \tag{2.3.4}$$

当 $\omega_{na} - \omega = 0$, 并且只考虑二能级即基态与激发态, 则 (2.3.4) 式求和号 $\sum_n$ 可去掉, 则

$$\alpha_0 = \frac{4\pi\omega_{na}|\mu|^2 N}{3\hbar c\gamma_{na}} \tag{2.3.5}$$

(2.3.5) 式与下面的 α_0 相比, 差一因子 1/3, 理由如上所述.

当场强进一步增大时, 我们将看到吸收系数 α(对光强) 并不是一个常数, (2.3.5) 式已不适用. 这时有

$$
\begin{aligned}
P &= N(\mu_{21}\rho_{12} + \mu_{12}\rho_{21}) \\
&= N(\mu_{21}\sigma_{12}\mathrm{e}^{-\mathrm{i}\omega_{21}t} + \mu_{12}\sigma_{21}\mathrm{e}^{\mathrm{i}\omega_{21}t}) \\
&= N\left(\mu_{21}\frac{u - \mathrm{i}v}{2}\mathrm{e}^{-\mathrm{i}\omega_{21}t} + \mu_{12}\frac{u + \mathrm{i}v}{2}\mathrm{e}^{\mathrm{i}\omega_{21}t}\right) \\
&= \chi E\mathrm{e}^{-\mathrm{i}\omega_{21}t} + \mathrm{c.c}
\end{aligned} \tag{2.3.6}
$$

将 (2.3.6) 式中的 u、v 用 (2.2.2) 式的稳态值 u_s、v_s 代入, 便得极化率及吸收系数为

$$\chi = \frac{N\mu_{21}^2}{\hbar}\frac{\Delta_{\mathrm{eq}}(\delta\omega - \mathrm{i}/T_2)}{\frac{1}{T_2^2} + \frac{T_1}{T_2}\Omega^2 + \delta\omega^2} \tag{2.3.7}$$

$$\alpha = \frac{2\omega}{c}\mathrm{Im}\left((1 + 4\pi\chi)^{1/2}\right) \simeq \frac{4\pi\omega}{c}\mathrm{Im}\chi$$

由此得弱场作用下的共振吸收 α_0 为

$$\alpha_0 = -\frac{4\pi\omega_{21}}{c}\Delta_{\mathrm{eq}}N\mu_{21}^2 T_2/\hbar \tag{2.3.8}$$

而强场作用下的极化率可表示为

$$\chi = \frac{-\alpha_0}{4\pi\omega_{21}/c} \frac{\delta\omega T_2 - i}{1 + \delta\omega^2 T_2^2 + \Omega^2 T_1 T_2} \tag{2.3.9}$$

若定义饱和吸收场强 E_s 为

$$|E_s|^2 = \frac{\hbar^2}{4\mu_{21}^2 T_1 T_2} \tag{2.3.10}$$

则有

$$\Omega^2 T_1 T_2 = \frac{E^2}{E_s^2} \tag{2.3.11}$$

由 (2.3.5) 式可以看出, 当场强 $E \ll$ 饱和场强 E_s 时, 极化率 χ 与弱场情况下极化率 (1.5.37) 式相近. 但当 $E \gg E_s$ 时, 如图 2.4 所示, 极化率的实部与虚部均明显表现出随场强增大而下降的趋势, 这就是饱和吸收现象.

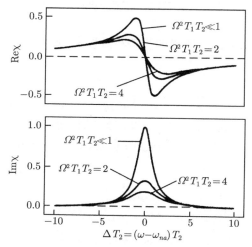

图 2.4   极化率的实部与虚部随场强增大而下降的曲线

2.4   光学章动与自由感生衰变

前面已提到由原子共振荧光强度随激发光脉冲面积的周期变化来判定反转粒子数是以 Rabi 频率 Ω 在脉动 (图 2.3). 但这方法毕竟有些间接, 而且输入脉冲场强要足够强, Rabi 频率也要足够大, $\Omega > 1/T_2$, 否则由自发辐射引起的高能态粒子的衰变就要将频率为 Ω 的荧光强度脉动掩盖掉. 为了直接观察反转粒子的脉冲, 实验上曾经采用 CO_2 激光通过分子气体 $C^{13}H_3F$[8], 使得非均匀加宽的吸收谱线中与 CO_2 激光为共振的那部分分子发生饱和吸收, 然后再加上一个方波 Stark 场以使原子能级发生移动. 这样一来, 本来与 CO_2 激光为共振的那些原子突然变得不共振了, 失谐量大小决定于 Stark 场产生的移位. 这一部分原子的 Bloch 矢量在坐标系 $(1, 2, 3)$ 绕矢量 $\boldsymbol{\beta}$ 进动. 又注意到坐标系 $(1, 2, 3)$ 是以 ω 角速度绕轴 3 旋转的. 绕 $\boldsymbol{\beta}$ 的进动与绕轴 3 转动, 便形成了 $\boldsymbol{R}$ 绕轴 3 的章动. 在章动过程中, 反转粒子数, 即 R_3 分量, 以 β 频率在脉动, 由此发出的荧光强度也是以同样频率在脉动. 为了检测, 通常是将饱和吸收原子的辐射与经过 Stark 移位原子的辐射拍频检测, 将宽的 CO_2 激光信号检测出来. 在这类实验中有两种工作方式. 第一种是在开始时分子与 CO_2 激光为失谐, 基本上处于基态. Bloch 矢量的值为 $(0, 0, -1)$, 然后将方波 Stark 场加上, 并控制场的大小, 使得分子能级在移位后恰与 CO_2 激光为共振, 显现出强的吸收, Bloch 矢量绕 β 轴章动, 吸收表现出调制 (图 2.5)[8]. 上面为调制吸收图, 下面为方波 Stark 场图. 这就是光学章动实验. 第二种恰相反, 分子在开始时与激光共振, 处于饱和吸收, 设 $\Delta_{eq} = -1$, 则按 (2.2.2) 式, $\delta\omega = 0$, 且

$$\Delta_s = -\frac{1/T_2^2}{\frac{1}{T_2^2} + \frac{T_1}{T_2}\Omega^2} \tag{2.4.1}$$

当场很强时, $\Omega = \dfrac{2\mu E}{\hbar} \gg \dfrac{1}{T_2}$, $\Delta_s \simeq 0$, 加上方波 Stark 场后, 分子能级发生很大移位, 远离 CO_2 激光共振. 当 $\delta\omega \gg \Omega$, $\Delta_s \to -1$, 即原子由激发态感生辐射回到基态. 这种感生辐射最早在磁共振实验中被观察到, 称其为自由感生衰变. 现在又在光学实验中被观察到了 (图 2.6)[8], 其吸收由极大恢复到几乎全透, 同样也有调制现象, 可用 Bloch 矢量绕 $\beta = \sqrt{\delta\omega^2 + \Omega^2} \simeq \delta\omega$ 轴的进动予以解释. 进动结果使反转粒子数脉动, 并导致吸收的调制波形.

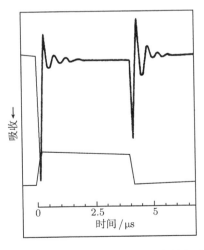

图 2.5 加上 Stark 场观察到的光学章动 [8]

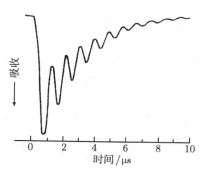

图 2.6　用 10.6 μm 激光, 并加上 Stark 场观察到的自由感生衰变 [8]

2.5　浸渐近似

增加了弛豫项后的 Bloch 方程, 比原来的方程复杂, 只有在外场振幅 $\mathcal{E}$ 为恒定时, 才能得到 2.4 节所述的解. 如果 $\mathcal{E}$ 不恒定, 求解就很困难. 不过当外场变化很慢, 而失谐 $\delta\omega \gg \Omega = 2\mu\mathcal{E}/\hbar$, 则 $\beta = \sqrt{(\delta\omega)^2 + \Omega^2} \simeq \delta\omega$, 这样就可以认为 Bloch 矢量 $\boldsymbol{R}$ 仍绝热跟随地绕 $\boldsymbol{\beta}(-\Omega, 0, \delta\omega)$ 的瞬时位置进动 (图 2.7). 又若忽略掉 $\boldsymbol{R}$ 矢量及 $\boldsymbol{\beta}$ 矢量的夹角 α, 则无阻尼的 Bloch 方程 $\dfrac{\mathrm{d}\boldsymbol{R}}{\mathrm{d}t} = \boldsymbol{\beta} \times \boldsymbol{R}$ 的解可从图中得出为

$$u = \frac{-\Omega}{\sqrt{\Omega^2 + \delta\omega^2}}, \quad v = 0$$
$$\Delta = \frac{-\delta\omega}{\sqrt{\Omega^2 + \delta\omega^2}}$$

(2.5.1)

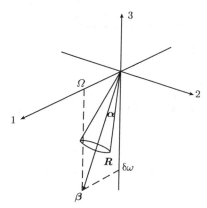

图 2.7　Bloch 矢量 $\boldsymbol{R}$ 绕 $\boldsymbol{\beta}$ 的进动图

更为详细的解析处理是 Crip 做的 [10]. 他的做法如下.

首先将 Bloch 方程重写为

$$\frac{\mathrm{d}}{\mathrm{d}t}(u - \mathrm{i}v) = -\left(\frac{1}{T_2} - \mathrm{i}\delta\omega\right)(u - \mathrm{i}v) - \mathrm{i}\Omega\Delta \tag{2.5.2}$$

$$\frac{\mathrm{d}}{\mathrm{d}t}\Delta = -\frac{1}{T_1}(\Delta - \Delta_{\mathrm{eq}}) - \Omega v \tag{2.5.3}$$

(2.5.2) 式的解为

$$u - \mathrm{i}v = \int_{-\infty}^{t}[-\mathrm{i}\Omega\Delta(t')]\mathrm{e}^{-(1/T_2 - \mathrm{i}\delta\omega)(t-t')}\mathrm{d}t' \tag{2.5.4}$$

然后通过部分积分, 并假定

$$\left|\frac{1}{T_2} - \mathrm{i}\delta\omega\right|^n \gg \frac{\mathrm{d}^n}{\mathrm{d}t^n}(\Omega\Delta) \tag{2.5.5}$$

略去高于 $n = 2$ 的项, 便得

$$u - \mathrm{i}v = -\frac{\mathrm{i}}{\dfrac{1}{T_2} - \mathrm{i}\delta\omega}\left\{\Omega\Delta - \frac{1}{\dfrac{1}{T_2} - \mathrm{i}\delta\omega}\frac{\mathrm{d}}{\mathrm{d}t}(\Omega\Delta)\right\} \tag{2.5.6}$$

按 (2.5.3) 式, 并应用绝热跟随不等式 $\Omega \gg 1/T_1$, 便得

$$\frac{\mathrm{d}}{\mathrm{d}t}(\Omega\Delta) = -\Omega\left(\frac{1}{T_1}(\Delta - \Delta_{\mathrm{eq}}) + \Omega v\right) + \Delta\frac{\mathrm{d}\Omega}{\mathrm{d}t}$$

$$\simeq -\Omega^2 v + \Delta\frac{\mathrm{d}\Omega}{\mathrm{d}t} \tag{2.5.7}$$

代入 (2.5.6) 式并设 $|\delta\omega| \gg \dfrac{1}{T_2}$, 便得

$$u = \frac{-\Omega}{\sqrt{(\delta\omega)^2 + \Omega^2}}, \quad v = \frac{-\delta\omega}{((\delta\omega)^2 + \Omega^2)^{3/2}}\frac{\mathrm{d}\Omega}{\mathrm{d}t}$$

$$\Delta = \frac{-\delta\omega}{\sqrt{(\delta\omega)^2 + \Omega^2}} \tag{2.5.8}$$

除了 v 分量外, u 与 Δ 同于按几何关系得到的 (2.5.1) 式.

上述绝热跟随近似 (adiabatic following approximation), 也称其为浸渐近似, 在分析实验结果时甚为方便.

2.6　光脉冲传播的面积定理

现在我们通过解 Bloch 方程来讨论另一个有趣的问题, 即在吸收介质中光脉冲的形成与传输. 首先根据无阻尼的方程 (2.1.2) 来证明

$$\frac{\mathrm{d}u^2}{\mathrm{d}t} + \frac{\mathrm{d}v^2}{\mathrm{d}t} + \frac{\mathrm{d}\Delta^2}{\mathrm{d}t} = 0 \tag{2.6.1}$$

因

$$u^2 = (\rho_{21}\mathrm{e}^{\mathrm{i}\delta\omega t} + \rho_{12}\mathrm{e}^{-\mathrm{i}\delta\omega t})(\rho_{21}^*\mathrm{e}^{-\mathrm{i}\delta\omega t} + \rho_{12}^*\mathrm{e}^{\mathrm{i}\delta\omega t})$$

$$= \rho_{21}^2 + \rho_{12}^2 + \rho_{12}\rho_{21}^*\mathrm{e}^{-\mathrm{i}2\delta\omega t} + \rho_{21}\rho_{12}^*\mathrm{e}^{\mathrm{i}2\delta\omega t}$$

$$v^2 = \rho_{21}^2 + \rho_{12}^2 - \rho_{12}\rho_{21}^*\mathrm{e}^{-\mathrm{i}2\delta\omega t} - \rho_{21}\rho_{12}^*\mathrm{e}^{\mathrm{i}2\delta\omega t}$$

故

$$u^2 + v^2 + \Delta^2 = 2(\rho_{21}^2 + \rho_{12}^2) + (\rho_{22} - \rho_{11})^2 \tag{2.6.2}$$

对于纯态来说, 有

$$\rho_{21}^2 = \rho_{12}^2 = (C_2 C_1^*)(C_2^* C_1) = C_2^* C_2 C_1^* C_1 = \rho_{22}\rho_{11}$$

代入 (2.6.2) 式, 得

$$u^2 + v^2 + \Delta^2 = (\rho_{22} + \rho_{11})^2 = 1 \tag{2.6.3}$$

即 $u^2 + v^2 + \Delta^2$ 守恒乃无阻尼情况下的概率守恒.

现进一步讨论无阻尼情况下方程 (2.1.2) 的解

$$\frac{\mathrm{d}u}{\mathrm{d}t} = \delta\omega v$$

$$\frac{\mathrm{d}v}{\mathrm{d}t} = -\delta\omega u + \Omega\Delta \tag{2.6.4}$$

$$\frac{\mathrm{d}\Delta}{\mathrm{d}t} = -\Omega v$$

对共振激发情况 $\delta\omega = 0$, (2.6.4) 式的第二、三式给出

$$v(t, z; 0) = -\sin\theta(t, z)$$

$$\Delta(t, z; 0) = -\cos\theta(t, z) \tag{2.6.5}$$

$$\theta(t, z) = \int_{-\infty}^{t} \Omega(t', z)\mathrm{d}t' = \frac{2}{\hbar}\int_{-\infty}^{t} \mu\mathcal{E}(t', z)\mathrm{d}t' \tag{2.6.6}$$

对于一般的失谐情形 $(\delta\omega \neq 0)$ 的解 $v(t, z; \delta\omega)$ 可用分离变量的形式表示为

$$v(t, z; \delta\omega) = v(t, z; 0)F(\delta\omega) \tag{2.6.7}$$

将 (2.6.7) 式代入 (2.6.4) 式的第三式, 并积分得

$$\Delta = -F(\delta\omega)\cos\theta + F(\delta\omega) - 1 \tag{2.6.8}$$

又由 (2.6.4) 式的第二式, 得

$$-F(\delta\omega)\cos\theta\,\Omega = -\delta\omega u + \Omega[-F(\delta\omega)\cos\theta + F(\delta\omega) - 1]$$

即

$$\delta\omega u = \Omega[F(\delta\omega) - 1] \tag{2.6.9}$$

代入 (2.6.4) 式的第一式, 便得

$$\delta\omega\dot{u} = \ddot{\theta}[F(\delta\omega) - 1] = -(\delta\omega)^2 \sin\theta F(\delta\omega)$$

即

$$\ddot{\theta} - \frac{1}{\tau^2}\sin\theta = 0$$

$$\frac{1}{\tau^2} = \frac{(\delta\omega)^2 F(\delta\omega)}{1 - F(\delta\omega)}, \quad F(\delta\omega) = \frac{1}{1 + (\tau\delta\omega)^2} \tag{2.6.10}$$

(2.6.10) 式的解一般可通过椭圆函数来表示. 若边界条件给定为 $\mathcal{E} = \dot{\mathcal{E}} = 0$, 当 $t = \pm\infty$ 时, 则 θ 的解可表示为

$$\theta(t, z) = 4\arctan\left[\exp\left(\frac{t - t_0}{\tau}\right)\right]$$

$$\mathcal{E}(t, z) = \frac{2\hbar}{\mu\tau}\operatorname{sech}\left(\frac{t - t_0}{\tau}\right) \tag{2.6.11}$$

这就是 McCall 与 Hahn 得到的著名的 sech 光脉冲解 [11,12]. θ 与 $\mathcal{E}$ 对空间坐标 z 的依赖关系隐含于 t_0 中. 在求得 θ 解的基础上, 可代入 u、v、Δ 的 (2.6.7) 式 ~(2.6.9) 式, 求得

$$u = \frac{2\tau\delta\omega}{1 + (\tau\delta\omega)^2}\operatorname{sech}\left(\frac{t - t_0}{\tau}\right)$$

$$v = \frac{2}{1 + (\tau\delta\omega)^2}\operatorname{sech}\left(\frac{t - t_0}{\tau}\right)\tanh\left(\frac{t - t_0}{\tau}\right) \tag{2.6.12}$$

$$\Delta = -1 + \frac{2}{1 + (\tau\delta\omega)^2}\operatorname{sech}^2\left(\frac{t - t_0}{\tau}\right)$$

这个光脉冲的求解过程是很有意思的, 根本没有涉及解光脉冲传播的 Maxwell 方程, 就将光脉冲形状按 (2.6.11) 式确定下来了. 从求解过程来看, 将 $v(t, z; \delta\omega)$ 写成分离变量的形式 (2.6.7) 以及给定边界条件, 当 $t = \pm\infty$ 时, $\mathcal{E} = \dot{\mathcal{E}} = 0$ 是关键性的步骤, 因为这样就限制了我们求解的范围. 最后得出的是不明显依赖于空间坐标 z, 站在任一点进行长时间的观察均能得到同样的稳定的脉冲波形. 这个波在空间的传播没有变形, 振幅没有衰减, 以匀速向前平移. 但若将这无阻尼的 Bloch 方程解代入 Maxwell 方程中, 情况会是怎样的呢? 是满足或不满足呢? 要清楚回答这问题, 只能借助于由 McCall 与 Hahn 证明了的面积定理.

现从电磁波在非线性介质中的传播方程 (1.1.13) 出发

$$\left(\frac{\epsilon^{(1)}}{c^2}\frac{\partial^2}{\partial t^2} - \nabla^2\right)\boldsymbol{E} = -\frac{4\pi}{c^2}\frac{\partial^2 \boldsymbol{P}}{\partial t^2} \tag{2.6.13}$$

下面为了方便起见, 去掉方程 (2.6.13) 的矢量符号, 并将场强 E 及极化 P 写成慢变振幅形式

$$E(z,t) = \mathcal{E}e^{i(k_n z - \omega t) + i\Phi(z,t)} + \text{c.c.}$$

$$
\begin{aligned}
P(z,t) &= n_0 \mu_{21}(\rho_{21} + \rho_{12}) \\
&= \frac{1}{2}\left\{ [u(z,t) - iv(z,t)]e^{i(k_n z - \omega_0 t) + i\Phi(z,t)} + \text{c.c.} \right\}
\end{aligned}
\tag{2.6.14}
$$

将 (2.6.14) 式, 代入 (2.6.13) 式并用慢变振幅近似, 得

$$
\begin{aligned}
\frac{\partial \mathcal{E}}{\partial z} + \frac{n}{c}\frac{\partial \mathcal{E}}{\partial t} &= \frac{\pi \omega_0}{nc} v \\
\mathcal{E}\left(\frac{\partial \phi}{\partial z} + \frac{n}{c}\frac{\partial \phi}{\partial t} \right) &= \frac{\pi \omega_0}{nc} u
\end{aligned}
\tag{2.6.15}
$$

若考虑到介质是非均匀加宽的, 与 E 波相互作用的原子的共振频率 $\omega = \omega_0 + \Delta\omega$ 在 $g(\Delta\omega)$ 非均匀加宽内分布, 相应的极化 $P(\Delta\omega, z, t)$ 为

$$
\begin{aligned}
P(\Delta\omega, z, t) &= n_0 \mu \left[\rho_{21}(\Delta\omega, z, t) + \rho_{12}(\Delta\omega, z, t) \right] \\
&= n_0 \mu \left[\rho_{21}(z, t) + \rho_{12}(z, t) \right] g(\Delta\omega)
\end{aligned}
\tag{2.6.16}
$$

于是 $P(z,t)$、$u(z,t)$、$v(z,t)$ 就是对 $g(\Delta\omega)$ 线宽内各种原子的贡献求和

$$
\begin{pmatrix} P(z.t) \\ u(z,t) \\ v(z,t) \end{pmatrix} = \int \begin{pmatrix} P(\Delta\omega, z, t) \\ u(\Delta\omega, z, t) \\ v(\Delta\omega, z, t) \end{pmatrix} g(\Delta\omega) d\Delta\omega
\tag{2.6.17}
$$

现定义光脉冲面积为

$$
A = \lim_{t\to\infty} \theta(z,t) = \lim_{t\to\infty} \frac{2\mu}{\hbar}\int_{-\infty}^{t} \mathcal{E}(z,t')dt'
\tag{2.6.18}
$$

两边对 z 求微分得

$$
\frac{\mathrm{d}A}{\mathrm{d}z} = \lim_{t\to\infty} \frac{2\mu}{\hbar}\int_{-\infty}^{t} \frac{\partial}{\partial z}\mathcal{E}(z,t')dt'
\tag{2.6.19}
$$

将 (2.6.15) 式第一式代入 (2.6.19) 式中 $\dfrac{\partial \mathcal{E}}{\partial z}$, 便得

$$
\begin{aligned}
\frac{\mathrm{d}A}{\mathrm{d}z} &= \lim_{t\to\infty}\int_{-\infty}^{t} dt' \left\{ \frac{\pi\omega_0}{nc}\int_{-\infty}^{\infty} v(\Delta\omega, z, t')g(\Delta\omega)d\Delta\omega - \frac{n}{c}\frac{\partial \mathcal{E}}{\partial t'} \right\}\frac{2\mu}{\hbar} \\
&= \lim_{t\to\infty}\left\{ \frac{-2n\mu}{c\hbar}\left[\mathcal{E}(z,\infty) - \mathcal{E}(z,-\infty) \right] \right.
\end{aligned}
$$

$$+ \frac{2\pi\omega_0\mu}{n\hbar c} \times \int_{-\infty}^{\infty} g(\Delta\omega)\mathrm{d}\Delta\omega \int_{-\infty}^{t} \mathrm{d}t' v(\Delta\omega, z, t') \Big\} \tag{2.6.20}$$

因 $\mathcal{E}(z, \infty) = \mathcal{E}(z, -\infty) = 0$, 故方括号内为 0. 结果为

$$\frac{\mathrm{d}A}{\mathrm{d}z} = \frac{2\pi\omega_0\mu}{n\hbar c} \lim_{t\to\infty} \int_{-\infty}^{\infty} \mathrm{d}\Delta\omega g(\Delta\omega) \int_{-\infty}^{t} \mathrm{d}t' v(\Delta\omega, z, t') \tag{2.6.21}$$

式中, $v(\Delta\omega, z, t')$ 可用 $v(0, z, t_0)$ 近似. 而 $v(0, z, t_0)$ 可由无阻尼且共振的 Bloch 方程求得其解

$$\frac{\partial v}{\partial t} = \Omega\Delta, \quad \frac{\partial \Delta}{\partial t} = -\Omega v \tag{2.6.22}$$
$$\Delta = \Delta_0 \cos\theta(z, t), \quad v = \Delta_0 \sin\theta(z, t)$$

设初始时原子处于基态, 则

$$\Delta_0 = n_0\mu(\rho_{22} - \rho_{11}) = -N_0\mu \tag{2.6.23}$$
$$v(0, z, t_0) = -N_0\mu \sin\theta(z, t_0)$$

最后将 (2.6.23) 式代入 (2.6.21) 式, 得 (附录 2A)

$$\frac{\mathrm{d}A}{\mathrm{d}z} = -\frac{\alpha_0}{2}\sin A, \quad \alpha_0 = \frac{4\pi\omega_0\mu^2 N_0}{n\hbar c}g(0) \tag{2.6.24}$$

这就是 Maxwell-Bloch 方程求得的面积定理 [12]. 现仔细分析这一定理的物理含义. 当面积 A 很小时, $\sin A \sim A$, 解 (2.6.24) 式, 得

$$A(z) = A(0)\mathrm{e}^{-\alpha_0 z/2} \tag{2.6.25}$$

这表明脉冲按 $\varepsilon^2(z) = \varepsilon^2(0)\mathrm{e}^{-\alpha_0 z}$ 衰减, α_0 正好是线性吸收系数. 当 A 增大, 吸收减小, 按 (2.6.24) 式为对弱信号吸收的 $\frac{\sin A}{A}$ 倍. 特别是当 $A = m\pi$ 时, $\frac{\mathrm{d}A}{\mathrm{d}z} = 0$, 光脉冲可以完全没有损耗地通过吸收介质. 当 m 为奇数时, A 有一小的扰动 δA, 且

$$\frac{\mathrm{d}\delta A}{\mathrm{d}z} = -\frac{\alpha}{2}\sin(m\pi + \delta A) = \frac{\alpha}{2}\delta A \tag{2.6.26}$$

将是不稳定的; 但当 m 为偶数时

$$\frac{\mathrm{d}\delta A}{\mathrm{d}z} = -\frac{\alpha}{2}\sin(m\pi + \delta A) = -\frac{\alpha}{2}\delta A \tag{2.6.27}$$

就是稳定的了, 故稳态光脉冲要求 $A = 2n\pi$. 如果光脉冲的初始 A 还不是 $2n\pi$, 那么在传输过程中, 它会改变其幅度与形状, 逐渐向稳态值 $2n\pi$ 趋近. 故面积定理预

示了一个演化过程, 由初始的面积向最近的 $2n\pi$ 面积演化. 图 2.8(a) 中给出 A 的演化方向 [12], 初始 A 值 1.1π、0.9π 分别向 2π、0 演化; 图 2.8(b) 为相应的光脉冲演化.

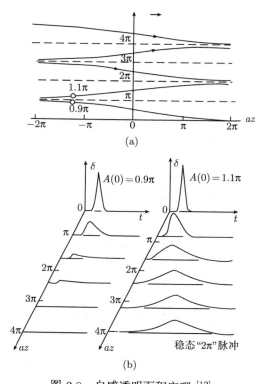

图 2.8　自感透明面积定理 [12]

(a) 面积 A 的演化方向; (b) 光脉冲的稳态脉冲演化, 在不同距离时的波形

对于 $A = 2\pi$ 稳态脉冲的前半部, 即由 $\mathcal{E}(z, -\infty) \simeq 0$ 到峰值 $\mathcal{E}_\mathrm{m} = \mathcal{E}(z, t_\mathrm{m})$, 原子吸收了光脉冲的能量, 由基态跃迁到激发态. 在光脉冲的后半部, 即由 $\mathcal{E}_\mathrm{m}$ 到 $\mathcal{E}(z, \infty)$, 原子又辐射出能量并回到基态. 这种现象被称为自感透明, 也已为实验所证实. 图 2.9 给出 ^{202}Hg 激光脉冲通过 ^{87}Rb 蒸气的透过率 [14], 共振吸收波长 $\lambda = 7947.7\text{Å}$. 图中给出非线性透过率与输入光单位面积能量间的关系, 脉冲宽度 $\tau = 7 \times 10^{-9}$s, 碰撞失相时间 $T_2^* = 55 \times 10^{-9}$s, 自发辐射寿命 $T_1 = 40 \times 10^{-9}$s, 故有 $\tau \ll T_2^* T_1$. 无阻尼的分析是适用的, 低能量密度时的线性透过率很低 ($\simeq 0.7\ \%$), 实线表示按平面波计算出来的理论值, 有三个平台分别对应于 2π、4π、6π 稳态脉冲, 透过率最大达 90%, 实验点与理论曲线比较, 基本相符.

综上所述, 我们开始由解无阻尼的 Bloch 方程得出稳态的 sech 脉冲, 后来又从更为一般的 Maxwell-Bloch 方程得出 $2n\pi$ 稳态脉冲. sech 脉冲实际上就是 2π 稳态脉冲.

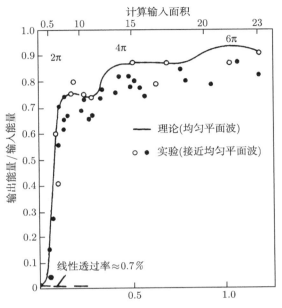

图 2.9　激光在 ^{87}Rb 蒸气中的自感透明 [14]

2.7　光脉冲自聚的多焦点现象

一般来说, 光脉冲在非线性介质中传输而产生的自聚是非线性光学诸多现象中研究得较早且较多的一个课题. 不仅是因为它频频出现于与非线性物理有关如非线性光学、激光等离子物理、材料破坏等多学科领域, 有广泛应用价值 [16~26]; 也还因为非线性现象的复杂性, 有些现象虽然从实验早就观察到, 但理论上并未能给出一个简明的解析. 光脉冲传输的多焦点自聚 (沿着传输方向, 即纵向), 就是这样一个现象. 过去从设计高功率的固体激光器出发较多关注光脉冲在非线性介质中传输的不稳定性的小尺度自聚导致对光学材料的破坏, 也损坏了传输光束的质量. 于是有 B 积分及小尺不稳概念的提出等 [27~36]. 这节我们主要求解 Gauss 光脉冲传输所满足的非线性方程以及形成自聚与多焦点自聚的条件.

2.7.1　光脉冲自聚的准稳态理论

光脉冲自聚的准稳态理论是基于求解下面场强 E 所满足的非线性方程:

$$\nabla^2 E - \frac{1}{c^2}\frac{\partial^2}{\partial t^2}[(n_0 + \Delta n)^2 E] = 0 \tag{2.7.1}$$

式中, Δn 为非线性折射率. 现考虑一沿 z 方向传播的线偏振光束, 并设 $E = \psi(x, y, z)\exp[ikz - i\omega t]$. 这里 ψ 是一空间坐标 z 的慢变函数. 代入方程 (2.7.1), 并略去 Δn^2 以及 $\partial^2 \psi/\partial z^2$, 得出

$$\left(\frac{\partial^2}{\partial x^2} + \frac{\partial^2}{\partial y^2} - 2ik\frac{\partial}{\partial z}\right)\psi = -2k^2\frac{\Delta n}{n_0}\psi \tag{2.7.2}$$

注意到 $\Delta n = n_2(\boldsymbol{E} \cdot \boldsymbol{E})/2$, 因此 (2.7.2) 式可重写为

$$\left(\frac{\partial^2}{\partial x^2} + \frac{\partial^2}{\partial y^2} - 2ik\frac{\partial}{\partial z}\right)\psi = -\frac{n_2}{n_0}k^2 \mid E \mid^2 \psi \tag{2.7.3}$$

求解方程 (2.7.3) 可先设

$$\psi(x, y, z) = \exp\left[-i\left(p + \frac{k}{2q}(x^2 + y^2)\right)\right] \tag{2.7.4}$$

此处 p、q 为 z 的复函数. 将方程 (2.7.4) 代入 (2.7.3) 式, 便得出如下的关于 p、q 的方程:

$$\frac{\partial}{\partial z}\frac{1}{q} = -\frac{1}{q^2} - \frac{n_2}{n_0} \mid E \mid^2 \left(\frac{\omega_0}{\omega}\right)^2\frac{2}{\omega^2}$$

$$\frac{\partial p}{\partial z} = -\frac{i}{q} + \frac{k}{2}\frac{n_2}{n_0} \mid E \mid^2 \left(\frac{\omega_0}{\omega}\right)^2 \tag{2.7.5}$$

将 $\dfrac{1}{q}$ 表示为含 Gauss 光束参量的复数形式

$$\frac{1}{q} = \frac{1}{R} + i\frac{\lambda}{\pi\omega^2} = X + iY \tag{2.7.6}$$

式中, R、ω、λ 分别为 Gauss 光束波面的曲率半径、焦斑半径、光波波长. 代入 (2.7.5) 式便得

$$\frac{d}{dz}(X + iY) = -(X^2 - Y^2 + 2iXY) - 2\frac{n_2}{n} \mid E \mid^2 \left(\frac{\pi\omega_0}{\lambda}\right)^2\left(\frac{\lambda}{\pi\omega^2}\right)^2$$

设 $Q = 2\dfrac{n_2}{n_0} \mid E \mid^2 \left(\dfrac{\pi\omega_0}{\lambda}\right)^2$, 则可将上式的实部与虚部分别写为

$$\frac{dX}{dz} = -X^2 + (1 - Q)Y^2, \quad \frac{dY}{dz} = -2XY \tag{2.7.7}$$

对 z 求积分, 得出

$$Y = Y_0\exp\left(-2\int X dz\right) \tag{2.7.8}$$

若入射光束满足边界条件"$z = 0$ 处入射光的波面是平的且焦斑为最小", 则 (2.7.7) 式和 (2.7.8) 式的解为

$$X = \frac{1}{R} = \frac{z}{z^2 + w}, \quad Y = Y_0 \frac{w}{z^2 + w}, \quad Y_0 = \lambda/\pi\omega_0^2 \tag{2.7.9}$$

当 $z = 0, Y = Y_0$. 将 (2.7.9) 式代入 (2.7.7) 式得

$$\frac{\mathrm{d}X}{\mathrm{d}z} = -\frac{z^2}{(z^2 + w)^2} + \frac{w}{(z^2 + w)^2} = -\frac{z^2}{(z^2 + w)^2} + (1 - Q)Y^2 \tag{2.7.10}$$

这样便有

$$Y_0 = \sqrt{\frac{1}{(1 - Q)w}}, \quad w = \frac{1}{1 - Q}Y_0^{-2} = \frac{1}{1 - Q}\left(\frac{\pi\omega_0^2}{\lambda}\right)^2 \tag{2.7.11}$$

$$Y = \frac{\lambda}{\pi\omega_0^2} \frac{1}{\left|1 + (1 - Q)\left(\frac{\lambda z}{\pi\omega_0^2}\right)^2\right|} \tag{2.7.12}$$

代入方程 (2.7.5) 的第二个方程

$$\frac{\mathrm{d}p}{\mathrm{d}z} = -\mathrm{i}\frac{z}{z^2 + w} + \left(1 + \frac{Q}{2}\right)Y_0 \frac{w}{z^2 + w} \tag{2.7.13}$$

在 $z = 0$ 处, 波前是一平面, 曲率半径 $R \to \infty$, 这对应 $p_0 = 0$. 积分 (2.7.13) 式得

$$\exp[-\mathrm{i}p] = \begin{cases} \dfrac{\omega_0}{\omega} \exp\left[-\mathrm{i}\left(\dfrac{1 + \dfrac{Q}{2}}{\sqrt{1 - Q}}\right)\arctan\left[\sqrt{1 - Q}\dfrac{\lambda z}{\pi\omega_0^2}\right]\right], & 1 - Q > 0 \\[4mm] \dfrac{\omega_0}{\omega} \exp\left[-\mathrm{i}\left(\dfrac{1 + \dfrac{Q}{2}}{\sqrt{Q - 1}}\right)\operatorname{arctanh}\left[\sqrt{Q - 1}\dfrac{\lambda z}{\pi\omega_0^2}\right]\right], & Q - 1 > 0 \end{cases}$$

代入 (2.7.4) 式的波包 ψ 的解为

$$\psi = \begin{cases} \dfrac{\omega_0}{\omega} \exp\left[-\mathrm{i}\left(\dfrac{1 + \dfrac{Q}{2}}{\sqrt{1 - Q}}\right)\arctan\left[\sqrt{1 - Q}\dfrac{\lambda z}{\pi\omega_0^2}\right] - r^2\left(\dfrac{\mathrm{i}k}{2R} - \dfrac{1}{\omega^2}\right)\right], & 1 - Q > 0 \\[4mm] \dfrac{\omega_0}{\omega} \exp\left[-\mathrm{i}\left(\dfrac{1 + \dfrac{Q}{2}}{\sqrt{Q - 1}}\right)\operatorname{arctanh}\left[\sqrt{Q - 1}\dfrac{\lambda z}{\pi\omega_0^2}\right] - r^2\left(\dfrac{\mathrm{i}k}{2R} - \dfrac{1}{\omega^2}\right)\right], & Q - 1 > 0 \end{cases} \tag{2.7.14}$$

易于证明波包 ψ 的通解为 $(r^2 = x^2 + y^2)$

$$\psi_{nm} = \begin{cases} \dfrac{\omega_0}{\omega} \exp\left[-\mathrm{i}\left(\dfrac{1 + \dfrac{Q}{2} + m + n}{\sqrt{1-Q}}\right) \arctan\left[\sqrt{1-Q}\,\dfrac{\lambda z}{\pi\omega_0^2}\right]\right. \\ \left. -r^2\left(\dfrac{\mathrm{i}k}{2R} - \dfrac{1}{\omega^2}\right)\right] H_n\left(\dfrac{\sqrt{2}x}{\omega}\right) H_m\left(\dfrac{\sqrt{2}y}{\omega}\right), \quad 1-Q > 0 \\[3mm] \dfrac{\omega_0}{\omega} \exp\left[-\mathrm{i}\left(\dfrac{1 + \dfrac{Q}{2} + m + n}{\sqrt{Q-1}}\right) \mathrm{arctanh}\left[\sqrt{Q-1}\,\dfrac{\lambda z}{\pi\omega_0^2}\right]\right. \\ \left. -r^2\left(\dfrac{\mathrm{i}k}{2R} - \dfrac{1}{\omega^2}\right)\right] H_n\left(\dfrac{\sqrt{2}x}{\omega}\right) H_m\left(\dfrac{\sqrt{2}y}{\omega}\right), \quad Q-1 > 0 \end{cases} \tag{2.7.15}$$

2.7.2 光脉冲自聚的不稳定性分析 [37]

现讨论方程 (2.7.4) 的不稳定性. 波面曲率半径 R 及焦斑半经 w 完全描述了 Gauss 光束. 只要知道了这两个参量, 就可计算 Gauss 光束在任一点的场强. 上面结果是在满足边界条件 "当入射面取在 $z = 0$ 处, 入射波的波面为平面而且光束的焦斑处于最小" 的假定下得出的, 即平面波面与最小焦斑这两件事是同时发生在 $z = 0$ 处. 对于理想的 Gauss 光束的确是这样的. 为了方便, 我们将这结果即 (2.7.9) 重写如下, 并用下标 s 标记

$$X_s = \frac{z}{z^2 + w}, \quad Y_s = Y_0\frac{w}{z^2 + w}, \quad Y_0 = \frac{\lambda}{\pi\omega_0^2}, \quad w = \frac{1}{1-Q}\left(\frac{\pi\omega_0^2}{\lambda}\right)^2 \tag{2.7.16}$$

若入射光束不满足理想 Gauss 光束的边界条件, 则边界条件可表示为 $z = 0, X = X_s + \delta X, Y = Y_s + \delta Y$, 代入 (2.7.7) 式, 得

$$\frac{\mathrm{d}\delta X}{\mathrm{d}z} = -2X_s\delta X + 2(1-Q)Y_s\delta Y, \quad \frac{\mathrm{d}\delta Y}{\mathrm{d}z} = -2Y_s\delta X - 2X_s\delta Y \tag{2.7.17}$$

设 $\mathrm{d}\delta X/\mathrm{d}z = \nu\delta X, \mathrm{d}\delta Y/\mathrm{d}z = \nu\delta Y, \nu$ 为二维增益,

$$\begin{vmatrix} \nu + 2X_s & -2(1-Q)Y_s \\ 2Y_s & \nu + 2X_s \end{vmatrix} = 0 \tag{2.7.18}$$

由此求得二维增益系数 $\nu = 2X_s \pm 2Y_s\sqrt{Q-1}, Y_s = \dfrac{\lambda}{\pi\omega^2}$. 当 $X_s = \dfrac{1}{R} \approx 0$, 则二维增益过渡到一维情形增益系数

$$\nu = \pm 2\sqrt{\frac{\lambda}{\pi\omega^2}\left(2\frac{n_2}{n_0}|E|^2\frac{\pi}{\lambda}\left(\frac{\omega_0}{\omega}\right)^2 - \frac{\lambda}{\pi\omega^2}\right)} \tag{2.7.19}$$

当 $\lambda/(\pi\omega_0^2) = n_2\pi|E|^2/(n_0\lambda)$，$\nu$ 达于极大 $\nu_{\mathrm{m}} = 2n_2\pi|E|^2/(n_0\lambda)$，这与文献 [21] 就一维情形并用平面波模型得到的结果是相一致的. 为了将 (2.7.19) 式与文献 [21] 的 PSD（功率谱密度）实测结果相比较，我们将 (2.7.19) 式写成如下形式：

$$\nu L = 2\sqrt{\frac{\lambda L}{\pi\omega^2}\left(B - \frac{\lambda L}{\pi\omega^2}\right)} \qquad (2.7.19)'$$

式中，L 为放大器玻璃棒的长度，$B = \dfrac{2\pi}{\lambda}\displaystyle\int \dfrac{n_2}{n_0}|E|^2\left(\dfrac{\omega_0}{\omega}\right)^2 \mathrm{d}z = k\displaystyle\int_0^L \gamma I \mathrm{d}z = k\gamma IL$.

对于 Nd 玻璃激光 $\lambda = 10^{-4}\mathrm{cm}, \gamma = 4\times10^{-7}\mathrm{cm}^2/\mathrm{GW}$，当 $I = 2\mathrm{GW/cm}^2$, $B = 0.05L$. 最大增益发生在 $\lambda L/(\pi\omega_0^2) = B/2$ 处，这与实验结果基本相符.

现求方程 (2.7.7) 的通解. 若不满足理想 Gauss 光束的边界条件，则可取

$$X = \frac{z + \Delta(z)}{z^2 + w} \qquad (2.7.20)$$

在界面 $z = 0$，偏离于理想 Gauss 光束边界条件的量为 $X = \Delta(0)/w = 1/R_0 \neq 0$，由 (2.7.7) 式和 (2.7.16) 式诸式得

$$\frac{\mathrm{d}X}{\mathrm{d}z} = -X^2 + (1-Q)Y^2, \quad \frac{\mathrm{d}Y}{\mathrm{d}z} = -2XY \qquad (2.7.21)$$

结合 (2.7.20) 式和 (2.7.21) 式得

$$Y = Y_0 \frac{1}{1 + \dfrac{z^2}{w}} \exp\left(-2\int\frac{\Delta\mathrm{d}z}{z^2 + w}\right) \qquad (2.7.22)$$

代入 (2.7.21) 的第一式，我们有 (2.7.21) 式的左、右分别为

$$\frac{\mathrm{d}X}{\mathrm{d}z} = \frac{1 + \dfrac{\mathrm{d}\Delta}{\mathrm{d}z}}{z^2 + w} - \frac{2z(z+\Delta)}{(z^2+w)^2} = -\frac{(z+\Delta)^2}{(z^2+w)^2} + \frac{w + (z^2+w)\dfrac{\mathrm{d}\Delta}{\mathrm{d}z} + \Delta^2}{(z^2+w)^2}$$

$$-X^2 + (1-Q)Y^2 = -\frac{(z+\Delta)^2}{(z^2+w)^2} + (1-Q)\frac{Y_0^2 w^2}{(z^2+w)^2}\exp\left(-4\int\frac{\Delta\mathrm{d}z}{z^2+w}\right) \qquad (2.7.23)$$

w 仍按 (2.7.11) 式取定，故有 $(1-Q)Y_0^2 w^2 = w$, (2.7.23) 式给出

$$w\exp\left(-4\int\frac{\Delta\mathrm{d}z}{z^2+w}\right) = \Delta^2 + (z^2+w)\frac{\mathrm{d}\Delta}{\mathrm{d}z} + w \qquad (2.7.24)$$

设

$$\mathrm{d}t = \frac{\mathrm{d}z}{z^2+w}, \quad t = \begin{cases} \dfrac{1}{\sqrt{w}}\arctan\left[\dfrac{z}{\sqrt{w}}\right], & w > 0 \\[3mm] \dfrac{1}{2\sqrt{-w}}\ln\left[\dfrac{z-\sqrt{-w}}{z+\sqrt{-w}}\right] & w < 0 \end{cases} \qquad (2.7.25)$$

将方程 (2.7.24) 写成

$$w \exp(-4u) = \Delta^2 + \frac{\mathrm{d}\Delta}{\mathrm{d}t} + w, \quad u = \int \Delta \mathrm{d}t, \quad \Delta = \frac{\mathrm{d}u}{\mathrm{d}t}$$

即

$$\frac{\mathrm{d}^2 u}{\mathrm{d}t^2} + \left(\frac{\mathrm{d}u}{\mathrm{d}t}\right)^2 + w(1 - \exp(-4u)) = 0 \tag{2.7.26}$$

非线性常微分方程 (2.7.26) 的解析解在附录 2B 中给出. 由 (2B.3) 式 $s = \eta - 1 = \exp(2u) - 1$. 方程 (2.7.25) 的解可用 s 表示出来. 对于 $w < 0$ 的情形, 这个解为

$$\left| \frac{z - \sqrt{-w}}{z + \sqrt{-w}} \right| = \frac{s - \dfrac{\Delta_0^2}{2w} + \sqrt{\left(s - \dfrac{\Delta_0^2}{2w}\right)^2 - \delta^2}}{-\dfrac{\Delta_0^2}{2w} + \sqrt{\left(-\dfrac{\Delta_0^2}{2w}\right)^2 - \delta^2}}$$

$$\delta^2 = \frac{\Delta_0^2}{w}\left(1 + \frac{\Delta_0^2}{4w}\right) \tag{2.7.27}$$

定义 $C = -\dfrac{\Delta_0^2}{2w} + \sqrt{\left(-\dfrac{\Delta_0^2}{2w}\right)^2 - \delta^2} = -\dfrac{\Delta_0^2}{2w} + \sqrt{-\dfrac{\Delta_0^2}{w}}$, 则

$$s - \frac{\Delta_0^2}{2w} + \sqrt{\left(s - \frac{\Delta_0^2}{2w}\right)^2 - \delta^2} = C\left|\frac{z - \sqrt{-w}}{z + \sqrt{-w}}\right|$$

亦即

$$u = \frac{1}{2}\ln\left| 1 + \frac{\Delta_0^2}{2w} + \frac{\delta^2 + C^2\left|\dfrac{z - \sqrt{-w}}{z + \sqrt{-w}}\right|^2}{2C\left|\dfrac{z - \sqrt{-w}}{z + \sqrt{-w}}\right|} \right|$$

$$\Delta = \frac{\mathrm{d}u}{\mathrm{d}t} = \mathrm{e}^{-2u}\sqrt{-w}\sqrt{\left(s - \frac{\Delta_0^2}{2w}\right)^2 - \delta^2} \tag{2.7.28}$$

对于 $w > 0$ 的情形, 参照 (2B.3) 式, (2.7.25) 式解为

$$\arctan\left[\frac{z}{\sqrt{w}}\right] = \frac{1}{2}\left[\arcsin\left(\frac{s - \dfrac{\Delta_0^2}{2w}}{\delta}\right) + \arcsin\left(\frac{\Delta_0^2}{2w\delta}\right)\right] \tag{2.7.29}$$

由于 $s = \exp(2u) - 1$, 将 (2.7.29) 式用 u 写出便得

$$u = \frac{1}{2}\ln\left[1 + \frac{\Delta_0^2}{2w} + \delta\sin\left(2\arctan\frac{z}{\sqrt{w}} - \arcsin\frac{\Delta_0^2}{2w\delta}\right)\right]$$

$$\Delta = \frac{\mathrm{d}u}{\mathrm{d}t} = (z^2 + w)\frac{\mathrm{d}u}{\mathrm{d}z} = \mathrm{e}^{-2u}\left(\frac{1 - \dfrac{z^2}{w}}{1 + \dfrac{z^2}{w}}\Delta_0 + \frac{2z}{1 + \dfrac{z^2}{w}}\frac{\Delta_0^2}{2w}\right) \tag{2.7.30}$$

基于 (2.7.28) 式和 (2.7.30) 式, 我们求得 X、Y 关于变量 z 的函数

$$Y = Y_0 \frac{1}{\left|1 + \dfrac{z^2}{w}\right|}\exp(-2u), \quad X = \frac{z + \Delta(z)}{z^2 + w} \tag{2.7.31}$$

2.7.3 光脉冲自聚的数值计算

取初始扰动 $\delta X = 1/R_0 = \Delta(0)/w = 10^{-3}\lambda^{-1}$, 参数 $Y_0 = (\lambda/\pi\omega_0^2) = 10^{-2}\lambda^{-1}$, $w = Y_0^{-2}/(1 - Q) = \pm 10^5\lambda^2$, 故有 $\Delta(0) = w/R_0 = \pm 10^2\lambda$. 计算结果如图 2.10 所示, 即 Y^{-1} 随 z 的变化曲线, 单位为 λ. 其中实线对应于 $w = 10^5$, 在阈值之下, 而点线对应于 $w = -10^5$, 在阈值之上. 当初始扰动为 $\delta X = \dfrac{1}{R_0} = 0$ 时, 其余参数相同, 结果如图 2.11 所示, 实线对应于 $w = 10^5$, 在阈值之下, 而点线对应于 $w = -10^5$,

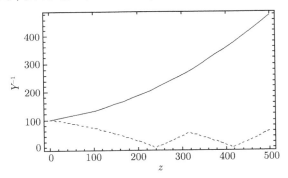

图 2.10 当初始条件 $\delta X \neq 0$ 时, Y^{-1} 随 z 的变化曲线 [37]

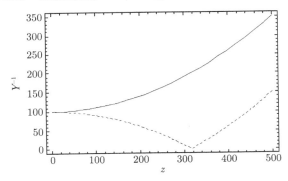

图 2.11 当初始条件 $\delta X = 0$ 时, Y^{-1} 随 z 的变化曲线 [37]

在阈值之上. 比较图 2.10 与图 2.11 得出结论: 在阈值下的两条实线的趋势基本上是一样的; 但在阈值上的两条点线则不一样. 前者 $\delta X = 10^{-3}\lambda^{-1}$, 曲线有两个最小值, 对应于两个焦点. 而后者 $\delta X = 0$, 只有一个最小值, 对应于一个焦点. 故任一细丝光束的不稳定性, 均可用一理想的或偏离于理想的二维 Gauss 光束来描写. 如果是在阈值下, 则传输后会是发散的光束. 如果是在阈值上, 则传输后会是自聚的单焦点或多焦点光束, 波面所满足的初始条件是理想的或偏离于理想的.

2.8　光束传输的 $ABCD$ 定理

2.6 节和 2.7 节讨论了光束传输的面积定理与光束自聚焦及多焦点现象. 这一节要讨论光束传输中一个更为普遍对经典与量子光学均十分重要的光束传输的 $ABCD$ 定理.

2.8.1　近轴光束传输的 $ABCD$ 定理

这个问题的最早研究是从几何光学近轴光线传输开始的 [38,39]. 到后来已发展为众所周知的矩阵光学 [40~43], 也只适用于近轴. 它可通过图 2.12 及下面的式子表示:

$$\begin{pmatrix} x_2 \\ x_2' \end{pmatrix} = \begin{pmatrix} A & B \\ C & D \end{pmatrix} \begin{pmatrix} x_1 \\ x_1' \end{pmatrix}$$

$$AD - BC = 1 \tag{2.8.1}$$

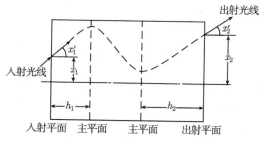

图 2.12　近轴光路示意图

图 2.12 中, 一条包含在经面 (含光轴的平面) 内的近轴光线, 在入射平面上的高度为 x_1, 斜率为 x_1'. 经过光学系统的传输后又由出射平面射出. 出射点的高度及斜率分别为 x_2 与 x_2'. (2.8.1) 式表明出射点的高度及斜率可通过入射点的高度、斜率及由光学系统参数决定的传输矩阵元 A、B、C、D 来计算. 而传输矩阵相乘仍为传输矩阵. 这就预示多于一个光学系统传输矩阵的传输, 可等价为其相乘后的矩阵的传输. 这个几何光学的近轴传输矩阵稍后被推广到 Gauss 光束的波动光学的

近轴传输 [40]. 将方程 (2.7.5) 应用于不含非线性介质的光学传输, 即在 (2.7.5) 式中令 $n_2 = 0$, 于是有

$$\frac{\partial}{\partial z}\frac{1}{q} = -\frac{1}{q^2}, \quad \frac{\partial p}{\partial z} = -\frac{\mathrm{i}}{q} \tag{2.8.2}$$

(2.8.2) 式给出

$$q_2 = q_1 + z, \quad p_2 = p_1 - \mathrm{i}\ln\left(1 + \frac{z}{q_1}\right) \tag{2.8.3}$$

这个结果可用来描写 Gauss 光束通过图 2.12 相距为 z 的两个面即转面后参量 (q, p) 的变化 $q_2 = q_1 + z$. 至于通过薄透镜的传输, 由于薄透镜的厚度 $z = 0$, 是不需考虑转面变化的. 但薄透镜的焦距为 f, 应考虑其对波面的曲率半径的影响. 入射及出射波面的曲率半径分别为 R_1、R_2, 焦斑半径为 ω_1、ω_2, 则易得出 $1/R_2 = 1/R_1 + 1/f$, $\omega_1 = \omega_2$ 于是按 (2.7.6) 式有

$$\frac{1}{q_2} = \frac{1}{R_2} + \mathrm{i}\frac{\lambda}{\pi\omega_2^2} = \frac{1}{R_1} + \frac{1}{f} + \mathrm{i}\frac{\lambda}{\pi\omega_1^2} = \frac{1}{q_1} + \frac{1}{f} \tag{2.8.4}$$

一个复杂的光学系统总可分解为许多转面与折射. 而且转面公式 $q_2 = q_1 + z$ 与物距像距的转面公式 $l_2 = l_1 + z$ 是一样的. 故在复杂的光学系统作用下, q_2 与 q_1 的关系等同于 l_2 与 l_1 的关系. 由近轴公式 $l = \frac{x}{x'}$ 及 (2.8.1) 式

$$l_2 = \frac{x_2}{x_2'} = \frac{Ax_1 + Bx_1'}{Cx_1 + Dx_1'} = \frac{Al_1 + B}{Cl_1 + D}$$

得

$$q_2 = \frac{Aq_1 + B}{Cq_1 + D} \tag{2.8.5}$$

(2.8.4) 式和 (2.8.5) 式就是近轴光束传输的 $ABCD$ 定理, 也是由近轴光线传输到近轴 Gauss 光束传输的一次推进, 并已在衍射积分的计算上获得应用. 但毕竟是近轴, 是否对远离光轴的空间光线或波面的传输也成立, 还有待进一步证明. 只有在证明这点后, 才能说 $ABCD$ 定理是一普适的光束传输定理. 这正是我们在 2.8.2 节所要论述的. 在这个普适的光束传输 $ABCD$ 定理的基础上, 我们还会给出它在衍射积分及计算中的应用.

2.8.2　普适的光束传输 $ABCD$ 定理的证明

我们从 Bruns 定义的点程函出发 [44~48]

$$V(x_0, y_0, z_0; x_1, y_1, z_1) = \int_{P_0}^{P_1} n\mathrm{d}s$$

式中, n 为介质的折射率, 而光线自介质的 $P_0(x_0, y_0, z_0)$ 点进行至 $P_1(x_1, y_1, z_1)$ 点. 在点程函 V 的基础上, 可进一步定义角程函 T

$$T = V + \sum p_0 x_0 - \sum p_1 x_1 \qquad (2.8.6)$$

式中, $\sum p_0 x_0$、$\sum p_1 x_1$ 分别表示 $p_0 x_0 + q_0 y_0 + m_0 z_0$ 与 $p_1 x_1 + q_1 y_1 + m_1 z_1$, 而 T 则满足如下关系:

$$x_0 - \frac{p_0}{m_0} z_0 = \frac{\partial T}{\partial p_0}, \quad x_1 - \frac{p_1}{m_1} z_1 = -\frac{\partial T}{\partial p_1}$$

$$y_0 - \frac{q_0}{m_0} z_0 = \frac{\partial T}{\partial q_0}, \quad y_1 - \frac{q_1}{m_1} z_1 = -\frac{\partial T}{\partial q_1} \qquad (2.8.7)$$

式中, $p_0 = -\dfrac{\partial V}{\partial x_0}$, $p_1 = \dfrac{\partial V}{\partial x_1}$, $p = n\cos\alpha, q = n\cos\beta, m = n\cos\gamma$, 而 α、β、γ 分别为光线与坐标 x、y、z 的夹角, 且 $p^2 + q^2 + m^2 = n^2$. 就描述光学系统的像差而言, 角程函 T 要比点程函 V 更方便些. 对于一个轴向对称系统, 在物方与像方的光线参量 m_0、m_1 可表示为

$$m_0 = n_0 - \frac{1}{n_0} u - \frac{1}{2n_0^3} u^2 + \cdots = n_0 - \frac{1}{n_0} u + O_0(u^2)$$

$$m_1 = n_1 - \frac{1}{n_1} v - \frac{1}{2n_1^3} v^2 + \cdots = n_1 - \frac{1}{n_1} v + O_1(v^2) \qquad (2.8.8)$$

式中, $u = (p_0^2 + q_0^2)/2, v = (p_1^2 + q_1^2)/2$, 而 n_0、n_1 分别为物平面与像平面的折射率. 将 m_0、m_1 的表达式 (2.8.8) 代入 (2.8.6) 式得

$$\begin{aligned}
V &= T - p_0 x_0 - q_0 y_0 - m_0 z_0 + p_1 x_1 + q_1 y_1 + m_1 z_1 \\
&= T - n_0 z_0 + n_1 z_1 + \frac{z_0}{n_0} \frac{p_0^2 + q_0^2}{2} - \frac{z_1}{n_1} \frac{p_1^2 + q_1^2}{2} \\
&\quad - z_0 O_0(u^2) + z_1 O_1(v^2) - p_0 x_0 - q_0 y_0 + p_1 x_1 + q_1 y_1
\end{aligned}$$

为简便起见, 下面我们将高阶量包含在角程函中, 即 $T - z_0 O_0(u^2) + z_1 O_1(v^2) \to T$, 又令 $V_0 = -n_0 z_0 + n_1 z_1$, 则 (2.8.6) 式可写为

$$V = V_0 + T + \frac{z_0}{n_0} \frac{p_0^2 + q_0^2}{2} - \frac{z_1}{n_1} \frac{p_1^2 + q_1^2}{2} - p_0 x_0 - q_0 y_0 + p_1 x_1 + q_1 y_1 \qquad (2.8.9)$$

这样一来, (2.8.7) 式可重写如下:

$$x_0 - \frac{p_0}{m_0} z_0 = \frac{\partial T}{\partial p_0}, \quad x_1 - \frac{p_1}{m_1} z_1 = -\frac{\partial T}{\partial p_1}$$

$$y_0 - \frac{q_0}{m_0}z_0 = \frac{\partial T}{\partial q_0}, \quad y_1 - \frac{q_1}{m_1}z_1 = -\frac{\partial T}{\partial q_1} \tag{2.8.10}$$

式中, 角程函 T 可展开为

$$T = T(p_0, q_0; p_1, q_1) = T^0 + T^2 + T^4 + \cdots, \quad T^0 = n_1 a_1 - n_0 a_0$$

$$T^2 = au + bv + cw, \quad T^4 = du^2 + ev^2 + fw^2 + guv + huw + jvw \tag{2.8.11}$$

式中, $w = p_0 p_1 + q_0 q_1$, 为简单起见, 下面将 T_0 包括到 V_0 中; 因而 $T = T^2 + T^4 + \cdots$. 对于近轴光线 $T \approx T^2$, 参见 (2.8.10) 式和 (2.8.11) 式, 我们有 $x_0 - \frac{p_0}{m_0}z_0 = ap_0 + cp_1, x_1 - \frac{p_1}{m_1}z_1 = -bp_1 - cp_0$, 即

$$\begin{pmatrix} p_1 \\ x_1 \end{pmatrix} = \begin{pmatrix} -\dfrac{1}{c}\left(\dfrac{z_0}{n_0} + a\right) & \dfrac{1}{c} \\ -c - \dfrac{1}{c}\left(\dfrac{z_0}{n_0} + a\right)\left(\dfrac{z_1}{n_1} - b\right) & -\dfrac{1}{c}\left(\dfrac{z_1}{n_1} - b\right) \end{pmatrix} \begin{pmatrix} p_0 \\ x_0 \end{pmatrix}$$

$$= \begin{pmatrix} A & B \\ C & D \end{pmatrix} \begin{pmatrix} p_0 \\ x_0 \end{pmatrix}$$

$$AD - BC = 1 \tag{2.8.12}$$

对于远离近轴的空间光线 $T = T(u, v, w)$

$$\frac{\partial T}{\partial p_0} = \frac{\partial T}{\partial u}\frac{\partial u}{\partial p_0} + \frac{\partial T}{\partial w}\frac{\partial w}{\partial p_0} = T_u p_0 + T_w p_1$$

$$\frac{\partial T}{\partial p_1} = \frac{\partial T}{\partial v}\frac{\partial v}{\partial p_1} + \frac{\partial T}{\partial w}\frac{\partial w}{\partial p_1} = T_v p_1 + T_w p_0 \tag{2.8.13}$$

类似地

$$\frac{\partial T}{\partial q_0} = \frac{\partial T}{\partial u}\frac{\partial u}{\partial q_0} + \frac{\partial T}{\partial w}\frac{\partial w}{\partial q_0} = T_u q_0 + T_w q_1$$

$$\frac{\partial T}{\partial q_1} = \frac{\partial T}{\partial v}\frac{\partial v}{\partial q_1} + \frac{\partial T}{\partial w}\frac{\partial w}{\partial q_1} = T_v q_1 + T_w q_0 \tag{2.8.14}$$

由 (2.8.10) 式、(2.8.13) 式、(2.8.14) 式得

$$x_0 - \frac{p_0}{n_0}z_0 = T_u p_0 + T_w p_1, \quad x_1 - \frac{p_1}{n_1}z_1 = -T_v p_1 - T_w p_0$$

$$p_1 = T_w^{-1} x_0 - \left(\frac{z_0}{n_0} + T_u\right)T_w^{-1} p_0$$

$$x_1 = -T_w p_0 + \left(\frac{z_1}{n_1} - T_v\right)p_1$$

$$= -T_w p_0 + \left(\frac{z_1}{n_1} - T_v \right) \left(T_w^{-1} x_0 - \left(\frac{z_1}{n_1} + T_u \right) T_w^{-1} p_0 \right) \tag{2.8.15}$$

故有

$$\begin{pmatrix} p_1 \\ x_1 \end{pmatrix} = \begin{pmatrix} -\left(\dfrac{z_0}{n_0} + T_u \right) T_w^{-1} & T_w^{-1} \\[3mm] -T_w - \left(\dfrac{z_0}{n_0} + T_u \right) \left(\dfrac{z_1}{n_1} - T_v \right) T_w^{-1} & \left(\dfrac{z_1}{n_1} - T_v \right) T_w^{-1} \end{pmatrix} \begin{pmatrix} p_0 \\ x_0 \end{pmatrix}$$

$$|AD - BC| = -\left(\frac{z_0}{n_0} + T_u \right) \left(\frac{z_1}{n_1} - T_v \right) T_w^{-2} + 1 + \left(\frac{z_0}{n_0} + T_u \right) \left(\frac{z_1}{n_1} - T_v \right) T_w^{-2} = 1$$
$$\tag{2.8.16}$$

比较 (2.8.13) 式和 (2.8.14) 式, 对于轴对称的光学系统 $T = T(u, v, w)$, 传输矩阵 (2.8.16) 也适用于由 $q_0, y(0)$ 到 $q_1, y(1)$ 的传输.

但对于非轴对称的光学系统 $T = T(u, v, w, \chi)$, $\chi = p_0 p_1 - q_0 q_1$, $T = T^{(0)} + T^{(2)} + T^{(4)}$, $T^{(0)} = n_1 a_1 - n_0 a_0$, $T^{(2)} = au + bv + cw + d\chi$, $T^{(4)} = T^{(4)}(u, v, w, \chi)$ 由 q_0、$y(0)$ 到 q_1、$y(1)$ 的传输不同于由 p_0、$x(0)$ 到 p_1、$x(1)$ 的传输. 可以证明近轴光线与空间光线经非轴对称的光学系统的传输分别为

$$\begin{pmatrix} p_1 \\ x_1 \end{pmatrix} = \begin{pmatrix} -\dfrac{1}{c+d} \left(\dfrac{z_0}{n_0} + a \right) & \dfrac{1}{c+d} \\[3mm] -(c+d) - \dfrac{1}{c+d} \left(\dfrac{z_0}{n_0} + a \right) \left(\dfrac{z_1}{n_1} - b \right) & -\dfrac{1}{c+d} \left(\dfrac{z_1}{n_1} - b \right) \end{pmatrix} \begin{pmatrix} p_0 \\ x_0 \end{pmatrix}$$

$$\begin{pmatrix} q_1 \\ y_1 \end{pmatrix} = \begin{pmatrix} -\dfrac{1}{c-d} \left(\dfrac{z_0}{n_0} + a \right) & \dfrac{1}{c-d} \\[3mm] -(c-d) - \dfrac{1}{c-d} \left(\dfrac{z_0}{n_0} + a \right) \left(\dfrac{z_1}{n_1} - b \right) & -\dfrac{1}{c-d} \left(\dfrac{z_1}{n_1} - b \right) \end{pmatrix} \begin{pmatrix} q_0 \\ y_0 \end{pmatrix}$$
$$\tag{2.8.17}$$

与

$$\begin{pmatrix} p_1 \\ x_1 \end{pmatrix} = \begin{pmatrix} -\left(\dfrac{z_0}{n_0} + T_u \right) (T_w + T_\chi)^{-1} & (T_w + T_\chi)^{-1} \\[3mm] -(T_w + T_\chi) - \left(\dfrac{z_0}{n_0} + T_u \right) \left(\dfrac{z_1}{n_1} - T_v \right) (T_w + T_\chi)^{-1} & \left(\dfrac{z_1}{n_1} - T_v \right) (T_w + T_\chi)^{-1} \end{pmatrix} \begin{pmatrix} p_0 \\ x_0 \end{pmatrix}$$

$$\begin{pmatrix} q_1 \\ y_1 \end{pmatrix} = \begin{pmatrix} -\left(\dfrac{z_0}{n_0} + T_u\right)\left(T_w - T_\chi\right)^{-1} & \left(T_w - T_\chi\right)^{-1} \\ \\ -\left(T_w - T_\chi\right) - \left(\dfrac{z_0}{n_0} + T_u\right) & \\ \left(\dfrac{z_1}{n_1} - T_v\right)\left(T_w - T_\chi\right)^{-1} & \left(\dfrac{z_1}{n_1} - T_v\right)\left(T_w - T_\chi\right)^{-1} \end{pmatrix} \begin{pmatrix} q_0 \\ y_0 \end{pmatrix}$$

$$(2.8.18)$$

(2.8.17) 式和 (2.8.18) 式均满足 $AD - BC = 1$.

2.8.3 光束传输的衍射积分计算

在近轴传输矩阵 (2.8.1) 的基础上, 1970 年 Collines 给出近轴光线通过光学系统的衍射积分计算公式 [42]

$$\begin{aligned} E(x_1, y_1) = & \frac{-ik}{2\pi C} \exp(ikL_0) \int\!\!\int E(x_0, y_0) \exp\frac{ik}{2C} \exp(ikL_0) \\ & \times [D(x_0^2 + y_0^2) - 2(x_0 x_1 + y_0 y_1) + A(x_1^2 + y_1^2)]\mathrm{d}x_0\mathrm{d}y_0 \quad (2.8.19) \end{aligned}$$

式中, $L_0 + \dfrac{1}{2C}[D(x_0^2 + y_0^2) - 2(x_0 x_1 + y_0 y_1) + A(x_1^2 + y_1^2)]$ 便是近轴光线经由物点 $P_0(x_0, y_0)$ 至像点 $P_1(x_1, y_1)$ 的光程. D、A、C 即输矩阵 (2.8.1) 式的矩阵元, 是近轴光线的传输, 是不含像差的. 故有 $T \approx T^{(2)}$, 用 (2.8.9) 式代入得

$$\begin{aligned} V \approx & V_0 + \left(a + \frac{z_0}{n_0}\right)\left(\frac{p_0^2}{2} + \frac{q_0^2}{2}\right) + \left(b - \frac{z_1}{n_1}\right)\left(\frac{p_1^2}{2} + \frac{q_1^2}{2}\right) \\ & + c(p_0 p_1 + q_0 q_1) - p_0 x_0 - q_0 y_0 + p_1 x_1 + q_1 y_1 \\ = & V_0 + V_1 + V_2 \end{aligned} \qquad (2.8.20)$$

式中

$$\begin{aligned} V_1 = & \left(a + \frac{z_0}{n_0}\right)\frac{p_0^2}{2} + \left(b - \frac{z_1}{n_1}\right)\frac{p_1^2}{2} + c p_0 p_1 - p_0 x_0 + p_1 x_1 \\ = & \frac{-A}{B}\frac{p_0^2}{2} + \frac{-D}{B}\frac{p_1^2}{2} + \frac{1}{B}p_0 p_1 - p_0 x_0 + p_1 x_1 \end{aligned}$$

参照 (2.8.12) 式

$$p_1 = \frac{1}{C}(Ax_1 - x_0), \quad p_0 = \frac{1}{C}(x_1 - Dx_0)$$

故有

$$\begin{aligned} V_1 = & \frac{1}{2BC^2}[-A(x_1 - Dx_0)^2 - D(Ax_1 - x_0)^2 + 2(x_1 - Dx_0)(Ax_1 - x_0) \\ & - 2BC(x_1 - Dx_0)x_0 + 2BC(Ax_1 - x_0)x_1] \\ = & \frac{1}{C}(Ax_1^2 + Dx_0^2 - 2x_0 x_1) \end{aligned} \qquad (2.8.21)$$

同样

$$V_2 = \left(a + \frac{z_0}{n_0}\right)\frac{q_0^2}{2} + \left(b - \frac{z_1}{n_1}\right)\frac{q_1^2}{2} + cq_0q_1 - q_0y_0 + q_1y_1$$
$$= \frac{1}{C}(Ay_1^2 + Dy_0^2 - 2y_0y_1) \tag{2.8.22}$$

而程函 V 的表达式为

$$V = V_0 + \frac{1}{2C}[A(x_1^2 + y_1^2) + D(x_0^2 + y_0^2) - 2(x_0x_1 + y_0y_1)]$$

比较 (2.8.22) 式与 (2.8.20) 式得出场 $E(x,y)$ 的衍射积分取如下形式:

$$E(x,y) = A_N \iint E(x_0,y_0)\exp(\mathrm{i}kV)\mathrm{d}x_0\mathrm{d}y_0 = A_N\exp(\mathrm{i}kV_0)$$
$$\times \iint E(x_0,y_0)\exp\frac{\mathrm{i}k}{2c}[D(x_0^2+y_0^2) + A(x_1^2+y_1^2)]$$
$$- 2(x_0x_1 + y_0y_1)\mathrm{d}x_0\mathrm{d}y_0 \tag{2.8.23}$$

式中, 规一化常数 A_N 参照 Kirchhoff 衍射积分应为 $A_N = \dfrac{-\mathrm{i}k}{2\pi}$. 上面这个结果虽然是就近轴公式推得的, A、B、C、D 均由 (2.8.12) 式定义. 但在推导过程中, 也主要是用了 $AD - BC = 1$. 如果我们用远离光轴的 (2.8.16) 式定义 A、B、C、D, 同样满足 $AD - BC = 1$, 上面结果 (2.8.23) 式显然也是成立的. 所以我们试用 (2.8.16) 式定义 A、B、C、D, 按 (2.8.23) 式反过来计算点程函 V'

$$V_1' = \frac{1}{2C}(Ax_1^2 + Dx_0^2 - 2x_0x_1)$$
$$= \frac{1}{2}T_w\left[\left(\frac{z_0}{n_0} + T_u\right)T_w^{-1}p_0^2 - \left(\frac{z_1}{n_1} - T_v\right)T_w^{-1}p_1^2 + 2p_0p_1\right] - p_0x_0 + p_1x_1$$

$$V_1' + V_2' = \frac{z_0}{n_0}u - \frac{z_1}{n_1}v + T_uu + T_vv + T_ww - p_0x_0 + p_1x_1 - q_0y_0 + q_1y_1 \tag{2.8.24}$$

如按 (2.8.11) 式角程函 T 展开式计算 (2.8.24) 式则得

$$V_1' + V_2' = \frac{z_0}{n_0}u - \frac{z_1}{n_1}v - p_0x_0 + p_1x_1 - q_0y_0 + q_1y_1 + au + bv + cw$$
$$+ 2(du^2 + ev^2 + fw^2 + guv + huw + jvw) + \cdots \tag{2.8.25}$$

参照 (2.8.9) 式和 (2.8.11) 式, 点程函 V 的表达式应是

$$V - V_0 = V_1' + V_2' = \frac{z_0}{n_0}u - \frac{z_1}{n_1}v - p_0x_0 + p_1x_1 - q_0y_0 + q_1y_1 + au + bv + cw$$
$$+ du^2 + ev^2 + fw^2 + guv + huw + jvw + \cdots \tag{2.8.26}$$

将 $V_1' + V_2'$ 与 $V_1 + V_2$ 比较, 差别只在初级像差前面的因子 "2". 这是由于 (2.8.25) 式, 仅考虑了 T^2 项, 而略去了 T^4 等的贡献. 考虑到 (2.8.11) 式中的 $T = \sum T^{2n}$, 而 T^{2n} 是 u、v、w 的 n 次齐次式, 易于证明

$$T^{2n} = \frac{1}{n}(T_u^{2n}u + T_v^{2n}v + T_w^{2n}w) = (\tilde{T}_u^{2n}u + \tilde{T}_v^{2n}v + \tilde{T}_w^{2n}w), \quad \tilde{T}^{2n} = \frac{1}{n}T^{2n}$$

这样点程函 $V_1' + V_2'$ 应通过 $\tilde{T}$ 来定义、来计算. 相应地按 (2.8.16) 式在衍射积分中出现的应是 $\tilde{A}$、$\tilde{B}$、$\tilde{C}$、$\tilde{D}$.

$$\tilde{A} = -\left(\frac{z_0}{n_0} + \tilde{T}_u\right)\tilde{T}_w^{-1}, \quad \tilde{D} = \left(\frac{z_1}{n_1} - \tilde{T}_v\right)\tilde{T}_w^{-1}, \quad \tilde{B} = \tilde{T}_w^{-1}, \quad \tilde{C} = \frac{1}{\tilde{B}}(\tilde{A}\tilde{D} - 1)$$

$$T = \sum T^{2n} = \sum(\tilde{T}_u^{2n}u + \tilde{T}_v^{2n}v + \tilde{T}_w^{2n}w) = \tilde{T}_u u + \tilde{T}_v v + \tilde{T}_w w$$

$$V - V_0 = V_1 + V_2 = \frac{z_0}{n_0}u - \frac{z_1}{n_1}v + T - p_0 x_0 + p_1 x_1 - q_0 y_0 + q_1 y_1$$

$$= \frac{z_0}{n_0}u - \frac{z_1}{n_1}v + \tilde{T}_u u + \tilde{T}_v v + \tilde{T}_w w - p_0 x_0 + p_1 x_1 - q_0 y_0 + q_1 y_1 \quad (2.8.27)$$

这样按 (2.8.27) 式计算的 $V_1 + V_2$ 就与 (2.8.9) 式和 (2.8.11) 式展开相一致. 下面以具有初级像差的光学系统为例进行衍射积分的数值计算. 这时

$$T = au + bv + cw + du^2 + ev^2 + jvw, \quad \tilde{T} = au + bv + cw + \frac{1}{2}(du^2 + ev^2 + jvw) \quad (2.8.28)$$

由此求得光束的传输矩阵为

$$x_0 - \frac{p_0}{m_0}z_0 = \frac{\partial\tilde{T}}{\partial p_0} = (a + du)p_0 + \left(c + \frac{1}{2}jv\right)p_1$$

$$x_1 - \frac{p_1}{m_1}z_1 = -\frac{\partial\tilde{T}}{\partial p_1} = -\left(c + \frac{1}{2}jv\right)p_0 - \left(b + ev + \frac{1}{2}jw\right)p_1$$

$$\begin{pmatrix} p_1 \\ x_1 \end{pmatrix} = \begin{pmatrix} \tilde{A} & \tilde{B} \\ \tilde{C} & \tilde{D} \end{pmatrix} \begin{pmatrix} p_0 \\ x_0 \end{pmatrix}$$

$$\tilde{A} = -\frac{z_0/n_0 + a + du}{c + \frac{1}{2}jv}, \quad \tilde{B} = \frac{1}{c + \frac{1}{2}jv}$$

$$\tilde{C} = -c + jv - \frac{(z_0/n_0 + a + du)\left(z_1/n_1 - b - ev - \frac{1}{2}jw\right)}{c + jv}$$

$$\tilde{D} = \frac{z_1/n_1 = b - ev - \frac{1}{2}jw)}{c + \frac{1}{2}jv} \quad (2.8.29)$$

下面给出进行数值计算的光学系统参数和衍射积分计算结果. 图 2.13 为一个单透镜系统的示意图. 其中 $P(x,y)$ 为 Gauss 像平面. 而 $P_b(x_b, y_0)$ 为对应的 Gauss 物平面上的点源. 当 $x_b = y_b = 0$ 时, 表明点源在光轴上; 当 $x_b \neq 0$ 或 $y_b \neq 0$ 时, 表明点源在轴外. 而由物 (像) 平面至透镜的距离为 $d_0(d_1)$.

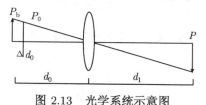

图 2.13　光学系统示意图

而进行衍射积分计算的平面是离物平面为 Δd_0 的 $P_0(x_0, y_0)$, 透镜焦 $-f_0 = f_1$. 各参数的取值如下:

$$-f_0 = f_1 = 20\mathrm{mm}, \quad d_0 = -39.8\mathrm{mm}, \quad d_1 = 40\mathrm{mm}, \quad \Delta d_0 = 200\mu, \quad x_b = 40\mu$$

$$x_0 = -20 \sim 20\mu, \quad y_0 == -20 \sim 20\mu, \quad \sqrt{x_0^2 + y_0^2} \leqslant 20\mu, \quad \lambda = 1\mu$$

下面图 2.14~ 图 2.16 给出有像差衍射积分的计算. 采用无量纲坐标 $\tilde{x} = kpx, \tilde{y} = kpy$ 像差取值分为: (a) 理想情形 (无像差), $d = 0, e = 0, j = 0, \tilde{x}_b = \tilde{y}_b = 0$; (b) 球差,

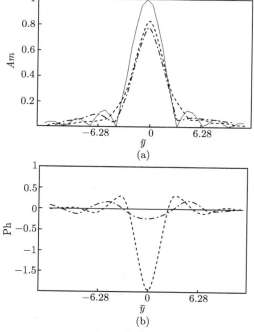

图 2.14　理想情形 (实线)、初级球差 (虚线)、彗差 (点画线) 的振幅分布曲线 (a)
和位相分布曲线 (b)[48]

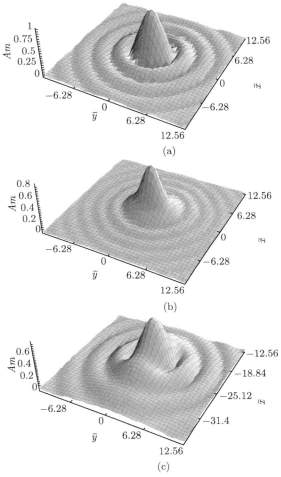

图 2.15　振幅分布 (a) 理想情形、(b) 初级球差、(c) 彗差、(d) 球差与彗差 [48]

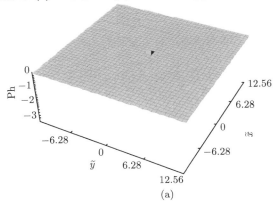

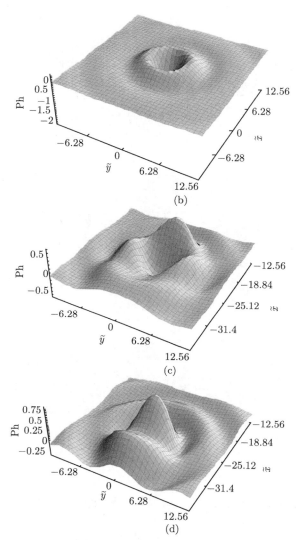

图 2.16   位相分布 (a) 理想情形、(b) 初级球差、(c) 彗差、(d) 球差与彗差 [48]

$d = 0, e = 10^4\mu, j = 0, \tilde{x}_b = \tilde{y}_b = 0$; ③ 彗差,$d = 0, e = 0, j = 400\mu, \tilde{x}_b = 0.628 \times 40\mu = 25.12\mu, , \tilde{y}_b = 0$; ④ 球差与彗差, $d = 0, e = 200\mu, j = 400\mu, \tilde{x}_b = 25.12\mu, \tilde{y}_b = 0$; 图 2.14 给出振幅 Am 及相位 Ph 随 $\tilde{x}$ 的分布, (a)、(c) 分别用实线、虚线、点画线来表示. 其中 $Am = |E(\tilde{x}, \tilde{y})/E_i(0,0)|$, $E_i(0,0)$ 是指理想的无像差情形原点 $(\tilde{x} = 0, \tilde{y} = 0)$ 处的场强. 而 $\mathrm{Ph} = \arg(E(\tilde{x}, \tilde{y})/E_i(0,0))$. 图 2.15 与图 2.16 分别给出振幅 Am 及相位 Ph 随 $\tilde{x}$、$\tilde{y}$ 分布的三维图. 根据给定的上述参数, 可估算由于球差与彗差所引起的横向像差分别为初级球差 $T_e \approx e \times v^2 = 0.25\mu$, 彗差

$T_c \approx jvw = 0.25\mu$. 图 2.14(a)、(b) 给出的就是规一化的振幅 Am 与相位 Ph 随 $\tilde{y} = 2kvy$ 的分布曲线 ($\sqrt{p^2 + q^2} \leqslant 0.1$). 由于像差的影响, 使得 Am 的极大值已由 1 下降到 0.8. 由三维图 2.15 及图 2.16(a)~(d) 看出在 (a) 理想情形与 (b) 初级球差情形, 分布是保持中心对称; 在有彗差的情形 (c) 彗差、(d) 球差与彗差, 分布已不再是中心对称.

2.9 光脉冲的"超光速传输"

早在 1994 年 Chiao 等就提出在一反常色散介质中光脉冲的群速度可以超过光在真空中的速度 c[49,50], 到 2000 年 Wang 等在实验上观察到 Gauss 光脉冲在长 6cm 含铯原子蒸汽管中以负的群速 $-c/310$ 并超前 62ns 通过 (与在真空中传输的 Gauss 光脉通过同样距离相比)[51,52]. 稍后有关光在反常色散介质以超光速传输的理论与实验研究增多, 并努力解析实验观察到的"负的群速"与"超光速"现象 [53~57]. 为了协调与狭义相对论关于光信号传输速率不超过光速 c 的假定, 很多年前 Sommerfeld 与 Brillouin 就指出, 因果律仅要求光信号传输速率不超过光速 c, 但不是光脉冲自身的群速度运动 [58]. 并指出光脉冲速度应定义为波前的速度, 而不是其他. 为了明确波前的概念, Sommerfeld 还引进终端波 (terminated wave). 在此前后, 光信号发生跳跃性的变化, 这就涉及光信号的带宽. 在这一节我们应用强迫振子模型, 来描写介质对终端波的响应, 并得出含时的电介函数. 在这个基础上计算光脉冲在介质中的波形, 有关群速度、超光速、因果律等问题, 也就清楚了 [59~62].

2.9.1 终端波在增益型反常色散介质中的传播

如果无论是从空间或时间都是一个无限伸展的波, 我们就无法讨论波的传播, 为了讨论波的传播, 我们有一个有终端的波, 即在某个时间前 (或后) 是没有波动的. 设色散介质是处于 $x = 0$ 到 $x = l$ 这个范围内, 而入射波 $E(t, 0)$ 是从 $t = t_0$ 开始垂直入射到 $x = 0$ 反常色散介质面上. 则如图 2.17 所示的终端波在两端都是截止的, $F(t) = 1$ 当 $t_0 \leqslant t \leqslant t_0 + T$, $F(t) = 0$ 当 $t_0 \geqslant t, t \geqslant t_0 + T$

$$E(t, 0) = F(t)e^{-i\omega_i t} = \int_{-\infty}^{\infty} E(\omega)d\omega \tag{2.9.1}$$

$$E(\omega) = \frac{1}{2\pi} \int_{-\infty}^{\infty} E(t', 0)e^{i\omega t'} dt' = \frac{1}{\pi} e^{i\Delta\omega(t_0 + T/2)} \frac{\sin \Delta\omega T/2}{\Delta\omega} \tag{2.9.2}$$

反常色散介质对入射终端波的响应可用介质分子在终端波的作用下的强迫运动来描写. 具有质量 m、电荷 e、特征频率 ω_0、阻尼系数 2γ 的强迫简谐振子的位移 s, 满足如下的运动方程:

$$\frac{\mathrm{d}^2 s}{\mathrm{d}t^2} + 2\gamma \frac{\mathrm{d}s}{\mathrm{d}t} + \omega_0^2 s = \frac{e}{m} E, \quad E = a\mathrm{e}^{-\mathrm{i}\omega t} \tag{2.9.3}$$

$$s = s_0 \mathrm{e}^{-\mathrm{i}\omega_\mathrm{r} t} + \mathrm{e}^{-\mathrm{i}\omega_\mathrm{r} t} \int_{t_0}^{t} \mathrm{e}^{\mathrm{i}(\omega_\mathrm{r}-\omega)t'} A \mathrm{d}t' \tag{2.9.4}$$

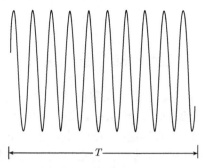

图 2.17　终端波示意图

式中, 第一项为齐次解, 第二项为非齐次解. 当略去 (2.9.3) 式右端的非齐次项, 并用齐次解 $s_0\mathrm{e}^{-\mathrm{i}\omega_\mathrm{r} t}$ 代入得 $-\omega_\mathrm{r}^2 - 2\mathrm{i}\gamma\omega_\mathrm{r} + \omega_0^2 = 0, \omega_\mathrm{r} = -\mathrm{i}\gamma + \sqrt{\omega_0^2 - \gamma^2}, s_0 \neq 0$ 即简谐振子的初始位移. 设 $s_0 = 0$, 将方程 (2.9.4) 的非齐次解代入 (2.9.3) 式得

$$\left(\frac{\mathrm{d}^2}{\mathrm{d}t^2} + 2\gamma \frac{\mathrm{d}}{\mathrm{d}t} + \omega_0^2\right)\left(\mathrm{e}^{-\mathrm{i}\omega_\mathrm{r} t} \int_{t_0}^{t} \mathrm{e}^{\mathrm{i}(\omega_\mathrm{r}-\omega)t'} A \mathrm{d}t'\right) = \frac{ea}{m}\mathrm{e}^{-\mathrm{i}\omega t}$$

$$A = \frac{ea}{m}\frac{1}{-\mathrm{i}(\omega_\mathrm{r} + \omega) + 2\gamma},$$

$$s = \mathrm{e}^{-\mathrm{i}\omega_\mathrm{r} t} \int_{t_0}^{t} \mathrm{e}^{\mathrm{i}(\omega_\mathrm{r}-\omega)t'} A \mathrm{d}t'$$

$$= \frac{ea}{m}\frac{1}{\omega_0^2 - \omega^2 - 2\gamma\mathrm{i}\omega} \times (1 - \mathrm{e}^{-\mathrm{i}(\omega_\mathrm{r}-\omega)(t-t_0)})\mathrm{e}^{-\mathrm{i}\omega t} = s(\nu, t-t_0)\mathrm{e}^{-\mathrm{i}\omega t} \tag{2.9.5}$$

含时的偶极矩 $r(\nu, t-t_0) = es(\nu, t-t_0)$ 将导致含时的介电函数 $\varepsilon(\nu, t-t_0) = 1 + 4\pi N r(\nu, t-t_0), \omega = 2\pi\nu$, 此处 N 为分子密度. 当波没有终端, 则 $t_0 \to -\infty, T = t - t_0 \to \infty$, 则解 (2.9.5) 式为

$$s(\nu, t-t_0) = \frac{ea}{m}\frac{1}{\omega_0^2 - \omega^2 - 2\gamma\mathrm{i}\omega} \times \left(1 - \mathrm{e}^{\left(-\gamma+\mathrm{i}(\omega-\sqrt{\omega_0^2-\omega^2})\right)(t-t_0)}\right)$$

$$\to \frac{ea}{m}\frac{1}{\omega_0^2 - \omega^2 - 2\gamma\mathrm{i}\omega} \tag{2.9.6}$$

这个结果恰是通常说的不含时的介电系数

$$\varepsilon = 1 + \chi(\nu) = 1 + 4\pi N r = 1 + \frac{4\pi N e^2/m}{\omega^2 - \omega_0^2 - 2\gamma}, \quad \omega = 2\pi\nu \tag{2.9.7}$$

解 (2.9.5) 式是就界面处 $x = 0$ 求得的. 对于处于介质 $x > 0$ 的分子, 驱动电场 $E(t, x) = a\mathrm{e}^{-\mathrm{i}\omega(t-x/c)}$, 满足一个类似的强迫简谐振子方程

$$\frac{\mathrm{d}^2 s}{\mathrm{d}t'^2} + 2\gamma\frac{\mathrm{d}s}{\mathrm{d}t'} + \omega_0^2 s = \frac{e}{m}E, \quad E = a\mathrm{e}^{-\mathrm{i}\omega t'} \tag{2.9.8}$$

$$s(\nu, t) = \begin{cases} \dfrac{ea}{m}\dfrac{1}{\omega_0^2 - \omega^2 - 2\gamma\mathrm{i}\omega} \times [1 - \mathrm{e}^{-\mathrm{i}(\omega_r-\omega)t}], & 0 < t = t' - t_0 - x/c < T \\[3mm] \dfrac{ea}{m}\dfrac{1}{\omega_0^2 - \omega^2 - 2\gamma\mathrm{i}\omega} \times [1 - \mathrm{e}^{-\mathrm{i}(\omega_r-\omega)T}], & t = t' - t_0 - x/c > T \end{cases} \tag{2.9.9}$$

式中, $t = t' - t_0 - x/c$. 偶极矩的解为 $r(\nu, t) = es(\nu, t)$, $\varepsilon(\nu, t) = 1 + \chi(\nu, t) = 1 + 4\pi Nr(\nu, t)$, $n(\nu, t) = \sqrt{\varepsilon(\nu, t)}$, 很明显, 当 $\gamma t \gg 1$ 时, 解就过渡到通常的介电系数

$$\varepsilon(\nu) = 1 + \chi(\nu) = 1 + 4\pi Nr(\nu), \quad n(\nu) = \sqrt{\varepsilon(\nu)} \tag{2.9.10}$$

将 $n_\mathrm{i}(\nu, t) = \sqrt{\varepsilon_\mathrm{i}(\nu, t)}$ 代入 Fresnel 公式, 我们就得到当波入射到介质端面的瞬时透射与反射系数 [61].

$$T_\mathrm{p} = \frac{2n_1\cos\theta_\mathrm{i}}{n_2\cos\theta_\mathrm{i} + n_1\cos\theta_\mathrm{t}}A_\mathrm{p}, \quad R_\mathrm{p} = \frac{n_2\cos\theta_\mathrm{i} - n_1\cos\theta_\mathrm{t}}{n_2\cos\theta_\mathrm{i} + n_1\cos\theta_\mathrm{t}}A_\mathrm{p}$$

$$T_\perp = \frac{2n_1\cos\theta_\mathrm{i}}{n_1\cos\theta_\mathrm{i} + n_2\cos\theta_\mathrm{t}}A_\perp, \quad R_\perp = \frac{n_1\cos\theta_\mathrm{i} - n_2\cos\theta_\mathrm{t}}{n_1\cos\theta_\mathrm{i} + n_2\cos\theta_\mathrm{t}}A_\perp \tag{2.9.11}$$

对于垂直入射, (2.9.11) 式给出透射系数 $T_\mathrm{p}/A_\mathrm{p} = T_\perp/A_\perp = 1$ 若 $n_1 = n_2$; 或者 $n_1 = n_2$ 若透射系数 $T_\mathrm{p}/A_\mathrm{p} = T_\perp/A_\perp = 1$.

2.9.2　矩形脉冲在增益型反常色散介质中的传播

假设反常色散介质就是 WKD 实验中用到的铯蒸气 [51], 分布在 $x = l_0$ 至 $x = l_0 + L$ 的空间范围内. 它的极化率可写为

$$\chi(\nu) = \frac{M}{\nu - \nu_0 - \Delta\nu + \mathrm{i}\gamma} + \frac{M}{\nu - \nu_0 + \Delta\nu + \mathrm{i}\gamma} \tag{2.9.12}$$

式中, ν 为入射方波所含的频谱分量. ν_0 则是非线介质的特征频率. 参数 $M = 2.3 \times 10^{-6}\mathrm{MHz}$, $\gamma = 0.46\mathrm{MHz}$, $\Delta\nu \approx 1.3\mathrm{MHz}$. 介质的折射率 $n(\nu) = \sqrt{1 + \chi(\nu)}$. 正如前面提到的无终端波在介质中的传播, 其极化率及电介系数分别为方程 (2.9.12) 的 $\chi(\nu)$ 与 $\varepsilon(\nu) = 1 + \chi(\nu)$. 但对终端波在介质中的传播而言, 其极化率及电介系数就应分别为 $\chi(\nu, t)$ 与 $\varepsilon(\nu, t) = 1 + \chi(\nu, t)$.

$$\varepsilon(\nu, t) = 1 + \chi(\nu, t) = 1 + \frac{M}{\nu - \nu_0 - \Delta\nu + \mathrm{i}\gamma}\left[1 - \mathrm{e}^{-\mathrm{i}(\omega - \omega_{\nu n}^+)t}\right]$$
$$+ \frac{M}{\nu - \nu_0 + \Delta\nu + \mathrm{i}\gamma}\left[1 - \mathrm{e}^{-\mathrm{i}(\omega - \omega_{\nu n}^-)t}\right] \tag{2.9.13}$$

式中, $\omega = 2\pi\nu$, $\omega_{\nu n}^{\pm} = 2\pi(\nu_0 \pm \Delta\nu - \mathrm{i}\gamma)$. 将此式应用于计算矩形脉冲的传播. 严格来说, 矩形脉冲即方波脉冲的带宽自 $-\infty$ 伸展至 ∞, 在实验上很难实现, 但可以通过有限带宽 $(-\Omega, \Omega)$ 的延伸来趋近. 现用 $I_i(l_0 + L, t) = |E_i(l_0 + L, t)|^2$, $i = 1 \sim 3$ 分别表示光脉冲经过真空、介质 $\varepsilon(\nu) = 1 + \chi(\nu)$ 以及介质 $\varepsilon(\nu, t) = 1 + \chi(\nu, t)$, 在 $(l_0 + L)$ 处测得的光脉冲强度随时间 t 的变化. 场强的表达式为

$$E_1(l_0 + L, t) = \int_{-\Omega}^{\Omega} E(\omega) \exp\left(-\mathrm{i}\omega\left(t - \frac{l_0 + L}{c}\right)\right) \mathrm{d}\omega$$

$$E_2(l_0 + L, t) = \int_{-\Omega}^{\Omega} \frac{2}{1 + k_2} E(\omega) \exp\left(-\mathrm{i}\omega\left(t - \frac{l_0 + L}{c}\right)\right.$$
$$\left. + \mathrm{i}(k_2 - 1)\frac{\omega}{c} L\right) \mathrm{d}\omega, \quad k_2 = \sqrt{1 + \chi(\nu)}$$

$$E_3(l_0 + L, t) = \int_{-\Omega}^{\Omega} \frac{2}{1 + k_3} E(\omega) \exp\left(-\mathrm{i}\omega\left(t - \frac{l_0 + L}{c}\right)\right.$$
$$\left. + \mathrm{i}(k_3 - 1)\frac{\omega}{c} L\right) \mathrm{d}\omega, \quad k_3 = \sqrt{1 + \chi(\nu, t)} \qquad (2.9.14)$$

矩形脉冲的传播参数为 $l_0 = 9\mathrm{M}$, $L = 0.06\mathrm{M}$, $2T = 5\mu\mathrm{s}$, $a = 1$. 现积分 (2.9.14) 式, 积分限 $(-\Omega, \Omega)$ 取为 $(-4.5, 4.5)$, $(-45, 45)$, $(-450, 450)$, $(-4500, 4500)\mathrm{MHz}$, 相应的 $I_i(t)$ 曲线在图 2.18~图 2.21 给出. 有趣的是, 不论积分限 $(-\Omega, \Omega)$ 怎么取, 终端波 I_3(实线) 总是经由真空传播的波 I_1(点画线) 在起始处重合. 然后分离开来, 并随 $t = t' - t_0 - \dfrac{x}{c}$ 的增加逐渐趋近于无终端波 I_2(划线). 我们已看到终端波 I_3(实线) 的连续传播. 但波 I_2(划线) 的传播在波前处, 相对于真空中波 I_1(点画线) 像图 2.18 及图 2.19(b)$(L = 0.06\mathrm{M})$、图 2.20(b)$(L = 0.6\mathrm{M})$ 所表现的那样是不连续

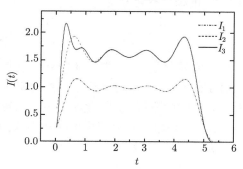

图 2.18　矩形脉冲的相对强度分布 [62]

I_1(点画线) 为真空中的传播; I_2(划线) 为色散介质中的传播; I_3(实线) 为含时色散介质中的传播; t 的单位为 $\mu\mathrm{s}$, 下同. 脉宽 $2T = 5\mu\mathrm{s}$, $L = 0.06\mathrm{M}$, $\Omega = 4.5\mathrm{MHz}$

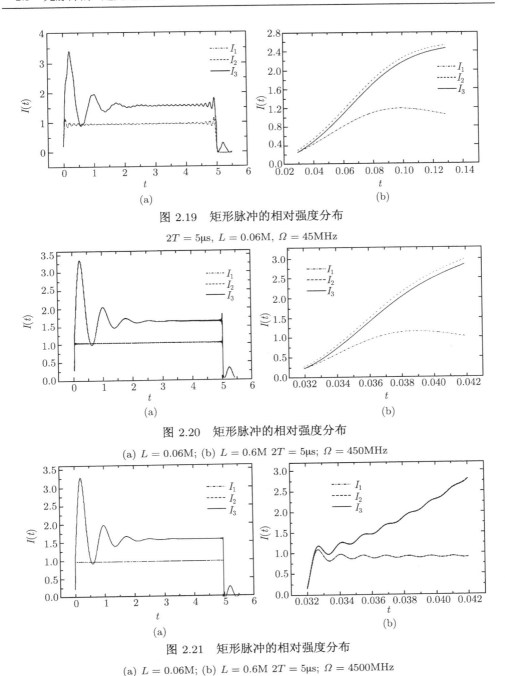

图 2.19 矩形脉冲的相对强度分布

$2T = 5\mu s$, $L = 0.06M$, $\Omega = 45MHz$

图 2.20 矩形脉冲的相对强度分布

(a) $L = 0.06M$; (b) $L = 0.6M$ $2T = 5\mu s$; $\Omega = 450MHz$

图 2.21 矩形脉冲的相对强度分布

(a) $L = 0.06M$; (b) $L = 0.6M$ $2T = 5\mu s$; $\Omega = 4500MHz$

的, 有一跳变 ΔI_2(虽然 ΔI_2 会随积分限 $(-\Omega, \Omega)$ 的增大而减少). 从 (2.9.11) 式中看出 I_3 与 I_1 在波前处重合, 也就意味着折射率 n_2 等于在真空中传播的折射率 $n_1 = 1$.

但对于 I_2 而言, 由于有了跳变 ΔI_2, 在波前处无终端波 I_2 (划线) 将以不同于真空光速 c 的速度传播, 这与实验结果是不符的. 可是在极大带宽的 $(-4500, 4500)$MHz 图 2.21(a)、(b) 情形下, 我们看到 I_1、I_2、I_3 在波前处靠得很近, 这与文献 [56]、[57] 的论断 ($n(\omega) \to 1$ 当 $\omega \to \infty$) 是一致的.

图 2.22 给出矩形脉冲通过色散介质 $\varepsilon(\nu)$ 与含时色散介质 $\varepsilon(\nu, t-t_0)$ 的透过率曲线. 在波前附近 $T_3 \sim 1, T_2 < 1$, 这表明终端波是以真空中的光速 c 传播, 而无终端波是以小于真空中的光速 c 传播, 按 (2.9.11) 式, $T_2 < 1, n_2 < n_1$.

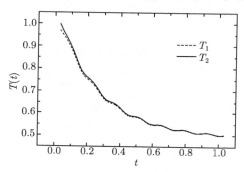

图 2.22　矩形脉冲的透过率曲线

$T_2 = I_2/I_1$((划线) 为脉冲通过色散介质 $\varepsilon(\nu)$ 的传播; $T_3 = I_3/I_1$(实线) 为脉冲通过含时色散介质 $\varepsilon(\nu, t-t_0)$ 的传播. 脉宽 $2T = 5$μs, $L = 0.06$M, 频率积分区间 $(-\Omega, \Omega) = (-45, 45)$MHz

2.9.3　Gauss 光脉冲在增益型反常色散介质中的传播

矩形光脉冲因涉及的带宽很宽, 所以在理论上存在, 在实验上较难获得. 但 Gauss 光脉冲则是在理论上常用, 且实验上较易获得的光脉冲. 应用激光技术就能产生短的或超短的 Gauss 光脉, 而且它的谱也是 Gauss 型.

$$E(\Delta\omega) = \frac{T}{\sqrt{2\pi}} \exp(-0.5(T\Delta\omega)^2) \qquad (2.9.15)$$

由 (2.9.15) 式看出, 当 $\Delta\omega$ 增加时, $E(\Delta\omega)$ 锐减. 相比之下, 矩形光脉冲振幅随带宽 $\Delta\omega$ 增加而下降, $E(\Delta\omega) \propto \dfrac{1}{\Delta\omega}$ 要慢得多. 将 (2.9.15) 式代入 (2.9.14) 式, 做输出光强 $I_i(l_0 + L, t) = |E_i(l_0 + L, t)|^2, i = 1 \sim 3$ 计算, 如图 2.23 ~ 图 2.26 所示. 参数取值 $2T = 5$μs, 0.5μs, 0.05μs, 0.005μs, $l_0 = 1200$M, $L = 0.05$M. 图 2.23~ 图 2.26 积分区间分别为 $(-\Omega, \Omega) = (-450, 450); (-450, 450); (-4500, 4500); (-4500, 4500)$MHz, 图 2.27 积分区间分别为 $(-45000, 45000)$MHz. 比较图 2.27 与图 2.26, 带宽虽增加了 10 倍, 但输出波形 $I_i(t)$ 基本不变. 根据图 2.23~ 图 2.26 波形定出 $I_i(t)$ 到达极大的时间 t_{iM} 并列表 2.1. 从表 2.1 可看出:

(1) t_{iM} 表示光脉冲到达极大的时间, 而 t_{3M} 与 t_{2M} 几乎相同.

(2) 当脉冲宽度 $2T$ 由 $5\mu s$ 缩短到 $0.005\mu s$ 时, 光脉冲延迟大小 ($\delta_2 = t_{2M} - t_{1M}$, $\delta_3 = t_{3M} - t_{1M}$) 相应地由 $(-0.065, -0.065)$, $(-0.02, -0.03)$, $(0.004, 0.004)$, 减到

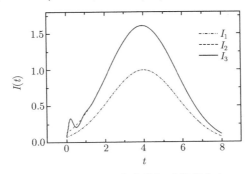

图 2.23 Gauss 脉冲的相对强度分布

$L = 0.06\mathrm{M}$, $\Omega = 450\mathrm{MHz}$, 脉宽 $2T = 5\mu s$, 相对延时 $\delta_2 = \delta_3 = -0.0065\mu s$

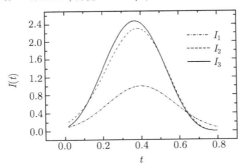

图 2.24 Gauss 脉冲的相对强度分布

$L = 0.06\mathrm{M}$, $\Omega = 450\mathrm{MHz}$, 脉宽 $2T = 0.5\mu s$, 相对延时 $\delta_2 = -0.02\mu s$, $\delta_3 = -0.03\mu s$

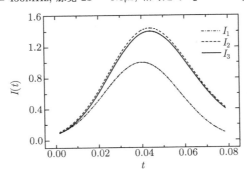

图 2.25 Gauss 脉冲的相对强度分布

$L = 0.06\mathrm{M}$, $\Omega = 4500\mathrm{MHz}$, 脉宽 $2T = 0.05\mu s$, 相对延时 $\delta_2 = \delta_3 = 0.004\mu s$

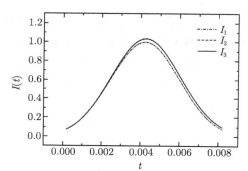

图 2.26 Gauss 脉冲的相对强度分布

$L = 0.06\mathrm{M}$, $\Omega = 4500\mathrm{MHz}$, 脉宽 $2T = 0.005\mu\mathrm{s}$, 相对延时 $\delta_2 = \delta_3 = 0.00004\mu\mathrm{s}$

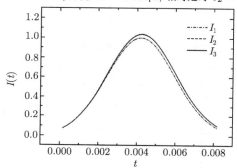

图 2.27 Gauss 脉冲的相对强度分布

$L = 0.06\mathrm{M}$, $\Omega = 45000\mathrm{MHz}$, 脉宽 $2T = 0.005\mu\mathrm{s}$, 相对延时 $\delta_2 = \delta_3 = 0.00004\mu\mathrm{s}$

表 2.1　脉冲到达极大的时间

$t_{1\mathrm{M}}$	$t_{2\mathrm{M}}$	$t_{3\mathrm{M}}$	δ_2	δ_3	$\tilde{t}_2$	$\tilde{t}_3$	$2T$
4	3.935	3.935	-0.065	-0.065	0.9837	0.9837	5
0.4	0.38	0.37	-0.02	-0.03	0.95	0.925	0.5
0.03999	0.044	0.044	0.004	0.004	1.10027	1.10027	0.05
0.0042	0.00424	0.00424	0.00004	0.00004	1.0095	1.0095	0.005

$(0.00004, 0.00004)\mu\mathrm{s}$. 对于超短光脉冲, 这个延迟已趋于可忽略. 亦即超短 Gauss 光脉冲在介质中的传播速度极限就是真空中的光速 c.

(3) 相对到达极大时间 $\tilde{t}_2 = t_{2M}/t_{1M}, \tilde{t}_3 = t_{3M}/t_{1M}$ 在超短极限情形趋于 1.

附录 2A　(2.6.24) 式的推导

按 (2.6.4) 式将 v 写成 $\dfrac{1}{\Delta w}\dfrac{\partial u}{\partial t}$. 故 (2.6.21) 式中的

$$\int_{-\infty}^{t} \mathrm{d}t' v(\Delta w, z, t') = \frac{1}{\Delta w}[u(\Delta w, z, t) - u(\Delta w, z, -\infty)] \simeq \frac{1}{\Delta w} u(\Delta w, z, t)$$

当 $t > t_0, t_0$ 取值很大时, 场的影响可略去, $\varOmega \approx 0$. 解 (2.1.2) 式的第一、二式, 得 $u(\Delta\omega, z, t) = v(0, z, t_0) \sin\Delta\omega(t-t_0) + u(0, z, t_0)\cos\Delta\omega(t-t_0)$. 代入 (2.6.21) 式, 其中 $g(\Delta w) \simeq g(0)$, 由于 $\displaystyle\int_{-\infty}^{\infty} \frac{\sin\Delta\omega(t-t_0)}{\Delta\omega}\mathrm{d}\Delta\omega = \pi\frac{t-t_0}{|t-t_0|}, \int_{-\infty}^{\infty}\frac{\cos\Delta\omega(t-t_0)}{\Delta\omega}\mathrm{d}\Delta\omega = 0$. 故有 $\displaystyle\int_{-\infty}^{\infty}\int_{-\infty}^{t} v(\Delta\omega, z, t')\mathrm{d}t'\mathrm{d}\Delta\omega = \pi v(0, z, t)$. 由 (2.6.23) 式消去 $v(0, z, t)$. 最后代入 (2.6.21) 式, 得 (2.6.24) 式.

附录 2B (2.7.26) 式的解析求解

设 $\xi = \exp(u)$, 则方程 (2.7.26) 可写为

$$\frac{\mathrm{d}^2\xi}{\mathrm{d}t^2} + w(\xi - \xi^{-3}) = 0. \tag{2B.1}$$

用 $2\mathrm{d}\xi/\mathrm{d}t$ 乘以 (2B.1) 式, 积分 (2B.1) 式, 得 $\left(\dfrac{\mathrm{d}\xi}{\mathrm{d}t}\right)^2 + w(\xi^2 + \xi^{-2}) = c$.

$$t = \int \frac{\mathrm{d}\xi}{\sqrt{c - w(\xi^2 + \xi^{-2})}} = \int \frac{\xi\mathrm{d}\xi}{\sqrt{c\xi^2 - w(\xi^4 + 1)}} = \frac{1}{2}\int \frac{\mathrm{d}\eta}{\sqrt{c\eta - w(\eta^2 + 1)}} \tag{2B.2}$$

确定积分常数 c, 当 $z = 0, u_0 = \displaystyle\int_0^z \mathrm{d}z/(z^2 + w) = 0$. 故有

$$\xi_0 = \exp(u_0) = 1, \quad \eta_0 = \xi_0^2 = 1, \quad \frac{\mathrm{d}\xi}{\mathrm{d}t}\big|_{t=0} = \exp(u)\frac{\mathrm{d}u}{\mathrm{d}t} = \Delta_0, \quad c = \Delta_0^2 + 2w$$

$$t = \frac{1}{2}\int_1^\eta \frac{\mathrm{d}\eta}{\sqrt{-w(\eta-1)^2 + \Delta_0^2\eta}} = \frac{1}{2}\int_0^s \frac{\mathrm{d}s}{\sqrt{-ws^2 + \Delta_0^2(s+1)}}, \quad s = \eta - 1 \tag{2B.3}$$

当 $w > 0$ 时, 我们有

$$t = \frac{1}{2\sqrt{w}}\int_0^s \frac{\mathrm{d}s}{\sqrt{\dfrac{\Delta_0^2}{w} + \dfrac{\Delta_0^2}{w}s - s^2}} = \frac{1}{2\sqrt{w}}\left[\arcsin\left(\frac{s - \dfrac{\Delta_0^2}{2w}}{\delta}\right) + \arcsin\left(\frac{\dfrac{\Delta_0^2}{2w}}{\delta}\right)\right] \tag{2B.4}$$

当 $w < 0$ 时, 我们有

$$t = \frac{1}{2\sqrt{-w}}\int_0^s \frac{\mathrm{d}s}{\sqrt{-\dfrac{\Delta_0^2}{w} - \dfrac{\Delta_0^2}{w}s + s^2}} = \frac{1}{2\sqrt{-w}}\ln\left[\frac{s - \dfrac{\Delta^2}{2w} + \sqrt{\left(s - \dfrac{\Delta^2}{2w}\right)^2 - \delta^2}}{-\dfrac{\Delta^2}{2w} + \sqrt{\left(-\dfrac{\Delta^2}{2w}\right)^2 - \delta^2}}\right] \tag{2B.5}$$

参 考 文 献

[1]   Schiff L I. Quantum Mechanics. 3rd ed. New York: Mc Graw-Hill Book Company,1968: 404.

[2]   Rabi I I. Space quantization in atomic Rubidium. Phys. Rev., 1937, 51: 652.

[3]   Bloch F. Nuclear induction. Phys. Rev., 1964, 70: 460.

[4]   Torrey H C. Transient nutation in nuclear magnetic field. Phys. Rev., 1949, 76: 1059.

[5]   Allem L, Eberly J H. Optical Resonance and Two-Level Atoms. New York: John Wiley and Sons, 1974.

[6]   Gibbs H M. Incoherent resonance fluorescence from a Rb atomic beam by a short pulse. Phys. Rev. A, 1973, 8: 446.

[7]   Tang C L, Statz H. Appl. Phys. Lett., 1968, 10: 145.

[8]   Bewer R G, Shoemaker R L. Optical free induction decay. Phys. Rev. Lett., 1971, 27: 631; Phys. Rev. A, 1972, 6: 2001.

[9]   Hocher G B, Tang C L. Phys. Rev. Lett., 1969, 21: 591.

[10]   Crisp M D. Adiabatic-following approximation. Phys. Rev. A, 1973, 8 :2128.

[11]   Hahn E L. Nuclear induction due to free Larmor precession. Phys. Rev., 1950, 77: 297.

[12]   McCall S L, Hahn E L. Self induced transparency by pulse coherent light. Phys. Rev., 1969, 183: 457; Phys. Rev. Lett., 1967, 18: 908.

[13]   Grischkowsky D. Self-focusing of light by potassium. Phys. Rev. Lett., 1970, 24: 866; Grischkowsky D, Armstrong A. Self de-focusing of light by adiabatic following in Rubidium. Phys. Rev. A, 1972, 6: 1566.

[14]   Slusher R E, Gibbs H M. Self-induced transparency in atomic Rubidium. Phys. Rev. A, 1972, 5: 1634.

[15]   Bethe H M, Salpeter E E. Quantum Mechanics of One-and Two-Electron Atoms. New York: Plenum, 1977.

[16]   Mollenauer L F, Stolen R H, Gordon J P. Phys. Rev. Lett., 1980, 45: 1095.

[17]   Nakatsuka H, Grischkowsky D, Balant A C. Phys. Rev. Lett., 1981. 47: 910.

[18]   Hasegawa A, Kodama Y. Proc. IEEE, 1981, 69: 1145–1150.

[19]   Hasegawa A, Kodama Y. Opt. Lett., 1982, 7: 285; Kodama Y, Hasegawa A. Opt. Lett., 1982, 7: 339.

[20]   Grischkowsky D, Balant A C. Appl. Phys. Lett., 1982, 41: 1.

[21]   Shank C V, Fork R L, Yen R, et al. Appl. Phys. Lett., 1982, 40: 761.

[22]   Hasegawa A, Tappert F. Appl. Phys. Lett., 1973, 23: 142; Appl. Phys. Lett., 1973, 23: 171.

[23]   Nikolaus B, Grischkowsky D. Appl. Phys. Lett., 1983, 42: 1.

[24]   Jirauschek C, Kartner F X. J. Opt. Soc. Am. B, 2006, 23: 1776.

[25] Anderson D, Bonnedal M. Phys. Fluids, 1979, 22: 105.

[26] Anderson D. Phys. Rev. A, 1983, 27: 3135.

[27] Desaix M, Anderson D, Lisak M. J. Opt. Soc.Am. B, 1991, 8: 2082.

[28] Jirauschek C, Morgner U, Kartner F X. J. Opt. Soc. Am. B, 2002, 19: 1716.

[29] Chiao R Y, Garmire E, Townes C H. Phys. Rev. Lett., 1965, 14: 1056.

[30] Kelley P L. Phys. Rev. Lett., 1965, 15: 1005 .

[31] Hercher M. J. Opt. Soc. Am., 1964, 54: 563.

[32] Boyd R W. Nonlinear Optics. New York: Academic, 1992.

[33] Yariv A. Quantum Electronics. New York: Wiley, 1975.

[34] Bespalov V I, Talanov V I. JETP Lett. USSR, 1966, 3: 307.

[35] Wen S C, Qian L J, Fan D Y. Acta Phys. Sin., 2003, 52: 1640(in Chinese).

[36] Peng Z T, Jing F, Liu L Q, et al. Acta Phys. Sin., 2003, 52: 87(in Chinese).

[37] Zhao C Y, Tan W H. Instability analysis of Gaussian beam propagation in a nonlinear refractive index medium. Cent. Eur. J. Phys., 2008, 6(4): 903.

[38] Brouwer W, O'Neill E L, Walther A. The role of Eikonal and Matrix methods in contrast transfer calculations. Appl. Opt., 1963, 2(12): 1239–1246.

[39] Brouwer W. Matrix Methods in Optical Instrument Design. New York: Benjamin,1964.

[40] Kogelnik H, Li T. Laser beams and resonators. Proc. IEEE, 1966, 154(10): 1312–1329.

[41] Maitland A, Dann M H. Laser Physics. New York: North-Holland Publishing Company, 1969: 161.

[42] Collins S A. Lens-system diffraction integral written in terms of matrix optics. Jour. Opt. Soc. Am. A, 1970, 60(9): 1168–1177.

[43] 范滇元. 用光线矩阵元表达的菲涅耳数. 光学学报, 1983, 3(4): 319–325.

[44] Shaomin W, Ronchi L. Progress in Optics XXV(iii) Edited by Wolf E. New York: Elsevier Science Publishers B.V., 1988: 281.

[45] 吴大猷. 古典动力学. 北京: 科学出版社, 1983.

[46] Gutzwiller M C. Chaos in Classical and Quantum Mechanics. New York: Spring Verlag Inc., 1990: 83.

[47] Born M, Wolf E. Principles of Optics. Beijing: Science Press, 1978: 180, 279.

[48] Zhao C Y, Tan W H, Guo Q Z. Generalized optical $ABCD$ theorem and its application to the diffraction integral calculation. Jour. Opt. Soc. Am. A, 2004. 21(11): 2154.

[49] Chiao R Y. Phys. Rev. A, 1994, 48: R34.

[50] Steinberg A M, Chiao R Y. Phys. Rev. A, 1994, 49: 2071.

[51] Wang L J, Kuzmich A, Dogariu A. Nature (London), 2000, 406: 277.

[52] Dogariu A, Kuzmich A, Wang L J. Phys. Rev. A, 2001, 63: 053806.

[53] Huang C G, Zhang Y Z. Phys. Rev. A, 2002, 65: 015802; J. Opt. A:Appl. Opt., 2002, 4: 263.

[54] Kuzmich A, Dogariu A, Wang L J, et al. Phys. Rev. Lett., 2001, 86: 3925.

[55]　Zhu S Y, Wang L G, Liu N H, et al. Eur. Phys. J. D, 2005, 36: 129.

[56]　Stenner M D, Gauthier D J, Neifeld M A. Nature, 2003, 425: 695.

[57]　Fearn H. J. Mod. Optics, 2006, 53: 2569.

[58]　Brillouin L. Wave Propagation and Group Velocity. New York: Academic Press, 1960.

[59]　Mitchell M W, Chiao R Y. Am. J. Phys., 1998, 66(1): 14.

[60]　Sauter T. Journal of Phys. A: Math. Gen., 2002, 35: 6743.

[61]　Born M, Wolf E. Principles of Optics. 7th ed. Cambridge: Cambridge University Press, 1999.

[62]　Tan W H, Guo Q Z, Meng Y C. The propagation of terminated waves in dispersion medium and the resulting time-dependent dielectric functions. J. Opt. A: Pure Appl. Opt., 2008, 10: 055004.

第 3 章 原子的缀饰态

我们已知在强场作用下, 简化的二能级、三能级密度矩阵方程可解析求解, 并解释了如饱和吸收、光学章动、光脉冲形成与演化等现象. 若直接求解在强场作用下二能级或三能级原子的 Schrödinger 方程也会得出许多有意义的结果, 并能引出光学非线性相互作用中一个重要的概念——原子的缀饰态. 有关缀饰态、部分缀饰态的引入及其应用是本章主要讨论的内容[1~5].

3.1 二能级原子 Schrödinger 方程的解

对于二能级原子, 设 g 为基态, m 为激发态, 则相互作用方程 (1.4.5) 可写为

$$\dot{a}_g = \frac{1}{\mathrm{i}\hbar} H'_{gm} \mathrm{e}^{-\mathrm{i}\omega_{mg}t} a_m$$
$$\dot{a}_m = \frac{1}{\mathrm{i}\hbar} H'^{*}_{mg} \mathrm{e}^{\mathrm{i}\omega_{mg}t} a_g \tag{3.1.1}$$

当该原子处于交变的电场中时, 式中相互作用矩阵元

$$H'_{gm} = H'^{*}_{mg} = -\mu_{mg}(E\mathrm{e}^{-\mathrm{i}\omega t} + E^* \mathrm{e}^{\mathrm{i}\omega t}) \tag{3.1.2}$$

由于 E 的初位相 $\varphi(E = |E|\mathrm{e}^{\mathrm{i}\varphi})$ 可通过时间原点 t_0 的选择而消掉, 即 $\mathrm{e}^{\mathrm{i}\varphi - \mathrm{i}\omega t_0} = 1$, 故不失一般性, 可设 (3.1.2) 式中的 $E = E^*$, 并令 $\dfrac{2\mu_{mg}E}{\hbar} = \Omega$, Ω 为 Rabi 频率. 将 (3.1.2) 式代入 (3.1.1) 式, 得

$$\dot{a}_g = -\frac{\mathrm{i}}{2}\Omega\left(\mathrm{e}^{-\mathrm{i}(\omega_{mg}-\omega)t} + \mathrm{e}^{-\mathrm{i}(\omega_{mg}+\omega)t}\right)a_m$$
$$\dot{a}_m = -\frac{\mathrm{i}}{2}\Omega\left(\mathrm{e}^{\mathrm{i}(\omega_{mg}+\omega)t} + \mathrm{e}^{\mathrm{i}(\omega_{mg}-\omega)t}\right)a_g \tag{3.1.3}$$

式中, $\mathrm{e}^{\pm\mathrm{i}(\omega_{mg}-\omega)t}$ 为共振项, $\mathrm{e}^{\pm\mathrm{i}(\omega_{mg}+\omega)t}$ 为反共振项. 前者的贡献是主要的, 后者是次要的, 这从对时间的积分

$$\int_0^t \mathrm{e}^{\pm\mathrm{i}(\omega_{mg}\pm\omega)t}\mathrm{d}t = \frac{\mathrm{e}^{\pm\mathrm{i}(\omega_{mg}\pm\omega)t} - 1}{\pm\mathrm{i}(\omega_{mg}\pm\omega)} \tag{3.1.4}$$

中可看出. 若略去反共振项, 仅保留共振项, 即采用通常所说的旋波近似. 令 $\bar{\Delta} = \omega - \omega_{mg}$ 表示光泵频率 ω 相对于原子跃迁频率 ω_{mg} 的失谐, 则 (3.1.3) 式可写为

$$\dot{a}_g = -\frac{\mathrm{i}}{2}\Omega\mathrm{e}^{\mathrm{i}\bar{\Delta}t}a_m, \quad \dot{a}_m = -\frac{\mathrm{i}}{2}\Omega\mathrm{e}^{-\mathrm{i}\bar{\Delta}t}a_g \tag{3.1.5}$$

很明显 (3.1.5) 式有解析解, 令

$$a_g = K e^{-i\lambda t}, \quad a_m = K' e^{-i(\lambda + \bar{\Delta})t} \tag{3.1.6}$$

代入 (3.1.5) 式, 得

$$K' = \frac{2\lambda}{\Omega} K, \quad \lambda(\lambda + \bar{\Delta}) = \left(\frac{\Omega}{2} \right)^2 \tag{3.1.7}$$

λ 的两个根为

$$\lambda_{\pm} = -\frac{\bar{\Delta}}{2} \pm \frac{\Omega'}{2}, \quad \Omega' = \sqrt{\Omega^2 + \bar{\Delta}^2} \tag{3.1.8}$$

则 (3.1.5) 式的通解为

$$a_g(t) = e^{i\bar{\Delta}t/2} \left(A_+ e^{-i\Omega't/2} + A_- e^{i\Omega't/2} \right)$$
$$a_m(t) = e^{-i\bar{\Delta}t/2} \left(\frac{\bar{\Delta} - \Omega'}{\Omega} A_+ e^{-i\Omega't/2} + \frac{\bar{\Delta} + \Omega'}{\Omega} A_- e^{i\Omega't/2} \right) \tag{3.1.9}$$

式中, A_+、A_- 为两个任意的常数, 它们可由 a_g 和 a_m 的初值来确定.

3.2　原子的缀饰态

"缀饰态" 一词的引用, 是强调了强场的作用, 不只是影响原子在能态间的跃迁, 而是通过 (3.1.9) 式随时间变化的因子表现出来的能级移位来 "修饰" 原子内部的能态结构, 得出新的 "缀饰态". 利用通解 (3.1.9) 式, 可定义原子的缀饰态为[1]

$$A_+ = iB^{1/2}, \quad A_- = A^{1/2}$$
$$A = \frac{1 - \bar{\Delta}/\Omega'}{2}, \quad B = \frac{1 + \bar{\Delta}/\Omega'}{2} \tag{3.2.1}$$

注意到

$$\frac{\bar{\Delta} - \Omega'}{\Omega} A_+ = i \frac{\bar{\Delta} - \Omega'}{\sqrt{\Omega'^2 - \bar{\Delta}^2}} \sqrt{\frac{1 + \bar{\Delta}/\Omega'}{2}} = -iA^{1/2}$$
$$\frac{\bar{\Delta} + \Omega'}{\Omega} A_- = \frac{\bar{\Delta} + \Omega'}{\sqrt{\Omega'^2 - \bar{\Delta}^2}} \sqrt{\frac{1 - \bar{\Delta}/\Omega'}{2}} = B^{1/2} \tag{3.2.2}$$

故缀饰态可表示为

$$a_g(t) = e^{i\bar{\Delta}t/2}(iB^{1/2}e^{-i\Omega't/2} + A^{1/2}e^{i\Omega't/2})$$
$$a_m(t) = -ie^{-i\bar{\Delta}t/2}(A^{1/2}e^{-i\Omega't/2} + iB^{1/2}e^{i\Omega't/2}) \tag{3.2.3}$$

根据波函数初相位可任意取定, 故可去掉常数位相因子 $-\mathrm{i} = \mathrm{e}^{-\mathrm{i}\pi/2}$, 则缀饰原子的波函数方程为

$$\tilde{\psi}_m = a_m(t)\mathrm{e}^{-\mathrm{i}E_m t/\hbar}u_m = A^{1/2}\psi_{m\alpha} + \mathrm{i}B^{1/2}\psi_{m\beta} \tag{3.2.4}$$
$$\tilde{\psi}_g = a_g(t)\mathrm{e}^{-\mathrm{i}E_g t/\hbar}u_g = \mathrm{i}B^{1/2}\psi_{g\alpha} + A^{1/2}\psi_{g\beta}$$

$$\psi_{m\alpha} = \mathrm{e}^{-\mathrm{i}E_m t/\hbar - \mathrm{i}(\bar{\Delta}/2 + \Omega'/2)t}u_m$$
$$\psi_{m\beta} = \mathrm{e}^{-\mathrm{i}E_m t/\hbar - \mathrm{i}(\bar{\Delta}/2 - \Omega'/2)t}u_m$$
$$\psi_{g\alpha} = \mathrm{e}^{-\mathrm{i}E_g t/\hbar - \mathrm{i}(-\bar{\Delta}/2 + \Omega'/2)t}u_g \tag{3.2.5}$$
$$\psi_{g\beta} = \mathrm{e}^{-\mathrm{i}E_g t/\hbar - \mathrm{i}(-\bar{\Delta}/2 - \Omega'/2)t}u_g$$

从 (3.2.4) 式和 (3.2.5) 式看出, 原子的缀饰态 $\tilde{\psi}_m$ 实际上包括两个能态 $\psi_{m\alpha}$、$\psi_{m\beta}$, 间距为 $\Omega' = \sqrt{\bar{\Delta}^2 + \Omega^2}$. 其中, Rabi 频率 Ω 正比于场强 E, 故这一对能态反映了包括原子的 Hamilton 量 H_0、原子与场相互作用 Hamilton 量 H' 在内的总的 Hamilton 量 $H_0 + H'$ 的状态, 是外场被缀饰在原子上的状态, 故称其为缀饰态. 当 $E \to 0$ 时, $\Omega = \dfrac{2\mu E}{\hbar} \to 0$, $\Omega' = \sqrt{\bar{\Delta}^2 + \Omega^2} \simeq \bar{\Delta}$. 由 (3.2.1) 式, 得 $A \to 0$, $B \to 1$. 又由 (3.2.4) 式和 (3.2.5) 式, 得

$$\tilde{\psi}_m \to \mathrm{i}\psi_{m\beta} = \mathrm{i}\mathrm{e}^{-\mathrm{i}E_m t/\hbar}u_m$$
$$\tilde{\psi}_g \to \mathrm{i}\psi_{g\alpha} = \mathrm{i}\mathrm{e}^{-\mathrm{i}E_g t/\hbar}u_g \tag{3.2.6}$$

此即没有外场作用时, $H' \simeq 0$ 的原子状态, 也称其为原子裸态. 图 3.1 给出缀饰态 $\psi_{m\alpha}$、$\psi_{m\beta}$、$\psi_{g\alpha}$、$\psi_{g\beta}$ 与裸态 $\mathrm{e}^{-\mathrm{i}E_m t/\hbar}u_m$、$\mathrm{e}^{-\mathrm{i}E_g t/\hbar}u_g$ 间的过渡关系.

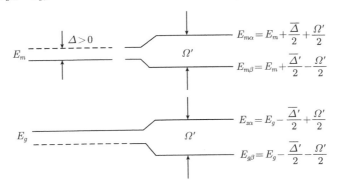

图 3.1 缀饰态与裸态能级图[2]

在强场作用下, 二能级原子状态的 (α, β) 分裂最早由 Atler-Townes 研究过[3], 也称其为 Atler-Townes 效应. 这已在实验上得到验证[3,4]. 在 Atler-Townes 效应中, 探测从两个由强场联系起来的能级中的一个到第三个能级的跃迁, 预期有两条吸收谱线. 实验是这样设计的, 如图 3.2 所示, 第一个激光 ω_B 激发钠原子

$3\ {}^2\mathrm{S}_{1/2}(F=2,\ m_F=2)\rightarrow 3\ {}^2\mathrm{P}_{3/2}(F'=3,\ m_F=3)$ 跃迁, 而第二个弱的探测光 ω_A 探测从 $3\ {}^2\mathrm{P}_{3/2}(F'=3,\ m_{F'}=3)\rightarrow 4\ {}^2\mathrm{D}_{5/2}(F''=4,\ m_{F''}=4)$ 的吸收. 所观察到的吸收谱, 呈现两条吸收谱线. 用共振泵浦激发时, $\bar{\Delta}=0$, $A=B=1/2$, 这两条吸收谱是对称的; 而用偏离共振的泵浦激发时, 则是不对称的, $\bar{\Delta}\neq 0$, $A\neq B$. 两个峰的间距 Ω' 与理论值 $\sqrt{\bar{\Delta}^2+\Omega^2}$ 一致. 随着场强的增大, 图 3.3 给出共振激发, 不同泵浦功率下的吸收谱测量, 双峰间隔随功率增大而增大, 由上到下 I_B 分别为 $5.3\mathrm{mW/cm}^2$、$86\mathrm{mW/cm}^2$、$470\mathrm{mW/cm}^2$.

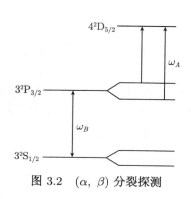

图 3.2　$(\alpha,\ \beta)$ 分裂探测

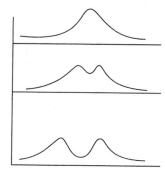

图 3.3　吸收谱随 Ω 的变化

3.3　Cohen-Tannoudji 的缀饰原子

3.2 节 "原子的缀饰态" 是指场与原子的相互作用 H' 对原子的 "修饰" 产生的 "原子的缀饰态"[1], 至于场本身并未被描述, 而由 Cohen-Tannoudji 的缀饰原子概念最先是从研究原子与光子组合系统的本征态提出来的[5], 组合系统的 Hamilton 量 $H=H_0+H'+H_\mathrm{L}$, 式中 H_0 为原子的 Hamilton 量, H_L 为光场的 Hamilton 量. 在不考虑原子与场的相互作用时, 组合系统的两个近乎简并状态可写为

$$|g,n>=\mathrm{e}^{-\mathrm{i}\omega_g t}u_g|n>$$
$$|m,n-1>=\mathrm{e}^{-\mathrm{i}\omega_m t}u_m|n-1> \tag{3.3.1}$$

前者表示原子处于基态, 场有 n 个光子; 后者表示原子处于激发态, 场有 $n-1$ 个光子. 由于场的频率 $\simeq$ 原子跃迁频率 ω_{mg}, 故有 $E_g+n\hbar\omega\simeq E_m+(n-1)\hbar\omega$. 即 $|g,n>$, $|m,n-1>$ 为近乎简并的, 在计及相互作用 H' 后, 才会去简并. 现写出状态 $\exp\left(\mathrm{i}\dfrac{\omega-\omega_{mg}}{2}t\right)|g,n>$, $\exp\left(-\mathrm{i}\dfrac{\omega-\omega_{mg}}{2}t\right)|m,n-1>$ 间 $H=H_0+H'+H_\mathrm{L}$ 的矩阵元, 并求其本征值 $\hbar\tilde{\lambda}$: 按照通常量子力学微扰论, $\hbar\tilde{\lambda}$ 为下列行列式的根, 即

$$\begin{vmatrix} E_m+(n-1)\hbar\omega-\hbar\tilde{\lambda} & -\mu_{mg}E(\omega) \\ -\mu_{mg}E(\omega) & E_g+n\hbar\omega-\hbar\tilde{\lambda} \end{vmatrix}=0 \tag{3.3.2}$$

令 $\tilde{\lambda} = \dfrac{E_g + E_m}{2\hbar} + \left(n - \dfrac{1}{2}\right)\omega + \lambda$, $\bar{\Delta} = \omega - \omega_{mg}$, 则 (3.3.2) 式为

$$\begin{vmatrix} -\bar{\Delta}/2 - \lambda & -\Omega/2 \\ -\Omega/2 & \bar{\Delta}/2 - \lambda \end{vmatrix} = 0, \quad \lambda_\pm = \pm\Omega'/2 \tag{3.3.3}$$

对应于上述本征值 $\lambda_\pm$ 的本征函数分别为 $|\alpha_n>$、$|\beta_n>$

$$\begin{aligned}
|\alpha_n> = {} & \frac{\bar{\Delta} + \Omega'}{\sqrt{(\bar{\Delta} + \Omega')^2 + \Omega^2}} e^{i\bar{\Delta}t/2 - i\Omega't/2 - i\omega_g t} u_g |n> \\
& - \frac{\Omega}{\sqrt{(\bar{\Delta} + \Omega')^2 + \Omega^2}} e^{-i\bar{\Delta}t/2 - i\Omega't/2 - i\omega_m t} u_m |n-1> \\
|\beta_n> = {} & \frac{\Omega}{\sqrt{(\bar{\Delta} + \Omega')^2 + \Omega^2}} e^{i\bar{\Delta}t/2 - i\omega_g t} u_g |n> \\
& + \frac{\bar{\Delta} + \Omega'}{\sqrt{(\bar{\Delta} + \Omega')^2 + \Omega^2}} e^{-i\bar{\Delta}t/2 + i\Omega't/2 - i\omega_m t} u_m |n-1>
\end{aligned} \tag{3.3.4}$$

(3.3.4) 式所示的本征函数 $|\alpha_n>$、$|\beta_n>$ 中涉及原子的部分也能从通解 (3.1.9) 式得到. 值得注意的是 Cohen-Tannoudji 的缀饰原子是包括原子与场的态, 而 (3.2.4) 式的缀饰态则仅仅是原子的态.

3.4 原子部分缀饰态及其展开[2]

我们在第 2 章用微扰方法解了 Schrödinger 方程, 将原子与场相互作用后的波函数用无相互作用的波函数展开, 这虽然提供了计算各级微扰波函数与极化率的系统办法, 但只适用于弱场情形. 对于强场将不收敛, 这办法也就不适用了. 后来又讨论了密度矩阵方程, 特别是在旋波近似下稳态密度矩阵方程的准确求解, 但也只适用于二能级、三能级原子, 对于多于三能级原子将是很杂的. 在这一节我们将引入原子的部分缀饰态, 并以此为基, 修正已有的微扰展开方法, 使其适用于任意场强, 而不只限于弱场. 如前所述, 包括自由原子 H_0 及相互作用 V 在内的 Hamilton 量 $H = H_0 + V$ 的 Schrödinger 方程为

$$i\hbar \frac{\partial \psi}{\partial t} = H\psi = (H_0 + V)\psi \tag{3.4.1}$$

设 u_j 为自由原子的本征态 $H_0 u_j = E_j u_j$, 通常的微扰方法就是用 u_j 作为基来展开的, 这样的展开只适用于弱场, 因为 u_j 是 H_0 的本征态, 并未反映场强的大小. 对于强场相互作用来说, 应选择与场强有关的基, 从相互作用中取出一个部分 δ 与 H_0 并在一起, 用以确定新的基 ψ^0, 将 Schrödinger 方程写为

$$i\hbar \frac{\partial \psi}{\partial t} = [(H_0 + \delta) + (V - \delta)]\psi \tag{3.4.2}$$

δ 即从 V 中取出的部分, 用以确定新的基函数 ψ^0. 对于弱场情形 $\delta \to 0$, $\psi_j^0 \to u_j$, 与通常微扰理论一致. δ 标志场的强度, ψ^0 由下式确定:

$$i\hbar \frac{\partial \psi^0}{\partial t} = (H_0 + \delta)\psi^0 \tag{3.4.3}$$

设 (3.4.3) 式的本征函数为 ψ_j^0, 将 (3.4.2) 式的通解 ψ 用 ψ_j^0 即新的基函数展开

$$\psi = \sum_n a_n(t)\psi_n^0$$
$$a_k = a_k^0 + a_k^1 + \cdots + a_k^N + \cdots \tag{3.4.4}$$
$$\dot{a}_k^N = (i\hbar)^{-1} \sum_l \langle \psi_k^0 | V - \delta | \psi_l^0 \rangle a_l^{N-1}$$

式中, ψ_j^0 可表示为

$$\psi_j^0 = A_j^0(t) u_j(\boldsymbol{r}) \tag{3.4.5}$$

δ 一经给定便可解方程 (3.4.3)~(3.4.5). 下面我们讨论一个多能级原子系统, 其中两个能级与单频的泵浦场为共振, 而其余能级与泵浦场远离共振.

设单频泵浦场 $E(t) = E_0(\mathrm{e}^{-\mathrm{i}\omega t} + \mathrm{e}^{\mathrm{i}\omega t})$ 与多能级原子的 m、g 能级为共振或近共振. 相互作用 Hamilton 量, $V = -\mu E = -\mu E_0(\mathrm{e}^{-\mathrm{i}\omega t} + \mathrm{e}^{\mathrm{i}\omega t})$. δ 算子由下式定义:

$$\delta u_m = -(1 - \beta)\mu_{mg} E(t) u_g$$
$$\delta u_g = -(1 - \beta)\mu_{gm} E(t) u_m \tag{3.4.6}$$
$$\delta u_j = 0, \quad j \neq m, g$$

式中, $\beta(0 < \beta < 1)$ 为待定量, 其物理意义将在下面讨论. 将 (3.4.5) 式代入 (3.4.3) 式, 并应用定义 (3.4.6) 式, 便得

$$i\hbar \dot{A}_j^0 = E_j A_j^0, \quad j \neq m, g$$
$$\psi_j^0 = A_j^0 u_j(\boldsymbol{r}) = \mathrm{e}^{-\mathrm{i}E_j t/\hbar} u_j(\boldsymbol{r}) \tag{3.4.7}$$

且

$$i\hbar \dot{A}_m^0 = E_m A_m^0 - (1 - \beta)\mu_{mg} E_0(\mathrm{e}^{-\mathrm{i}\omega t} + \mathrm{e}^{\mathrm{i}\omega t}) A_g^0$$
$$i\hbar \dot{A}_g^0 = E_g A_g^0 - (1 - \beta)\mu_{gm} E_0(\mathrm{e}^{-\mathrm{i}\omega t} + \mathrm{e}^{\mathrm{i}\omega t}) A_m^0 \tag{3.4.8}$$

由方程 (3.4.7) 我们看到波函数 ψ_j^0 与常见的微扰波函数的基同, 这是因为 ψ_j 能级已远离共振. 对于共振能级 m、g 的方程 (3.4.8) 可用旋波近似来求解. 参照 (3.1.3) 式 ~(3.2.5) 式, 将 (3.4.8) 式的解代入 (3.4.5) 式中, 便得共振相互作用波函数为

$$\psi_m^0 = A^{1/2}\psi_{m\alpha} + \mathrm{i}B^{1/2}\psi_{m\beta}$$
$$\psi_g^0 = \mathrm{i}B^{1/2}\psi_{g\alpha} + A^{1/2}\psi_{g\beta} \tag{3.4.9}$$

式中

$$\psi_{m\alpha} = e^{-iE_m t/\hbar - i\bar{\Delta}t/2 - i\Omega' t/2} u_m$$
$$\psi_{m\beta} = e^{-iE_m t/\hbar - i\bar{\Delta}t/2 + i\Omega' t/2} u_m$$
$$\psi_{g\alpha} = e^{-iE_m t/\hbar + i\bar{\Delta}t/2 - i\Omega' t/2} u_g \quad (3.4.10)$$
$$\psi_{g\beta} = e^{-iE_m t/\hbar + i\bar{\Delta}t/2 + i\Omega' t/2} u_g$$

而且

$$A = \frac{(1 - \bar{\Delta}/\Omega')}{2}, \quad B = \frac{1 + \bar{\Delta}/\Omega'}{2}, \quad \bar{\Delta} = \omega - \omega_{mg}$$
$$\Omega' = \sqrt{\bar{\Delta}^2 + \Omega_{mg}^2 (1-\beta)^2}, \quad \Omega_{mg} = \frac{2\mu_{mg}E}{\hbar} \quad (3.4.11)$$

像 (3.2.4) 式和 (3.2.5) 式那样, (3.4.9) 式和 (3.4.10) 式所描述的是激发态 m、基态 g 由于辐射场的相互作用引起 (α,β) 分裂. 现在的部分缀饰态与前面的缀饰态之不同, 仅仅如 (3.4.11) 式, 以 $(1-\beta)\Omega_{mg}$ 来代替 (3.1.8) 式 Ω' 中的 Ω, 即有 $(1-\beta)$ 部分相互作用能是用来缀饰原子, 而不是全部. 若 $(1-\beta)=0$, 便是微扰理论的结果, 没有场能用来缀饰原子. 若 $(1-\beta)=1$, 便是全部相互作用能用来缀饰原子, 即前面 (3.2.4) 式和 (3.2.5) 式所描述的原子缀饰态. 若 $1 > 1-\beta > 0$, 即我们现在讨论的原子部分缀饰态.

引用部分缀饰态 (3.4.9) 式可求得电偶极矩阵元如下:

$$\langle \psi_m^0 | er | \psi_g^0 \rangle = \mu_{mg}(A e^{i\omega_{m\alpha,g\beta} t} + B e^{i\omega_{m\beta,g\alpha} t})$$
$$\langle \psi_g^0 | er | \psi_m^0 \rangle = \mu_{gm}(A e^{-i\omega_{m\alpha,g\beta} t} + B e^{-i\omega_{m\beta,g\alpha} t})$$

由 δ 算子的定义式 (3.4.6), 并应用上面结果, 得

$$\langle \psi_j^0 | V - \delta | \psi_k^0 \rangle = A_j^{0*} A_k^0 \langle u_j | V - \delta | u_k \rangle \quad (3.4.12)$$

式中

$$\langle u_j | V - \delta | u_k \rangle = \begin{cases} V_{jk}, & k \neq m,g \ ; \ j \neq m \ , \ k = g \ ; \ j \neq g \ , \ k = m \\ \beta V_{jk}, & j = m \ , \ k = g \ ; \ j = g \ , \ k = m \end{cases}$$

现进一步讨论参量 β 的物理意义. 由方程 (3.4.3) 与 (3.4.6), $(1-\beta)V$ 即为用来缀饰原子的那部分相互作用能. 若如上面已提到的, 取 $\beta = 0$, 即全部相互作用能都用来缀饰原子, 则由 (3.4.12) 式, 激发态原子产生跃迁的能量将消失掉, 即

$$\langle u_m | V - \delta | u_g \rangle = \langle u_g | V - \delta | u_m \rangle = 0 \quad (3.4.13)$$

于是, 在能级 m 与 g 间的跃迁将是不可能的, 严格地来说这样的选择是与物理事实相悖的. 另外, 若取 $\beta = 1$, 则又完全退化到无缀饰的通常的微扰论的情形. 因此,

部分缀饰, $1 > 1 - \beta > 0$, 是唯一与物理事实相符且能避免微扰论强场发散困难的可能的选择.

β 的具体数值可通过比较由部分缀饰态计算得出的电偶极矩与密度矩阵方法求得的电偶极矩来确定, 也可采用统计模型来确定. 这里只说密度矩阵法.

对于二能级原子, 其电偶极矩的期待值为

$$\langle p \rangle^{(1)} = \langle \psi_g^0 | er | \psi_m^1 \rangle + \langle \psi_m^1 | er | \psi_g^0 \rangle \tag{3.4.14}$$

一级微扰波函数可写为

$$\psi_m^1 = A_m^1 \psi_m^0 \tag{3.4.15}$$

按 (3.4.4) 式, 一级微扰展开系数 A_m^1 可写为

$$\begin{aligned}
A_m^1 &= \frac{1}{\mathrm{i}\hbar} \int \langle \psi_m^0 | - \beta er E_0(\mathrm{e}^{\mathrm{i}\omega t} + \mathrm{e}^{-\mathrm{i}\omega t}) | \psi_g^0 \rangle \mathrm{d}t \\
&= \beta \frac{\mu_{mg} E_0}{\hbar} \left(\frac{A \mathrm{e}^{\mathrm{i}(\omega_{m\alpha,g\beta} - \omega)t}}{\omega_{m\alpha,g\beta} - \omega} + \frac{B \mathrm{e}^{\mathrm{i}(\omega_{m\beta,g\alpha} - \omega)t}}{\omega_{m\beta,g\alpha} - \omega} \right)
\end{aligned} \tag{3.4.16}$$

求出电偶极矩的期待值为

$$\begin{aligned}
<p>^{(1)} = &\frac{\mu_{mg} \Omega_{mg} \beta}{2} \left\{ \frac{A^2}{\omega_{m\alpha,g\beta} - \omega} + \frac{B^2}{\omega_{m\beta,g\alpha} - \omega} + \frac{AB \mathrm{e}^{\mathrm{i}\Omega' t}}{\omega_{m\alpha,g\beta} - \omega} + \frac{AB \mathrm{e}^{-\mathrm{i}\Omega' t}}{\omega_{m\beta,g\alpha} - \omega} \right\} \\
&\times \mathrm{e}^{-\mathrm{i}\omega t} + \text{c.c.}
\end{aligned} \tag{3.4.17}$$

式中, c.c. 即复数共轭, 下同. 略去 (3.4.17) 式中 $\propto \mathrm{e}^{\pm \mathrm{i}\Omega' t}$ 的项, 便得出跃迁 $m\alpha \to g\beta$ 与 $m\beta \to g\alpha$ 的感生电偶极矩 (图 3.1). 至于跃迁 $m\alpha \to g\alpha$ 与 $m\beta \to g\beta$, 由于相互抵消, 无贡献. 在 (3.4.17) 式中设跃迁频率的带宽为 ν, 则 (3.4.17) 式, 为

$$\begin{aligned}
<p>^{(1)} = &\frac{\beta \Omega_{mg}}{2} \mu_{mg} \left\{ \frac{\left[\frac{1}{2}(1 - \bar{\Delta}/\Omega')\right]^2}{\Omega' - \mathrm{i}\nu} + \frac{\left[\frac{1}{2}(1 + \bar{\Delta}/\Omega')\right]^2}{-\Omega' - \mathrm{i}\nu} \right\} \mathrm{e}^{-\mathrm{i}\omega t} + \text{c.c.} \\
= &\frac{-\mu_{mg}}{2} \frac{\beta \Omega_{mg}(\bar{\Delta} - \mathrm{i}\nu\tau)}{\Omega'^2 + \nu^2} \mathrm{e}^{-\mathrm{i}\omega t} + \text{c.c.} \\
= &\frac{-\mu_{mg}}{2} \frac{\beta \Omega_{mg} \sqrt{\bar{\Delta}^2 + \nu^2 \tau^2}}{(1-\beta)^2 \Omega_{mg}^2 + \bar{\Delta}^2 + \nu^2} \mathrm{e}^{-\mathrm{i}\omega t - \mathrm{i}\phi} + \text{c.c.}
\end{aligned} \tag{3.4.18}$$

式中, $\tau = \frac{1}{2}(1 + \bar{\Delta}^2/\Omega'^2)$.

另外, 用密度矩阵方法也可确定电偶极矩. 事实上, 将原子波函数表示为稳态波函数的叠加

$$\psi = a_m \mathrm{e}^{-\mathrm{i}\omega_m t} u_m + a_g \mathrm{e}^{-\mathrm{i}\omega_g t} u_g \tag{3.4.19}$$

由此可计算出电偶极矩

$$\langle p \rangle = \langle \psi | er | \psi \rangle = \mu_{mg} \langle a_g^* a_m \rangle \mathrm{e}^{-\mathrm{i}\omega_{mg}t} + \text{c.c.}$$
$$= \mu_{mg} \rho_{mg} + \text{c.c.}$$

(3.4.20)

参照 (2.3.7) 式, 得密度矩阵

$$\rho_{mg} = \frac{\mu_{mg}}{2} \frac{\Omega_{mg} \Delta_0 \sqrt{\bar{\Delta}^2 + \nu^2} \mathrm{e}^{\mathrm{i}\Phi'}}{\nu^2 + \bar{\Delta}^2 + \Omega_{mg}^2 \nu / \nu_1} \mathrm{e}^{-\mathrm{i}\omega t}$$

(3.4.21)

式中, $\nu = 1/T_2$, $\nu_1 = 1/T_1$, 而 T_1、T_2 即原子的横弛豫时间与纵弛豫时间. 取初值条件 $\Delta_0 = (\rho_{mm} - \rho_{gg})_0 = -1$, 并令 $b = \nu_1/\nu$, 比较 (3.4.20) 式与 (3.4.18) 式, 并假定用两种方法所算得的振幅相等, 于是有

$$\frac{\beta \Omega_{mg} \sqrt{\bar{\Delta}^2 + \nu^2 \tau^2}}{(1-\beta)^2 \Omega_{mg}^2 + \bar{\Delta}^2 + \nu^2} = \frac{\Omega_{mg} \sqrt{\bar{\Delta}^2 + \nu^2}}{\nu^2 + \bar{\Delta}^2 + \Omega_{mg}^2/b}$$

(3.4.22)

采用记号

$$x = \frac{\Omega_{mg}}{\sqrt{\bar{\Delta}^2 + \nu^2}}$$

(3.4.22) 式化为

$$\frac{\beta x}{(1-\beta)^2 x^2 + 1} = \frac{\gamma b x}{x^2 + b}$$

(3.4.23)

式中, γ 定义为

$$\gamma = \sqrt{(\bar{\Delta}^2 + \nu^2)/(\bar{\Delta}^2 + \nu^2 \tau^2)}$$

引进参量 $\eta = \dfrac{\bar{\Delta}^2}{(\bar{\Delta}^2 + \nu^2)}$, 则 γ 可写为

$$\gamma = \left[\eta + (1-\eta) \left(\frac{1}{2} + \frac{\eta/2}{(1-\beta)^2 x^2 + \eta} \right)^2 \right]^{-1/2}$$

(3.4.24)

当参量 b、η 与归一场强 x 给定后, 便可解 (3.4.23) 式和 (3.4.24) 式以及相互作用能中用来缀饰原子的部分 $1 - \beta$, 和相应的修正后的 Rabi 分裂 $(1-\beta)x$. 图 3.4 和图 3.5 给出 $(1-\beta)x$ 对 x, β 对 x 的变化曲线, b、η 取为定数.

对于小的 $x(x \ll 1)$, 即弱场相互作用, 由 (3.4.24) 式给出 $\gamma \simeq 1$, 与 η 无关. 而方程 (3.4.23) 可简化为 $(1-\beta)x \simeq x^3/b$, 这对应于 $(1-\beta) \simeq 0$, 因而用来修正原子状态的那部分相互作用能非常小. 但有趣的是, 这部分相互作用能与 b 成反比, 这就意味着非相干情形 $(1/b = T_1/T_2 \gg 1)$ 要比相干情形 $(1/b = T_1/T_2 = 1/2)$ 在相同的归一化 Rabi 频率 x 下有更大的 Rabi 分裂 (图 3.4). 另外, 当 x 很小时, 由 (3.4.11) 式, 我们有

$$\Omega' = -\bar{\Delta}, \quad A = 1, \quad B = 0, \quad \text{当} \ \bar{\Delta} < 0$$
$$\Omega' = \bar{\Delta}, \quad A = 0, \quad B = 1, \quad \text{当} \ \bar{\Delta} > 0$$

(3.4.25)

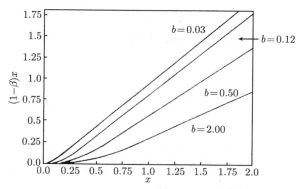

图 3.4　归一化的有效 Rabi 分裂随归一化 Rabi 频率 x 变化的曲线, η 取值为 1[2]

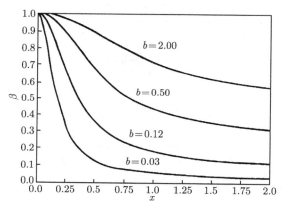

图 3.5　参量 β 随归一化 Rabi 频率 x 变化的曲线, η 取值为 1[2]

相应的感生电偶极矩变为

$$< p >^{(1)} \simeq \frac{-\mu_{mg}^2 E}{\hbar} \frac{1}{\omega - \omega_{mg}} \mathrm{e}^{-\mathrm{i}\omega t} + \text{c.c.} \tag{3.4.26}$$

与通常的弱场微扰结果为一致.

对于大 $x(\gg 1)$, 即强场作用情形, 解方程 (3.4.23) 得

$$(1 - \beta)x \simeq \left(\sqrt{\frac{1}{4\gamma^2 b^2} + \frac{1}{\gamma b}} - \frac{1}{2\gamma b} \right) x \tag{3.4.27}$$

根据这个关系式, 我们可讨论两种极限情形. 一种为 $\eta = 1$, 对应于大失谐 $(\bar{\Delta} \gg \nu)$ 情形; 另一种则为 $\eta = 0$, 对应于共振跃迁 $(\bar{\Delta} = 0)$ 情形. 对于第一种情形, 由 (3.4.24) 式得 $\gamma = 1$. 又若为完全相干相互作用 $b = 2$, 则按 (3.4.27) 式得 $1 - \beta = \beta = 0.5$, 这就是相互作用能一半用于缀饰原子, 构成新的基函数; 另一半则用于激

发原子在状态间跃迁. 如果是非相干相互作用, 则 $b \ll 1$, $1 - \beta = 1 - b \sim 1$, 故几乎所有的相互作用能均用于缀饰原子, 改变原子的状态, 只有很小的一部分用于激发原子在状态间跃迁. 对于第二种情形, $\gamma = 2$, 完全相干相互作用 $1 - \beta \simeq 0.39$; 非相干相互作用 $1 - \beta = 1 - 2b \sim 1$. 由此得出结论, 对于非相干相互作用, 不论 η 的值如何, 用于激发引起能态间跃迁的那部分相互作用能是很少的; 而在相干相互作用极限, 总有一半或几乎一半的相互作用能用于缀饰原子, 而另一半则用于激发.

关于二能级原子系统的分析, 比较 (3.4.18) 式与 (3.4.26) 式, 可归结为对任意场强的相互作用应将弱场因子作如下代换:

$$\frac{\Omega_{mg}}{\omega - \omega_{mg}} \Rightarrow \frac{\beta \Omega_{mg}(\omega - \omega_{mg} - \mathrm{i}\nu)}{(1 - \beta)^2 \Omega_{mg}^2 + (\omega - \omega_{mg})^2 + \nu^2} \tag{3.4.28}$$

式中, 参量 β 由 (3.4.23) 式确定. 对于多能级原子系统, 我们注意到通常微扰展开理论包含许多描述多光子过程的因子 $\dfrac{\Omega_{ij}}{(\omega_{ij} - n\omega)}$. 如果每一个这样的因子均按 (3.4.23) 式替代, 则实现了弱场微扰论按强场带来的修正. 具体应用见文献 [2].

参 考 文 献

[1] Boyd R W. Nonlinear Optics. Boston: Academic Press, Inc., 1992:216.

[2] Tan W H, Lu W P, Harrison R G. Approach to the theory of radiation-matter interaction. Phys. Rev. A, 1992, 46:7128.

[3] Autler S H, Townes C H. Stark effect in rapidly varying field. Phys. Rev., 1955, 100:703.

[4] Yatsiv S. Role of double-quantum transition in maser. Phys. Rev., 1959, 113: 1538; Wilcox L R, Lamb W E. Fine strueture of short lived states of hydroden by a microwave-optical method. Phys. Rev., 1960, 119:1915.

[5] Cohen-Tannoudji C, Reynaud S. J. Phys, 1977, B10: 345, 365, 2311.

第 4 章 激光振荡理论

含原子极化的 Maxwell 方程的重要应用之一, 是分析激光振荡过程及振荡过程所包含的噪声 [1,2]. 本章我们首先介绍激光振荡的半经典理论, 其次讨论激光振荡的全量子理论及激光噪声等问题.

4.1 激光振荡的半经典理论

一个处于激发态的原子自发辐射出光子, 这光子作用于相邻的激发态原子, 通过受激辐射, 产生一个新的光子. 此过程继续下去, 不断增添新的受激辐射光子, 这就是自发辐射光子通过相邻原子的受激辐射产生的光放大. 若同时在放大媒质的端面加上部分反射或全反射腔板, 形成一光子在其中来回的腔, 于是自发辐射便在一个有增益的腔内振荡, 并通过端面透射输出. 在放大或振荡过程中, 光子不断增益而光的波面不断向前推进, 振幅不断增长. 又因原子的受激辐射与驱动原子产生受激辐射的场, 即入射波场为同位相, 受激辐射波与入射波的叠加为同位相的相干叠加. 电场 E 满足含极化 P 的 Maxwell 方程 (1.1.9), 采用近似 $\nabla \times \nabla \times E \simeq -\nabla^2 E$, 并加上损耗项 $\gamma_0 \dfrac{\partial}{\partial t} E$ 后, 这方程可写为

$$\frac{\partial^2}{\partial t^2} E + \gamma_0 \frac{\partial E}{\partial t} - c^2 \nabla^2 E = -4\pi \frac{\partial^2 P}{\partial t^2} \tag{4.1.1}$$

式中, γ_0 为腔的损耗及介质中的传播损耗, $\gamma_0 = \omega/Q$. 这样将介质的吸收、散射损耗以及腔的输出、衍射损耗均包括在 γ_0 之内了. 宏观极化矢量 P 在方程 (4.1.1) 中起着电磁辐射源的作用. 在外场驱动下, 原子内的电子做强迫振动, 并表现为极化 P 随时间的振动. 反过来 P 又作为波动方程 (4.1.1) 的源出现, 这也体现了原子的受激辐射 (由电偶极强迫振动产生的辐射) 相干地叠加在入射的辐射场 E 上. 在外场 E 的驱动下, 原子宏观极化 P 的强迫振动容易从二能级原子密度矩阵方程得出. 下面为了讨论方便, 并不失去一般性, 将矢量 E、P 简化为标量 E、P. 设 a 为激发态, b 为基态, 则由密度矩阵方程 (1.5.21) 和 (1.5.27), 得

$$\frac{\partial}{\partial t} \rho_{ab} = -\left(\mathrm{i}\omega_{ab} + \frac{1}{T_2}\right) \rho_{ab} - \mathrm{i}\frac{\mu_{ab}}{\hbar} E(r,t)(\rho_{aa} - \rho_{bb})$$

$$\tag{4.1.2}$$

$$\frac{\partial}{\partial t} \rho_{ba} = \left(\mathrm{i}\omega_{ab} - \frac{1}{T_2}\right) \rho_{ba} + \mathrm{i}\frac{\mu_{ba}}{\hbar} E(r,t)(\rho_{aa} - \rho_{bb})$$

令

$$P = n_0\mu_{ab}(\rho_{ab} + \rho_{ba}), \quad \Delta = (\rho_{aa} - \rho_{bb})n_0 \tag{4.1.3}$$

式中, n_0 为单位体积内的原子数, P、Δ 为宏观极化与反转粒子数密度. 由 (4.1.2) 式和 (4.1.3) 式得

$$\left(\frac{\partial^2}{\partial t^2} + \frac{2}{T_2}\frac{\partial}{\partial t} + \omega_{ab}^2 + \frac{1}{T_2^2}\right)P = -2\Delta E\frac{\mu_{ab}^2\omega_{ab}}{\hbar} \tag{4.1.4}$$

这就是宏观极化 P 满足的振动方程. 它是通过电场 E 来驱动的. 由此方程及 (4.1.2) 式看出, P 振动不是单色的, 而是有 $\Delta\omega = \dfrac{1}{T_2}$ 的谱宽. 由极化 P 产生的电磁辐射也不是单色的. 在不计及腔的作用和媒质增益、损耗等的影响下, $\Delta\omega = \dfrac{1}{T_2}$ 就是原子的自然线宽, T_2 为原子自发辐射的相干时间, 是横弛豫时间.

除了电场 E、极化 P 所满足的方程 (4.1.1)、(4.1.4) 外, 还要求出反转粒子密度 Δ 的变率方程. 同样由密度矩阵方程 (1.5.21)、(1.5.27) 得

$$\frac{\mathrm{d}\Delta}{\mathrm{d}t} = -\mathrm{i}\frac{2E\mu_{ab}}{\hbar}n_0(\rho_{ab} - \rho_{ba}) - \frac{\Delta - \Delta_0}{T_1} \tag{4.1.5}$$

式中, Δ_0 表示通过光泵抽运能达到的反转粒子数密度水平, T_1 表示反转粒子寿命, 即纵弛豫时间. (4.1.5) 式的第一项是由受激辐射而引起的反转粒子数的变化. 当不考虑这项的影响, 对于给定光泵水平, 反转粒子数随时间的变化趋于饱和值 Δ_0(图 4.1).

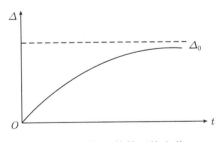

图 4.1 反转粒子数趋于饱和值 Δ_0

(4.1.1) 式 ~(4.1.5) 式就是我们研究激光振荡与放大的基本方程. 这些方程的解一般是很复杂的, 现采取 Lamb 的解法[3]. 首先将 $E(\boldsymbol{r}, t)$、$P(\boldsymbol{r}, t)$ 用谐振腔的本征模式 $u_n(\boldsymbol{r})\mathrm{e}^{-\mathrm{i}\omega_n t}$ 展开, 这在形式上与 (1.1.14) 式和 (1.1.15) 式基本一致. 稍有不同的是, (1.1.15) 式只是极化 $P(\boldsymbol{r}, t)$ 中的非线性部分 P^{NL}, 而线性部分已分离出来了. 除此而外的区别, 从下面表达式可看出来:

$$E(\boldsymbol{r},t) = \sum E_n \mathrm{e}^{-\mathrm{i}(\omega_n t + \varphi_n(t))} u_n(\boldsymbol{r}) + \text{c.c.} \tag{4.1.6}$$

$$P(\boldsymbol{r},t) = \sum P_n \mathrm{e}^{-\mathrm{i}(\omega_n t + \varphi_n(t))} u_n(\boldsymbol{r}) + \text{c.c.} \tag{4.1.7}$$

$$-c^2 \nabla^2 u_n(\boldsymbol{r}) = \Omega_n^2 u_n(\boldsymbol{r}) \tag{4.1.8}$$

式中, Ω_n 为谐振腔本振频率, ω_n 为第 n 个模式的振荡频率, $E_n(t)$、$\varphi_n(t)$ 分别为慢变振幅与位相 ((1.1.14) 式中的 $\boldsymbol{A}_n(\boldsymbol{r},t)$、$P_n(\boldsymbol{r},t)$ 尚与 $\boldsymbol{r}$ 有关). 又注意到 $-\dfrac{\partial^2}{\partial t^2} P(\boldsymbol{r},t) \simeq \omega_{ab}^2 P(\boldsymbol{r},t)$, 将 (4.1.6) 式、(4.1.7) 式代入 (4.1.1) 式, 得

$$\ddot{E}_n + 2\dot{E}_n(-\mathrm{i}\omega_n - \mathrm{i}\dot{\varphi}_n) + (\Omega_n^2 - (\omega_n + \dot{\varphi}_n)^2 - \ddot{\varphi}_n)E_n = 4\pi\omega_{ab}^2 P_n \tag{4.1.9}$$

在 (4.1.9) 式中略去 $\ddot{E}$、$\dot{E}_n\dot{\varphi}_n$、$\dot{\varphi}_n^2$、$\ddot{\varphi}_n$ 等项, 并设 $P_n = C_n + \mathrm{i}S_n$, 得

$$(\omega_n + \dot{\varphi}_n - \Omega_n)E_n = -2\pi\omega C_n$$
$$\dot{E}_n + \frac{1}{2}\frac{\omega}{Q_n}E_n = -2\pi\omega S_n \tag{4.1.10}$$

式中, $\omega = \omega_{ab}$, $\dfrac{\omega}{2Q_n}$ 为唯象引进的腔的损耗.

下面就几种简单情形解 (4.1.10) 式.

4.1.1　没有激活离子 (或原子) 情形

这时宏观极化 $P = 0$, $C_n = S_n = 0$, 根据 (4.1.10) 式第 1 方程, 并令 $\dot{\varphi}_n = 0$, 便得激光振荡频率 ω_n 等于谐振腔本征频率 Ω_n. 由第二方程得 $E_n = E_n^0 \mathrm{e}^{-\frac{\omega}{2Q_n}t}$, 这表明振幅是按指数衰减的.

4.1.2　线性极化 $P \propto E$

令 $C_n = \chi' E_n$, $S_n = \chi'' E_n$, 代入 (4.1.10) 式, 得

$$\omega_n + \dot{\varphi}_n - \Omega_n = -2\pi\omega\chi_n' \tag{4.1.11}$$

$$\dot{E}_n + \frac{\omega}{2Q_n}E_n = -2\pi\omega\chi_n'' E_n \tag{4.1.12}$$

令 $\dot{\varphi}_n = 0$, 得

$$\omega_n = \Omega_n - 2\pi\omega\chi_n' \tag{4.1.13}$$

$$E_n = E_n^0 \mathrm{e}^{-(\omega/(2Q_n)+2\pi\omega\chi'')t} \tag{4.1.14}$$

(4.1.13) 式为模式振荡频率 ω_n 相对于腔本征频率 Ω_n 的牵引, (4.1.14) 式则表明当介质增益大于损耗时 $-2\pi\omega\chi'' > \dfrac{\omega}{2Q_n}$, E_n 按指数增加, 否则减小.

4.1.3 一级近似

将 $E(\boldsymbol{r}, t)$ 的展开式 (4.1.6) 代入 (4.1.2) 式并积分, 得极化 P 的一级近似

$$P^{(1)} = n_0\mu_{ab}(\rho_{ab}^{(1)} + \rho_{ba}^{(1)}), \quad \Delta = n_0(\rho_{aa} - \rho_{bb}) \tag{4.1.15}$$

$$\rho_{ab}^{(1)} = -\frac{\mathrm{i}\mu_{ab}}{\hbar}\sum \frac{E_n(t)u_n(\boldsymbol{r})}{1/T_2 + \mathrm{i}(\omega - \omega_n)}\mathrm{e}^{-\mathrm{i}(\omega_n t + \varphi_n(t))}\Delta \tag{4.1.16}$$

在做这个积分时, 已假定了 $E_n(t)$、$\varphi_n(t)$ 及 Δ 的慢变函数性质, 可从对 t 的积分号中提出. 还采用了旋波近似, 略去非共振项

$$\frac{\mathrm{i}\mu_{ab}}{\hbar}\sum_n \frac{E_n(t)u_n(\boldsymbol{r})}{1/T_2 + \mathrm{i}(\omega + \omega_n)}\mathrm{e}^{-\mathrm{i}(\omega_n t + \varphi_n(t))}\Delta$$

这样才得到 (4.1.16) 式. 式中 $\omega = \omega_{ab}$

在一级近似 (4.1.16) 式的基础上, 还可以计算反转粒子数密度 $\Delta(\boldsymbol{r}, t)$ 随辐射场变化的关系. 这只需将 $E(\boldsymbol{r}, t)$、$\rho_{ab}^{(1)}$ 的展开式 (4.1.6)、(4.1.16) 式代入 (4.1.5) 式, 便得

$$\frac{\partial\Delta}{\partial t} = -2R\Delta - \frac{\Delta - \Delta_0}{T_1} \tag{4.1.17}$$

$$R = \frac{\mu_{ab}^2}{\hbar^2}\sum_\mu\sum_\sigma \frac{E_\mu E_\sigma u_\mu(\boldsymbol{r})u_\sigma(\boldsymbol{r})}{1/T_2 + \mathrm{i}(\omega - \omega_\mu)}\mathrm{e}^{\mathrm{i}(\omega_\sigma - \omega_\mu)t} + \mathrm{c.c.} \tag{4.1.18}$$

(1.4.17) 式和 (4.1.18) 式为反转粒子数密度变率方程. 稳态时 $\dfrac{\partial\Delta}{\partial t} = 0$, 有 Δ 的稳态解

$$\Delta = \frac{\Delta_0}{1 + 2T_1 R} \tag{4.1.19}$$

这表明稳态时反转粒子数密度 Δ 由于 R 的增大而下降, 即受激辐射消耗了反转粒子数, 使得 Δ 被吃空.

现进一步讨论一级近似下的宏观极化 P. 由 (4.1.15) 式和 (4.1.16) 式得

$$P(\boldsymbol{r}, t) = \frac{-\mathrm{i}\mu_{ab}^2}{\hbar}\sum_n \frac{E_n(t)u_n(\boldsymbol{r})\Delta(\boldsymbol{r})}{1/T_2 + \mathrm{i}(\omega - \omega_n)}\mathrm{e}^{-\mathrm{i}(\omega_n t + \varphi_n(t))} + \mathrm{c.c.} \tag{4.1.20}$$

由此得 (4.1.10) 式中的 C_n、S_n 及 P_n 为

$$P_n = \int P(\boldsymbol{r}, t)u_n(\boldsymbol{r}, t)\mathrm{d}\boldsymbol{r}$$

$$N_n = \int \Delta(\boldsymbol{r})u_n^2(\boldsymbol{r})\mathrm{d}\boldsymbol{r} \tag{4.1.21}$$

$$C_n = \frac{-\mu_{ab}^2 N_n}{\hbar} E_n \frac{\omega - \omega_n}{(1/T_2)^2 + (\omega - \omega_n)^2}$$

$$S_n = \frac{-\mu_{ab}^2 N_n}{\hbar} E_n \frac{1/T_2}{(1/T_2)^2 + (\omega - \omega_n)^2} \tag{4.1.22}$$

代入 (4.1.11) 式、(4.1.12) 式, 得

$$\omega_n + \dot{\varphi}_n = \Omega_n + \frac{2\pi N_n \mu_{ab}^2 \omega}{\hbar} \frac{\omega - \omega_n}{(1/T_2)^2 + (\omega - \omega_n)^2} \tag{4.1.23}$$

$$\frac{\dot{E}_n}{E_n} = \frac{2\pi N_n \mu_{ab}^2 \omega}{\hbar} \frac{1/T_2}{(1/T_2)^2 + (\omega - \omega_n)^2} - \frac{\omega}{2Q_n} \tag{4.1.24}$$

(4.1.23) 式为激活媒质的色散方程, 第二项就是激活离子或原子产生的色散或频率牵引. (4.1.24) 式右端第一项为媒质的增益, 第二项为腔的损耗. 增益与反转粒子数分布 N_n 成正比, 当增益等于损耗时, 便给出使得激光开始振荡的反转数密度阈值 $\bar{N}_n$

$$\frac{\dot{E}_n}{E_n} = \frac{\omega}{2Q_n}\left[\frac{N_n}{\bar{N}_n} - 1\right] \tag{4.1.25}$$

$$\bar{N}_n = \frac{\hbar}{4\pi\mu_{ab}^2} \frac{(1/T_2)^2 + (\omega - \omega_n)^2}{Q_n/T_2} \tag{4.1.26}$$

当激光振荡频率 ω_n 与原子跃迁频率 ω 共振时, 便有

$$\omega - \omega_n = 0, \quad \bar{N}_n = \frac{\hbar}{4\pi\mu_{ab}^2} \frac{1}{T_2 Q_n} \tag{4.1.27}$$

4.1.4　气体激光的烧孔效应与 Lamb 凹陷

在讨论 (4.1.19) 式的物理意义时, 我们已经注意到受激辐射消耗反转粒子数, 使得 Δ 被吃空. 如将 (4.1.19) 式的 Δ 代入 $P(\boldsymbol{r}, t)$ 的表达式 (4.1.20), 将会使得 $P(\boldsymbol{r}, t)$ 非线性地依赖于 E, 即出现高阶极化. 本节将结合气体激光的特点, 讨论高阶极化对激光振荡的影响. 与固体的激活介质不一样, 对气体原子或分子, 还需要考虑以速度 v 迎着观察者或背离观察者运动带来的 Doppler 频移. 设 ω 为原子的跃迁频率, 观察到的频率为 $\omega' = \omega \pm kv$, 考虑到 Doppler 频移后, (4.1.16) 式为

$$\rho_{ab}^{(1)}(v) = \frac{\mathrm{i}\mu_{ab}}{2\hbar} \sum_n \left\{ \frac{E_n u_n \Delta}{1/T_2 + \mathrm{i}(\omega - kv - \omega_n)} + \frac{E_n u_n \Delta}{1/T_2 + \mathrm{i}(\omega + kv - \omega_n)} \right\} \mathrm{e}^{-\mathrm{i}(\omega_n t + \varphi_n)} \tag{4.1.28}$$

对单模振荡情形, 可去掉 (4.1.28) 式对 n 的求和, 且 (4.1.18) 式相应地写为

$$R = \frac{\mu_{ab}^2}{2\hbar^2} \left\{ \frac{1}{1/T_2 + \mathrm{i}(\omega - \omega_n - kv)} + \frac{1}{1/T_2 + \mathrm{i}(\omega - \omega_n + kv)} + \mathrm{c.c.} \right\} E_n^2 u_n^2$$

$$= T_2 \left(\frac{\mu_{ab} E_n u_n}{\hbar}\right)^2 \{L(\omega - \omega_n - kv) + L(\omega - \omega_n + kv)\} \tag{4.1.29}$$

$$L(\omega - \omega_n \pm kv) = \frac{(1/T_2)^2}{\dfrac{1}{T_2}^2 + (\omega - \omega_n \pm kv)^2}$$

当驻波模式空间分布 $|u_n|^2$ 用平均值 $1/2$ 来代替时, R 为

$$R = \frac{T_2}{\pi} \left(\frac{\mu_{ab} E_n}{\hbar}\right)^2 \{L(\omega - \omega_n - kv) + L(\omega - \omega_n + kv)\} \tag{4.1.30}$$

类似于 (4.1.19) 式, 可得速度在 $v \sim v + \mathrm{d}v$ 范围内反转粒子数密度的稳态解为

$$\Delta(\boldsymbol{r}, v)\mathrm{d}v = \frac{\bar{\Delta}}{1 + 2T_1 R} w(v)\mathrm{d}v \simeq \bar{\Delta}(1 - 2T_1 R)w(v)\mathrm{d}v \tag{4.1.31}$$

式中, $w(v)$ 为原子的速度分布函数. 因子 $1 - 2T_1 R$ 体现了反转粒子被吃空, 且在 $w(v)$ 分布曲线 $v = \pm(\omega - \omega_n)/k$ 处留下烧孔 (图 4.2). 将 (4.1.31) 式代入 (4.1.28) 式, 并对 v 求积分, 得宏观极化 P_n

$$P_n(t) = \int P(\boldsymbol{r}, t)u_n(\boldsymbol{r})\mathrm{d}\boldsymbol{r} = \left(P_n^{(1)} + P_n^{(3)}\right)\mathrm{e}^{-\mathrm{i}\omega_n t} \tag{4.1.32}$$

$$P_n^{(1)} = \frac{-\mathrm{i}\mu_{ab}^2}{2\hbar} E_n \bar{\Delta} \int \left\{ \frac{1}{1/T_2 + \mathrm{i}(\omega - \omega_n - kv)} + \frac{1}{1/T_2 + \mathrm{i}(\omega - \omega_n + kv)} + \mathrm{c.c.} \right\}$$
$$\times w(v)\mathrm{d}v$$

$$P_n^{(3)} = \frac{-\mathrm{i}\mu_{ab}^2}{2\hbar} E_n \bar{\Delta} \int \left\{ \frac{1}{1/T_2 + \mathrm{i}(\omega - \omega_n - kv)} + \frac{1}{1/T_2 + \mathrm{i}(\omega - \omega_n + kv)} + \mathrm{c.c.} \right\}$$
$$\times (-2T_1 R)w(v)\mathrm{d}v$$

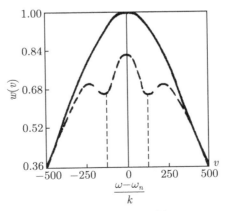

图 4.2 烧孔曲线[1]

取 Maxwelli 速度分布 $w(v) = \dfrac{\exp[-v^2/u^2]}{\sqrt{\pi}u}$, $u^2 = 2 <v^2>_{av}$, 则一阶极化 $P_n^{(1)}$ 的

计算可通过等离子体的色散函数 $Z(\omega)$ 表示出来. $Z(\omega)$ 的定义

$$Z(\omega) = \frac{\mathrm{i}k}{\sqrt{\pi}} \int_{-\infty}^{\infty} \mathrm{d}v' \frac{\mathrm{e}^{-v'^2/u^2}}{\omega + \mathrm{i}kv'} = \frac{\mathrm{i}k}{\sqrt{\pi}} \int_{-\infty}^{\infty} \mathrm{d}v' \frac{\mathrm{e}^{-v'^2/u^2}}{\omega - \mathrm{i}kv'} \tag{4.1.33}$$

于是

$$P_n^{(1)} = \frac{-\bar{\Delta}\mu_{ab}^2}{ku\hbar} 2E_n Z\left(\frac{1}{T_2} + \mathrm{i}(\omega - \omega_n)\right) \tag{4.1.34}$$

当 $ku \gg \Delta\omega \gg \dfrac{1}{T_2}$ 时

$$Z\left(\frac{1}{T_2} + \mathrm{i}\Delta\omega\right) \simeq Z(\mathrm{i}\Delta\omega) = \mathrm{e}^{-\left(\frac{\Delta\omega}{ku}\right)^2}\left[\mathrm{i}\sqrt{\pi} - 2\int_0^{\frac{\Delta\omega}{ku}} \mathrm{d}x \mathrm{e}^{x^2}\right] \simeq \mathrm{i}\sqrt{\pi}\mathrm{e}^{-\left(\frac{\Delta\omega}{ku}\right)^2}$$

故有

$$P_n^{(1)} \simeq \frac{-\mathrm{i}\bar{\Delta}\mu_{ab}^2}{ku\hbar} 2E_n \sqrt{\pi}\mathrm{e}^{-\left(\frac{\omega - \omega_n}{ku}\right)^2} \tag{4.1.35}$$

现讨论三阶极化 $P_n^{(3)}$ 计算. 由 (4.1.30) 式得

$$P_n^{(3)} = \frac{-\mu_{ab}^2}{\hbar} E_n \bar{\Delta}(-T_2 T_1)\left(\frac{\mu_{ab}E_n}{\hbar}\right)^2 \frac{1}{ku} \int_{-\infty}^{\infty} \mathrm{i}ku\mathrm{d}v' \mathrm{e}^{-(v'/u)^2}$$

$$\times \frac{1}{1/T_2 + \mathrm{i}(\omega - \omega_n - kv')}\{L(\omega - \omega_n - kv') + L(\omega - \omega_n + kv')\} \tag{4.1.36}$$

在 $ku \gg \Delta\omega > \dfrac{1}{T_2}$ 的假定下, 最后可得

$$P_n^{(3)} = \frac{T_1 T_2 \sqrt{\pi} \bar{\Delta} \mu_{ab}^4}{\hbar^3 ku} E_n^3 \exp\left[-\left(\frac{\omega - \omega_n}{ku}\right)^2\right]$$
$$\{T_2(\omega - \omega_n)L(\omega - \omega_n) + \mathrm{i}[1 + L(\omega - \omega_n)]\} \tag{4.1.37}$$

参照 (4.1.12) 式, 可直接写出含有一阶及三阶极化的 Lamb 方程

$$(\omega_{n+}\dot{\varphi}_n - \Omega_n) = -2\pi\omega(C_n^{(1)} + C_n^{(3)}) \tag{4.1.38}$$

$$\dot{E}_n + \frac{\omega}{2Q_n} E_n = -2\pi\omega(S_n^{(1)} + S_n^{(3)}) \tag{4.1.39}$$

按 (4.1.35) 式和 (4.1.37) 式, 并参照 (4.1.19) 式可计算一阶、三阶极化对增益的贡献 $S_n^{(1)}$、$S_n^{(3)}$

$$S_n^{(1)} = \frac{-2\pi^{1/2}\mu_{ab}^2\bar{\Delta}}{\hbar ku} E_n \mathrm{e}^{-\left(\frac{\omega - \omega_n}{ku}\right)^2}$$

$$\tag{4.1.40}$$

$$S_n^{(3)} = T_1 T_2 \left(\frac{\pi^{1/2}\bar{\Delta}\mu_{ab}^4}{\hbar^3 ku}\right) E_n^3 \mathrm{e}^{-\left(\frac{\omega - \omega_n}{ku}\right)^2}(1 + L(\omega - \omega_n))$$

将 (4.1.40) 式代入 (4.1.39) 式, 得

$$\frac{\dot{E}_n}{E_n} = \frac{\omega}{2Q_n}\left[\frac{\bar{\Delta}}{\Delta_T} - e^{\left(\frac{\omega-\omega_n}{ku}\right)^2} - \frac{\bar{\Delta}}{\Delta_T}I_n(1+L(\omega-\omega_n))\right]e^{-\left(\frac{\omega-\omega_n}{ku}\right)^2}$$

$$\Delta_T = \frac{\hbar ku}{4\pi^{3/2}\mu_{ab}^2 Q_n}, \quad I_n = \frac{T_1 T_2 \mu_{ab}^2 E_n^2}{2\hbar^2} \tag{4.1.41}$$

式中, Δ_T 为阈值反转粒子数密度, I_n 为无量纲光强. 由 (4.1.41) 式得稳态 ($\dot{E}_n = 0$) 光强输出

$$I_n = \frac{1 - \dfrac{\bar{\Delta}_T}{\bar{\Delta}}\exp\left[\left(\dfrac{\omega-\omega_n}{ku}\right)^2\right]}{1 + L(\omega-\omega_n)} \tag{4.1.42}$$

容易看出, I_n 随着激光输出频率 ω_n 而异, 当 ω_n 调谐到原子跃迁频率, 即 $\omega_n = \omega$ 时, 输出 I_n 有极小值, 这就是 Lamb 凹陷. 这从烧孔曲线 (图 4.3) 来看也是很明显的. 当 $\omega = \omega_n$ 时, 对激光有贡献的主要是 $v \simeq 0$ 的原子. $v \simeq 0$ 的烧孔可看成是 $v = \pm\dfrac{\omega-\omega_n}{k} \neq 0$ 的两个烧孔移近叠加在一起, 形成一个深度更深的烧孔, 稳态反转粒子数密度很低, 输出也就相应下降了.

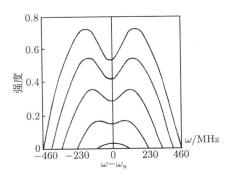

图 4.3   Lamb 凹陷[1]

参数为 Doppler 宽度 (ku) 为 $2\pi \times 1010\mathrm{MHz}$, 衰减系数 $\gamma = 1/T_1 = 2\pi \times 80\mathrm{MHz}$, 横向弛豫系数 $\gamma_{ab} = 1/T_2 = 2\pi \times 50\mathrm{MHz}$, 相对反转粒子数 $\Delta/\bar{\Delta} = 1.01, 1.05, 1.10, 1.15, 1.20$

还应着重指出的是, Lamb 凹陷之所以能出现, 主要是用了 Doppler 加宽远大于原子的自然线宽, 即 $ku \gg 1/T_2$, 它是 (4.1.42) 式成立的条件. 若 ku 与 $1/T_2$ 为同量级, 则不会观察到凹陷效应.

4.1.5　多模振荡

有关单模激光振荡的 Lamb 方程、反转粒子数吃空及 Lamb 凹陷等已如上述.

若将上面方法推广到多模情形, 便可研究存在于激光器中的多模竞争了. 首先 R 的表示式 (4.1.18) 需要对 N 个竞争模求和, 参照 (4.1.32) 式 $\sim$(4.1.40) 式的推导, 然后将看到对 $S^{(3)}$ 作出贡献的, 除了 E_n^3 以外, 还有交叉项 $E_n E_u^2$. 在 (4.1.10) 式中的 S_n 用 $S_n^{(1)} + S_n^{(3)}$ 代, 便得出振幅 E_n 满足的方程

$$\dot{E}_n = \alpha_n E_n - \beta_n E_n^3 - \sum_{\mu \neq n} \theta_\mu E_n E_\mu^2 \tag{4.1.43}$$

对于双模竞争, 则有

$$\begin{aligned} \dot{E}_1 &= \alpha_1 E_1 - \beta_1 E_1^3 - \theta E_1 E_2^2 \\ \dot{E}_2 &= \alpha_2 E_2 - \beta_2 E_2^3 - \theta E_2 E_1^2 \end{aligned} \tag{4.1.44}$$

令 $x = E_1^2$, $y = E_2^2$, 则方程 (4.1.44) 可写为

$$\begin{aligned} \dot{x}/2 &= (\alpha_1 - \beta_1 x - \theta y)x \\ \dot{y}/2 &= (\alpha_2 - \beta_2 y - \theta x)y \end{aligned} \tag{4.1.45}$$

这个方程有如下四个奇点:

$$\begin{aligned} &y = 0, \quad x = \alpha_1/\beta_1, \quad 若 \alpha_1 > 0 \\ &x = 0, \quad y = \alpha_2/\beta_2, \quad 若 \alpha_2 > 0 \\ &\begin{cases} \alpha_1 = \beta_1 x + \theta y, & L_1 \\ \alpha_2 = \theta x + \beta_2 y, & L_2 \end{cases} \\ &x = y = 0 \end{aligned} \tag{4.1.46}$$

第 1、2 个奇点分别对应于模 "1" 或 "2" 的单模振荡稳态解 $\dot{x} = \dot{y} = 0$, 第 3 个奇点为 L_1、L_2 的交点, 如果这交点在第一象限, 便对应于双模振荡解. 第 4 个奇点所对应的解是不稳. 图 4.4 给出双模振荡, 即 L_1 与 L_2 交点在第一象限内随时间的演化图.

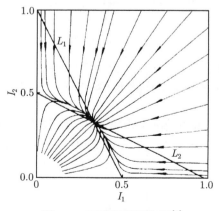

图 4.4 双模振荡演化图[1]

4.2 激光振荡的全量子理论

全量子理论是相对于半经典理论而言的. 半经典理论将电磁场看成是可用 Maxwell 方程描述的经典场, 而与其相互作用的原子或分子则用量子力学来描述. 半经典理论在描述激光的振荡、放大及模式竞争等方面是很有成效的. 但有关辐射场的相干统计性质等就要采用将电磁场也进行量子化的全量子理论来处理. 电磁场的量子化已在 1.7 节讨论, 这里主要讨论辐射场与电子波场的相互作用.

参照 (1.8.1) 式, 将 $b_\lambda^\dagger \mathrm{e}^{\mathrm{i}\omega_\lambda t}$ 记为 $b_\lambda^\dagger$, $b_\lambda \mathrm{e}^{-\mathrm{i}\omega_\lambda t}$ 记为 b_λ, 则量子化后的场表示为

$$E(\boldsymbol{r},t) = \frac{-1}{c}\frac{\mathrm{d}\boldsymbol{A}}{\mathrm{d}t} = -\mathrm{i}\sum_{\lambda,\sigma}\sqrt{2\pi\hbar\omega_\lambda}(b_\lambda^\dagger - b_\lambda)\varepsilon_{\lambda,\sigma}u_\lambda(\boldsymbol{r}) \tag{4.2.1}$$

并可反推出矢势 $\boldsymbol{A}(\boldsymbol{r},t)$

$$\boldsymbol{A}(\boldsymbol{r},t) = \sum_{\lambda,\sigma}\sqrt{\frac{2\pi c^2\hbar}{\omega_\lambda}}(b_\lambda^\dagger + b_\lambda)\varepsilon_{\lambda,\sigma}u_\lambda(\boldsymbol{r}) \tag{4.2.2}$$

代入 H_I 的表达式中. 包括辐射场与原子体系在内的总的能量算符 H 可写为原子的 H_a、辐射场的 H_L 及 H_I 之和

$$H = H_a + H_L + H_I \tag{4.2.3}$$

式中, H_I 为场与电偶极的相互作用能. 按经典电动力学 $H_I = -\dfrac{(-e)\boldsymbol{A}}{mc}\cdot\boldsymbol{p}$, 量子化后, $\boldsymbol{A}$ 用 (4.2.2) 式来表示, $\boldsymbol{p}$ 用相应的矩阵元 $\displaystyle\int \varphi_j^*\boldsymbol{p}\varphi_l a_j^\dagger a_l \mathrm{d}\boldsymbol{q}_\mu$ 来表示, $\boldsymbol{q}_\mu$ 为第 μ 原子内部坐标. 便有

$$H_I = -\frac{(-e)}{m}\sum_{\lambda,\sigma,j,l\mu}\sqrt{\frac{2\pi\hbar}{\omega_\lambda}}(b_\lambda^\dagger + b_\lambda)u_\lambda(\boldsymbol{r})\int\varphi_{j\mu}\boldsymbol{p}\cdot\varepsilon_{\lambda,\sigma}\varphi_{l\mu}\mathrm{d}\boldsymbol{q}_\mu a_{j\mu}^\dagger a_{l\mu} \tag{4.2.4}$$

(4.2.4) 式是辐射场与 N 个原子的相互作用, μ 是指第 μ 个原子, 相互作用对 μ 求和.

对于二能级原子, 按 (1.6.14) 式 $\sim$(1.6.15) 式算符 $a_1^\dagger$、a_2 等可用自旋算符 σ 表示

$$\begin{aligned}
\sigma^+ &= \sigma_x + \mathrm{i}\sigma_y = a_2^\dagger a_1 \\
\sigma^- &= \sigma_x - \mathrm{i}\sigma_y = a_1^\dagger a_2 \\
\sigma_z &= \frac{1}{2}(a_2^\dagger a_2 - a_1^\dagger a_1)
\end{aligned} \tag{4.2.5}$$

并满足对易关系

$$\begin{aligned}
&\sigma^{+2} = \sigma^{-2} = 0, \quad \sigma^+\sigma^- + \sigma^-\sigma^+ = 1 \\
&[\sigma^\pm, \sigma_z] = \mp\sigma^\pm, \quad \sigma^+\sigma^- - \sigma^-\sigma^+ = 2\sigma_z
\end{aligned} \tag{4.2.6}$$

又定义

$$g_{\lambda,\sigma,\mu} = \frac{-e}{m}\sqrt{\frac{2\pi}{\hbar\omega_\lambda}}\int \varphi_{1\mu}\boldsymbol{p}\cdot\boldsymbol{\varepsilon}_{\lambda,\sigma}\varphi_{2\mu}u_\lambda(\boldsymbol{r})\mathrm{d}\boldsymbol{q}_\mu$$

$$g^*_{\lambda,\sigma,\mu} = \frac{-e}{m}\sqrt{\frac{2\pi}{\hbar\omega_\lambda}}\int \varphi_{2\mu}\boldsymbol{p}\cdot\boldsymbol{\varepsilon}_{\lambda,\sigma}\varphi_{1\mu}u_\lambda(\boldsymbol{r})\mathrm{d}\boldsymbol{q}_\mu \qquad (4.2.7)$$

并应用旋波近似, 则相互作用 Hamilton 量 H_I (4.2.4) 式可写为 (下面为简单起见, 将 λ、σ 写为 λ)

$$H_\mathrm{I} = -\hbar\sum_{\lambda,\mu}(g_{\lambda,\mu}b^\dagger_\lambda\sigma^-_\mu + g^*_{\lambda,\mu}b_\lambda\sigma^+_\mu) \qquad (4.2.8)$$

而原子与场的 Hamilton 分别为

$$H_\mathrm{a} = \sum_\mu \hbar\omega_0\sigma_{z\mu}, \quad H_\mathrm{L} = \sum_\lambda \hbar\omega_\lambda b^\dagger_\lambda b_\lambda \qquad (4.2.9)$$

总的 Hamilton 量 $H = H_\mathrm{a} + H_\mathrm{L} + H_\mathrm{I}$, 并应用 (1.6.3) 式、(4.2.6) 式, 便得 Heisenberg 运动方程

$$\dot\sigma_{z\mu} = \mathrm{i}\sum_\lambda(-g_{\lambda,\mu}b^\dagger_\lambda\sigma^-_\mu + g^*_{\lambda,\mu}b_\lambda\sigma^+_\mu)$$

$$\dot\sigma^-_\mu = -\mathrm{i}\omega_0\sigma^-_\mu - \mathrm{i}2\sum_\lambda g^*_{\lambda,\mu}b_\lambda\sigma_{z\mu} \qquad (4.2.10)$$

$$\dot\sigma^+_\mu = \mathrm{i}\omega_0\sigma^+_\mu + \mathrm{i}2\sum_\lambda g_{\lambda,\mu}b^\dagger_\lambda\sigma_{z\mu}$$

及

$$\dot b_\lambda = -\mathrm{i}\omega_\lambda b_\lambda + \mathrm{i}\sum_\mu g_{\lambda,\mu}\sigma^-_\mu$$

$$\dot b^\dagger_\lambda = \mathrm{i}\omega_\lambda b^\dagger_\lambda - \mathrm{i}\sum_\mu g^*_{\lambda,\mu}\sigma^+_\mu \qquad (4.2.11)$$

(4.2.10) 式和 (4.2.11) 式为包括原子、辐射场及其相互作用在内的全量子方程.

4.3   热库模型与激光输出的统计分布

4.3.1   热库模型

4.2 节我们通过求解含极化的 Maxwell 方程, 研究了激光振荡问题, 所涉及的是辐射场与 N 个原子体系的相互作用. 实际上, 在产生激光的体系中, 情况要复杂些. 辐射场在工作物质中要被杂质原子散射、吸收, 并在镜面部分输出. 而 N 个激活原子也要相互碰撞, 或经受晶格振动, 且激活原子的泵浦场也是不恒定的, 有无规起伏. 所有这些均可归并为一个热库的相互作用 (图 4.5)[2]. 热库可理解为一个自由度很大的体系, 与热库相互作用的特点是它的无规与随机性. 这种随机性可通过

Langevin 方程中的无规力 $F_i(t)$ 来描写. 无规力 $F_i(t)$ 体现了热库对体系的作用, 因为是无规的, 故 $F_i(t)$ 与 $F_i(t')(t' \neq t)$ 几乎没有关联, 即 $F_i(t)$ 的关联时间趋于零, 即满足

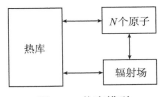

图 4.5 热库模型

$$\langle F_i(t)F_k(t')\rangle = Q_{ik}\delta(t-t') \qquad (4.3.1)$$

当 n 为奇数时

$$\langle F_1(t_1)\cdots F_n(t_n)\rangle = 0 \qquad (4.3.2)$$

当 n 为偶数时

$$\langle F_1(t_1)\cdots F_n(t_n)\rangle = \sum_p \langle F_{\lambda_1}(t_{\lambda_1})F_{\lambda_2}(t_{\lambda_2})\rangle \cdots \langle F_{\lambda_{n-1}}(t_{\lambda_{n-1}})F_{\lambda_n}(t_{\lambda_n})\rangle \qquad (4.3.3)$$

式中, $\sum_p$ 表示对 $1,\cdots,n$ 的所有排列 $\lambda_1,\cdots,\lambda_{n-1},\lambda_n$ 求和. 在 (4.3.1) 式 $\sim$(4.3.3) 式中, (4.3.1) 式称为 Markoff 条件, 它表明无规力的相干时间非常短. (4.3.2) 式和 (4.3.3) 式称为 Gauss 条件, 在通常激光情形下, 可以认为 Markoff 条件和 Gauss 条件均成立. 将无规力加到系统的运动方程中便得描述系统的多自由度的 Langevin 方程.

$$\frac{\mathrm{d}v_i}{\mathrm{d}t} = \sum_k M_{ik}v_k + F_i(t), \quad i = 1,\cdots,n$$
$$M_{ik} = M_{ik}(v_1,\cdots,v_n) \qquad (4.3.4)$$

根据过程的 "Markoff" 性质, 除了 Langevin 方程描述外, 还有描述体系的速度分布函数 $f(\boldsymbol{v},t)$ 满足的 Fokker-Planck 方程.

$$\frac{\partial f(\boldsymbol{v},t)}{\partial t} = -\sum_i \frac{\partial}{\partial v_i}(B_i(v)f) + \frac{1}{2}\sum_{i,j}\frac{\partial^2(Q_{i,j}f)}{\partial v_i \partial v_j} \qquad (4.3.5)$$

式中

$$B_i(v) = \frac{\langle \Delta v_i\rangle}{\tau} = \left\langle \sum_k M_{ik}v_k + F_i(t)\right\rangle = \sum_k M_{ik}v_k \qquad (4.3.6)$$

而

$$\frac{\langle \Delta v_i(t)\Delta v_j(t')\rangle}{\tau} \simeq \langle(B_i(v)+F_i(t))(B_j(v)+F_j(t'))\rangle\tau$$
$$= B_i(v)B_j(v)\tau + Q_{ij}\delta(t-t')\tau \qquad (4.3.7)$$

式中, $\tau = t' - t$. 当 $\tau \to 0$ 时

$$\lim_{\tau \to 0}\frac{\langle \Delta v_i\rangle}{\tau} = B_i(v)$$
$$\lim_{\tau \to 0}\frac{\langle \Delta v_i(t)\Delta v_j(t')\rangle}{\tau} = Q_{ij} \qquad (4.3.8)$$

作为一个例子, 我们举出复变量 v 的非线性 Van der Pol 方程

$$\frac{\mathrm{d}v}{\mathrm{d}t} - \beta(n - vv^*)v = \Gamma(t) \tag{4.3.9}$$

式中, $\Gamma(t)$ 为无规力. 取极坐标 $v = r\mathrm{e}^{\mathrm{i}\varphi}$, 当 $\Gamma(t)$ 为零时, (4.3.9) 式给出

$$\frac{\mathrm{d}r}{\mathrm{d}t} - \beta(n - r^2)r = 0$$
$$\frac{\mathrm{d}\varphi}{\mathrm{d}t} = 0 \tag{4.3.10}$$

参照 (4.3.4) 式、(4.3.6) 式, 并定义 M_{ik}、B_i 为

$$M_{rr} = \beta(n - r^2), \quad M_{\varphi r} = M_{r\varphi} = M_{\varphi\varphi} = 0$$
$$B_r = \beta(n - r^2)r, \quad B_\varphi = 0 \tag{4.3.11}$$

故 Fokker-Planck 方程 (4.3.5) 为

$$\frac{\partial f}{\partial t} + \beta\frac{1}{r}\frac{\partial}{\partial r}\left\{(n - r^2)r^2 f\right\} = \frac{Q}{2}\left\{\frac{1}{r}\frac{\partial}{\partial r}r\frac{\partial f}{\partial r} + \frac{1}{r^2}\frac{\partial^2 f}{\partial \varphi^2}\right\}$$
$$Q = \frac{1}{T}\int_0^T\int_0^T <\Gamma(t_1)\Gamma^*(t_2)> \mathrm{d}t_1\mathrm{d}t_2 \tag{4.3.12}$$

4.3.2   激光场与热库相互作用的 Langevin 方程

针对激光振荡问题, 并参照图 4.5, 将包括激光场及热库相互作用在内的 Hamilton 量 H 写为

$$H = H_{\mathrm{L}} + H_{\mathrm{LB}} = \sum_\lambda \hbar\omega_\lambda b_\lambda^\dagger b_\lambda$$
$$+ \sum_{\lambda,\omega}\left(g_\omega^\lambda \hbar b_\lambda^\dagger B_\omega \mathrm{e}^{-\mathrm{i}\omega t} + g_\omega^{\lambda*}\hbar b_\lambda B_\omega^\dagger \mathrm{e}^{\mathrm{i}\omega t}\right) \tag{4.3.13}$$

把热库看成是由自由度非常大的谐振子组成的. 式中 $B_\omega^\dagger$、B_ω 分别为热库的产生与湮灭算子, g_ω^λ、$g_\omega^{\lambda*}$ 为辐射场第 λ 个模式与热库 $\hbar\omega$ 振子的耦合系数, 是唯象地引进的. 由 (4.3.13) 式及 Heisenberg 运动方程 (4.2.1) 可得 $b_\lambda^\dagger$、$B_\omega^\dagger$ 的运动方程. 对于单模情形, 可略去脚标 "λ", 于是有

$$\frac{\mathrm{d}b^\dagger}{\mathrm{d}t} = \mathrm{i}\omega_0 b^\dagger + \mathrm{i}\sum_\omega g_\omega^* B_\omega^\dagger \mathrm{e}^{\mathrm{i}\omega t}$$
$$\frac{\mathrm{d}B_\omega^\dagger}{\mathrm{d}t} = \mathrm{i}b^\dagger g_\omega \mathrm{e}^{-\mathrm{i}\omega t} \tag{4.3.14}$$

注意到, $\frac{\mathrm{d}b^\dagger}{\mathrm{d}t}$、$\frac{\mathrm{d}B_\omega^\dagger}{\mathrm{d}t}$ 具有不同的形式, 这是因为 $b^\dagger$ 为 Heisenberg 绘景中的力学量,

而 $B_\omega^\dagger$ 已经是相互作用绘景中的力学量了. 由 (4.3.14) 式, 得

$$B_\omega^\dagger = \mathrm{i} \int_{t_0}^t b^\dagger(\tau) g_\omega \mathrm{e}^{-\mathrm{i}\omega\tau} \mathrm{d}\tau + B_\omega^\dagger(t_0)$$

$$\frac{\mathrm{d}b^\dagger}{\mathrm{d}t} = \mathrm{i}\omega_0 b^\dagger - \int_{t_0}^t b^\dagger(\tau) \sum_\omega |g_\omega|^2 \mathrm{e}^{\mathrm{i}\omega(t-\tau)} \mathrm{d}\tau + \mathrm{i} \sum_\omega g_\omega^* B_\omega^\dagger(t_0) \mathrm{e}^{\mathrm{i}\omega t}$$

(4.3.15)

假定噪声起伏与 ω 无关 (称其为白噪声假定), 即设 g_ω^2 与 ω 无关, 将求和化成积分, 并令 $g_\omega^2 = \dfrac{\chi}{\pi}\mathrm{d}\omega$, 则得

$$\sum_\omega |g_\omega|^2 \mathrm{e}^{\mathrm{i}\omega(t-\tau)} = \frac{\chi}{\pi} \int_{-\infty}^{\infty} \mathrm{e}^{\mathrm{i}\omega(t-\tau)} \mathrm{d}\omega = 2\chi\delta(t-\tau)$$

(4.3.16)

$$\frac{\mathrm{d}b^\dagger}{\mathrm{d}t} = \mathrm{i}\omega_0 b^\dagger - \chi b^\dagger + \mathrm{i}\underbrace{\sum_\omega g_\omega^* B_\omega^\dagger \mathrm{e}^{\mathrm{i}\omega t}}_{F^\dagger(t)}$$

(4.3.17)

同样有

$$F(t) = -\mathrm{i} \sum_\omega g_\omega B_\omega \mathrm{e}^{-\mathrm{i}\omega t}$$

$$\langle [F(t), F^\dagger(t')] \rangle = \sum_\omega |g_\omega|^2 \mathrm{e}^{\mathrm{i}\omega(t-t')} \langle [B_\omega, B_\omega^\dagger] \rangle$$
$$= \sum_\omega |g_\omega|^2 \mathrm{e}^{\mathrm{i}\omega(t-t')} = 2\chi\delta(t-t')$$

(4.3.18)

于是量子化后的 Langevin 方程为

$$\frac{\mathrm{d}b^\dagger}{\mathrm{d}t} = \mathrm{i}\omega_0 b^\dagger - \chi b^\dagger + F^\dagger(t)$$

$$\frac{\mathrm{d}b}{\mathrm{d}t} = -\mathrm{i}\omega_0 b - \chi b + F(t)$$

(4.3.19)

式中, $F(t)$、$F^\dagger(t)$ 为算符, 对易关系 (4.3.18) 也具有 Markoff 性质 (4.3.1) 式.

现由 (4.3.19) 式求场算符 $b^\dagger$、b 的积分

$$b^\dagger = b^\dagger(0)\mathrm{e}^{(\mathrm{i}\omega_0-\chi)t} + \int_0^t \mathrm{e}^{(\mathrm{i}\omega_0-\chi)(t-\tau)} F^\dagger(\tau)\mathrm{d}\tau$$

$$b = b(0)\mathrm{e}^{-(\mathrm{i}\omega_0+\chi)t} + \int_0^t \mathrm{e}^{-(\mathrm{i}\omega_0+\chi)(t-\tau)} F(\tau)\mathrm{d}\tau$$

(4.3.20)

故有

$$\frac{\mathrm{d}}{\mathrm{d}t}\langle [b, b^\dagger] \rangle = -2\chi\langle [b, b^\dagger] \rangle + \int_0^t \langle [F(t), F^\dagger(\tau)] \rangle \mathrm{e}^{(\mathrm{i}\omega_0-\chi)(t-\tau)} \mathrm{d}\tau$$

$$+ \int_0^t \langle [F(\tau), F^\dagger(t)] \rangle e^{-(i\omega_0 + \chi)(t-\tau)} d\tau = 2\chi(1 - \langle [b, b^\dagger] \rangle) \tag{4.3.21}$$

由初始的 $\langle [b_0, b_0^\dagger] \rangle = 1$, 得

$$\langle [b, b^\dagger] \rangle \equiv 1 \tag{4.3.22}$$

这表明无规力满足 (4.3.18) 式时, b、$b^\dagger$ 的对易关系可以像 (4.3.22) 式那样在对无规力求统计平均意义下得到满足.

4.3.3　原子体系与热库相互作用的 Langevin 方程

参照激光场与热浴相互作用的 Langevin 方程 (4.3.19), 我们可在相互作用绘景中 Schrödinger 方程粒子数表象 (1.6.2) 式、(1.6.3) 式的基础上, 求得原子体系与热库相互作用的 Langevin 方程. 对于开放的系统, 在 a_k、$a_k^\dagger$ 的运动方程中应加上阻尼及无规力 (Langevin 力), 它反映热库的影响, 便得到粒子数表象中 Langevin 方程组[4~13]

$$\begin{aligned}
\frac{da_k}{dt} &= -\frac{\gamma_k}{2} a_k - i/\hbar \sum_n \langle k|H'|n \rangle a_n e^{i\omega_{kn}t} + \Gamma_k \\
\frac{da_k^\dagger}{dt} &= -\frac{\gamma_k}{2} a_k^\dagger + i/\hbar \sum_n \langle k|H'|n \rangle a_n^\dagger e^{-i\omega_{kn}t} + \Gamma_k^\dagger
\end{aligned} \tag{4.3.23}$$

又将算子 a_k、$a_k^\dagger$ 的对易关系 (1.6.3) 用求统计平均的关系来替代, 我们用 $\langle\ \rangle$ 表示对热库求统计平均

$$\begin{aligned}
\langle [a_k, a_l]_\pm \rangle &= \langle a_k a_l \pm a_l a_k \rangle = 0 \\
\langle [a_k^\dagger, a_l^\dagger]_\pm \rangle &= \langle a_k^\dagger a_l^\dagger \pm a_l^\dagger a_k^\dagger \rangle = 0 \\
\langle [a_k, a_l^\dagger]_\pm \rangle &= \langle a_k a_l^\dagger \pm a_l^\dagger a_k \rangle = \delta_{kl}
\end{aligned} \tag{4.3.24}$$

如果在 (4.3.23) 式中只有阻尼力而不加无规力, 则 a_k、$a_k^\dagger$ 所满足的对易关系 (4.3.24) 第三式 (式中 ± 号分别对应于满足 Fermi 分布或 Bose 分布的粒子) 将不能成立, 只有引进无规力才能使 (4.3.24) 式成立. 在 Markoff 情形下, 无规力满足关系

$$\langle [\Gamma_k(t), \Gamma_k^\dagger(t')]_\pm \rangle = \gamma_k \delta(t - t') \tag{4.3.25}$$

现就服从 Fermi 分布的粒子满足反对易关系情形来证明 (4.3.25) 式. 由于

$$\begin{aligned}
\frac{d}{dt} \langle a_k a_k^\dagger \rangle &= \langle \dot{a}_k a_k^\dagger + a_k \dot{a}_k^\dagger \rangle \\
&= \left\langle \left(-\frac{\gamma_k}{2} a_k - i/\hbar \sum_n \langle k|H'|n \rangle a_n e^{i\omega_{kn}t} + \Gamma_k \right) a_k^\dagger \right\rangle \\
&\quad + \left\langle a_k \left(-\frac{\gamma_k}{2} a_k^\dagger + i/\hbar \sum_n \langle k|H'|n \rangle a_n^\dagger e^{-i\omega_{kn}t} + \Gamma_k^\dagger \right) \right\rangle
\end{aligned} \tag{4.3.26}$$

$$
\begin{aligned}
\frac{\mathrm{d}}{\mathrm{d}t}\langle a_k^\dagger a_k\rangle =& \langle \dot{a}_k^\dagger a_k + a_k^\dagger \dot{a}_k\rangle \\
=& \left\langle a_k^\dagger \left(-\frac{\gamma_k}{2}a_k - \mathrm{i}/\hbar \sum_n \langle k|H'|n\rangle a_n \mathrm{e}^{\mathrm{i}\omega_{kn}t} + \Gamma_k \right)\right\rangle \\
&+ \left\langle \left(-\frac{\gamma_k}{2}a_k^\dagger + \mathrm{i}/\hbar \sum_n \langle k|H'|n\rangle a_n^\dagger \mathrm{e}^{-\mathrm{i}\omega_{kn}t} + \Gamma_k^\dagger \right) a_k \right\rangle
\end{aligned}
\tag{4.3.27}
$$

注意到

$$
\langle a_n a_k^\dagger + a_k^\dagger a_n\rangle = \delta_{nk}
$$

则得

$$
\begin{aligned}
\frac{\mathrm{d}}{\mathrm{d}t}\langle [a_k, a_k^\dagger]_+\rangle =& -\gamma_k \langle [a_k, a_k^\dagger]_+\rangle \\
&+ \langle \Gamma_k a_k^\dagger + a_k \Gamma_k^\dagger\rangle + \langle a_k^\dagger \Gamma_k + \Gamma_k^\dagger a_k\rangle
\end{aligned}
\tag{4.3.28}
$$

又注意到

$$
\begin{aligned}
\langle a_k \Gamma_k^\dagger\rangle =& \left\langle \int_0^t \mathrm{d}t' \mathrm{e}^{-\frac{-\gamma_k}{2}(t-t')} \left(-\mathrm{i}/\hbar \sum_n \langle k|H'|n\rangle a_n \mathrm{e}^{\mathrm{i}\omega_{kn}t} + \Gamma_k(t') \right) \Gamma_k^\dagger(t) \right\rangle \\
=& \int_0^t \mathrm{e}^{-\frac{-\gamma_k}{2}(t-t')}\langle \Gamma_k(t')\Gamma_k^\dagger(t)\rangle \mathrm{d}t'
\end{aligned}
\tag{4.3.29}
$$

在 (4.3.29) 式的推导中用了关系式

$$
\langle a_n(t')\Gamma_k^\dagger(t)\rangle = 0, \quad t > t', n \neq k
\tag{4.3.30}
$$

此式代表的是因果关系, 即 a_n 与比它晚的 Langevin 力没有关联. 同样可以导出

$$
\begin{aligned}
\langle \Gamma_k a_k^\dagger\rangle &= \int_0^t \mathrm{e}^{-\frac{\gamma_k}{2}(t-t')}\langle \Gamma_k(t)\Gamma_k^\dagger(t')\rangle \mathrm{d}t' \\
\langle a_k^\dagger \Gamma_k\rangle &= \int_0^t \mathrm{e}^{-\frac{\gamma_k}{2}(t-t')}\langle \Gamma_k^\dagger(t')\Gamma_k(t)\rangle \mathrm{d}t' \\
\langle \Gamma_k^\dagger a_k\rangle &= \int_0^t \mathrm{e}^{-\frac{\gamma_k}{2}(t-t')}\langle \Gamma_k^\dagger(t)\Gamma_k(t')\rangle \mathrm{d}t'
\end{aligned}
\tag{4.3.31}
$$

由 (4.3.28) 式 ~(4.3.31) 式, 得

$$
\begin{aligned}
\frac{\mathrm{d}}{\mathrm{d}t}\langle [a_k, a_k^\dagger]_+\rangle =& -\gamma_k \langle [a_k, a_k^\dagger]_+\rangle \\
&+ \int_0^t \mathrm{e}^{-\gamma_k/2(t-t')}\langle [\Gamma_k(t'), \Gamma_k^\dagger(t)]_+ + [\Gamma_k(t), \Gamma_k^\dagger(t')]_+\rangle \mathrm{d}t'
\end{aligned}
\tag{4.3.32}
$$

当 (4.3.25) 式得到满足时, 便有

$$\frac{\mathrm{d}}{\mathrm{d}t}\langle[a_k(t),a_k^\dagger(t)]_+\rangle = -\gamma_k\langle[a_k(t),a_k^\dagger(t')]_+\rangle + \gamma_k$$

$$\langle[a_k(t),a_k^\dagger(t)]_+\rangle \equiv 1 \tag{4.3.33}$$

这与服从 Bose 分布的对易关系情形的证明相似.

定义 $\sigma_{nm} = a_m^\dagger a_n$, 类似于 (4.3.27) 式易于计算出

$$\frac{\mathrm{d}}{\mathrm{d}t}\sigma_{nm} = -\frac{\gamma_n+\gamma_m}{2}\sigma_{nm} - \mathrm{i}/\hbar\sum_\nu\langle n|H'|\nu\rangle\sigma_{\nu m}\mathrm{e}^{\mathrm{i}\omega_{n\nu}t}$$

$$+\mathrm{i}/\hbar\sum_\nu\sigma_{n\nu}\langle\nu|H'|m\rangle\mathrm{e}^{\mathrm{i}\omega_{\nu m}t} + \Gamma_{nm} \tag{4.3.34}$$

式中

$$\Gamma_{nm} = a_m^\dagger\Gamma_n + \Gamma_m^\dagger a_n$$

对于二能级原子系统

$$\frac{\mathrm{d}\sigma_z}{\mathrm{d}t} = -\gamma_1(\sigma_z-\bar\sigma_z) - \mathrm{i}\frac{\Omega}{2}(\sigma^-\mathrm{e}^{\mathrm{i}\Delta\omega t} - \sigma^+\mathrm{e}^{-\mathrm{i}\Delta\omega t}) + \Gamma_z$$

$$\frac{\mathrm{d}\sigma^-}{\mathrm{d}t} = -\mathrm{i}\Omega\mathrm{e}^{-\mathrm{i}\Delta\omega t}\sigma_z - \gamma_2\sigma^- + \Gamma^- \tag{4.3.35}$$

$$\frac{\mathrm{d}\sigma^+}{\mathrm{d}t} = \mathrm{i}\Omega\mathrm{e}^{\mathrm{i}\Delta\omega t}\sigma_z - \gamma_2\sigma^+ + \Gamma^+\langle\Gamma^-(t)\Gamma^+(t')\rangle$$

$$= 2\gamma_2\langle\sigma^-(t)\sigma^+(t)\rangle\delta(t-t') \tag{4.3.36}$$

$$\langle\Gamma^\pm(t)\Gamma_z(t') - \Gamma_z(t)\Gamma^\pm(t')\rangle = (\gamma_1+\gamma_2)\langle\sigma^\pm(t)\sigma_z(t) - \sigma_z(t)\sigma^\pm(t)\rangle\delta(t-t') \tag{4.3.37}$$

将 (4.3.35) 式与二能级原子系统运动方程 (1.6.16) 比较, 增加了阻尼项及无规力, 均来源于与热库的相互作用. 与 Bloch 方程 (1.6.18) 比较, 则只增加了无规力. 注意到 Bloch 方程的阻尼项是唯象引进的, 只有在引进无规力后, 才能保证算子间的对易关系 (4.3.2) 仍然成立. 参照辐射与二能级原子相互作用方程 (4.2.10) 及有阻尼情形的 Langevin 方程 (4.2.11) 可写出 Heisenberg 绘景中二能级原子与单模场的运动方程.

$$\frac{\mathrm{d}\sigma_z}{\mathrm{d}t} = -\gamma_1(\sigma_z-\bar\sigma_z) - \mathrm{i}gb^\dagger\sigma^- + \mathrm{i}gb\sigma^+ + \Gamma_z$$

$$\frac{\mathrm{d}\sigma^-}{\mathrm{d}t} = -(\mathrm{i}\omega_0+\gamma_2)\sigma^- - 2\mathrm{i}gb\sigma_z + \Gamma^-$$

$$\frac{\mathrm{d}\sigma^+}{\mathrm{d}t} = (\mathrm{i}\omega_0-\gamma_2)\sigma^+ + 2\mathrm{i}gb^\dagger\sigma_z + \Gamma^+ \tag{4.3.38}$$

$$\frac{\mathrm{d}b}{\mathrm{d}t} = -(\mathrm{i}\omega + \chi)b + \mathrm{i}g\sigma^- + F$$

$$\frac{\mathrm{d}b^\dagger}{\mathrm{d}t} = (\mathrm{i}\omega - \chi)b^\dagger - \mathrm{i}g\sigma^+ + F^\dagger$$

由 (4.3.38) 式消去 σ^+ 得

$$\ddot{b}^\dagger + (-\mathrm{i}(\omega + \omega_0) + \chi + \gamma_2)\dot{b}^\dagger + \big((\mathrm{i}\omega_0 - \gamma_2)(\mathrm{i}\omega - \chi) - g^2\sigma_z\big)b^\dagger$$

$$= -(\mathrm{i}\omega_0 - \gamma_2)F^\dagger - \mathrm{i}g\Gamma^+ + \dot{F}^\dagger = F_t^\dagger \tag{4.3.39}$$

4.3.4 辐射场的密度矩阵方程

除了 Langevin 方程与 Fokker-Planck 方程外, 密度矩阵方法也是很重要的. 设辐射场与热库构成的体系的密度矩阵为 ρ_{LB}, 在相互作用绘景中, 参照 (1.5.11) 式, ρ_{LB} 满足的运动方程为

$$\frac{\mathrm{d}\rho_{\mathrm{LB}}}{\mathrm{d}t} = \frac{-\mathrm{i}}{\hbar}[H_{\mathrm{I}}, \rho_{\mathrm{LB}}] \tag{4.3.40}$$

于是有

$$\rho_{\mathrm{LB}}(t) = \frac{-\mathrm{i}}{\hbar}\int_0^t [H_{\mathrm{I}}(t'), \rho_{\mathrm{LB}}(t')]\mathrm{d}t' + \rho_{\mathrm{LB}}(0)$$

代入上式得

$$\frac{\mathrm{d}\rho_{\mathrm{LB}}(t)}{\mathrm{d}t} = \left(\frac{-\mathrm{i}}{\hbar}\right)^2 \left[H_{\mathrm{I}}(t), \int_0^t [H_{\mathrm{I}}(t'), \rho_{\mathrm{LB}}(t')]\mathrm{d}t' + \rho_{\mathrm{LB}}(0)\right]$$

参照 (4.3.13) 式, 并令 $B_\lambda(t) = \sum_\omega g_\omega^\lambda B_\omega \mathrm{e}^{-\mathrm{i}\omega t}$, 则得

$$H_{\mathrm{I}} = \hbar \sum_\lambda (g_\lambda b_\lambda^+ B_\lambda + g_\lambda^* b_\lambda B_\lambda^+) \tag{4.3.41}$$

对于单模情形, 去掉对 λ 的求和, 将 (5.3.41) 式代入 (5.3.40) 式, 在初始时 $\rho_{\mathrm{LB}}(0) = \rho(0)\rho_{\mathrm{B}}(0)$[2], 在 $t \neq 0$ 时, 我们也近似取这个分解[14], 即 $\rho_{\mathrm{LB}}(t) \simeq \rho(t)\rho_{\mathrm{B}}(0)$, 因热库很大, 不会因相互作用发生大的变化. 将等式两边对热库 B 求迹, 在通常情况下 $[H_{\mathrm{I}}(t), \rho_{\mathrm{LB}}(0)]$ 对热库求迹后为零, 又计及 $\mathrm{tr}_{\mathrm{B}}(\rho_{\mathrm{B}}) = 1$, $\rho = \mathrm{tr}_{\mathrm{B}}(\rho_{\mathrm{LB}})$, 于是有

$$\frac{\mathrm{d}\rho}{\mathrm{d}t} = \left([b^\dagger\rho, b] + [b^\dagger, \rho b]\right)A_{21} + \left([b\rho, b^\dagger] + [b, \rho b^\dagger]\right)A_{12}$$

$$A_{21} = \int_0^t \mathrm{tr}_{\mathrm{B}}(|g|^2 B^\dagger(t)B(t')\rho_{\mathrm{B}})\mathrm{d}t' = \int_0^t <F^\dagger(t)F(t')>\mathrm{d}t' = \chi n_\omega$$

$$A_{12} = \int_0^t \mathrm{tr}_{\mathrm{B}}(|g|^2 B(t)B^\dagger(t')\rho_{\mathrm{B}})\mathrm{d}t' = \int_0^t <F(t)F^\dagger(t')>\mathrm{d}t' = \chi(n_\omega + 1) \tag{4.3.42}$$

式中, χ 为阻尼系数, n_ω 为热库光子数. 若令 (5.3.42) 式中的 $\chi = \dfrac{\nu}{2Q}$, 则 (4.3.42) 式即 Scully-Lamb[1] 求得的原子束热库作用下密度矩阵运动方程 (16.51)、(16.52)

$$\dot{\rho}(t) = -\frac{\nu}{2Q} n_\omega \left([b, b^\dagger \rho] + [\rho b, b^\dagger]\right) - \frac{\nu}{2Q}(n_\omega + 1)\left([b^\dagger, b\rho] + [\rho b^\dagger, b]\right) \tag{4.3.43}$$

在具体取定热库时, 考虑真空场 n_ω 很小, 可令 $n_\omega = 0$, 即考虑真空场的起伏

$$\dot{\rho}(t) = -\frac{\nu}{2Q}(b^\dagger b\rho - b\rho b^\dagger + \rho b^\dagger b - b\rho b^\dagger) \tag{4.3.44}$$

在粒子数表象中, (4.3.44) 式的对角矩阵元为

$$\dot{\rho}_{nn}(t) = -\frac{2\nu}{2Q}(n\rho_{nn} - (n+1)\rho_{n+1,n+1}) \tag{4.3.45}$$

这就是真空场起伏对激光输出的贡献.

4.3.5　激光输出的统计分布

现在应用上面结果分析激光的统计分布. 首先通过解单模激光振荡方程, 研究激光在阈值附近谱宽的变化, 其次通过解 Fokker-Planck 研究激光输出的统计分布. 4.3.2 节已求得单模激光振荡方程 (4.3.39), 为了简化方程, 现作变换. 设 $b^\dagger \to b^\dagger \mathrm{e}^{\mathrm{i}\Omega t}$, $F_t^\dagger \to F_t^\dagger \mathrm{e}^{\mathrm{i}\Omega t}$, $\Omega = \dfrac{\omega_0 \chi + \omega \gamma_2}{\chi + \gamma_2}$, $\delta = \omega_0 - \omega$, 则有

$$\ddot{b}^\dagger + \left(\chi + \gamma_2 + \mathrm{i}\delta \frac{\chi - \gamma_2}{\chi + \gamma_2}\right)\dot{b}^\dagger + \left(\chi\gamma_2\left(1 + \frac{\delta^2}{(\chi+\gamma_2)^2}\right) - g^2\sigma_z\right)b^\dagger = F_t^\dagger \tag{4.3.46}$$

如果是在阈值以下, σ_z 可用 $\bar{\sigma}_z$ 近似, 而 $\ddot{b}^\dagger$ 也可略去, 则 (4.3.46) 式的解为

$$b^\dagger = \int_0^t \mathrm{e}^{-\hat{\chi}(t-\tau)} F_t^\dagger(\tau) \left\{\chi + \gamma_2 + \mathrm{i}\frac{(\omega_0 - \omega)(\chi - \gamma_2)}{\chi + \gamma_2}\right\}^{-1} \mathrm{d}\tau$$

$$\hat{\chi} = \frac{\chi\gamma_2\left(1 + \dfrac{\delta^2}{(\chi+\gamma_2)^2}\right) - g^2\bar{\sigma}_z}{\chi + \gamma_2 + \mathrm{i}\delta(\chi - \gamma_2)/(\chi + \gamma_2)} \tag{4.3.47}$$

为求得线宽就需要求相关函数 $\langle b^\dagger(t)b(t')\rangle$, 按 (4.3.47) 式

$$\langle b^\dagger(t)b(t')\rangle = \mathrm{e}^{\mathrm{i}\Omega(t-t')} \int_0^t \int_0^{t'} \mathrm{e}^{-\hat{\chi}(t-\tau) - \hat{\chi}^*(t'-\tau')}$$

$$\times \langle F_t^\dagger(\tau)F_t(\tau')\rangle \left[(\chi + \gamma_2)^2 + \frac{\delta^2(\chi - \gamma_2)^2}{(\chi+\gamma_2)^2}\right]^{-1} \mathrm{d}\tau\mathrm{d}\tau' \tag{4.3.48}$$

注意到

$$F_t^\dagger = -(\mathrm{i}\omega_0 - \gamma_2)F^\dagger + \mathrm{i}g\Gamma^+ + \dot{F}^\dagger , \quad \dot{F}^\dagger = \mathrm{i}\Omega F^\dagger$$

$$\langle F_t^\dagger(\tau)F_t(\tau')\rangle = \gamma_2^2\left(1 + \frac{\delta^2}{(\chi+\gamma_2)^2}\right)\langle F^\dagger(\tau)F(\tau)\rangle + g^2\langle \Gamma^+(\tau)\Gamma(\tau')\rangle$$

$$\langle F^\dagger(\tau)F(\tau')\rangle = 2\chi n_{\mathrm{th}}\delta(\tau-\tau')$$

$$\langle \Gamma^+(\tau)\Gamma(\tau')\rangle = 2\gamma_2 N_3\delta(\tau-\tau') \tag{4.3.49}$$

将 (4.3.49) 式代入 (4.3.48) 式, 得

$$\langle b^\dagger(t)b(t')\rangle = \begin{cases} \dfrac{2\gamma_2^2\left(1+\dfrac{\delta^2}{(\chi+\gamma_2)^2}\right)\chi n_{\mathrm{th}} + 2g^2\gamma_2 N_3}{\left((\chi+\gamma_2)^2 + \dfrac{\delta^2(\chi-\gamma_2)^2}{(\chi+\gamma_2)^2}\right)(\hat{\chi}+\hat{\chi}^*)}\mathrm{e}^{(\mathrm{i}\Omega-\hat{\chi})(t-t')}, & t > t' \\[6mm] \dfrac{2\gamma_2^2\left(1+\dfrac{\delta^2}{(\chi+\gamma_2)^2}\right)\chi n_{\mathrm{th}} + 2g^2\gamma_2 N_3}{\left((\chi+\gamma_2)^2 + \dfrac{\delta^2(\chi-\gamma_2)^2}{(\chi+\gamma_2)^2}\right)(\hat{\chi}+\hat{\chi}^*)}\mathrm{e}^{(\mathrm{i}\Omega+\hat{\chi})(t-t')}, & t < t' \end{cases} \tag{4.3.50}$$

由 (4.3.50) 式得知, 谱宽 $\Delta\omega = \mathrm{Re}\hat{\chi}$, 输出功率 P 为

$$P = 2\chi\hbar\omega\langle b^\dagger(t)b(t)\rangle = 2\frac{2\gamma_2^2\left(1+\dfrac{\delta^2}{(\chi+\gamma_2)^2}\right)\chi n_{\mathrm{th}} + 2g^2\gamma_2 N_3}{\left((\chi+\gamma_2)^2 + \dfrac{\delta^2(\chi-\gamma_2)^2}{(\chi+\gamma_2)^2}\right)\Delta\omega}\chi\hbar\omega \tag{4.3.51}$$

式中, $\Delta\omega$ 与输出功率 P 之间的反比关系, 正是激光振荡输出很重要的关系之一, 最早由 Schawlow 和 Townes[5] 给出. 这些结果只适用于阈值以下的阻尼振荡情形, 所得的结果与半经典理论基本一致.

根据相关函数 (4.3.50), 不但可求出谱宽, 而且可求出线型. 这是因为除了 $\mathrm{e}^{\mathrm{i}\Omega t}$ 振荡的模式外, 还包含许多邻近的模式

$$b^\dagger(t) = r_0\mathrm{e}^{\mathrm{i}\Omega t + \mathrm{i}\varphi(t)} \tag{4.3.52}$$

热库与原子系统都是许多独立的系统, 它们对激光模式的相位影响可表示为

$$\varphi(t) - \varphi(0) = \sum_\mu \varphi_\mu(t) \tag{4.3.53}$$

$\varphi_\mu(t)$ 是彼此独立的, 故有

$$\langle b^\dagger(t)b(0)\rangle = \langle r_0^2\mathrm{e}^{\mathrm{i}\Omega t + \mathrm{i}(\varphi(t)-\varphi(0))}\rangle \simeq r_0^2\mathrm{e}^{\mathrm{i}\Omega t}\prod_\mu\langle \mathrm{e}^{\mathrm{i}\varphi_\mu(t)}\rangle$$

$$\simeq r_0^2 e^{i\Omega t} \prod_\mu \left\{ 1 + i\langle\varphi_\mu(t)\rangle - \frac{1}{2}\langle\varphi_\mu^2(t)\rangle \right\}$$

因 $\langle\varphi_\mu\rangle = 0$, $\langle\varphi_\mu\varphi_\nu\rangle = 0$, 当 $\mu \neq \nu$

$$\langle b^\dagger(t)b(0)\rangle \simeq r_0^2 e^{i\Omega t} e^{-\frac{1}{2}\sum\langle\varphi_\mu^2\rangle} \simeq r_0^2 e^{i\Omega t} e^{-\frac{1}{2}\langle(\varphi-\varphi_0)^2\rangle} \tag{4.3.54}$$

按扩散关系 $\frac{1}{2}\langle(\varphi-\varphi_0)^2\rangle \simeq \Delta\omega t$, 故有

$$\langle b^\dagger(t)b(0)\rangle \simeq r_0^2 e^{i\Omega t - \Delta\omega t} \tag{4.3.55}$$

(4.3.55) 式表明阈值以下的线型属自发辐射的 Lorentz 线型. 在阈值以上的情况有较大的变化, 现作一简化讨论. 在不计及无规力并且考虑稳态情况下, 可在 (4.3.46) 式中令 $\ddot{b}^\dagger = \dot{b}^\dagger = F_t^\dagger = 0$. 因 σ_z 按定义即反转粒子数 Δ 的一半, 参照 Δ 的稳态解 (4.1.19) 式、(4.1.18) 式, $\Delta \simeq \Delta_0(1 - 2T_1R)$, 而 $R \propto (b^+b)$, 故可将 σ_z 表示为 $\bar{\sigma}_z - C^2(b^+b)/g^2$. 于是有稳态解为

$$\left(\chi\gamma_2 \left(1 + \frac{\delta^2}{(\chi+\gamma_2)^2} \right) - g^2\bar{\sigma}_z + C^2(b^\dagger b) \right) b^\dagger = 0 \tag{4.3.56}$$

即

$$b^\dagger = 0, \quad C|b^\dagger| = \sqrt{g^2\bar{\sigma}_z - \chi\gamma_2 \left(1 + \frac{\delta^2}{\chi+\gamma_2} \right)} \tag{4.3.57}$$

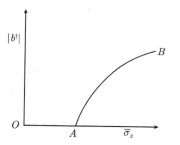

图 4.6 稳态解振幅 $|b^\dagger|$ 随时间 $\bar{\sigma}_z$ 变化的曲线

由 (4.3.57) 式看出, 当根号内为负数时, 即在阈值以下时, 不存在不为 0 的稳态解, 即 $b^\dagger = 0$. 只有在阈值以上时, 才有 $|b^\dagger| \neq 0$. 将 $|b^\dagger|$ 对 $\bar{\sigma}_z$, 即粒子数反转作图 (图 4.6), A 点为阈值, 由 O 至 A 一般为阈值以下的阻尼振荡. 高于阈值时, 便实现了稳态振荡, 即图中 AB 曲线所表示的. 在 OA 段振幅与位相均可以起伏; 在 AB 段有起伏的主要是位相. 对于前一种情况, 我们有

$$|\langle b^\dagger(t)b(0)\rangle| \simeq r_0^2 e^{-\frac{1}{2}[(\Delta\varphi^r)^2 + (\Delta\varphi^i)^2]} \tag{4.3.58}$$

对于后一种情况, 我们有

$$|\langle b^\dagger(t)b(0)\rangle| \simeq r_0^2 e^{-\frac{1}{2}(\Delta\varphi^i)^2} \tag{4.3.59}$$

式中, $\Delta\varphi^r$、$\Delta\varphi^i$ 分别为振幅及位相起伏. 若这两种起伏的均值相等 $(\Delta\varphi^r)^2 = (\Delta\varphi^i)^2$, 则由 (4.3.56) 式和 (4.3.57) 式可看出, 阻尼解的谱宽应是稳态解谱宽的两倍.

为得出当光泵功率逐渐加大, 因而反转粒子数密度 $\bar{\sigma}_z$ 也逐渐增加, 由阈值下过渡到阈值上, 谱宽逐渐变化的解. 我们解经典的 Langevin 方程及 Fokker-Planck 方程, 即前面的 (4.3.9) 式、(4.3.12) 式. 在目前的情况下, 略去 Langevin 方程 (4.3.46) 式中二次微分项 $\ddot{b}^\dagger$, 并将算符换成可易的量 u, 于是可得出 u 的运动方程

$$\frac{\mathrm{d}}{\mathrm{d}t}u - \beta(\bar{n} - u^*u)u = \Gamma \tag{4.3.60}$$

式中, $\bar{n}$ 为光泵参数. 令 $u = re^{-i\varphi}$, 则由 (4.3.60) 式及 (4.3.12) 式得 Fokker-Planck 方程

$$\frac{\partial W}{\partial t} + \frac{\beta}{r}\frac{\partial}{\partial r}\left\{(\bar{n} - r^2)r^2 W\right\} = Q\left\{\frac{1}{r}\frac{\partial}{\partial r}\left(r\frac{\partial W}{\partial r}\right) + \frac{1}{r^2}\frac{\partial^2 W}{\partial \varphi^2}\right\} \tag{4.3.61}$$

将 (4.3.61) 式取规一化变量

$$\hat{r} = \sqrt[4]{\frac{\beta}{Q}}r, \quad \hat{t} = \sqrt{\beta Q}t, \quad a = \sqrt{\frac{\beta}{Q}}\bar{n} \tag{4.3.62}$$

为方便起见, 仍用 r、t 表示 $\hat{r}$、$\hat{t}$, 则 (4.3.61) 式可写为

$$\frac{\partial W}{\partial t} + \frac{1}{r}\frac{\partial}{\partial r}\left\{(a^2 - r^2)r^2 W\right\} = \frac{1}{r}\frac{\partial}{\partial r}\left(r\frac{\partial W}{\partial r}\right) + \frac{1}{r^2}\frac{\partial^2 W}{\partial \varphi^2} \tag{4.3.63}$$

该式的稳态解为 $\frac{\partial W}{\partial t} = 0$, 设 $\frac{\partial W}{\partial \varphi} = 0$, 则得

$$W(r^2) = \frac{N}{2\pi}e^{-\frac{r^4}{4} + a\frac{r^2}{2}}, \quad \frac{1}{N} = \int_0^\infty re^{-\frac{r^4}{4} + a\frac{r^2}{2}}\mathrm{d}r \tag{4.3.64}$$

稳态解 $W(r)$ 随光子规一化强度 $\hat{n} = r^2$ 的变化曲线如图 4.7 所示. 当 a 由 -2, 0, 3 增至 6 时, $W(r)$ 的峰值已由 $r = 0$ 移至 $r \neq 0$, 远离中心的地方. 利用稳态解 (4.3.64) 式, 可求得光子计数率. 在 $\mathrm{d}t$ 时间内测量到一个光子的概率 $p(1, \mathrm{d}t, t)$ 应与光强成正比, 即

$$p(1, \mathrm{d}t, t) = \alpha I(t)\mathrm{d}t \tag{4.3.65}$$

在 T 时间内测量到 n 个光子的概率 $p(n, T, t)$ 由 Possion 分布给出

$$p(n, T, t) = \frac{1}{n!}(\alpha TI)^n e^{-\alpha TI} \tag{4.3.66}$$

将 (4.3.66) 式用 $W(I)\mathrm{d}I$ 分布概率乘, 经积分得出在 T 时测量到 n 个光子的概率

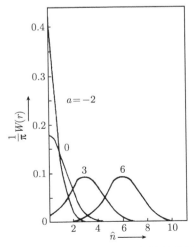

图 4.7　稳态解 $W(r)$ 随 $\hat{n}$ 变化的曲线[2]

$$p(n, T) = \int_0^\infty \frac{(\alpha T I)^n}{n!} e^{-\alpha T I} W(I) \mathrm{d}I \tag{4.3.67}$$

图 4.8 给出按非线性振荡 Fokker-Planck 方程的稳态解 (4.3.64) 式、(4.3.67) 式计算得的 $p(n, T)$, 与实验结果比较是很符合的; 还给出按 Poisson 分布计算的光子数分布, 与实验结果比较偏离很大.

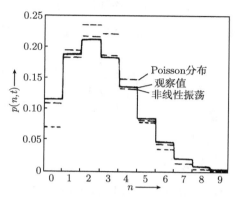

图 4.8 $p(n, t)$ 随 n 变化的曲线[2]

解非定态方程 (4.3.63), 还能得出谱线变窄因子 $\alpha(a)$, 随泵浦参量 a 的变化曲线 (图 4.9), 当 a 由 -10 增至 10 时, $\alpha(a)$ 由 2 变至 1, 与 (4.3.52) 式和 (4.3.53) 式相符.

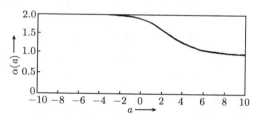

图 4.9   谱线变窄因子 $\alpha(a)$ 随泵浦参量 a 的变化曲线[2]

4.4   降低激光泵浦的量子噪声[14,15]

影响激光振荡输出的光强起伏的因素很多, 其中泵浦的量子噪声是很重要的因素之一. 过去对泵浦抽运主要是用 Poisson 分布来描述, 近年来已认识到, 如果采用规则抽运的话, 可能实现噪声水平比 Poisson 分布为低的亚 Poisson 分布. 实际考察了各种抽运方案后, 情况就变得更复杂. 在这一节我们首先讨论规则泵浦抽运, 其次讨论一般的泵浦抽运.

4.4.1 规则泵浦抽运

有很多文章[10~12]研究了如何减少泵浦量子噪声, 从而降低输出光强的起伏. Golubev 和 Sokolov[13] 已经证明, 有规泵浦抽运将导致光的亚 Possion 统计分布, 这时光强的起伏将低于散粒噪声水平. 但在他们的分析中假定密度矩阵 u 是个小量, 采用了 $\ln(1 + u) \simeq u - u^2/2$ 近似. 这一节, 我们将给出这一问题的准确解, 不需假定密度矩阵 u 是个小量[14]. Golubev 和 Sokolov 的模型是这样的, 设 t 时刻辐射场的密度矩阵为 $\rho(t)$, 在与处于激发态的单个原子作用 Δt 时后, 密度矩阵发生了 $u\rho(t)$ 的变化, 即

$$\rho(t + \Delta t) = (1 + u)\rho(t) \tag{4.4.1}$$

若在 Δt 时间内场与 n 个激发态原子作用, 则有

$$\rho(t + \Delta t) = (1 + u)^n \rho(t) \tag{4.4.2}$$

我们假定了各个原子是在相继地与场相互作用. 若泵浦是无规的, 即上述 n 不是确定的值, 而是服从 Poisson 统计分布, 则在 Δt 时间内有 n 个原子被抽运到激发态的概率为 $\mathrm{e}^{-r\Delta t}(r\Delta t)^n/n!$. 则应将这概率乘以 (4.4.2) 式右端, 并对 n 求和, 得

$$\rho(t + \Delta t) = \sum_n \mathrm{e}^{-r\Delta t} \frac{(r\Delta t)^n}{n!} (1 + u)^n \rho(t) = \mathrm{e}^{r\Delta t u} \rho(t) \tag{4.4.3}$$

对 t 进行微分, 得

$$\dot{\rho}(t) = ru\rho \tag{4.4.4}$$

若将辐射场模式在腔内的损耗包括进去, 得

$$\dot{\rho} = ru\rho + \Lambda\rho \tag{4.4.5}$$

若光泵浦抽运原子数不是按 Poisson 分布那样随机抽运, 而是有规则的抽运, 在 Δt 时抽运的原子数 n 为一确定的值, 是抽运率 r 与抽运时间 Δt 之积, 即 $n = r\Delta t$. 代入 (4.4.2) 式, 并对 t 微分, 得

$$\dot{\rho} = r\ln(1 + u)\rho + \Lambda\rho \tag{4.4.6}$$

在光子数表象, 密度矩阵算子 $u\rho$ 与阻尼算子 $\Lambda\rho$ 可参照 (4.3.45) 式写为

$$\begin{aligned} u\rho_n &= \rho_{n-1} - \rho_n \\ \Lambda\rho_n &= C(-n\rho_n + (n+1)\rho_{n+1}) \end{aligned} \tag{4.4.7}$$

式中, $C = 2\nu/Q$, 即腔的损耗引起的线宽. 采用下降算子 $d\rho_n = \rho_{n-1}$, 则方程 (4.4.7) 第一式可写为

$$u\rho_n = (d - 1)\rho_n \tag{4.4.8}$$

重复地应用这一关系, 得

$$u^2 \rho_n = (d-1)^2 \rho_n$$
$$\cdots$$
$$u^m \rho_m = (d-1)^m \rho_m \qquad (4.4.9)$$

我们暂不考虑腔的阻尼项, 于是在光子表象中的 (4.4.6) 式可写为

$$\dot{\rho}_n = r \ln(1+u) \rho_n \qquad (4.4.10)$$

我们引进 $\rho_n(t)$ 的生成函数

$$\sum_n z^n \rho_n(t) = G_0(z,t) \qquad (4.4.11)$$

于是有

$$\sum_n z^n d\rho_n = \sum_n z^n \rho_{n-1} = z G_0(z,t)$$
$$\cdots$$
$$\sum_n z^n d^m \rho_n = \sum_n z^n \rho_{n-m} = z^m G_0(z,t) \qquad (4.4.12)$$

将 (4.4.10) 式用 z^n 乘, 并对 n 求和, 得到

$$\frac{\partial}{\partial t} G_0(z,t) = r \ln(1+u) \sum_n z^n \rho_n(t)$$
$$= r \sum_{m=1}^{\infty} (-1)^{m-1} \frac{(d-1)^m}{m} \sum_n z^n \rho_n(t)$$
$$= r \sum_{m=1}^{\infty} (-1)^{m-1} \frac{(z-1)^m}{m} \sum_n z^n \rho_n(t)$$
$$= r \ln z G_0(z,t) \qquad (4.4.13)$$

满足初值条件 $G_0(z,0) = 1$ 的 (4.4.13) 式的解为

$$G_0(z,t) = \mathrm{e}^{r \ln zt} = z^{rt} \qquad (4.4.14)$$

借助生成函数 G_0 (z,t), 可以很容易地计算出平均光子数 $\langle n \rangle_0$ 及光子数方差 $\langle (\Delta n)^2 \rangle_0 = \langle n^2 \rangle_0 - \langle n \rangle_0^2$, 即

$$\langle n \rangle_0 = \frac{\partial G}{\partial z} \Big|_{z=1} = rt \qquad (4.4.15)$$

$$\langle n(n-1) \rangle_0 = \frac{\partial^2 G_0}{\partial z^2} \Big|_{z=1} = rt(rt-1) \qquad (4.4.16)$$

即光子数方差为

$$\langle (\Delta n)^2 \rangle_0 = \langle n^2 \rangle_0 - \langle n \rangle_0^2 = 0 \qquad (4.4.17)$$

实际上, 还成立更一般的关系

$$\langle n^m \rangle_0 - \langle n \rangle_0^m = 0, \quad n = 1, 2, 3, \cdots \tag{4.4.18}$$

现在将腔的阻尼项 $\Lambda\rho$ 包括到 (4.4.6) 式中去, 得

$$\dot{\rho}_n = r \ln(1 + u)\rho_n + C(-n\rho_n + (n+1)\rho_{n+1}) \tag{4.4.19}$$

同样引进生成函数 $G(z, t)$

$$G(z, t) = \sum_n z^n \rho_n(t) \tag{4.4.20}$$

同样可导出生成函数所满足的方程

$$\frac{\partial G}{\partial t} = \left(r \ln z + C(1 - z)\frac{\partial}{\partial z} \right) G \tag{4.4.21}$$

或写成

$$\left(\frac{\partial}{\partial t} + C(z - 1)\frac{\partial}{\partial z} \right) \ln G = r \ln z \tag{4.4.22}$$

故有

$$G(z_0, t) = G_0(z_0) \exp\left(\bar{n} \int_{z_0}^{z} \frac{\ln z}{z - 1} \mathrm{d}z \right) \tag{4.4.23}$$

式中, $z_0 = 1 + (z - 1)\mathrm{e}^{-Ct}$, $\bar{n} = r/C$. 设在初始时 $t = 0$, 光子数为 $\langle n \rangle_0$, 很明显 $\langle n \rangle_0 = \dfrac{\partial G_0(z_0)}{\partial z_0}$, 且 $G_0(1) = 1$, 则 $t > 0$ 时的平均光子数为

$$\langle n \rangle = \frac{\partial G(z, t)}{\partial z}\Big|_{z \to 1}$$

$$= \left[\frac{\partial G_0(z_0)}{\partial z} + n(1 - \mathrm{e}^{-Ct})\frac{\ln z}{z - 1} G_0(z_0) \exp\left(\bar{n} \int_{z_0}^{z} \frac{\ln z}{z - 1}\mathrm{d}z \right) \right]\Big|_{z \to 1}$$

$$= \langle n \rangle_0 \mathrm{e}^{-Ct} + \bar{n}(1 - \mathrm{e}^{-Ct}) \tag{4.4.24}$$

$$\langle n(n - 1) \rangle = \frac{\partial^2 G}{\partial z^2}\Big|_{z \to 1} = \bar{n}(1 - \mathrm{e}^{-Ct})\langle n \rangle + \langle n(n - 1) \rangle_0 \mathrm{e}^{-2Ct}$$

$$+ \bar{n}(1 - \mathrm{e}^{-Ct})\langle n \rangle_0 \mathrm{e}^{-Ct} - \frac{\bar{n}}{2}(1 - \mathrm{e}^{-Ct}) \tag{4.4.25}$$

方程 (4.4.25) 可写为

$$\langle n^2 \rangle - \langle n \rangle^2 = (\langle n^2 \rangle_0 - \langle n \rangle_0^2)\mathrm{e}^{-2Ct}$$

$$+ (1 - \mathrm{e}^{-Ct})\left(\frac{\bar{n}}{2} + \langle n \rangle_0 \mathrm{e}^{-Ct} \right) \tag{4.4.26}$$

当 $Ct \to \infty$ 时, 方程 (4.4.26) 给出 $\langle n^2 \rangle - \langle n \rangle^2 \to \bar{n}/2 = \dfrac{\langle n \rangle}{2}$. 这结果与 Golubev、Sokolov 求得的一致. 光子数方差比 Poisson 情形的光子数方差 $\langle n^2 \rangle - \langle n \rangle^2 = \langle n \rangle$ 下降了一半, 这结果也表明 Golubev、Sokolov 采用的近似 $\ln(1+u) \simeq u - u^2/2$ 并未影响到光子数方差 $\langle (\Delta n)^2 \rangle$. 这是因为有等式

$$\frac{\partial}{\partial z} \frac{\ln z}{z-1}\Big|_{z \to 1} = \frac{\partial}{\partial z} \left(\frac{z - 1 - \dfrac{(z-1)^2}{2}}{z-1} \right)\Big|_{z \to 1} = -\frac{1}{2} \tag{4.4.27}$$

从推导中可看出, 近似 $\ln(1+u) \simeq u - u^2/2$ 还未影响方差. 但这个近似会影响高阶方差的, 如三阶方差. 这是因为

$$\frac{\partial^2}{\partial z^2} \frac{\ln z}{z-1}\Big|_{z \to 1} \neq \frac{\partial^2}{\partial z^2} \left(\frac{z - 1 - \dfrac{(z-1)^2}{2}}{z-1} \right)\Big|_{z \to 1} \tag{4.4.28}$$

经过复杂计算, 当 $Ct \gg 1$ 情况下, 我们得出

$$\Delta n = n - \langle n \rangle$$

$$\langle (\Delta n)^3 \rangle = -\frac{\langle n \rangle}{2} \quad (\text{近似解})$$

$$\langle (\Delta n)^3 \rangle = -\frac{\langle n \rangle}{2} + \frac{2\langle n \rangle}{3} = \frac{\langle n \rangle}{6} \quad (\text{准确解}) \tag{4.4.29}$$

4.4.2　一般泵浦抽运 [15]

除了上述规则泵浦抽运外, 还有一般泵浦抽运. 这可由方程 (4.4.5) 的直接推广得出. 方程 (4.4.5) 描述了泵浦抽运按 Poisson 分布再加上腔的阻尼项 $\Lambda \rho$. 方程 (4.4.5) 的推广为

$$\frac{\mathrm{d}\rho_n}{\mathrm{d}t} = \mu_0 (u - \mu_1 u^2 + \mu_2 u^3 + \cdots)\rho_n + \Lambda \rho_n \tag{4.4.30}$$

前一项仍描述泵浦抽运, 但不是按 Poisson 分布, 我们称这样的过程为一般过程. 当 $\mu_1 = \mu_2 = \cdots = 0$ 时, 一般过程便退化为熟知的 Markov 过程. 这时, 若暂不讨论腔的阻尼项 $\Lambda \rho$, 则有

$$\frac{\mathrm{d}\rho_n}{\mathrm{d}t} = \mu_0 u \rho_n = \mu_0 (\rho_{n-1} - \rho_n) \tag{4.4.31}$$

因为对于一般的 Markov 过程来说, 在时间间隔 $t \to t + \Delta t$ 内, 光子产生的概率 $P \propto \Delta t$, 但与 n 及 t 无关, 即

$$P(n \to n+1) = \lambda \Delta t \tag{4.4.32}$$

故有

$$\rho_n(t + \Delta t) = \rho_n(t)(1 - \lambda \Delta t) + \rho_{n-1} \lambda \Delta t \tag{4.4.33}$$

当 $\Delta t \to 0$ 时, 求极限, 得

$$\frac{\mathrm{d}\rho_n(t)}{\mathrm{d}t} = \lambda(\rho_{n-1}(t) - \rho_n(t)) = \lambda u \rho_n(t) \tag{4.4.34}$$

(4.4.34) 式即 (4.4.31) 式.

对于一般过程, 在 $t \to t + \Delta t$ 时间内产生的光子数不仅与 Δt 有关, 还与 n、t 有关, 与系统曾经历过的历史 $\rho_{n-1}, \rho_{n-2}, \cdots$ 有关. 这就意味着 (4.4.34) 式中的 λ 不是常数. 比较 (4.4.34) 式与 (4.4.30) 式得

$$\lambda = \mu_0(1 - \mu_1 u + \mu_2 u^2 - \cdots) \tag{4.4.35}$$

现求解 (4.4.30) 式, 先去掉阻尼项 $\Lambda \rho_n$, 并注意到下降算子 u 可表示为通过下降算子 d 来表示, 即 $u = d - 1$, 于是有

$$\frac{\mathrm{d}\rho_n(t)}{\mathrm{d}t} = \mu_0 \left[(d-1) - \mu_1(d-1)^2 + \mu_2(d-1)^3 - \cdots \right] \rho_n(t) \tag{4.4.36}$$

同样引进生成函数

$$G_0(z,t) = \sum_n z^n \rho_n(t) \tag{4.4.37}$$

像上面一样得出生成函数的微分方程

$$\frac{\partial G_0(z,t)}{\partial t} = \mu_0 \left[(z-1) - \mu_1(z-1)^2 + \cdots \right] G_0(z,t)$$

$$G_0(z,t) = \exp \left\{ \int_0^t \mu_0 \left[(z-1) - \mu_1(z-1)^2 + \cdots \right] \mathrm{d}t \right\} \tag{4.4.38}$$

该式表明在 $t = 0$ 时, $G_0(z,0) = 1$, 参照 (4.4.37) 式, 即 $\rho_0(0) = 1$, $\rho_n(0) = 0$, $n \geqslant 1$. 借助于生成函数, 可求出

$$\langle n \rangle_0 = \frac{\partial G_0}{\partial z}|_{z \to 1} = \int_0^t \mu_0(t) \mathrm{d}t \tag{4.4.39}$$

$$\langle n(n-1) \rangle_0 = \frac{\partial^2 G_0}{\partial z^2}|_{z \to 1} = \left(\int_0^t \mu_0(t) \mathrm{d}t \right)^2 - 2 \int_0^t \mu_0 \mu_1 \mathrm{d}t \tag{4.4.40}$$

方差为

$$\langle (\Delta n)^2 \rangle = \langle n^2 \rangle_0 - \langle n \rangle_0^2 = \int_0^t \mu_0(1 - 2\mu_1) \mathrm{d}t \geqslant 0 \tag{4.4.41}$$

由此得

$$\mu_0(1 - 2\mu_1) \geqslant 0$$

对 $\mu_0 > 0$ 的情形, 我们有

$$\mu_1 \leqslant \frac{1}{2} \tag{4.4.42}$$

现将腔的阻尼 $\Lambda\rho_n = C(-n\rho_n + (n+1)\rho_{n+1})$ 加到 (4.4.36) 式中去, 得

$$\frac{\mathrm{d}\rho_n}{\mathrm{d}t} = \mu_0(u - \mu_1 u^2 + \mu_2 u^3 - \cdots)\rho_n + C(-n\rho_n + (n+1)\rho_{n+1}) \tag{4.4.43}$$

式中, C 表示谐振腔的线宽. 对应于 (4.4.43) 式的生成函数 $G(z,t)$ 满足的微分方程

$$\left(\frac{\partial}{\partial t} + C(z-1)\frac{\partial}{\partial z}\right)G(z,t) = \mu_0\left((z-1) - \mu_1(z-1)^2 + \mu_2(z-1)^3 - \cdots\right)G(z,t) \tag{4.4.44}$$

(4.4.44) 式的解可直接写为

$$G(z,t) = G_0(z_0)\exp\left\{\int_{z_0}^{z}(a_0 - a_1(z-1) + a_2(z-1)2 - \cdots)\mathrm{d}z\right\} \tag{4.4.45}$$

式中

$$z_0 = 1 + (z-1)\mathrm{e}^{-Ct}$$
$$a_m = \frac{m+1}{\mathrm{e}^{C(m+1)t} - 1}\int_0^t \mathrm{e}^{C(m+1)t'}\mu_0\mu_m\mathrm{d}t', \quad m = 0, 1, \cdots \tag{4.4.46}$$

当 $\mu_0, \mu_0\mu_1, \cdots$ 为常数时, 令

$$a_0 = \frac{\mu_0}{C} = \bar{n}, \quad a_1 = \frac{\mu_0\mu_1}{C} = \bar{n}\mu_1, \quad \cdots, \quad a_m = \frac{\mu_0\mu_m}{C} = \bar{n}\mu_m \tag{4.4.47}$$

代入 (4.4.45) 式得

$$G(z,t) = G_0(z_0)\exp\left\{\bar{n}\int_{z_0}^{z}\mu(z)\mathrm{d}z\right\}$$
$$\mu(z) = 1 - \mu_1(z-1) + \mu_2(z-1)^2 - \cdots \tag{4.4.48}$$

由 (4.4.48) 式可计算出平均值及方差等

$$\langle n\rangle = \frac{\partial G}{\partial z}\Big|_{z\to 1} = \langle n\rangle_0\mathrm{e}^{-Ct} + \bar{n}(1 - \mathrm{e}^{-Ct}) \tag{4.4.49}$$

$$\langle n(n-1)\rangle = \frac{\partial^2 G}{\partial z^2}\Big|_{z\to 1} = \bar{n}(1 - \mathrm{e}^{-Ct})(\langle n\rangle - \mu_1)$$
$$+ \langle n(n-1)\rangle_0\mathrm{e}^{-2Ct} + \bar{n}(1 - \mathrm{e}^{-Ct})\langle n\rangle_0\mathrm{e}^{-Ct}$$

方差

$$\langle(\Delta n)^2\rangle = \langle n^2\rangle - \langle n\rangle^2$$
$$= (\langle n^2\rangle_0 - \langle n\rangle_0^2)\mathrm{e}^{-2Ct} + (1 - \mathrm{e}^{-Ct})(\bar{n}(1 - \mu_1) + \langle n\rangle_0\mathrm{e}^{-Ct})$$

$$\tag{4.4.50}$$

当 $Ct \gg 1$ 时, 由 (4.4.49) 式和 (4.4.50) 式得

$$\langle n \rangle = \bar{n}$$
$$\langle (\Delta n)^2 \rangle = \langle n^2 \rangle - \langle n \rangle^2 = \bar{n}(1 - \mu_1) \tag{4.4.51}$$

该式表明考虑腔的阻尼后, 方差 $\langle (\Delta n)^2 \rangle$ 将比 Poisson 分布的方差降低一因子 $(1 - \mu_1)$. 如果将腔的阻尼去掉, 像 (4.4.41) 式所表示的方差比 Poisson 分布方差降低一因子 $(1 - 2\mu_1)$, 即

$$\langle (\Delta n)^2 \rangle = \bar{n}(1 - 2\mu_1) \tag{4.4.52}$$

仔细研究激光振荡的全量子理论, 可看出对激光输出的噪声作出贡献的主要有泵浦噪声、自发辐射及真空起伏. 后者通过腔的阻尼项 $\Lambda\rho_n$ 体现出来, 而泵浦噪声则是通过 $\mu(z)$ 来体现. 我们上面的做法, 实际上首先是处理 $\mu(z)$, 其次再加上空起伏 $\Lambda\rho_n$, 并引进参数 C. 对于原子与辐射场系统, 若原子被抽运到激发态, 有一起伏 $\Delta m = m - \langle m \rangle$, 则必然反映到产生的光子数起伏 Δn 中来, 故有

$$\Delta n = \Delta m, \quad \langle (\Delta n)^2 \rangle = \langle (\Delta m)^2 \rangle \tag{4.4.53}$$

以三能级系统为例 (图 4.10), 跃迁到激发态的概率 p 与由激发态回到基态的概率 q 之比为

$$\frac{p}{q} = \frac{\rho_{13}B_{13} + \rho_{12}B_{12}}{A_{12} + \rho_{12}B_{21}} = \frac{N_2}{N_1} \tag{4.4.54}$$

故有

$$p = \frac{N_2}{N_1 + N_2}, \quad q = \frac{N_1}{N_1 + N_2} \tag{4.4.55}$$

$n = N_1 + N_2$ 个原子, m 处于激发态, $n - m$ 处于基态的概率, 服从二项式分布

$$p_n(m) = \frac{n!}{m!(n-m)!} p^m q^{n-m} \tag{4.4.56}$$

由此给出

$$\langle m \rangle = np$$
$$\langle m(m-1) \rangle = n(n-1)p^2$$
$$\langle (\Delta n)^2 \rangle = \langle m \rangle (1 - p) \tag{4.4.57}$$
$$\langle m(m-1)(m-2) \rangle = n(n-1)(n-2)p^3$$

将上面结果分别与 $\frac{\partial G}{\partial t}|_{z \to 1}, \frac{\partial^2 G}{\partial t^2}|_{z \to 1}, \frac{\partial^3 G}{\partial t^3}|_{z \to 1}, \cdots$ 相对应, 便能定出参数 $\mu_0, \mu_1,$ $\mu_2, \cdots$. 为了求方差, 比较 $\langle (\Delta m)^2 \rangle = \langle m \rangle (1-p)$ 与 (4.4.52) 式, 得 $\mu_1 = p/2$. 对于如图 4.10 所示三能级系统来说, 当处于阈值以下时, 因 $N_2 \ll (N_1 + N_2)$, $\mu_1 = p/2 \ll 1$, 故 $\langle (\Delta m)^2 \rangle$ 接近于 Poisson 分布 $\langle m \rangle$. 但在阈值以上时, 有 $N_2 \geqslant N_1$, $\mu_1 = p/2 \geqslant$

1/4, 故有光子噪声下降因子 $1 - \mu$ 为 $1/2 < 1 - \mu \leqslant 3/4$(包含真空起伏). 类似地对于如图 4.11 所示的四能级系统, $N_4 \simeq 0$, $p = \dfrac{N_3}{N_1 + N_3} \ll 1, q = \dfrac{N_1}{N_1 + N_3} \simeq 1$, 故基本上是 Poisson 分布.

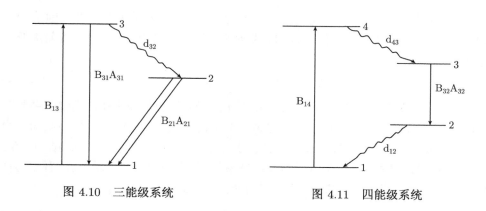

图 4.10　三能级系统　　　　　　　　　图 4.11　四能级系统

4.5　微激光的量子模式理论[20]

基于规则原子注入模型, 导出量子化的辐射场的密度矩阵 ρ 的主方程. 对 Laser 情形, 可解析求得主方程的稳态解. 但在 Maser 情形, 这些稳态解中有时表现出非物理的 "负概率分布"[16]. 另外, 无损耗腔的量子模式理论表明, 当满足条件 $g\tau\sqrt{\pi} = q\pi$, q 为整数, 存在一种瓶颈态[17,18]. 对有损耗腔, 辐射场的密度矩阵变化一般采用分步表示, 即 $\rho_f(t_{i+1}) = \exp(Lt_{\mathrm{p}})F(t_{\mathrm{in}})\rho_{\mathrm{f}}(t_i)$ [17~19]. 式中 $\rho_{\mathrm{f}}(t_i)$ 代表场的初始分布, t_{in} 为注入原子在腔内停留并与其相互作用的时间, $F(t_{\mathrm{in}})$ 代表相互作用的影响, t_{p} 为原子已飞出腔, 仅有损耗 $\exp(Lt_{\mathrm{p}})$, 且 $t_{\mathrm{p}} \gg t_{\mathrm{in}}$, $t_{\mathrm{p}} = t_{i+1} - t_i - t_{\mathrm{in}} \simeq t_{i+1} - t_i$. 在原子与场相互作用时间 t_{in} 内, 腔的损耗已被忽略掉, 这就是分步模式理论. 故分步模式是一种 $t_{\mathrm{p}} \gg t_{\mathrm{in}}$, 忽略在 t_{in} 时间损耗的近似的模式理论. 若在 t_{in} 内损耗较大, 这种近似模式理论也是不适用的. 它与主方程的关系为: 若假定①粗粒近似 $\dfrac{\Delta\rho}{\Delta t} \simeq \dfrac{\mathrm{d}\rho}{\mathrm{d}t}$; ②在场与原子相互作用时间 t_{in} 内, 原子的增益与腔的损耗为独立的可易的 (实际上是不可易的), 便可由分步法得出主方程.

我们的工作证明了[20] 前面主方程法所遇到的 "光子负概率分布" 困难是可以克服的, 只需注意到稳态模式的存在要求注入率 r 与损耗系数 γ 之间应满足一定的条件, 即增益大于损耗. 若不满足此条件, 实际上也不存在物理上的稳态解, 这就是出现非物理的 "负光子概率分布" 的情形. 基于这样理解, 我们重新给出附加阈值的微腔量子模式定义, 并分析了它的稳定性以及与分步模式之间的比较.

4.5.1 激光情形密度矩阵主方程的稳态解

应用规则原子注入泵浦模型, 量子场的密度矩阵 ρ 的主方程即 (4.4.6) 式

$$\dot{\rho} = r \ln(1+u)\rho + L\rho$$

式中, 算子 u 作用在 ρ, 在光子数表象中的矩阵元[16]

$$\langle n|u\rho|n\rangle = -a_{n+1}(\tau)\rho_n + a_n(\tau)\rho_{n-1} \tag{4.5.1}$$

对 Maser 来说, 系数 a_n 为相互作用时间 τ 的实函数

$$a_n(\tau) = \sin^2(g\tau\sqrt{n}) \tag{4.5.2}$$

算子 $L\rho$ 为腔的损耗, 可表示为

$$\langle n|L\rho|n\rangle = \gamma[-n\rho_n + (n+1)\rho_{n+1}] \tag{4.5.3}$$

式中, γ 为光子的损耗系数. 将主方程在光子数态中表示出来[16]

$$\dot{\rho}_n = -A_n + A_{n-1} + \gamma[-n\rho_n + (n+1)\rho_{n+1}] \tag{4.5.4}$$

式中, A_n 由下式给出:

$$A_n = -r \sum_{m=0}^{n} \rho_m \sum_{k=m}^{n} \ln(1-a_{k+1}) \prod_{\substack{i=m+1 \\ i \neq k+1}}^{n+1} \frac{a_i}{a_i - a_{k+1}} \tag{4.5.5}$$

(4.5.4) 式的稳态解为

$$\gamma n \rho_n = A_{n-1} \tag{4.5.6}$$

应用 (4.5.6) 式进行数值计算. 我们得出当参数 $r/\gamma = 50$, $g\tau = 2.1\pi/\sqrt{50}$, 即文献 [16] 给出的 "负概率分布" 已重新在图 4.12(a) 中表示出. 但是我们也看到若 r/γ 比值增加, 这 "负概率分布" 就不再出现. 图 4.12(b)、(c) 为 $r/\gamma = 100, 150$ 的 ρ_n 分布曲线, 就趋向于非负的概率分布. 在对这一趋势的物理意义进行分析之前, 我们可将方程 (4.5.6) 表示为

$$\sum_{m=0} c_{nm}\rho_m = -\nu\rho_n \tag{4.5.7}$$

式中, ν 即 γ/r, $c_{n,m}$ 由下式定义:

$$c_{n,m} = \frac{1}{n} \sum_{k=m}^{n} \ln(1-a_{k+1}) \prod_{\substack{i=m+1 \\ i \neq k+1}}^{n+1} \frac{a_i}{a_i - a_{k+1}} \tag{4.5.8}$$

而 (4.5.7) 式可重新写成矩阵形式

$$
\begin{pmatrix}
\nu & & & & \\
c_{21} & \nu & & & \\
c_{31} & c_{32} & \nu & & \\
\vdots & & & & \\
c_{n1} & c_{n2} & \cdots & c_{n,n-1} & \nu
\end{pmatrix}
\begin{pmatrix}
\rho_1 \\ \rho_2 \\ \rho_3 \\ \vdots \\ \rho_n
\end{pmatrix}
=
\begin{pmatrix}
-c_{10}\rho_0 \\ -c_{20}\rho_0 \\ -c_{30}\rho_0 \\ \vdots \\ -c_{n0}\rho_0
\end{pmatrix}
\tag{4.5.9}
$$

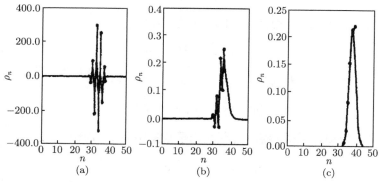

图 4.12　用规则原子注入泵浦微激光的光子数密度分布曲线 ρ_n (a)~(c) 对应的参数为 $g\tau = 2.1\pi/\sqrt{50}.$　$\nu^{-1} = r/\gamma = 50, 100, 150$[20]

解方程 (4.5.9), 导出光子分布密度 ρ_j 用 ρ_0 来表示的式子

$$
\rho_1 = -\frac{1}{\nu}c_{10}\rho_0
$$

$$
\rho_2 = \frac{1}{\nu}(-\nu c_{20} + c_{21}c_{10})\rho_0
$$

$$
\rho_3 = \frac{1}{\nu}(-\nu c_{30} + \nu(c_{31}c_{10} + c_{32}c_{20}) - c_{32}c_{21}c_{10})\rho_0
$$

$$
\rho_n = \frac{\rho_0}{\nu}
\begin{vmatrix}
\nu & & \cdots & -c_{10} \\
c_{21} & \nu & \cdots & -c_{20} \\
\vdots & \vdots & & \vdots \\
c_{n1} & c_{n2} & \cdots & -c_{n0}
\end{vmatrix}
\tag{4.5.10}
$$

$$
= \frac{\rho_0}{\nu}(-\nu c_{n0} + \cdots + (-1)c_{n,n-1}c_{n-1,n-2}, \cdots, c_{10})
$$

很明显, 当 $\nu \to 0$, 方程 (4.5.10) 给出

$$
\rho_1 = \frac{-\rho_0}{\nu}c_{10}
$$

$$
\rho_2 = \frac{\rho_0}{\nu}c_{21}c_{10}
\tag{4.5.11}
$$

$$\cdots$$

$$\rho_n = (-1)\frac{\rho_0}{\nu}c_{n,n-1}c_{n-1,n-2},\cdots,c_{10}$$

由方程 (4.5.8) 我们得

$$c_{k,k-1} = \frac{r}{k}\ln(1-a_k) < 0 \tag{4.5.12}$$

因此在 $\nu \to 0$ 情形下, $\rho_1, \rho_2, \cdots, \rho_n$ 是非负的. 但是, 当损耗与增益比 $\nu = \gamma/r$ 增加时, 由方程 (4.5.10) 确定的 ρ_n 的非负性质有可能被破坏. 这意味着物理上的稳态解只有在满足阈值条件 $\nu < \nu_{\text{th}}$ 情况下才能实现. 这阈值可通过令 $\rho_n = 0$ 解代数方程求得. 例如, $g\tau = \pi/\sqrt{14}$, 使得 $\rho_n \geqslant 0, n = 2, \cdots, 13$ 的阈值为 $1.23, 0.471 \pm \text{i}0.088, 0.556, 0.192, 0.094, 0.186, 0.089, 0.185, 0.084, 0.185, 0.079, 0.185$, 其中最小的即 $\nu_{\text{th}} = 0.079$. 图 4.13(a)~(c) 给出在阈值 ν_{th} 附近按 (4.5.6) 式算得光子密度 ρ_n 分布. 这些分布曲线表明只有 $\nu < \nu_{\text{th}}, \rho_n$ 的非负性质就能得到保证. 还注意到共轭复根 $0.471 \pm \text{i}0.088$ 意味着 ρ_3 恒大于 0, 使 $\rho_3 < 0$ 的实参数 $\nu = \gamma/r$ 是不存在的.

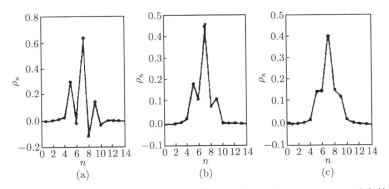

图 4.13   用规则原子注入泵浦微激光的光子数密度分布曲线 ρ_n (a)~(c) 对应的参数为
$$g\tau = 2.1\pi/\sqrt{50}.\nu^{-1} = r/\gamma = 10.5, 12, 13^{[20]}$$

4.5.2   微腔的量子模理论

基于上面的讨论, 我们可定义有损耗情形的微腔的量子模为①满足量子条件 $g\tau\sqrt{N} = q\pi$, q 为整数; ②满足阈值条件 $\nu < \nu_{\text{th}}$, 而且是主方程 (4.5.6) 的稳态解. 一般地, 动力方程 (4.5.4) 的特征解可取 $\rho_n \propto \text{e}^{\lambda t}$ 形式, 于是有

$$\frac{\text{d}\rho_n}{\text{d}t} = \lambda\rho_n = \xi_n - \xi_{n-1}, \quad n = 0, 1, \cdots, N \tag{4.5.13}$$

$$\xi_n = (n+1)\nu\rho_{n+1} + \sum_{m=0} C_{n+1,m}\rho_m \tag{4.5.14}$$

式中, $C_{n+1,m} = (n+1)c_{n+1,m}$, 代入参数 $g\tau\sqrt{N} = q\pi$ 到方程 (4.5.2)、(4.5.8)、(4.5.14) 中, 得到 $a_N = 0$, $C_{N,m} = 0$, $m = 0, 1, \cdots, N-1$; 且 $\xi_n = 0$, 当 $n \geqslant N-1$. 因此不为零的矩阵元即 $\rho_0, \rho_1, \cdots, \rho_{N-1}$, 量子模的指标可记为 (q, N), 将方程 (4.5.13) 重新写为

$$\frac{\mathrm{d}\rho_0}{\mathrm{d}t} = \lambda\rho_0 = -\xi_0$$

$$\frac{\mathrm{d}\rho_1}{\mathrm{d}t} = \lambda\rho_1 = \xi_1 - \xi_0 \qquad\qquad (4.5.15)$$

$$\cdots$$

$$\frac{\mathrm{d}\rho_{N-1}}{\mathrm{d}t} = \lambda\rho_{N-1} = -\xi_{N-2}$$

应用 (4.5.15) 式作模式的稳定性分析, 得出结果为稳态模式即使有起伏 $\delta\rho_m$, 也是暂时的, 会随时间的增长而消失.

应用上述解代数方程 (4.5.10) 的方法, 可求 π 模 $(1, N)$, 2π 模 $(2, N)$ 的阈值 ν_{th} 随 N 而变化的曲线, 如图 4.14 所示. 在曲线 $(1, N)$, $(2, N)$ 上面的区域为稳态模区域. 图 4.15 示出固定 $N = 50$, 而 $\nu^{-1} = r/\gamma = 120, 120 \times 10, 120 \times 10, 120 \times 10$ 光子的分布密度, 有意思的是当 ν^{-1} 越高越接近于 Fock 态.

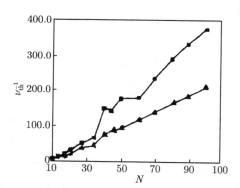 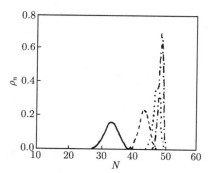

图 4.14 π 模 $(1, N)$、2π 模 $(2, N)$ 的阈值 ν_{th} 随 N 的变化曲线[20]

▲ 为 π 模, ■ 为 2π 模

图 4.15 π 模 $(1, N)$, 当 $N = 50, \nu^{-1} = r/\gamma = 120, 120 \times 10$, $120 \times 10^2, 120 \times 10^3$ 的规则数密度分布曲线[20] 实线、虚线、点线、点画线所示 ν^{-1} 数值由小到大

4.5.3   在阈值附近微腔量子模主方程解与分步模式解的偏差

将通过数值计算比较上面定义的由主方程所确定的量子模式与用分步迭代法得出的分步模式间的偏差. 分步迭代式为

$$\rho_n(t + 1/r) = \mathrm{e}^{-n\gamma/r} \sum_{m=0} \frac{m!}{n!(m-n)!} (1 - \mathrm{e}^{-\gamma/r})\Gamma_m \qquad (4.5.16)$$

$$\Gamma_m = (1 - a_{m+1})\rho_m(t) + a_m\rho_{m-1}(t) \tag{4.5.17}$$

初值条件为 $\rho_n(0) = \delta_{n,0}$, 迭代到 2000 次, 结果如图 4.16 所示. 主方程解 (实线) 与分步迭代解 (点线) 的比较. 当 $N = 14$, $\nu^{-1} = 13$(阈值), 16, 最大偏差分别为 29%, 7%; 当 $N = 50$, $\nu^{-1} = 100$(阈值), 120, 最大偏差为 0.9%, 0.2%. 这些结果表明, 当 N 较大时偏差是不大的.

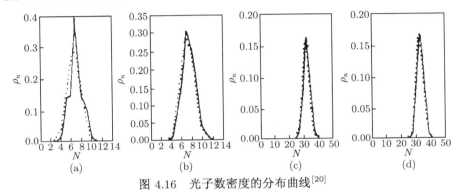

图 4.16　光子数密度的分布曲线[20]

(a) $N = 14, \nu^{-1} = 13$; (b) $N = 14, \nu^{-1} = 16$; (c) $N = 50, \nu^{-1} = 100$; (d) $N = 50, \nu^{-1} = 120$

4.6　单原子与双原子微激光[23]

作为获得非经典光场有效途径之一, 利用单原子规则泵浦微腔激光的理论与实验已有许多研究[13~22]. 这里说的单原子规则泵浦是指激发态原子一个又一个从入口进入微腔, 并又从出口飞出. 通过受激辐射泵浦微腔激光场. 如图 4.17(a) 所示, 原子注入是有规则的, 即两个原子间的间隔时间 T 是固定的, 在任何时刻腔内最多有一个原子或者没有原子, 这种微激光称为单原子微腔激光. 但下面我们将看到单原子微激光的稳定性不好, 从改善微激光输出的稳定性出发, 将单原子微激光扩展为双原子微激光, 如图 4.17(b) 所示. 我们将两个激发态原子, 一双又一双有规则地注入, 并飞过微腔, 这样做的结果与单原子微激光相比, 在稳定性方面, 有很大优越性.

图 4.17　单原子微 Maser(a) 与双原子微 Maser(b) 的示意图

我们先用分步法即 (4.5.16) 式、(4.5.17) 式与 (4.5.2) 式来求解微激光的稳态.

但 (4.5.2) 式是单原子的增益表达式. 要求出与 (4.5.2) 式相应的多原子微激光的表达式. 这就要从多原子与激光场的相互作用. 下面主要讨论双原子与激光场的相互作用.

4.6.1   双原子与激光场的相互作用方程

双原子与激光场的态函数可表示为

$$\begin{aligned}
\psi_n^+ &= |aa\rangle|n-1\rangle \\
\psi_n^0 &= |ba\rangle|n\rangle \\
\psi^- &= |bb\rangle|n+1\rangle
\end{aligned} \tag{4.6.1}$$

式中, a、b 分别表示二能级原子的激发态与基态, $|aa\rangle$ 表示腔内有两个处于激发态 a 的原子, 同样 $|ba\rangle$ 表示一个处于基态 b, 而另一个处于激发态 a, $|ab\rangle$ 则相反, $|bb\rangle$ 表示两个均处于基态 b, $|n\rangle$ 表示光场为 n 个光子的 Fock 态. 光场与二能级态的相互作用能算符 H_{in}

$$H_{\text{in}} = \hbar g[(\sigma_1^- + \sigma_2^-)a^\dagger + (\sigma_1^+ + \sigma_2^+)a] \tag{4.6.2}$$

式中, σ_i^+ 与 σ_i^- 分别为二能级原子的上升与下降算符, $i = 1, 2$ 为第一、二原子, a 与 $a^\dagger$ 分别为场的湮灭与产生算符. 其中

$$g = \mu\sqrt{\frac{2\pi\omega_0}{\hbar V}} \tag{4.6.3}$$

为耦合常数, 式中, μ 为原子的偶极矩, ω_0 为跃迁概率, V 为激光的模式体积. 设我们所求解系统的状态为 ψ, 用 ψ_n^+、ψ_n^0、ψ_n^- 展开得

$$\psi = A_n\psi_n^+ + B_n\psi_n^0 + C_n\psi_n^- \tag{4.6.4}$$

由于

$$\begin{aligned}
\langle\psi_n^0|(\sigma_1^- + \sigma_2^-)a^\dagger|\psi_n^+\rangle &= \sqrt{n} \\
\langle\psi_n^+|(\sigma_1^+ + \sigma_2^+)a|\psi_n^0\rangle &= \sqrt{n} \\
\langle\psi_n^-|(\sigma_1^- + \sigma_2^-)a^\dagger|\psi_n^0\rangle &= \sqrt{n+1} \\
\langle\psi_n^0|(\sigma_1^+ + \sigma_2^+)a|\psi_n^-\rangle &= \sqrt{n+1}
\end{aligned} \tag{4.6.5}$$

将 (4.6.4) 式代入 Schrödinger 方程便得

$$\begin{aligned}
\frac{\mathrm{d}A_n}{\mathrm{d}\tau} &= \frac{1}{\mathrm{i}\hbar}\langle\psi_n^+|H_{\text{in}}|\psi_n^0\rangle B_n = -\mathrm{i}g\sqrt{n}B_n \\
\frac{\mathrm{d}B_n}{\mathrm{d}\tau} &= \frac{1}{\mathrm{i}\hbar}\langle\psi_n^0|H_{\text{in}}|\psi_n^+\rangle A_n + \frac{1}{\mathrm{i}\hbar}\langle\psi_n^0|H_{\text{in}}|\psi_n^-\rangle C_n \\
&= -\mathrm{i}g\sqrt{n}A_n - \mathrm{i}g\sqrt{n+1}C_n \\
\frac{\mathrm{d}C_n}{\mathrm{d}\tau} &= \frac{1}{\mathrm{i}\hbar}\langle\psi_n^-|H_{\text{in}}|\psi_n^0\rangle = -\mathrm{i}g\sqrt{n+1}B_n
\end{aligned} \tag{4.6.6}$$

设 $\dfrac{\mathrm{d}}{\mathrm{d}\tau} \to \lambda$, 求 (4.6.6) 式的本征值

$$
\begin{array}{ccc}
A_n & B_n & C_n
\end{array}
$$
$$
\begin{vmatrix}
\lambda & \mathrm{i}g\sqrt{n} & 0 \\
\mathrm{i}g\sqrt{n} & \lambda & \mathrm{i}g\sqrt{n+1} \\
0 & \mathrm{i}g\sqrt{n+1} & \lambda
\end{vmatrix} = 0 \tag{4.6.7}
$$
$$
\lambda = 0, \quad \pm \mathrm{i}g\sqrt{2n+1}
$$

若初始条件为两个原子处于激发态 ψ_n^+, 即 $A_n = 1$, $B_n = 0$, $C_n = 0$, 可证, τ 不为 0 时, A_n、B_n、C_n 的解为

$$
A_n(\tau) = \frac{n+1}{2n+1} + \frac{n}{2n+1} \cos\left(g\sqrt{2n+1}\,\tau\right)
$$
$$
B_n(\tau) = -\mathrm{i}\sqrt{\frac{n}{2n+1}} \sin\left(g\sqrt{2n+1}\,\tau\right) \tag{4.6.8}
$$
$$
C_n(\tau) = -\mathrm{i}\frac{\sqrt{n(n+1)}}{2n+1}\left(1 - \cos\left(g\sqrt{2n+1}\,\tau\right)\right)
$$

可以证明 $A_n^2(\tau) + B_n^2(\tau) + C_n^2(\tau) = 1$. 且 A_n、B_n、C_n 满足 (4.6.6) 式. 则在 $t + \tau$ 时的密度矩阵方程 $\rho_n(t + \tau)$ 可写为

$$
\rho_n(t + \tau) = A_n^2(\tau)\rho_n(t) + B_{n-1}^2(\tau)\rho_{n-1}(t) + C_{n-2}^2(\tau)\rho_{n-2}(t) \tag{4.6.9}
$$

但对于双原子微 Maser, 并不存在严格的瓶颈态, 因为我们无法令 B_{N-1} 与 C_{N-2} 同时为零. 下面我们主要研究初始时两个原子处于激发态的情况.

4.6.2 单原子、双原子微激光的稳态输出比较

下面我们用分步法定义微激光的模式. 分步法的要点在于将激发态原子的受激辐射对模式的增益与微激光腔的损耗从时间上分开. 前者是原子在腔内飞行时间 τ 内起作用, 腔的损耗在 T 时间内所起作用. 因 τ 远小于原子与原子间隔时间 T, 故在 τ 时间腔的损耗可忽略. 设不为零的对角密度矩阵元 ρ_n 的指标 n 最大为 N, 并令 $\rho_n' = \rho_n(t + \tau)$, 则 (4.6.9) 式可用矩阵表示为

$$
\begin{pmatrix}
\rho_N' \\
\rho_{N-1}' \\
\vdots \\
\rho_2' \\
\rho_1' \\
\rho_0'
\end{pmatrix} =
\begin{pmatrix}
A_N^2 & B_{N-1}^2 & C_{N-2}^2 & & & & \\
 & A_{N-1}^2 & B_{N-2}^2 & C_{N-3}^2 & & & \\
 & & & \ddots & & & \\
 & & & & A_2^2 & B_1^2 & C_0^2 \\
 & & & & & A_1^2 & B_0^2 \\
 & & & & & & A_0^2
\end{pmatrix}
\begin{pmatrix}
\rho_N \\
\rho_{N-1} \\
\vdots \\
\rho_2 \\
\rho_1 \\
\rho_0
\end{pmatrix}
$$
$$
\tag{4.6.10}
$$

(4.6.10) 式用矩阵来表示为

$$\boldsymbol{\rho}' = \boldsymbol{A}\boldsymbol{\rho} \tag{4.6.11}$$

对于单原子微激光 (4.5.1) 式和 (4.5.2) 式也同样可用矩阵表示, 即

$$\boldsymbol{\rho}' = \boldsymbol{\beta}\boldsymbol{\rho} \tag{4.6.12}$$

(4.6.11) 式和 (4.6.12) 式为单原子、双原子的增益方程. 在增益之后又经 $T - \tau \simeq T$ 时间的损耗, 这时损耗作用按 (4.5.16) 式可表示为

$$\tilde{\rho}_N = \sum_{m=n}^{N} C_{nm} \rho'_m$$

$$C_{nm} = \frac{m!}{n!(m-n)!} \mathrm{e}^{-\delta n} (1 - \mathrm{e}^{-\delta})^m, \quad \delta = 1/N_{\mathrm{ex}} \tag{4.6.13}$$

用矩阵表示便是

$$\tilde{\boldsymbol{\rho}} = \boldsymbol{C}\boldsymbol{\rho}' \tag{4.6.14}$$

将上面两个矩阵相乘便是包括增益与损耗在内的微腔激光的基本演化方程.

$$\tilde{\boldsymbol{\rho}} = \boldsymbol{C}\boldsymbol{A}\boldsymbol{\rho} \tag{4.6.15a}$$

$$\tilde{\boldsymbol{\rho}} = \boldsymbol{C}\boldsymbol{\beta}\boldsymbol{\rho} \tag{4.6.15b}$$

由上式, 双原子与单原子微激光的腔损耗矩阵是一样的, 差别只在增益矩阵 $\boldsymbol{A}$ 与 $\boldsymbol{\beta}$. (4.6.15) 式表示的是包括增益与损耗在内的一个基本过程. 若经过许多次这样的基本过程, 表征光场对角矩阵 ρ_n 趋于不变, 即 $\tilde{\rho}_n = \rho$, 这就是微激光的稳态模式.

在实际计算中, 对于单原子, N 一般取为 100 左右, 对于双原子, N 一般取为 150 左右, 计算得出的 λ 为 $\lambda = 1 \pm 10^{-7}$.

设稳态的对角矩阵元为 ρ_n, 则归一化的平均光子数为

$$\overline{n} = \frac{\langle n \rangle}{N_{\mathrm{ex}}} = \frac{\sum\limits_{n=0}^{N} n\rho_n}{N_{\mathrm{ex}}} \tag{4.6.16}$$

归一化的方差为

$$\sigma = \frac{\langle (\Delta n)^2 \rangle}{\langle n \rangle} = \frac{\sum\limits_{n=0}^{N} n^2 \rho_n - \left(\sum\limits_{n=0}^{N} n\rho_n \right)^2}{\langle n \rangle} \tag{4.6.17}$$

图 4.18、图 4.19 给出单原子与双原子的微激光比较. 图 4.18(a) 与 (b) 分别给出单原子的平均值 $\langle n \rangle / N_{\mathrm{ex}}$ 与均方差 $\sigma = \langle (\Delta n)^2 \rangle / \langle n \rangle$ 随相互作用参数 $\theta = g\tau\sqrt{N_{\mathrm{ex}}}$ 变化的曲线. 当 $\theta < 2\pi$ 时, 平均光子数与均方差随 θ 的变化较平稳, 但当 $\theta > 2\pi$ 后, 起伏就很厉害. 图 4.19(a) 与 (b) 为双原子的平均光子数及光子数均方差随 $\theta' = g\tau\sqrt{2N_{\mathrm{ex}} + 1}$ 的变化曲线. 在 θ 为 $0 \sim 10\pi$, 曲线很光滑, 没有像图 4.18(a) 与 (b) 那样在大范围内起伏的情形. 现在再来看双原子的稳定性, 由图 4.19 可知, 双

原子的平均光子数 $\dfrac{\langle n\rangle}{N_{ex}}$ 及方差 $\sigma=\dfrac{\langle(\Delta n)^2\rangle}{\langle n\rangle}$ 随 θ 变化的曲线是光滑、稳定的, 即使在变化较大的 $\theta=3\pi$ 附近. 究其原因, 主要是单原子微激光存在瓶颈态, 它经常同时工作于 π 与 2π(一般的, $n\pi$ 与 $(n+1)\pi$ 模式), 而双原子微激光在前面已指出不存在这样的瓶颈态, C_n 系数起了致稳作用, 使输出曲线光滑.

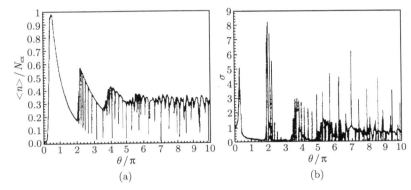

图 4.18　(a) 单原子微 Maser 的平均值 $\langle n\rangle/N_{ex}$ VS θ/π; (b) 单原子微 Maser 的方差 $\langle(\Delta n)^2\rangle/\langle n\rangle$ VS θ/π[23]

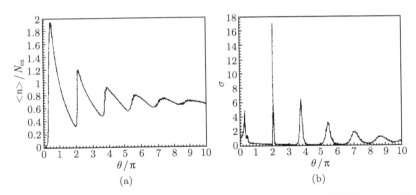

图 4.19　(a) 双原子微 Maser 的平均值 $\langle n\rangle/N_{ex}$ VS θ/π; (b) 双原子微 Maser 的方差 $\langle(\Delta n)^2\rangle/\langle n\rangle$ VS θ/π[23]

参 考 文 献

[1]　Sargent III M,Scully M O, Lamb W E. Laser Physics. London: Addiso-Wesley Publishing Company, 1974:152.

[2]　Haken H, Light H H, Matter I. Encyclopedia of Physics Vd XXV/2c. Berlin: Springer-Verlag, 1970.

[3]　Lamb W E Jr. Theory of optical maser. Phys. Rev., 1964, 134: A1429.

[4]　谭维翰. 激光振荡的全量子理论. 物理, 1980, 10 :193.

[5]　Schawlow A L , Townes C H. Infrared and optical maser. Phys. Rev., 1958,112: 1940.

[6]　Lax M. Quantum noise IV, quantum theory of noise source. Phys. Rev., 1966, 145:110.

[7]　Lax M, Louisell W H. Quantum noise XII, density operator treatment of field and population fluctuation. 1969,185: 568.

[8]　Louisell W H. Quantum Statistical Properties of Radiation. New York: John Wiley & Sons, Inc., 1973.

[9]　谭维翰. 仿激光开系阻尼振子的量子化. 物理学报, 1982, 31:1569.

[10]　Haus H A, Yamamoto Y. Phys. Rev. A., 1984, 29:1261.

[11]　Yamamoto Y, Machida S. Amplitude squeezing in a pump-noise-suppressed laser oscillator. Phys. Rev. A., 1986, 34: 4025.

[12]　Yamamoto Y, Imoto N, Machida S. Amplitude squeezing in a semiconductor laser using quantum non-delimitation measurement and negative feed back. Phys. Rev. A, 1986, 3: 3243.

[13]　Golubev Y M, Sokolov I V. Photon anti-bunching in a coherent light source and suppression of the photon recording noise. Zh. Eksp. Teor. Fiz. 1984, 87: 408 (Sov. Phys. JETP, 1984, 60:234).

[14]　Tan W H. The exact solution to the regular pump model of photon noise reduction in laser. Physics Letters A, 1994, 190: 13.

[15]　Tan W H. The general process in lasers. Opt. Commun., 1995, 115:303.

[16]　Benkert C, Rzazewski K. Failure of an atomic-injection model for description of pump fluctuations in masers and lasers. Phys. Rev. A, 1993, 47(2): 1564.

[17]　Filipowicz P, Javaninen J, Meystre P. Quantum and semi-classical steady states of a kicked cavity mode. J.O.S.A. B, 1986, 3(6): 906.

[18]　Filipowicz P, Javaninen J, Meystre P. Theory of a micromaser. Phys. Rev. A, 1986, 34(4):3077.

[19]　Guerra E S, Khoury A Z, Davidovich L, et al. Role of pumping statistics in micro-masers. Phys. Rev. A, 1991, 44(11): 7785.

[20]　刘仁红, 谭维翰, 许文沧, 等. 微激光的量子模式理论. 科学通报, 1998, 42: 2561. Liu R H, Tan W H, Zhang J F. Chinese Science Bulltin, 1998, 43:425.

[21]　Haak F, Tan S M, Walls D F. Photon noise reduction in laser. Phys Rev., A, 1989, 40: 7121.

[22]　Davidovich L, Zhu S Y, Khoury A Z, et al. Phy. Rev. A, 1992, 46: 1630.

[23]　Tan W H, Fan W. Stability of multi-atom micro-maser. Acta Physica Sinica (Overseas Edition), 1999, 8:275.

第5章 辐射的相干统计性质

辐射的相干统计性质是光场量子化后, 即量子光学研究主要内容之一. 本章在回顾平衡辐射研究的基础上, 系统讨论了光场的相干性、相关性、相干态、非经典光场、压缩态、非经典光的探测、产生等理论与实验问题。

5.1 平衡辐射的统计热力学

我们将平衡辐射分为热平衡辐射与非热平衡辐射. 热平衡辐射即黑体辐射, 满足 Planck 分布; 非热平衡辐射不满足 Planck 分布, 但仍为定态, 即长时间不发生变化的状态. 从这个意义来说, 激光就是一种非热平衡辐射. 因为它一方面不满足 Planck 分布, 另一方面又是处于长时间不变的定态中. 黑体辐射的研究 [1] 不仅使得 Planck 假定构成黑体辐射的简谐振子的能量取不连续的值 $\mathcal{E}_n = n\varepsilon_0$, Einstein 作出光量子的假设, 而且最后使 Bose 创立一种区别于经典 Maxwell-Boltzman 统计的新的统计, 即 Bose-Einstein 量子统计. Planck 遵循 Kirchhoff 定律 "封闭黑体内热平衡辐射的性质, 仅与黑体的温度有关, 与黑体壁的性质无关" 致力于寻求与黑体保持热平衡的辐射能密度 $u(\omega, T)$ 的函数关系. 在这以前已经有适用于长波辐射的 Rayleigh 公式

$$u(\omega, T)\mathrm{d}\omega = \frac{\omega^2}{\pi^2 c^3} kT \mathrm{d}\omega \tag{5.1.1}$$

以及仅适用于短波辐射的 Wein 公式

$$u(\omega, T)\mathrm{d}\omega = \frac{\hbar\omega^3}{\pi^2 c^3} \mathrm{e}^{-\hbar\omega/kT} \mathrm{d}\omega \tag{5.1.2}$$

通过热力学推论与预测[1], Planck 找到既适用于长波辐射, 又适用于短波辐射的经验公式

$$u(\omega, T)\mathrm{d}\omega = \frac{\hbar\omega^3}{\pi^2 c^3} \frac{d\omega}{\mathrm{e}^{\hbar\omega/kT} - 1} \tag{5.1.3}$$

但如何从理论上导出 (5.1.3) 式呢? Planck 采取了如下的步骤. 按统计力学, 系统处于某一状态的概率 P 与系统的熵 S 之间的 Boltzman 关系为

$$S = k \ln P \tag{5.1.4}$$

式中, k 为 Boltzman 常量. 为求出 P, Planck 假定在给定频率 ω 后, n 个相互独立的简谐振子的总能量 $\mathcal{E}_n$ 和熵 S_n 将分别为

$$\mathcal{E}_n = n\bar{\varepsilon}, \quad S_n = ns \tag{5.1.5}$$

式中, $\bar{\varepsilon}$ 为每一简谐振子的平均能量, s 为每一简谐振子的熵. 又设总能量 $\mathcal{E}_n$ 只能取某一最小能量 ε_0 的整数倍, 而 ε_0 又与频率 ω 成正比, 即

$$\mathcal{E}_n = N\varepsilon_0 = N\hbar\omega \tag{5.1.6}$$

于是将 N 份能量 ε_0 在 n 个简谐振子中进行分配的方法数, 即系统的概率 P

$$P = \frac{(N+n-1)!}{N!(n-1)!} \tag{5.1.7}$$

应用 Stirling 公式 $m! \simeq m^m \mathrm{e}^{-m}$, 由 (5.1.4) 式和 (5.1.7) 式得

$$S = k\ln\frac{(N+n-1)!}{N!(n-1)!} \simeq k[(N+n-1)\ln(N+n-1) - N\ln N - (n-1)\ln(n-1)] \tag{5.1.8}$$

$$\delta S = k[\ln(N+n-1) - \ln N]\delta N = k\ln\left(\frac{N+n-1}{N}\right)\frac{\delta\mathcal{E}_n}{\hbar\omega} \tag{5.1.9}$$

按热力学关系 $\delta S = \dfrac{\delta\mathcal{E}_n}{T}$, 从 (5.1.9) 式可求出

$$\frac{N}{n} \simeq \frac{N}{n-1} = \frac{1}{\exp\left(\dfrac{\hbar\omega}{kT}\right) - 1} \tag{5.1.10}$$

再由 (5.1.5) 式和 (5.1.6) 式即得

$$\bar{\varepsilon} = \frac{N\hbar\omega}{n} = \frac{\hbar\omega}{\exp\left(\dfrac{\hbar\omega}{kT}\right) - 1} \tag{5.1.11}$$

用频率在 ω 至 $\omega+\mathrm{d}\omega$ 间辐射场的模式数 $\dfrac{\omega^2\mathrm{d}\omega}{\pi^2c^3}$ 乘以 $\bar{\varepsilon}$ 的表达式 (5.1.11), 便得辐射场能密度 $u(\omega,T)\mathrm{d}\omega$(见 (5.1.3) 式), 这就是 1900 年 Planck 给出的黑体辐射能密度推导. 推导中除用到 Boltzman 关系 (5.1.4) 式外, 主要给出计算 P 的方法以及用简谐振子的平均能量 $\bar{\varepsilon}$ 作为每一模式的平均辐射能, 代替 (5.1.1) 式中按能量均分定理确定的每一辐射模式具有的能量 kT. 将辐射场用简谐振子来描写, 这从经典场满足的波动方程来看是合理的[1]. 但经典场的振幅以及场能可连续取任意值, 而简谐振子的能量只能取 ε_0 的整数倍, 即 $\mathcal{E}_n = N\hbar\omega$, 这就是对经典场量子化成了量子场. 一般教科书推导 Planck 公式[2] 并不采用上述方式, 而是设简谐振子能量是量子化的: $\mathcal{E}_n = n\hbar\omega$, 而处于激发态 $\mathcal{E}_n$ 的概率 P_n 按 Boltzman 分布 ($\propto \mathrm{e}^{-n\hbar\omega/kT}$), 规一化后得

$$P_n = \frac{\mathrm{e}^{-n\hbar\omega/kT}}{\displaystyle\sum_j \mathrm{e}^{-j\hbar\omega/kT}} = \mathrm{e}^{-n\hbar\omega/kT}(1 - \mathrm{e}^{-\hbar\omega/kT}) \tag{5.1.12}$$

简谐振子的平均能量为

$$\overline{\varepsilon} = \sum n\hbar\omega P_n = \frac{\hbar\omega}{\exp(\hbar\omega/kT) - 1} \tag{5.1.13}$$

此即 (5.1.11) 式, 这样求 $\overline{\varepsilon}$ 较为直接, 不需用近似的 Stirling 公式. 将辐射场用简谐振子来描写是波动图像, 但并非经典场的波动, 而是量子化了的. 能否将量子概念进一步发展一下, 认为辐射场本身就是能量 $\varepsilon = \hbar\omega$ 的光量子流或光子流呢? Einstein 光量子学说就是这样认为的, 光子具有能量 $\hbar\omega$, 动量 $\hbar\omega/c$. 这样不仅解释了光电效应, 而且对后来光与物质相互作用的认识也有很大的推进. 主要表现在他推导 Planck 黑体辐射公式中引进的受激辐射与自发辐射系数 A、B 上. 考虑到与频率为 $\hbar\omega$ 的光子相互作用的原子的两个能态, 即高能态 2 与低能态 1, 由高能态向低能态跃迁便辐射出光子 $\hbar\omega$, 并满足能量守恒关系 $E_2 - E_1 = \hbar\omega$. 由低能态向高能态跃迁便吸收光子 $\hbar\omega$. 前一种由高能态向低能态跃迁的概率为

$$A_{21} + B_{21}u(\omega, T) \tag{5.1.14}$$

式中, A_{21} 为自发辐射系数, 即没有辐射场情况下自发能态跃迁的概率, B_{21} 为受激辐射系数, $B_{21}u(\omega, T)$ 为受激辐射跃迁概率, 即在辐射场作用下, 原子由高能态向低能态跃迁的概率. 同样由低能态向高能态跃迁的吸收率为

$$B_{12}u(\omega, T) \tag{5.1.15}$$

受激辐射与吸收均正比于辐射场的能密度 $u(\omega, T)$, 而自发辐射与 $u(\omega, T)$ 无关. 设处于高能态与低能态的原子数分别为 N_2、N_1, 则总的辐射率为 $[A_{21} + B_{21}u(\omega, T)]N_2$, 总的吸收率为 $B_{12}u(\omega, T)N_1$. 在热平衡情况下, 辐射率与吸收率应相等, 即

$$(A_{21} + B_{21}u(\omega, T))N_2 = B_{12}u(\omega, T)N_1 \tag{5.1.16}$$

又设处于高能态原子数 N_2 与处于低能态的原子数 N_1 满足 Boltzman 分布

$$\frac{N_2}{N_1} = \frac{g_2 \exp(-E_2/kT)}{g_1 \exp(-E_1/kT)} = \frac{g_2}{g_1} \exp(-\hbar\omega/kT) \tag{5.1.17}$$

式中, g_1、g_2 分别为能级数 2、1 的简并度. 由 (5.1.16) 式和 (5.1.17) 式, 并取定 $A_{21}/B_{21} = \frac{\hbar\omega^3}{\pi^2 c^3}$, $\frac{g_1 B_{12}}{g_2 B_{21}} = 1$, 便得

$$u(\omega, T) = \frac{\hbar\omega^3}{\pi^2 c^3} \frac{1}{\exp(\hbar\omega/kT) - 1} \tag{5.1.18}$$

上面对 Planck 公式推导很直观, 除了引进 A、B 外, 还用了 Bohr 关于原子在能级间跃迁与辐射光子的最基本关系 $E_2 - E_1 = \hbar\omega$. 比较 Planck 公式两种推导方法, 一种是由辐射场的简谐振子模型出发; 另一种则是由原子在能级间跃迁辐射或吸收

光子模型出发. 还可以进一步设想是否既不需简谐振子模型, 也不需考虑原子在能态跃迁, 而是直接从光子本身服从的统计规律出发也能得出 Planck 分布呢? 1924年, Bose 做得 Planck 分布推导就是这样的. 将相空间分为许多体积为 $(2\pi\hbar)^3$ 的单胞, 并考虑到光的两个独立的偏振分量, 于是在单位体积内, 频率在 $\omega \sim \omega + \mathrm{d}\omega$, 有 $z\mathrm{d}\omega = \dfrac{\omega^2}{\pi^2 c^3}\mathrm{d}\omega$ 单胞. 可见, 每一个单胞就是一个独立的模式. 设在 $\omega \sim \omega + \mathrm{d}\omega$ 频率有 N 个光子, 将这 N 个光子在 $z\mathrm{d}\omega$ 个单胞内分配, 求不同的分配数. Bose 在计算不同的分配数时, 引进光子不可分辨的概念. 设没有光子的单胞数为 n_0, 有一个光子的单胞数为 n_1, 有两个光子单胞数为 $n_2, \cdots$, 当 n_0, n_1, $n_2, \cdots$ 给定后, 分配也就定了. 在 n_i 个单胞内光子的交换不算作新的分配; 又设每一种分配有相同的概率, 于是总的概率为

$$P = \prod_{\mathrm{d}\omega} \frac{z!}{\prod n_i!}, \quad z = \sum n_i \tag{5.1.19}$$

$$E = \sum_{\mathrm{d}\omega} N\hbar\omega, \quad N = \sum \mathrm{i} n_i \tag{5.1.20}$$

由 $\delta P = \delta E = 0$, 我们有

$$\sum (\ln z - \ln n_i)\delta n_i = 0$$
$$\sum \hbar\omega \mathrm{i}\delta n_i = 0 \tag{5.1.21}$$

应用未知乘子法及规一化条件 $\sum \dfrac{n_i}{z} = 1$, 得

$$\frac{n_i}{z} = \mathrm{e}^{-\mathrm{i}\beta\hbar\omega}(1 - \mathrm{e}^{-\beta\hbar\omega}) \tag{5.1.22}$$

$$u(\omega, T) = N\hbar\omega = \sum \mathrm{i} n_i \hbar\omega = z\hbar\omega(\mathrm{e}^{\beta\hbar\omega} - 1)^{-1} \tag{5.1.23}$$

(5.1.22) 式即前面导出的 (5.1.12) 式. 将 $z = \dfrac{\omega^2}{\pi^2 c^3}$ 代入 (5.1.23) 式, 便得 (5.1.18) 式, $\beta = 1/kT$.

利用 (5.1.12) 式, 还可求出光子的简并度 $\langle n \rangle$ 与光子的均方起伏 $\langle \Delta n^2 \rangle$ 分别为

$$\langle n \rangle = \sum n P_n = 1/[\exp(\beta\hbar\omega) - 1] \tag{5.1.24}$$

$$\langle \Delta n^2 \rangle = \sum (n - \langle n \rangle)^2 P_n = \sum (n^2 - \langle n \rangle^2) P_n = \langle n \rangle + \langle n \rangle^2 \tag{5.1.25}$$

(5.1.25) 式前一项具有粒子起伏的性质, $\langle (n - \bar{n})^2 \rangle = \bar{n}$; 后一项则表现出波动干涉引起的涨落. 波动干涉使得振幅涨落正比于振幅的平方和, 所以涨落就与 $\langle n \rangle^2$ 成正比. 上面就是依据光子服从的 Bose 统计 (5.1.19) 式推导 Planck 公式的过程. 这个推导, 除 (5.1.19) 式外, 主要就是 (5.1.21) 式和未知乘子法. 最后求得在热平衡情

况下单胞内具有 i 光子的概率 $\rho_i = \dfrac{n_i}{z} = \mathrm{e}^{-\mathrm{i}\beta\hbar\omega}(1 - \mathrm{e}^{-\beta\hbar\omega})$, 即 (5.1.22) 式. 如果不是热平衡, (5.1.21) 式 $\sim$(5.1.22) 式将不能用. 但 (5.1.19) 式和 (5.1.20) 式总是成立的. 系统的熵 S 与内能 U 可通过 ρ_i 表示为

$$S = k\ln P \simeq k\sum_{\mathrm{d}\omega}(z\ln z - \sum n_i\ln n_i) = -k\sum_{\mathrm{d}\omega}z\sum\rho_i\ln\rho_i = kzs\mathrm{d}\omega \quad (5.1.26)$$

$$U = z\mathrm{d}\omega\hbar\omega\sum\mathrm{i}\rho_i = z\mathrm{d}\omega\hbar\omega u$$

式中, s、u 分别为无量纲的熵密度与内能密度

$$u = <n> = \sum\mathrm{i}\rho_i$$
$$s = -\sum\rho_i\ln\rho_i \quad (5.1.27)$$

取 S、V 为独立变量, U 为 S、V 的函数, 则由热力学关系给出平衡辐射的温度 T 与压力 P 的计算公式

$$\mathrm{d}U = T\mathrm{d}S - p\mathrm{d}V, \quad T = \left(\frac{\partial U}{\partial S}\right)_V, \quad p = -\left(\frac{\partial U}{\partial V}\right)_S \quad (5.1.28)$$

激光作为一种非热平衡辐射, 它与热平衡辐射的关系[3], 以及与各种参量的关系需进一步讨论.

5.2 光的相干性

自从 Dirac 提出 "光子自干涉" 著名论断[4] 以来, 光的干涉, 特别是弱光干涉一直是一个带有基本意义的理论与实践问题. 为了方便, 现分成若干问题讨论.

5.2.1 相干条件

经典光学中, 当说到两束光叠加产生干涉条纹时, 总要求叠加的两束光为同源相干光. 这是因为经典光学中的干涉测量是对干涉场进行长时间的观察, 相当于对干涉场作长时间的统计平均. 实际上, 被叠加的两束光, 不论同源与否, 只要观察时间 T 短于两束光频宽 $\Delta\nu$ 的倒数, 即 $T < (\Delta\nu)^{-1}$, 就产生干涉条纹. 对 T 时间求平均后的光强 $\bar{I}$ 与被叠加的两束光的强度 I_1、I_2, 频率 ω_1、ω_2 及相位 φ_1、φ_2 间的关系为

$$
\begin{aligned}
\bar{I} &= \frac{1}{T}\int_t^{t+T}[E_1(t') + E_2(t' + \theta x/c)]^2\mathrm{d}t' \\
&= \frac{1}{T}\int_t^{t+T}\left\{I_1(t') + I_2(t') + 2\sqrt{I_1(t')I_2(t')}\right.\\
&\quad \left.\times \cos\left[(\omega_1 - \omega_2)t' - \frac{\omega_2\theta x}{c} + \varphi_1(t') - \varphi_2(t')\right]\right\}\mathrm{d}t' \quad (5.2.1)
\end{aligned}
$$

当 T 很大时, 对时间求积, 就是对系综求平均. 如果是不同源的光, 被积函数中表现双光束干涉的位相差 $\varphi_1(t') - \varphi_2(t')$ 的变化是无规的, 求平均后其值为 0. 如果是同源的相干光, 则有

$$\omega_2 = \omega_1, \quad \varphi_2(t') = \varphi_1(t') \tag{5.2.2}$$

干涉项的位相为定数 $\omega_2 \theta x/c$, 与时间无关, 对时间求平均后不为 0. 但当 T 不是很大, 对 t 求平均, 将不经历系统的各态, 而是对部分状态求平均. 在这部分状态的 $\varphi_2(t') - \varphi_1(t')$ 变化不大的情况下, (5.2.1) 式变为

$$\begin{aligned}
\overline{I} =& I_1(t) + I_2(t) + 2\sqrt{I_1(t)I_2(t)} \frac{\sin(\omega_2 - \omega_1)T/2}{(\omega_2 - \omega_1)T/2} \cos\left[(\omega_2 - \omega_1)(t + T/2) \right.\\
& \left. + \frac{\omega_2 \theta x}{c} + \varphi_2(t) - \varphi_1(t) \right]
\end{aligned} \tag{5.2.3}$$

由 (5.2.3) 式得出, 只要 $T \leqslant \dfrac{2\pi}{|\omega_2 - \omega_1|} = \dfrac{1}{|\nu_2 - \nu_1|}$, 即使是非同源的两束光干涉, 也能看到干涉条纹. 事实上, Forrester 等 [5] 已观察到非相干光源发射的 Zeeman 双线在光阴极表面上产生的拍频调制发射信号, 虽然信噪比很低 (约 3×5^{-5}). 能观察到干涉条纹的另一条件, 即在 $T(< (\Delta\nu)^{-1})$ 时间内落到探测面上的光子数应尽可能得多. 这条件可表示为光子简并度 $\langle n \rangle \geqslant 1$. 一般的热辐射光源 $\langle n \rangle \simeq 10^{-3}$, 要观察到非同源光的干涉或拍频是很困难的. 激光的光子简并度 $\langle n \rangle \gg 1$, 有利于观察非同源光的相干效应. 事实上, Javan 等[6], Magyar 和 Mandel[7] 分别观察到独立的激光束的干涉与两台独立的激光器输出产生的空间干涉 [6, 7]. 两束独立的红宝石激光的拍频也被观察到[8]. 用两台独立的 He-Ne 激光器进行的弱光干涉实验也是很有意思的[8, 9]. 图 5.1 给出实验装置简图. 源与探测器之间的渡越时间为 3ns, 而光子的间隔时间约为 150 ns. 粗略地说, 当一个光子被吸收后, 才会发射第二个光子. 进行一次观察所需的时间为 20 μs. 探测器的量子效率为 7%, 故进行一次观察平均能接收到 10 个光子. 两台独立的 He-Ne 单模激光器输出激光分别通过半透及全反射镜 M_3、M_4, 以互相倾斜成 θ 的角度射到干涉探测器的接收表面上. 因为每次观测到约 10 个光子, 只能用相关接收器进行判别. 接收面用一叠厚为 $L/2$(约等于干涉条纹间隔的一半 $l/2$) 的玻璃片组成, 其中 1、3、5 片的光进入探测器 6; 2、4、6 片上的光进入探测器 7. 将两探测器上测得的光子数起伏 Δn_1、Δn_2 作相关处理, 其相关系数 r 为

$$r = \frac{\langle \Delta n_1 \Delta n_2 \rangle}{\sqrt{\langle \Delta n_1^2 \rangle \langle \Delta n_2^2 \rangle}} \tag{5.2.4}$$

图 5.2 给出 r 与 L/l 的变化曲线. 由图看出, 当 $L \approx l$ 时, 相关系数 r 为负, 绝对值最大. 这表明一组玻璃片接收到亮纹, 而另一组玻璃片接收到暗纹. 当 $L \ll l$ 时, 相关系数 r 为正, 这表明一个亮纹覆盖在几个玻璃片上, 两个探测器上给出相同的光

子计数, 故相关系数 r 为正. 若是 $L \gg l$, 即一个玻璃片上接收到很多干涉条纹, 故相关系数 r 为零. 由此实验得出, 不同激光器的输出, 如果不是对系综求平均, 是会相干的, 并且会产生干涉条纹.

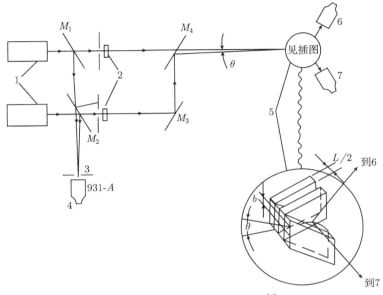

图 5.1 弱光干涉探测示意图[9]

1-激光器; 2-减光片; 3-狭缝; 4-监测光电管; M_1、M_2-分光片; 5-干涉探测器; 6、7-光电探测器

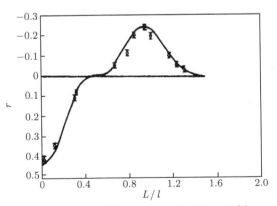

图 5.2 相关系数 r 对 L/l 的变化曲线[9]

实验中 $\Delta \nu T \simeq 0.6$

5.2.2 "光子自干涉" 与 "同态光子干涉"

"光子自干涉" 著名论断表明, 每一个光子只能自己发生干涉, 不同光子间的干涉是从来不会发生的[4]. 文献 [8] 在引用这一论断时, 又做了补充"过去人们在引用这一论断时, 往往误认为不同源的光子是不会相干的". 那么由实验证明的不同激光器发出的光子是可以相干的, 可以产生干涉条纹的, 这也属于"光子自己发生干涉", 而不是"不同光子间的干涉". 这就要求"两台不同的激光器会发出同一光子实现自干涉", 这明显遇到观念上的困难. 为克服这一困难, 将"光子自干涉"理解为包括"同态光子干涉"在内是必要的. 事实上, 同一状态的光子是不可区分的全同粒子. 不论是来自同一发射源, 还是来自不同的发射源, 只要进入同一量子状态后, 就是相干的. 不同光源产生的频率为 ν_1、ν_2 的两束光, 在 $\varphi_2(t') - \varphi_1(t')$ 变化不大的情形下, 可通过限制观察时间 T, 使 $T < (\Delta\nu)^{-1}$, 即 $T\Delta\nu < 1$, 便处于同一量子状态, 达到相干, 输出相干的拍频信号. 其他的空间相干实验也都是造成同一量子状态的相干条件. 两台独立的红宝石激光器输出的空间相干实验, 两台独立的 He-Ne 激光的弱光干涉实验均表明同一状态的光子是相干的, 均能在"同态光子相干涉"意义下得到理解.

5.3   光　探　测

5.3.1   理想探测器[10]

一个理想的光探测器对描述光强变化和光强空间分布来说是重要的. 理想的光探测器从微观意义来说可理解为一线度比波长小得多的原子, 在受到光子激发后, 由基态跃迁到连续态, 有很宽的频率响应. 光与原子的电偶极相互作用能可表示为

$$H_{\mathrm{I}} = -\boldsymbol{\mu} \cdot \boldsymbol{E}(\boldsymbol{r}, t) \tag{5.3.1}$$

式中, $\boldsymbol{E}(\boldsymbol{r}, t)$ 为电场, $\boldsymbol{\mu}$ 为原子的偶极矩. 当测到一个光子后, 原子由基态跃迁到激发态, 而场也发生了变化, 即由初态 i 到终态 f. H_{I} 的矩阵元可写为

$$-\langle f|\boldsymbol{E}(\boldsymbol{r}, t)|i\rangle \cdot \langle e|\boldsymbol{\mu}|g\rangle \tag{5.3.2}$$

为方便计, 略去矢量记号, 将 $\boldsymbol{E}(\boldsymbol{r}, t) \cdot \boldsymbol{\mu}$ 写作 $E(\boldsymbol{r}, t)\mu$, 将电场 $E(\boldsymbol{r}, t)$ 写为

$$E(\boldsymbol{r}, t) = E^+(\boldsymbol{r}, t) + E^-(\boldsymbol{r}, t) \tag{5.3.3}$$

$E^+(\boldsymbol{r}, t)$、$E^-(\boldsymbol{r}, t)$ 分别为正频项与负频项, 与 $\mathrm{e}^{-\mathrm{i}\omega t}$、$\mathrm{e}^{\mathrm{i}\omega t}$ 成正比. 考虑到能量守恒关系, 场强 $E(r, t)$ 中频率 ω 满足 $\hbar\omega \simeq E_e - E_g$ 的分量的贡献是主要的, 故 (5.3.2) 式可近似为 $-\mu\langle f|E^+(r, t)|i\rangle$. 光吸收的跃迁概率为 $-\mu\langle f|E^+(r, t)|i\rangle$ 模量的平方, 并对各种可能的末态 f 求和

$$\mu^2 \sum_f |\langle f|E^+(\boldsymbol{r}, t)|i\rangle|^2 = \mu^2 \sum_f \langle i|E^-(\boldsymbol{r}, t)|f\rangle\langle f|E^+(\boldsymbol{r}, t)|i\rangle$$

$$= \mu^2 \langle i|E^-(\boldsymbol{r},t)E^+(\boldsymbol{r},t)|i\rangle \tag{5.3.4}$$

(5.3.4) 式是考虑到各种可能的末态 f 构成一完备的体系 $\sum_f |f\rangle\langle f| = 1$ 而得出的.

一般来说, 光场的初态也不是确切知道的, 故还要对初态 i 求统计平均后才是理想探测器的输出, 应正比于光强

$$I(r,t) = \mathrm{tr}(\rho E^-(\boldsymbol{r},t)E^+(\boldsymbol{r},t)) \tag{5.3.5}$$

参照 (5.3.4) 式, 除一常数因子 μ^2 外, 由 (5.3.5) 式定义的光强 $I(r,t)$ 便可看成是理想探测器的测量值.

5.3.2 量子跃迁[43]

理想探测器是对光探测的数学描述, 而量子跃迁 (quantum jumps) 则是用微光探测证实单个原子处于激发态的一种办法. 图 5.3 给出 V 形三能级系统. 在 0 与 1、0 与 2 之间分别用强泵浦 (强光) 与弱光联系起来. 因为是强的, 所以由激发态发出的荧光也是强的, 如 10^8 光子/s. 能级 1 与 2 相距甚远, 故不受强泵浦的影响, 仅受弱光的影响. 只要原子没有被弱光由基态能级 0 抽运到激发态能级 2 去, 0 与 1 间的强泵浦及由 1 发出的强荧光将继续下去. 注意到 0、2 间为弱光, 故由 0 抽运到 2 的概率是很小的, 而且一旦被抽运到 2 能级上向下跳的机会也很小, 这时 0 与 1 间泵浦中断, 荧光也就 "变暗". 这就提供了一个 "通过测定强荧光的暗区, 判明电子已被弱探测光抽运并搁置在能级 2 上" 的方法. 实验上观察量子跃迁是用 Ba^+ 做实验[43], Ba^+ 离子能级如图 5.4. 强泵浦用粗线表示, 即 $6^2\mathrm{S}_{1/2} \to 6^2\mathrm{P}_{1/2} \to 5^2\mathrm{D}_{3/2}$. 而细线加虚线则表示抽运并搁置电子到 $^2\mathrm{D}_{5/2}$ 态, 路径为 $6^2\mathrm{S}_{1/2} \to 6^2\mathrm{P}_{3/2} \to 6^2\mathrm{D}_{5/2}$. 弱光的光强为 $6.4 \times 10^{-9}\mathrm{W/cm}^2$. 图 5.5 为 $6^2\mathrm{P}_{1/2} \to 6^2\mathrm{S}_{1/2}$ 强荧光 $I(t)$, 平均搁置时间达 $30\,\mathrm{s}$, 这使我们确信在离子阱中的 Ba^+ 离子为单个 Ba^+ 离子. 这时真空度保持在 $8 \times 10^{-11}\mathrm{mmHg}$, 用两束共线激光冷却定域离子在 1μ 小区内.

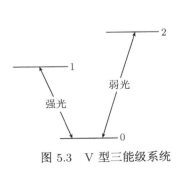

图 5.3 V 型三能级系统

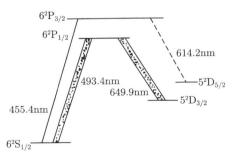

图 5.4 Ba^+ 离子能级

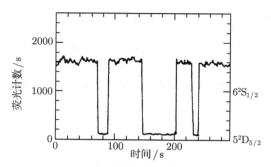

图 5.5　强荧光 $I(t)$ 随 t 变化的实验结果[43]

5.4　场的相关函数与场的相干性

理想探测器测量的光场 $I(\boldsymbol{r}, t)$ 即光场正频与负频部分的自相关. 将 $(\boldsymbol{r}, t)$ 记为 x, 则自相关函数 $G(x, x)$ 可写为

$$I(x) = G(x, x) = \mathrm{tr}\{\rho E^-(x)E^+(x)\} \tag{5.4.1}$$

可是在 Young 干涉实验中, 我们要测定的光强来源于双缝 x_1 与 x_2 处的光振动的叠加. 故有

$$\begin{aligned}
I =& \mathrm{tr}\{\rho(E^-(x_1) + E^-(x_2))(E^+(x_1) + E^+(x_2))\} \\
=& \mathrm{tr}\{\rho E^-(x_1)E^+(x_1)\} + \mathrm{tr}\{\rho E^-(x_1)E^+(x_2)\} \\
& + \mathrm{tr}\{\rho E^-(x_2)E^+(x_1)\} + \mathrm{tr}\{\rho E^-(x_2)E^+(x_2)\} \\
=& G(x_1, x_1) + G(x_1, x_2) + G(x_2, x_1) + G(x_2, x_2)
\end{aligned} \tag{5.4.2}$$

参照 (5.4.1) 式定义, 第一、四项为 x_1、x_2 点的自相关函数, 即 x_1、x_2 点的光强 $I(x_1)$、$I(x_2)$ 恒大于零, 且与场强 $E(x_1)$、$E(x_2)$ 点的位相无关; 而第二、三项为 (x_1, x_2) 的互相关函数

$$G(x_i, x_j) = \mathrm{tr}\{\rho E^-(x_i)E^+(x_j)\} \tag{5.4.3}$$

式中, $G(x_1, x_2)$、$G(x_2, x_1)$ 为共轭复数. $G(x_1, x_2) + G(x_2, x_1)$ 为实数, 可为正或负, 依赖于叠加的场 $E(x_1)$、$E(x_2)$ 间的相位差. 用光学干涉的术语来说, 当位相差为 $2n\pi$ 时, $G(x_1, x_2) + G(x_2, x_1)$ 为正的极大, $I = I_{\max}$. 当 $E(x_1)$ 与 $E(x_2)$ 的位相差为 $(2n+1)\pi$ 时, $G(x_1, x_2) + G(x_2, x_1)$ 为负的极小, $I = I_{\min}$. 用 $I_{\max}$、$I_{\min}$ 作条纹能见度 V

$$V = \frac{I_{\max} - I_{\min}}{I_{\max} + I_{\min}} \tag{5.4.4}$$

若

$$|G(x_1, x_2)| = \sqrt{G(x_1, x_1)G(x_2, x_2)} \tag{5.4.5}$$

则称其为相干场. 这时

$$G(x_1, x_2) = \sqrt{G(x_1, x_1)G(x_2, x_2)}\, \mathrm{e}^{\mathrm{i}\phi}$$
$$G(x_2, x_1) = \sqrt{G(x_1, x_1)G(x_2, x_2)}\, \mathrm{e}^{-\mathrm{i}\phi} \tag{5.4.6}$$

当 $\phi = 2n\pi$ 时

$$I_{\max} = \left(\sqrt{G(x_1, x_1)} + \sqrt{G(x_2, x_2)}\right)^2$$

当 $\phi = (2n+1)\pi$ 时

$$I_{\min} = \left(\sqrt{G(x_1, x_1)} - \sqrt{G(x_2, x_2)}\right)^2$$

$$V = \frac{2\sqrt{G(x_1, x_1)G(x_2, x_2)}}{G(x_1, x_1) + G(x_2, x_2)} \tag{5.4.7}$$

特别是当 $G(x_1, x_1) = G(x_2, x_2)$, 能见度 $V=1$, 干涉条纹明暗对比最强.

一般来说, $G(x_1, x_2)$ 满足 Schwarz 不等式

$$|G(x_1, x_2)| \leqslant \sqrt{G(x_1, x_1)G(x_2, x_2)} \tag{5.4.8}$$

特别是当 $|G(x_1, x_2)| \ll \sqrt{G(x_1, x_1)G(x_2, x_2)}$. 由 (5.4.4) 式看出, $I_{\max}$ 与 $I_{\min}$ 差别很小, 明暗对比很弱, $V \simeq 0$, 这就是非相干场情形.

对于满足 (5.4.5) 式的相干场, 互相关函数 $G(x_1, x_2)$ 有如下的分解式:

$$G(x_1, x_2) = \mathcal{E}^*(x_2)\mathcal{E}(x_1) \tag{5.4.9}$$

很明显, 互相关函数 $G(x_1, x_2)$ 具有分解式 (5.4.9) 是相干场的充要条件.

由 (5.4.3) 式定义的 $G(x_1, x_2)$ 称其为场的一阶相关函数. 它是由单光子吸收探测这一物理过程决定的. 对于理想的宽带探测器, 在 $(0, t)$ 时间间隔内探测到一个光子的概率 $p^{(1)}(t)$ 可通过自相关函数 $G(\boldsymbol{r}, t', \boldsymbol{r}, t')$ 来描述

$$p^{(1)}(t) = s \int_0^t \mathrm{d}t' G^{(1)}(\boldsymbol{r}, t', \boldsymbol{r}, t') \tag{5.4.10}$$

式中, s 为标志探测器灵敏度常数. 计数率为

$$w^{(1)}(t) = \frac{\mathrm{d}p^{(1)}(t)}{\mathrm{d}t} = sG^{(1)}(\boldsymbol{r}, t, \boldsymbol{r}, t) \tag{5.4.11}$$

(5.4.11) 式表示的是在 $\boldsymbol{r}$ 点 t 时探测到单个光子的计数率. 如果是探测 n 个光子吸收, 或更简便些, 将实验推广为 n 个理想探测器, 分别处于 $(\boldsymbol{r}_1, \boldsymbol{r}_2, \cdots, \boldsymbol{r}_n)$ 点, 每一探测器均备有时间快门, 并在 $(t_0, t_1), \cdots, (t_0, t_n)$ 时各探测到一个光子的概率为

$$p^{(n)}(t_1, \cdots, t_n)$$

$$= s^n \int_{t_0}^{t_1} \mathrm{d}t_1' \cdots \int_{t_0}^{t_n} \mathrm{d}t_n' \mathrm{tr}\left\{ \rho E^-(\boldsymbol{r}_1, t_1') \cdots E^-(\boldsymbol{r}_n, t_n') E^+(\boldsymbol{r}_n, t_n') \cdots E^+(\boldsymbol{r}_1, t_1') \right\}$$

$$(5.4.12)$$

现定义 n 阶相关函数

$$G^{(n)}(x_1, \cdots, x_n, y_n, \cdots, y_1) = \mathrm{tr}\{\rho E^-(x_1) \cdots E^-(x_n) E^+(y_n) \cdots E^+(y_1)\} \quad (5.4.13)$$

则每一探测器均记录到一个光子, n 个探测器记录到 n 个光子的计数率为

$$w^{(n)}(t_1, \cdots, t_n) = \frac{\partial^{(n)} p^{(n)}(t_1, \cdots, t_n)}{\partial t_1 \cdots \partial t_n} = s^n G^{(n)}(x_1, \cdots, x_n, x_n, \cdots, x_1) \quad (5.4.14)$$

一般来说, n 阶相关函数 $G^{(n)}(x_1, \cdots, x_n, x_n, \cdots, x_1)$ 并不能分解为 n 个探测器的一阶相关函数 $G^{(1)}(x_j, x_j)$, 即

$$G^{(n)}(x_1, \cdots, x_n, x_n, \cdots, x_1) \neq \prod_{j=1}^{n} G^{(1)}(x_j, x_j) \tag{5.4.15}$$

故 n 阶探测率 $w^{(n)}(t_1, \cdots, t_n)$ 也不能表示为 n 个探测器的一阶探测率 $w^{(1)}(t_j)$ 的乘积, 即

$$w^{(n)}(t_1, \cdots, t_n) \neq \prod_{j=1}^{n} w^{(1)}(t_j) \tag{5.4.16}$$

类似于一阶相关函数 $G^{(1)}(x_1, x_2)$ 所满足的分解式 (5.4.9), 对于相干场, 高阶相关函数也具有相应的分解式

$$G^{(n)}(x_1, \cdots, x_n, y_n, \cdots, y_1) = \mathcal{E}^*(x_1) \cdots \mathcal{E}^*(x_n) \mathcal{E}(y_n) \cdots \mathcal{E}(y_1) \tag{5.4.17}$$

满足 (5.4.17) 式的场称其为完全相干场. 对于完全相干场, 有

$$G^{(n)}(x_1, \cdots, x_n, x_n, \cdots, x_1) = \prod_{j=1}^{n} G^{(1)}(x_j, x_j)$$

$$w^{(n)}(t_1, \cdots, t_n) = \prod_{j=1}^{n} w^{(1)}(t_j)$$

$$(5.4.18)$$

5.5 相 干 态

在 5.4 节讨论中, 我们看到一个有趣的结果, 即完全相干场各阶相关函数所满足的分解式关系 (5.4.17). 而光学测量又都是与相应的相关函数联系在一起的. 相关函数结构总是场的正频部分在右边, 负频部分在左边. 如果所选择的场的状态 $|\rangle$ 恰是正频 $E^+(x)$ 的本征态[10,11], 即

$$E^+(x)|\rangle = \mathcal{E}(x)|\rangle \tag{5.5.1}$$

则在这样的状态中计算相关函数, 恰好保留了相关函数的分解性质. 而相关函数的分解性质 (5.4.17) 又恰是场为完全相干场的充要条件, 故称由 (5.5.1) 式给出的 $E^+(x)$ 的本征态为相干态, $\mathcal{E}(x)$ 为本征值. 例如

$$
\begin{aligned}
G^{(1)}(x, x') &= \mathrm{tr}\{\rho E^-(x)E^+(x')\} = \langle|E^-(x)E^+(x')|\rangle \\
&= \mathcal{E}^*(x)\mathcal{E}(x')
\end{aligned} \tag{5.5.2}
$$

$$
\begin{aligned}
G^{(2)}(x_1, x_2, x'_1, x'_2) &= \langle|E^-(x_1)E^-(x_2)E^+(x'_1)E^+(x'_2)|\rangle \\
&= \mathcal{E}^*(x_1)\mathcal{E}^*(x_2)\mathcal{E}(x'_1)\mathcal{E}(x'_2)
\end{aligned} \tag{5.5.3}
$$

下面将看到量子场的正频部分 $E^+(x)$ 的展开式, 包含各种模式的湮没算子. 将 E^+ 作用在相干态上, 相当于从态中湮没掉光子, 但仍保持态不变, 这个性质表明相干态不可能用有限的光子态的叠加来构成. 为求得相干态用光子态叠加的显式表示, 将 $E^+(x)$ 用场的正交归一模式 $u_k(\boldsymbol{r})$ 展开是合适的, 参照 (4.2.1) 式即

$$E^+(x) = \mathrm{i}\sum_k \sqrt{2\pi\hbar\omega_k} a_k u_k(\boldsymbol{r})\mathrm{e}^{-\mathrm{i}\omega_k t} \tag{5.5.4}$$

$$\mathcal{E}(x) = \mathrm{i}\sum_k \sqrt{2\pi\hbar\omega_k} \alpha_k u_k(\boldsymbol{r})\mathrm{e}^{-\mathrm{i}\omega_k t} \tag{5.5.5}$$

将 (5.5.5) 式代入 (5.5.1) 式, 得相干态

$$
\begin{aligned}
|\rangle &= |\{\alpha_k\}\rangle = \prod_k |\alpha_k\rangle \\
a_k|\alpha_k\rangle &= \alpha_k|\alpha_k\rangle
\end{aligned} \tag{5.5.6}
$$

式中, a_k 为湮没算符, 下面 $a_k^\dagger$ 为产生算符, 它们之间满足对易关系

$$
\begin{aligned}
[a_k, a_{k'}^\dagger] &= \delta_{kk'} \\
[a_k, a_{k'}] &= [a_k^\dagger, a_{k'}^\dagger] = 0
\end{aligned} \tag{5.5.7}
$$

(5.5.7) 式表明, 对不同模式 $k \neq k'$, a_k、$a_{k'}^\dagger$ 是可对易的. 但对相同模式 $k = k'$, 则 a_k、$a_k^\dagger$ 是不可对易的. 为方便计, 我们讨论单模情形. 略去脚标 k, 则 (5.5.6) 式为

$$a|\alpha\rangle = \alpha|\alpha\rangle \tag{5.5.8}$$

将相干态 $|\alpha\rangle$ 用光子数态 $|n\rangle$ 展开. $|n\rangle$ 可表示为

$$|n\rangle = \frac{1}{\sqrt{n!}}(a^\dagger)^n|0\rangle \tag{5.5.9}$$

$|0\rangle$ 为真空态, 应用对易关系 (5.5.7) 式, 易证

$$a|n\rangle = \frac{1}{\sqrt{n!}} aa^\dagger (a^\dagger)^{n-1}|0\rangle$$

$$= \frac{1}{\sqrt{n!}} (1 + a^\dagger a)(a^\dagger)^{n-1}|0\rangle = \frac{n}{\sqrt{n!}} (a^\dagger)^{n-1}|0\rangle$$

$$= \sqrt{n}|n-1\rangle \tag{5.5.10}$$

应用 (5.5.10) 式不难验证状态

$$|\alpha> = \mathrm{e}^{-|\alpha|^2/2} \sum_{n=0}^{\infty} \frac{\alpha^n}{\sqrt{n!}} |n\rangle \tag{5.5.11}$$

满足关系 (5.5.8), 并且是归一的.

在相干态 $|\alpha\rangle$ 中, 观察到 n 个光子的概率 $p(n)$ 满足 Poisson 分布

$$p(n) = \frac{|\alpha|^{2n}}{n!} \exp(-|\alpha|^2) \tag{5.5.12}$$

光子数平均值

$$\langle n \rangle = \sum n p(n) = |\alpha|^2 \sum \frac{|\alpha|^{2(n-1)}}{(n-1)!} \exp(-|\alpha|^2) = |\alpha|^2 \tag{5.5.13}$$

$$\langle n^2 \rangle = \sum n^2 p(n) = |\alpha|^4 \sum \frac{|\alpha|^{2(n-2)}}{(n-2)!} \exp(-|\alpha|^2) + |\alpha|^2$$

$$= \langle n \rangle^2 + \langle n \rangle \tag{5.5.14}$$

相干态 $|\alpha\rangle$ 还可用位移算子 $D(\alpha)$ 作用在真空态 $|0\rangle$ 上生成, 即

$$|\alpha\rangle = D(\alpha)|0\rangle, \quad D(\alpha) = \exp(\alpha a^\dagger - \alpha^* a) \tag{5.5.15}$$

利用 Baker-Hausdorff 恒等式 (见附录 5A)

$$\exp(A + B) = \exp A \exp B \exp\left(-\frac{1}{2}[A, B]\right) \tag{5.5.16}$$

(5.5.16) 式成立的条件是 $[A, B]$ 与 A 和 B 都是对易的, 即 $[[A, B], A] = [[A, B], B] = 0$. 按 (5.5.16) 式, 位移算子 $D(\alpha)$ 可写为

$$D(\alpha) = \exp(\alpha a^\dagger) \exp(-\alpha^* a) \exp\left(-\frac{1}{2}[\alpha a^\dagger, -\alpha^* a]\right)$$

$$= \exp(-|\alpha|^2/2) \exp(\alpha a^\dagger) \exp(-\alpha^* a) \tag{5.5.17}$$

$$D(\alpha)|0\rangle = \exp(-|\alpha|^2/2) \sum_{n=0}^{\infty} \frac{\alpha^n}{\sqrt{n!}} |n\rangle \tag{5.5.18}$$

相干态是不正交的, 因

$$\langle\alpha|\beta\rangle = \exp\left(-\frac{1}{2}|\alpha|^2 - \frac{1}{2}|\beta|^2\right)\sum_{n,m}\frac{\alpha^{*n}\beta^m}{\sqrt{n!m!}}\langle n|m\rangle$$

$$= \exp(\alpha^*\beta - |\alpha|^2/2 - |\beta|^2/2) \tag{5.5.19}$$

而

$$|\langle\alpha|\beta\rangle|^2 = \exp(\alpha\beta^* + \alpha^*\beta - |\alpha|^2 - |\beta|^2)$$

$$= \exp(-|\alpha - \beta|^2) \tag{5.5.20}$$

只有当 α、β 的间距 $|\alpha - \beta|$ 增大, $\exp(-|\alpha - \beta|^2) \simeq 0$, $|\alpha\rangle$、$|\beta\rangle$ 才近乎正交.

相干态虽不正交, 却是完备的. 完备性主要体现在如下的按单位算子 $|\alpha\rangle\langle\alpha|$ 展开关系上:

$$\int |\alpha\rangle\langle\alpha|\frac{d^2\alpha}{\pi} = 1 \tag{5.5.21}$$

(5.5.21) 式右端的 1 为单位算子, 而积分是对整个复平面积分的. 令 $\alpha = x + \mathrm{i}y = r\mathrm{e}^{\mathrm{i}\theta}$, 则 $\mathrm{d}^2\alpha = \mathrm{d}x\mathrm{d}y = r\mathrm{d}r\mathrm{d}\theta$. 为证明 (5.5.21) 式, 将相干态用粒子数态 $|n>$ 展开式 (5.5.11) 及其复共轭代入, 便得

$$\int |\alpha\rangle\langle\alpha|\frac{\mathrm{d}^2\alpha}{\pi} = \sum_{n=0}^{\infty}\sum_{m=0}^{\infty}\frac{1}{\pi}\frac{|n\rangle\langle m|}{\sqrt{n!m!}}\int \mathrm{e}^{-|\alpha|^2}\alpha^{*m}\alpha^n\mathrm{d}^2\alpha$$

$$= \sum_{n,m=0}^{\infty}\frac{|n\rangle\langle m|}{\pi\sqrt{n!m!}}\int_0^{\infty}r\mathrm{d}r\mathrm{e}^{-r^2}r^{n+m}\int_0^{2\pi}\mathrm{d}\theta\mathrm{e}^{\mathrm{i}(n-m)\theta} \tag{5.5.22}$$

注意到

$$\int_0^{2\pi}\mathrm{d}\theta\mathrm{e}^{\mathrm{i}(n-m)\theta} = 2\pi\delta_{nm}, \quad \int_0^{\infty}\mathrm{d}\xi\mathrm{e}^{-\xi}\xi^n = n!$$

便得

$$\int |\alpha\rangle\langle\alpha|\frac{\mathrm{d}^2\alpha}{\pi} = \sum_0^{\infty}|n\rangle\langle n| = 1 \tag{5.5.23}$$

现在我们来证明已求得的相干态为最小测不准态 (见附录 5B), 即广义动量及广义坐标满足测不准关系 $\sqrt{\langle(\Delta p)^2\rangle\langle(\Delta q)^2\rangle} = \hbar/2$, Δp、Δq 分别为广义动量、广义坐标的测不准量. 对单模电磁场, 广义动量 p、广义坐标 q 与湮没、产生算子 a、$a^\dagger$ 的关系如下:

$$q = \sqrt{\frac{\hbar}{2\omega}}(a^\dagger + a), \quad p = \mathrm{i}\sqrt{\frac{\hbar\omega}{2}}(a^\dagger - a) \tag{5.5.24}$$

故有

$$\langle q \rangle = \sqrt{\frac{\hbar}{2\omega}} \langle \alpha | a + a^\dagger | \alpha \rangle = \sqrt{\frac{\hbar}{2\omega}} (\alpha + \alpha^*)$$

$$\langle p \rangle = \mathrm{i} \sqrt{\frac{\hbar\omega}{2}} \langle \alpha | a^\dagger - a | \alpha \rangle = \mathrm{i} \sqrt{\frac{\hbar\omega}{2}} (\alpha^* - \alpha)$$

$$\langle q^2 \rangle = \frac{\hbar}{2\omega} \langle \alpha | a^{\dagger 2} + a^2 + a a^\dagger + a^\dagger a | \alpha \rangle$$

$$= \frac{\hbar}{2\omega} (\alpha^{*2} + \alpha^2 + 2\alpha^* \alpha + 1) \tag{5.5.25}$$

$$\langle p^2 \rangle = -\frac{\hbar\omega}{2} \langle \alpha | a^{\dagger 2} + a^2 - a a^\dagger - a^\dagger a | \alpha \rangle$$

$$= -\frac{\hbar\omega}{2} (\alpha^{*2} + \alpha^2 - 2\alpha^* \alpha - 1)$$

方差为

$$\langle (\Delta q)^2 \rangle = \langle (q - \langle q \rangle)^2 \rangle = \langle q^2 \rangle - \langle q \rangle^2 = \frac{\hbar}{2\omega}$$

$$\langle (\Delta p)^2 \rangle = \langle (p - \langle p \rangle)^2 \rangle = \langle p^2 \rangle - \langle p \rangle^2 = \frac{\hbar\omega}{2} \tag{5.5.26}$$

由此得 $\sqrt{\langle (\Delta p)^2 \rangle \langle (\Delta q)^2 \rangle} = \hbar/2$. 这是测不准关系 $\Delta p \Delta q \geqslant \hbar/2$ 所能容许的最小值.

5.6　用相干态展开

5.6.1　相干态的 P 表示

　　相干态已构成一完备体系, 就可用相干态为基, 将任一态函数 $|\psi\rangle$ 进行展开. 应用 (5.5.23) 式将单位算子作用在 $|\psi\rangle$ 上, 得

$$|\psi\rangle = \int \frac{\mathrm{d}^2 \alpha}{\pi} |\alpha\rangle \langle \alpha | \psi \rangle = \int \frac{\mathrm{d}^2 \alpha}{\pi} \langle \alpha | \psi \rangle | \alpha \rangle \tag{5.6.1}$$

设

$$|\psi\rangle = \sum_{n'} \psi_{n'} |n'\rangle \tag{5.6.2}$$

则应用粒子数态的规一正交关系, 得

$$\langle \alpha | \psi \rangle = \mathrm{e}^{-|\alpha|^2/2} \sum_n \frac{\alpha^{*n}}{\sqrt{n!}} \langle n | \sum_{n'} \psi_{n'} | n' \rangle$$

$$= \mathrm{e}^{-|\alpha|^2/2} \sum_n \frac{\psi_n \alpha^{*n}}{\sqrt{n!}} \tag{5.6.3}$$

式中, $\sum_n \psi_n \alpha^{*n}/\sqrt{n!}$ 为 α^* 的整函数, 而指数函数 $\mathrm{e}^{-|\alpha|^2/2}$ 则不是 α^* 的函数, 因 $|\alpha|^2 = \alpha^* \alpha$. 同样对于算子 T, 两边用单位函数作用, 得

$$T = \int \frac{\mathrm{d}^2\alpha}{\pi} \frac{\mathrm{d}^2\beta}{\pi} |\alpha\rangle\langle\alpha|T|\beta\rangle\langle\beta|$$

$$= \int \frac{\mathrm{d}^2\alpha}{\pi} \frac{\mathrm{d}^2\beta}{\pi} F(\alpha^*, \beta) \exp\left(-\frac{|\alpha|^2}{2} - \frac{|\beta|^2}{2}\right) |\alpha\rangle\langle\beta| \tag{5.6.4}$$

$$F(\alpha^*, \beta) = \sum_{n,m} \frac{\langle n|T|m\rangle\alpha^{*n}\beta^m}{\sqrt{n!}\sqrt{m!}} = \sum_{n,m} \frac{T_{nm}\alpha^{*n}\beta^m}{\sqrt{n!}\sqrt{m!}}$$

$F(\alpha^*, \beta)$ 为 α^*、β 的解析函数. 指数因子 $\mathrm{e}^{-|\alpha|^2/2-|\beta|^2/2}$ 已分离出来. 我们感兴趣的辐射场密度矩阵算符 ρ 也应可以表示为与 (5.6.4) 式相似的形式

$$\rho = \int \frac{\mathrm{d}^2\alpha}{\pi} \frac{\mathrm{d}^2\beta}{\pi} R(\alpha^*, \beta) \exp(-|\alpha|^2/2 - |\beta|^2/2)|\alpha\rangle\langle\beta| \tag{5.6.5}$$

将密度矩阵算符 ρ 用相干态表示, 就使得计算按正规编序排列的算子乘积 (指湮没算子在右, 产生算子在左) 的期待值变得很容易, 即只需将场算符简单地用相应的本征值来代替, 便得我们要的期待值. 例如, 计算高阶相关函数 (5.4.13) 式, ρ 用 (5.6.5) 式代, 得

$$G^{(n)}(x_1, \cdots, x_n, y_1, \cdots, y_n)$$

$$= \int \mathcal{E}^*(x_1, \{\alpha_k\}) \cdots \mathcal{E}^*(x_n, \{\alpha_k\}) \times \mathcal{E}(y_1, \{\beta_k\}) \cdots \mathcal{E}(y_n, \{\beta_k\})$$

$$\times R(\{\alpha_k\}, \{\beta_k\}) \exp\left(-\sum_k |\alpha_k|^2 - \sum_k |\beta_k|^2\right) \prod_k \left(\frac{\mathrm{d}^2\alpha_k}{\pi}\right) \prod_k \left(\frac{\mathrm{d}^2\beta_k}{\pi}\right) \tag{5.6.6}$$

式中, 已考虑到多模, 模式指标为 k. 密度矩阵 ρ 用了 (5.6.5) 式.

密度矩阵 ρ 的表达式 (5.6.5) 是普遍的, 可用来表示场的任意态. 但对有些场来说, 可能有更简化的表示. 即将密度矩阵按 $|\alpha\rangle\langle\alpha|$ 展开, 而不是按 $|\alpha\rangle\langle\beta|$ 展开. 换言之, 我们寻求的是如下对角形的展开:

$$\rho = \int \mathrm{d}^2\alpha P(\alpha)|\alpha\rangle\langle\alpha|$$
$$\int P(\alpha)\mathrm{d}^2\alpha = 1 \tag{5.6.7}$$

式中, $P(\alpha)$ 为实的权重函数. 我们称 (5.6.7) 式为密度矩阵的 P 表示. 权函数 $P(\alpha)$ 为实函数就保证展开式的 Hermite 性质. 又从 $P(\alpha)$ 满足的规一化条件来看, $P(\alpha)$ 具有概率密度性质, 不过还不能把 $P(\alpha)$ 看成是严格的概率密度, 因为 $|\alpha\rangle$ 不构成正交集. 由 $P(\alpha)$ 为正得出密度矩阵 ρ 为正定, 但由 ρ 的正定性并不能得出 $P(\alpha)$ 一定不为负. 显然在进行实际计算时, 将 $P(\alpha)$ 看成 "准概率" 是有用的. 例如, 应用 P 表示求算子函数的迹, 即

$$\mathrm{tr}(\rho b^{\dagger n} b^m) = \int P(\beta)(\beta^*)^n \beta^m \mathrm{d}^2\beta \tag{5.6.8}$$

一般地

$$\operatorname{tr}(\rho f_{\mathrm{N}}(b^{\dagger}, b)) = \int P(\beta) f_{\mathrm{N}}(\beta^*, \beta) \mathrm{d}^2\beta \tag{5.6.9}$$

式中, $f_{\mathrm{N}}(b^{\dagger}, b)$ 为按正常顺序排列 (b 在 $b^{\dagger}$ 的右边) 的函数. 类似于求 Fourier 变换, 我们求密度矩阵的特征函数 $X(\lambda)$, 其定义为

$$\begin{aligned} X(\lambda) &= \operatorname{tr}(\rho D(\lambda)) = \operatorname{tr}(\rho \exp(\lambda b^{\dagger} - \lambda^* b)) \\ &= \operatorname{tr}(\rho \mathrm{e}^{-\lambda^2/2} \mathrm{e}^{\lambda b^{\dagger}} \mathrm{e}^{-\lambda^* b}) \\ &= \mathrm{e}^{-\lambda^2/2} \int P(\beta) \langle \beta | \mathrm{e}^{\lambda b^{\dagger}} \mathrm{e}^{-\lambda^* b} | \beta \rangle \mathrm{d}^2\beta \\ &= \mathrm{e}^{-\lambda^2/2} \int P(\beta) \exp(\lambda \beta^* - \lambda^* \beta) \mathrm{d}^2\beta \end{aligned} \tag{5.6.10}$$

式中, 位移算子 $D(\lambda)$ 的表示是用了 (5.5.15) 式、(5.5.17) 式. 与 $X(\lambda)$ 相关的还有一种指数算符按正规编序的特征函数 $X_{\mathrm{N}}(\lambda)$

$$\begin{aligned} X_{\mathrm{N}}(\lambda) &= \operatorname{tr}\{\rho \exp(\lambda b^{\dagger}) \exp(-\lambda^* b)\} \\ &= \exp\left(\frac{|\lambda|^2}{2}\right) X(\lambda) \end{aligned} \tag{5.6.11}$$

(5.6.11) 式的反变换为

$$P(\beta) = \frac{1}{\pi^2} \int \exp(\lambda^* \beta - \lambda \beta^*) X_{\mathrm{N}}(\lambda) \mathrm{d}^2\lambda \tag{5.6.12}$$

若 $X_{\mathrm{N}}(\lambda)$ 是平方可积的, 则可证权函数 $P(\beta)$ 也必然是平方可积的. 不过 $X_{\mathrm{N}}(\lambda)$ 不是平方可积的情形也经常碰到. 下面讨论一个有启发性的例子. 测不准关系要求所有的量子态有 $|\Delta q \Delta p| \geqslant \hbar/2$. 等号成立的态为最小测不准态. 附录 5B 中已证明满足如下关系的态 $|\rangle$ 为最小测不准态:

$$(p - \langle p \rangle)|\rangle = \mathrm{i}\mu(q - \langle q \rangle)|\rangle \tag{5.6.13}$$

由此得 $(\Delta p)^2 = \mu^2 (\Delta q)^2$, μ 可取任意值. 当 $\mu = \omega$ 时, $|\rangle$ 是湮没算符 $b = (2\hbar\omega)^{-1/2}(\omega q + \mathrm{i}p)$ 的本征态, 即相干态. 一般来说, (5.6.13) 式表明 $|\rangle$ 是 $A(\mu)$ 的本征态. $A(\mu)$ 是频率为 μ 的振子的湮没算子

$$A(\mu) = (2\hbar\mu)^{-1/2}(\mu q + \mathrm{i}p) = \frac{(\mu\omega)^{-1/2}}{2}((\mu + \omega)b + (\mu - \omega)b^{\dagger}) \tag{5.6.14}$$

设 $|\rangle$ 为 $A(\mu)$ 的真空态, $A(\mu)|\rangle = 0$. 现应用 (5.5.16) 式求 $|\rangle$ 的 $X_{\mathrm{N}}(\lambda)$ 为

$$\begin{aligned} X_{\mathrm{N}}(\lambda) &= \langle | \exp(\lambda b^{\dagger}) \exp(-\lambda^* b) | \rangle \\ &= \left\langle \left| \exp\left[\lambda\left(\frac{\omega + \mu}{2\sqrt{\omega\mu}} A^{\dagger} + \frac{\omega - \mu}{2\sqrt{\omega\mu}} A\right)\right] \exp\left[-\lambda^*\left(\frac{\omega + \mu}{2\sqrt{\omega\mu}} A + \frac{\omega - \mu}{2\sqrt{\omega\mu}} A^{\dagger}\right)\right] \right| \right\rangle \end{aligned}$$

$$
\begin{aligned}
&= \mathrm{e}^{-|\lambda|^2/2} \left\langle \left| \exp\left(\frac{\lambda_i\omega + \mathrm{i}\lambda_r\mu}{\sqrt{\mu\omega}} A^\dagger + \frac{\lambda_i\omega - \mathrm{i}\lambda_r\mu}{\sqrt{\mu\omega}} A \right) \right| \right\rangle \\
&= \exp\left[\frac{(\lambda_i\omega)^2 + (\lambda_r\mu)^2 - \mu\omega(\lambda_r^2 + \lambda_i^2)}{2\mu\omega} \right] \\
&= \exp\left[\frac{\mu - \omega}{2}\left(\frac{\lambda_r^2}{\omega} - \frac{\lambda_i^2}{\mu} \right) \right]
\end{aligned}
\tag{5.6.15}
$$

对于 $\omega < \mu$, 当 $|\mathrm{Re}\lambda| \to \infty$ 时 $X_\mathrm{N}(\lambda)$ 发散; 对于 $\omega > \mu$, 当 $|\mathrm{Im}\lambda| \to \infty$ 时 $X_\mathrm{N}(\lambda)$ 也发散. 于是由 (5.6.12) 式定义的 P 表示 $P(\beta)$ 是不存在的. 除非 $\mu = \omega$, 这时 (5.6.14) 式给出 $A(\omega) = b$, $A(\omega)$ 即 b 的真空态 $|\rangle$ 的 X_N 可按 (5.5.17) 式、(5.5.18) 式求得

$$
X_\mathrm{N} = \langle |\mathrm{e}^{\lambda b^\dagger} \mathrm{e}^{-\lambda^* b}| \rangle = \mathrm{e}^{\lambda^2/2} \langle |D(\lambda)| \rangle = 1
$$

5.6.2 在 P 表象中参量下转换所满足的 Fokker-Planck 方程

P 表象在量子光学中有着广泛的应用, 主要是湮没算子 a 作用在相干态 $|\alpha\rangle$ 上, 便给出本征值 α. 这个 α 恰是经典光学中光振动的复数模量 (包括振幅与相位), 同样产生算子 $a^\dagger$ 作用在 $\langle\alpha|$ 上给出本征值 α^*. 这样便将算子 a、$a^\dagger$ 与 c 数 α、α^* 关联在一起, 关于算子 a、$a^\dagger$ 密度矩阵方程, 可化为关于 c 数 α、α^* 的 Fokker-Planck 方程. 因由 (5.5.8) 式.

$$
a|\alpha\rangle = \alpha|\alpha\rangle, \quad \langle\alpha|a^\dagger = \alpha^*\langle\alpha|
$$

并由此导出准概率 $p(\alpha)$ 与密度矩阵对角和, 即 (5.6.7) 式. (下面用 $p(\alpha)$ 表示 $P(\alpha)$)

$$
\rho = \int \mathrm{d}^2\alpha\, p(\alpha)|\alpha\rangle\langle\alpha|
$$

即

$$
\rho \longleftrightarrow p(\alpha)
\tag{5.6.16}
$$

由 (5.5.8) 式、(5.6.16) 式容易得出

$$
a\rho = \int \mathrm{d}^2\alpha\, p(\alpha)a|\alpha\rangle\langle\alpha| = \int \mathrm{d}^2\alpha\, \alpha p(\alpha)|\alpha\rangle\langle\alpha|
$$

即

$$
a\rho \longleftrightarrow \alpha p(\alpha)
$$

$$
\rho a^* = \int \mathrm{d}^2\alpha\, p(\alpha)|\alpha\rangle\langle\alpha|a^\dagger = \int \mathrm{d}^2\alpha\, \alpha^* p(\alpha)|\alpha\rangle\langle\alpha|
$$

$$
\rho a^* \longleftrightarrow \alpha^* p(\alpha)
\tag{5.6.17}
$$

对应式左边为算子 $a(a^\dagger)$ 左 (右) 作用于 ρ, 而右边则是用复量 α、α^* 乘以 $p(\alpha)$. 很明显除了 $a(a^\dagger)$ 左 (右) 作用于 ρ 外, 还要解决 $a(a^\dagger)$ 右 (左) 作用于 ρ 的计算. 注意到

$$a^{\dagger}|\alpha\rangle = a^{\dagger}\exp\left(-\frac{\alpha^2}{2}\right)\sum_n \frac{\alpha^n}{\sqrt{n!}}|n\rangle = \exp\left(-\frac{\alpha^2}{2}\right)\sum_n \frac{\alpha^n \sqrt{n+1}}{\sqrt{n!}}|n+1\rangle$$

$$= \exp\left(-\frac{\alpha^2}{2}\right)\frac{\partial}{\partial\alpha}\sum_n \frac{\alpha^n}{\sqrt{n!}}|n\rangle = \exp\left(-\frac{\alpha\alpha^*}{2}\right)\frac{\partial}{\partial\alpha}\|\alpha\rangle$$

$$\|\alpha\rangle = \sum_n \frac{\alpha^n}{\sqrt{n!}}|n\rangle$$

$$a^{\dagger}\rho = \int \mathrm{d}^2\alpha\, p(\alpha)a^{\dagger}|\alpha\rangle\langle\alpha| = \int \mathrm{d}^2\alpha\, p(\alpha)\exp(-\alpha\alpha^*)\frac{\partial}{\partial\alpha}\|\alpha\rangle\langle\alpha\|$$

应用分部积分, 得

$$a^{\dagger}\rho = \int \mathrm{d}^2\alpha\left(\alpha^* - \frac{\partial}{\partial\alpha}\right)p(\alpha)\exp(-\alpha\alpha^*)\|\alpha\rangle\langle\alpha\| = \int \mathrm{d}^2\alpha\left(\alpha^* - \frac{\partial}{\partial\alpha}\right)p(\alpha)|\alpha\rangle\langle\alpha|$$

即

$$a^{\dagger}\rho \longleftrightarrow \left(\alpha^* - \frac{\partial}{\partial\alpha}\right)p(\alpha) \tag{5.6.18}$$

同样可证

$$\rho a \longleftrightarrow \left(\alpha - \frac{\partial}{\partial\alpha^*}\right)p(\alpha) \tag{5.6.19}$$

简并参量放大为一双光子过程, 由一个泵浦光子产生一对信号与闲置光子, 其 Hamilton 可写为

$$H = H_0 + V + W$$

$$H_0 = \hbar\omega_c a^{\dagger}a + \sum_n \hbar\omega_j b_j^{\dagger}b_j$$

$$V = \hbar\left(\Sigma k_j b_j a^{\dagger} + \sum_n k_j^* b_j^{\dagger}a\right) \tag{5.6.20}$$

$$W = \frac{\mathrm{i}\hbar}{2}(\varepsilon a^{\dagger 2} - \varepsilon a^2)$$

式中, H_0 为参量波 a、$a^{\dagger}$ 与热库 b_j、$b_j^{\dagger}$ 的自由 Hamilton, V 为参量波与热库的相互作用 Hamilton, W 为泵浦波 (包含在参数 ε 中) 与参量波的相互作用. 参照 (2.5.10) 式, 可得出参量放大的密度矩阵方程, 在相互作用表象中

$$\frac{\mathrm{d}\rho}{\mathrm{d}t} = \frac{1}{\mathrm{i}\hbar}[V + W, \rho] \tag{5.6.21}$$

参照 (4.3.43) 式、(4.3.44) 式, 并令其中 $\nu/2Q = k$ 由于与热库的相互作用的贡献为

$$\left(\frac{\mathrm{d}\rho}{\mathrm{d}t}\right)_V = \frac{1}{\mathrm{i}\hbar}[V, \rho] = (1 + n_W)k[2a\rho a^{\dagger} - a^{\dagger}a\rho - \rho a^{\dagger}a] + n_W k[2a^{\dagger}\rho a - aa^{\dagger}\rho - \rho aa^{\dagger}]$$

在 p 表象中便是 $\rho \longleftrightarrow p$. 并参照 (5.6.16) 式 $\sim$(5.6.19) 式, 故有

$$[2a\rho a^\dagger - a^\dagger a\rho - \rho a^\dagger a] \longleftrightarrow \left[2\alpha\alpha^* - \left(\alpha^* - \frac{\partial}{\partial\alpha}\right)\alpha - \left(\alpha - \frac{\partial}{\partial\alpha^*}\right)\alpha^*\right]p$$

$$[2a^\dagger\rho a - aa^\dagger\rho - \rho aa^\dagger] \longleftrightarrow \left[2\left(\alpha^* - \frac{\partial}{\partial\alpha}\right)\left(\alpha - \frac{\partial}{\partial\alpha^*}\right) - \alpha\left(\alpha^* - \frac{\partial}{\partial\alpha}\right) - \left(\alpha - \frac{\partial}{\partial\alpha^*}\alpha^*\right)\right]p$$

故有

$$\left(\frac{\partial p}{\partial t}\right)_V = \left[k\left(\frac{\partial}{\partial\alpha}\alpha + \frac{\partial}{\partial\alpha^*}\alpha^*\right) + 2kn_W\frac{\partial^2}{\partial\alpha\partial\alpha^*}\right]p \tag{5.6.22}$$

由于与泵浦场的相互作用的贡献为

$$\left(\frac{\mathrm{d}\rho}{\mathrm{d}t}\right)_W = \frac{1}{\mathrm{i}\hbar}[W,\rho] = \frac{\varepsilon}{2}[(a^{\dagger 2} - a^2)\rho - \rho(a^{\dagger 2} - a^2)]$$

在 p 表象中便是

$$\left(\frac{\mathrm{d}p}{\mathrm{d}t}\right)_W = \frac{\varepsilon}{2}\left[\left(\alpha^* - \frac{\partial}{\partial\alpha}\right)^2 - \alpha^2 - \left(\alpha - \frac{\partial}{\partial\alpha^*}\right)^2 - \alpha^{*2}\right]p$$

$$= -\varepsilon\left[\left(\alpha^*\frac{\partial}{\partial\alpha} + \alpha\frac{\partial}{\partial\alpha^*}\right) - \frac{1}{2}\left(\frac{\partial^2}{\partial\alpha^2} + \frac{\partial^2}{\partial\alpha^{*2}}\right)\right]p \tag{5.6.23}$$

由 (5.6.19) 式 $\sim$(5.6.21) 式得在 p 表象中简并参量放大所满足的 Fokker-Planck 方程为

$$\frac{\mathrm{d}p}{\mathrm{d}t} = \left[k\left(\alpha\frac{\partial}{\partial\alpha} + \alpha^*\frac{\partial}{\partial\alpha^*}\right) - \varepsilon\left(\alpha\frac{\partial}{\partial\alpha^*} + \alpha^*\frac{\partial}{\partial\alpha}\right) + \frac{\varepsilon}{2}\left(\frac{\partial^2}{\partial\alpha^2} + \frac{\partial^2}{\partial\alpha^{*2}}\right) + 2kn_W\frac{\partial}{\partial\alpha\partial\alpha^{(*)}}\right]p \tag{5.6.24}$$

5.7 光子的二阶相关函数、群聚与反群聚效应、鬼态干涉与粒子的纠缠态

5.7.1 光场分布的二阶相关测量

综上所述, 在半经典理论中光场是作为服从 Maxwell 方程的经典场来看待的. 正频部分 $E^+(x)$ 与负频部分 $E^-(x)$ 为可易. 但从量子场观点来看, 参照 (5.5.4) 式, 正频部分 $E^+(x)$ 与负频部分 $E^-(x)$ 已通过湮没与产生算符 a_k、$a_{k'}^\dagger$ 来展开, 而 a_k、$a_{k'}^\dagger$ 又满足 Boson 算子对易关系 $[a_k, a_{k'}^\dagger] = \delta_{k,k'}$. 当 $k = k'$ 时, a_k 与 $a_{k'}^+$ 是不可对易的. 基于这个对易关系, 算子 a_k、$a_{k'}^\dagger$ 还满足在附录 5A 中给出的许多 Boson 算子的代数关系. 但问题是场的量子特性, 如何从实验观测上得到反映? 如何区别经典场与量子场? 经典光学的振幅干涉实验属一阶相关测量, 它是不能解决这些问题的. 只有联系到二阶相关测量反映场的统计起伏性质的实验, 才有可能解决这一问题. 这就是 Hanbury-Brown 与 Twiss 的强度干涉, 即光子符合计数实验[12](图 5.6).

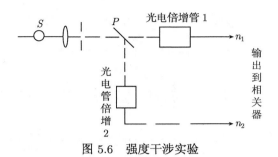

图 5.6　强度干涉实验

图 5.6 中, 由光源 S 发出的光束经分束器 P 分成光强相等的两束, 分别用光电倍增管 1、2 接收并进行计数, 产生一个一个的光子信号输出. 将这些输出接到相关器上, 就发现光子的到达并非完全无规的, 而是存在如图 5.7 所示的群聚效应.

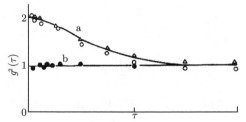

图 5.7　黑体辐射源 (a) 与激光源 (b) 的二阶相关测量[13]

横坐标为光束 1 相对于光束 2 的延迟时间. 纵坐标为光电倍增管 1、2 上的相关计数或称为光子符合计数. 用二阶相关函数来表示, 便是

$$g^2(\tau) = \frac{\langle n_1(t)n_2(t+\tau)\rangle}{\bar{n}^2}$$
$$\bar{n} = \langle n_1(t)\rangle = \langle n_2(t+\tau)\rangle \tag{5.7.1}$$

式中, $n_1(t)$、$n_2(t+\tau)$ 分别为光电倍增管 1、2 上在 t、$t+\tau$ 时记录到的光子数, 延迟时间为 τ. 只有在 $n_1(t)$、$n_2(t+\tau)$ 均不为零, $n_1(t)n_2(t+\tau)$ 才不为零, 故称为符合计数. 将 $n_1(t)n_2(t+\tau)$ 对观察时间 t 求统计平均, 用 $\langle\ \rangle$ 表示, 然后用 $\bar{n}^2$ 除, 进行规一化, 就作为经典的二阶相关函数 $g^2(\tau)$ 的定义. 这里的光子数 $n(t)$ 可理解为与光强成正比的量, 而 $I(t) = E^-(t)E^+(t)$, $E^-(t)$ 与 $E^+(t)$ 是可以对易的. 关于量子的二阶相关函数定义下面还要讨论到. 如果用黑体辐射作为光源 S, 便得曲线 a, 这曲线表明, 当光束 1、2 到达光源面的相对延迟时间 τ 减少时, $g(\tau)$ 增加; 当 $\tau \to 0$ 时, $g^2(\tau) \to 2$; 但当 τ 增大时, $g^2(\tau)$ 由 2 逐渐下降到 1, 趋向于不相关. 这种 τ 变小, 相关变大, 趋向同时到达的现象就是光子的群聚效应. 如果用激光的单模输出作为光源做同样实验, 则得曲线 b[12, 13]. 这又表明激光光源的光子 n_1、n_2 是完全不相关的, 故 $g^2(\tau)$ 近于 1. 同样, 图 5.8 为对少数钠原子的共振荧光光源作光子

相关测量[13~16]. 当 τ 很小时, $g^2(\tau)$ 为 0, 即光子的二阶相关函数为 0. 这表明光子趋向不同时到达, 与图 5.7 曲线 a 的情形完全相反, 故称其为反群聚. 图 5.7 中 a、b 的群聚与不群聚均可用经典光场理论进行解释; 但图 5.8 中的反群聚, 则只能用量子理论, 即非经典光场来解释. 关于经典光场与非经典光场, 下面还要仔细讨论, 这里只是简单讨论经典理论与量子理论解释的区别. 为简单起见, 设入射到图 5.6 中光电倍增管 1、2 上的光束的相对延迟时间为 $\tau = 0$. 从经典理论来看, 在光电倍增管 1、2 上观察到的光信号同时到达或符合计数的概率 $\propto I(t)I(t+\tau) \to I^2(t)$, 考虑到光信号的强度 $I(t)$ 与光子数 $n(t)$ 成正比, 故由 (5.7.1) 式定义的二阶相关函数 $g^2(\tau)$ 又可写为

$$g^2(\tau)|_{\tau \to 0} = \langle I^2(t)\rangle / \langle I(t)\rangle^2 \tag{5.7.2}$$

对于单模输出的激光, 因服从 Poisson 分布 $\langle I^2(t)\rangle = \langle I(t)\rangle^2$, 故有

$$g^2(\tau)|_{\tau \to 0} = 1 \tag{5.7.3}$$

对于黑体辐射混沌光, 下面将证明 $\langle I^2(t)\rangle = 2\langle I(t)\rangle^2$, 故有

$$g^2(\tau)|_{\tau \to 0} = 2 \tag{5.7.4}$$

这样 (5.7.3) 式、(5.7.4) 式就给出图 5.7 曲线 a、b 当 $\tau \to 0$ 时, 二阶相关 $g^2(\tau)$ 分别趋近于 2 与 1 的解释. 但不能用经典理论解释图 5.8 当 $\tau \to 0$, $g^2(\tau) \to 0$ 对单个或少数钠原子共振荧光的光子相关测量结果. 经典理论断言, 光束到达分束器后, 一半走入光电倍增管 1; 另一半走入光电倍增管 2, 不大可能实现二阶相关 $g^2(\tau)|_{\tau \to 0} = \dfrac{\langle n_1(t)n_2(t)\rangle}{\bar{n}^2} = 0$, $\bar{n} = \langle n_1(t)\rangle = \langle n_2(t)\rangle$. 而量子理论则断言, 原子由激发态跃迁到基态, 辐射出一个光子, 这个光子到达分束器后, 要么透过分束器走入

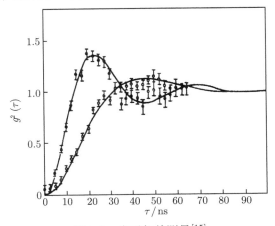

图 5.8　光子相关测量[15]

● - $\Omega/\gamma \simeq 2.2$; ○ - $\Omega/\gamma = 1.1$; 实线为理论曲线

倍增管 1, 要么反射走入倍增管 2. 不可能光子的一半走入 1, 而另一半走入 2. 另外, 因原子已跃迁到基态, 不可在极短时间内再辐射第二个光子. 如光子数 n_1、n_2 按表 5.1 中的方式进行分配, 就可能实现反群聚、无群聚或群聚.

表 5.1

序号	n_1	n_2	$\bar{n}$	$\langle n_1 n_2 \rangle$	g^2	
1	1	0	1/2	0	0	反群聚
	0	1				
2	2	0	1	1/2	1/2	反群聚
	1	1				
	1	1				
	0	2				
3	2	1	1	1	1	无群聚
	1	1				
	0	1				
4	2	2	1	4/3	4/3	群聚
	1	0				
	0	1				

现在我们讨论通过双光子吸收实现反群聚的途径. 图 5.9(a) 为混沌光的光强起伏 $I(t)$; 图 5.9(b)、(c) 为经双光子吸收后的光强起伏, 很明显, 经双光子吸收后, 尖峰被削平. 这是因为双光子吸收概率 $\propto I^2$, 混沌光中尖峰处产生双光子吸收概率最大, 而低凹处概率很小. 尖峰处正是产生光子群聚或光子符合的地方. 如果将这些削掉则显然得出无群聚或反群聚的光子分布. 由于双光子吸收, 二阶相关函数下降为如图 5.10 所示[16]. 除双光子吸收外, 二次谐波及共振荧光均能产生反群聚.

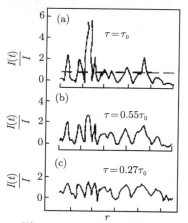

图 5.9 (a) 混沌光的强度起伏;
(b)、(c)经双光子吸收后的强度起伏

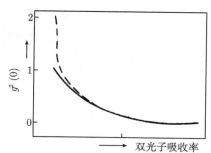

图5.10 双光子吸收对二阶相关函数的影响[16]
- - - 初始为混沌光; —— 初始为相干光

5.7.2 经典光场与非经典光场

(5.7.1) 式定义的二阶相关函数 $g^2(\tau)$ 中涉及的求统计平均 $\langle\ \rangle$ 是按经典统计对时间 t 求平均, 而不是按量子统计对量子态求平均. 对 $g^2(\tau)$ 可证明成立如下的不等式. 如图 5.6 所示的平稳随机光源 S 经狭缝及分束器分束后得 $I(t)$、$I(t+\tau)$, 分别入射到光电倍增管 1、2 上, τ 为相对延迟时间. 于是

$$g^2(\tau) = \frac{\langle I(t)I(t+\tau)\rangle}{\langle I(t)\rangle^2} = \frac{\langle I(0)I(\tau)\rangle}{\bar{I}^2}, \quad \bar{I} = \langle I(t)\rangle \tag{5.7.5}$$

一方面按 Hardy 不等式 $\langle I^2(0)\rangle \geqslant \langle I(0)\rangle^2$, 得

$$g^2(0) \geqslant 1 \tag{5.7.6}$$

另一方面按 Schwarz 不等式 $\langle I^2(0)\rangle\langle I^2(\tau)\rangle \geqslant \langle I(0)I(\tau)\rangle^2$, 得

$$g^2(0) \geqslant g^2(\tau) \tag{5.7.7}$$

不等式 (5.7.6) 和 (5.7.7) 可看成是经典场与非经典场的判据. 凡满足 (5.7.6) 和 (5.7.7) 不等式的为经典场, 否则为非经典场. 图 5.7 和图 5.8 中绘出热辐射场 (混沌光场)、相干光场及钠原子荧光场的二阶相关函数测量. 前两种光场分别满足 Planck 分布与 Poisson 分布. 在涉及二阶相关函数所表现的统计起伏中, 这两种场的量子行为是不明显的, 可用满足 Maxwell 方程的波动方法来处理. 下面将证明这两种场的二阶相关函数 $g^2(\tau)$ 也满足 (5.7.6) 式和 (5.7.7) 式, 故为经典场. 但对后一种荧光场, 其量子特征是很明显的, 不能用经典场方法来处理. 因二阶相关违背上面不等式, 故属非经典场.

现对热辐射与相干光两种经典场的二阶相关函数 $g^2(\tau)$ 进行计算. 参照 (5.1.25) 式可求黑体辐射的光子起伏为

$$\overline{\Delta n^2} = \overline{n^2} - \bar{n}^2 = \bar{n} + \bar{n}^2 \tag{5.7.8}$$

这是一个状态内的光子起伏. 如果是两个互相独立的状态, 分别设为 "1" 与 "2", 则两个状态的光子起伏为

$$\overline{(\Delta n_1 + \Delta n_2)^2} = \overline{\Delta n_1^2} + \overline{\Delta n_2^2} + 2\overline{\Delta n_1 \Delta n_2}$$

两个状态的起伏 Δn_1、Δn_2 也是独立的. 故有 $\overline{\Delta n_1 \Delta n_2} = 0$

$$\overline{(\Delta n_1 + \Delta n_2)^2} = \overline{\Delta n_1^2} + \overline{\Delta n_2^2} \tag{5.7.9}$$

由 (5.7.8) 式和 (5.7.9) 式, 并设 $\bar{n}_1 \simeq \bar{n}_2 \simeq \bar{n}/2$, $h\nu_1 \simeq h\nu_2$, 则

$$\overline{\Delta n^2} = \bar{n} + \bar{n}^2/2, \quad n = n_1 + n_2 \tag{5.7.10}$$

将 (5.7.10) 式推广到 N 个相近的状态, 即

$$h\nu_1 \simeq h\nu_2 \cdots \simeq h\nu_N, \quad \bar{n}_1 \simeq \bar{n}_2 \cdots \simeq \bar{n}/N$$

则有

$$\overline{\Delta n^2} = \bar{n} + \frac{\bar{n}^2}{N}$$

$$n = n_1 + n_2 + \cdots + n_N \tag{5.7.11}$$

(5.7.8) 式和 (5.7.11) 式右端两项有着不同的物理意义. 第一项表现光的粒子性, 因为粒子起伏满足 $\overline{\Delta n^2} = \bar{n}$; 第二项表现出光的波动性, 因为波动干涉使得振幅的涨落正比于振幅的平方和. 这样就得到光子的涨落与光子的平方成正比, 即

$$\bar{n} = \overline{\sum_j a_j^* e^{i(wt+\varphi_j)} \sum_k a_k e^{-i(wt+\varphi_k)}} = \sum_j a_j^2$$

$$\begin{aligned}
\overline{\Delta n^2} &= \overline{n^2} - \bar{n}^2 \\
&= \overline{\left(\sum_j a_j^* e^{i(wt+\varphi_j)}\right)^2 \times \left(\sum_k a_k e^{-i(wt+\varphi_k)}\right)^2} - \left(\sum_j a_j^2\right)^2 \\
&= \overline{\left(\sum_j a_j^2 + \sum_{j\neq}\sum_k a_j^* a_k e^{i(\varphi_j-\varphi_k)}\right)^2} - \left(\sum_j a_j^2\right)^2 \\
&= \sum_{j\neq}\sum_k a_j^2 a_k^2 \simeq \left(\sum_j a_j^2\right)^2 = \bar{n}^2
\end{aligned} \tag{5.7.12}$$

现将 (5.7.11) 式应用于如图 5.6 所示的光子符合计数实验. 进入光电倍增管 1、2 的光子用 n_A、n_B 来表示, 于是有

$$n(t) = n_A(t) + n_B(t), \quad \Delta n(t) = \Delta n_A(t) + \Delta n_B(t)$$

$$\begin{aligned}
\overline{\Delta n^2} &= \bar{n}_A + \bar{n}_B + \frac{(\bar{n}_A + \bar{n}_B)^2}{N} \\
&= \bar{n}_A + \frac{\bar{n}_A^2}{N} + \bar{n}_B + \frac{\bar{n}_B^2}{N} + 2\frac{\bar{n}_A \bar{n}_B}{N}
\end{aligned} \tag{5.7.13}$$

另外

$$\overline{\Delta n^2} = \overline{\Delta n_A^2} + \overline{\Delta n_B^2} + 2\overline{\Delta n_A \Delta n_B} \tag{5.7.14}$$

比较 (5.7.13) 式与 (5.7.14) 式, 便得

$$\overline{\Delta n_A \Delta n_B} = \frac{\bar{n}_A \bar{n}_B}{N} \tag{5.7.15}$$

与前面的独立状态的 $\overline{\Delta n_1 \Delta n_2} = 0$ 不一样. 这里的 Δn_A、Δn_B 不是独立的, 而是存在由 (5.7.15) 式所表示的相关性. 注意到 (5.7.15) 式中的 Δn_A、Δn_B 为同时的, 即 $\overline{\Delta n_A(t) \Delta n_B(t)} = \frac{\bar{n}_A \bar{n}_B}{N}$. 对于有延时 τ 的情形

$$\overline{\Delta n_A(t+\tau)\Delta n_B(t)} = \overline{\Delta n_A(t)\Delta n_B(t)}|\int_0^\infty S(\nu,\nu_0)e^{i\nu\tau}d\nu|^2$$

$$\int_0^\infty S(\nu,\nu_0)d\nu = 1 \tag{5.7.16}$$

式中, $S(\nu,\nu_0)$ 为规一化的线型函数. 由 (5.7.15) 式, 得

$$\overline{\Delta n_A(t+\tau)\Delta n_B(t)} = \frac{\bar{n}_A\bar{n}_B}{N}|\int_0^\infty S(\nu,\nu_0)e^{i\nu\tau}d\nu|^2 \tag{5.7.17}$$

当取定谱线形状 $S(\nu,\nu_0) = \frac{1}{\pi}\frac{\gamma/2}{(\gamma/2)^2+(\nu-\nu_0)^2}$, 则得 $\int_0^\infty S(\nu,\nu_0)e^{i\nu\tau} \simeq e^{-\gamma\tau/2}$.
二阶相关函数

$$g^2(\tau) = \frac{\overline{(\bar{n}_A+\Delta n_A)(\bar{n}_B+\Delta n_B)}}{\bar{n}_A\bar{n}_B} = \frac{\overline{\Delta n_A(t+\tau)\Delta n_B(t)}}{\bar{n}_A\bar{n}_B}+1 = 1+e^{-\gamma\tau}/N \tag{5.7.18}$$

对服从 Poisson 分布的单模激光, (5.7.8) 式应换为

$$\overline{\Delta n^2} = \bar{n}$$

应用同样分析方法, 得

$$\overline{\Delta n_A(t)\Delta n_B(t)} = 0$$
$$g^2(\tau) = 1 \tag{5.7.19}$$

由 (5.7.18) 式和 (5.7.19) 式给出的 $g^2(\tau)$ 明显满足不等式 (5.7.6) 和 (5.7.7), 故为经典场. 而且当 $\tau \to 0$ 时, (5.7.18) 式和 (5.7.19) 式便过渡到前面讨论中已用到的 (5.7.4) 式和 (5.7.3) 式.

上面讨论了两种经典场及其二阶相关函数 $g^2(\tau)$. 对于非经典场就要用量子二阶相关函数来描述. 参照高阶相关函数定义 (5.4.17) 式. 量子的规一化的二阶相关函数 $g^2(\tau)$ 可定义为 (量子场的二阶相关函数仍用 $g^2(\tau)$ 表示)

$$g^2(\tau) = \frac{\langle E^-(0)E^-(\tau)E^+(\tau)E^+(0)\rangle}{\langle E^-E^+\rangle^2} \tag{5.7.20}$$

式中, 求平均是指对量子态求平均, 而且 E^+ 与 E^- 是不可对易的. 特别是对于单模场情形, 展开 (5.5.4) 式只需取其中的一项, 于是 (5.7.20) 式可简化为

$$g^2(\tau) = \frac{\langle a^\dagger a^\dagger aa\rangle}{\langle a^\dagger a\rangle^2} = \frac{\langle a^\dagger(aa^\dagger-1)a\rangle}{\langle a^\dagger a\rangle^2}$$
$$= \frac{\langle n_1(n_1-1)\rangle}{\bar{n}_1^2} \tag{5.7.21}$$

式中, n_1 为单模的光子数, $\bar{n}_1$ 为单模光子数的平均值. 最简单的情形是处于本征值为 n_1 的光子数态, 有

$$g^2(\tau) = \frac{n_1 - 1}{n_1} \tag{5.7.22}$$

(5.7.22) 式对于所有的 τ 均成立. 这显然与不等式 (5.7.6) 违背, 故为非经典场, 即光子数态为非经典场. 虽然光子数态为非经典场, 但前面讨论的经典场可用光子数态的概率分布来描述. 例如, 光子数按 Poisson 分布的场为经典场, 具有光子数 n_1 的概率为

$$P_{n_1} = \bar{n}_1^{n_1} \mathrm{e}^{-\bar{n}_1} / n_1! \tag{5.7.23}$$

由此求出光子数 n_1 的均方值

$$\overline{n_1^2} = \sum n_1^2 P_{n_1} = \bar{n}_1^2 + \bar{n}_1$$

即

$$\overline{\Delta n_1^2} = \bar{n}_1 \tag{5.7.24}$$

此即用来导出 $g^2(\tau) = 1$ 的关系式. 按 (5.7.21) 式, 有

$$g^2(\tau) = \frac{\langle \bar{n}_1^2 + (\Delta n_1)^2 - n_1 \rangle}{\bar{n}_1^2} = 1$$

又如热辐射即混沌光场的光子数概率分布为

$$P_{n_1} = \bar{n}_1^{n_1} / (1 + \bar{n}_1)^{1+n_1} \tag{5.7.25}$$

由此可导出

$$\overline{n_1^2} = \sum n_1^2 P_{n_1} = 2\bar{n}_1^2 + \bar{n}_1 \tag{5.7.26}$$

这与关系式 (5.7.8) 为相同.

5.7.3　原子共振荧光场的二阶相关函数分析

已知光子数态 $|n_1\rangle$ 为非经典光场. 而原子的共振荧光当 $\tau \to 0$, $g(\tau) \to 0$ 时表现出反群聚. 这是图 5.8 钠原子共振荧光的实验结果, 也容易从原子的发光过程得到理解. 因原子发射一个光子后, 已跃迁到基态, 不可能再发射第二个光子, 给出光子符合计数; 除非 $\tau \neq 0$, 原子又重新回到激发态, 发射第二个光子, $g^2(\tau)$ 才不为 0.

对二能级原子共振荧光, 辐射场的量子二阶相关函数可由下式计算:

$$g^2(t) = \frac{\langle E^-(0) E^-(t) E^+(t) E^+(0) \rangle}{\langle E^-(\infty) E^+(\infty) \rangle^2}$$

考虑到原子跃迁辐射荧光的物理过程, 场算符可通过原子的上升与下降算符表示为[14]

$$
\begin{aligned}
E^+(\boldsymbol{r}, t) &= f(\boldsymbol{r})\sigma^-(t - \boldsymbol{r}/c), \quad \sigma^- = |1\rangle\langle 2| \\
E^-(\boldsymbol{r}, t) &= f^*(\boldsymbol{r})\sigma^+(t - \boldsymbol{r}/c), \quad \sigma^+ = |2\rangle\langle 1|
\end{aligned}
\tag{5.7.27}
$$

式中, $f(\boldsymbol{r})$、$f^*(\boldsymbol{r})$ 为 c 数, 于是有

$$g^2(t) = \frac{\langle \sigma^+(0)\sigma^+(t)\sigma^-(t)\sigma^-(0)\rangle}{\langle \sigma^+(\infty)\sigma^-(\infty)\rangle^2} \qquad (5.7.28)$$

(5.7.28) 式的分子涉及双时相关函数. 但可应用 Lax 的量子回归定理 [17] 使其变为单时相关函数的计算. 这个定理表明, 若

$$\langle \hat{A}(t)\rangle = \sum_i \alpha_i(t)\langle \hat{A}_i(0)\rangle$$

则

$$\langle \hat{B}(0)\hat{A}(t)\hat{C}(0)\rangle = \sum_i \alpha_i(t)\langle \hat{B}(0)\hat{A}_i(0)\hat{C}(0)\rangle \qquad (5.7.29)$$

式中, $\hat{A}$、$\hat{B}$、$\hat{C}$ 为算子.

通过解二能级原子的 Bloch 方程, 可得

$$\begin{aligned}\langle \sigma^+(t)\sigma^-(t)\rangle = &\alpha_1(t) + \alpha_2(t)\langle \sigma^+(0)\rangle + \alpha_3(t)\langle \sigma^-(0)\rangle \\ &+ \alpha_4(t)\langle \sigma^+(0)\sigma^-(0)\rangle\end{aligned} \qquad (5.7.30)$$

通常我们关心的是系统经过长时间演化后到达的稳态解, 不依赖于初期, 即

$$\langle \sigma^+(\infty)\sigma^-(\infty)\rangle = \alpha_1(\infty), \quad \alpha_2(\infty) = \alpha_3(\infty) = \alpha_4(\infty) = 0 \qquad (5.7.31)$$

将 (5.7.30) 式代入 (5.7.29) 式, 便得

$$\langle \sigma^+(0)\sigma^+(t)\sigma^-(t)\sigma^-(0)\rangle = \alpha_1(t)\langle \sigma^+(0)\sigma^-(0)\rangle \qquad (5.7.32)$$

为求得 $\alpha_1(t)$, 可解 $\rho_{22}(t) = \langle \sigma^+(t)\sigma^-(t)\rangle$ 的变率方程

$$\frac{\mathrm{d}\rho_{22}}{\mathrm{d}t} = R - 2\gamma\rho_{22} \qquad (5.7.33)$$

式中, R 为光泵抽率, 2γ 为阻尼, 易得出

$$\rho_{22}(t) = R/2\gamma[1 - \exp(-2\gamma t)] + \rho_{22}(0)\mathrm{e}^{-2\gamma t} \qquad (5.7.34)$$

比较 (5.7.30) 式、(5.7.34) 式及 (5.7.28) 式, 得

$$\begin{aligned}\alpha_1(t) &= R/2\gamma[1 - \mathrm{e}^{-2\gamma t}] \\ g^2(t) &= 1 - \mathrm{e}^{-2\gamma t}\end{aligned} \qquad (5.7.35)$$

一般说来, 为求得 $\rho_{22}(t)$ 的准确解, 应解在外场驱动下二能级原子满足的 Bloch 方程

$$\frac{\mathrm{d}\rho_{22}}{\mathrm{d}t} = \mathrm{i}\Omega/2(\rho_{21} - \rho_{12}) - 2\gamma\rho_{22}$$

$$\frac{\mathrm{d}\rho_{21}}{\mathrm{d}t} = -(\gamma' + \mathrm{i}\Delta)\rho_{21} + \mathrm{i}\Omega(\rho_{22} - \rho_{11})$$

$$\rho_{11} + \rho_{22} = 1, \quad \rho_{12} = \rho_{21}^* \qquad (5.7.36)$$

当光泵功率不高, Rabi 频率 Ω 不大, 且略去碰撞加宽, $\gamma = \gamma'$, 满足初始条 $\rho_{22}(0) = \rho_{12}(0) = \rho_{21}(0) = 0$ 精确到 Ω^2 的解为

$$\rho_{22}(t) = \frac{\Omega^2/4}{\Delta^2 + \gamma^2}[1 + \exp(-2\gamma t) - 2\cos\Delta t \exp(-\gamma t)]$$

$$\Delta = \omega_0 - \omega$$
(5.7.37)

Δ 为光泵频率相对于原子跃迁频率的失谐. 由 (5.7.28) 式得

$$g^2(t) = 1 + \exp(-2\gamma t) - 2\cos\Delta t \exp(-\gamma t)$$
(5.7.38)

若光泵抽运频率与原子频率为共振 $\Delta = \omega_0 - \omega = 0$, 则有

$$g^2(t) = (1 - \exp(-\gamma t))^2$$

图 5.11 给出 $g^2(t)$ 随 t 的变化曲线.

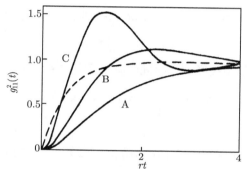

图 5.11 $g^2(t)$ 随 t 的变化曲线 [14]

虚线为变率方程解实线 A : $\Delta = 0$, B : $\Delta = \gamma$, C : $\Delta = 2\gamma$

(5.7.38) 式的 $g^2(t)$ 为单原子辐射的二阶相关函数. 若为多原子辐射, 参照定义 (5.7.28), 可推广为 [15, 19]

$$G^2(t) = \frac{\sum_{ijkl}\langle\sigma_i^+(0)\sigma_j^+(t)\sigma_k^-(t)\sigma_l^-(0)\rangle}{\left(\sum_{ij}\langle\sigma_i^+(\infty)\sigma_j^-(\infty)\rangle\right)^2}$$
(5.7.39)

式中, $ijkl$、ij 为对不同原子求和. 考虑到

$$\sum_{ijkl}\langle\sigma_i^+(0)\sigma_j^+(t)\sigma_k^-(t)\sigma_l^-(0)\rangle = N\langle\sigma^+(0)\sigma^+(t)\sigma^-(t)\sigma^-(0)\rangle$$

$$+ N(N-1)\{\langle\sigma^+(0)\sigma^-(t)\rangle\langle\sigma^+(t)\sigma^-(0)\rangle$$

$$+ \langle\sigma^+(0)\sigma^-(0)\rangle\langle\sigma^+(t)\sigma^-(t)\rangle\}$$

$$\sum_{ij}\langle\sigma_i^+(0)\sigma_j^-(t)\rangle = N\langle\sigma^+(0)\sigma^-(t)\rangle$$
(5.7.40)

(5.7.40) 式右边为单原子的相关函数. N 为原子数. 将 (5.7.40) 式代入 (5.7.39) 式, 得

$$G^2(t) = [g^2(t) + (N-1)(|g^1(t)|^2 + 1)]/N \qquad (5.7.41)$$

式中, $g^2(t)$、$g^1(t)$ 分别为单原子的二阶、一阶相关函数. N 个原子的一阶相关函数 $G^1(t)$ 与单原子同, 即

$$G^1(t) = g^1(t) = \frac{\langle \sigma^+(0)\sigma^-(t) \rangle}{\langle \sigma^+(\infty)\sigma^-(\infty) \rangle} \qquad (5.7.42)$$

应用上面解变率方程求单原子相关函数及 (5.7.40) 式, 便可计算多原子三能级级联辐射的相关函数, 并与实验结果进行比较.

图 5.12 为三能级原子基态被抽运到激发态 2 后, 产生级联辐射 ω_2 跃迁到能态 1, 再产生 ω_1 辐射, 跃迁到基态 0. 各能级布居数变率方程为

$$\frac{\mathrm{d}\rho_{22}}{\mathrm{d}t} = R - 2\gamma_2\rho_{22}$$

$$\frac{\mathrm{d}\rho_{11}}{\mathrm{d}t} = 2\gamma_2\rho_{22} - 2\gamma_1\rho_{11} \qquad (5.7.43)$$

$$\frac{\mathrm{d}\rho_{00}}{\mathrm{d}t} = -R + 2\gamma_1\rho_{11}$$

解为

$$\rho_{22}(t) = (\rho_{22}(0) - R/2\gamma_2)\exp(-2\gamma_2 t) + R/2\gamma_2$$

$$\begin{aligned}\rho_{11}(t) = &(\rho_{11}(0) - R/2\gamma_1)\exp(-2\gamma_1 t) + R/2\gamma_1 \\ &- (2\gamma_2\rho_{22}(0) - R)(\exp(-2\gamma_1 t) - \exp(-2\gamma_2 t))/2(\gamma_1 - \gamma_2)\end{aligned} \qquad (5.7.44)$$

并定义

$$g_{ij}^2(t) = \frac{\langle \sigma_j^+(0)\sigma_i^+(t)\sigma_i^-(t)\sigma_j^-(0) \rangle}{\langle \sigma_i^+(\infty)\sigma_i^-(\infty) \rangle \langle \sigma_j^+(\infty)\sigma_j^-(\infty) \rangle}, \quad i, j = 1, 2$$

参照上面量子回归理论方法, 便得

$$g_{22}^2(t) = g_{21}^2(t) = 1 - \exp(-2\gamma_2 t)$$
$$g_{11}^2(t) = \{\gamma_1(1 - \exp(-2\gamma_2 t)) - \gamma_2(1 - \exp(-2\gamma_1 t))\}/(\gamma_1 - \gamma_2) \qquad (5.7.45)$$
$$g_{12}^2(t) = g_{11}^2(t) + (2\gamma_1/R)\exp(-2\gamma_1 t)$$

又根据实验情况略去 (5.7.41) 式一阶相关函数的影响, 当 $N \gg 1$ 时, 于是可取近似

$$G_{ij}^2(t) = g_{ij}^2(t)/N + 1$$
$$G_{22}^2(t) = G_{21}^2(t) = G_{11}^2(t) \simeq 1 \qquad (5.7.46)$$
$$G_{12}^2(t) \simeq \frac{2\gamma_1}{RN}\exp(-2\gamma_1 t) + 1$$

图 5.13 为 Clauser 对 Hg 原子级联辐射做的二阶相关测量. $t > 0$ 的函数按 $[G_{12}^2(t)]^2$ 给出, $t < 0$ 按 $[G_{21}^2(-t)]^2$ 给出, 点为实验测量结果, 参数 $\dfrac{2\gamma_1}{RN} = 1.42$. 注意上面按 (5.7.47) 式定义的 $g_{12}^2(t)$ 与 $g_{21}^2(t)$ 是不一样的. $g_{12}^2(t)$ 指先辐射 ω_2 光子, t 时后辐射 ω_1 光子的相关符合计数; $g_{21}^2(t)$ 指先辐射 ω_1 光子, t 时后辐射 ω_2 光子的符合计数.

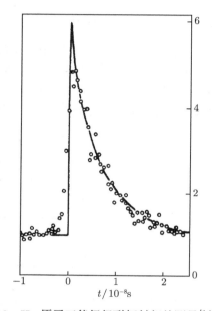

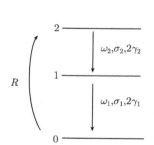

图 5.12　三能级原子级联辐射　　　　图 5.13　Hg 原子三能级级联辐射相关测量[14,18]

5.7.4　双光子"鬼态干涉"与 EPR 悖论

1. 实验观察

通过自发的参量下转换 (SPDC) 而获得的双光子源 (一对相关光子), 可实现鬼态干涉与衍射花样的观察[43]. 图 5.14 为实验示意图. Ar 离子激光入射到 BBO 晶体上, 经参量下转换后产生一对偏振互为垂直而波长很接近的 o 光与 e 光, $\lambda_e \approx \lambda_c \cong 2\lambda_p$, 经 Thompson 棱镜 BS 分束, 反射 e 光 (信号频) 经单缝或双缝衍射及滤光片 f_1 及狭缝最后进入直径为 0.5mm 探测器 D_1, 透射 o 光 (闲置光) 经 f_2 及光纤扫描进入探测器 D_2, 由 D_1、D_2 的输出信号进入符合计数, 符合时间为 1.8ns, 输出符合计数 R_c. 作为泵浦的 Ar 离子激光, $\lambda_p = 351$nm, FWHM(半极大全宽) 为 2mm, 发射角为 0.3mrad, 而闲置光在离分束 BS 1.2m 处入射到 0.5mm 直径多模光纤端面, 输出到另一光子计数器 D_2 上. x_2 为光纤输入端的水平位置, 可横向移动. 这个 x_2 也可看成是 D_2 的横向坐标. 图 5.15 为观察到双缝干涉衍射花样. 干涉花

样周期已测定为 $x_d = (2.7 \pm 0.2)\mathrm{mm}$. 干涉花样轮廓中心极大与极小间的距离估计为 $x_a = 8\mathrm{mm}$. x_d、x_a 的理论值分别为 $x_d = 2.67\mathrm{mm}$, $x_a = 8.4\mathrm{mm}$. 经曲线拟合, 观察到的干涉衍射花样与按 Young 氏公式计算的基本相符.

$$R_c(x_2) \propto \mathrm{sinc}^2 \left(\frac{x_2 \pi a}{\lambda z_2} \right) \cos^2 \left(\frac{x_2 \pi d}{\lambda z_2} \right) \tag{5.7.47}$$

式中, a、d 分别为缝宽与双缝间距, $\lambda = 2\lambda_p$, 而 z_2 为由狭缝经 BS 回到 BBO 又由 BBO 经 BS 沿闲置光路径到达 D_2 的光纤扫描点的总距离. 符合计数虽然表现出

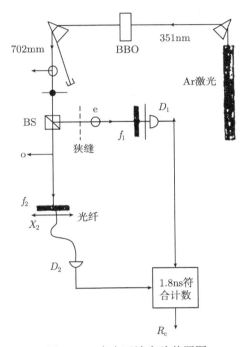

图 5.14　鬼态干涉实验装置图

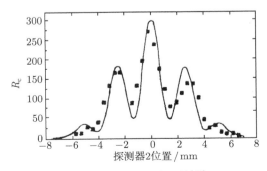

图 5.15　双缝干涉花样[43]

干涉衍射花样, 但单个探测器的计数率当扫描 D_1 或 D_2 时仍为常数. 还注意到在探测器 D_1 上, 不存在一级干涉条纹, 因 SPDC 的发散角 $\gg \lambda/d$. 当 D_1 移到轴外点, 相应的干涉衍射花样由 $x_2 = 0$ 轴上点移至轴外点.

2. 量子理论

为解释双光子符合计数实验观察到的干涉衍射花样, 可从 II 型 SPDC 中一个泵浦光子转化为偏振互为正交的双光子纠缠态的量子模型出发, 首先由频率及相位匹配条件得出 $\omega_s + \omega_i = \omega_p$, $\boldsymbol{k}_s + \boldsymbol{k}_i = \boldsymbol{k}_p$, 波矢方程的横向分量为

$$k_s \sin \alpha_s' = k_i \sin \alpha_i' \tag{5.7.48}$$

并代以 $k_s = \dfrac{\omega_s}{c/n_s}$, $k_i = \dfrac{\omega_i}{c/n_i}$. 应用 Snell 定律便得

$$\omega_s \sin \alpha_s = \omega_i \sin \alpha_i \tag{5.7.49}$$

α_s、α_i 分别为 s(信号光)、i(闲置光) 光从晶体界面折射出来的折射角. 当 $\omega_s = \omega_i = \omega_p/2$ 时, 便有 $\alpha_s = \alpha_i$, 这时 i 光子与 s 光子为简并的. 一般来说, 每一个简并光子的传播方向均有较大的不确定度, 但只要测定了其中一光子, 例如 i 光子的传播方向 α_i, 便可按 $\alpha_s = \alpha_i$ 判定 s 光子的传播方向 α_s, 反过来也是这样. 故当一个 s 光子通过双缝进入 D_1 时, 那另一与之匹配的 i 光子在 α_s 的镜向进入 D_2. 也就是说, BBO 晶体表面有如一面反射镜. 根据滤片带宽及晶体色散, 位相匹配可确定散射角 $\alpha_s = \alpha_i$ 在 ± 30mrad.

图 5.16 就是根据这一考虑绘出的简化实验示意图. 图中的 z_2 即双缝至 D_2 的距离, 即 (5.7.47) 式中 z_2. d 为双缝的距离, a 为缝宽. 现从符合计数率 R_c 来导出 (5.7.47) 式. R_c 即一对光子分别被 D_1, D_2 同时探测到的概率 P_{12}. 对于 SPDC 来说, P_{12} 应正比于二阶相关函数 $\langle E_2^+\ E_1^+ \rangle$ 的平方, 即

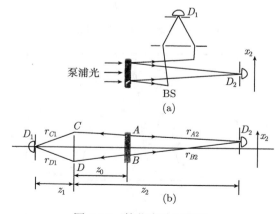

图 5.16　简化实验示意图

$$R_c \propto P_{12} = \langle E_1^- E_2^- E_2^+ E_1^+ \rangle = |\langle E_2^+ \ E_1^+ \rangle|^2 \tag{5.7.50}$$

而 $\langle E_1^- E_2^- E_2^+ E_1^+ \rangle = \langle \psi | E_1^- E_2^- E_2^+ E_1^+ | \psi \rangle$, $|\psi\rangle$ 即双光子纠缠态, 可表示为

$$|\psi\rangle = |0\rangle + \epsilon(a_s^\dagger a_i^\dagger e^{i\varphi_A} + b_s^\dagger b_i^\dagger e^{i\varphi_B})|0\rangle \tag{5.7.51}$$

式中, φ_A、φ_B 分别为泵浦波在 A、B 点的位相, $a_s^\dagger$、$a_i^\dagger$ ($b_s^\dagger$、$b_i^\dagger$) 为光子的产生算符, 见图 5.16(b), (5.7.50) 式中 E_1^+、E_2^+ 即在探测器 D_1、D_2 上的场算符可分别表示为

$$E_1^+ = a_s e^{ikr_{A1}} + b_s e^{ikr_{B1}}$$
$$E_2^+ = a_i e^{ikr_{A2}} + b_i e^{ikr_{B2}} \tag{5.7.52}$$

$r_{Aj}(r_{Bj})$ 为自 $A(B)$ 到探测器 j 的光程, 将 (5.7.51) 式、(5.7.52) 式代入 (5.7.50) 式中得

$$R_c \propto P_{12} = \epsilon^2 |e^{i(kr_A + \varphi_A)} + e^{i(kr_B + \varphi_B)}|^2$$
$$\propto 1 + \cos(k(r_A - r_B) + \Delta\varphi)$$
$$\Delta\varphi = \varphi_A - \varphi_B \tag{5.7.53}$$

令 (5.7.53) 式中的 $\Delta\varphi = 0$(为简便计). 并注意到

$$r_A = r_{A1} + r_{A2} = r_{C1} + r_{C2}, \quad r_B = r_{B1} + r_{B2} = r_{D1} + r_{D2}$$

又设由 D_1 至 C 与 D 的距离为相等, $r_{C1} = r_{D1}$, 于是 $r_A - r_B = r_{C2} - r_{D2} \simeq x_2 d/z_2$, (5.7.53) 式可写为

$$R_C(x_2) \propto \cos^2\left(\frac{x_2 \pi d}{\lambda z_2}\right) \tag{5.7.54}$$

(5.7.54) 式即 Young 氏双缝干涉花样, 这结果告诉我们即使双缝是在信号光的一侧, 仍然可在闲置光的一侧通过扫描探针 D_2(沿 x_2 方向) 观察到干涉花样, 这干涉花样等价于图 5.16(b) 在 D_1 处放一点光源在 D_2 处看到的干涉花样, 至于图 5.15 中 "鬼态" 衍射花样的计算只需将 (5.7.53) 式中的一项对单缝坐标 x_0 积分即可

$$R_c(x_2) \propto |\int_{-a/2}^{a/2} dx_0 \exp(-ikr(x_0, x_2))|^2 \simeq \text{sinc}^2\left(\frac{x_2 \pi a}{\lambda z_2}\right) \tag{5.7.55}$$

如果是双缝, 则 (5.7.53) 式中包括两项, 分别对各自的缝宽积分, 最后结果便是 (5.7.47) 式. 这样, 简化的量子理论使我们得出 (5.7.53) 式, 并进一步得出 (5.7.54) 式、(5.7.55) 式、(5.7.47) 式等结果.

　　这个实验的重要意义在于, 观测了闲置光即 i 光子的 α_i 就能判定 s 光的传播方向 α_s—— 这在实质上已经是 Einstein 等[45] 提出的假想实验 (gedanken experiment), 即对一个粒子进行观察就能准确无误判明另一粒子的行为, 并不影响这另一粒子. 据此便认为现今的量子力学是 "不完备的". 下面作一简要介绍.

3. EPR 悖论

EPR 在其论文[44] 中对量子理论的诠释提出了尖锐的批评, 批评是以悖论的形式提出, 他们认为量子理论对物理世界的描述是不完备的. 一个完备的理论应满足如下要求:

(1) 物理实在的每个要素在一个完备的物理理论中均应有所对应;

(2) 不需以任何方式干扰系统, 而能肯定地预言一个物理量的数值, 这就意味着存在一个与此物理量对应的实在要素.

根据这个判据, 他们想证明目前形式的量子理论已导致矛盾的结果. EPR 论点隐含如下假定:

(1) 世界能分析成一个个独立的要素 "实在要素";

(2) 每一个要素在一个完备的理论中都应有一个精确确定的数学量.

显而易见 EPR 的论点是针对量子理论来的, 因为量子理论假定, 一个系统的全部物理知识都包含在它的波函数中, 如果两个系统的波函数相同, 或者至多差一位相因子, 则说它们处在同一状态中. EPR 认为波函数不能完备地描述系统中存在的全部物理 "实在要素". 如果 EPR 的理论正确, 我们就得去寻找一个更完备的理论, 也许是一种包含隐变的理论, 而目前的理论可能是这种理论的极限形式.

按目前量子理论, 当波函数等于 φ_a 时, 我们可以说系统是处在 A 具有本征值 a 的量子态 φ_a 中, 在这种情形下, EPR 认为系统中存在一个对应于可观测量 A 的实在要素. 再考察可观测量 B, 若 $[A, B] \neq 0$, 即不可与 A 对易, 不存在 A 与 B 同时具有确定的本征值的状态. 如果观测 B 能通过 EPR 的理想实验判据成了 "实在要素", 在一个完备理论中应有一个精确的关于 A、B 的数学量, 即本征值, 而波函数描述做不到, 所以不是一个完备的理论. 因为在波函数理论中有一个测量干扰问题, 只要 $[A, B] \neq 0$, 在对 B 测量过程中已对系统进行干扰, 使得系统已离开了束缚态 φ_a, 不能再准确测到 A 了. EPR 设计的假想实验, 是在不干扰系统的情况下测定 B, 这样就达到了他们的目的, 即 "量子理论是完备的理论" 与 "实在要素应在完备理论中得到反映" 之间的矛盾. 也迫使我们二者必选其一. 现在我们来看后来由 Bohm 建议的 EPR 的双原子假想实验是什么. 包含两个原子的波函数的系统有 4 个波函数

$$\varphi_a = u_+(1)u_+(2), \quad \varphi_b = u_-(1)u_-(2)$$
$$\varphi_c = u_+(1)u_-(2), \quad \varphi_d = u_-(1)u_+(2) \tag{5.7.56}$$

式中, 1、2 表示 1、2 两粒子, $+$、$-$ 分别表示自旋为 $\hbar/2$、$-\hbar/2$. 现在感兴趣的是 ψ_c、ψ_d, 即每个粒子均具有确定的自旋 z 分量, 但总自旋为零: 因为它们的自旋方向相反. 这个状态用 ψ_0 来表示是

$$\psi_0 = \frac{1}{\sqrt{2}}(\psi_c - \psi_d) \tag{5.7.57}$$

式中, 符号 "−" 很重要, 如果取 "+" 则总自旋为 $\hbar$.

$$\psi_1 = \frac{1}{\sqrt{2}}(\psi_c + \psi_d) \tag{5.7.58}$$

"−" 或 "+" 代表波函数相干时为异位相或同位相, 而且获得了通过相干得到总自旋为零的 ψ_0 状态, 就失去了作为单个原子在 z 方向 σ_z 取确定位相的 ψ_c (或 ψ_d) 态, ψ_0 (或 ψ_1) 正是我们上面说的 "纠缠态". 反之, 若获得了 ψ_c (或 ψ_d) 态, 就失去了 ψ_0 (或 ψ_1), 总之二者必居其一. 即当我们说原子处于 σ_z 有确定的 σ_z 的 ψ_c (或 ψ_d) 就不能说它们再彼此相干了. EPR 设想当两原子靠得很近时, 由于相互作用, 进行干涉, 处于总自旋为 "0" 的 ψ_0 态, 后来又分得越来越开, 相互作用越来越弱以致趋于零, 而总自旋仍保持不变. 于是测定了其中之一的 $\sigma_z = 1/2\hbar$, 便能判定 (而不需通过测量) 另一原子 $\sigma_z = -1/2\hbar$. 这就符合 EPR 设计的不干扰第 2 个原子, 但又获得它的 $\sigma_z = -1/2\hbar$ 的假想实验, 而 σ_z 也就应是该原子的物理的 "实在要素". 同样的办法也可得 σ_x、σ_y 的值, 而不干涉该原子. 于是 σ_x、σ_y、σ_z 均应成为原子的 "实在要素", 均应在波函数的理论中得到反映, 可是 $[\sigma_x, \sigma_y] \neq 0$, $[\sigma_z, \sigma_x] \neq 0$, 没有这样的波函数. 现在的问题在哪里呢? 即 EPR 的假定 (1)、(2) 是完全违反量子理论假定的, 世界并不必分解为一系列的 "实在要素", 而每一个这样的要素在一个完备的理论中也并不必对应于一个可同时精确测量的量, 在波函数的描述中, 这些 "要素" 只有统计的对应, 而且在应用 $\psi_0 = \frac{1}{\sqrt{2}}(\psi_c - \psi_d)$ 方法测定 1 原子的 $\sigma_z = 1/2\hbar$, 判定 2 原子 $\sigma_z = -1/2\hbar$ 时, ψ_0 就由仪器的作用变成了 $\psi_0' = \frac{1}{\sqrt{2}}(\psi_c e^{i\alpha} + \psi_d e^{i\beta})$, α、β 为任意相位, 这表明两原子不再相干, 终止了 "纠缠态", 又如何能实现 σ_x、σ_y 的测量呢?

5.7.5 Bell 不等式与粒子的纠缠态

在双光子鬼态干涉实验中已涉及粒子的纠缠态与 EPR 悖论. 当双粒子的量子态不能表示为 (5.7.56) 式乘积形式, 而是 (5.7.57) 式、(5.7.58) 式非乘积的形式时便称之为纠缠态. 这个词最早由 Schrödinger 给出. 对纠缠态的研究之所以重要主要是 EPR 悖论关于量子理论基础研究引起的. EPR 从实在论 "客体存在并具有独立于实验观察的客体属性" 的哲学思想出发, 来探求量子理论基础. 他们提出了 "实在要素", "判定为实在要素的方法, 即不去扰动它便能预言其数值". "实在要素应在完备理论中有所反映". 还要补充一点, "两个分离的类空粒子不存在超距相互作用". EPR 所依据的前提及其推论应该是无懈可击的. 但有一点含混之处, 即观察到 A 的自旋为 $\sigma_z = 1/2\hbar$, 便由此 "预言" B 的自旋也应是 $\sigma_z = -1/2\hbar$, 理由是它们的总自旋为零. 但 "预言" 并非 "实测". 真正要将 B 的自旋 "实测" 出来, 就不那么容易了. 正如上节已指出的, 在对 A 进行观测前双粒子那种纠缠态 φ_0 在测定 A

的自旋为 $\sigma_z = 1/2\hbar$ 以后, 就已蜕化到另一种态 φ_0'. 就 φ_0' 来说两粒子波函数间位相是无规的. 根本不能根据 A 的自旋为 $\sigma_z = 1/2\hbar$ 来判定 B 的自旋为 $\sigma_z = -1/2\hbar$. 再说 EPR 所设想的 "测量 A 的 $\sigma_z = 1/2\hbar$ 不影响系统 B, 因为 A 与 B 是类空的. " 这是将对 A 的测量定域化 "Locality". 但又根据 A 的 $\sigma_z = 1/2\hbar$ 断言 B 的 $\sigma_z = -1/2\hbar$, 即类空粒子间存在 "非定域化的相互作用 (nonlocality interaction) 即总自旋 σ 为零恒成立". 这就有些奇怪了. Bell 在研究了 Bohr、de Broglie, 特别是 Bohm 关于这一问题的各种见解后, 已经意识到 EPR 旨在建立一种隐变量理论[47], 一方面它是定域的实在论 (local realistic theories), 另一方面又与 "量子统计预测" 为相符. 为了说明什么是 "隐参数", 什么是 "量子统计预测". 我们要暂时换到另一话题, 即对 "量子力学概率振幅", 对 "量子力学测不准关系" 的理解[47]. 有一种意见认为, 量子过程的概率现象是否是由于我们用来描述系统的正确变量无知的结果. 在经典物理中, 概率的出现就是由于这个原因, 在热力学中, 我们测量了系统的压强、温度和体积, 它们满足状态方程. 但在很小的空间内, 特别是在临界点附近, 我们发现这些已不是严格遵守状态方程, 而是围绕状态方程作为平均值表现出大的无规的涨落. 这时决定论热力学不再有效, 而应以经典统计的概率论取而代之, 热力学变量已不再适用于这些问题, 而应以分子运动的位置与速度取而代之. 分子个数即变量数为阿伏伽德罗常量量级. 从热力学来看它们是隐变量, 而热力学恰似隐变量的平均, 隐变量是不能用热力学方法观察到的. 为了找到基本的因果律, 我们必须采用个别分子的运动来描述. 这个发展过程在提醒我们, 量子跃迁的概率现象, 是否也是由于类似的原因引起的, 也许存在一些隐变量真正控制量子跃迁的精确时间和地点. 上面所说的即量子力学的 "统计预测" 和 "隐参数" 理论. 现在来看这个隐参数是不存在的. 量子力学的 "统计预测" 也是不正确的. 关于 "量子力学的测不准关系 $\Delta p \Delta x \geqslant \hbar/2$" 也有这样一种理解 "能否设想粒子例如电子本身是一种同时具有精确位置和动量的粒子, 它们之所以不确定, 只是由于我们不能完全精确测定它们而已, 不然的话, 是否认为这些量不能完全确定的根源是在于物质结构本身?" 从现在物理学对这一问题的认识, 这些量的不确定是物质结构本身所固有的性质, 动量和位置不可能同时具有确定的数值. 按 Bohm 的意见 "测不准原理" 这个词最好改名为 "物质结构的有限决定论原理". 让 "粒子同时具有精确确定的位置和动量" 的想法相当于作 "隐变量" 的假定. 即假定 "隐变量实际确定了位置, 动量在所有时刻的数值, 只不过我们还不能完全控制它们并精确预言它们而已". 但量子理论与这种隐变量论是不相容的. EPR 关于独立存在, 精确确定的实在要素的假定应当以隐变量理论为基础. 因为实在要素的存在就要求有一个关于这些要素之间的相互关系的因果理论. 再谈一下定域性 Locality 也一直是量子力学中一直使人感到困扰的问题. 例如, 我们如何理解一个光量子击中一个直径约为 10^{-8}cm 原子的实验呢? 光的波长约为 0.5×10^{-4}cm, 能不能说我们已经在一个比其波长小得多的区域中发现了光量子? 回答是"仅仅是当光量子被吸收因而消失时, 才能认为光被定域在这样的小区域中". 但对于电子来说, 定域问题就好理解多了. 经典电子半径为 2.8179×10^{-13}cm, 比原子要小得多, 电子看原子相对于一很小的星球看太阳. 现在我们回到 Bell 对 EPR 理论的思索. 他注意到, Bohm 也已经认识到, 像 EPR 的量子理论预测实质上是假定了"在类空粒子间存在非定域的相互作用. "Bell 立即问这种特殊的类空粒子间的非定域相互作用是否就是一般的隐参理论的一种表现形式. 为了证明这一点, Bell[48] 重新研究了由纠缠单态 $\varphi_0 = \dfrac{1}{\sqrt{2}}(\varphi_c - \varphi_d)$ 所描述的双原子体系, 它们的自旋均为 $\hbar/2$, 但总自旋为零. 设 $A_{\hat{a}}$ 为对原子 1 的自旋在 $\boldsymbol{a}$ 方向的分量的测量结果, 自旋单位均为 $\hbar/2$, 同样 $B_{\hat{b}}$ 为对原子 2 的自旋在 $\boldsymbol{b}$ 方向的分量的测量结果, 故测量结果应为 $A_{\hat{a}}, B_{\hat{b}} = \pm 1$. 再求积 $A_{\hat{a}} \cdot B_{\hat{b}}$. ψ 为球对称的单态波函数, $\hat{a}$、$\hat{b}$ 可取任意方向. 在未讨论 Bell 理论以前, 我们先讨论 $A_{\hat{a}} \cdot B_{\hat{b}}$ 的量子力学计算方法. 用期待值 $[E(\hat{a}, \hat{b})]_{\psi}$ 来表示量子力学方法计算得的结果 (见附录 5C).

$$[E(\hat{a}, \hat{b})]_{\psi} = \langle \psi | \boldsymbol{\sigma}_1 \cdot \boldsymbol{a} \boldsymbol{\sigma}_2 \cdot \boldsymbol{b} | \psi \rangle = -\hat{a} \cdot \hat{b} \tag{5.7.59}$$

若 $\boldsymbol{a} = \boldsymbol{b}$, 则有

$$[E(\hat{a}, \hat{b})]_{\psi} = -1 \tag{5.7.60}$$

若已测得沿 $\hat{a}$ 方向测量值 $A_{\hat{a}} = 1$, 则可预测沿同样 $\hat{a}$ 方向的 $B_{\hat{a}}$ 是 -1, 但波函数 ψ 是对整体的, 由此求出的期待值也是对整体测量结果的预测, 而不是对单个粒子测量值的预测. 为了给出像 EPR 要求那样的"完备"描述, 只有引入隐参数 λ (可能是多维的) 来表述这种"完备状态", 量子力学中的波函数 ψ 只能是这种态部分的"非完备描述". $\wedge$ 是 λ 所张的空间. 态 λ 在 $\wedge$ 空间中的分布密度为 ρ, 并取规一化

$$\int_{\wedge} \mathrm{d}\rho = 1 \tag{5.7.61}$$

在决定论的隐参量理论中, 对每一隐参量 λ 观察量 $A_{\hat{a}} \cdot B_{\hat{b}}$ 有一确定的 $(A_{\hat{a}} \cdot B_{\hat{b}})(\lambda)$ 值. 对于这个理论的定域性是由 Bell 定义, 我们称"决定性隐参理论是定域的"(the deterministic hidden-variable is local) 是指对所有 $\hat{a}$、$\hat{b}$, 所有的隐参量 $\lambda \in \wedge$, 均有

$$(A_{\hat{a}} \cdot B_{\hat{b}})(\lambda) = A_{\hat{a}}(\lambda) B_{\hat{b}}(\lambda) \tag{5.7.62}$$

这就是只要给定 λ, 而粒子已分开为类空的, 则关于 A 的测量只依赖于 λ 与 $\hat{a}$, 但与 $\hat{b}$ 无关. 同样 B 的测量只与 λ 和 $\hat{b}$ 有关, 任何合理的物理理论只要是实在的决定性的而且不存在超距作用, 只有在这个意义下的定域的 (any reasonable physical theory that is realistic and deterministic hidden-variable and that denies the existence of action-at-a-distance is local in this sense).

有了定域性定义 (5.7.62) 式后就可求隐参量理论中 $(A_{\hat{a}} \cdot B_{\hat{b}})(\lambda)$ 的期待值.

$$E(\hat{a}, \hat{b}) = \int_{\wedge} A_{\hat{a}}(\lambda) B_{\hat{b}}(\lambda) \mathrm{d}\rho \qquad (5.7.63)$$

这是隐参量理论的结论之一. 在继续对 Bell 隐参量期待值进行分析之前, 先就这一定义式中的内容与 EPR 的关系概括一下. EPR 理论要点为以下几点.

(1) 完全相关性. 若对粒子 1、2 的自旋沿同一方向进行测量, 测量结果应是反号的, 保证 $\sigma_{z1} + \sigma_{z2} = 0$.

(2) 定域性. 在对两者进行测量时, 两个自旋系统已不再有相互作用.

(3) 实在性. 根据 σ_{z1} 的测量结果即判明 σ_{z2} 的值, 而且按定域性原则并未对 σ_{z2} 系带来任何干扰, σ_{z2} 已满足了实在要素的要求, 它的数值应在物理理论中有所对应.

(4) 完备性. 完备的物理理论中应包括每一个实在要素. 若将测量取在 z 方向, σ_{z2} 是实在要素. 同样若将测量取在沿 x、y 方向, σ_{x2}、σ_{y2} 也应是实在要素. 反过来若对 σ_{z2}、σ_{x2}、σ_{y2} 进行测量, σ_{z1}、σ_{x1}、σ_{y1} 也应是实在要素, 但量子力学并没有完全包括这些要素所对应的实在量, 所以其不是一个完备理论. Bell 相信会有这种完备理论, 但具体的他没有提出来. Bell 提出的定义就是这完备理论的一个实现.

另一个结论是从量子理论导出的, 即 (5.7.60) 式, 假定对隐参量理论也适用, 故有

$$A_{\hat{a}}(\lambda) = -B_{\hat{a}}(\lambda) \qquad (5.7.64)$$

应用 (5.7.63) 式和 (5.7.64) 式, 得

$$
\begin{aligned}
E(\hat{a}, \hat{b}) - E(\hat{a}, \hat{c}) &= -\int_{\wedge} [A_{\hat{a}}(\lambda) A_{\hat{b}}(\lambda) - A_{\hat{a}}(\lambda) A_{\hat{c}}(\lambda)] \mathrm{d}\rho \\
&= -\int_{\wedge} A_{\hat{a}}(\lambda) A_{\hat{b}}(\lambda) [1 - A_{\hat{b}}(\lambda) A_{\hat{c}}(\lambda)] \mathrm{d}\rho
\end{aligned}
$$

由于 $A, B = \pm 1$, 因此最后一等式可写为

$$|E(\hat{a}, \hat{b}) - E(\hat{a}, \hat{c})| \leqslant \int_{\wedge} [1 - A_{\hat{b}}(\lambda) A_{\hat{c}}(\lambda)] \mathrm{d}\rho = 1 + E(\hat{b}, \hat{c}) \qquad (5.7.65)$$

这是第一种形式 Bell 不等式. 在量子理论 (5.7.59) 与隐参量理论 (5.7.65) 之间很明显会出现矛盾. 例如, 取 $\hat{a}$、$\hat{b}$、$\hat{c}$ 为共面的三个矢量, 其夹角满足 $\hat{a} \cdot \hat{b} = \hat{b} \cdot \hat{c} = 1/2, \hat{a} \cdot \hat{c} = -1/2$, 于是 $|[E(\hat{a}, \hat{b}) - E(\hat{a}, \hat{c})]_{\psi}| = |-\hat{a} \cdot \hat{b} + \hat{a} \cdot \hat{c}| = 1$, 而

$$1 + [E(\hat{b}, \hat{c})]_{\psi} = 1 - \hat{b} \cdot \hat{c} = \frac{1}{2} \qquad (5.7.66)$$

很明显 (5.7.66) 式与 (5.7.65) 式矛盾, 即量子力学正确, Bell 不等式 (5.7.65) 应是不成立的, 实验的确证明了 Bell 不等式不成立 (violation of Bell inequality), 故量子理论是正确的, 隐参量理论是不成立的.

Bell 不等式的第二种形式可参照图 5.17 的实验设计推导. 在坐标原点放一原子对发射源向左、右分别发射一个自旋为 $\hbar/2$ 的原子, 总自旋为零, 原子对的波函数仍为 (5.7.57) 式, 即纠缠态 φ_0, 左右均有探测器, 可测出原子的自旋分量 $\sigma_z = \pm\hbar/2$, 或接收不到讯号. 故 $A_{\hat{a}}(\lambda)$、$B_{\hat{b}}(\lambda)$ 有三种可能

$$A_{\hat{a}}(\lambda) = \begin{cases} 1 & (\text{测到粒子 1 的自旋为 } \hbar/2) \\ -1 & (\text{测到粒子 1 的自旋为 } \hbar/2) \\ 0 & (\text{没有接收到讯号}) \end{cases}$$

$$B_{\hat{b}}(\lambda) = \begin{cases} 1 & (\text{测到粒子 2 的自旋为 } \hbar/2) \\ -1 & (\text{测到粒子 2 的自旋为 } -\hbar/2) \\ 0 & (\text{没有接收到讯号}) \end{cases}$$

故 $A_{\hat{a}}(\lambda)$、$B_{\hat{b}}(\lambda)$ 的期待值满足

$$|\overline{A_{\hat{a}}(\lambda)}| \leqslant 1, \quad |\overline{B_{\hat{b}}(\lambda)}| \leqslant 1 \tag{5.7.67}$$

乘积 $A_{\hat{a}}(\lambda)B_{\hat{b}}(\lambda)$ 的期待值为

$$E(\hat{a}, \hat{b}) = \int_{\wedge} \overline{A_{\hat{a}}(\lambda)}\,\overline{B_{\hat{b}}(\lambda)}\mathrm{d}\rho \tag{5.7.68}$$

两个期待值的差为

$$\begin{aligned} E(\hat{a}, \hat{b}) - E(\hat{a}, \hat{b}') &= \int_{\wedge} [\overline{A_{\hat{a}}(\lambda)}\,\overline{B_{\hat{b}}(\lambda)} - \overline{A_{\hat{a}}(\lambda)}\,\overline{B_{\hat{b}'}(\lambda)}]\mathrm{d}\rho \\ &= \int_{\wedge} \overline{A_{\hat{a}}(\lambda)}\,\overline{B_{\hat{b}}(\lambda)}[1 - \overline{A_{\hat{a}'}(\lambda)}\,\overline{B_{\hat{b}'}(\lambda)}]\mathrm{d}\rho \\ &\quad - \int_{\wedge} \overline{A_{\hat{a}}(\lambda)}\,\overline{B_{\hat{b}'}(\lambda)}[1 - \overline{A_{\hat{a}'}(\lambda)}\,\overline{B_{\hat{b}}(\lambda)}]\mathrm{d}\rho \end{aligned}$$

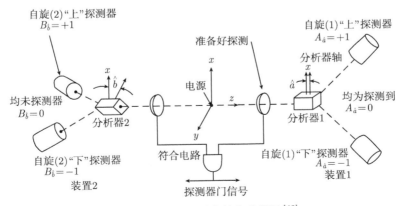

图 5.17 Bell 证明中的实验设计[49]

应用 (5.7.67) 式得

$$|E(\hat{a},\hat{b}) - E(\hat{a},\hat{b}')| \leqslant \int_{\wedge}[1 - \overline{A}_{\hat{a}'}(\lambda)\overline{B}_{\hat{b}'}(\lambda)]\mathrm{d}\rho + \int_{\wedge}[1 - \overline{A}_{\hat{a}'}(\lambda)\overline{B}_{\hat{b}}(\lambda)]\mathrm{d}\rho$$

即

$$|E(\hat{a},\hat{b}) - E(\hat{a},\hat{b}')| + E(\hat{a}',\hat{b}') + E(\hat{a}',\hat{b}) \leqslant 2 \qquad (5.7.69)$$

随着实验设计的不一样, Bell 不等式除了上面的 (5.7.65) 式、(5.7.69) 式两种类型外, 还有其他的类型, 其中有 Clauser 与 Horne 证明的 Bell 不等式[49], Clauser 和 Horne 所提的实验探测图 5.18 是从图 5.17 简化而来, 左边、右边都只有一个探测器, 一个分析器. 根据较长的分析得出如下的 Bell 不等式:

$$\delta = |\frac{R_{\mathrm{c}}(3\pi/8)}{R_0} - \frac{R_{\mathrm{c}}(\pi/8)}{R_0}| \leqslant \frac{1}{4} \qquad (5.7.70)$$

式中, $R_{\mathrm{c}}(3\pi/8)$、$R_{\mathrm{c}}(\pi/8)$ 分别为将分析器 $\hat{a}$ 与 $\hat{b}$ 的夹角调成 $3\pi/8$、$\pi/8$ 时, 两探测器的符合计数率, 即两探测器各自探测到粒子 1 与粒子 2 的概率. R_0 为移去两分析器时的符合计数率. 文献 [50] 采用光学参量下转换方法得出一对波长为 532nm 的相干光子, 这一对光子经过分束器的半透半反形成了光子对纠缠态 (指左旋光子态与右旋光子态的纠缠; 或 x 方向偏振与 y 方向偏振态的纠缠. 用以代替 $\sigma_z = \hbar/2$ 与 $\sigma_z = -\hbar/2$ 粒子态的纠缠). 并按 (5.7.70) 式左端测得 $\delta = 0.34 \pm 0.03$ 违背了 Bell 不等式 (5.7.70), 但与 δ 的量子力学期待值 $\sqrt{2}/4 \simeq 0.35$ 很符合 (附录 5C).

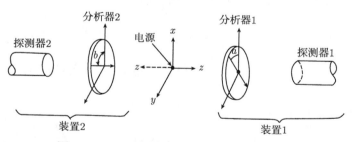

图 5.18　Clauser 和 Horne 的实验探测图[49]

5.7.6　违背 Bell 不等式的几何推导

上面根据隐参数假定推导出 Bell 的两个不等式 (5.7.65) 与 (5.7.69), 以及由此而衍生不等式关系 (5.7.70). 后来文献 [50] 的实验结果, 明显违背了不等式关系给出的. 这节我们将从观测方向构成的几何关系以及量子理论证明根据隐参数假定得出 Bell 的两个不等式 (5.7.65) 与 (5.7.69) 都是违背的[51]. 先从第一不等式开始, 这时涉及观测方向 $\hat{a}$、$\hat{b}$、$\hat{c}$ 设为共面的, 并构成平面三角形图 5.19. 夹角与对应的边长分别为 α、β、γ 与 a、b、c. 它们满足平面三角关系

$$\cos\alpha + \cos\beta + \cos\gamma = 1 + \frac{1}{2abc}(a+b-c)$$

$$(a-b+c)(-a+b+c)$$

$$= 1 + 4\sin\frac{\alpha}{2}\sin\frac{\beta}{2}\sin\frac{\gamma}{2} \tag{5.7.71}$$

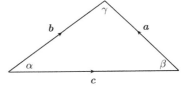

图 5.19 Bell 第一不等式对应的三角形[51]

参照量子理论 (5.7.59)，对原子 1、2 观测它们自旋的期待值为

$$[E(\hat{b},\hat{c})]_\psi = -\hat{b}\cdot\hat{c} = -\cos\alpha, \quad [E(\hat{a},\hat{c})]_\psi = -\hat{a}\cdot\hat{c} = \cos\beta$$

$$[E(\hat{a},\hat{b})]_\psi = -\hat{a}\cdot\hat{b} = -\cos\gamma \tag{5.7.72}$$

将 (5.7.72) 式代入 (5.7.71) 式，得出

$$1 + E(\hat{b},\hat{c})_\psi = E(\hat{a},\hat{c})_\psi - E(\hat{a},\hat{b})_\psi$$

$$-\frac{1}{2abc}(a+b-c)(a-b+c)(-a+b+c)) < E(\hat{a},\hat{c})_\psi - E(\hat{a},\hat{b})_\psi \tag{5.7.73}$$

故有

$$|E(\hat{a},\hat{c})_\psi - E(\hat{a},\hat{b})_\psi| > 1 + E(\hat{b},\hat{c})_\psi \tag{5.7.74}$$

(5.7.74) 式恰恰违背了 Bell 据隐参数假定推导的第一不等式 (5.7.65)

$$|E(\hat{a},\hat{c}) - E(\hat{a},\hat{b})| \leqslant 1 + E(\hat{b},\hat{c})$$

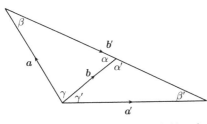

图 5.20 Bell 第二不等式对应的三角形[51]

现讨论第二不等式，这时涉及的观测方向 $\hat{a}$、$\hat{a}'$、$\hat{b}$、$\hat{b}'$，又设 $\hat{a}$、$\hat{a}'$、$\hat{b}$、$\hat{b}'$ 为共面的，并构成平面三角形图 5.20 夹角与对应的边长分别为 $\hat{\alpha}$、$\hat{\beta}$、$\hat{\gamma}$、$\hat{\alpha}'$、$\hat{\beta}'$、$\hat{\gamma}'$，与 $\hat{a}$、$\hat{b}$、$\hat{b}'$、$\hat{a}'$、$\hat{b}$、$\hat{b}'$ 并写出量子力学的各期待值为

$$E(\hat{a},\hat{b})_\psi = -\cos\gamma, \quad E(\hat{a}',\hat{b})_\psi = -\cos\gamma'$$

$$E(\hat{a},\hat{b}')_\psi = \cos\beta, \quad E(\hat{a}',\hat{b}')_\psi = -\cos\beta' \tag{5.7.75}$$

于是有

$$E(\hat{a},\hat{b})_\psi - E(\hat{a},\hat{b}')_\psi + E(\hat{a}',\hat{b})_\psi + E(\hat{a}',\hat{b}')_\psi$$

$$= -\cos\gamma - \cos\beta - \cos\gamma' - \cos\beta' - \cos\alpha - \cos\alpha'$$

$$= -\left(1 + 4\sin\frac{\alpha}{2}\sin\frac{\beta}{2}\sin\frac{\gamma}{2} + 1 + 4\sin\frac{\alpha'}{2}\sin\frac{\beta'}{2}\sin\frac{\gamma'}{2}\right) \tag{5.7.76}$$

$$|E(\hat{a}, \hat{b})_\psi - E(\hat{a}, \hat{b}')_\psi + E(\hat{a}', \hat{b})_\psi + E(\hat{a}', \hat{b}')_\psi|$$
$$= 2 + 4\sin\frac{\alpha}{2}\sin\frac{\beta}{2}\sin\frac{\gamma}{2} + 4\sin\frac{\alpha'}{2}\sin\frac{\beta'}{2}\sin\frac{\gamma'}{2} > 2 \qquad (5.7.77)$$

很明显 (5.7.77) 式又恰恰违背了 Bell 据隐参数假定推导的第二不等式 (5.7.69)

$$|E(\hat{a}, \hat{b}) - E(\hat{a}, \hat{b}') + E(\hat{a}', \hat{b}) + E(\hat{a}', \hat{b}')| \leqslant 2$$

5.8　压缩态光场

5.8.1　光量子起伏给光学精密测量带来的限制

由于光信号振幅与相位的起伏, 给光学测量精度带来影响. 产生光信号起伏的原因, 有外在环境如气流的扰动引起, 也有光学元件不稳引起的, 还有许多人为的因素. 当这些环境与人为因素得以克服后, 最终还剩下一种带有实质性的光量子起伏或真空场起伏. 对于模体积为 V, 频率为 ω 的单模场, 真空场电压起伏的大小为 $\mathcal{E} = (\hbar\omega/2\varepsilon_0 V)^{1/2}$, 能量起伏为 $\hbar\omega/2$. 这就构成了影响光学测量精度的量子极限. 下面以 Michelson 干涉仪量为例来说明这个问题[19, 20].

如图 5.21 所示, 用 Michelson 干涉仪测量镜面位置 z_1 与 z_2 的差 $\Delta z = z_1 - z_2$, 只能准确到标准量子极限 SQL

$$(\Delta z)_{\mathrm{SQL}} = (2\hbar\tau/m)^{1/2} \qquad (5.8.1)$$

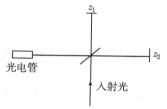

图 5.21　Michelson 干涉测量

式中, τ 为观测时间, m 为整个干涉仪的质量. 由图看出, 影响精度有两方面的原因, 一是光子计数引起的; 二是辐射压力引起的. 设激光的平均功率为 P, 在测量时射入干涉仪的平均光子数 N 为

$$N = P\tau/\hbar\omega \qquad (5.8.2)$$

由于激光服从 Poisson 分布 $\Delta N \simeq N^{1/2}$, 导致波面位相差 ϕ 的测量精度 $\Delta\phi$ 按 $\Delta\phi\Delta N \simeq 1$ 为

$$\Delta\phi \simeq N^{-1/2} \qquad (5.8.3)$$

于是因光子计数误差引起的 z 的测量不准为

$$(\Delta z)_{pc} = \frac{c}{2b\omega}\Delta\phi \simeq \frac{\lambda}{4\pi b}N^{-1/2} \qquad (5.8.4)$$

式中, b 为光子在干涉仪内来回的次数. 此外, 辐射压力作用于干涉仪端面也会影响端面位置 z 的精确测量, 主要因为干涉仪两臂的辐射压力起伏是不相关的, 对两臂的动量差 Δp 将产生 $\Delta p = \dfrac{2\hbar\omega}{c}bN^{1/2}$ 的影响, 即

$$(\Delta z)_{\mathrm{rp}} = \frac{\Delta p \tau}{2m} \simeq \frac{\hbar \omega b}{c} \frac{\tau}{m} N^{1/2} \tag{5.8.5}$$

改变激光输出功率 P(或 N), 使得总的误差

$$\Delta z = \sqrt{(\Delta z)_{\mathrm{pc}}^2 + (\Delta z)_{\mathrm{rp}}^2} \tag{5.8.6}$$

为最小, 将 (5.8.4) 式和 (5.8.5) 式代入 (5.8.6) 式, 求极值得

$$\Delta z = (\Delta z)_{\mathrm{SQL}} = \left(\frac{2\hbar \tau}{m}\right)^{1/2} \tag{5.8.7}$$

最佳输出功率为

$$P_{\mathrm{opt}} = \frac{1}{2} \frac{mc^2}{\omega b^2 \tau^2} \simeq 8 \times 10^3 \mathrm{W} \tag{5.8.8}$$

在得出上面数值结果时, 已根据实际技术可能实现的情况, 取了 $b = 200$, $m \simeq 10^5 \mathrm{g}$, $\tau \simeq 2 \times 10^{-3} \mathrm{s}$, $\omega \simeq 4 \times 10^{15} \mathrm{s}^{-1}$(相当于 5000Å). $8 \times 10^3 \mathrm{W}$ 稳频输出, 要求很高. 为降低激光输出功率, 以实现 $(\Delta z)_{\mathrm{SQL}}$, 可使 $(\Delta z)_{\mathrm{pc}}$ 相当于位置测定精度 Δx, 压缩 e^{-r} 倍; 而 $(\Delta z)_{\mathrm{rp}}$ 相当于动量测定精度 Δp, 增大 e^r 倍. 这样并不违背测不准关系 $\Delta x \mathrm{e}^{-r} \Delta p \mathrm{e}^r = \Delta x \Delta p = \hbar/2$, 但达到 $(\Delta z)_{\mathrm{SQL}}$ 的最佳平均光子数, 最佳输出功率 P_{opt} 已为原来的 e^{-2r} 倍, 即

$$P_{\mathrm{opt}} = 8 \times 10^3 \times \mathrm{e}^{-2r} \mathrm{W} \tag{5.8.9}$$

这种做法的物理实质是: 原来的两种误差 Δx、Δp, 前一种为光电流的散粒效应, 占比例大, 是主要的; 而后一种辐射压力, 占比例小, 是次要的. 故提高对前一种的测量精度, 降低对后一种的测量精度, 以较低的 P_{opt}, 实现 $(\Delta z)_{\mathrm{SQL}}$. 具有这种性质的光 $(\Delta x \to \Delta x \mathrm{e}^{-r}, \Delta p \to \Delta p \mathrm{e}^r)$ 称为压缩态光 (精确的定义在下面给出). 如何实现 (或产生) 这种压缩态光, 是提高光学测量精度关键所在.

5.8.2 正交压缩态[21~40]

压缩态的通常定义不是通过 $\Delta x \to \Delta x \mathrm{e}^{-r}$, $\Delta p \to \Delta p \mathrm{e}^r$ 来表述, 因 x 与 p 的因次不一样. 我们要取因次相同且与 x、p 相当的一对共轭量来定义光的压缩态. 参照 (5.5.24) 式, 选择下面的量是合适的:

$$
\begin{aligned}
X &= \frac{1}{2}(a + a^\dagger) = (\omega/2\hbar)^{1/2} q \\
Y &= \frac{1}{2\mathrm{i}}(a - a^\dagger) = (2\hbar\omega)^{-1/2} p
\end{aligned}
\tag{5.8.10}
$$

这样除了常数因子外, X、Y 分别代表坐标 q 与动量 p. 另外, X、Y 具有相同因次, 且具有对易关系

$$[X, Y] = \frac{\mathrm{i}}{2} \tag{5.8.11}$$

利用测不准关系 (5B10), 由 (5.8.11) 式, 得

$$(\Delta X)^2 (\Delta Y)^2 \geqslant \frac{1}{16} \tag{5.8.12}$$

对于相干态

$$\begin{aligned}
(\Delta X)^2 &= \left\langle \alpha \left| \frac{(a+a^\dagger)^2}{4} \right| \alpha \right\rangle - \left\langle \alpha \left| \frac{a+a^\dagger}{2} \right| \alpha \right\rangle^2 \\
&= \frac{1}{4}(\alpha^2 + \alpha^{*2} + 2|\alpha^2| + 1) - \frac{1}{4}(\alpha + \alpha^*)^2 = \frac{1}{4}
\end{aligned} \tag{5.8.13}$$

$$(\Delta Y)^2 = -\frac{1}{4}(\alpha^2 + \alpha^{*2} - 2|\alpha|^2 - 1) + \frac{1}{4}(\alpha - \alpha^*)^2 = \frac{1}{4}$$

同样对于真空态

$$\begin{aligned}
(\Delta X)^2 &= \left\langle 0 \left| \left(\frac{a+a^\dagger}{2}\right)^2 \right| 0 \right\rangle - \left\langle 0 \left| \frac{a+a^\dagger}{2} \right| 0 \right\rangle^2 = \frac{1}{4} \\
(\Delta Y)^2 &= \left\langle 0 \left| \left(\frac{a-a^\dagger}{2i}\right)^2 \right| 0 \right\rangle - \left\langle 0 \left| \frac{a-a^\dagger}{2i} \right| 0 \right\rangle^2 = \frac{1}{4}
\end{aligned} \tag{5.8.14}$$

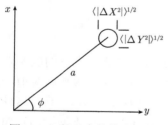

图 5.22 相干态的均方误差 $\langle|\Delta X^2|\rangle^{1/2}$, $\langle|\Delta Y^2|\rangle^{1/2}$

图 5.22 给出相干态的均方误差 $\langle|\Delta X^2|\rangle^{1/2}$, $\langle|\Delta Y^2|\rangle^{1/2}$. 其误差圆表示场强 E 的测量误差. 参照 (5.5.5) 式, 得

$$\begin{aligned}
E(x) &= E^+(x) + E^-(x) \\
&= i\sqrt{2\pi\hbar\omega}\, u(r)(ae^{-i\omega t} + a^\dagger e^{i\omega t}) \\
&= i2\sqrt{2\pi\hbar\omega}\, u(r)(X\cos\omega t - iY\sin\omega t)
\end{aligned} \tag{5.8.15}$$

故有

$$\frac{1}{4\pi}(\Delta E(x))^2 = 2\hbar\omega u^2(r)(\Delta X^2 \cos^2\omega t + \Delta Y^2 \sin^2\omega t) = \hbar(\omega/2)u^2(r) \tag{5.8.16}$$

将相干态 $|\alpha\rangle$ 表示为

$$|\alpha\rangle = D(\alpha)|0\rangle, \quad D(\alpha) = \exp(\alpha a^\dagger - \alpha^* a) \tag{5.8.17}$$

应用位移算子性质

$$\begin{aligned}
D^{-1}(\alpha)aD(\alpha) &= a + \alpha \\
D^{-1}(\alpha)a^\dagger D(\alpha) &= a^\dagger + \alpha^*
\end{aligned} \tag{5.8.18}$$

可得

$$\begin{aligned}
D^{-1}(\alpha)XD(\alpha) &= X + \text{Re}\,\alpha \\
D^{-1}(\alpha)YD(\alpha) &= Y + \text{Im}\,\alpha
\end{aligned} \tag{5.8.19}$$

由 (5.8.19) 式看出, 经位移算子作用后, X、Y 分别平移至 $X + \mathrm{Re}\alpha$, $Y + \mathrm{Im}\alpha$. 但误差圆没有变化. 因

$$\Delta X = \Delta(X + \mathrm{Re}\alpha), \quad \Delta Y = \Delta(Y + \mathrm{Im}\alpha)$$

参照上面干涉测量实验中的分析及 (5.8.10) 式、(5.8.13) 式、(5.8.14) 式, 可得出压缩态的定义如下:

$$\langle (\Delta X_s)^2 \rangle = \frac{1}{4}\exp(-2s)$$

$$\langle (\Delta Y_s)^2 \rangle = \frac{1}{4}\exp(2s) \tag{5.8.20}$$

当压缩态参量 $s = 0$, 便回到相干态或真空态的方差, 否则便是压缩态的均方差. (5.8.20) 式即压缩态均方差的定义. 相对于这样一个均方差, X、Y 应经历了一个压缩变换

$$
\begin{aligned}
X \to X_s &= X\exp(-s) \\
Y \to Y_s &= Y\exp(s)
\end{aligned} \tag{5.8.21}
$$

参照 (5.8.10) 式, 对应的湮没与产生算符的变换如下:

$$
\begin{aligned}
a_s &= a\cosh s - a^\dagger \sinh s \\
a_s^\dagger &= a^\dagger \cosh s - a\sinh s
\end{aligned} \tag{5.8.22}
$$

新的压缩态算子满足如下的对易关系:

$$[X_s, Y_s] = \frac{\mathrm{i}}{2}, \quad [a_s, a_s^\dagger] = 1 \tag{5.8.23}$$

变换后的 Hamilton 量为

$$H = \hbar\omega\left(a_s^\dagger a_s + \frac{1}{2}\right) \tag{5.8.24}$$

"准" 粒子数态 $|n_s\rangle$ 满足

$$a_s^\dagger a_s |n_s\rangle = n_s|n_s\rangle \tag{5.8.25}$$

也可写出压缩态空间的相干态

$$
\begin{aligned}
|\alpha_s\rangle &= D_s(\alpha)|0_s\rangle \\
D_s(\alpha) &= \exp(\alpha a_s^\dagger - \alpha^* a_s)
\end{aligned} \tag{5.8.26}
$$

经位移算子 $D_s^{-1}(\alpha)$、$D_s(\alpha)$ 的作用后, 类似于 (5.8.19) 式, 也有

$$
\begin{aligned}
X_s &\to D_s^{-1}(\alpha)X_s D_s(\alpha) = X_s + \mathrm{Re}\alpha \\
Y_s &\to D_s^{-1}(\alpha)Y_s D_s(\alpha) = Y_s + \mathrm{Im}\alpha
\end{aligned} \tag{5.8.27}
$$

故表现 X_s、Y_s 平面内的误差椭圆在经受平移后而不发生变化. 更一般的压缩态变换, 可通过引进么正变换算子 $S(\zeta)$

$$S(\zeta) = \exp\left(\frac{1}{2}\zeta^* a^2 - \frac{1}{2}\zeta a^{\dagger 2}\right) \tag{5.8.28}$$

来实现, 式中 ζ 称为压缩参量

$$\zeta = se^{i\theta}, \quad 0 \leqslant s < \infty, \ 0 \leqslant \theta \leqslant 2\pi \tag{5.8.29}$$

经压缩变换后, 如图 5.22 所示的相干态误差圆变成了如图 5.23 所示的压缩态的误差椭圆. 压缩态变换使得 a、$a^\dagger$ 变为 a_s、$a_s^\dagger$ 如下式所示:

$$a_s = S^{-1}(\zeta)aS(\zeta) = a\cosh s - a^\dagger e^{i\theta}\sinh s$$
$$a_s^\dagger = S^{-1}(\zeta)a^\dagger S(\zeta) = a^\dagger \cosh s - a e^{-i\theta}\sinh s \tag{5.8.30}$$

引进算子 $\tilde{X}$、$\tilde{Y}$, 有

$$a = (\tilde{X} + i\tilde{Y})e^{i\theta/2}, \quad a^\dagger = (\tilde{X} - i\tilde{Y})e^{-i\theta/2} \tag{5.8.31}$$

于是 (5.8.30) 式的第一式可写为

$$S^{-1}(\tilde{X} + i\tilde{Y})S = (\tilde{X} + i\tilde{Y})(e^s + e^{-s})/2 - (\tilde{X} - i\tilde{Y})(e^s - e^{-s})/2$$
$$= \tilde{X}e^{-s} + i\tilde{Y}e^s \tag{5.8.32}$$

这就是图 5.23 所表明的, 经过压缩变换后, 压缩变换前的 $\tilde{X}$ 被压缩为 $\tilde{X}e^{-s}$; 而变换前的 $\tilde{Y}$ 被伸长为 $\tilde{Y}e^s$, 即

$$\tilde{X}_s = S^{-1}\tilde{X}S = \tilde{X}e^{-s}$$
$$\tilde{Y}_s = S^{-1}\tilde{Y}S = \tilde{Y}e^s \tag{5.8.33}$$

$$(\Delta\tilde{X}_s)^2 = (\Delta\tilde{X})^2 e^{-2s} = \frac{1}{4}e^{-2s}$$
$$(\Delta\tilde{Y}_s)^2 = (\Delta\tilde{Y})^2 e^{2s} = \frac{1}{4}e^{+2s} \tag{5.8.34}$$

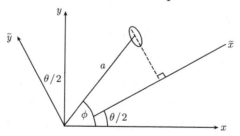

图 5.23   压缩态均方误差椭圆

由于平移作用 (5.8.27) 式而误差椭圆不变的性质, (5.8.34) 式的压缩就可看成压缩真空态 $|0_s\rangle$ 的压缩, 即压缩真空态不再是各向同性, 而是沿 $\tilde{X}$ 方向被压缩, 沿 $\tilde{Y}$ 被伸长. 实际上由 (5.8.33) 式还能得出压缩真空态 $|0_s\rangle$ 与真空态间的关系. 用 S 作用在真空态 $|0\rangle$ 上, 便得压缩真空态 $|0_s\rangle$, 再通过位移算子 $D(\alpha)$ 的作用, 得一般的压缩态 $|\alpha, \zeta\rangle$

$$|0_s\rangle = S(\zeta)|0\rangle, \quad \langle 0_s| = \langle 0|S^{-1} \tag{5.8.35}$$

$$|\alpha, \zeta\rangle = D(\alpha)S(\zeta)|0\rangle = D(\alpha)|0_s\rangle \tag{5.8.36}$$

(5.8.36) 式可作为压缩态又一种定义方式, 即先压缩真空态, 再平移, 如图 5.24 所示. 若将 (5.8.36) 式写为

$$|\alpha, \zeta\rangle = D(\alpha)S(\zeta)D^{-1}(\alpha)D(\alpha)|0\rangle = U(\zeta)D(\alpha)|0\rangle \tag{5.8.37}$$

$$U(\zeta, \alpha) = D(\alpha)S(\alpha)D^{-1}(\alpha) \tag{5.8.38}$$

(5.8.37) 式可解释为先平移, 再用 $U(\zeta)$ 压缩得到所需的压缩态, 其过程如图 5.25 所示.

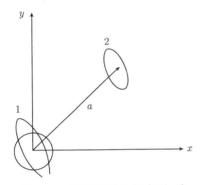

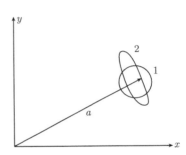

图 5.24　压缩态的几何表示, 先　　图 5.25　压缩态的几何表示, 先平移再压缩
　　　　　压缩再平移

现应用压缩态的定义式 (5.8.36) 计算 a 等的期待值

$$\langle a\rangle = \langle 0_s|D^{-1}(\alpha)aD(\alpha)|0_s\rangle = \langle 0_s|\alpha + a|0_s\rangle$$
$$= \langle 0|S^{-1}(\alpha + a)S|0\rangle = \langle 0|\alpha + a_s|0\rangle \tag{5.8.39}$$

用 (5.8.30) 式代入, 得

$$\langle a\rangle = \alpha \tag{5.8.40}$$

$$\langle n\rangle = \langle a^\dagger a\rangle = \langle 0_s|D^{-1}(\alpha)a^\dagger D(\alpha)D^{-1}(\alpha)aD(\alpha)|0_s\rangle$$
$$= \langle 0_s|(\alpha^* + a^\dagger)(\alpha + a)|0_s\rangle$$
$$= \langle 0|(\alpha^* + a_s^\dagger)(\alpha + a_s)|0\rangle \tag{5.8.41}$$

将 a_s、$a_s^\dagger$ 用 (5.8.30) 式代入, 便得平均光子数

$$\langle n\rangle = \langle a^\dagger a\rangle = |\alpha|^2 + \sinh^2 s \tag{5.8.42}$$

(5.8.42) 式第二项为压缩真空态的贡献. 同样可计算

$$\langle aa\rangle = \alpha^2 - \mathrm{e}^{\mathrm{i}\theta}\sinh s \cosh s, \quad \langle a^\dagger a^\dagger\rangle = \alpha^{*2} - \mathrm{e}^{-\mathrm{i}\theta}\sinh s \cosh s \tag{5.8.43}$$

由 (5.8.40) 式, 得

$$\langle X \rangle = \left\langle \frac{a + a^\dagger}{2} \right\rangle = \frac{1}{2}(\alpha + \alpha^*) = \mathrm{Re}\,\alpha$$

$$\langle Y \rangle = \left\langle \frac{a - a^\dagger}{2i} \right\rangle = \frac{1}{2i}(\alpha - \alpha^*) = \mathrm{Im}\,\alpha$$

(5.8.44)

$$\begin{aligned}
\langle (\Delta X)^2 \rangle &= \frac{1}{4}\langle |(a + a^\dagger)^2|\rangle - \frac{1}{2}\langle |a + a^\dagger|\rangle^2 \\
&= \frac{1}{4}\langle 0_s|(\alpha + \alpha^* + a + a^\dagger)^2|0_s\rangle - \frac{1}{4}(\alpha + \alpha^*)^2 \\
&= \frac{1}{4}(\mathrm{e}^{-2s}\cos^2\theta/2 + \mathrm{e}^{2s}\sin^2\theta/2)
\end{aligned}$$

(5.8.45)

$$\langle (\Delta Y)^2 \rangle = \frac{1}{4}(\mathrm{e}^{-2s}\sin^2\theta/2 + \mathrm{e}^{2s}\cos^2\theta/2)$$

(5.8.46)

当 $\cos\theta > \tanh s$ 时, 由 (5.8.45) 式得知实现了 X 的压缩. 同样由 (5.8.46) 式得知, 当 $\cos\theta < -\tanh s$, 实现 Y 的压缩. (5.8.36) 式又表明, 压缩态 $|\alpha, \zeta\rangle$ 即以 $|0_s\rangle$ 为真空态的相干态. 它还可用压缩态的位移算符 D_s 来表示为

$$\begin{aligned}
|\alpha, \zeta\rangle &= D(\alpha)|0_s\rangle = \exp[\alpha a^\dagger - \alpha^* a]|0_s\rangle \\
&= \exp[(\cosh s\,\alpha - \sinh s\mathrm{e}^{i\theta}\alpha^*)a_s^\dagger - (\cosh s\,\alpha^* - \sinh s\mathrm{e}^{-i\theta}\alpha)a_s]|0_s\rangle \\
&= D_s(\cosh s\,\alpha - \sinh s\mathrm{e}^{i\theta}\alpha^*)|0_s\rangle \\
&= |(\cosh s\,\alpha - \sinh s\mathrm{e}^{i\theta}\alpha^*)_s\rangle
\end{aligned}$$

(5.8.47)

$$a_s|\alpha, \zeta\rangle = (\cosh s\,\alpha - \sinh s\mathrm{e}^{i\theta}\alpha^*)|\alpha, \zeta\rangle$$

(5.8.48)

即 $|\alpha, \zeta\rangle$ 是 $a_s = \cosh s\,a - \sinh s\mathrm{e}^{i\theta}a^\dagger$ 的本征态, 本征值为 $\cosh s\,\alpha - \sinh s\mathrm{e}^{i\theta}\alpha^*$. 参照 (5.8.20) 式压缩态也是最小测不准态的一种, 而且不存在正定的 P 表示. 这里我们虽然证明了由 (5.8.36) 式定义的 $|\alpha, \zeta\rangle$ 为最小测不准态, 但这只是压缩态的一种. 一般来说, 只要其中的一个分量表现出压缩, 如 $\langle |\Delta X^2|\rangle^{1/2}\langle 1/2$, 即均方根值小于真空态起伏量子极限, 它与共轭分量 $\langle |\Delta Y^2|\rangle^{1/2}$ 的乘积可大于或等于真空起伏 $1/4$, 故压缩态不一定是最小测不准态. 下面我们就讨论另一种压缩态, 即振幅压缩态.

5.8.3 振幅压缩态[24~26]

现求压缩真空态的粒子数测不准. 粒子数测定误差的均方值为

$$\begin{aligned}
\langle (\Delta n)^2 \rangle &= \sum_{i_s=0}^{2}\langle 0_s|n|i_s\rangle\langle i_s|n|0_s\rangle - \langle 0_s|n|0_s\rangle^2 \\
&= \sum_{i_s=1}^{2}\langle 0_s|n|i_s\rangle\langle i_s|n|0_s\rangle
\end{aligned}$$

$$\begin{aligned}
&= \sum_{i_s=1}^{2} |\langle 0_s | (\alpha^* + a^\dagger)(\alpha + a) | i_s \rangle|^2 \\
&= \sum_{i_s=1}^{2} |\langle 0_s | (\alpha^* + \cosh s\, a_s^\dagger - \sinh s\, e^{-i\theta} a_s)(\alpha + \cosh s\, a_s - \sinh s\, e^{i\theta} a_s^\dagger) | i_s \rangle|^2 \\
&= |\sqrt{2} \sinh s \cosh s\, e^{-i\theta}|^2 + |\alpha \sinh s\, e^{-i\theta} - \alpha^* \cosh s|^2 \\
&= |\alpha|^2 (\cosh^2 s + \sinh^2 s) - \cosh s \sinh s (\alpha^{*2} e^{i\theta} + \alpha^2 e^{-i\theta}) + 2 \cosh^2 s \sinh^2 s \\
&= |\alpha|^2 (e^{-2s} \cos^2(\phi - \theta/2) + e^{2s} \sin^2(\phi - \theta/2)) + 2 \cosh^2 s \sinh^2 s
\end{aligned}$$
$$(5.8.49)$$

当 $|\alpha| = 0$ 时, 参照 (5.8.42) 式、(5.8.49) 式, 压缩真空态的光子数起伏的平均值及均方值为

$$\langle n \rangle = \sinh^2 s \tag{5.8.50}$$
$$\langle \Delta n^2 \rangle = 2 \sinh^2 s \cosh^2 s = 2 <n> (<n> +1)$$
$$g^2(0) = \frac{\langle (\Delta n)^2 \rangle + \langle n \rangle^2 - \langle n \rangle}{\langle n \rangle^2} = 3 + \frac{1}{\langle n \rangle} \tag{5.8.51}$$

Mandel Q 参数为

$$Q = \frac{\langle (\Delta n)^2 \rangle - \langle n \rangle}{\langle n \rangle} = 2\langle n \rangle + 1 \tag{5.8.52}$$

故压缩真空态表现出群聚 ($g^2(0) > 1$) 与超 Poisson($Q > 0$). 实际的压缩光源产生的就是这种压缩真空态. 但在零拍探测中, 为了探测压缩光源的压缩度, 又将一较强的相干光分量叠加到被探测的压缩态光场上. 这就使得 $\langle n \rangle = |\alpha|^2 + \sinh^2 s$ 中 $|\alpha|^2$ 的贡献远超过 $\sinh^2 s$ 的贡献. 当 $|\alpha|^2 \gg \exp(s)$ 时, (5.8.49) 式又可写为

$$\langle (\Delta n)^2 \rangle \simeq |\alpha|^2 [e^{-2s} \cos^2(\phi - \theta/2) + e^{2s} \sin^2(\phi - \theta/2)] \tag{5.8.53}$$

相应地 Q 参量为

$$\begin{aligned}
Q &= (e^{-2s} - 1) \cos^2(\phi - \theta/2) + (e^{2s} - 1) \sin^2(\phi - \theta/2) \\
&= |\alpha|^2 (g^2(0) - 1)
\end{aligned} \tag{5.8.54}$$

当 $\cos(2\phi - \theta) > \tanh s$ 时 $Q < 0$, $g^2(0) - 1 < 0$, 即同时实现亚 Poisson 与反群聚. 故在零拍测量中加进去的相干光信号已改变了压缩光的统计性质, 使其由超 Poisson 与群聚变为亚 Poisson 与反群聚非经典场所具有的性质. 由 (5.8.54) 式, 当 $\phi = \theta/2$ 时, Q 具有极小值

$$Q_{\min} = |\alpha|^2 (g^2(0) - 1)_{\min} = e^{-2s} - 1 \tag{5.8.55}$$

当 $\phi = \theta/2 + \pi/2$, Q 具有极大值

$$Q_{\max} = |\alpha|^2 (g^2(0) - 1)_{\max} = e^{2s} - 1 \tag{5.8.56}$$

在 $\langle(\Delta n)^2\rangle$ 的强相干场近似式 (5.8.53) 的基础上, 依靠几何直觉即误差椭圆在原点的张角, 可定义 α 的位相 ϕ 的测不准 $\Delta\phi$ 为与 α 矢量为垂直方向的误差 $\langle(\Delta n)^2\rangle_V^{1/2}$ 在原点张角的一半, 即

$$|\Delta\phi| = \frac{\langle(\Delta n)^2\rangle_V^{1/2}}{2\langle n\rangle} = \frac{\sqrt{e^{-2s}\sin^2(\phi-\theta/2) + e^{2s}\cos^2(\phi-\theta/2)}}{2|\alpha|} \quad (5.8.57)$$

当 $\phi = \dfrac{\theta}{2}, \phi = \dfrac{\theta}{2} + \dfrac{\pi}{2}$ 时, 由 (5.8.53) 式、(5.8.57) 式, 得

$$\langle(\Delta n)^2\rangle^{1/2}\Delta\phi \simeq \frac{1}{2} \quad (5.8.58)$$

现在让我们回到 (5.8.42) 式

$$\langle n\rangle = |\alpha|^2 + \sinh^2 s = \bar{X}^2 + \bar{Y}^2 + \sinh^2 s \quad (5.8.59)$$

为得到理想压缩 $s \to \infty$, 平均光子数因而光能也应是无限大, 这就给理想压缩的实现增加了困难, 即要求的压缩越高, 激光能也越大, 故无论如何也不能实现理想压缩. 但由粒子数测不准和相位测不准的积的 (5.8.58) 式则是另外一种情形. 当 $\langle(\Delta n)^2\rangle^{1/2}$ 很小时, $\Delta\phi$ 将很大, 使测不准关系得以满足. 而相位噪声 $\Delta\varphi$ 的增大, 并不需要增加平均光子数 $\langle n\rangle$, 即不需要增加激光能量, 故从这个意义来说, 粒子数态也称其为振幅压缩态, $\langle(\Delta n)^2\rangle$ 的减小不受正交压缩态那样的限制. 设 $\nu = \sinh s$, 在 $\langle n\rangle > \nu^2 \gg 1$ 的情况下, 由 (5.8.49) 式可得

$$\begin{aligned}\langle(\Delta n)^2\rangle &= (<n> - \nu^2)(\sqrt{1+\nu^2} - \nu)^2 + 2\nu^2(1+\nu^2)\\ &\simeq (\langle n\rangle - \nu^2)/4\nu^2 + 2\nu^2(1+\nu^2)\end{aligned} \quad (5.8.60)$$

将此式对 ν^2 求极值, 得

$$\langle(\Delta n)^2\rangle_{\min} \simeq \langle n\rangle^{2/3}, \quad \langle n\rangle = 16\nu^2 \gg 1 \quad (5.8.61)$$

当 $\langle n\rangle$ 给定后, $\langle(\Delta n)_{\min}^2\rangle$ 不能比 $\langle n\rangle^{2/3}$ 更小. 由此得出最佳的信噪比为

$$(\mathrm{SNR_s})_{\min} = \frac{\langle n\rangle^2}{\langle(\Delta n)^2\rangle} = \langle n\rangle^{4/3} \quad (5.8.62)$$

这个信噪比要比相干光场的信噪比 $\mathrm{SNR_{cs}} = \langle n\rangle$ 大很多

5.9　非经典光场的探测

5.9.1　强度差的零拍探测技术

设想包括压缩态光在内的非经典光已经得到, 接下来的问题是如何探测. 通常采用强度差的零拍探测技术. 如图 5.26 所示, 将压缩态光 S_S 与相干光 C_S 投射到

半反分束器上, 压缩态光 E_S 与相干光 E_{LO} 可分别表示为

$$E_S = \frac{a + a^\dagger}{2} \cos \omega t + \frac{-\mathrm{i}(a - a^\dagger)}{2} \sin \omega t$$

$$E_{LO} = \frac{b + b^\dagger}{2} \cos \omega t + \frac{-\mathrm{i}(b - b^\dagger)}{2} \sin \omega t$$

(5.9.1)

在探测器 D_A、D_B 上探测到的光分别为

$$E_A = \frac{1}{\sqrt{2}}(E_S - E_{LO}) = \frac{1}{\sqrt{2}} \frac{a^\dagger - b^\dagger}{2} \mathrm{e}^{\mathrm{i}\omega t} + \frac{1}{\sqrt{2}} \frac{a - b}{2} \mathrm{e}^{-\mathrm{i}\omega t}$$

$$E_B = \frac{1}{\sqrt{2}}(E_S + E_{LO}) = \frac{1}{\sqrt{2}} \frac{a^\dagger + b^\dagger}{2} \mathrm{e}^{\mathrm{i}\omega t} + \frac{1}{\sqrt{2}} \frac{a + b}{2} \mathrm{e}^{-\mathrm{i}\omega t}$$

(5.9.2)

E_{LO} 前负号 "−" 的引进, 是因为全反射在介质的外面 (由空气到玻璃, 由稀到密), 故 E_A 中有负号. E_B 中无负号, 因全反射发生在内面 (由玻璃到空气, 不产生 π 位相变化). 由探测器 D_A、D_B 出来的电流 i_A、i_B 经减法器 "−" 输出差拍信号 $i_A - i_B$, 进入谱分析器. 这一步非常重要, 其作用为 E_{LO}、E_S 的噪声相抵, 而 E_{LO} 与 E_S 的拍保留. 由 (5.9.2) 式

$$i_A - i_B = a_A^\dagger a_A - a_B^\dagger a_B = \frac{1}{8}((a^\dagger - b^\dagger)(a - b) - (a^\dagger + b^\dagger)(a + b))$$

$$= -\frac{1}{4}(a^\dagger b + b^\dagger a)$$

(5.9.3)

注意到 E_{LO} 为相干态 $\langle b \rangle = \langle b^\dagger \rangle = 2\tilde{\beta}$, 故有

$$\langle i_A - i_B \rangle = -\frac{2\tilde{\beta}}{4}\langle a^\dagger + a \rangle = -\tilde{\beta}\langle X \rangle$$

$$\langle (i_A - i_B)^2 \rangle = \frac{1}{16}\langle (a^\dagger b + b^\dagger a)(a^\dagger b + b^\dagger a) \rangle = \tilde{\beta}^2 \langle X^2 \rangle$$

(5.9.4)

$$\langle (\Delta(i_A - i_B))^2 \rangle = \tilde{\beta}^2 \langle X^2 \rangle - \tilde{\beta}^2 \langle X \rangle^2 = \tilde{\beta}^2 \langle (\Delta X)^2 \rangle$$

由 (5.9.4) 式看到, 由差电流保留下来的, 即为我们感兴趣的 $X = \dfrac{a + a^\dagger}{2}$ 分量的噪声. 又若相干光 E_{LO} 相对于压缩态光发生 π/2 相移, 即 $b \to \mathrm{i}b$, $b^\dagger \to -\mathrm{i}b^\dagger$, 则同样可证

$$\langle i_A - i_B \rangle = \tilde{\beta} \left\langle \frac{-\mathrm{i}(a - a^\dagger)}{2} \right\rangle = \tilde{\beta}\langle Y \rangle$$

$$\langle (i_A - i_B)^2 \rangle = \tilde{\beta}^2 \langle Y^2 \rangle$$

(5.9.5)

故有

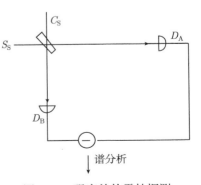

图 5.26 强度差的零拍探测

$$\langle(\Delta(i_A - i_B))^2\rangle = \tilde{\beta}^2\langle(\Delta Y)^2\rangle \tag{5.9.6}$$

于是发生 $\pi/2$ 相移后, 保留的不再是 $\langle(\Delta X)^2\rangle$ 分量, 而是 $\langle(\Delta Y)^2\rangle$, 即我们感兴趣的另一分量的噪声均方值. 当连续改变相干光 E_{LO} 的位相时, 我们将看到, 有时零拍后的噪声电流比标准量子极限噪声电流高, 因 $\langle(\Delta Y)^2\rangle > 1/4$; 有时又比标准量子极限噪声电流低, 因 $\langle(\Delta X)^2\rangle < 1/4$. 这样, 我们已实现了压缩态观测 $\langle(\Delta X)^2\rangle = \frac{1}{4}e^{-2s}$, $\langle(\Delta Y)^2\rangle = \frac{1}{4}e^{2s}$.

5.9.2　当探测效率 $\eta \neq 1$ 的零拍探测[26]

探测方法有零拍探测 (参考光 E_{LO} 的频率与压缩态光 E_S 的频率为相等) 与差拍探测 (E_{LO} 的频率与 E_S 的频率相异), 上面是指探测效率 $\eta = 1$ 的零拍探测. 如果 $\eta \neq 1$, 还需要作仔细分析. 先考虑压缩态光经分束后由于损耗等原因, 仅有 $\eta < 1$ 的效率被探测器所探测. 于是探测器上光的湮没算子 d 与入射光的湮没算子 a 间存在如下关系:

$$d = \eta^{1/2}a + (1-\eta)^{1/2}a_v \tag{5.9.7}$$

式中, a_v 为在分束过程中由于损耗而导致的真空起伏算子的影响. 按 (5.9.7) 式, d、$d^\dagger$ 仍满足 Boson 算子对易关系 $[d, d^\dagger] = 1$, 而且

$$\begin{aligned}
\langle d^\dagger d\rangle &= \eta\langle a^\dagger a\rangle = \eta\langle n\rangle \\
\langle d^\dagger d^\dagger dd\rangle &= \eta^2\langle a^\dagger a^\dagger aa\rangle = \eta^2\langle n(n-1)\rangle
\end{aligned} \tag{5.9.8}$$

于是在光探测器上接收到的光子平均数及均方差值分别为

$$\langle m\rangle = \langle d^\dagger d\rangle = \eta\langle a^\dagger a\rangle = \eta\langle n\rangle \tag{5.9.9}$$

$$\begin{aligned}
\langle(\Delta m)^2\rangle &= \langle d^\dagger dd^\dagger d\rangle - \langle m\rangle^2 \\
&= \eta^2\langle(\Delta n)^2\rangle + \eta(1-\eta)\langle n\rangle
\end{aligned} \tag{5.9.10}$$

式中, $\langle(\Delta m)^2\rangle$、$\langle m\rangle$ 分别由 (5.8.42) 式、(5.8.49) 式给出. 对于 $|\alpha|^2 \gg \sinh^2 s$ 情形, 有

$$\begin{aligned}
\langle m\rangle &\simeq \eta|\alpha|^2 \\
\langle(\Delta m)^2\rangle &\simeq \eta|\alpha|^2\{1 + \eta[\exp(-2s)\cos^2(\phi - \theta/2) \\
&\quad + \exp(2s)\sin^2(\phi - \theta/2) - 1]\}
\end{aligned} \tag{5.9.11}$$

(5.9.11) 式 { } 括号内的第一项即通常的相干探测的散粒噪声. 而第二项按前面对 (5.8.54) 式的分析, 当满足 $\cos(2\phi - \theta) > \tanh s$ 反聚束条件时为负, 即 $\langle(\Delta m)^2\rangle$ 为亚 Poisson 分布. 为消除 (5.9.11) 式中散粒噪声, 就得用如图 5.24 所示的减电流, 即平衡差拍方法. 参照 (5.9.4) 式和 (5.9.11) 式, 并考虑到探测器量子效率 η, 输出的差

光子 m_{12} 的平均值及均方值分别为

$$\langle m_{12} \rangle = 2\eta |\alpha_{\text{L}}| \langle E(\chi) \rangle$$

$$\langle (\Delta m_{12})^2 \rangle = \eta |\alpha_{\text{L}}|^2 \{ 1 + \eta [4 < (\Delta E(\chi))^2 > -1] \}$$

(5.9.12)

式中

$$\langle E(\chi) \rangle = \alpha \cos(\chi - \theta/2)$$

$$\langle (\Delta E(\chi))^2 \rangle = \frac{1}{4} [\exp(-2s) \cos^2(\chi - \theta/2) + \exp(2s) \sin^2(\chi - \theta/2)]$$

(5.9.13)

由 $\chi = \dfrac{\pi}{2} + \phi_{\text{L}}$, 可通过 ϕ_{L} 调节, 当 $\chi - \theta/2 = 0$ 时, 压缩态光场有极大值 $\langle E(\theta/2) \rangle = \alpha$, 而均方差值有极小值 $\langle (\Delta E(\theta/2))^2 \rangle = \dfrac{1}{4} \exp(-2s)$. 这就是平衡差拍探测所达到的最佳工作状况.

5.10 压缩态光的产生和放大

5.10.1 简并参量放大 (或简并四波混频) 产生压缩态光的原理与实验结果[28~30]

压缩态光场在上面已经讨论了很多. 归结起来, 可理解为压缩态即压缩态算子 a、$a^\dagger$ 的本征态. 而 a、$a^\dagger$ 又可通过场的湮没、产生算子 b、$b^\dagger$ 表述如下, 而 b、$b^\dagger$ 的本征态即相干态.

$$a = \mu b + \nu b^\dagger, \quad a^\dagger = \mu b^\dagger + \nu^* b$$

$$\mu = \cosh r, \quad \nu = \sinh r \, e^{-i\phi}$$

(5.10.1)

但由 (5.10.1) 式表明的 b、$b^\dagger$ 的线性叠加后的 a、$a^\dagger$ 的本征态在物理上又是怎样实现的呢? 非线性光学中的简并参量放大 (或简并四波混频) 已为我们提供了这种实现压缩态光的物理过程, 只需对这一过程做一些初步的讨论就知道了. 在这两个非线性过程中, 算子 a、$a^\dagger$ 满足如下方程 (简化了的):

$$\frac{\mathrm{d}a}{\mathrm{d}t} = -\gamma a + \epsilon a^\dagger$$

$$\frac{\mathrm{d}a^\dagger}{\mathrm{d}t} = -\gamma a^\dagger + \epsilon^* a$$

(5.10.2)

式中, γ 为阻尼, ϵ 为泵浦波与非线性参量的乘积. 简并参量放大与简并四波混频的相互作用如图 5.27 所示.

简并参量放大过程中, 分子或原子体系在信号光 $a^\dagger e^{i\omega t}$ 的作用下, 吸收一个频率为 2ω 的泵浦光子, 并辐射出信号波光子与一个参量波光子, 频率均为 ω, 故为简并的. 对于简并四波混频来说, 便是同时吸收两个频率为 ω 泵浦光子, 并辐射出频率为 ω 的信号光与参量光. 这一由泵浦光转化为信号光就是方程 (5.10.2) 第二

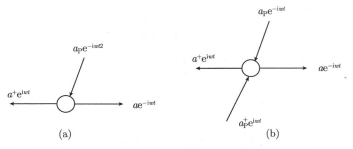

图 5.27   简并参量放大 (a) 和简并四波混频相互作用图 (b)

项所描述的. 方程 (5.10.2) 去掉损耗项后, 即简并参量放大方程 (1.2.22). 现参照图 5.28 及 (1.2.23) 式便得 (5.10.2) 式的解. 故输入信号光 (a_0, a_0^+) 经简并参量介质作用后为

$$a = \left(a_0 \cosh \sqrt{\epsilon\epsilon^*}t + a_0^\dagger \sqrt{\frac{\epsilon}{\epsilon^*}} \sinh \sqrt{\epsilon\epsilon^*}t \right) e^{-\gamma t}$$

$$a^\dagger = \left(a_0^\dagger \cosh \sqrt{\epsilon\epsilon^*}t + a_0 \sqrt{\frac{\epsilon}{\epsilon^*}} \sinh \sqrt{\epsilon\epsilon^*}t \right) e^{-\gamma t} \qquad (5.10.3)$$

$$a_0 \longrightarrow \boxed{\quad \text{非线性介质} \quad} \longrightarrow a$$
$$a_0^\dagger \longrightarrow \phantom{\boxed{\quad \text{非线性介质} \quad}} \longrightarrow a^\dagger$$

图 5.28   由相干光 $(a_0, a_0^\dagger)$ 产生压缩态光 $(a, a^\dagger)$ 示意图

将 (5.10.3) 式与 (5.10.1) 式比较, 并略去衰减因子 $e^{-\gamma t}$, 则得 $\mu = \cosh \sqrt{\epsilon\epsilon^*}t$, $\nu = \sinh \sqrt{\epsilon\epsilon^*}t$, $r = \sqrt{\epsilon\epsilon^*}t$. 这样, (5.10.3) 式恰表明一输入的相干态光 $(a_0, a_0^\dagger)$ 经非线性介质后, 便得到压缩态输出光 $(a, a^\dagger)$. 其压缩度为 $r = \sqrt{\epsilon\epsilon^*}t$, 正比于二阶非线性系数 χ^2(简并参量放大) 或三阶非线性系数 χ^3(简并四波混频), 泵浦功率, 与相互作用时间 t.

到目前为止, 通过四波混频与简并参量放大实现压缩态光均有实验结果报道, 但以简并参量放大获得压缩度较高, 且理论与实验很好符合[30]. 这里主要介绍简并参量放大实验结果, 由此可以看到要求还是很高的. 首先泵浦光的频率 ω_p 应是稳定的. 由下转换产生的信号光与参量光的频率应是简并的, 或接近于简并的, 即一个泵浦光子 $\omega_p \rightarrow \omega_p/2 + \delta$, $\omega_p/2 - \delta$, δ 为一小量. 已经报道实现压缩态光装置中[30], 也并不是一个参量放大, 而是一个振荡器. 整个装置如图 5.29 所示. 腔对泵浦光 ω_p、参量光与信号光 $\omega_p/2 + \delta$, $\omega_p/2 - \delta$ 均为共振. 工作条件接近于阈值, 但在阈值以下. 这样有较好的选模, 也保证了模的稳定性. 因为在阈值以上工作时, 易产生多模, 易出现激光振荡中振荡频率的跳跃现象. 在阈值以下工作, 即使是多模, 总是接近简并 $\omega = \omega_p/2$ 的模占优势. 其行为可用单模理论来近似. 如图 5.29 所示, 产生 0.53μ 泵光是一个由工作物质 Nd:YAG 激励的环形激光器. $Ba_2NaNb_5O_{15}$

为倍频晶体. 泵浦光的频率稳定为 1MHz, 线宽 100kHz, 由于 ω 光、2ω 光的偏振互相正交, 在输出端置检偏器, 0.53μ 的光输入光参量振荡器. 1.06μ 作为参量光进入检测系统. 用 0.53μ 光泵浦参量振荡器, 振荡器内有 MgO:LiNbO$_3$ 非线性晶体实现参量转换, 并工作于相位匹配温度 98°C. M 对 0.53μ、1.06μ 的透过率分别为 3.5%、0.06%. M' 对 0.53μ、1.06μ 的透过率分别为 4.3%、7.3%. 由 M' 输出的压缩态光 E_S 经检偏后进入零拍探测器, 与由泵浦光来的 E_{LO} 光, 在分束处汇合. 由光二极管 1、2 输出电流 i_1、i_2 相减后得 $\Delta i(t) = i_1(t) - i_2(t)$, 进入谱分析器. 其谱密度 $\Phi(\nu, \theta)$ 为

$$\Phi(\nu, \theta) = \int \langle \Delta i(t) \Delta i(t+\tau) \rangle e^{-i\nu\tau} d\tau$$
$$= (Q_1 i_1 + Q_2 i_2)[1 + \rho T_0 \beta \eta^2 S(\Omega, \theta)] \qquad (5.10.4)$$

式中, Q_1、Q_2 分别为探测器 1、2 每一光脉冲产生的总的电荷数. ρ、T_0、β、η^2 为由腔的损耗与探测器的量子效率等确定的参量. $\Omega = \nu/\gamma$, γ 为方程 (5.10.2) 中的阻尼系数, θ 为参考的相干态光 E_{LO} 相对于压缩态光的相位延迟. 当压缩度 $r = 0$ 时的噪声水平为

$$\Phi(\nu, \theta)|_{r=0} = Q_1 i_1 + Q_2 i_2$$

于是

$$R(\nu, \theta) = \frac{\Phi(\nu, \theta)}{\langle Q_1 i_1 + Q_2 i_2 \rangle} = 1 + \rho T_0 \beta \eta^2 S(\Omega, \theta) \qquad (5.10.5)$$

$R(\nu, \theta)$ 为规一化的噪声水平. 在探测实验中用电压 $V(\theta)$ 来表示噪声电压水平. 图 5.30 为 $V(\theta)$ 随 θ 的变化曲线. 图中曲线 i 为光参量振荡输出亦即压缩态光被挡掉, 仅剩下参考的相干光一路的噪声 V_0, 不随 θ 变化. 曲线 ii 为加上光参量振荡输出亦即压缩态光后 $V(\theta)$ 随 θ 的变化. 明显看出压缩态光的噪声水平随 θ 周期性的变化. 最低处的噪声功率要比真空场噪声功率减少约 61%. 曲线 iii 为放大器噪声水平 V_A 接近于图的底端, 很小. 在曲线 i ~ iii 中 $\nu/2\pi = 1.6$MHz. 曲线 iv 为测量零拍探测中的一臂的直流光电流输出. 可看成真空起伏电压 V_0 与 $V(\theta)$ 中直流分量的叠加. 曲线 iv 的值介于 1 ~ 2 之间, 与 V_0、$V(\theta)$ 迥异.

根据图 5.30 中的 V_0、$V(\theta)$、V_A, 可计算出 $R(\nu, \theta)$

$$R(\nu, \theta) = \frac{V^2(\theta) - V_A^2}{V_0^2 - V_A^2} \qquad (5.10.6)$$

用图 5.30 中的 V_0、V_A 及 $V(\theta)$ 的数值代入, 可得 R 的极大、极小分别为 $R_+ = 48 \pm 0.4$, $R_- = 0.39 \pm 0.03$. 而参数 $\rho T_0 \beta \eta^2 = 0.85 \times 0.94 \times 0.89 \times 0.95 = 0.67$. 于是由 (5.10.5) 式得对应于 R_- 的 S_- 值为 $S_- = -0.91$. $R_- = 0.39$ 相当于噪声功率比真空场噪声功率 $R_v = 1$ 减少了 61%.

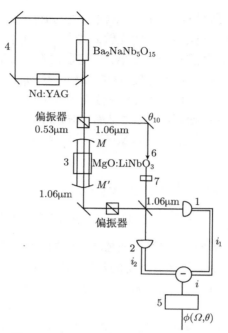

图 5.29　产生压缩态光的实验装置[30]

1、2-光二极管; 3-光参量振荡器 MgO:LibO$_3$; 4-环形激光器; 5-谱分析器;

6-参考光 (Local 振荡); 7-滤光片

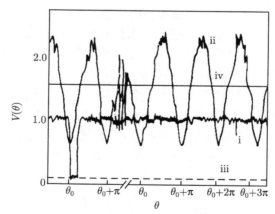

图 5.30　噪声电压水平 $V(\theta)$ 随参考激光相角 θ 的变化曲线[30]

5.10.2　简并参量放大与简并四波混频满足的 Langevin 方程与 Fokker-Planck 方程

方程 (5.10.2) 是大为简化的, 参照辐场阻尼振子理论 (4.3.38) 式, 在场算子的运动方程中, 既包含阻尼, 就必然要引进无规力, 否则场算子所满足的对易关系将被破坏. 同样 (5.10.2) 式中也包含阻尼, 也应引进无规力. F、$F^{\dagger}$ 使得场算符 a、$a^{\dagger}$ 在求统计平均的意义下, 对易关系应能得以满足, 即

$$\frac{\mathrm{d}a}{\mathrm{d}t} = -\gamma a + \epsilon a^{\dagger} + F$$

$$\frac{\mathrm{d}a^{\dagger}}{\mathrm{d}t} = -\gamma a^{\dagger} + \epsilon^* a + F^{\dagger} \tag{5.10.7}$$

$$\langle [a, a^{\dagger}] \rangle = 1$$

这就是简并参量放大 (或简并四波混频) 满足的 Langevin 方程. 众所周知, 在描述非线性随机系统的理论中, 除了 Langevin 方程外, 还有 Fokker-Planck 方程. 一般来说, 非线性随机系统的 Langevin 方程要比相应的 Fokker-Planck 方程容易处理. 特别是产生压缩态光的量子光学系统中所遇到的 Fokker-Planck 方程, 扩散系数为负或零, 解有可能发散. 但可从发散的形式解出发, 在求物理量的统计平均时, 发散困难可以避免. 在这个基础上, 我们研究了该解在简并参量放大或简波四波混频过程产生压缩态光中的应用. 这就是本小节和以后几小节所要做的. 为此我们必须先导出简并参量放大 (简并四波混频) 的 Fokker-Planck 方程, 然后求其解. 并应用于压缩态的产生中.

简并参量放大为一双光子过程, 其 Hamilton 可写为

$$H = H_0 + V + W \tag{5.10.8}$$

式中

$$H_0 = \hbar\omega_c a^{\dagger}a + \sum \hbar\omega_j b_j^{\dagger}b_j \tag{5.10.9}$$

$$V = \hbar\left(\sum k_j b_j a^{\dagger} + \sum k_j^* b_j^{\dagger}a\right), \quad W = -\frac{\mathrm{i}\hbar}{2}(\varepsilon a^{\dagger 2} - \varepsilon^* a^2)$$

简并四波混频的 Hamilton 有类似形式, 只是

$$W = \hbar ck(b_1^{\dagger}b_2^{\dagger}a_1 a_2 + b_1 b_2 a_1^{\dagger}a_2^{\dagger}) \tag{5.10.10}$$

在 (5.10.9) 式中, H_0 为阻尼振子和热库的自由 Hamilton, V 为阻尼振子和热库的相互作用能, W 为外场与阻尼振子的相互作用能. 参照热库理论的推导, 由 (5.10.9) 式可推导出简并参量情形的约化密度矩阵的运动方程. 在 P 表示中, 参照 (5.6.24) 式的推导, 准概率 p 满足的 c 数方程即 Fokker-Planck 方程

$$\frac{\partial}{\partial t}p(\alpha, \alpha^*, t) = k\left(\frac{\partial}{\partial \alpha}\alpha + \frac{\partial}{\partial \alpha^*}\alpha^*\right)p - \left(\varepsilon\alpha^*\frac{\partial}{\partial \alpha} + \varepsilon^*\alpha\frac{\partial}{\partial \alpha^*}\right)p$$

$$+ \frac{1}{2}\left(\frac{\partial}{\partial \alpha}\varepsilon\frac{\partial}{\partial \alpha} + \frac{\partial}{\partial \alpha^*}\varepsilon^*\frac{\partial}{\partial \alpha^*}\right)p + 2k\bar{n}\frac{\partial^2 p}{\partial \alpha \partial \alpha^*} \tag{5.10.11}$$

式中, $k = \gamma/2$, γ 为原子横向弛豫系数, $\bar{n}$ 为热库的平均光子数. 即 (5.6.24) 式中的 n_w. 通常 (5.10.11) 式中的最后一项因 $\bar{n} \ll 1$ 而略去. 而实际上在泵浦场中, 除

了由 W 描述的相干相互作用 (即与阻尼振子的相位匹配的那部分相干场) 外, 还有位相不匹配的非相干相互作用. 这部分等同于场与热库的相互作用, 也包括在 $\bar{n}$ 中, 故 $\bar{n}$ 不能去掉. 此外, (5.10.11) 式中 ε 可写为 $\varepsilon = |\varepsilon|e^{i\phi}$, 只要 ϕ 为常数, 作变换 $\alpha \to \alpha e^{i\phi/2}$, $\alpha^* \to \alpha^* e^{-i\phi/2}$, 则相角可被消去. 故不失去一般性, 在解方程 (5.10.11) 时 ε 可取为实数.

5.10.3　简并参量放大的 Fokker-Planck 方程的解[31]

为解 Fokker-Planck(5.10.11) 式, 首先采取如下变换, 将其中关于 α、α^* 的一次导数项消去:

$$p(\alpha, \alpha^*, t) = e^{-a(\frac{\alpha^2 + \alpha^{*2}}{2}) + b\alpha\alpha^*} Q(\alpha, \alpha^*, t) \tag{5.10.12}$$

将 (5.10.12) 式代入 (5.10.11) 式, 并选定参数 a、b 使得一次导数 $\dfrac{\partial Q}{\partial \alpha}$、$\dfrac{\partial Q}{\partial \alpha^*}$ 消去, 于是有

$$a = \frac{1}{2}\left[\frac{k+\varepsilon}{\varepsilon - 2k\bar{n}} + \frac{k-\varepsilon}{\varepsilon + 2k\bar{n}}\right], \quad b = \frac{1}{2}\left[\frac{k+\varepsilon}{\varepsilon - 2k\bar{n}} - \frac{k-\varepsilon}{\varepsilon + 2k\bar{n}}\right] \tag{5.10.13}$$

$$\left\{\frac{\varepsilon}{2}\left(\frac{\partial^2}{\partial \alpha^2} + \frac{\partial^2}{\partial \alpha^{*2}}\right) + 2k\bar{n}\frac{\partial^2}{\partial\alpha\partial\alpha^*} - \frac{1}{4}\left[\frac{(k+\varepsilon)^2}{\varepsilon - 2k\bar{n}} - \frac{(k-\varepsilon)^2}{\varepsilon + 2k\bar{n}}\right](\alpha^2 + \alpha^{*2})\right.$$
$$\left. + \frac{1}{2}\left[\frac{(k+\varepsilon)^2}{\varepsilon - 2k\bar{n}} - \frac{(k-\varepsilon)^2}{\varepsilon + 2k\bar{n}}\right]\alpha\alpha^* + k\right\}Q = \frac{\partial}{\partial t}Q(\alpha, \alpha^*, t) \tag{5.10.14}$$

又设

$$\alpha = \frac{\beta + i\tilde{\beta}}{\sqrt{2}}, \quad \alpha^* = \frac{\beta - i\tilde{\beta}}{\sqrt{2}} \tag{5.10.15}$$

将 (5.10.15) 式代入 (5.10.14) 式, 得

$$\left\{\left(\frac{\varepsilon}{2} + k\bar{n}\right)\frac{\partial^2}{\partial\beta^2} - \left(\frac{\varepsilon}{2} - k\bar{n}\right)\frac{\partial^2}{\partial\tilde{\beta}^2} - \frac{(k-\varepsilon)^2\beta^2}{2(\varepsilon + 2k\bar{n})}\right.$$
$$\left. + \frac{(k+\varepsilon)^2\tilde{\beta}2}{2(\varepsilon - 2k\bar{n})}\right\}Q = \frac{\partial Q}{\partial t} \tag{5.10.16}$$

由 (5.10.16) 式等号左端第二项看出, 当 $-\left(\dfrac{\varepsilon}{2} - k\bar{n}\right) \leqslant 0$ 时, $\tilde{\beta}$ 的扩散系数为负或零; 如果泵浦场干扰很大, 使 $k\bar{n} > \varepsilon/2$, 扩散系数为正, 则不能实现压缩. 现主要讨论 $\dfrac{\varepsilon}{2} - k\bar{n} > 0$, $\dfrac{\varepsilon}{2} + k\bar{n} > 0$ 情形, 设

$$c = \frac{k-\varepsilon}{\varepsilon + 2k\bar{n}}, \quad \tilde{c} = \frac{k+\varepsilon}{\varepsilon - 2k\bar{n}}$$
$$Q_{mn} = \exp\left(-\lambda_m\left(\frac{\varepsilon}{2} + k\bar{n}\right)t - \tilde{\lambda}_n\left(\frac{\varepsilon}{2} - k\bar{n}\right)t\right)Q_m(\beta)\tilde{Q}_n(\tilde{\beta}) \tag{5.10.17}$$

将 (5.10.17) 式代入 (5.10.16) 式, 得

$$\left(\frac{\partial^2}{\partial\beta^2} - c^2\beta^2 \pm \lambda_m\right)Q_m(\beta) = 0$$

$$\left(-\frac{\partial^2}{\partial\tilde{\beta}^2} + \tilde{c}^2\tilde{\beta}^2 \pm \tilde{\lambda}_n\right)\tilde{Q}_n(\tilde{\beta}) = 0 \tag{5.10.18}$$

(5.10.18) 式的解为

$$\lambda_m = (2m+1)c, \quad \tilde{\lambda}_n = (2n+1)\tilde{c}$$

$$N_m = \left(\frac{\sqrt{c}}{\sqrt{\pi}2^m m!}\right)^{1/2}, \quad N_n = \left(\frac{\sqrt{\tilde{c}}}{\sqrt{\pi}2^n n!}\right)^{1/2} \tag{5.10.19}$$

$$Q_m(\beta) = N_m e^{-c\beta^2/2}H_m(\sqrt{c}\beta), \quad \tilde{Q}_n(\tilde{\beta}) = N_n e^{\tilde{c}\tilde{\beta}^2/2}H_n(\sqrt{\tilde{c}}\mathrm{i}\tilde{\beta})$$

$$Q_{mn} = \exp[-(m+1/2)(k-\varepsilon)t - (n+1/2)(k+\varepsilon)t]Q_m(\beta)\tilde{Q}_n(\tilde{\beta})$$

当 $\frac{\varepsilon}{2} + k\bar{n} > 0$, $\frac{\varepsilon}{2} - k\bar{n} < 0$ 时, (5.10.19) 式给出收敛的解. 但当 $\frac{\varepsilon}{2} + k\bar{n} < 0$, $\frac{\varepsilon}{2} - k\bar{n} > 0$ 时, $Q_m(\beta)$(或 $\tilde{Q}_n(\tilde{\beta})$) 当 β(或 $\tilde{\beta}$)$\to \infty$ 时是发散的. 这个发散困难在求物理量的统计平均时可以避免. 下面讨论 $\varepsilon/2 + k\bar{n} > 0$, $\frac{\varepsilon}{2} - k\bar{n} > 0$ 情形, 即 $\beta \to \infty$ 时, $Q_{m(\beta)}$ 收敛, $\tilde{\beta} \to \infty$ 时 $\tilde{Q}_n(\tilde{\beta})$ 发散的情形. 这里仍用 Q_{mn} 作格林函数, 并按 (5.10.12) 式得

$$P_{mn} = \exp\left[-\frac{1}{4}\left(\frac{k+\varepsilon}{\varepsilon - 2k\bar{n}} + \frac{k-\varepsilon}{\varepsilon + 2k\bar{n}}\right)(\beta^2 - \tilde{\beta}^2)\right.$$
$$\left. + \frac{1}{4}\left(\frac{k+\varepsilon}{\varepsilon - 2k\bar{n}} - \frac{k-\varepsilon}{\varepsilon + 2k\bar{n}}\right)(\beta^2 + \tilde{\beta}^2)\right]Q_{mn} \tag{5.10.20}$$

参照 c、$\tilde{c}$ 的定义 (5.10.17) 式, 将 (5.10.20) 式写为

$$P_{mn} = \exp\left(-\frac{1}{2}c\beta^2 + \frac{1}{2}\tilde{c}\tilde{\beta}^2\right)Q_{mn} \tag{5.10.21}$$

格林函数 $P(\beta, \tilde{\beta}, t; \beta_0, \tilde{\beta}_0)$ 为

$$P(\beta, \tilde{\beta}, t; \beta_0, \tilde{\beta}_0) = N\sum \varepsilon_{mn}P_{mn} \tag{5.10.22}$$

$$\varepsilon_{mn} = N_m N_n H_m(\sqrt{c}\beta_0)H_n(\sqrt{\tilde{c}}\mathrm{i}\tilde{\beta}_0) \tag{5.10.23}$$

式中, N 为规一化系数. 为求出和 (5.10.22) 式, 利用如下等式:

$$\sum_n \frac{\left(\dfrac{e^{-(k-\varepsilon)t}}{2}\right)^n}{n!}H_n(\sqrt{c}\beta)H_n(\sqrt{c}\beta_0)$$

$$= \frac{\exp\left[\dfrac{2c\beta\beta_0 \mathrm{e}^{-(k-\varepsilon)t} - c(\beta^2 + \beta_0^2)\mathrm{e}^{-2(k-\varepsilon)t}}{1 - \mathrm{e}^{-2(k-\varepsilon)t}}\right]}{(1 - \mathrm{e}^{-2(k-\varepsilon)t})^{1/2}} \tag{5.10.24}$$

$$P(\beta, \tilde{\beta}, t; \beta_0, \tilde{\beta}_0)$$

$$= N \sum_n N_n^2 \exp\left[-n(k-\varepsilon)t - c\beta^2 - \frac{k-\varepsilon}{2}t\right] H_n(\sqrt{c}\beta) H_n(c\beta_0)$$

$$\times \sum_n N_n^2 \exp\left[-n(\varepsilon+k)t + \tilde{c}\tilde{\beta}^2 - \frac{\varepsilon+k}{2}t\right] H_n(\sqrt{\tilde{c}}\mathrm{i}\tilde{\beta}) H_n(\sqrt{\tilde{c}}\mathrm{i}\beta_0)$$

$$= \frac{N\sqrt{c\tilde{c}}}{\sqrt{\pi}\sqrt{1 - \mathrm{e}^{2(\varepsilon-k)t}}} \exp\left[-\frac{k-\varepsilon}{2}t + \frac{2c\beta\beta_0 \mathrm{e}^{-(k-\varepsilon)t} - c(\beta^2 + \beta_0^2)\mathrm{e}^{-2(k-\varepsilon)t} - c\beta^2}{1 - \mathrm{e}^{-2(k-\varepsilon)t}}\right]$$

$$\times \frac{1}{\sqrt{\pi}\sqrt{1 - 2\mathrm{e}^{-2(\varepsilon-k)t}}} \exp\left[-\frac{\varepsilon+k}{2}t + \frac{-2\tilde{c}\tilde{\beta}\tilde{\beta}_0 \mathrm{e}^{-(\varepsilon+k)t} + \tilde{c}(\tilde{\beta}^2 + \tilde{\beta}_0^2)\mathrm{e}^{-2(\varepsilon+k)t} + c\tilde{\beta}^2}{1 - \mathrm{e}^{-2(\varepsilon+k)t}}\right]$$

$$= \frac{N\sqrt{c\tilde{c}}}{\sqrt{\pi}\sqrt{1 - \mathrm{e}^{-2(k-\varepsilon)t}}} \exp\left[-\frac{k-\varepsilon}{2}t - \frac{c(\beta - \beta_0 \mathrm{e}^{-(k-\varepsilon)t})^2}{1 - \mathrm{e}^{-2(k-\varepsilon)t}}\right]$$

$$\times \frac{1}{\sqrt{\pi}\sqrt{1 - \mathrm{e}^{-2(\varepsilon+k)t}}} \exp\left[-\frac{\varepsilon+k}{2}t + \frac{\tilde{c}(\tilde{\beta} - \tilde{\beta}_0 \mathrm{e}^{-(\varepsilon+k)t})^2}{1 - \mathrm{e}-2(\varepsilon+k)t}\right] \tag{5.10.25}$$

在 (5.10.25) 式中将规一化系数形式地取为

$$N = \frac{\pi}{\sqrt{c\tilde{c}}} \left\{ \int \exp\left[-\frac{k-\varepsilon}{2}t - \frac{c(\beta - \beta_0 \mathrm{e}^{-(k-\varepsilon)t})^2}{1 - \mathrm{e}^{-2(k-\varepsilon)t}}\right] \frac{\mathrm{d}\beta}{\sqrt{1 - \mathrm{e}^{-2(k-\varepsilon)t}}} \right.$$

$$\left. \times \int \exp\left[-\frac{\varepsilon+k}{2}t + \frac{\tilde{c}(\tilde{\beta} - \tilde{\beta}_0 \mathrm{e}^{-(\varepsilon+k)t})^2}{1 - \mathrm{e}^{-2(\varepsilon+k)t}}\right] \frac{\mathrm{d}\tilde{\beta}}{\sqrt{1 - \mathrm{e}^{-2(\varepsilon+k)t}}} \right\}^{-1} \tag{5.10.26}$$

很明显, 这样取定 N 后, 有

$$\iint P(\beta, \tilde{\beta}, t; \beta_0, \tilde{\beta}_0)\mathrm{d}\beta\mathrm{d}\tilde{\beta} = 1 \tag{5.10.27}$$

令

$$x = (\beta - \beta_0 \mathrm{e}^{-(k-\varepsilon)t})/\sqrt{1 - \mathrm{e}^{-2(k-\varepsilon)t}}$$
$$y = (\tilde{\beta} - \tilde{\beta}_0 \mathrm{e}^{-(\varepsilon+k)t})/\sqrt{1 - \mathrm{e}^{-2(\varepsilon+k)t}} \tag{5.10.28}$$

由上述方程可求得量子起伏如下:

$$\langle(\beta - \beta_0 \mathrm{e}^{-(k-\varepsilon)t})^2\rangle = (1 - \mathrm{e}^{-2(k-\varepsilon)t}) \frac{\displaystyle\int x^2 \mathrm{e}^{-cx^2}\mathrm{d}x}{\displaystyle\int \mathrm{e}^{-cx^2}\mathrm{d}x}$$

$$= (1 - \mathrm{e}^{-2(k-\varepsilon)t})\left(-\frac{\partial}{\partial c}\ln\int \mathrm{e}^{-cx^2}\mathrm{d}x\right)$$

$$= \frac{1}{2c}(1 - \mathrm{e}^{-2(k-\varepsilon)t}) \tag{5.10.29}$$

$$\langle (\tilde{\beta} - \tilde{\beta}_0 \mathrm{e}^{-(\varepsilon+k)t})^2 \rangle = (1 - \mathrm{e}^{-2(k+\varepsilon)t}) \frac{\int y^2 \mathrm{e}^{\tilde{c}y^2} \mathrm{d}y}{\int \mathrm{e}^{\tilde{c}y^2} \mathrm{d}y}$$

$$= (1 - \mathrm{e}^{-2(\varepsilon+k)t}) \left(\frac{\partial}{\partial \tilde{c}} \ln \int \mathrm{e}^{\tilde{c}y^2} \mathrm{d}y \right)$$

$$= (1 - \mathrm{e}^{-2(\varepsilon+k)t}) \left(\frac{\partial}{\partial \tilde{c}} \ln \left(\tilde{c}^{-\frac{1}{2}} \int \mathrm{e}^{z^2} \mathrm{d}z \right) \right)$$

$$= -\frac{1}{2\tilde{c}} (1 - \mathrm{e}^{-2(\varepsilon+k)t}) \tag{5.10.30}$$

由 (5.10.29) 式、(5.10.30) 式给出 α 的实部 x_1、虚部 x_2 的正规编序方差为

$$\langle : (\Delta x_1)^2 : \rangle = \left\langle \left(\frac{\beta - \beta_0 \mathrm{e}^{-(k-\varepsilon)t}}{\sqrt{2}} \right)^2 \right\rangle = \frac{1}{4} \frac{\varepsilon + 2k\bar{n}}{k - \varepsilon} (1 - \mathrm{e}^{-2(k-\varepsilon)t})$$

$$\langle : (\Delta x_2)^2 : \rangle = \left\langle \left(\frac{\tilde{\beta} - \tilde{\beta}_0 \mathrm{e}^{-(k+\varepsilon)t}}{\sqrt{2}} \right)^2 \right\rangle = -\frac{1}{4} \frac{\varepsilon - 2k\bar{n}}{k + \varepsilon} (1 - \mathrm{e}^{-2(k+\varepsilon)t}) \tag{5.10.31}$$

实际量子起伏应为[39]

$$\langle (\Delta x_1)^2 \rangle = \frac{1}{4} + \langle : (\Delta x_1)^2 : \rangle = \frac{1}{4} + \frac{1}{4} \frac{\varepsilon + 2k\bar{n}}{k - \varepsilon} (1 - \mathrm{e}^{-2(k-\varepsilon)t})$$

$$\langle (\Delta x_2)^2 \rangle = \frac{1}{4} + \langle : (\Delta x_2)^2 : \rangle = \frac{1}{4} - \frac{1}{4} \frac{\varepsilon - 2k\bar{n}}{k + \varepsilon} (1 - \mathrm{e}^{-2(k+\varepsilon)t}) \tag{5.10.32}$$

现对 (5.10.32) 式作进一步讨论.

首先工作于阈值以下, $k - \varepsilon \geqslant 0$, 压缩分量

$$\langle (\Delta x_2)^2 \rangle \geqslant \frac{1}{4} - \frac{1}{4} \frac{\varepsilon}{k + \varepsilon} \geqslant 1/8$$

$$\langle (\Delta x_1)^2 \rangle \langle (\Delta x_2)^2 \rangle > \simeq \frac{1}{16} \left(1 + \frac{\varepsilon}{k - \varepsilon} \right) \left(1 - \frac{\varepsilon}{k + \varepsilon} \right) \geqslant 1/16 \tag{5.10.33}$$

最大压缩 1/8 为真空起伏 1/4 的 1/2.

若工作于阈值以上, $k - \varepsilon < 0$, 且 $\varepsilon \gg k$, t 很大时

$$\langle (\Delta x_2)^2 \rangle = \frac{1}{4} - \frac{1}{4} \frac{\varepsilon}{k + \varepsilon} (1 - \mathrm{e}^{-2(k+\varepsilon)t}) \simeq \mathrm{e}^{-2\varepsilon t}$$

$$\langle (\Delta x_1)^2 \rangle = \frac{1}{4} + \frac{1}{4} \frac{\varepsilon}{\varepsilon - k} (\mathrm{e}^{2(\varepsilon-k)t} - 1) \simeq \frac{1}{4} \mathrm{e}^{2\varepsilon t} \tag{5.10.34}$$

$\langle (\Delta x_1)^2 \rangle$、$\langle (\Delta x_2)^2 \rangle$ 仍满足测不准关系

$$\langle (\Delta x_1)^2 \rangle \langle (\Delta x_2)^2 \rangle \geqslant 1/16$$

5.10.4　简并四波混频的 Fokker-Planck 方程的解[31]

产生压缩态的另一重要方案即后向简并四波混频 (图 5.31).

参照文献 [36], 其 Langevin 方程为

$$\frac{\mathrm{d}a_1}{\mathrm{d}t} = -ka_1 + \mathrm{i}\varepsilon a_2^\dagger + F_1$$

$$\frac{\mathrm{d}a_2^\dagger}{\mathrm{d}t} = -ka_2^\dagger + \mathrm{i}\varepsilon a_1 + F_2^\dagger \tag{5.10.35}$$

令

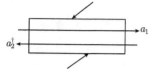

图 5.31　后向简并四波混频

$$a = \frac{a_2^\dagger \mathrm{e}^{\mathrm{i}\pi/4} + a_1 \mathrm{e}^{-\mathrm{i}\pi/4}}{\sqrt{2}}, \quad a^\dagger = \frac{a_2^\dagger \mathrm{e}^{\mathrm{i}\pi/4} - a_1 \mathrm{e}^{-\mathrm{i}\pi/4}}{\sqrt{2}}$$

$$F = \frac{F_2^\dagger \mathrm{e}^{\mathrm{i}\pi/4} + F_1 \mathrm{e}^{-\mathrm{i}\pi/4}}{\sqrt{2}}, \quad F^\dagger = \frac{F_2^\dagger \mathrm{e}^{\mathrm{i}\pi/4} - F_1 \mathrm{e}^{-\mathrm{i}\pi/4}}{\sqrt{2}} \tag{5.10.36}$$

则 $[a, a^\dagger] = [a_1, a_2^\dagger] = 1$, 但 a、$a^\dagger$ 不是厄米共轭的. 由方程 (5.10.35)、(5.10.36) 得 Langevin 方程为

$$\frac{\mathrm{d}}{\mathrm{d}t}a = -ka + \varepsilon a^\dagger + F$$

$$\frac{\mathrm{d}}{\mathrm{d}t}a^\dagger = -ka^\dagger - \varepsilon a + F^\dagger \tag{5.10.37}$$

对应的 Hamiltonian 及 Fokker-Planck 方程为

$$H = \mathrm{i}\hbar k a^\dagger a + \hbar \left\{ \mathrm{i}\left(-\frac{\varepsilon}{2}\right) a^{\dagger 2} - \mathrm{i}\left(\frac{\varepsilon}{2}\right) a^2 \right\}$$

$$\frac{\partial p}{\partial t} = \left\{ k\left(\frac{\partial}{\partial \alpha}\alpha + \frac{\partial}{\partial \alpha^*}\alpha^*\right) - \varepsilon\left(\alpha^*\frac{\partial}{\partial \alpha} - \alpha\frac{\partial}{\partial \alpha^*}\right) \right.$$

$$\left. + \frac{\varepsilon}{2}\left(\frac{\partial^2}{\partial \alpha^2} - \frac{\partial^2}{\partial \alpha^{*2}}\right) + 2k\bar{n}\frac{\partial^2}{\partial \alpha \partial \alpha^*} \right\}p \tag{5.10.38}$$

对于前向简并四波混频[37] (图 5.32) 有

$$\frac{\mathrm{d}a_1}{\mathrm{d}t} = -ka_1 + \mathrm{i}\varepsilon a_2^\dagger + F_1$$

$$\frac{\mathrm{d}a_2^\dagger}{\mathrm{d}t} = -ka_2 - \mathrm{i}\varepsilon a_1 + F_2^\dagger \tag{5.10.39}$$

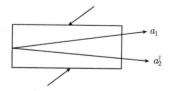

图 5.32　前向简并四波混频

定义

$$a^\dagger = \frac{a_1 + a_2^\dagger}{\sqrt{2}}, \quad a = \frac{a_1 - a_2^\dagger}{\sqrt{2}}$$

$$F^\dagger = \frac{F_1 + F_2^\dagger}{\sqrt{2}}, \quad F = \frac{F_1 - F_2^\dagger}{\sqrt{2}}$$

得

$$\frac{\mathrm{d}}{\mathrm{d}t}\begin{pmatrix} a \\ a^\dagger \end{pmatrix} = \begin{pmatrix} -k & -\mathrm{i}\varepsilon \\ -\mathrm{i}\varepsilon & -k \end{pmatrix}\begin{pmatrix} a \\ a^\dagger \end{pmatrix} + \begin{pmatrix} F \\ F^\dagger \end{pmatrix} \tag{5.10.40}$$

与 (5.10.40) 式相应的 Fokker-Planck 方程与 (5.10.11) 式相同. 故只需讨论后向简并四波混频即 (5.10.37) 式的解就可以了. 作变换 $\alpha \to \alpha$, $\alpha^* \to \mathrm{i}\alpha^*$, 得 (5.10.38) 式如下形式:

$$\frac{\partial p}{\partial t} = \left\{ k\left(\frac{\partial}{\partial \alpha}\alpha + \frac{\partial}{\partial \alpha^*}\alpha^*\right) - \mathrm{i}\varepsilon\left(\alpha^*\frac{\partial}{\partial \alpha} + \alpha\frac{\partial}{\partial \alpha^*}\right) \right.$$
$$\left. + \frac{\varepsilon}{2}\left(\frac{\partial^2}{\partial \alpha^2} + \frac{\partial^2}{\partial \alpha*2}\right) - 2\mathrm{i}k\bar{n}\frac{\partial^2}{\partial \alpha \partial \alpha^*} \right\}p \tag{5.10.41}$$

仍按上面方法求解

$$p = \mathrm{e}^{-a(\alpha^2 + \alpha^{*2}) + b\alpha\alpha^*}Q(\alpha, \alpha^*, t)$$

$$a = \frac{1}{2}\left[\frac{k+\mathrm{i}\varepsilon}{\varepsilon + 2\mathrm{i}k\bar{n}} + \frac{k-\mathrm{i}\varepsilon}{\varepsilon - 2\mathrm{i}k\bar{n}}\right], \quad b = \frac{1}{2}\left[\frac{k+\mathrm{i}\varepsilon}{\varepsilon + 2\mathrm{i}k\bar{n}} - \frac{k-\mathrm{i}\varepsilon}{\varepsilon - 2\mathrm{i}k\bar{n}}\right]$$

$$\frac{\partial}{\partial t}Q(\alpha, \alpha^*, t) = \left\{ \frac{\varepsilon}{2}\left(\frac{\partial^2}{\partial \alpha^2} + \frac{\partial^2}{\partial \alpha^{*2}}\right) - 2\mathrm{i}k\bar{n}\frac{\partial^2}{\partial \alpha \partial \alpha^*} \right. \tag{5.10.42}$$
$$- \frac{1}{4}\left(\frac{(k+\mathrm{i}\varepsilon)^2}{\varepsilon + 2\mathrm{i}k\bar{n}} + \frac{(k-\mathrm{i}\varepsilon)^2}{\varepsilon - 2\mathrm{i}k\bar{n}}\right)(\alpha^2 + \alpha^{*2})$$
$$\left. + \frac{1}{2}\left(\frac{(k+\mathrm{i}\varepsilon)^2}{\varepsilon + 2\mathrm{i}k\bar{n}} - \frac{(k-\mathrm{i}\varepsilon)^2}{\varepsilon - 2\mathrm{i}k\bar{n}}\right)\alpha\alpha^* + k \right\}Q$$

注意到定义 (5.10.36) 式

$$a^\dagger = \frac{a_2^\dagger(1+\mathrm{i}) - a_1(1-\mathrm{i})}{2} = \mathrm{i}\frac{(a_1 + a_2^\dagger) + \mathrm{i}(a_1 - a_2^\dagger)}{2}$$
$$a = \frac{a_2^\dagger(1+\mathrm{i}) + a_1(1-\mathrm{i})}{2} = \frac{a_1 + a_2 - \mathrm{i}(a_1 - a_2^\dagger)}{2} \tag{5.10.43}$$

又注意到在得出 (5.10.41) 式时, 已作了变换 $\alpha \to \alpha$, $\alpha^* \to \mathrm{i}\alpha^*$, 故在 p 表示中, α、α^* 的含义为

$$\alpha = \frac{\alpha_1 + \alpha_2^* - \mathrm{i}(\alpha_1 - \alpha_2^*)}{2} = \frac{\beta + \mathrm{i}\tilde{\beta}}{\sqrt{2}}$$
$$\alpha^* = \frac{\alpha_1 + \alpha_2^* + \mathrm{i}(\alpha_1 - \alpha_2^*)}{2} = \frac{\beta - \mathrm{i}\tilde{\beta}}{\sqrt{2}} \tag{5.10.44}$$

式中

$$\beta = \frac{\alpha_1 + \alpha_2^*}{\sqrt{2}}, \quad \tilde{\beta} = \frac{-\alpha_1 + \alpha_2^*}{\sqrt{2}} \tag{5.10.45}$$

定义

$$c = \frac{k - i\varepsilon}{\varepsilon - 2ik\bar{n}}, \quad \tilde{c} = \frac{k + i\varepsilon}{\varepsilon + 2ik\bar{n}} \tag{5.10.46}$$

则

$$Q_{mn} = \exp\left[-\left(m + \frac{1}{2}\right)(k - i\varepsilon)t - \left(n + \frac{1}{2}\right)(k + i\varepsilon)t\right] Q_m(\beta)\tilde{Q}_n(\tilde{\beta})$$

$$Q_m(\beta) = N_m e^{-c\beta^2/2} H_m(\sqrt{c}\beta), \quad \tilde{Q}_n(\tilde{\beta}) = N_n e^{\tilde{c}\tilde{\beta}^2/2} H_n(\sqrt{\tilde{c}}i\tilde{\beta}) \tag{5.10.47}$$

令

$$x_1 = \frac{\alpha + \alpha^*}{2} = \frac{\beta}{\sqrt{2}}, \quad x_2 = \frac{\alpha - \alpha^*}{2i} = \frac{\tilde{\beta}}{\sqrt{2}}$$

则

$$\langle :(\Delta x_1)^2: \rangle = \left\langle \left(\frac{\beta - \beta_0 e^{-(k-i\varepsilon)t}}{\sqrt{2}}\right)^2 \right\rangle = \frac{1}{4c}(1 - e^{-2(k-i\varepsilon)t})$$

$$\langle :(\Delta x_2)^2: \rangle = \left\langle \left(\frac{\tilde{\beta} - \tilde{\beta}_0 e^{-(k+i\varepsilon)t}}{\sqrt{2}}\right)^2 \right\rangle = -\frac{1}{4\tilde{c}}(1 - e^{-2(k+i\varepsilon)t}) \tag{5.10.48}$$

上面已提到定义 (5.10.35) 式的 a、$a^\dagger$ 不是厄米的, α、α^* 并非共轭量, x_1、x_2 也不是实数, 因此其方差也是复数.

附录 5A　Boson 算子代数

下面给出计算中常用到的 Boson 算子代数关系. 根据 Boson 算子满足的关系 $[a, a^\dagger] = 1$, 可导出

(1)

$$[a, a^{\dagger l}] = aa^{\dagger l} - a^{\dagger l}a = [aa^\dagger - a^\dagger a]a^{\dagger(l-1)} + a^\dagger aa^{\dagger(l-1)} - a^{\dagger l}a$$

$$= a^{\dagger(l-1)} + a^\dagger(aa^{\dagger(l-1)} - a^{\dagger(l-1)}a)$$

$$= \cdots = la^{\dagger(l-1)} = \frac{\partial a^{\dagger l}}{\partial a^{\dagger l}} \tag{5A.1}$$

同样

$$[a^\dagger, a^l] = -la^{l-1} = -\frac{\partial a^l}{\partial a} \tag{5A.2}$$

对于函数 $f(a, a^\dagger)$, 先用反正规编序展开

$$f(a, a^\dagger) = \sum f^a_{rs} a^r a^{\dagger s} \tag{5A.3}$$

并注意到 $[A, BC] = [A, B]C + B[A, C]$ 则

$$[a^\dagger, f(a, a^\dagger)] = \sum f_{rs}^a \{[a^\dagger, a^r]a^{\dagger s} + a^r[a^\dagger, a^{\dagger s}]\}$$

$$= -\sum f_{rs}^a [ra^{r-1}]a^{\dagger s} \tag{5A.4}$$

$$= -\frac{\partial f^a}{\partial a} = -\frac{\partial f}{\partial a}$$

再用正常顺序展开, 同样可证

$$f(a, a^\dagger) = \sum f_{rs}^N a^{\dagger r} a^s \tag{5A.5}$$

$$[a, f(a, a^\dagger)] = \sum f_{rs}^N [a, a^{\dagger r}]a^s$$

$$= \frac{\partial f}{\partial a^\dagger} \tag{5A.6}$$

(2) Baker-Hausdoff 定理.

设 A, B 为不可易算子, 并满足关系

$$[A, [A, B]] = [B, [A, B]] = 0 \tag{5A.7}$$

则成立

$$e^{A+B} = e^A e^B e^{-1/2[A,B]} = e^B e^A e^{1/2[A,B]} \tag{5A.8}$$

当 $[A, B]$ 为 c 数时, 关系 (5A.7) 显然成立. 例如 $[q, p] = i\hbar$, $[a, a^\dagger] = 1$ 就满足条件 (5A.7). 现证明 (5A.8) 式. 设 $f(\xi) = e^{\xi A} e^{\xi B}$, ξ 为 c 数. 对 ξ 微分得

$$\frac{\mathrm{d}f}{\mathrm{d}\xi} = Ae^{\xi A}e^{\xi B} + e^{\xi A}Be^{\xi B} \tag{5A.9}$$

$$= (A + e^{\xi A}Be^{-\xi A})f(\xi)$$

先证预理

$$g(\xi) = e^{\xi A}Be^{-\xi A} = B + \xi[A, B] + \frac{\xi^2}{2}[A, [A, B]] + \cdots \tag{5A.10}$$

由 $g(\xi) = e^{\xi A}Be^{-\xi A}$, 得 $g(0) = B$. 将 $g(\xi)$ 按 Maclaulin 级数展开

$$\frac{\mathrm{d}g(\xi)}{\mathrm{d}\xi} = [A, g(\xi)], \quad \frac{\mathrm{d}g}{\mathrm{d}\xi}|_{\xi=0} = [A, B]$$

$$\frac{\mathrm{d}^2 g(\xi)}{\mathrm{d}\xi^2} = \left[A, \frac{\mathrm{d}g(\xi)}{\mathrm{d}\xi}\right] = [A, [A, g(\xi)]] \tag{5A.11}$$

$$\frac{\mathrm{d}^2 g(\xi)}{\mathrm{d}\xi^2}|_{\xi=0} = [A, [A, B]], \quad \frac{\mathrm{d}^3 g}{\mathrm{d}\xi^3}|_{\xi=0} = [A, [A, [A, B]]]$$

由 (5A.11) 式得 $g(\xi)$ 的 Maclaurin 级数 (5A.10). 又由 (5A.10) 式及 (5A.7) 式 $[A, [A, B]] = 0$, 得

$$\frac{\mathrm{d}f(\xi)}{\mathrm{d}\xi} = \{(A + B) + \xi[A, B]\}f(\xi) \tag{5A.12}$$

由 (5A.7) 式, $A + B$ 与 $[A, B]$ 为可易, 故可将这两个量看成一般的可易的变量. 积分 (5A.12), 并注意到 $f(0) = 1$, 便得

$$f(\xi) = \mathrm{e}^{\xi[A+B]+\xi^2/2[A,B]} = \mathrm{e}^{\xi[A+B]}\mathrm{e}^{\xi^2/2[A,B]} \tag{5A.13}$$

这后一等式的成立, 是因为 $A + B$ 与 $[A, B]$ 为可易. 按 $f(\xi)$ 的定义 $f(\xi) = \mathrm{e}^{\xi A}\mathrm{e}^{\xi B}$, 代入 (5A.13) 故有

$$\mathrm{e}^{\xi A}\mathrm{e}^{\xi B} = \mathrm{e}^{\xi[A+B]+\xi^2/2[A,B]} \tag{5A.14}$$

在 (5A.14) 中令 $\xi = 1$, 并用 $\mathrm{e}^{\frac{1}{2}[A,B]}$ 右乘两端, 最后得 (5A.8) 式.

(3) 除此而外还有两个常用到的关系式, 证明见文献 [11]

$$\begin{aligned} \mathrm{e}^{xa}f(a, a^\dagger)\mathrm{e}^{-xa} &= f(a, a^\dagger + x) \\ \mathrm{e}^{-xa^\dagger}f(a, a^\dagger)\mathrm{e}^{xa^\dagger} &= f(a + x, a^\dagger) \end{aligned} \tag{5A.15}$$

附录 5B   最小测不准态

设观测量 A、B 不能互易, 并满足对易关系

$$[A, B] = \mathrm{i}C \tag{5B.1}$$

C 为常数或另一观测量. 则易证 A、B 不能同时被准确测定. 其均方偏差满足不等式

$$(\Delta A)^2(\Delta B)^2 \geqslant \frac{1}{4}|\langle C \rangle|^2 \tag{5B.2}$$

$$\langle C \rangle = \langle \psi|C|\psi \rangle \tag{5B.3}$$

这就是一般称其为 Heisenberg 测不准关系. 在证明这关系之前, 让我们先讨论这一关系的物理意义. 若 ψ 为 A 的本征态, 就意味着系统处于状态 $|\psi\rangle$ 时, 我们能准确地测定 A. 同样若 ψ 为 B 的本征态, 我们能准确地测定 B. 若 $|\psi\rangle$ 为 A、B 的本征态, 我们能同时准确地测定 A, B, 即 $\Delta A = \Delta B = 0$. 于是由测不准关系 (5B.2), 这只有当 $|\langle C \rangle| = 0$ 才有可能. 但若 $|\langle C \rangle| = 0$, 由 (5B.1) 式, A、B 是可易的. 若 A、B 不可易, 并满足 (5B.1) 式, $|\langle C \rangle| \neq 0$, 对 A、B 测定的均方差值应满足 (5B.2) 式, 为证明这一关系, 现定义

$$\alpha = \Delta A = A - \langle A \rangle, \quad \beta = \Delta B = B - \langle B \rangle \tag{5B.4}$$

$$[\alpha, \beta] = [A - \langle A \rangle, B - \langle B \rangle] = [A, B] = \mathrm{i}C \tag{5B.5}$$

$$\langle\alpha\rangle = \langle\beta\rangle = 0$$
$$(\Delta\alpha)^2 = (\alpha - \langle\alpha\rangle)^2 = \langle\alpha^2\rangle, \quad (\Delta\beta)^2 = (\beta - \langle\beta\rangle)^2 = \langle\beta^2\rangle \tag{5B.6}$$

应用 Schwarz 不等式

$$\int |f|^2 \mathrm{d}x \int |g|^2 \mathrm{d}x \geqslant |\int f^* g \mathrm{d}x|^2 \tag{5B.7}$$

$$(\Delta\alpha)^2(\Delta\beta)^2 = \langle\psi|\alpha^2|\psi\rangle\langle\psi|\beta^2|\psi\rangle = \int_{-\infty}^{\infty} \psi^*\alpha^2\psi\mathrm{d}x \int_{-\infty}^{\infty} \psi^*\beta^2\psi\mathrm{d}x$$
$$= \int_{-\infty}^{\infty} (\alpha^*\psi^*)\alpha\psi\mathrm{d}x \int_{-\infty}^{\infty} (\beta^*\psi^*)\beta\psi\mathrm{d}x \geqslant |\int (\alpha^*\psi^*)(\beta\psi)\mathrm{d}x|^2$$
$$= |\int \psi^*\alpha\beta\psi\mathrm{d}x|^2 = |<\psi|\alpha\beta|\psi>|^2 \tag{5B.8}$$

(5B.8) 式的最后一步是假定了 α 为实的, $\alpha = \alpha^*$. 注意到

$$\alpha\beta = \frac{1}{2}(\alpha\beta + \beta\alpha) + \frac{1}{2}(\alpha\beta - \beta\alpha) = \frac{1}{2}(\alpha\beta + \beta\alpha) + \frac{\mathrm{i}C}{2}$$

代入 (5B.8) 式得

$$(\Delta\alpha)^2(\Delta\beta)^2 \geqslant \frac{1}{4}|<\psi|\alpha\beta + \beta\alpha|\psi> + \mathrm{i}<\psi|C|\psi>|^2 \tag{5B.9}$$

$\alpha\beta + \beta\alpha$ 与 C 均为 Hermitian, 故 $<\psi|\alpha\beta + \beta\alpha|\psi>$, $<\psi|C|\psi>$ 为实的. 于是由 (5B.9) 式得出

$$(\Delta\alpha)^2(\Delta\beta)^2 = (\Delta A)^2(\Delta B)^2 \geqslant \frac{1}{4}|C|^2 \tag{5B.10}$$

由 (5B.8) 式、(5B.9) 式看出等式成立的条件为

$$\alpha|\psi\rangle = \gamma\beta|\psi\rangle \tag{5B.11}$$

$$\langle\psi|\alpha\beta + \beta\alpha|\psi\rangle = 0 \tag{5B.12}$$

将 (5B.11) 式代入 (5B.12) 式得

$$(\gamma + \gamma^*) <\psi|\beta^2|\psi> = 0 \tag{5B.13}$$

故 γ 应为纯虚数. (5B.11) 式、(5B.13) 式即最小测不准态应满足的条件. 例如, $\alpha = q - \langle q\rangle$, $\beta = p - \langle p\rangle$, $\gamma = 1/\mathrm{i}\mu$ 则得最小测不准态为

$$(p - \langle p\rangle)|\psi\rangle = \mathrm{i}\mu(q - \langle q\rangle)|\psi\rangle \tag{5B.14}$$

附录 5C　关于 (5.7.59) 式、(5.7.70) 式的证明

首先写出电子自旋沿 $\hat{n}$ 方向的投影算子

$$\hat{\sigma}\cdot n = \sin\theta\cos\phi\begin{pmatrix} 0 & 1 \\ 1 & 0 \end{pmatrix} + \sin\theta\sin\phi\begin{pmatrix} 0 & -\mathrm{i} \\ \mathrm{i} & 0 \end{pmatrix} + \cos\theta\begin{pmatrix} 1 & 0 \\ 0 & -1 \end{pmatrix} \quad (5C.1)$$

在取 $\bar{h}/2$ 为单位的情形下, 电子自旋算符作用在自旋态 $|\pm\rangle$ 上, 有如下关系:

$$\sigma_x|\pm\rangle = |\mp\rangle, \quad \sigma_y|\pm\rangle = \mp\mathrm{i}|\pm\rangle, \quad \sigma_z|\pm\rangle = \pm|\pm\rangle \quad (5C.2)$$

用 $(\pm)$ 表示 $|\pm\rangle$, 并令 $|\psi\rangle = \dfrac{|+\rangle_1|-\rangle_2 - |-\rangle_1|+\rangle_2}{\sqrt{2}} = \dfrac{(+)(-) - (-)(+)}{\sqrt{2}}$, 易证

$$\sigma_{x1}\sigma_{x2}|\psi\rangle = \sigma_{y1}\sigma_{y2}|\psi\rangle = \sigma_{z1}\sigma_{z2}|\psi\rangle = -|\psi\rangle$$

$$\langle\psi|\sigma_{x1}\sigma_{x2}|\psi\rangle = \langle\psi|\sigma_{y1}\sigma_{y2}|\psi\rangle = \langle\psi|\sigma_{z1}\sigma_{z2}|\psi\rangle = -1 \quad (5C.3)$$

又因 $\sigma_{x1}\sigma_{y2}\dfrac{(+)(-) - (-)(+)}{\sqrt{2}} = -\mathrm{i}\dfrac{(-)(+) + (+)(-)}{\sqrt{2}}$ 故有 $\langle\psi|\sigma_{x1}\sigma_{y2}|\psi\rangle = 0$ 同样

$\sigma_{x1}\sigma_{z2}\dfrac{(+)(-) - (-)(+)}{\sqrt{2}} = \dfrac{-(-)(-) - (+)(+)}{\sqrt{2}}$, $\langle\psi|\sigma_{x1}\sigma_{z2}|\psi\rangle = 0$. 其他交叉项也为
零故有

$$\langle\psi|(\hat{\sigma_1}\cdot\hat{n_1})(\hat{\sigma_2}\cdot\hat{n_2})|\psi\rangle = \langle\psi|(a_x\sigma_x + a_y\sigma_y + a_z\sigma_z)(b_x\sigma_x + b_y\sigma_y + b_z\sigma_z)|\psi\rangle$$

$$= \langle\psi| - a_xb_x - a_yb_y - a_zb_z|\psi\rangle = -\hat{a}\cdot\hat{b} = -\cos\Omega_{12} \quad (5C.4)$$

此即 (5.7.59) 式, 是电子自旋投影的积的量子力学期待值. 至于光子偏振测量的理论分析, 我们注意到文献 [52], 由一点源辐射出一宇称为 1 而总角动量为 0 的且沿 z 方向传播光子对波函数出发, 经较长的计算得出产生光子对的概率为 $[R(\theta)/R_0]_\psi = \dfrac{1}{4}(1 + \cos 2\varphi)$. φ 为光子对的偏振方向间的夹角.

如果将电子自旋 (5C4) 式应用到光的传播上, 将电子自旋矢量方向等同光的偏振方向, 并考虑光沿 z 方向传播, 其偏振方向在 x、y 平面内, 故有 $a_z == b_z = 0$

$$\theta_1 = \theta_2 = \frac{\pi}{2}, \quad \langle\psi|(\hat{\sigma_1}\cdot\hat{n_1})(\hat{\sigma_2}\cdot\hat{n_2}|\psi\rangle = -\cos(\varphi_1 - \varphi_2) = -\cos\varphi \quad (5C.5)$$

(5C.5) 式为光子对的偏振 $\hat{\sigma_1}$、$\hat{\sigma_2}$ 在 $\hat{n_1}$、$\hat{n_2}$ 方向的投影积的量子力学期待值. 但这个量实验上并不好测量. 实验上比较容易做的是测量产生光子对的概率, 重要的是如何由 (5C.5) 式求出这个概率. 由于光子偏振方向在 x、y 平面内, 故有 $\sigma_{z1} = \sigma_{z2} = 0$. 又因交叉项作用无贡献, 在 $(\hat{\sigma_1}\cdot\hat{n_1})(\hat{\sigma_2}\cdot\hat{n_2}) = (a_x\sigma_{x1} + a_y\sigma_{y1})(b_x\sigma_{x2} + b_y\sigma_{y2})$

中, 只需考虑 $\sigma_{x1}\sigma_{x2}, \sigma_{y1}\sigma_{y2}$ 项的贡献. 以 $(+)(-), (-)(+)$ 为基, $\sigma_{x1}\sigma_{x2}(+)(-) = (+)(-), \sigma_{y1}\sigma_{y2}(+)(-) = (+)(-)$, 以及 $(+)(-)(\hat{\sigma_1}\cdot\hat{n_1})(\hat{\sigma_2}\cdot\hat{n_2})(-)(+) = a_x b_x + a_y b_y = \cos\varphi$, 故 $\cos\varphi$ 可看成相互作用 $(\hat{\sigma_1}\cdot\hat{n_1})(\hat{\sigma_2}\cdot\hat{n_2})$ 引起的由能级 $(+)(-)$ 向 $(+)(-)$ 跃迁矩阵元. 按第一黄金律, 跃迁概率正比于跃迁矩阵元的平方. 故沿偏振方向 $\hat{a}$、$\hat{b}$ 测得光子对的概率应为

$$R(\varphi) = |<\psi|(\hat{\sigma_1}\cdot\hat{n_1})(\hat{\sigma_2}\cdot\hat{n_2})|\psi>|^2 = |-\cos\varphi|^2 = \frac{1+\cos 2\varphi}{2} \tag{5C.6}$$

当 $\varphi = 0, R(\varphi) = 1$, 这是测量一个偏振分量, 例如 x 分量偏振光的光子对计数率. 可是辐射源中还包含 y 分量偏振光, 故总的计数率 $R_0 = 2, R(\varphi)/R_0 = \frac{1+\cos 2\varphi}{4}$, 即文献 [52] 得出的量子力学期待值. 文献 [52] 的 Bell 不等式形式为 $-1 \leqslant 3R_c(\varphi)/R_0 - R_c(3\varphi)/R_0 - R_1/R_0 - R_2/R_0) \leqslant 0$, 式中 R_1/R_0 为图 5.18 装置在撤掉分析器 2 后探测器 1 在有分析器 1 时的计数率与没有 (即撤掉) 分析器 1 的计数率之比. 同样 R_2/R_0 为撤掉分析器 1 后探测器 2 在有分析器 2 时的计数率与没有 (即撤掉) 分析器 2 的计数率之比. $R_c(\varphi)$ 为分析器 1、2 均存在且夹角为 φ 的情况下, 由探测器 1、2 同时测出信号的符合计数率. 又考虑到 $R_c(9\pi/8) = R_c(\pi/8)$, 得出

$$-1 + (R_1 + R_2)/R_0 \leqslant 3R_c(\pi/8)/R_0 - R_c(3\pi/8)/R_0 \leqslant (R_1 + R_2)/R_0$$

$$-1 + (R_1 + R_2)/R_0 \leqslant 3R_c(3\pi/8)/R_0 - R_c(\pi/8)/R_0 \leqslant (R_1 + R_2)/R_0 \tag{5C.7}$$

当 $3R_c(3\pi/8)/R_0 - R_c(\pi/8)/R_0 \geqslant 0, \quad 3R_c(\pi/8)/R_0 - R_c(3\pi/8)/R_0 \leqslant 0$ 时

$$3|R_c(3\pi/8)/R_0 - R_c(\pi/8)/R_0| \leqslant (R_1 + R_2)/R_0$$

$$|3R_c(\pi/8)/R_0 - R_c(3\pi/8)/R_0| \leqslant 1 - (R_1 + R_2)/R_0$$

$$4|R_c(3\pi/8)/R_0 - R_c(\pi/8)/R_0| \leqslant 1 \tag{5C.8}$$

(5C.8) 式即 (5.7.70) 式. 将 $R(\varphi)/R_0 = \dfrac{1+\cos 2\varphi}{4}$ 代入 (5.7.70) 式中的 $R_c(\varphi)/R_0$ 得

$$|R_c(3\pi/8)/R_0 - R_c(\pi/8)/R_0|_\varphi = \frac{\sqrt{2}}{4} \tag{5C.9}$$

(5C.9) 式明显违背 (5.7.70) 式. 文献 [52] 实验测得 $[R(3\pi/8)/R_0]_{\text{expt}} = 0.400 \pm 0.007$, $[R(\pi/8)/R_0]_{\text{expt}} = 0.100 \pm 0.003$. 故有 $[R_c(3\pi/8)/R_0 - R_c(\pi/8)/R_0]_{\text{expt}} = 0.300 \pm 0.008$, 违背 (5.7.70) 式. 但与按 (5C.9) 式计算的符合计数量子期待值 $[R_c(3\pi/8)/R_0 - R_c(\pi/8)/R_0]_{\text{QM}} = 0.301 \pm 0.008$ 很接近.

参 考 文 献

[1] Haar D T. On the history of photon statistics. Proceedings of the internaitonal school of physics. *In:* Glauher R J. "Enrico Fermi" Course 42. Quantum Optics. New York: Academic Press Inc., 1969: 1.

[2] Loudon R. The Quantum Theory of Light. Oxford: Clarendon Press, 1983: 7–8.

[3] 谭维翰, 栾绍金. 量子电子学, 1985, 2: 128.

[4] Dirac P A M. Quantum Mechanics. 4th ed. London: Oxford University Press, 1958: 9.

[5] Forrester A T, Gudmundsen R A, Johnson P O. Phys. Rev., 1955, 99: 1691.

[6] Javan A, Ballik E A, Bond W L. J.O.S.A. 1962, 52: 96.

[7] Magyar G, Mandel L. Nature, 1963, 198: 255.

[8] Lipsett M S, Mandel L. Nature, 1963, 199: 553.

[9] Mandel L. Glauber R J. Quantum Optics. New York: Academic Press Inc., 1969: 176. Pfleegor R L, Mandel L. Phs. Rev., 1967, 159: 1084.

[10] Glauber R J. Phys. Rev., 1963, 130: 2529; 1963, 131: 2766; Quantum Optics, 1969: 15.

[11] Louisell W L. Quantum statistical Properties of Radiation. New York: John Wiley & Sons, Inc., 1973: 154, 178, 347.

[12] Hanbury-Brawn R, Twiss R Q. Nature, 1956: 177; 1957: 27. Proc. R. Soc. A, 1957, 242, 300; Ibid A, 1958, 243: 291.

[13] Areechi F T, et al. Phys. Lett., 1966, 20: 27.

[14] Loudon R. Rep. Prog. Phys., 1980, 43: 914.

[15] Dagenais M, Manddel L. Phys. Rev. A, 1978: 18: 2217.

[16] Simaan H D, Loudon R J. Phys. A: Math. Gen., 1975, 8: A 539.

[17] Lax M. Phys. Rev., 1968, 172: 350–361.

[18] Clauser J F. Phys. Rev. D, 1974, 9: 853–860.

[19] Coves C M. Phys. Rev. Lett., 1980, 45: 75.

[20] Caves C M. Phys. Rev. D, 1981, 23: 1693.

[21] Stoler D. D1, 1970: 3217; Phys. Rev. 1971, D4: 1925.

[22] Walls D F. Nature, 1983, 306: 141; Nature, 1979, 280: 451.

[23] Yuen H P. Phys. Rev. A, 1976, 13: 2226.

[24] Yuen H P, Shapiro J H. IEEE Trans. Inform. Theory I T, 1978, 24: 657; I T, 1980, 26: 76.

[25] Caves C M, Thorne K S, Drever R W P, et al. Rev. Mod. Phys., 1980, 52: 341.

[26] Loudon R. Jour. of Mod. Optics, 1987, 34: 709–759.

[27] Tan W S, Tan W H. Opt. Lett., 1989, 14: 468.

[28] Yuen H P, Shapiro J H. Optics Lett., 1979, 4: 334.

[29] Slusher R M, et al. Phys. Rev. Lett., 1985: 55: 2409.

[30] Wu L A, Kimble H J, Hall J L, et al. Phys. Rev. Lett., 1986, 57: 2520.

[31] 谭维翰, 李宇舫, 张卫平. 物理学报, 1988, 37: 396.

[32] Tan W H, Li Y F, Zhang W P. Opt. Commu., 1987, 64: 195.

[33] Bourdurant R S, Kumar P, Sharp J H, et al. Phys. Rev., A, 1984, 30: 343.

[34] Kumar P, Sharpiro J H. Phys. Rev. A, 1984, 30: 1568.

[35] Wolinsky M, Carmichael H J. Opt. Comm., 1985, 55: 138.

[36] Mandel L. Phys. Rev. Lett., 1982, 49: 13.

[37] 谭维翰, 张卫平, 谭微思. 物理学报, 1990, 39: 1555.

[38] Milburn G, Walls D F. Opt. Commun., 1981, 39: 401.

[39] Yurke B. Phys. Rev., A, 1984, 29: 408.

[40] Yariv A, Pepper D M. Opt. Lett., 1977, 1: 16.

[41] Chow W W, Scully M O, Van Strylant E W. Optics. Commun., 1976, 15: 6.

[42] Collett M J, Gardiner C W. Phys. Rev., A, 1984, 30: 1386; 1984, 31: 3761.

[43] Nagourney W, Sandberg J, Dehmet H. Phys. Rev. Lett., 1986, 56: 2798.

[44] Strehalov D V, Sergienko A V, Klyshko D N, et al. Phys. Rev. Lett., 1995, 74: 3600.

[45] Einstein A, Podolsky B, Rosen N. Phys.Rev., 1935, 47: 777.

[46] Clauser J F. Shimony A. Rep. Prog. Phys., 1978, 41: 1882.

[47] Bohm D. 量子理论. 侯德彭译. 北京: 商务印书馆, 1982.

[48] Bell J S. Physics, 1965, 1: 195.

[49] Clauser J F, Horne M A. Phys. Rev. D, 1974, 10: 526.

[50] Shih Y H, Alley C O. Phys. Rev. Lett., 1988, 61: 2921.

[51] Tan W H, Guo Q J Z Z. The geometry of violation of Bell's inequality. Chinese Optics Letters, 2003, 6: 357.

[52] Clauser J F, Shimony A. Bell's theorem:experimental and implication. Rep. Prog. Phys., 1978, 141: 1881.

第6章 原子的共振荧光与吸收

原子的共振荧光与吸收较集中地反映了光与物质相互作用的基本物理过程. 本章首先叙述了这方面的实验研究结果, 其次便讨论二能级原子共振荧光理论, 以及微腔对自发辐射的增强与抑制、真空场的 Rabi 分裂等.

6.1 二能级原子与单色光强相互作用的实验研究

6.1.1 二能级原子在强光作用下的共振荧光

应用激光调谐技术有可能精确测定在强单色光作用下原子的辐射与吸收谱. 这些测定对于了解原子与场的相互作用, 对于验证理论均有很重要的意义. Stroud[1] 最先测定在强场作用下二能级原子的共振荧光谱, 稍后, 又有更多关于这方面的研究[2~5]. 要精确进行这种测定, 对原子系统、原子束、激光系统均有一定要求. 首先要选择一对与激光频率为共振的二能级, 其他能级因远离共振, 与光场的相互作用可略去. 为了简化分析, 原子的 Doppler 加宽与碰撞加宽均应比自然线宽小得多. 当原子束成垂直地通过激光束时, Doppler 宽度可大为减少. 单色激光应与原子跃迁频率相近, 并在其附近精密调谐, 且光强足够强, 才能观察到谱线轮廓的变化. 还应注意, 被作用的原子是放在激光均匀照射下. 实验中[1,5]选钠原子 $^2S_{1/2}(F = 2)$, $^2P_{3/2}(F = 3)$ 为共振跃迁的两个能级. 原子束以垂直于激光光轴的方向通过激光束, 并在垂直于原子束、激光光轴的方向探测原子辐射的共振荧光.

共振荧光的理论最早由 Weisskopf 提出[6], 他指出, 当入射光强很弱时, 共振荧光并不表现出原子的自然线宽, 而是表现出频率与入射光相同的单色光. 很多实验[7~10] 均证明了当入射光强很弱时, 共振荧光光线的宽度要比自然线宽窄, 可通过仪器的加宽与残存的 Doppler 加宽来解释. 在强光作用下的共振荧光理论工作很多[11~14], 现在较普遍采用的是 Mollow 的理论[10](详细的将在 6.2 节介绍), 主要结果为共振荧光谱包含三个峰: 一个中峰, 两个对称排布的边峰. 边峰与中峰高度比为 $1:3:1$, 而宽度比为 $3\gamma/2:\gamma:3\gamma/2$, γ 为自然线宽. 除此之外, 还有一个 δ 函数型的相干散射峰. 共振时, 该峰的贡献不大, 但有失谐情况下, 这相干散射峰的贡献还是可以看出的. 图 6.1 为 Ezekiel[3,5]测得的共振荧光光谱, 实验与理论符合得很好. 光滑曲线上叠加的 δ 型乃是仪器线宽的卷积. 实验结果表明, 在有些情况下, 还会观察到非对称的共振荧光谱[4], 即一个边峰比另一个边峰低 (图 6.2(a)).

Walther 是用线偏振光激发观察到共振荧光谱的非对称性, 这可能由于激发了其他精细能级; 而采用圆偏振光激发的共振荧光光谱则是对称的. 但 Grove 等实验结果又表明[5], 谱的非对称性来源于非均匀光强照射的结果, 与光的偏振性无关. 图 6.2(b) 给出各种失谐情况下的共振荧光谱, 图 6.2(c)、(d) 分别给出边峰与中峰间距随失谐频率及入射激光功率的变化.

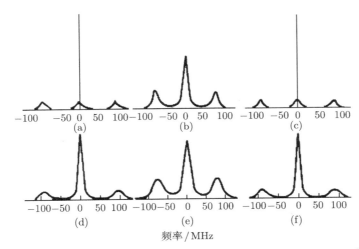

图 6.1   在强驱动场作用下钠原子二能级的实验与理论共振荧光谱[3,5]

(a)~(c) 分别为失谐 −50MHz、0、50MHz 的理论曲线. Rabi 频率 $\Omega = 78$MHz, 自然线宽 $\gamma = 10$MHz;
(d)~(f) 为实验曲线及考虑到仪器线型后理论谱的卷积 (光滑曲线), 失谐分别为 −50MHz、0、50MHz, 驱动激光峰值功率密度为 640mW/cm^2

6.1.2   在强场作用下的原子吸收线型

弱场作用下的原子吸收线型为 Lorentz 型, 这已为弱的可调谐的探针光束通过原子束的吸收谱测量所证实. 但在近共振的强场作用下, 原子的吸收谱线型已发生了很大的变化. 为了测定强驱动场作用下的吸收线型, 必须采用强的 "驱动场" 光束与弱的 "探针" 光束沿着与原子束垂直的方向通过原子束. 驱动场频率 ω_d 一般固定在原子频率 ω_0 附近可调谐. 为保证被探测的原子是在驱动场的均匀照明下, 故探针光束直径一般为驱动场直径的 1/10. 当驱动场频率 ω_d 与原子跃迁频率 ω_0 为共振, 即 $\omega_d = \omega_0$, 由探针光束测得的原子峰值吸收要比弱场作用下的峰值吸收小得多. 当驱动场频率略大于原子跃迁频率时 (图 6.3), 峰值吸收发生在 ω_0', 相对于原来的弱场情况下的原子峰值吸收值 ω_0 稍有移动, 而且在频率 $2\omega_d - \omega_0'$ 处有一不大的增益峰[15], 峰值增益为 0.7%, 而对于同一原子密度测得的弱场峰值吸收为

9.4%. 这与理论计算结果基本相符[16]. 理论计算表明, 在强场极限下的增益峰值位置在 $\Delta\omega = \omega - \omega_0 = \Omega/3$, 峰值增益约为弱场情况下的峰值吸收的 5%.

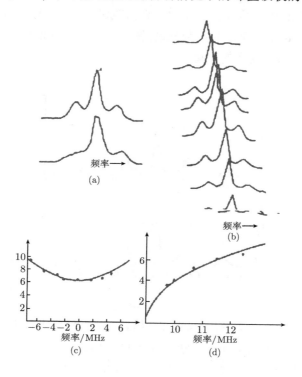

图 6.2

(a) 钠原子 ^{23}Na 的共振荧光谱, 激发是用 5890Å波长的圆偏振光 (曲线 A), 部分线偏振光 (曲线 B). 在 ^{2}S$_{1/2}, F = 2 \rightarrow ^2P_{3/2}, F = 3$ 中心频率处激光功率 30mW; (b) 各种失谐由 −70MHz 到 50MHz 情形下的共振荧光谱. 入射激光功率均为 30mW; (c) 边峰与中峰的间距随入射激光频率的失谐而变; (d) 边峰与中峰的距离随入射激光功率的变化[4]

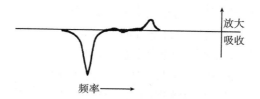

图 6.3　钠原子二能级被一频率为 ω 的场强所驱动, 失谐为 28MHz, 峰值强度为 550mW/cm^2. 峰值吸收发生在移位了的 ω_0' 处. 而峰值增益则发生在 $2\omega - \omega_0'$ 处[15]

6.1.3 二能级原子吸收谱的功率增宽与饱和

为测定随入射激光功率的增加, 吸收谱线轮廓增宽以及峰值吸收饱和, 只需采用功率可变且频率可调谐的探针光即可, 而驱动光场可去掉. 图 6.4(a)~(e) 便是探针光逐渐增大时的原子吸收谱[17]. 在低强度时 (图 6.4(a) 光强为 0.2mW/cm²), 测得线宽为 11MHz, 其中 10MHz 为自然线宽, 另 1MHz 为残余的 Doppler 加宽引起的. 图 6.4(e) 探针光强增至 150mW/cm², 约为饱和光强 $I_s = 6.4$mW/cm² 的 23 倍. 图 6.4(e) 被重绘为图 6.4(f), 测得线宽 47MHz, 与理论值 $\Delta\nu = \gamma\sqrt{1 + I/I_s} \simeq 49.4$MHz 很符合.

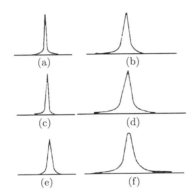

图 6.4　二能级钠原子的功率增宽与饱和曲线[17]

水平:5.8MHz/小格. 强度与垂直标尺 (光电子计数/(s/小格))

(a) $I = 0.03I_s$, 200cts/s; (b) $0.25I_s$, 1000cts/s; (c) $3I_s$, 5000cts/s; (d) $12I_s$, 5000cts/s;

(e) $23I_s$, 5000cts/s; (f) 当 $I = 23I_s$ 的功率增宽线型.

6.2　二能级原子的共振荧光理论

本节主要介绍 Mollow 的共振荧光理论[10~14,20]. Mollow 所提出的二能级原子与场相互作用的理论模型是, 假定辐射场为振幅恒定的经典的单色场, 不考虑辐射场的量子起伏; 原子为静止的二能级原子, 不考虑原子辐射的 Doppler 及碰撞加宽, 也不考虑方程 (4.3.35) 中的无规力作用, 相当于将方程 (4.3.35) 对热库求统计平均. 这样, σ_z、$\sigma^\pm$ 等已化为 c 数 $\langle\sigma_z\rangle$、$\langle\sigma^\pm\rangle$, 而不再是算子, 但在具体计算共振荧光光谱时, 还是应用了量子回归定理. 所得结果与一开始就引进无规力, 并将 σ_z、$\sigma^\pm$ 看成算子所得结果一致.

6.2.1 二能级原子与辐射场相互作用方程及其解

现将在相互作用绘景中的 (4.3.35) 式对热库求平均, 并将 $\langle\sigma_z\rangle$、$\langle\sigma^-\rangle$、

$\langle\sigma^+\rangle$ 仍用 σ_z、σ^-、σ^+ 来表示, 则得单模场与二能级原子相互作用方程为

$$\frac{\mathrm{d}\sigma_z}{\mathrm{d}t} = -\gamma_1(\sigma_z - \bar{\sigma}_z) - \mathrm{i}\frac{\Omega}{2}(\sigma^- \mathrm{e}^{\mathrm{i}\delta\omega t} - \sigma^+ \mathrm{e}^{-\mathrm{i}\delta\omega t})$$

$$\frac{\mathrm{d}\sigma^-}{\mathrm{d}t} = -\mathrm{i}\Omega\mathrm{e}^{-\mathrm{i}\delta\omega t}\sigma_z - \gamma_2\sigma^- \tag{6.2.1}$$

$$\frac{\mathrm{d}\sigma^+}{\mathrm{d}t} = \mathrm{i}\Omega\mathrm{e}^{\mathrm{i}\delta\omega t}\sigma_z - \gamma_2\sigma^+$$

式中, $\delta\omega = \omega_\mathrm{p} - \omega_{21}$, ω_p 为抽运光的频率, $\bar{\sigma}_z$ 为反转粒子的稳态值, $\Omega = 2\mu E_0/\hbar$ 为 Rabi 频率. 令

$$\sigma^- \mathrm{e}^{\mathrm{i}\delta\omega t} = \alpha(t)\mathrm{e}^{\mathrm{i}\omega_\mathrm{p} t}, \quad \sigma^+ \mathrm{e}^{-\mathrm{i}\delta\omega t} = \alpha^*(t)\mathrm{e}^{-\mathrm{i}\omega_\mathrm{p} t}$$

$$\gamma_1 = \kappa, \quad \gamma_2 = \kappa/2, \quad z = \kappa/2 - \mathrm{i}\delta\omega \tag{6.2.2}$$

则 (6.2.1) 式为

$$\frac{\mathrm{d}\sigma_z}{\mathrm{d}t} = -\kappa(\sigma_z - \bar{\sigma}_z) - \mathrm{i}\frac{\Omega}{2}(\alpha(t)\mathrm{e}^{\mathrm{i}\omega_\mathrm{p} t} - \alpha^*(t)\mathrm{e}^{-\mathrm{i}\omega_\mathrm{p} t})$$

$$\frac{\mathrm{d}}{\mathrm{d}t}(\alpha(t)\mathrm{e}^{\mathrm{i}\omega_\mathrm{p} t}) = -\mathrm{i}\Omega\sigma_z - z(\alpha(t)\mathrm{e}^{\mathrm{i}\omega_\mathrm{p} t}) \tag{6.2.3}$$

$$\frac{\mathrm{d}}{\mathrm{d}t}(\alpha^*(t)\mathrm{e}^{-\mathrm{i}\omega_\mathrm{p} t}) = \mathrm{i}\Omega\sigma_z - z^*(\alpha^*(t)\mathrm{e}^{-\mathrm{i}\omega_\mathrm{p} t})$$

作 Laplace 变换

$$\begin{pmatrix} \tilde{n}(s) \\ \tilde{\alpha}(s) \\ \tilde{\alpha}^*(s) \end{pmatrix} = \int_0^\infty \mathrm{e}^{-st} \begin{pmatrix} \sigma_z(t) \\ \alpha(t)\mathrm{e}^{\mathrm{i}\omega_\mathrm{p} t} \\ \alpha^*(t)\mathrm{e}^{-\mathrm{i}\omega_\mathrm{p} t} \end{pmatrix} \mathrm{d}t \tag{6.2.4}$$

则 (6.2.3) 式变为

$$(s + \kappa)\tilde{n}(s) + \mathrm{i}\frac{\Omega}{2}(\tilde{\alpha}(s) - \tilde{\alpha}^*(s)) = \sigma_{z0} + \gamma_1\bar{\sigma}_z/s$$

$$\mathrm{i}\Omega\tilde{n}(s) + (s + z)\tilde{\alpha}(s) = \alpha(0) \tag{6.2.5}$$

$$-\mathrm{i}\Omega\tilde{n}(s) + (s + z^*)\tilde{\alpha}^*(s) = \alpha^*(0)$$

式中, $\sigma_{z0} = \bar{\sigma}_z = -\frac{1}{2}$. 按 σ_z 的定义即反转粒子数的 $1/2$, $\sigma_{z0} = \bar{\sigma}_z = -1/2$, 表明在没有外场驱动即 $\Omega = 0$ 情形下, 原子处于基态.

又注意到 (1.6.14) 式与 (1.6.15) 式及初值 $-2\sigma_{z0} = 1$ 及 $-2\bar{\sigma}_z = 1$ 与 Mollow 定义的 $\bar{n}$、$\bar{m}$ 间的关系为

$$-2\sigma_{zo} = a_2^\dagger a_2 + a_1^\dagger a_1 = |1\rangle\langle 1| + |0\rangle\langle 0| = \sigma^\dagger\sigma + \sigma\sigma^\dagger = \bar{n}(0) + \bar{m}(0)$$

式中, $\bar{n}$、$\bar{m}$ 分别表示原子处于激发态与基态数, $\bar{n} + \bar{m} = 1$. 故 (6.2.5) 式的解为

$$\tilde{\alpha}(s) = \frac{(s+z)(s+z^*) + \Omega^2/2}{f(s)}\alpha(0) + \frac{\Omega^2}{2f(s)}\alpha^*(0) + \frac{\mathrm{i}\Omega(s+z)(s+z^*)}{2f(s)s}(\bar{n}(0) + \bar{m}(0))$$

$$f(s) = (s+\kappa)(s+z)(s+z^*) + \Omega^2(s+\kappa/2)$$

$$(6.2.6)$$

(6.2.6) 式也可写为

$$\tilde{\alpha}(s) = \tilde{u}_{\alpha\alpha}(s)\alpha(0) + \tilde{u}_{\alpha\alpha^*}(s)\alpha^*(0) + \tilde{u}_{\alpha n}(s)\bar{n}(0) + \tilde{u}_{\alpha m}(s)\bar{m}(0) \qquad (6.2.7)$$

求反变换得

$$\mathrm{e}^{\mathrm{i}\omega_{\mathrm{p}}(t+\tau)}\alpha(t+\tau) = u_{\alpha n}(\tau)\bar{n}(t) + u_{\alpha\alpha}(\tau)(\mathrm{e}^{\mathrm{i}\omega_{\mathrm{p}}t}\alpha(t)) + u_{\alpha\alpha^*}(\tau)(\mathrm{e}^{-\mathrm{i}\omega_{\mathrm{p}}t}\alpha^*(t)) + u_{\alpha m}(\tau)\bar{m}(t)$$

$$(6.2.8)$$

式中, $u_{\alpha n}(\tau)$、$u_{\alpha\alpha}(\tau)$、$u_{\alpha\alpha^*}(\tau)$、$u_{\alpha m}(\tau)$ 分别为 $\tilde{u}_{\alpha n}(s)$、$\tilde{u}_{\alpha\alpha}(s)$、$\tilde{u}_{\alpha\alpha^*}(s)$、$\tilde{u}_{\alpha m}(s)$ 的反变换. (6.2.8) 式又可写为

$$\alpha(t+\tau) = u_{\alpha n}(\tau,t)\bar{n}(t) + u_{\alpha\alpha}(\tau,t)\alpha(t) + u_{\alpha\alpha^*}(\tau,t)\alpha^*(t) + u_{\alpha m}(\tau,t)\bar{m}(t) \quad (6.2.9)$$

式中

$$u_{\alpha n}(\tau,t) = u_{\alpha n}(\tau)\mathrm{e}^{-\mathrm{i}\omega_{\mathrm{p}}(t+\tau)}$$

$$u_{\alpha\alpha}(\tau,t) = u_{\alpha\alpha}(\tau)\mathrm{e}^{-\mathrm{i}\omega_{\mathrm{p}}\tau}$$

$$u_{\alpha\alpha^*}(\tau,t) = u_{\alpha\alpha^*}(\tau)\mathrm{e}^{-\mathrm{i}\omega_{\mathrm{p}}\tau - \mathrm{i}2\omega_{\mathrm{p}}t}$$

$$u_{\alpha m}(\tau,t) = u_{\alpha m}(\tau)\mathrm{e}^{-\mathrm{i}\omega_{\mathrm{p}}(t+\tau_{\mathrm{p}})}$$

上面得到的解实质上就是我们在 3.2 节中得出的 Bloch 方程的 Torrey 解, 但 (6.2.9) 式形式更适于计算二能级原子的共振荧光.

6.2.2 二能级原子的共振荧光计算

由 $\alpha(t)$、$\alpha^*(t)$ 的定义 (6.2.2) 式得知 $\alpha(t) = \langle\sigma(t)\mathrm{e}^{-\mathrm{i}\omega_{21}t}\rangle$, 但这是在相互作用绘景中求得的, 当回到 Schrödinger 绘景时, 便是

$$\alpha(t) = \langle a_1 a_2^+ \rangle = \langle\sigma^-(t)\rangle$$
$$\alpha^*(t) = \langle\sigma^+(t)\rangle, \quad \bar{n}(t) = \langle\sigma^+(t)\sigma^-(t)\rangle \qquad (6.2.10)$$
$$\bar{m}(t) = \langle\sigma^-(t)\sigma(t)^+\rangle$$

用密度矩阵表示便是 $\alpha(t) = \mathrm{tr}[\rho(t)\sigma^-]$, $\bar{m}(t) = \mathrm{tr}[\rho(t)\sigma^-\sigma^+]$, $\alpha^*(t) = \mathrm{tr}[\rho(t)\sigma^+]$, $\bar{n}(t) = \mathrm{tr}[\rho(t)\sigma^+\sigma^-]$ 等.

现在要求在驱动场作用下原子的辐射线型, 或者说在入射的单色光作用下, 原子的辐射光谱. 包括入射光及原子辐射在内的场强 $E^+(r,t)$ 可写为

$$E^+(r,t) = \varphi(r)\sigma^-(t - r/c) + E_f^+(r,t) \tag{6.2.11}$$

式中, $E_f^+(r,t)$ 为入射光场, $\varphi(r)$ 为原子的偶极辐射[10], $\varphi(r) = \left(-\dfrac{\omega_0^2\sqrt{2}}{4\pi c^2 r^3}\right)(\boldsymbol{\mu} \times \boldsymbol{r}) \times \boldsymbol{r}$, $\sigma^-(t - r/c)$ 为原子的下降算符. 散射光场的一阶相关函数为

$$G_{jk}^{(1)}(r,t';r,t) = \varphi_j^*(r)\varphi_k(r)\langle\sigma^+(t' - r/c)\sigma^-(t - r/c)\rangle \tag{6.2.12}$$

设原子辐射是一平稳的随机过程, 故有

$$\langle\sigma^+(t' - r/c)\sigma^-(t - r/c)\rangle = g(t' - t) \tag{6.2.13}$$

散射光功率谱为

$$I(\nu,r) = \int_{-\infty}^{\infty} d\tau\, e^{i\nu\tau} \sum_j G_{jj}^{(1)}(r,0;r,\tau) \tag{6.2.14}$$

故在 r 点的功率谱可表示为 $|\varphi(r)|^2$ 与相关函数 $g(\tau)$ 的 Fourier 变换 $\tilde{g}(\nu)$ 的积, 即

$$I(\nu,r) = |\varphi(r)|^2\tilde{g}(\nu), \quad \tilde{g}(\nu) = \int_{-\infty}^{\infty} dt e^{i\nu t}g(\tau) \tag{6.2.15}$$

散射光的平均强度为

$$I = \frac{1}{2\pi}\int d\nu\, I(\nu,r) = |\varphi(r)|^2 g(0) = |\varphi(r)|^2\bar{n}_\infty \tag{6.2.16}$$

式中, $\bar{n}_\infty$ 为原子处于激发态的概率.

$$\bar{n}_\infty = \lim_{t\infty}\langle\sigma^+(t)\sigma^-(t)\rangle$$

由 (6.2.13) 式、(6.2.15) 式得知原子的自相关函数 $g(t' - t) = \langle\sigma^+(t')\sigma^-(t)\rangle$ 的 Fourier 变换决定了散射功率谱 $I(\nu;r)$, 但期待值 $\langle\sigma^+(t')\sigma^-(t)\rangle$ 是涉及双时即 t' 及 t 时的两个物理量. 为此, 必须将其中的一个物理量, 例如, $\sigma(t)$ 也变为 t' 时的物理量, 即经过变换 $\sigma^-(t) \to u^{-1}(t,t')\sigma^-(t')u(t,t')$, 与 $\sigma^+(t')$ 相乘, 再求统计平均, 即为

$$\langle\sigma^+(t')\sigma^-(t)\rangle = \text{tr}\{\rho(t')\sigma^+(t')u^{-1}(t,t')\sigma^-(t')u(t,t')\} \tag{6.2.17}$$

而 (6.2.17) 式中的 $\rho(t')$ 又可写成场的密度矩阵 $|0\rangle_{FF}\langle 0|$ 与原子密度矩阵 $\rho_a(t')$ 的直接乘积, 故有

$$\langle\sigma^+(t')\sigma^-(t)\rangle = \text{tr}\{|0\rangle_{FF}\langle 0|\rho_a(t')\sigma^+(t')u^{-1}(t,t')\sigma^-(t')u(t,t')\} \tag{6.2.18}$$

求单时算子 $\sigma^-(t)$ 也可以这样做, 即

$$\alpha(t) = \text{tr}\{|0\rangle_{FF}\langle 0|\rho_a(t')u^{-1}(t,t')\sigma^-(t')u(t,t')\} \tag{6.2.19}$$

比较 (6.2.18) 式、(6.2.19) 式, 得出对应关系

$$\rho_a(t') \to \rho_a(t')\sigma^+(t') \tag{6.2.20}$$

这两个关系表明, 双时相关函数的期待值 $\langle\sigma^+(t')\sigma^-(t)\rangle$ 与单时量的平均值 $\alpha(t) = \langle\sigma^-(t)\rangle$ 形式上是一样的, 只需用 $\rho_a(t')\sigma^+(t')$ 代替 $\rho_a(t')$. 这就意味着 (6.2.9) 式中的参量 $\bar{n}(t)$、$\alpha(t)$、$\alpha^*(t)$、$\bar{n}(t)$ 等也应作相应的代换

$$\begin{aligned}
\alpha(t) &= \langle\sigma^-(t)\rangle \to \langle\sigma^+(t)\sigma^-(t)\rangle = \bar{n}(t) \\
\alpha^*(t) &= \langle\sigma^+(t)\rangle \to \langle\sigma^+(t)\sigma^+(t)\rangle = 0 \\
\bar{m}(t) &= \langle\sigma^-(t)\sigma^+(t)\rangle \to \langle\sigma^+(t)\sigma^-(t)\sigma^+(t)\rangle = \langle\sigma^+(t)\rangle = \alpha^*(t) \\
\bar{n}(t) &= \langle\sigma^+(t)\sigma^-(t)\rangle \to \langle\sigma^+(t)\sigma^+(t)\sigma^-(t)\rangle = 0
\end{aligned} \tag{6.2.21}$$

将 (6.2.21) 式代入 (6.2.9) 式, 得

$$g(\tau,t') = <\sigma^+(t'+\tau)\sigma^-(t')> = u_{\alpha\alpha}(\tau,t')\bar{n}(t') + u_{\alpha m}(\tau,t')\alpha^*(t') \tag{6.2.22}$$

式中

$$\begin{aligned}
u_{\alpha\alpha}(\tau,t') &= u_{\alpha\alpha}(\tau)\mathrm{e}^{-\mathrm{i}\omega_\mathrm{p}\tau} \\
u_{\alpha m}(\tau,t') &= u_{\alpha m}(\tau)\mathrm{e}^{-\mathrm{i}\omega_\mathrm{p}\tau}\mathrm{e}^{-\mathrm{i}\omega_\mathrm{p}t'}
\end{aligned} \tag{6.2.23}$$

由 (6.2.8) 式到 (6.2.22) 式, (6.2.23) 式即量子回归定理[25] 的一个特例.

当 $t' \to \infty$ 时, $g(\tau,t') \to g(\tau)$, 而

$$g(\tau) = u_{\alpha\alpha}(\tau)\mathrm{e}^{-\mathrm{i}\omega_\mathrm{p}\tau}\bar{n}_\infty + u_{\alpha m}(\tau)\mathrm{e}^{-\mathrm{i}\omega_\mathrm{p}\tau}(\alpha_\infty^*\mathrm{e}^{-\mathrm{i}\omega_\mathrm{p}t'}) \tag{6.2.24}$$

式中, $\bar{n}_\infty$、α_∞^* 可由方程 (6.2.3) 的定态解得出

$$\begin{aligned}
\bar{n}_\infty &= \sigma_{z\infty} + \frac{1}{2} = \frac{\Omega^2/4}{\Omega^2/2 + \delta\omega^2 + \kappa^2/4} \\
\alpha_\infty^*\mathrm{e}^{-\mathrm{i}\omega_\mathrm{p}t'} &= \frac{(-\mathrm{i}\Omega/2)z}{\Omega^2/2 + (\delta\omega)^2 + \kappa^2/4}
\end{aligned} \tag{6.2.25}$$

对 (6.2.24) 式进行 Laplace 变换, 便得

$$\hat{g}(s) = \tilde{u}_{\alpha\alpha}(s+\mathrm{i}\omega_\mathrm{p})\bar{n}_\infty + \tilde{u}_{\alpha m}(s+\mathrm{i}\omega_\mathrm{p})(\alpha_\infty^*\mathrm{e}^{-\mathrm{i}\omega_\mathrm{p}t'}) \tag{6.2.26}$$

式中, $\tilde{u}_{\alpha,\alpha}$、$\tilde{u}_{\alpha,m}$ 由 (6.2.6) 式、(6.2.7) 式给出

$$\hat{u}_{\alpha\alpha}(s) = \frac{(s+z)(s+z^*) + \Omega^2/2}{f(s)}, \quad \hat{u}_{\alpha m}(s) = \frac{\mathrm{i}\Omega(s+z)(s+z^*)}{2f(s)s} \tag{6.2.27}$$

当 $s \to -\mathrm{i}\omega_\mathrm{p}$, 即散射频率与入射光频率 ω_p 为相同的相干散射情形, (6.2.26) 式、(6.2.27) 式给出

$$\lim_{s \to -\mathrm{i}\omega_\mathrm{p}} [(s + \mathrm{i}\omega_\mathrm{p})\hat{g}(s)] = \frac{(\Omega^2/4)z^*}{\Omega^2/2 + (\delta\omega)^2 + \kappa^2/4} \frac{\kappa z}{f(0)} = \frac{(\Omega^2/4)|z|^2}{\left(\frac{1}{2}\Omega^2 + |z|^2\right)^2} = |\alpha_\infty|^2 \tag{6.2.28}$$

这个相干散射项对应于振动 $\alpha_\infty(t) = |\alpha_\infty|\mathrm{e}^{-\mathrm{i}\omega_\mathrm{p}t}$. 下面为简单计, 将 ω_p 写为 ω. $\alpha_\infty(t)$ 的自相关函数为 $g_{\mathrm{coh}}(\tau) = \alpha_\infty^*(t')\alpha_\infty(t'+\tau) = |\alpha_\infty^2|\mathrm{e}^{-\mathrm{i}\omega\tau}$, Laplace 变换后为 $\frac{|\alpha_\infty^2|}{(s+\mathrm{i}\omega)}$. 将相干散射分量从 $\hat{g}(s)$ 中减去, 便得非相干散射分量

$$\hat{g}_{\mathrm{inc}}(s) = \hat{g}(s) - \frac{|\alpha_\infty|^2}{(s+\mathrm{i}\omega)} \tag{6.2.29}$$

将 (6.2.26) 式代入 (6.2.29) 式, 得

$$\hat{g}_{\mathrm{inc}}(s) = \frac{\frac{1}{2}\bar{n}_\infty\Omega^2}{\Omega^2/2 + |z|^2} \times \frac{(s+\mathrm{i}\omega)^2 + 2\kappa(s+\mathrm{i}\omega) + \Omega^2/2 + \kappa^2}{f(s+\mathrm{i}\omega)} \tag{6.2.30}$$

由 (6.2.15) 式定义的相干函数谱 $\tilde{g}(\nu)$ 可直接由 Laplace 变换得出. 这是因为 $g(-\tau) = g^*(\tau)$, 故有 $\tilde{g}(\nu) = 2\mathrm{Re}[\hat{g}(-\mathrm{i}\nu)]$. 将 (6.2.29) 式、(6.2.30) 式代入得

$$\tilde{g}(\nu) = 2\pi|\alpha_\infty|^2\delta(\nu-\omega) + \bar{n}_\infty\kappa\Omega^2\frac{(\nu-\omega)^2 + (\Omega^2/2 + \kappa^2)}{|f(\mathrm{i}(\nu-\omega))|^2} \tag{6.2.31}$$

对于共振情形 $\delta\omega = 0$, $f(s)$ 的三个根为

$$s_0 = -\frac{1}{2}\kappa$$
$$s_2 = -\frac{3}{4}\kappa + (\kappa^2/16 - \Omega^2)^{1/2} \tag{6.2.32}$$
$$s_1 = -\frac{3}{4}\kappa - (\kappa^2/16 - \Omega^2)^{1/2}$$

(6.2.31) 式可写为

$$\begin{aligned}
\tilde{g}(\nu) &= 2\pi|\alpha_\infty|^2\delta(\nu-\omega) + \bar{n}_\infty\kappa\Omega^2\frac{(\nu-\omega)^2 + (\Omega^2/2 + \kappa^2)}{[(\nu-\omega)^2 + s_0^2][(\nu-\omega)^2 + s_1^2][(\nu-\omega)^2 + s_2^2]} \\
&= 2\pi|\alpha_\infty|^2\delta(\nu-\omega) + \frac{D_0}{(\nu-\omega)^2 + s_0^2} + \frac{M - (\nu-\omega-\Omega')N}{(\nu-\omega-\Omega')^2 + \sigma^2} + \frac{M + (\nu-\omega+\Omega')N}{(\nu-\omega+\Omega')^2 + \sigma^2}
\end{aligned} \tag{6.2.33}$$

式中

$$\sigma = -\frac{3}{4}\kappa, \quad \Omega' = \left(\Omega^2 - \frac{\kappa^2}{16}\right)^{1/2}$$

$$D_0 = \frac{1}{2}\kappa\bar{n}_\infty, \quad M = \frac{3}{8}\kappa\bar{n}_\infty\left(\frac{\Omega^2 - \kappa^2/2}{\Omega^2 + \kappa^2/2}\right) \tag{6.2.34}$$

$$N = \frac{\frac{1}{8}\kappa\bar{n}_\infty}{\Omega'}\left(\frac{5\Omega^2 - \frac{1}{2}\kappa^2}{\Omega^2 + \frac{1}{2}\kappa^2}\right)$$

由 (6.2.33) 式、(6.2.34) 式看出, 中峰宽度 $|s_0|$ 与边峰宽度 $|\sigma|$ 之比为 $1:3/2$; 而峰值之比为 $\dfrac{D_0}{s_0^2} : \dfrac{M}{\sigma^2} = 1 : \dfrac{1}{3}\dfrac{\Omega^2 - \kappa^2/2}{\Omega^2 + \kappa^2/2}$. 对于强场 $\Omega^2 \gg \kappa^2/2$, 峰值比便是 $1:1/3$. 图 6.5 给出共振情形的荧光谱 $\tilde{g}(\nu)$ 曲线, 这些就是共振荧光实验结果分析中用到的理论结果.

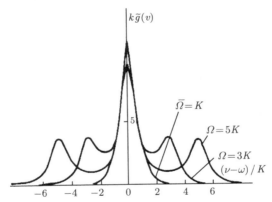

图 6.5　在外场共振驱动下二能级原子的光谱密度[10]

6.3　原子在压缩态光场中的共振荧光[42,43]

6.3.1　原子在压缩态光场中的密度矩阵方程

求原子的密度矩阵方程与第 5 章求激光场的密度矩阵方程 (4.3.43) 式相似. 设原子与热浴相互作用的 Hamilton 量[44]

$$H_{\mathrm{I}} = -\mathrm{i}\hbar\left[\sigma^+ \sum g_k b_k - \sigma^- \sum g_k^* b_k^\dagger\right] \tag{6.3.1}$$

在相互作用绘景中, 包括原子与热浴在内的密度矩阵 W 满足如下的运动方程:

$$
\begin{aligned}
\frac{\mathrm{d}W}{\mathrm{d}t} &= \frac{-\mathrm{i}}{\hbar}[H_{\mathrm{I}}, W] = \left(\frac{-\mathrm{i}}{\hbar}\right)^2 \left[H_{\mathrm{I}}, \int_0^t [H_{\mathrm{I}}, W]\mathrm{d}\tau\right] \\
&= \frac{-1}{\hbar^2} \int_0^t [H_{\mathrm{I}}(t)H_{\mathrm{I}}(\tau)W(\tau) - H_{\mathrm{I}}(t)W(\tau)H_{\mathrm{I}}(\tau) \\
&\quad - H_{\mathrm{I}}(\tau)W(\tau)H_{\mathrm{I}}(t) + W(\tau)H_{\mathrm{I}}(\tau)H_{\mathrm{I}}(t)]\mathrm{d}\tau
\end{aligned} \tag{6.3.2}
$$

设 $W = \rho\rho_B$, ρ、ρ_B 分别为原子与热浴的密度矩阵. 将 (6.3.1) 式代入 (6.3.2) 式, 并对 B 求迹, 注意到 $\mathrm{Tr}_B(\rho_B) = 1$, 而且 b_k、$b_k^\dagger$ 为平稳随机过程, 则有

$$
\mathrm{Tr}_B(b_k^\dagger(t)b_{k'}(\tau)\rho_B(\tau)) = \langle b_k^\dagger(t)b_{k'}(t)\rangle\delta(t - \tau) \tag{6.3.3}
$$

又令

$$
\begin{aligned}
\kappa\frac{N}{2} &= \sum_{k,k'} g_k g_{k'}^* \int \mathrm{tr}_B(b_k^\dagger(t)b_{k'}(\tau)\rho_B(\tau))\mathrm{d}\tau = \sum_{k,k'} g_k^* g_{k'} \langle b_k^\dagger(t)b_{k'}(t)\rangle \\
\kappa\frac{N+1}{2} &= \sum_{k,k'} g_k g_{k'}^* \langle b_k(t)b_k^\dagger(t)\rangle \\
\kappa\frac{M}{2} &= \sum_{k,k'} g_k g_{k'} \int \mathrm{tr}_B(b_k(t)b_{k'}(\tau)\rho_B(\tau))\mathrm{d}\tau = \sum_{k,k'} g_k g_{k'} \langle b_k(t)b_{k'}(t)\rangle \\
\kappa\frac{M^*}{2} &= \sum_{k,k'} g_k^* g_{k'}^* \langle b_k^\dagger(t)b_{k'}^\dagger(t)\rangle
\end{aligned} \tag{6.3.4}
$$

则 (6.3.2) 式化为

$$
\begin{aligned}
\frac{\mathrm{d}\rho}{\mathrm{d}t} =& \kappa\frac{N+1}{2}(2\sigma^-\rho\sigma^+ - \sigma^+\sigma^-\rho - \rho\sigma^+\sigma^-) \\
&+ \kappa\frac{N}{2}(2\sigma^+\rho\sigma^- - \sigma^-\sigma^+\rho - \rho\sigma^-\sigma^+) \\
&- \kappa\frac{M}{2}(2\sigma^+\rho\sigma^+ - \sigma^+\sigma^+\rho - \rho\sigma^+\sigma^+) \\
&- \kappa\frac{M^*}{2}(2\sigma^-\rho\sigma^- - \sigma^-\sigma^-\rho - \rho\sigma^-\sigma^-)
\end{aligned} \tag{6.3.5}
$$

现将 (6.3.5) 式应用于计算真空态 $\rho_B = |0\rangle\langle 0|$ 及压缩真空态 $\rho_{BS} = |0\rangle_s\,{}_s\langle 0|$ 的 N 与 M.

1. 真空态

由于

$$\langle b^{\dagger}(t)b(t)\rangle = \langle 0|b^{\dagger}b|0\rangle = 0, \quad N = 0$$

$$\langle b^{\dagger}(t)b^{\dagger}(t)\rangle = \langle 0|b^{\dagger}b^{\dagger}|0\rangle = 0, \quad M^* = 0 \tag{6.3.6}$$

代入 (6.3.5) 式, 得

$$\frac{\mathrm{d}\rho}{\mathrm{d}t} = \kappa\sigma^-\rho\sigma^+ - \frac{\kappa}{2}\sigma^+\sigma^-\rho - \frac{\kappa}{2}\rho\sigma^+\sigma^- \tag{6.3.7}$$

2. 压缩真空态 $|0\rangle_s = S|0\rangle$, S 为压缩态算子

$$\langle b^{\dagger}(t)b(t)\rangle = \langle 0|S^{\dagger}b^{\dagger}SS^{\dagger}bS|0\rangle = \langle 0|(\mu b^{\dagger} + \nu b)(\mu b + \nu b^{\dagger})|0\rangle = \nu^2 = N$$

$$\langle b(t)b^{\dagger}(t)\rangle = \langle 0|(\mu b + \nu b^{\dagger})(\mu b^{\dagger} + \nu^* b)|0\rangle = \mu^2 = 1 + \nu^2 = N + 1$$

$$\langle b(t)b(t)\rangle = \langle 0|(\mu b + \nu b^{\dagger})(\mu b + \nu b^{\dagger})|0\rangle = \mu\nu = M \tag{6.3.8}$$

$$\langle b(t)^{\dagger}b^{\dagger}(t)\rangle = \langle 0|(\mu b^{\dagger} + \nu^* b)(\mu b^{\dagger} + \nu^* b)|0\rangle = \mu\nu^* = M^*$$

式中, μ、ν 为压缩态参量 $\mu^2 - \nu^2 = 1$.

3. 有趋动场情形[42]

有驱动场作用下的相互作用 Hamitton 量为

$$H_{\mathrm{I}} = -\hbar\sigma^+\left[\frac{\mu\varepsilon(t)}{\hbar} + \mathrm{i}\sum g_k b_k\right] + \mathrm{c.c.} = -\hbar\sigma^+\left[\frac{\Omega(t)}{2} + \mathrm{i}\sum g_k b_k\right] + \mathrm{c.c.} \tag{6.3.9}$$

这样, 在密度矩阵运动方程 (6.3.5) 中就要加上驱动场带来的影响 $\left(\dfrac{\mathrm{d}\rho}{\mathrm{d}t}\right)_c$

$$\left(\frac{\mathrm{d}\rho}{\mathrm{d}t}\right)_c = \mathrm{i}\left[\left\{\frac{\Omega}{2}\sigma^+ + \frac{\Omega^*}{2}\sigma^-\right\}, \rho\right] \tag{6.3.10}$$

将 (6.3.5) 式的 $\dfrac{\mathrm{d}\rho}{\mathrm{d}t}$ 用 $\left[\dfrac{\mathrm{d}\rho}{\mathrm{d}t}\right]$ 标志, 则总的 $\dfrac{\mathrm{d}\rho}{\mathrm{d}t}$ 应是

$$\frac{\mathrm{d}\rho}{\mathrm{d}t} = \left[\frac{\mathrm{d}\rho}{\mathrm{d}t}\right] + \left(\frac{\mathrm{d}\rho}{\mathrm{d}t}\right)_c \tag{6.3.11}$$

参照 (6.3.5) 式 $\sim$ (6.3.11) 及 (4.2.6) 式, ρ 的解可写为

$$\rho = \langle\sigma_z\rangle + \langle\sigma^-\rangle\sigma^- + \langle\sigma^+\rangle\sigma^+$$

$$\frac{\mathrm{d}\rho}{\mathrm{d}t} = \frac{\mathrm{d}\langle\sigma_z\rangle}{\mathrm{d}t}\sigma_z + \frac{\mathrm{d}\langle\sigma^-\rangle}{\mathrm{d}t}\sigma^- + \frac{\mathrm{d}\langle\sigma^+\rangle}{\mathrm{d}t}\sigma^+ = -\kappa\left(\frac{N+1}{2} + \frac{N}{2}\right)$$

$$\times (2\langle\sigma_z\rangle\sigma_z + \langle\sigma^-\rangle\sigma^- + \langle\sigma^+\rangle\sigma^+)$$

$$- \kappa\frac{M}{2}(2\langle\sigma^-\rangle\sigma^+ + 2\langle\sigma^+\rangle\sigma^-)$$

$$+ \frac{\mathrm{i}\Omega}{2}(\langle\sigma_z\rangle\sigma^+ + \langle\sigma^+\rangle\sigma_z) - \frac{\mathrm{i}\Omega^*}{2}(\langle\sigma_z\rangle\sigma^- + \langle\sigma^-\rangle\sigma_z) \qquad (6.3.12)$$

便得在压缩态光场作用下的 Bloch 方程 (式中 $\bar\sigma_z$ 是唯象引进的)

$$\frac{\mathrm{d}\langle\sigma_z\rangle}{\mathrm{d}t} = -\gamma_1(\langle\sigma_z\rangle - \bar\sigma_z) - \frac{\mathrm{i}\Omega^*}{2}\langle\sigma^-\rangle + \frac{\mathrm{i}\Omega}{2}\langle\sigma^+\rangle$$

$$\frac{\mathrm{d}\langle\sigma^-\rangle}{\mathrm{d}t} = -z\langle\sigma^-\rangle - \gamma_2\langle\sigma^+\rangle - \mathrm{i}\Omega^*\langle\sigma_z\rangle \qquad (6.3.13)$$

$$\frac{\mathrm{d}\langle\sigma^+\rangle}{\mathrm{d}t} = -z\langle\sigma^+\rangle - \gamma_2^*\langle\sigma^-\rangle + \mathrm{i}\Omega\langle\sigma_z\rangle$$

或简写为

$$\frac{\mathrm{d}\sigma_z}{\mathrm{d}t} = -\gamma_1(\sigma_z - \bar\sigma_z) - \frac{\mathrm{i}\Omega^*}{2}\sigma^- + \frac{\mathrm{i}\Omega}{2}\sigma^+$$

$$\frac{\mathrm{d}\sigma^-}{\mathrm{d}t} = -z\sigma^- - \gamma_2\sigma^+ - \mathrm{i}\Omega^*\sigma_z \qquad (6.3.14)$$

$$\frac{\mathrm{d}\sigma^+}{\mathrm{d}t} = -z^*\sigma^+ - \gamma_2^*\sigma^- + \mathrm{i}\Omega\sigma_z$$

$$\gamma_1 = \kappa(\mu^2 + \nu^2), \quad \gamma_2 = \kappa\mu\nu, \quad z = \frac{\gamma_1}{2} + \mathrm{i}(\omega_0 - \omega) \qquad (6.3.15)$$

由 Bloch 方程 (6.3.14) 可以看到, 压缩真空态与原子相互作用导致原子电偶极算符 σ^+ 与 σ^- 间耦合, 耦合系数为 γ_2. 当 $\gamma_2 = 0$, 结果回到相干态驱动场.

6.3.2 原子在压缩态光场中的共振荧光谱

在 Bloch 方程 (6.3.14) 的基础上, 可计算出原子在压缩态光场中的共振荧光谱, 结果如图 6.6 所示. 图中 $\Delta\phi$ 为 γ_2 的幅角, $\gamma_2 = |\gamma_2|\mathrm{e}^{-\mathrm{i}\Delta\phi}$, r 为压缩参量, $\mu = \cosh r, |\nu| = \sinh r$. 图 6.6(a)~(d) 均为共振情形, $\Delta\omega_a = \omega_0 - \omega = 0$. 图 6.6(a) 为 $\Delta\phi = 0$, 共振荧光谱随压缩参量 r 的增加, 表现出超加宽. 而图 6.6(b) 为 $\Delta\phi = \pi$, 随 r 增加, 中峰变得越来越细, 边峰被抑制. 图 6.6(c) 为 $\Delta\phi = \pi/2$ 的荧光谱, 其变化情况介于图 6.6(a) 与 (b) 之间. 图 6.6(d) 则是荧光谱随 $\Delta\phi$ 的变化情形.

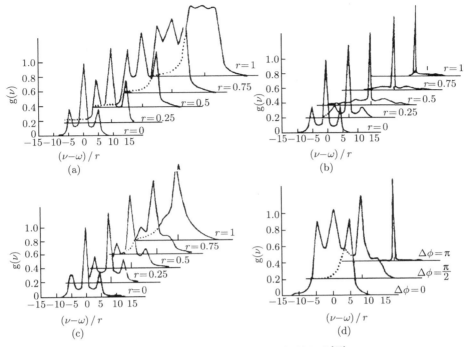

图 6.6 压缩态光场中原子的辐射光谱[42]

(a) $\Delta\phi = 0$; $\Omega/\gamma = 5$; $\Delta\omega_a = 0$; (b) $\Delta\phi = \pi$; $\Omega/\gamma = 5$; $\Delta\omega_a = 0$;

(c) $\Delta\phi = \pi/2$; $\Omega/\gamma = 5$; $\Delta\omega_a = 0$; (d) $\gamma_1/\gamma = 2$; $\gamma_2/\gamma = 0.9$; $\sigma_0 = 0.5$; $\Omega/\gamma = 5$; $\Delta\omega_a = 0$

6.4 不取旋波近似情形二能级原子的共振荧光谱[78]

一般的二能级原子的共振荧光理论都是取了旋波近似后得出的. 本节给出不取旋波近似的共振荧光理论. 旋波近似成立的前提是驱动场频率 $\omega \gg$ Rabi 频率 Ω. 但在强场作用情形 Rabi 频率 Ω 可达到 ω 同一量级. 从实验角度来看, 一千瓦级 CW 激光, 功率密度为 $4 \times 10^9 \mathrm{W/cm^2}$ $\left(= \dfrac{10^3\mathrm{W}}{(10 \times 0.5 \times 10^{-4}\mathrm{cm})^2} \right)$ 是可能的. 按公式 $\Omega = 2\pi \left(\dfrac{I(\mathrm{W/cm^2})}{127} \right)^{1/2}$ GHz, 对 3S–3P 钠原子跃迁, 可得 $\Omega/2\pi = 5 \times 10^{12}\mathrm{Hz}$. 若采用准连续的化学 Oxygen-Iodine 激光, $\lambda = 1.315\mu$, 功率密度百千瓦量级, 故达到 $\Omega/2\pi = 10^{13} \sim 10^{14}\mathrm{Hz}$ 近于 $\omega/2\pi$ 是有希望的[77]. 故发展不取旋波近似的二能级原子共振荧光理论是有意义的. 下面的计算结果表明不取旋波近似的二能级原子的共振荧光显得很复杂. 中峰出现分裂, 而边峰也有一系列不对称的谐波.

6.4.1　Mollow 的共振荧光理论与积分的初值条件

我们先说 6.2 节 Mollow 的共振荧光理论 (RFS)[44] 的几个主要步骤, 首先从解取旋波近似的动力方程 (6.2.1) 出发, 得出原子极化方程 (6.2.9), 用 $U_{\alpha\alpha}(\tau, t')$、$U_{\alpha m}(\tau, t')$ 表示.

$$\alpha(t' + \tau) = U_{\alpha n}(\tau, t')\bar{n}(t') + U_{\alpha m}(\tau, t')\bar{m}(t') + U_{\alpha\alpha}(\tau, t')\alpha(t') + U_{\alpha\alpha}^*(\tau, t')\alpha^*(t') \quad (6.4.1)$$

应用方程 (6.4.1), 导出双时原子相关函数的量子回归定理 $g(\tau, t')$

$$\begin{aligned} g(\tau, t') &= \langle a^\dagger(t')a(t' + \tau)\rangle \\ &= U_{\alpha\alpha}(\tau, t')\bar{n}(t') + U_{\alpha m}(\tau, t')\alpha^*(t') \end{aligned} \quad (6.4.2)$$

现在我们导出共振情形积分动力学方程所对应的初值条件. 对于共振情形, $\Delta\omega = \omega - \omega_0 = 0$, 由 (6.2.27) 式, 可表示为

$$\begin{aligned} \hat{U}_{\alpha\alpha}(s) &= \frac{(s + \mathrm{i}\omega + \gamma_1)(s + \mathrm{i}\omega + \gamma_2) + \Omega/2}{(s + \mathrm{i}\omega + \gamma_2)(s + \mathrm{i}\omega - \lambda_1)(s + \mathrm{i}\omega - \lambda_2)} \\ &= \frac{1/2}{s + \mathrm{i}\omega + \gamma_2} + \frac{\mathrm{i}\Omega}{4\Omega'}\frac{1}{\lambda_1 + \gamma_2}\frac{1}{s + \mathrm{i}\omega - \lambda_1} - \frac{\mathrm{i}\Omega}{4\Omega'}\frac{1}{\lambda_2 + \gamma_2}\frac{1}{s + \mathrm{i}\omega - \lambda_2} \end{aligned} \quad (6.4.3)$$

$$\begin{aligned} \hat{U}_{\alpha m}(s) &= \frac{\mathrm{i}\Omega(s + \mathrm{i}\omega + \gamma_1)}{2(s + \mathrm{i}\omega)(s + \mathrm{i}\omega - \lambda_1)(s + \mathrm{i}\omega - \lambda_2)} \\ &= \frac{\mathrm{i}\Omega\gamma_1}{2\lambda_1\lambda_2}\frac{1}{s + \mathrm{i}\omega} + \frac{\mathrm{i}\Omega(\lambda_1 + \gamma_1)}{2\lambda_1(\lambda_1 - \lambda_2)}\frac{1}{s + \mathrm{i}\omega - \lambda_1} + \frac{\mathrm{i}\Omega(\lambda_2 + \gamma_1)}{2\lambda_2(\lambda_2 - \lambda_1)}\frac{1}{s + \mathrm{i}\omega - \lambda_2} \end{aligned}$$

$$\lambda_1, \lambda_2 = -\frac{\gamma_1 + \gamma_2}{2} \pm \sqrt{\left(\frac{\gamma_1 - \gamma_2}{2}\right)^2 - \Omega^2} = -\frac{\gamma_1 + \gamma_2}{2} \pm \mathrm{i}\Omega' \quad (6.4.4)$$

求方程 (6.4.3)、(6.4.4) 的反拉氏变换, 我们得到

$$U_{\alpha\alpha}(\tau) = \left[\frac{1}{2}\mathrm{e}^{-\gamma_2\tau} + \mathrm{i}\frac{\Omega}{4\Omega'}\left(\frac{1}{\lambda_1 + \gamma_2}\mathrm{e}^{\lambda_1\tau} - \frac{1}{\lambda_2 + \gamma_2}\mathrm{e}^{\lambda_2\tau}\right)\right]\mathrm{e}^{-\mathrm{i}\omega\tau} \quad (6.4.5)$$

$$U_{\alpha m}(\tau) = \left[\mathrm{i}\frac{\Omega\gamma_1}{2\lambda_1\lambda_2} + \mathrm{i}\frac{\Omega}{2(\lambda_1 - \lambda_2)}\left(\frac{\lambda_1 + \gamma_1}{\lambda_1}\mathrm{e}^{\lambda_1\tau} - \frac{\lambda_2 + \gamma_1}{\lambda_2}\mathrm{e}^{\lambda_2\tau}\right)\right]\mathrm{e}^{-\mathrm{i}\omega\tau} \quad (6.4.6)$$

让我们将动力学方程 (6.2.1) 用 $\alpha(t)\mathrm{e}^{\mathrm{i}\omega t}$ 的实部与虚部 $u = \frac{1}{2}(\alpha(t)\mathrm{e}^{\mathrm{i}\omega t} + \alpha^*(t)\mathrm{e}^{-\mathrm{i}\omega t})$, $v = -\frac{\mathrm{i}}{2}(\alpha(t)\mathrm{e}^{\mathrm{i}\omega t} - \alpha(t)^*\mathrm{e}^{-\mathrm{i}\omega t})$ 重写为

$$\begin{aligned} \frac{\mathrm{d}u}{\mathrm{d}t} &= -\gamma_2 u \\ \frac{\mathrm{d}v}{\mathrm{d}t} &= -\gamma_2 v + \Omega\sigma_z \\ \frac{\mathrm{d}\sigma_z}{\mathrm{d}t} &= -\gamma_1(\sigma_z - \bar{\sigma}_z) - \Omega v \end{aligned} \quad (6.4.7)$$

然后按下面初始条件积分方程 (6.4.7)(a_u, a_v, a_m) 并写下相应的解

$$a_u: \quad \sigma_{z0} = \bar{\sigma}_z = 0.0, \quad u_0 = 0.5, \quad v_0 = 0.0$$
$$\text{sol}: \quad u = \frac{1}{2}\mathrm{e}^{-\gamma_2\tau} \tag{6.4.8}$$

$$a_v: \quad \sigma_{z0} = \bar{\sigma}_z = 0.0, \quad u_0 = 0.0, \quad v_0 = 0.5$$
$$\text{sol}: \quad v = \mathrm{i}\frac{\Omega}{4\Omega'}\left(\frac{1}{\lambda_1 + \gamma_2}\mathrm{e}^{\lambda_1\tau} - \frac{1}{\lambda_2 + \gamma_2}\mathrm{e}^{\lambda_2\tau}\right) \tag{6.4.9}$$

$$a_m: \quad \sigma_{z0} = \bar{\sigma}_z = -0.5, \quad u_0 = v_0 = 0.0$$
$$\text{sol}: \quad v = -\frac{\Omega\gamma_1}{2\lambda_1\lambda_2} - \frac{\Omega}{2(\lambda_1 - \lambda_2)}\left(\frac{\lambda_1 + \gamma_1}{\lambda_1}\mathrm{e}^{\lambda_1\tau} - \frac{\lambda_2 + \gamma_1}{\lambda_2}\mathrm{e}^{\lambda_2\tau}\right) \tag{6.4.10}$$

比较 (6.4.5) 式、(6.4.6) 式与方程 (6.4.8)～(6.4.10), 我们发现 $U_{\alpha\alpha}(\tau, t')$ 可表示为方程 (6.4.7) 的解, 即分别满足初始条件 a_u 与 a_v 的 u 与 v.

$$U_{\alpha\alpha}(\tau, t') = U_{\alpha\alpha}(\tau) = (u(\tau) + v(\tau))\mathrm{e}^{-\mathrm{i}\omega\tau} \tag{6.4.11}$$

而 $U_{\alpha m}(\tau, t')$ 可表示为满足初始条件 a_m 的解 v 为

$$U_{\alpha m}(\tau, t')\mathrm{e}^{-\mathrm{i}\omega t'} = U_{\alpha m}(\tau) = -\mathrm{i}v(\tau)\mathrm{e}^{-\mathrm{i}\omega\tau} \tag{6.4.12}$$

因初始条件与 RWA 无关, 方程 (6.4.11)、(6.4.12) 可认为一般成立的关系式.

6.4.2 不采用 RWA 二能级原子系统的 RFS 理论

参照文献 [44]、[66], 描述二能级原子 (TLS) 且不采用 RWA 的方程为

$$\frac{\mathrm{d}}{\mathrm{d}t}\sigma_z(t) = -\gamma_1(\sigma_z(t) - \bar{\sigma}_z) - \mathrm{i}\frac{\Omega^-}{2}(\alpha(t)\mathrm{e}^{\mathrm{i}\omega\tau}) + \mathrm{i}\frac{\Omega^+}{2}(\alpha^*(t)\mathrm{e}^{-\mathrm{i}\omega\tau})$$
$$\frac{\mathrm{d}}{\mathrm{d}t}(\alpha(t)\mathrm{e}^{\mathrm{i}\omega\tau}) = -\gamma_2(\alpha(t)\mathrm{e}^{\mathrm{i}\omega\tau}) - \mathrm{i}\Omega^+\sigma_z(t) \tag{6.4.13}$$
$$\frac{\mathrm{d}}{\mathrm{d}t}(\alpha^*(t)\mathrm{e}^{-\mathrm{i}\omega\tau}) = -\gamma_2(\alpha^*(t)\mathrm{e}^{-\mathrm{i}\omega\tau}) + \mathrm{i}\Omega^-\sigma_z(t)$$

此处 $\Omega^\pm = \Omega(1 + \mathrm{e}^{\pm 2\mathrm{i}\omega t})$, 驱动场的频率与原子跃迁频率为共振 $\omega = \omega_0$. 现将方程 (6.4.13) 用 $\alpha(t)\mathrm{e}^{\mathrm{i}\omega t}$ 的实部与虚部写为 $u = \frac{1}{2}(\alpha(t)\mathrm{e}^{\mathrm{i}\omega t} + \alpha^*(t)\mathrm{e}^{-\mathrm{i}\omega t})$, $v = -\frac{\mathrm{i}}{2}(\alpha(t)\mathrm{e}^{\mathrm{i}\omega t} - \alpha^*(t)\mathrm{e}^{-\mathrm{i}\omega t})$, 我们有

$$\frac{\mathrm{d}u}{\mathrm{d}t} = -\gamma_2 u + \Omega\sin(2\omega t)\sigma_z$$
$$\frac{\mathrm{d}v}{\mathrm{d}t} = -\gamma_2 v + \Omega(1 + \cos(2\omega t))\sigma_z \tag{6.4.14}$$
$$\frac{\mathrm{d}\sigma_z}{\mathrm{d}t} = -\gamma_1(\sigma_z - \bar{\sigma}_z) - \Omega(1 + \cos(2\omega t))v - \Omega\sin(2\omega t)u$$

方程 (6.4.14) 描述由单模场驱动的不取旋波近似二能级系统的非自治微分方程. 让 $\gamma_1 t = t'$, $\gamma_2/\gamma_1 = 0.5$, $\Omega/\gamma_1 \to \Omega$, $2\omega/\gamma_1 = \eta$, 上述方程可写成如下形式:

$$\frac{\mathrm{d}u}{\mathrm{d}t'} = -0.5u + \Omega\sin(\eta t')\sigma_z$$

$$\frac{\mathrm{d}v}{\mathrm{d}t'} = -0.5v + \Omega(1 + \cos(\eta t'))\sigma_z \qquad (6.4.15)$$

$$\frac{\mathrm{d}\sigma_z}{\mathrm{d}t'} = -(\sigma_z - \bar{\sigma}_z) - \Omega(1 + \cos(\eta t'))v - \Omega\sin(\eta t')u$$

下一步为数值求解方程 (6.4.15), 初值条件为 $(a_u,\ a_v,\ a_m)$. 并应用方程 (6.4.11)$\sim$ (6.4.13), 求出回归定理即方程 (6.2.22) 中需要的函数 $U_{\alpha\alpha}(\tau, t')$、$U_{\alpha m}(\tau, t')$.

$$g(\tau, t') = \langle a(t')a(t' + \tau)\rangle$$

$$= U_{\alpha\alpha}(\tau, t')\bar{n}(t') + U_{\alpha m}(\tau, t')\mathrm{e}^{-\mathrm{i}\omega t'}\alpha^*(t') \qquad (6.4.16)$$

这样在不取旋波近似情形, 函数 $U_{\alpha\alpha}(\tau, t')$ 与 $U_{\alpha m}(\tau, t')$ 通过一种很复杂的方式依赖于 τ 与 t'. 函数 $U_{\alpha\alpha}(\tau, t')$ 定义为 $\alpha(t' + \tau) = U_{\alpha\alpha}(\tau, t')\alpha(t')$, 即

$$u(t' + \tau) + \mathrm{i}v(t' + \tau) = U_{\alpha\alpha}(\tau, t')\mathrm{e}^{\mathrm{i}\omega\tau}(u(t') + \mathrm{i}v(t')) \qquad (6.4.17)$$

等式两边用算子 $\mathrm{Re}\int_0^\infty u(t')\mathrm{d}t'$ 作用并应用平均值定理我们得出

$$\int_0^\infty u(t' + \tau)u(t')\mathrm{d}t' = \int_0^\infty U_{\alpha\alpha}(\tau, t')u^2(t')\mathrm{d}t'\mathrm{e}^{\mathrm{i}\omega\tau} = \bar{U}_{\alpha u}(\tau)\int_0^\infty u^2(t')\mathrm{d}t' \quad (6.4.18)$$

$$\bar{U}_{\alpha u}(\tau) = \frac{\displaystyle\int_0^\infty u(t' + \tau)u(t')\mathrm{d}t'}{\displaystyle\int_0^\infty u^2(t')\mathrm{d}t'} \qquad (6.4.19)$$

相似的用算子作用于 $\mathrm{Im}\int_0^\infty v(t')\mathrm{d}t'$ 作用于方程 (6.4.17) 得出

$$\bar{U}_{\alpha v}(\tau) = \frac{\displaystyle\int_0^\infty v(t' + \tau)v(t')\mathrm{d}t'}{\displaystyle\int_0^\infty v^2(t')\mathrm{d}t'} \qquad (6.4.20)$$

对应于方程 (6.4.11) 的函数关系是

$$\bar{U}_{\alpha\alpha}(\tau) = (\bar{U}_{\alpha u}(\tau) + \bar{U}_{\alpha v}(\tau))\mathrm{e}^{-\mathrm{i}\omega\tau} \qquad (6.4.21)$$

方程 (6.4.21) 右端的下标 αu、αv 表示分积分方程 (6.4.15) 以得到 $u(t')$、$v(t')$ 的初值条件. 对于函数 $U_{\alpha m}(\tau, t')$ 定义为

$$\alpha(t' + \tau) = U_{\alpha m}(\tau, t')\bar{m}(t'), \quad \bar{m}(t') = \frac{1}{2} - \sigma_z(t') \qquad (6.4.22)$$

即

$$u(t' + \tau) + \mathrm{i}v(t' + \tau) = U_{\alpha m}(\tau, t')\mathrm{e}^{\mathrm{i}\omega t' + \mathrm{i}\omega \tau}\bar{m}(t') \qquad (6.4.23)$$

应用 $\int_0^\infty (u(t') - \mathrm{i}v(t'))\mathrm{d}t'$ 作用于方程 (6.4.23) 两端并应用均值定理导出

$$U_{\alpha m}(\tau, t')\mathrm{e}^{\mathrm{i}\omega t'} = \bar{U}_{\alpha m}(\tau) = \frac{\int_0^\infty (u(t' + \tau) + \mathrm{i}v(t' + \tau))(u(t') - \mathrm{i}v(t'))\mathrm{d}t'}{\int_0^\infty \bar{m}(t')(u(t') - \mathrm{i}v(t'))\mathrm{d}t'}\mathrm{e}^{\mathrm{i}\omega\tau} \qquad (6.4.24)$$

此处数值解 $\bar{m}(t')$、$\alpha(t')$、$\alpha(t')$ 与 $\bar{n}(t') = 1 - \bar{m}(t')$、$\alpha(t')$ 是在初值条件 a_m 下得出的. 将 $\bar{U}_{\alpha\alpha}(\tau)$、$\bar{U}_{\alpha m}(\tau)\mathrm{e}^{-\mathrm{i}\omega t'}$ 代替 $U_{\alpha\alpha}(\tau, t')$ 与 $U_{\alpha m}(\tau, t')$ 代入方程 (6.4.2),得

$$g(\tau, t') = \bar{U}_{\alpha\alpha}(\tau)\bar{n}(t') + \bar{U}_{\alpha m}(\tau)\mathrm{e}^{-\mathrm{i}\omega t'}\alpha^*(t')$$

在对 τ 求 Laplace 变换并对 t' 求平均后

$$\widetilde{g}(s) = \frac{1}{T}\int_0^T \mathrm{d}t' \int \mathrm{e}^{-s\tau}g(\tau, t')\mathrm{d}\tau = \widetilde{U}_{\alpha\alpha}(s)\bar{n} + \widetilde{U}_{\alpha m}(s)\bar{\alpha} \qquad (6.4.25)$$

此处

$$\widetilde{U}_{\alpha\alpha}(s) = \int_0^\infty \mathrm{e}^{-s\tau}\bar{U}_{\alpha\alpha}(\tau)\mathrm{d}\tau, \quad \widetilde{U}_{\alpha m}(s) = \int_0^\infty \mathrm{e}^{-s\tau}\bar{U}_{\alpha m}(\tau)\mathrm{d}\tau$$

$$\bar{n} = \lim_{T\to\infty}\frac{1}{T}\int_0^T n(t')\mathrm{d}t', \quad \bar{\alpha} = \lim_{T\to\infty}\frac{1}{T}\int_0^T \mathrm{e}^{-\mathrm{i}\omega t'}\alpha^*(t')\mathrm{d}t'$$

自方程 (6.4.25) 我们得到相干与非相干散射谱

$$\widetilde{g}_{\mathrm{coh}}(-\mathrm{i}\nu) = \frac{|\alpha_\infty|^2}{-\mathrm{i}\nu + \mathrm{i}\omega}$$

$$|\alpha_\infty|^2 = \lim_{\nu\to\omega}(-\mathrm{i}\nu + \mathrm{i}\omega)\widetilde{g}(\mathrm{i}\nu)$$

$$\widetilde{g}_{\mathrm{inc}}(-\mathrm{i}\nu) = \widetilde{g}(-\mathrm{i}\nu) - \widetilde{g}_{\mathrm{coh}}(-\mathrm{i}\nu) \qquad (6.4.26)$$

TLS 的 RFS 恰恰是 $\widetilde{g}_{\mathrm{inc}}(-\mathrm{i}\nu)$ 的实部

$$\mathrm{RFS} = 2\mathrm{Re}\widetilde{g}_{\mathrm{inc}}(-\mathrm{i}\nu) \qquad (6.4.27)$$

6.4.3 数值计算与讨论

在实际计算中, 我们取 $\Delta t' = 2\pi/256 \sim 2\pi/2048$, $N = 2048 \sim 16384$, $t' = N\Delta t' = 16\pi$, 频率分辨为 $\Delta\omega = 2\pi/t' = 0.125$. 图 6.7~图 6.9 给出 TLS 的 RFS.

参数为 $\gamma_1 = 1$, $\gamma_2 = 0.5$, $\Omega = 5, 25, 100$. 图 6.7～ 图 6.9(a)～(c) 的 η/Ω 分别为 1.0、1.6、3.0. 由图 6.7, 当 $\eta = \Omega = 5$(图 6.7(a)), 中峰与边带被压低并出现分裂为双峰. 进一步增加 η, $\eta = 8, 15$ (图 6.7(b)、(c)), 中峰会变得越来越高趋近于通常的采用 RWA 的 RFS 高度. 此处 $\eta \gg \Omega$, 采用 RWA 的 RFS 曲线即图 6.7(c) 中的点线. 图 6.7(a)～(c), 出现谐波 $g_h(-i\nu)$

$$g_h(-i\nu) = \sum \frac{|\alpha_n|}{-i\nu + i\omega + in\eta}, \quad n = \pm 1, \pm 2$$

$$|\alpha_n| = \lim_{\nu \to \omega + n\eta} (-i\nu + i\omega + in\eta)\widetilde{g}_{inc}(-i\nu)$$

为另一不采用 RWA 的 RFS 区别于采用 RWA 的 RFS 的显著特征. 这种谐波是由于反转数的脉动诱发相干散射 $|\alpha_\infty|e^{i\omega t}$ 引起的. 我们注意到对于高的驱动场. 比值 Ω/γ_1 增加. 图 6.7 是 Ω/γ_1 固定在 5.0, 图 6.7(a)～(c) 表现出 RFS 随比值 $n = \omega_0/\Omega$ 而变的趋势. RFS 随比值 Ω/γ_1 而变由图 6.8、图 6.9 $\Omega/\gamma_1 = 25, 100$ 表示出来. 比较图 6.8, 6.9 与图 6.7, 我们看到总的轮廓相似于图 6.7, 但图 6.8、图 6.9 中由于大的比值 Ω/γ_1 出现的峰更尖锐.

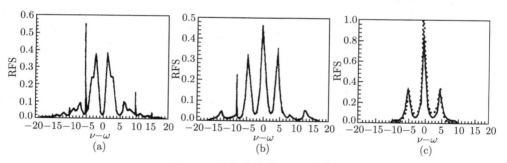

图 6.7　共振荧光谱 $\Omega = 5$[78]

(a) $\eta = 5$; (b) $\eta = 8$; (c) $\eta = 15$

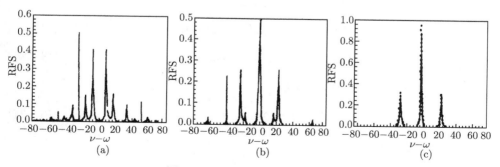

图 6.8　共振荧光谱 $\Omega = 25$[78]

(a) $\eta = 25$; (b) $\eta = 40$; (c) $\eta = 75$

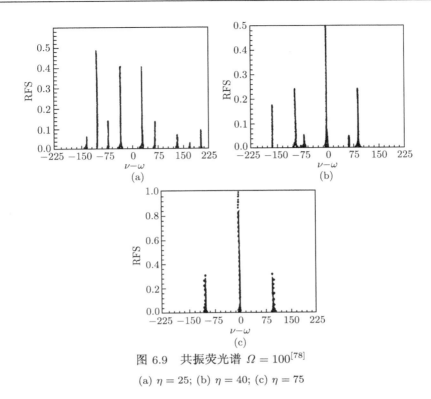

图 6.9 共振荧光谱 $\Omega = 100^{[78]}$

(a) $\eta = 25$; (b) $\eta = 40$; (c) $\eta = 75$

小结一下我们发展了一种计算不采用 RWA 情形的 RFS 的方法, 并观察到中峰及边峰的双分裂及不对称谐波谱等.

6.5 含原子腔的 QED

原子的辐射与跃迁是原子物理与量子力学中一个很基本的, 也是饶有兴趣的理论与实验课题. 自从 Einstein 引入自发与受激辐射系数后, 在一个很长的时间内, 问题似乎已经解决. Purcell 早期的工作是很重要的[46], 但在当时未引起足够的重视, 只是在若干年后, 又重新提出来进行探索. 这就是目前有关原子腔量子电动力学 (QED) 研究的开始. 下面就从自发辐射、原子与场作用 J-C 模型等方面讨论这一问题.

6.5.1 自发辐射的增强与抑制

1. 经典自发辐射理论

一带电的简谐振子在外场作用下, 是吸收还是放出能量, 主要依赖于简谐振子与驱动场同位相 ($\Delta\phi = 0$) 还是异位相 ($\Delta\phi = \pi$), 这就是吸收与受激辐射. 此外,即使没有外加电磁场的驱动作用, 由于简谐振子的加速运动, 还会自发辐射出能量. 经典电动力学给出辐射的总功率 P 为

$$P = \frac{2}{3}\frac{e^2 a^2}{c^3} = \frac{2}{3}\frac{e^2}{c^3}\langle(-2\omega^2 r\cos\omega t)^2\rangle = \frac{4e^2\omega^4}{3c^3}r^2 \tag{6.5.1}$$

自发辐射概率 W_s 为

$$W_s = \frac{P}{\hbar\omega} = \frac{4e^2 r^2\omega^3}{3\hbar c^3} \tag{6.5.2}$$

2. 半经典理论

从计算原子在状态的跃迁概率出发得出第二黄金律, 即由激发态向基态跃迁的概率为

$$W = \frac{2\pi}{\hbar}\frac{\rho(E_k)}{\hbar}|\langle k|H'|m\rangle|^2 \tag{6.5.3}$$

式中, $\langle k|H'|m\rangle$ 为跃迁矩阵元, $E_k = \hbar\omega_k$, $\rho(E_k)\hbar d\omega_k$ 为原子跃迁的终态频率在 $\omega_k \to \omega_k + d\omega_k$ 范围内的终态数. 半经典理论的 (6.5.3) 式与经典理论 (6.5.2) 式的一个很大的区别在于, 将自发辐射跃迁概率同原子的跃迁元 $\langle k|H'|m\rangle$ 及终态密度 $\rho(E_k)$ 联系起来了, 而不是像经典偶极振子理论那样只涉及电子的加速而不涉及终态密度. 若 H' 采用电偶极相互作用, $H' = -\boldsymbol{E}\cdot(-e)\boldsymbol{r}$, 场 $\boldsymbol{E}$ 用零场起伏, 参照 (1.8.2) 式, $\bar{\boldsymbol{E}}^2 = \frac{1}{2}E_\omega^2 d\omega_k = \frac{1}{2}\frac{2\pi\hbar\omega}{V}\frac{\omega^2 d\omega}{\pi^2 c^3}V = \frac{\hbar\omega^3}{\pi c^3}d\omega_k$. 则

$$|\langle k|H'|m\rangle|^2 = \frac{\hbar\omega^3}{\pi c^3}d\omega_k e^2 r_{km}^2\overline{\cos^2\theta} \tag{6.5.4}$$

将 (6.5.4) 式代入 (6.5.3) 式, 并取定终态数 $\rho(E_k)\hbar d\omega_k = 1$, 得

$$W = \frac{2\pi}{\hbar}\frac{\omega^3}{\pi c^3}e^2 r_{km}^2\overline{\cos^2\theta} = \frac{4e^2 r_{km}^2\omega_{km}^3}{3\hbar c^3} \tag{6.5.5}$$

将这结果与经典自发辐射跃迁概率 W_s 的 (6.5.2)式相比, 形式上是一致的. 当然, r、ω; r_{km}、ω_{km} 意义是不一样的, ω 为偶极振动频率, r 为振幅; $\omega_{km} = \frac{E_m - E_k}{\hbar}$ 为电子在能级间的跃迁频率, $r_{km} = \langle k|r|m\rangle$为 r 在能级 m、k 间的矩阵元. 而且 W 还可以写为 $W = \frac{4\pi^2 e^2 r_{km}^2\omega_{km}}{3\hbar}\rho_c$, $\rho_c = \frac{\omega_{km}^2}{\pi^2 c^3}$ 为自由空间的辐射场的模式密度公式, 即 Rayleigh-Jeans 公式. 而 Rayleigh-Jeans 公式给出的是一个没有腔的自由空间密度公式. 如果有了腔, 不论是闭腔还是开腔, 只要腔的线度不是很大, 态密度公式就要作相应的修正. 这从 Rayleigh-Jeans 公式的推导中能看出来.

3. 有损耗腔的状态密度

在射频波段的核磁共振实验中, Purcell 较早就注意到按 (6.5.5) 式计算出的跃迁概率非常小[46], 相应的弛豫时间则非常大 ($5 \times 10^{21}\text{s} = 1.6 \times 10^{14}$ 年). 在进行实验的时间内到达平衡已不可能. 若考虑到核磁系统耦合到一谐振电路, 而谐振电路的谱分辨率为 ν/Q, 在 $\mathrm{d}\nu$ 内的状态数为 $\dfrac{2\mathrm{d}\nu}{\nu/Q}$, 2 是两个偏振分量. 三维自由空间中的态数 $\overline{\cos^2\theta}\rho_c\mathrm{d}\omega V = 8\pi\nu^2\mathrm{d}\nu V/(3c^3)$, 在目前情况已不适用. 两种状态数的比 f 为

$$f = \frac{\dfrac{2\mathrm{d}\nu}{\nu/Q}}{\dfrac{8\pi\nu^2\mathrm{d}\nu V}{3c^3}} = \frac{3Q}{4\pi}\frac{\lambda^3}{V} \tag{6.5.6}$$

当 $f > 1$ 时, 表明自发辐射概率增大, 而弛豫时间相应减小. 根据实际达到的 Q、λ、V 值进行估算, 弛豫时间已减小到分钟量级, 即经几分钟后就达到热平衡. 在光频区的自发辐射跃迁中, 也有如何计算有损耗的开腔的状态数及自发辐射概率问题, 即如何计算 (6.5.6) 式中的 Q 因子. 现考虑光波在平行平板 A、B 构成的腔中传输, 如果 A、B 都是全反射的, 则腔的模式频率间隔 $\delta\nu = c/l$. 这是将驻波节点取在腔面上的结果. 如果将 B 面改为部分通过 (图 6.10), 则原来在 B 面上的节点, 已通过 B 面与 A 面的内反射移至 A 面. 节点间距离也增至 $\bar{l} = 2nl$(n 为大于 1 的整数, $n = 1$ 为一次反射, $n > 1$ 为多次反射). 另外, 在腔面 B 每反射一次便经历一次透射损失, 容易计算腔内光能 Φ 的衰减为 (这里不考虑侧面的逃逸损耗)

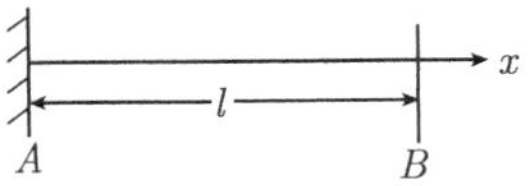

图 6.10 平行平板腔中光的传输

$$\frac{\mathrm{d}\Phi}{\mathrm{d}t} = -\frac{1-R}{2l/c}\Phi, \quad \Phi = \Phi_0\mathrm{e}^{-t/\tau_c}$$

$$\tau_c = \frac{2l}{c(1-R)} \tag{6.5.7}$$

式中, R 为反射系数, τ_c 为光子在腔内的寿命, 于是可算出腔的品质因素为

$$Q = 2\pi\nu\tau_c = \frac{\nu}{\Delta\nu} = \frac{4\pi l}{1-R}\frac{1}{\lambda} = \frac{\bar{l}}{\lambda} \tag{6.5.8}$$

式中, $\Delta\nu = (2\pi\tau_c)^{-1}$ 为腔的光谱分辨, 而

$$\bar{l} = \frac{4\pi l}{1-R} = 2\pi\tau_c c \tag{6.5.9}$$

于是有

$$\frac{\Delta\nu}{\delta\nu} = \frac{\nu\lambda/\bar{l}}{c/l} = \frac{l}{\bar{l}} \tag{6.5.10}$$

(6.5.10) 式表明, 由于腔内多次反射, 有效长度由 l 增至 $\bar{l}$. 理想腔时, 纵模间隔为 c/l, 光谱分辨率亦定为 $\delta\nu = c/l$, 有损耗情形, 由于有效长度增至 $\bar{l}$, 光谱分辨率亦变为 $\Delta\nu = \nu\lambda/\bar{l} = c/\bar{l}$. 在 x 方向的态密度与光谱分辨成反比, 由 $\tilde{\rho}_{\rm c}$ 增至 $\tilde{\rho}_\lambda = \dfrac{\bar{l}}{l}\tilde{\rho}_{\rm c}$; 在 y、z 方向没有反射或部分透过, 即没有腔面, 态密度与 R–J 公式同. 故总的态密度比 $\rho_\lambda/\rho_{\rm c}$, 即沿 x 方向的态密度比 $\tilde{\rho}_\lambda/\tilde{\rho}_{\rm c}$ 为

$$\rho_\lambda/\rho_{\rm c} = \tilde{\rho}_\lambda/\tilde{\rho}_{\rm c} = \frac{\bar{l}}{l} = Q\lambda/l \tag{6.5.11}$$

当 $Q\lambda > l$ 时, 自发辐射是增强了. 但当 $Q\lambda < l$ 时, 自发辐射被抑制因而减弱了[47]. 将这种计算有损耗的腔的态密度比的方法推广到一个圆柱形的波导腔. 参照文献 [75], 一个圆柱形波导腔, 沿轴方向传输的基模的波数 k 为

$$k = \frac{2\pi}{c}(\nu^2 - \nu_{01}^2)^{1/2}, \quad \nu_{01} = c/\lambda_{01}$$

$$\lambda_{01} = \frac{2\pi a}{u_{01}}\sqrt{n_1^2 - n_2^2} \tag{6.5.12}$$

式中, ν_{01} 为截止频率, 即不存在 $\nu \leqslant \nu_{01}$ 的模式, n_2、n_1、a 分别为波导的外套与内芯的折射率以及内芯的半径, $u_{01} = 2.405$ 为 Bessell 函数 $J_0(u)$ 的第一个 0 点, $\lambda_{01} = c/\nu_{01}$ 为截止波长. 又设圆柱的长度为 L, 则驻波条件为 $kL = 2\pi m$(m 为整数), 于是有状态密度

$$\rho_{\rm g} = \frac{4}{V}\frac{{\rm d}m}{{\rm d}\nu} = \frac{4}{\pi a^2 c}\frac{\nu}{(\nu^2 - \nu_0^2)^{1/2}} \tag{6.5.13}$$

因子 4 是考虑到两个偏振分量及 $\pm|m|$ 而引进的. 当 $\nu > \nu_{01}$ 并接近 ν_{01} 时, $\rho_{\rm g}$ 有一共振增强. 但当 $\nu < \nu_{01}$ 时, 由于截止, 自发辐射受阻不能发生. 当包括更高阶的截止波长时, (6.5.12) 式中的 ν_{01}、λ_{01}、u_{01} 可用 ν_{0j}、λ_{0j}、u_{0j} 来替代, u_{0j} 为 $J_0(u)$ 的第 j 个 0 点, (6.5.13) 式可推广为

$$\rho_{\rm g} = \frac{4}{\pi a^2 c}\sum_j \frac{\nu}{(\nu^2 - \nu_{0j}^2)^{1/2}} \tag{6.5.14}$$

当频率 ν 趋于很大时, 态密度 $\rho_{\rm g}$ 趋近于 Rayleigh-Jeans 公式的态密度 $\rho_{\rm c}$. 图 6.11(a) 给出 $\rho_{\rm g}(\nu/\nu_0)$ 与 ν/ν_0 的关系曲线, 图 6.11(b) 给出状态密度比 $R(\nu/\nu_0) = \rho_{\rm g}(\nu/\nu_0)/\rho_{\rm c}(\nu/\nu_0)$ 随 ν/ν_0 的变化曲线. 图 6.11(a) 中的光滑曲线为态密度 $\rho_{\rm c}$. 在 $\nu = \nu_{0j}$ 附近的奇异行为可通过引进波导腔的阻尼及品质因素 $Q \simeq a/\delta$ 来表示, δ 为趋肤深度. 参照 (6.5.11) 式, 得

$$R(\nu_{0j}/\nu_0) \simeq Q\lambda_{0j}/a \tag{6.5.15}$$

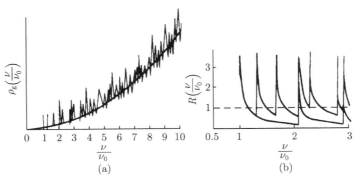

图 6.11 波导腔中的模式密度

(a) 在一理想的圆柱形波导腔中的模式密度. 频率单位为波导腔的截止频率. 光滑曲线表示自由空间的模式密度; (b) 波导腔的模式密度与自由空间的模式密度比. 粗线为 $|\Delta m| = 1$ 跃过的模式密度比[47]

4. 腔内单原子自发辐射的实验观察

体现腔内单原子自发辐射的增强因子 $f = \dfrac{3Q}{4\pi^2}\dfrac{\lambda^3}{V}$(见 (6.5.6) 式), 已在射频核磁共振实验中得到证实. 因 λ^3 与 V 为同一量级, Q 可做得很高, 易于实现 $f \gg 1$. 但在光频区, 通常使用开腔, 其有效体积 V 远大于 λ^3, 即使 Q 很高, f 值仍为 $f \ll 1$. 为了观察谐振腔对原子自发辐射的影响, 只有将谐振腔做得很小, 或选择跃迁能级较接近, 使得辐射波长 λ 足够大. 文献 [48] 中选 Na 的 Rydberg 原子进行实验, 其跃迁能级为 23S 至 22P$_{1/2}$ 或 22P$_{3/2}$ ($\nu_1 = 340.96$GHz 或 $\nu_2 = 340.39$GHz, $\lambda_1 \simeq \lambda_2 \simeq 0.88$mm)Fabry–Perot 开腔, 腔长 $L \simeq 25$mm, 共焦腔, Gaussian 光束腰 $w \simeq 1.9$mm. Rydberg 原子 23S 态是用 5ns 脉冲染料激光激励 Na 原子获得的. 脉冲重复频率为 10s^{-1}. 改变激光强度, 每一脉冲激励的原子数可在 $1 \sim 10^3$ 变化. 原子通过光腰的平均时间 $\Delta t = 2\mu$s. 腔长可调谐使得与原子跃迁能级为共振. 图 6.12 为实验布置图. 模体积 $V = \pi L w^2/4 = 70$mm^3, 腔的 f 因子为 $7.4 \times 10^{-4}Q$. Rydberg 态 22S → 22P 的自由空间跃迁概率 $W = 150$s^{-1}. 腔增强自发辐射跃迁概率 $W_{\rm c} = fW = 0.11Q$. 当 $Q = 10^6$, 在 $\Delta t = 2\mu$s 时间内, 将有 $W_{\rm c}\Delta t = 0.22$ 个原子由 23S 跃迁到 22P. 为得到更高的 Q 值, 整个系统采用超导低温 (5.7K) 冷却. 飞过谐振腔的原子, 再进入一平行平板电极, 上加一由 $0 \sim 1000$V 的电场, 使原子离化, 并用电子倍增管探测, 其结果如图 6.13 所示. 曲线 a、b、c 给出被探测的离化信号, 实线为有共振腔增强自发辐射, 原子较多处于 22P 状态; 而虚线为非共振腔, 无共振增强自发辐射情形, 原子基本上处于 23S Rydberg 态, 实测得 $W_{\rm c}\Delta t = 0.16$, $Q \simeq 7.5 \times 10^5$. 由此可算出腔的阻尼 $\delta\nu = \dfrac{2\pi\nu}{Q} \simeq 2.8 \times 10^6$s^{-1}; 而增强的自发辐射概率 $W_{\rm c} = \dfrac{0.16}{2\mu{\rm s}} = 8 \times 10^4$s^{-1}, 即 $\delta\nu$ 比 $W_{\rm c}$ 大约 35 倍. 绝大部分自

发辐射产生的光子均被镜面吸收所阻尼掉. 若再增加 $Q10$ 倍, 则 $\delta\nu$ 与 W_c 分别为 $2.8 \times 10^5 \mathrm{s}^{-1}$、$8 \times 10^5 \mathrm{s}^{-1}$. 光子产生的概率与经由腔损耗的概率为 $8/2.8 \simeq 2.8$, 故腔内光子将被储存起来, 直至下一次被原子再吸收为止. 这样便形成一个能量在原子与腔的模式间来回振荡的过程.

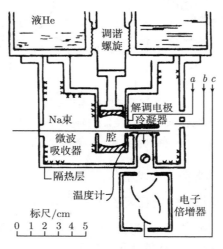

图 6.12　实验布置图[48]

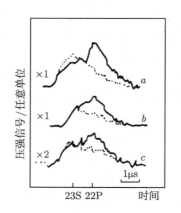

图 6.13　腔增强自发辐射[48]

虚线为非共振腔; 实线为共振腔曲线 a、b、c 对应于腔内原子数分别为 3.5、2 与 1.3. a、c 为

$23\mathrm{S} \to 22\mathrm{P}_{3/2}$ 跃迁, b 为 $23\mathrm{S} \to 22\mathrm{P}_{1/2}$ 跃迁

通过原子与平行平面腔的耦合, 不仅可以增强自发辐射, 而且可以使自发辐射完全被抑制掉, 文献 [48] 进行了这方面的实验验证. 他们采用的是处于 "圆态" 的铯原子束, 观察的跃迁为 $(n = 22, |m| = 21) \to (n = 21, |m| = 20)$, 波长 $\lambda = 0.45\mathrm{mm}$.

所谓"圆态"是指主量子数 n 很大而磁量子数 $|m| = n - 1$[50], 原子只通过偶极跃迁辐射能量, 选择定则为 $\Delta|m| = -1$, 辐射偏振垂直于量子化方向, 即垂直于加在平行平板间的电场方向. 用通常计算自由空间模式密度方法计算间距为 d 的平行平板间的模式密度[51]. 易证当 $d < \lambda/2$ 时, 模式密度为 0; 而当 $d > \lambda/2$ 时, 原子处于离中间平面 z 处的辐射跃迁概率为

$$A' = 3A_0 \sin^2(\pi z/d - \pi/2) \tag{6.5.16}$$

式中, A_0 为 Einstein 自发辐射系数. 将 (6.5.16) 式对 z 求平均得 $A' = \dfrac{3}{2}A_0$, 故将平行平板间距由 $d > \lambda/2$ 逐渐减小到 $d < \lambda/2$, 原子的自发辐射概率由 $\dfrac{3}{2}A_0$ 急剧下降到零. 同样可固定 d, 通过 Stark 效应连续改变 λ 由 $d > \lambda/2$ 变到 $d < \lambda/2$ 也可. 图 6.14 是直接观察到的自发辐射信号. 当 $\lambda/2d > 1$ 时, 自发辐射受抑制.

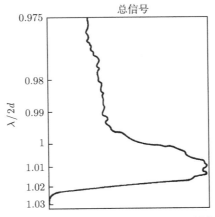

图 6.14 当 $\lambda/2d$ 接近截止值时的自发辐射信号[49]

6.5.2 单模场与二能级原子相互作用的 J-C 模型

在共振荧光方程 (6.2.1) 中, 驱动场 E_0(包含在 Rabi 频率 $\Omega = 2\mu E_0/\hbar$ 中) 看成常数, 不受原子幅射与吸收的影响. 这只在驱动场 E_0 很大而原子的幅射又很小时才成立. 如果不是这样, 可将驱动场 E_0 并到 b 中, 并不单独分离出来. 这时就要用到包含原子与幅射场相互作用的 (4.3.38) 式. 在不考虑失谐 $\Delta\omega$、$\Delta\omega_c$ 及损耗即弛豫系数 γ_1、γ_2、χ 且略去无规力 Γ_z、$\Gamma^{\pm}$、$F^{\pm}$ 的情况下, 在相互作用表象中 (4.3.38) 式简化为

$$\frac{\mathrm{d}\sigma_z}{\mathrm{d}t} = -\mathrm{i}gb^{\dagger}\sigma^- + \mathrm{i}g^*b\sigma^+$$

$$\frac{\mathrm{d}\sigma^-}{\mathrm{d}t} = -\mathrm{i}2g^*\sigma_z b, \quad \frac{\mathrm{d}b}{\mathrm{d}t} = \mathrm{i}g\sigma^-$$

$$\frac{\mathrm{d}\sigma^+}{\mathrm{d}t} = \mathrm{i}2gb^\dagger\sigma_z, \quad \frac{\mathrm{d}b^\dagger}{\mathrm{d}t} = -\mathrm{i}g^*\sigma^+ \tag{6.5.17}$$

这就是原子与场相互作用的 J-C 模型[52]. 由此可求得 (下面用 "·" 表示对时间的导数)

$$(\sigma^-\sigma^+ + \overset{\cdot}{\sigma^+\sigma^-}) = 2\sigma_z(\mathrm{i}gb^\dagger\sigma^- - \mathrm{i}g^*b\sigma^+) + 2(\mathrm{i}gb^\dagger\sigma^- - \mathrm{i}g^*\sigma^+)\sigma_z = -2(\overset{\cdot}{\sigma_z\sigma_z}) \tag{6.5.18}$$

故有

$$\sigma^-\sigma^+ + \sigma^+\sigma^- = -2\sigma_z^2 + C \tag{6.5.19}$$

同样

$$(\overset{\cdot}{b^\dagger b}) = -\mathrm{i}g^*\sigma^+b + \mathrm{i}gb^\dagger\sigma^- = -\overset{\cdot}{\sigma_z}$$

故有

$$b^\dagger b = -\sigma_z + C' \tag{6.5.20}$$

又

$$\overset{\cdots}{\sigma_z} = -g^2(\sigma^-\sigma^+ + \sigma^+\sigma^-) - 2g^2(b^\dagger b + bb^\dagger)\sigma_z$$

由 (6.5.19) 式、(6.5.20) 式及 $bb^\dagger = 1 + b^\dagger b$ 得

$$\overset{\cdots}{\sigma_z} - 6g^2\sigma_z^2 + 2g^2(1 + 2C')\sigma_z + g^2C = 0 \tag{6.5.21}$$

若将 (6.5.21) 式中的 σ_z 算子理解为期待值 $\langle\sigma_z\rangle$, $\overset{\cdots}{\sigma_z}$、$\sigma_z^2$、$\sigma_z$ 分别用 $\langle\overset{\cdots}{\sigma_z}\rangle$、$\langle\sigma_z\rangle^2$、$\langle\sigma_z\rangle$ 来代替, 像 Janeys、Cummings 在他们提出的新经典理论中所做的那样[52]. 并令 $C = 1/2, a = 1 + 2C'$, 则积分 (6.3.21) 式得

$$(\langle\overset{\cdot}{\sigma}\rangle)^2 - g^2(4\langle\sigma_z\rangle^2 - 1)(\langle\sigma_z\rangle - a/2) = 0 \tag{6.5.22}$$

当 $\langle\sigma_z\rangle = \pm 1/2$ 时, (6.5.22) 式给出 $\langle\overset{\cdot}{\sigma_z}\rangle = 0$. 积分 (6.5.22) 式, 并令 $z = 2\langle\sigma_z\rangle$, 得

$$\sqrt{2}gt = \int \frac{\mathrm{d}z}{\sqrt{(z^2 - 1)(z - a)}} \tag{6.5.23}$$

此即 Jaynes、Cummings 周期解[52]. 当 $a > 1$ 时, 在 $z = \pm 1$ 间做周期运动, $z = \pm 1$ 为拐点; 当 $a < 1$ 时, 拐点为 $z = -1, a$. $C' = \frac{1}{2}(a - 1) = n + 1/2$ 为腔内光子储能, $1/2$ 为零点能起伏. (6.5.23) 式结果可用椭圆函数表示为

$$z(t) = -1 + 2\mathrm{sn}^2\left(\sqrt{n+1}gt + Q, \frac{1}{\sqrt{n+1}}\right) \tag{6.5.24}$$

$$Q = \mathrm{arcsn}\left(\sqrt{\frac{z(0)+1}{2}}, \frac{1}{\sqrt{n+1}}\right) \tag{6.5.25}$$

Q 为运动的初值, 当 a 很大时, 椭圆函数趋近于三角函数.

$$\sqrt{2}gt \simeq \frac{1}{\sqrt{a}} \int \frac{\mathrm{d}z}{\sqrt{1-z^2}} = \frac{1}{\sqrt{a}}(\arcsin z(t) - 2Q)$$

$$z(t) = \sin(2\sqrt{n+1}gt + 2Q) \tag{6.5.26}$$

(6.5.26) 式为 $a = 2(n+1)$ 很大情形的解. 另外, 当 a 很小, 例如, $n = 0$ 时, 为只有起伏能的特殊情形, 这时解 (6.5.24) 式不再是周期的. $\mathrm{sn}(u,1) = \tanh u$ 时, 当 $u \to \pm\infty, \tanh u \to \pm 1$ 时, 这表明当原子处于激发态时, 场能已耗尽.

(6.5.22) 式 $\sim$(6.5.25) 式是为新经典理论, 不是全量子理论. 按全量子理论 $\langle\sigma_z^2\rangle \neq \langle\sigma_z\rangle^2, \langle\sigma_z^2\rangle = 1/4, \langle\sigma^-\sigma^+ + \sigma^+\sigma^-\rangle = 1$, 由 (6.5.19) 式得 $C = 3/2$. 将这些结果代入 (6.5.21) 式后并求期待值, 得

$$\langle\ddot{\sigma}_z\rangle + 2g^2 a\langle\sigma_z\rangle = 0 \tag{6.5.27}$$

解为

$$\langle\sigma_z\rangle = \frac{1}{2}\cos(g\sqrt{2a}\ t) = \frac{1}{2}\cos(2g\sqrt{n+1}\ t) \tag{6.5.28}$$

图 6.15 给出新经典理论 (6.5.24) 式与全量子理论 (6.5.28) 式的比较, 按不同 n 值计算出来的 $\langle\sigma_z\rangle$ 随时间 t 的变化, 分别用实线与虚线来表示, 当 $n = 1, 2$, 实线与虚线有差别, 但不是很大, 当 $n = 9$, 实线与虚线几乎重合. 但是, 实验已证明, 新经典理论与实验结果不符[53]. 现利用全量子理论来讨论谐振腔使自发辐射概率增强的效应. 以氨分子通过圆柱形谐振腔激发最低的 TM 模为例[52], (6.5.28) 式中的 $g = \frac{\mu}{J_1}\sqrt{\frac{2\pi\omega}{\hbar V}}$. $J_1 = J_1(u) = 0.519, u = 2.405$ 为 $J_0(u) = 0$ 的第一个根, 氨分子的跃迁频率为 $24000\mathrm{MHz}$, $\omega = 2\pi \times 24 \times 10^9$, V 为谐振腔体积, 腔长取 $10\mathrm{cm}$. $\mu = 1.47 \times 10^{-18}\mathrm{esu}$, 由此算得 $g/\omega = 2.08 \times 10^{-10}, g \simeq 5 \times 2\pi\mathrm{s}^{-1}$. 氨分子进入腔内, 经过 $\frac{1}{40}\mathrm{s}$ 后, $<\sigma_z>$ 已衰减到初值的零 $\left(\cos\left(\frac{2 \times 5 \times 2\pi}{40}\right) = 0\right)$ 倍. 这与氨分子的自由空间跃迁谱宽 $\Delta\omega = \frac{4\omega^3\mu^2}{3\hbar c^3} \simeq 10^{-7}\mathrm{s}^{-1}$ 所对应的自发辐射寿命约几个月相比, 表明谐振腔使自发辐射跃迁概率大为增强了.

由 (6.5.20) 式、(6.5.28) 式及 $C' == n + 1/2$, 可进一步求得

$$\langle b^\dagger b\rangle = -\langle\sigma_z\rangle + C' = n + 1/2 - \frac{1}{2}\cos(2g\sqrt{n+1}t) \tag{6.5.29}$$

一般情形 $\langle(b^\dagger)^p b^p\rangle$ 可用下面方法求解[54]: 因

$$(b^\dagger)^p b^p = E_p + D_p(-2\sigma_z) \tag{6.5.30}$$

则

$$(b^\dagger)^p b^p b^\dagger b = (b^\dagger)^{p+1} b^{p+1} + b^{\dagger p}(b^p b^\dagger - b^\dagger b^p)b$$

$$= (b^\dagger)^{p+1} b^{p+1} + p b^{\dagger p} b^p \tag{6.5.31}$$

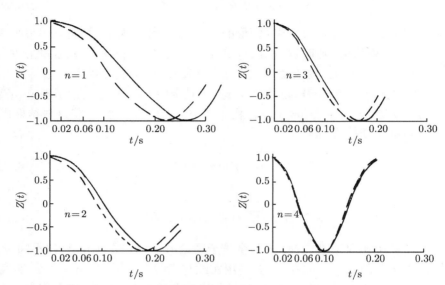

图 6.15　新经典理论 $\langle \sigma_z \rangle$ 与全量子理论 $\langle \sigma_z \rangle$ 的比较[52]

--- 量子电动力学 — 新经典理论

将 (6.5.30) 式代入 (6.5.31) 式, 并应用 $\langle (-2\sigma_z)^2 \rangle = 1$, 得递推关系如下:

$$E_{p+1} = E_p E_1 + D_p D_1 - p E_p$$

$$D_{p+1} = E_p D_1 + D_p E_1 - p D_p \tag{6.5.32}$$

由 (6.5.29) 式, 得

$$E_1 = n + \frac{1}{2}, \quad D_1 = \frac{1}{2} \tag{6.5.33}$$

则

$$E_p = \frac{n!}{(n-p+1)!}(n-p/2+1)$$

$$D_p = \frac{n!}{(n-p+1)!}\frac{p}{2} \tag{6.5.34}$$

将解 (6.5.28) 式记为 $\langle \sigma_z \rangle_n$, (6.5.34) 式中的 E_p、D_p 记为 E_{np}、D_{np}, 则更一般的解可表示为

$$\langle \sigma_z \rangle = \sum P_n \langle \sigma_z \rangle_n \tag{6.5.35}$$

注意到 (6.5.30) 式, 则得

$$C_p = \langle b^{\dagger p} b^p \rangle|_{t=0} = \sum_{n=1} P_n(E_{np} - 2D_{np}\langle\sigma_z\rangle_n)|_{t=0}$$
$$= \sum_{n=1} P_n(E_{np} - D_{np}) \tag{6.5.36}$$

设 C_p 给定, 可解方程 (6.5.36) 求出 P_n. 又设辐射场初始时处于相干态, 则可证 (6.5.35) 式中的系数 P_n 为

$$P_n = \exp(-|\alpha|^2)|\alpha|^{2n}/n! \tag{6.5.37}$$

将 (6.5.28) 式、(6.5.37) 式代入 (6.5.35) 式中, 得

$$2\langle\sigma_z\rangle = \exp(-|\alpha|^2) \sum_{n=0}^{\infty} \frac{|\alpha|^{2n}}{n!} \cos(2g\sqrt{n+1}t) \tag{6.5.38}$$

由 (6.5.38) 式表述的动力学行为[55, 56], 主要表现为自发辐射的崩塌与复苏.

6.5.3 有阻尼情况下单模场与二能级原子相互作用的解析解[79]

上节所述 J-C 模型是一个二能级原子与单模场相互作用的全量子理论的理想模型. 既不包括自发辐射, 也不包括腔损耗. 这就限制了模型的应用范围, 例如, 在 Rydberg 原子微激射器中腔损耗对原子演化的影响, 原子相干态能否长期保持下去等问题[80~82]. 这一节我们研究有阻尼情况下单模场与二能级原子相互作用的解析解. 在方程 (6.5.17) 中加上腔的阻尼项及相应的无规力算子, 于是有

$$\frac{\mathrm{d}\sigma_z}{\mathrm{d}t} = -\mathrm{i}gb^{\dagger}\sigma^- + \mathrm{i}g^*b\sigma^+$$
$$\frac{\mathrm{d}\sigma^-}{\mathrm{d}t} = -\mathrm{i}2g^*\sigma_z b$$
$$\frac{\mathrm{d}\sigma^+}{\mathrm{d}t} = \mathrm{i}2gb^{\dagger}\sigma_z \tag{6.5.39}$$
$$\frac{\mathrm{d}b}{\mathrm{d}t} = -\frac{c}{2}b + \mathrm{i}g\sigma^- + F$$
$$\frac{\mathrm{d}b^{\dagger}}{\mathrm{d}t} = -\frac{c}{2}b^{\dagger} - \mathrm{i}g^*\sigma^+ + F^{\dagger}$$

式中, c 为阻尼系数. 参照 (4.3.18) 式、(4.3.19) 式, 无规力算子 F、$F^{\dagger}$ 满足关系

$$\langle b^{\dagger}F \rangle = \langle (b^{\dagger}(0)\mathrm{e}^{-ct/2} + \int_0^t \mathrm{e}^{-c(t-t')/2}(-\mathrm{i}g^*\sigma^+(t') + F^{\dagger}(t'))\mathrm{d}t')F(t) \rangle$$
$$= \int_0^t \mathrm{e}^{-c(t-t')/2}\langle F^{\dagger}(t')F(t)\rangle\mathrm{d}t' = \frac{c}{2}\overline{n}_{\mathrm{th}}(T)$$

同样

$$\langle F^\dagger b \rangle = \frac{c}{2} \overline{n}_{\mathrm{th}}(T), \quad \langle bF^\dagger \rangle = \langle Fb^\dagger \rangle = \frac{c}{2}(\overline{n}_{\mathrm{th}}(T) + 1) \tag{6.5.40}$$

式中, $\overline{n}_{\mathrm{th}}(T)$ 是在温度 T 时热光子数. 当 $T = 0$, $\overline{n}_{\mathrm{th}}(T) = 0$, 由方程 (6.5.40) 得到

$$\langle b^\dagger F \rangle = \langle F^\dagger b \rangle = 0, \quad \langle bF^\dagger \rangle = \langle Fb^\dagger \rangle = \frac{c}{2} \tag{6.5.41}$$

对方程 (6.5.39) 作代数运算, 得算符方程

$$\frac{\mathrm{d}^2 \sigma_z}{\mathrm{d}t^2} + \frac{c}{2}\frac{\mathrm{d}\sigma_z}{\mathrm{d}t} + 4g^2 \left(\frac{b^\dagger b + bb^\dagger}{2} + \sigma_z \right) \sigma_z = 4g^2 \left(\sigma_z^2 - \frac{\sigma^+\sigma^- + \sigma^-\sigma^+}{4} \right) - \mathrm{i}gF^\dagger\sigma^- + \mathrm{i}g^*F\sigma^+ \tag{6.5.42}$$

$$\frac{\mathrm{d}}{\mathrm{d}t} \left(\frac{b^\dagger b + bb^\dagger}{2} + \sigma_z \right) = -c\frac{b^\dagger b + bb^\dagger}{2} + \frac{bF^\dagger + Fb^\dagger + b^\dagger F + F^\dagger b}{2} \tag{6.5.43}$$

应用方程 (6.5.41), 便算出方程 (6.5.43) 的期待值

$$\frac{\mathrm{d}}{\mathrm{d}t} \left\langle \frac{b^\dagger b + bb^\dagger}{2} + \sigma_z \right\rangle = -c \left\langle \frac{b^\dagger b + bb^\dagger}{2} \right\rangle + \frac{c}{2} = -c\langle b^\dagger b \rangle \tag{6.5.44}$$

这样, 总的能量算符方程可写成如下形式而不影响期待值:

$$\frac{\mathrm{d}}{\mathrm{d}t} \left(\frac{b^\dagger b + bb^\dagger}{2} + \sigma_z \right) = -cb^\dagger b = -c \left(b^\dagger b + \frac{1}{2} + \sigma_z \right) + c \left(\frac{1}{2} + \sigma_z \right) \tag{6.5.45}$$

方程 (6.5.45) 的解为

$$\frac{b^\dagger b + bb^\dagger}{2} + \sigma_z = \left(\frac{b^\dagger b + bb^\dagger}{2} + \sigma_z \right)_0 \mathrm{e}^{-ct} + c\int_0^t \mathrm{e}^{-c(t-t')} \left(\frac{1}{2} + \sigma_z \right) \mathrm{d}t'$$

$$= (n+1)\mathrm{e}^{-ct} + \frac{1}{2}(1 - \mathrm{e}^{-ct}) + c\int_0^t \mathrm{e}^{-c(t-t')}\sigma_z\mathrm{d}t' \tag{6.5.46}$$

前二项代表腔损耗与量子起伏而使能量减少, 后一项表示原子能态起伏的影响. 应用分部积分法, 方程 (6.5.46) 的解可以写成另一有用形式

$$bb^\dagger + \frac{1}{2} = \frac{1}{2} + n\mathrm{e}^{-ct} - \int_0^t \mathrm{e}^{-c(t-t')}\dot{\sigma}_z\mathrm{d}t' \tag{6.5.47}$$

对方程 (6.5.42) 取期待值, 将总能量算符用 (6.5.46) 式前面两项近似, 并且注意 $\langle F^\dagger\sigma^- \rangle = \langle F\sigma^+ \rangle = 0$, $\langle (\sigma^+\sigma^- + \sigma^-\sigma^+)/4 - \sigma_z^2 \rangle = 0$, 得

$$\frac{\mathrm{d}^2\langle\sigma_z\rangle}{\mathrm{d}t^2} + \frac{c}{2}\frac{\mathrm{d}\langle\sigma_z\rangle}{\mathrm{d}t} + 4g^2 \left((n+1)\mathrm{e}^{-ct} + \frac{1}{2}(1 - \mathrm{e}^{-ct}) \right) \langle\sigma_z\rangle = 0 \tag{6.5.48}$$

为了获得 (6.5.48) 式的解析解, t 可分成 $0 < t \leqslant T_n$ 和 $t > T_n$ 两段, T_n 由 $(n+1)\mathrm{e}^{-cT_n} = 1/2$ 定义. 在 $0 \leqslant t < T_n$, 能量衰减项 $(n+1)\mathrm{e}^{-ct}$ 比量子起伏 $\frac{1}{2}(1 - \mathrm{e}^{-ct})$ 的

贡献大得多, 因此可用 $(n+1)\mathrm{e}^{-ct}$ 近似; 而当 $t > T_n$ 则恰好相反, 可用 $\frac{1}{2}(1-\mathrm{e}^{-ct}) \simeq \frac{1}{2}$ 近似. 故有

$$\frac{\mathrm{d}^2\langle\sigma_z\rangle_{n1}}{\mathrm{d}t^2} + \frac{c}{2}\frac{\mathrm{d}\langle\sigma_z\rangle_{n1}}{\mathrm{d}t} + 4g^2(n+1)\mathrm{e}^{-ct}\langle\sigma_z\rangle_{n1} = 0, \quad 0 < t < T_n \qquad (6.5.49)$$

$$\frac{\mathrm{d}^2\langle\sigma_z\rangle_{n2}}{\mathrm{d}t^2} + \frac{c}{2}\frac{\mathrm{d}\langle\sigma_z\rangle_{n2}}{\mathrm{d}t} + 2g^2\langle\sigma_z\rangle_{n2} = 0, \quad t > T_n \qquad (6.5.50)$$

由此求得解析解

$$\langle\sigma_z\rangle_{n1} = \frac{1}{2}\cos\left(2g\sqrt{n+1}\frac{1-\mathrm{e}^{-ct/2}}{c/2}\right), \quad 0 < t < T_n \qquad (6.5.51)$$

$$\langle\sigma_z\rangle_{n2} = a\mathrm{e}^{-ct/4}\cos(\sqrt{2g^2-c^2/16}\,t+\phi) \simeq a\mathrm{e}^{-ct/4}\cos(g\sqrt{2}t+\phi), \quad t > T_n \quad (6.5.52)$$

这里 a、ϕ 由函数连续性来决定 $\langle\sigma_z\rangle_{n1} = \langle\sigma_z\rangle_{n2}, \langle\dot\sigma_z\rangle_{n1} = \langle\dot\sigma_z\rangle_{n2}, t = T_n$. 当 $c \to 0$ 时, $\langle\sigma_z\rangle_{n1}$ 趋近于没有耗散的 JCM 公式 (6.5.28) $\langle\sigma_z\rangle = \frac{1}{2}\cos(2g\sqrt{n+1}t)$. 一般 情形, 在 $0 < t < T_n$ 时, 原子反转以逐渐衰减 Rabi 频率 $\Omega = \dfrac{\mathrm{d}}{\mathrm{d}t}(2g\sqrt{n+1}(1-\mathrm{e}^{-ct/2})/(c/2)) = 2g\sqrt{n+1}\mathrm{e}^{-ct/2}$ 而振荡; 在 $t > T_n$, 则解为振幅逐渐衰减频率由量 子起伏决定的阻尼振荡 $\langle\sigma_z\rangle_{n2}$. 当初始条件取 $n = 5, \sigma_{z0} = 1/2; c/g = 0.05$ 时, 则 $\langle\sigma_z\rangle_n$ 随 gt 的变化由图 6.16(a) 给出. 图 6.16(b) 给出总能, 即 $E = \langle(b^\dagger b + bb^\dagger)/2 + \sigma_z\rangle$ 随时间的变化, 其值与近似值 $(n+1)\mathrm{e}^{-ct} + \frac{1}{2}(1-\mathrm{e}^{-ct})$ 很接近. 由原子能态起伏带 来的偏差 $\delta E = c\int \mathrm{e}^{-c(t-t')}\langle\sigma_z\rangle\mathrm{d}t'$ 的 10 倍即 $10\delta E$ 也在图中给出. 根据 (6.5.47) 式可计算出期待值, 场能量期待值 $\langle b^\dagger b + \frac{1}{2}\rangle$ 对 gt 关系曲线, 由图 6.16(c) 给出. 有 损耗 JCM 解析解, 即 (6.5.51) 式、(6.5.52) 式给出的 $\langle\sigma_z\rangle_{n1}, \langle\sigma_z\rangle_{n2}$ 的一个直接应 用是观察原子的崩塌复苏现象. 这时假定 $t = 0$ 时场的初态为相干态 $|\alpha\rangle$, 而原子处 于激发态, $\sigma_{z0} = \frac{1}{2}$. 当 $t > 0$ 时, 原子的半反转粒子 $\langle\sigma_z\rangle$ 为

$$\langle\sigma_z\rangle = \mathrm{e}^{-\alpha^2}\sum\frac{\alpha^{2n}}{n!}\langle\sigma_z\rangle_n \qquad (6.5.53)$$

式中, $\langle\sigma_z\rangle_n = \langle\sigma_z\rangle_{n1}, 0 < t < T_n; \langle\sigma_z\rangle_n = \langle\sigma_z\rangle_{n2}, t > T_n$.

图 6.17 为 $\alpha^2 = 100, c/g = 10^{-6}, 10^{-3}, 4\times10^{-3}, 10^{-2}$ 时, $\langle\sigma_z\rangle$ 随 gt 的变化关 系. 我们观察到总的原子崩塌复苏的次数随着 c/g 的增加而减少, 而每一次崩塌复 苏的宽度则在拉大. 对于 $c/g = 10^{-6}$ 的曲线, 非常接近于没有损耗时的 JCM 情况 的崩塌与复苏.

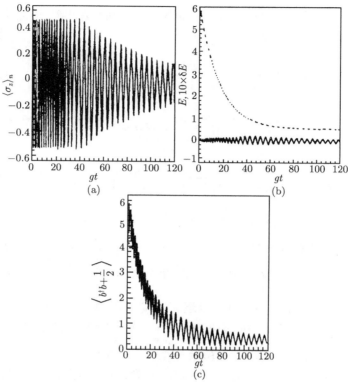

图 6.16　初值取 $n = 5, \sigma_{z0} = 1/2, c/g = 0.05$[79]

(a) 原子反转数 $\langle \sigma_z \rangle_n$ 随 gt 的演化; (b) 总能 $E = \left\langle b^\dagger b + \dfrac{1}{2} + \sigma_z \right\rangle$ 及 $10 \times \delta E$ 随 gt 的变化;

(c) 场能 $\left\langle b^\dagger b + \dfrac{1}{2} \right\rangle$ 随 gt 的变化

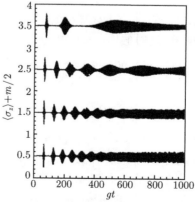

图 6.17　当参数取为 $\alpha^2 = 100, \langle \sigma_z \rangle_0 = 1/2; c/g = 10^{-6}, 10^{-3}, 4 \times 10^{-3}, 10^{-2}$,

分别对应于 $\langle \sigma_z \rangle + m/2, m = 1, 2, 3, 4$ 随 gt 的崩塌与复苏[79]

6.5.4　关于新经典理论的实验检验

新经典理论假设原子偶极矩的期待值就是原子的实际偶极矩, 应按经典电动力学那样辐射能量. 当原子处于基态与激发态概率相等的情况下, 偶极矩的期待值为最大, 原子辐射的荧光也最大. 而量子电动力学则断言只有在原子处于激发态时, 才会通过原子由上能级向下能级的跃迁辐射出最强的荧光. Gibbs[53] 测定了共振荧光强度的时间积分. 按新经典理论

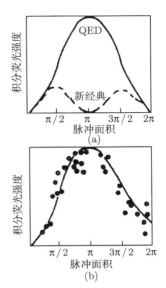

$$\int I_{\mathrm{NCT}}\mathrm{d}t = \int \frac{N_2\hbar\nu}{\tau_{ab}}|\rho_{ab}|^2\mathrm{d}t = \int \frac{N_2\hbar\nu}{\tau_{ab}}\rho_{aa}\rho_{bb}\mathrm{d}t$$

$$\propto \rho_{aa}\rho_{bb} = \frac{\sin^2\theta_0}{4}, \quad \theta_0 = \frac{2p}{\hbar}\int \varepsilon(t)\mathrm{d}t$$

式中, θ_0 为激发脉冲面积. 而按量子理论

$$\int I_{\mathrm{QED}}\mathrm{d}t = \int \frac{N_2\hbar\nu}{\tau_{ab}}\rho_{aa}\mathrm{d}t = \propto \rho_{aa} = \sin^2(\theta_0/2)$$

式中, 下标 NCT、QED 分别表示新经典理论与量子电动力学理论, 图 6.18(b) 实验曲线与图 6.18(a) 的 QED 理论相符, 与 NCT 理论曲线不符.

图 6.18　共振荧光强度随光脉冲面积的变化曲线[53]

6.6　含二能级原子腔的透过率谱[63]

如 6.5 节所述, 含二能级原子腔的自发辐射、共振荧光、透过率谱等均表现出复杂的情形, 特别是对真空场 Rabi 分裂的实验观察更引起人们的兴趣[60~63]. 在这一节中, 我们将讨论两个问题, 第一个问题是在共振腔中原子极化率的计算, 第二个问题是利用 Fabry-Perot 多光束干涉方法测定透过率谱实现对真空场 Rabi 分裂的观测.

6.6.1　共振腔中原子的极化率计算

将 (6.3.17) 式的算符 b 中含的驱动场 b_{c} 分离出来, 并看成是经典的 $b \to b+b_{\mathrm{c}}$, 令 $\Omega = 2gb_{\mathrm{c}}/\hbar$, 于是有

$$\frac{\mathrm{d}b}{\mathrm{d}t} = -(\chi + \mathrm{i}\Delta\omega_{\mathrm{c}})b + \mathrm{i}g\sigma^- + F \tag{6.6.1}$$

$$\frac{\mathrm{d}\sigma^-}{\mathrm{d}t} = -\gamma_2\sigma^- - \mathrm{i}2g^*\sigma_z b - \mathrm{i}\sigma_z\Omega + \Gamma^- \tag{6.6.2}$$

对无规力求统计平均用记号 $\langle\rangle$ 表示, $\langle F\rangle = \langle\Gamma^-\rangle = 0$. 参照解线性微分方程的方法, 设 $\mathrm{d}b/\mathrm{d}t$, $\mathrm{d}\sigma^-/\mathrm{d}t$ 在求统计平均后有: $\left\langle\dfrac{\mathrm{d}b}{\mathrm{d}t}\right\rangle = \lambda\langle b\rangle$, $\left\langle\dfrac{\mathrm{d}\sigma^-}{\mathrm{d}t}\right\rangle = \lambda\langle\sigma^-\rangle$ (λ 为待定特征值), 于是 (6.6.1) 式的解可写为

$$\lambda b = -(\chi + \mathrm{i}\Delta\omega_{\mathrm{c}})b + \mathrm{i}g\sigma^- + F \tag{6.6.3}$$

$$b = \frac{\mathrm{i}g\sigma^- + F}{\lambda + \chi + \mathrm{i}\Delta\omega_{\mathrm{c}}} \tag{6.6.4}$$

将 (6.6.4) 式代入 (6.6.2) 式的右端, 并注意到 $\langle\sigma_z\sigma^-\rangle = -\langle\sigma^-\rangle/2$, 于是得

$$\lambda\langle\sigma^-\rangle = \left(-\gamma_2 - \frac{g^2}{\lambda + \chi + \mathrm{i}\Delta\omega_{\mathrm{c}}}\right)\langle\sigma^-\rangle - \mathrm{i}\Omega\langle\sigma_z\rangle$$

$$\langle\sigma^-\rangle = \frac{-\mathrm{i}\Omega\langle\sigma_z\rangle}{\lambda + \gamma_2 + g^2/(\lambda + \chi + \mathrm{i}\Delta\omega_{\mathrm{c}})} \tag{6.6.5}$$

设驱动场频率为 ω, 则 $\Omega \propto \mathrm{e}^{-\mathrm{i}\omega t} = (\mathrm{e}^{-\mathrm{i}(\omega-\omega_0)t})\mathrm{e}^{-\mathrm{i}\omega_0 t}$, 经旋波变换后 $\Omega \propto \mathrm{e}^{-\mathrm{i}(\omega-\omega_0)t}$, 代入 (6.6.5) 式, 得 $\langle\sigma^-\rangle \propto \mathrm{e}^{-\mathrm{i}(\omega-\omega_0)t}$, 而 $\left\langle\dfrac{\mathrm{d}\sigma^-}{\mathrm{d}t}\right\rangle = \lambda\langle\sigma^-\rangle$ 故得

$$\lambda = -\mathrm{i}(\omega - \omega_0) \tag{6.6.6}$$

参照文献 [64], 并恢复旋波变换因子 $\mathrm{e}^{-\mathrm{i}\omega_0 t}$, 极化 $P(t)$ 及极化率 $\chi(\omega)$ 可定义为

$$
\begin{aligned}
P(t) &= \mu(\langle\sigma^-\rangle\mathrm{e}^{-\mathrm{i}\omega_0 t} + \langle\sigma^+\rangle\mathrm{e}^{\mathrm{i}\omega_0 t}) \\
&= \varepsilon_0 E(\omega)(\chi'(\omega)\cos(\omega t + \phi) + \chi''(\omega)\sin(\omega t + \phi)) \\
&= \mathrm{Re}\left[\varepsilon_0\chi(\omega)E(\omega)\mathrm{e}^{-\mathrm{i}\omega t}\right]
\end{aligned} \tag{6.6.7}
$$

$$\chi(\omega) = \chi'(\omega) + \mathrm{i}\chi''(\omega) \tag{6.6.8}$$

注意到 $E(\omega) = \dfrac{\hbar}{2\mu}\Omega$, 将 (6.6.5) 式代入 (6.6.7) 式, 得原子极化率

$$
\begin{aligned}
\varepsilon_0\chi(\omega) &= \frac{-\mathrm{i}2\mu^2}{\hbar}\frac{\langle\sigma_z\rangle}{\lambda + \gamma_2 + g^2/(\lambda + \chi + \mathrm{i}\Delta\omega_{\mathrm{c}})} \\
&= \frac{-\mathrm{i}2\mu^2}{\hbar}\langle\sigma_z\rangle\frac{\lambda + \chi + \mathrm{i}\Delta\omega_{\mathrm{c}}}{(\lambda - \lambda_1)(\lambda - \lambda_2)}
\end{aligned} \tag{6.6.9}
$$

式中, λ_1、λ_2 为 $(\lambda + \gamma_2)(\lambda + \chi + \mathrm{i}\Delta\omega_{\mathrm{c}}) + g^2 = 0$ 的根. 当腔的体积 V 很大, $g = \mu\sqrt{\dfrac{2\pi\omega_0}{\hbar V}} \to 0$; 或者当腔的损耗 χ 取得很大, 即几乎没有谐振腔, 这两种情形均导致原子与腔去耦合, 从而 (6.6.9) 式过渡到

$$\varepsilon_0 \chi(\omega) = \frac{-\mathrm{i}2\mu\langle\sigma_z\rangle}{\hbar(\lambda + \gamma_2)} = \frac{-\mathrm{i}2\mu\langle\sigma_z\rangle}{\hbar(-\mathrm{i}(\omega - \omega_0) + \gamma_2)} \tag{6.6.10}$$

即通常线性色散理论结果. 如果腔体积 V 不是很大, 而腔的损耗也较小, 就必须计及 (6.6.9) 式分母中的 $g^2/(\lambda + \chi + \mathrm{i}\Delta\omega_\mathrm{c})$ 即原子辐射 b 的反作用带来的修正. 修正的大小取决于 $\gamma_2 = \mu^2\omega^3/(6\pi\hbar c^3)$ 与 $g^2/\chi = \mu^2 2\pi\omega_0/(\hbar V\chi)$ 之比, $\gamma_2 : g^2/\chi = 1 : \dfrac{3\omega_\mathrm{c}}{2\pi\chi}\dfrac{\lambda^3}{V}$. 只有当 $\dfrac{3\omega_\mathrm{c}}{2\pi\chi}\dfrac{\lambda^3}{V} \ll 1$, 修正才会是有效的, 也正是由于这个修正才导致"真空场 Rabi 分裂".

$$\lambda_{1,2} = -\frac{\gamma_2 + \chi + \mathrm{i}\Delta\omega_\mathrm{c}}{2} \pm \sqrt{\left(\frac{\gamma_2 - \chi - \mathrm{i}\Delta\omega_\mathrm{c}}{2}\right)^2 - g^2} \tag{6.6.11}$$

当 $\Delta\omega_\mathrm{c} = 0, \gamma_2 = \chi$, (6.4.11) 式给出

$$\lambda_{1,2} = -\gamma_2 \pm \mathrm{i}g \tag{6.6.12}$$

代入 (6.6.9) 式, 得出原子的极化率

$$\varepsilon_0 \chi(\omega) = \frac{-\mathrm{i}\mu^2\langle\sigma_z\rangle}{\hbar}\left\{\frac{1}{-\mathrm{i}(\omega - \omega_0) - \mathrm{i}g + \gamma_2} + \frac{1}{-\mathrm{i}(\omega - \omega_0) + \mathrm{i}g + \gamma_2}\right\} \tag{6.6.13}$$

不难看出当 $\omega - \omega_0 = \pm g$, 便是共振吸收, 即原子的共振吸收频率已由线性极化理论给出的 $\omega = \omega_0$ 分裂为 $\omega = \omega_0 \pm g$. 实现这一分裂的十分重要的条件应是 g 与 γ_2 之比 $R = \dfrac{|g|}{\gamma_2} = \dfrac{\mu\sqrt{\dfrac{2\pi\omega_0}{\hbar V}}}{\mu^2\omega_0^3/6\pi\hbar c^3} = \dfrac{6\pi c^3}{\omega_0^3}\sqrt{\dfrac{2\pi\hbar\omega_0}{\hbar V\mu^2}}$ 尽可能大, 这由下面的数值计算可以看出来.

6.6.2 含二能级原子腔的透过率谱

(6.6.4) 式、(6.6.5) 式给出原子辐射 $\langle b \rangle$ 及 $\langle \sigma^- \rangle$ 的计算公式. 但 $\langle b \rangle$ 还不是腔内的总辐射, 因为没有将入射场 $\langle b_\mathrm{in} \rangle$ 包括进去, 而且在腔内还有一传播过程. 根据 (6.6.9) 式或 (6.6.13) 式就可计算原子的介电常数 $\epsilon(\omega)$, 即

$$\epsilon(\omega) = 1 + 4\pi\varepsilon_0\chi(\omega) \tag{6.6.14}$$

并解场强 $E(z, \omega)$ 的传播方程 (图 6.19)[66]

$$\frac{\partial^2 E(z, \omega)}{\partial z^2} + \epsilon(\omega)\frac{\omega^2}{c^2}E(z, \omega) = 0 \tag{6.6.15}$$

$$E^\pm(z, \omega) = E^\pm \mathrm{e}^{\pm\mathrm{i}\sqrt{\epsilon}kz} \tag{6.6.16}$$

在端面 $z = 0$ 处的边界条件为

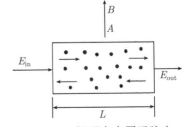

图 6.19 场强在含原子腔内的传播

$$E^+ = tE_{\text{in}} + rE^- \tag{6.6.17}$$

式中, t、r 分别为端面的透射与反射系数. 而 E^+ 传至出射端面为 $E^+\text{e}^{\text{i}\sqrt{\epsilon}kL}$, 经反射 $(r'E^+\text{e}^{\text{i}\sqrt{\epsilon}kL})$ 再传至入射端为

$$E^- = r'\text{e}^{\text{i}\sqrt{\epsilon}kL} \cdot \text{e}^{\text{i}\sqrt{\epsilon}kL}E^+ \tag{6.6.18}$$

代入 (6.6.17) 式得

$$E^+ = \frac{tE_{\text{in}}}{1 - rr'\text{e}^{\text{i}2\sqrt{\epsilon}kL}} \tag{6.6.19}$$

$$E_{\text{out}} = t'E^+\text{e}^{\text{i}\sqrt{\epsilon}kL} = \frac{tt'E_{\text{in}}\text{e}^{\text{i}\sqrt{\epsilon}kL}}{1 - rr'\text{e}^{\text{i}2\sqrt{\epsilon}kL}} \tag{6.6.20}$$

根据 (6.4.20) 式可定义透过率谱

$$T(\omega) = \left|\frac{E_{\text{out}}}{E_{\text{in}}}\right|^2 = \frac{1}{\left(\dfrac{\text{e}^{\alpha L/2} - R\text{e}^{-\alpha L/2}}{1-R}\right)^2 + \left(\dfrac{2\sqrt{R}}{1-R}\sin(\varepsilon/2)\right)^2}$$

$$R = rr', \quad tt' = 1 - R, \quad \text{e}^{\text{i}2\sqrt{\epsilon}kL} = \text{e}^{-\alpha L + \text{i}\varepsilon} \tag{6.6.21}$$

$$\sqrt{\epsilon} = (1 + 4\pi\varepsilon_0\chi(\omega))^{1/2} \simeq 1 + 2\pi\varepsilon_0\chi(\omega) = 1 + \frac{1}{2}(\chi'(\omega) + \text{i}\chi''(\omega))$$

$$\alpha = \frac{\chi''(\omega)\omega}{c}, \quad k = \frac{\omega}{c}$$

$$\varepsilon = \frac{2L(\omega - \omega_{\text{c}})}{c} + \chi'(\omega)\frac{\omega}{c}L$$

V 取很大, $g \to 0$ 极限, 并设 $\Delta\omega_{\text{c}} = \omega_{\text{c}} - \omega_0 = 0$, 则

$$\alpha = \alpha_0\frac{\gamma_2^2}{\gamma_2^2 + (\omega - \omega_0)^2}, \quad \alpha_0 = \frac{2\mu^2\langle\sigma_z\rangle\omega}{\hbar\gamma_2 c}$$

$$\varepsilon = \frac{2L(\omega - \omega_{\text{c}})}{c} - \alpha_0 L\frac{\gamma_2(\omega - \omega_0)}{\gamma_2^2 + (\omega - \omega_0)^2} \tag{6.6.22}$$

对 $g \neq 0$ 情形, 参照 (6.6.10) 式、(6.6.13) 式, 需作如下代换:

$$(\gamma_2^2 + (\omega - \omega_0)^2)^{-1} \to \frac{1}{2}[(\gamma_2^2 + (\omega - \omega_0 + g)^2)^{-1} + (\gamma_2^2 + (\omega - \omega_0 - g)^2)^{-1}]$$

$$\frac{\omega - \omega_0}{\gamma_2^2 + (\omega - \omega_0)^2} \to \frac{1}{2}\left[\frac{\omega - \omega_0 + g}{\gamma_2^2 + (\omega - \omega_0 + g)^2} + \frac{\omega - \omega_0 - g}{\gamma_2^2 + (\omega - \omega_0 - g)^2}\right]$$

图 6.20 给出透过率谱、相移以及吸收系数. 从图中可以看出, 当 $g/\gamma_2 \ll 0.5$ 时, 透过率主要表现经典的双峰结构, 但当 $g/\gamma_2 = 1, 2$ 时, 便表现出真空场 Rabi 振

荡的三峰结构. 文献 [61]、[62] 观察到的正是如图 6.20(a)、(b) 所示的由经典的线
性色散关系引起的双峰结构, 而由原子的自作用引起的真空场 Rabi 分裂导致透射
谱的三峰结构 (图 6.20(c)、(d)) 并未观察到. 如果是在偏离或垂直于入射光 E_{in}(图
6.19 中的 AB) 方向观察原子的自发辐射谱, 则由 (6.6.4) 式、(6.6.5) 式易于判明,
双峰结构恰能表现出由原子的自作用引起的真空场的 Rabi 分裂.

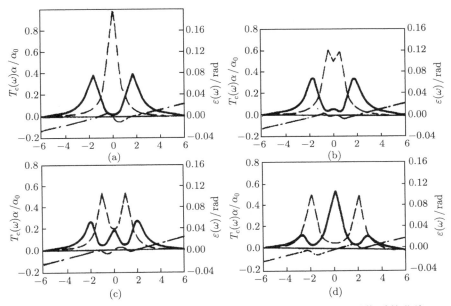

图 6.20 F.P. 腔透过率 $T_{\mathrm{c}}(\omega)$(实线)、相移曲线 $\varepsilon(\omega)/2$(点画线) 以及吸收系数曲线 $\alpha(\omega)$(虚
线) 计算中用的公式和参址为

$$T_{\mathrm{c}}(\omega) = \frac{(1-R)^2 \mathrm{e}^{-\alpha L}}{(1 - R\mathrm{e}^{-\alpha L})^2 + 4R\mathrm{e}^{-\alpha L}\sin^2 \varepsilon/2}$$

$$\frac{\varepsilon(\omega)}{2} = \frac{\pi(\omega - \omega_0 - (\omega_{\mathrm{c}} - \omega_0))}{\Delta F} - \frac{\alpha_0 L}{4}\left(\frac{(\omega - \omega_0 - g)\gamma_2}{\gamma_2^2 + (\omega - \omega_0 - g)^2} + \frac{(\omega - \omega_0 - g)\gamma_2}{\gamma_2^2 + (\omega - \omega_0 + g)^2}\right)$$

$$\alpha = \frac{\alpha_0}{2}\left(\frac{\gamma_2^2}{\gamma_2^2 + (\omega - \omega_0 - g)^2} + \frac{\gamma_2^2}{\gamma_2^2 + (\omega - \omega_0 + g)^2}\right)$$

参数取值[4] $\Delta F/(\gamma_2/2) = 750$; $F = \pi\sqrt{R}/(1-R) = 500$; $\alpha_0 L = 0.04$; 图 (a)~(d) 的 g/γ_2 分别
为 0、0.5、1、2[63]

参 考 文 献

[1] Schuda F, Stroud C R, Hercher M. Observation of the resonant Stark effect at optical
frequencies. J. Phys. B: At. Mol. Phys., 1974, 7 (7): L198–L202.

[2]   Walther H. Proceedings of the Second Laser Spectroscopy Conference. Berlin: Springer-Verlag, 1975.

[3]   Wu F Y, Grove R E, Ezekiel S. Investigation of the spectrum of resonance fluorescence induced by a monochromatic field. Phys. Rev. Lett., 1975, 35: 1426–1429.

[4]   Hartig W, Rasmussen W, Schieder R, et al. Z. Phys. A, 1976, 278: 205.

[5]   Grove R E, Wu F Y, Ezekiel S. Measurement of the spectrum of resonance fluorescence from a two-level atom in an intense monochromatic field. Phys. Rev. A, 1977, 15: 227–233.

[6]   Weisskopf V. Theory of resonance fluorescence. Ann. Phys. Leipzig, 1931, 9: 23.

[7]   Gibbsc H M, Venkatesan T N C. Direct observation of fluorescence narrower than the natural linewidth. Opt. Commu., 1976, 17(1): 87–90.

[8]   Eisenberger P, Platzman P M. X-ray resonant Raman scattering: observation of characteristic radiation narrower than the lifetime width. Phys. Rev. Lett., 1976, 36:623–626.

[9]   Newstein M C. Spontaneous emission in the presence of a prescribed classical field. Phys. Rev., 1968,167: 89–96.

[10] Mollow B R. Power spectrum of light scattered by two-level systems. Phys. Rev., 1969, 188:1969–1975.

[11] Rautian S G, Sobelman I I. Zh. Eksp. Teor. Fiz., 1961, 41: 456.

[12] Morozov V A. Optics and Spectroscopy, 1969, 26: 62.

[13] Ter-Mikaelyan M L, Melikyan A O. Sov. Phys. JETP, 1970, 31: 153.

[14] Mollow B R. Stimulated emission and absorption near resonance for driven systems. Phys. Rev. A, 1972, 5: 2217–2222.

[15] Wu F Y, Ezekiel S, Ducloy M, et al. Observation of amplification in a strongly driven two-level atomic system at optical frequencies. Phys. Rev. Lett., 1977, 38: 1077–1080.

[16] Ducloy M. Proceedings of the Symposium on Resonant Light Scattering, Massachusetts Institute of Technology. Cambrige: Cambrige University Press, 1976: 4.

[17] Ezekiel S, Wu F Y. Multiphoton Process. New York: John Wileg& Sons, 1977: 145

[18] Bloom S, Margenau H. Quantum theory of spectral line broadening. Phys. Rev., 1953, 90:791–794.

[19] Kubo R J. Phys. Soc Japan, 1957, 12: 570.

[20] Mollow B R. J. Phys. Soc Japan, 1972, A5: 570.

[21] Tan W H, Zhang W P. The effects of transverse relaxation and optical pumping on the resonance fluorescence. Chinese Phys. Lett., 1985, 2: 309.

[22] Lamb W E. Theory of an optical maser. Phys. Rev., 1964, 134: A1429–1450.

[23] Boyd R W, Raymer M G, Narum P, et al. Four-wave parametric interactions in a strongly driven two-level system. Phys. Rev. A, 1981, 24: 411–423.

[24] Schavlow A L. Advances in Quantum Electronics. New York: J. R. Columbia Univ. Press, 1961: 63.

[25] Lax M. Formal theory of quantum fluctuations from a driven state. Phys. Rev., 1963,

129: 2342–2348.

[26] 谭维翰, 张卫平. 共振荧光场的态函数与多光子跃迁共振荧光谱. 物理学报, 1988, 37(4): 674. Tan W H, Zhang W P. The state function of the resonance fluorescence field and its spectrum with many-photon transitions. Opt.Commu., 1988, 65 : 61.

[27] Basua S K, Pramilaa T, Kanjilala D. Dynamic Stark splitting in two-photon resonance fluorescence. Opt. Commu., 1983, 45(1): 43–45.

[28] Mavroyannis C. Two-photon resonance fluorescence. Opt. Commu., 1978, 26(3): 453–456.

[29] Holm D A, Sargent III M. Theory of two-photon resonance fluorescence. Optics Letters, 1985, 10(8): 405–407.

[30] Compagno G, Persico F. Theory of collective resonance fluorescence in strong driving fields. Phys. Rev. A, 1982, 25:3138.

[31] Landau L, Lifshitz E. The Classical Theory of Fields. New York: Addison-Wesley Publishing Co. Inc., 1951: 9–20.

[32] Eberly J H, Kunasz C V, Wodkiewicz K. Time-dependent spectrum of resonance fluorescence. J. Phys., B: At. Mol. Phys., 1980, 13(2): 217–239.

[33] 谭微思, 谭维翰. 二能级原子系统的瞬态共振荧光. 中国激光, 1991, 18(11): 839.

[34] Gandiner C W. Handbook of stochastic method for physics// Chemistry and the Natural Sciences. Berlin: Springer-Verlag, 1983, 16: 17.

[35] Tan W S, Tan W H, Zhao D S, et al. Instantaneous resonance fluorescence spectrum of a two-level system for an exponential decay of the driving field. J. Opt. Soc. Am. B, 1993, 10(9): 1610-1612; 谭微思, 谭维翰, 赵东升, 等. 呈指数衰变驱动场的作用下二能级原子系统的瞬态共振荧光光谱. 物理学报, 1992, 41(3): 413; 栾绍金谭维翰序列脉冲激光作用双能级系统的移位. 激光, 1982, 9(3): 129.

[36] Huang X Y, Tanas R, Eberly J H. Delayed spectrum of two-level resonance fluorescence. Phys. Rev. A, 1982, 26:892–901.

[37] Eberly J H, Kunasz C V, Wodkiewicz K. Time-dependent spectrum of resonance fluorescence. J. Phys. B: At. Mol. Phys., 1980, 13(2): 217–239.

[38] Rzazewski K, Florjanczyk M. The resonance fluorescence of a two-level system driven by a smooth pulse. J. Phys., B: At. Mol. Phys., 1984,17: L509–L513.

[39] Zhang W P, Tan W H. Dynamic behavior of a two-level system in multimode squeezed light. II. Absorption lineshape with sub- or super-natural linewidth and shift of dispersion zero-point. Opt. Commu., 1988, 69(2): 135.

[40] Gradshteyn I S, Ryzhik I M. Table of Integrals, Series, and Products. New York: Academic Press, 1980: 763.

[41] 刘仁红, 谭维翰. 考虑自作用后二能级原子的共振荧光谱. 物理学报, 1992, 41(1):26.

[42] 张卫平, 谭维翰. 原子在压缩光场中的共振辐射. 物理学报, 1989, 38(7): 1041; 原子在压缩光场中的吸收与色散. 物理学报, 1989, 38(10): 1602.

[43] Zhang W P, Tan W H. Dynamic behavior of a two-level system in multimode squeezed

light. I. Bloch equations and dynamic stark splitting. Opt. Commu., 1988, 69(2): 128–134.

[44] Mollow B R, Miller M M. Annals of Physics., 1969, 52: 464.

[45] Gardiner C. W. Inhibition of atomic phase decays by squeezed light: a direct effect of squeezing. Phys. Rev. Lett., 1986,56:1917.

[46] Purcell E M. Phys. Rev., 1946, 69: 681.

[47] Kleppner D. Inhibited spontaneous emission. Phys. Rev. Lett., 1981, 47:233.

[48] Goy P, Raimond J M, Gross M, et al. Observation of cavity-enhanced single-atom spontaneous emission. Phys. Rev. Lett., 1983, 50: 1903.

[49] Hulet R G, Hilfer E S, Kleppner D. Inhibited spontaneous emission by a rydberg atom. Phys. Rev. Lett., 1985, 55: 2137.

[50] Hulet R G, Kleppner D. Rydberg atoms in "Circular" states. Phys. Rev. Lett., 1983, 51: 1430.

[51] Milonni P W, Knight P L. Spontaneous emission between mirrors. Opt. Commu., 1973, 9(2): 119.

[52] Jaynes E T, Cummings F W. Comparison of quantum and semiclassical radiation theories with application to the beam maser. Proceedings of the IEEE, 1963, 51(1): 89.

[53] Gibbs H M. Coherence and Quantum Optics. New York: Plenum, 1973: 83.

[54] Sachdev S. Atom in a damped cavity. Phys. Rev. A, 1984, 29: 2627.

[55] Cummings F W. Stimulated emission of radiation in a single mode. Phys. Rev., 1965, 140A :1051.

[56] Eberly J H, Narozhny N B, Sanchez-Mondragon J J. Periodic spontaneous collapse and revival in a simple quantum model. Phys. Rev. Lett., 1980, 44: 1323.

[57] Eberly J H, Kunasz C V, Wodkiewicz K. Time-dependent spectrum of resonance fluorescence. J. Phys. B: At. Mol. Phys., 1980, 13(2): 217–239.

[58] Sanchez-Mondragon J J, Narozhny N B, Eberly J H. Theory of spontaneous-emission line shape in an ideal cavity. Phys. Rev. Lett., 1983, 51: 550.

[59] Agarwal G S. Vacuum-field Rabi splittings in microwave absorption by rydberg atoms in a cavity. Phys. Rev. Lett., 1984, 53: 1732.

[60] Carmichael H J, Brecha R J, Raizen M G, et al. Subnatural linewidth averaging for coupled atomic and cavity-mode oscillators. Phys. Rev. A, 1989, 40: 5516.

[61] Raizen M G, Thompson R J, Brecha R J, et al. Normal-mode splitting and linewidth averaging for two-state atoms in an optical cavity. Phys. Rev. Lett., 1989, 63: 240.

[62] Zhu Y F, Gauthier D J, Morin S E, et al. Vacuum Rabi splitting as a feature of linear-dispersion theory: analysis and experimental observations. Phys. Rev. Lett., 1990,64: 2499 .

[63] 谭维翰, 刘仁红. 含二能级原子共振腔的透过率谱. 物理学报, 1991, 40: 555.

[64] Lamb W E. Quantum electronics and coherent light. Proc. Inter. School of Physics

"enrico Fermi" Course XXXI, 1964: 87.

[65] Allen C W. Astrophysical Quantities. New York The Athlone Press, 1973: 34.

[66] Boyd R W. Nonlinear Optics. New York: Academic Press Inc., 1992: 277.

[67] Agarwal G S. Vacuum-field Rabi splittings in microwave absorption by rydberg atoms in a cavity. Phys. Rev. Lett., 1984, 53: 1732.

[68] Senitzky I R. Quantum-mechanical saturation in resonance fluorescence. Phys. Rev. A, 1972, 6:1171.

[69] Senitzky I R. Sidebands in strong-field resonance fluorescence. Phys. Rev. Lett., 1978, 40: 1334.

[70] Agarwal G S, Brown A C, Narducci L M, et al. Collective atomic effects in resonance fluorescence. Phys. Rev. A, 1977,15: 1613.

[71] Agarwal G S, Saxena R, Narducci L M, et al. Analytical solution for the spectrum of resonance fluorescence of a cooperative system of two atoms and the existence of additional sidebands. Phys. Rev. A, 1980, 21:257.

[72] Agarwal G S, Narduccib L M, Apostolidis E. Effects of dispersion forces in optical resonance phenomena. Opt. Commu., 1981, 36(4): 285–290.

[73] Tan W H, Gu M. Resonance fluorescence in a many-atom system. Phys. Rev. A, 1986,34:4070.

[74] Edmond A R. Angular Momentum in Quantum Mechanics. Princeton: Princeton Univ. Press, 1960: 37.

[75] 《固体激光导论》编写组固体激光导论. 上海: 上海人民出版社, 1975: 194, 318.

[76] Dicke R H. Coherence in spontaneous radiation processes. Phys. Rev., 1954, 93: 99.

[77] Domhelm M A. TRW demonstrates airborn laser module. Aviation Week, Space Technology, 1966, 8(19): 22.

[78] Liu R H, Tan W H. Resonance fluorescence spectrum by two-level system without the rotating wave approximation. Chin Phys. Lett., 1999, 16(1): 23–25.

[79] Tan W H, Yan K Z. Collapse and revival in the damped Jaynes-Cummings model. Chin Phys. Lett., 1999, 16(12): 896.

[80] Raimond J M, Goy P, Gross M, et al. Collective absorption of blackbody radiation by rydberg atoms in a cavity: an experiment on bose statistics and brownian motion. Phys. Rev. Lett., 1982,49: 117 .

[81] Buck B, Sukumar C V. Phys. Lett., 1981, 81A: 132.

[82] Barnett S M, Knight P L. Dissipation in a fundamental model of quantum optical resonance. Phys. Rev. A, 1986, 33: 2444.

第7章 激光偏转原子束

 1970 年, Ashkin 提出用共振光压偏转原子束[1]; 1975 年, Hänsch 和 Schawlow[2]、Wineland 和 Dehmelt[3] 分别独立提出激光冷却原子的设想. 稍后, Balykin 等提出水晶片原子镜对原子能态起到选择反射的作用[4], Cook 和 Hill 又建议用激光在介质表面的衰波作为反射原子的原子镜[5]. 这些虽大体上可看成是激光光压对原子束产生的力学效应, 但原子束光学不仅涉及原子在原子镜或驻波栅上的反射、衍射, 也涉及原子内部能态的选择等一系列复杂的问题. 近年来, 应用激光减速并冷却原子以及从实验上观察到中性原子的 Bose-Einstein 凝聚现象均得到巨大的进展. 本章将按上面顺序, 逐一对这些物理问题进行探讨.

7.1 激光偏转原子束

7.1.1 早期的激光偏转原子束方案

 Ashikin 最早提出共振光偏转原子束方案是这样的 (图 7.1). 来自 x 方向的光子, 被二能级原子吸收, 获得动量 $\hbar\boldsymbol{k}$, 然后以自发辐射或受激辐射形式释放光子, 回到基态. 如果是自发辐射形式辐射出去, 其方向在 4π 立体角内均匀分布, 给予原子的平均动量为零, 故原子获得的即吸收光子时的动量 $\hbar\boldsymbol{k}$. 如果是按受激辐射方式辐射出光子 $\hbar\boldsymbol{k}'$, 则原子获得的净动量为 $\hbar\boldsymbol{k} - \hbar\boldsymbol{k}'$. Ashkin 建议的共振光压, 讨论了通过自发辐射过程原子获得的动量 $\hbar\boldsymbol{k}$.

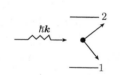

图 7.1 原子吸收光子获得动量

 考虑到在热平衡情况下, 二能级原子处于激发态的概率为

$$f = \frac{n_2}{n_2 + n_1} = \frac{B_{12}W}{B_{12}W + A_{21} + B_{21}W} = \frac{\dfrac{g_2}{g_1}B_{21}W}{\dfrac{g_2}{g_1}B_{21}W + A_{21} + B_{21}W} = \frac{x}{1 + \dfrac{Ax}{BW(\nu)}}$$

(7.1.1)

式中, $A = A_{21}, B = \dfrac{g_2}{g_1}B_{21}$, A_{21} 与 B_{21} 为 Einstein 自发与受激辐射系数, $W(\nu)$ 为辐射的能密度, 在热平衡情况下, 即 (5.1.18) 式表示的 $u(\omega, T)$. $x = \dfrac{1}{1 + g_1/g_2}$, g_1、g_2 为 1、2 能级简并度. 又设激发态原子的自发辐射寿命为 $\tau_{\rm N}$, 则作用于原子的力

$\boldsymbol{F}$ 为

$$\boldsymbol{F} = \frac{\hbar \boldsymbol{k} f}{\tau_{\mathrm{N}}} = \frac{\hbar \boldsymbol{k}}{\tau_{\mathrm{N}}} \frac{x}{1 + \dfrac{Ax}{BW(\nu)}} \tag{7.1.2}$$

当入射光的谱密度 $W(\nu)$ 很强, 以致 $\dfrac{Ax}{BW(\nu)} \ll 1$, 于是作用力 $\boldsymbol{F}$ 达于饱和值 $\boldsymbol{F}_{\mathrm{sat}}$

$$\boldsymbol{F}_{\mathrm{sat}} \simeq \frac{\hbar \boldsymbol{k} x}{\tau_{\mathrm{N}}} \tag{7.1.3}$$

(7.1.1) 式 $\sim$ (7.1.3) 式即 Ashkin 从原子吸收并自发辐射光子过程得出的作用于原子的力 $\boldsymbol{F}$ 的公式. 他还设计了如图 7.2 所示的实验装置以观察原子束的偏转. 由原子炉出来的原子束经过窗口射出, 激光以垂直于原子束方向作用于原子束, 使其在横向加速. 当横向速度增大到一定程度, 由于 Doppler 效应, 激光已是偏离共振相互作用, 这就限制了原子的最大偏转. 为保持初始时的位置, 使得激光束总是与原子运动轨迹成垂直, 如图 7.2 所示, 总是处于共振相互作用地位. 设原子的初速为 v_0, 且光的谱密度 $W(\nu)$ 很强, 以致作用力 $\boldsymbol{F}$ 达到饱和, 于是有

$$|\boldsymbol{F}_{\mathrm{sat}}| = \left| \frac{\hbar \boldsymbol{k} x}{\tau_{\mathrm{N}}} \right| = \frac{m v_0^2}{\rho} \tag{7.1.4}$$

式中, ρ 为速度为 v_0 的原子的轨道半径. 以 v_0 运动的粒子与激光束成垂直没有 Doppler 失谐. 那些速度为 v_0, 但入射方向稍偏离于与激光成垂直方向的粒子, 设在半径方向的偏离量为 δ, 则可证

$$r = \rho + \delta, \quad \frac{\partial^2 \delta}{\partial t^2} + \frac{3 v_0^2}{\rho^2} \delta = 0$$

解为

$$\delta = \delta_0 \sin \left(\frac{\sqrt{3} v_0 t}{\rho} \right) \tag{7.1.5}$$

这些粒子的速度

$$|\boldsymbol{v}| = \left| v_0 \boldsymbol{e}_\theta + \frac{\sqrt{3} v_0}{\rho} \delta_0 \boldsymbol{e}_r \right| = v_0 \sqrt{1 + \frac{3 \delta_0^2}{\rho^2}} \simeq v_0$$

因 $\delta_0 / \rho \ll 1$, 由一点出发, 经 $t = \dfrac{\pi}{\sqrt{3}} \dfrac{\rho}{v_0}$ 后又会聚到一点, 如图 7.2 所示, 这样一个装置恰是一个原子速度谱分析器.

参照 (5.1.16) 式, 则 $B_{21} W(\nu)$ 可表示为 Lorentz 线型 $S(\nu)$ 及入射光的强度 $I(\nu_0)$

$$B_{21} W(\nu) = A \frac{\pi^2 c^3}{\hbar \omega^3} \frac{1}{c} I(\nu_0) S(\nu) = \frac{A \lambda^2}{8 \pi \hbar \nu} I(\nu_0) S(\nu)$$

$$S(\nu) = \frac{1}{\pi} \frac{\nu_N/2}{(\nu - \nu_0)^2 + (\nu_N/2)^2} \tag{7.1.6}$$

式中, $\nu_N = \dfrac{1}{2\pi\tau_N}$ 为自然线宽, $A = 1/\tau_N$ 为自发辐射跃迁概率. 参照 (7.1.1) 式中的 x 的定义,

可定义饱和参量 $p(\nu)$

$$BW(\nu) = p(\nu)Ax \tag{7.1.7}$$

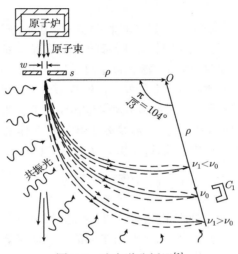

图 7.2 速度谱分析器[1]

于是由 (7.1.6) 式得

$$p(\nu) = \frac{\lambda_0^2 \left(1 + \dfrac{g_2}{g_1}\right) I(\nu_0)S(\nu)}{8\pi\hbar\nu} = p(\nu_0)\frac{S(\nu)}{4\tau_N} \tag{7.1.8}$$

$p(\nu_0)$ 即当入射光调谐到原子跃迁频率时的饱和度. 现考虑文献 [1] 中例子, 用激光照射 Na 原子. Na 的 D_2 共振线 $\lambda_0 = 5890\text{Å}$, $\gamma_N = 10.7\,\text{MHz}$. $\text{Na}^{23}(I = 3/2)$ 的核自旋, 使得基态 $3^2\text{S}_{1/2}$ 已分裂为 $F = 1, 2$; 激发态 $3^2\text{P}_{3/2}$ 分裂为 $F = 0, 1, 2, 3$ 的精细结构. 跃迁的选择定则为 $\Delta F = \pm 1, 0$. 用圆偏振 (σ^+) 光激发, 由基态 $3^2\text{S}_{1/2}$, $F = 2$, $m_F = 2$ 到激发态 $3^2\text{P}_{3/2}$, $F = 3$, $m_F = 3$. 按选择定则 $\Delta m_F = \pm 1$, 由激发态 $F = 3$, $m_F = 3$ 向任何其他的基态 $F = 1, 2$ 的 m_F 子能级跃迁均是禁止的, 这样我们便有了一个理想的二能级系统即 $3^2\text{P}_{3/2}$, $F = 3$, $m_F = 3 \to 3^2\text{S}_{1/2}$, $F = 2$, $m_F = 2$, $g_2/g_1 = 1$. 按 (7.1.8) 式, 并取 $I(\nu_0) = I_0$, 得

$$p(\nu_0) = \frac{I_0(\text{W/cm}^2)}{2.1 \times 10^{-2}} \tag{7.1.9}$$

参见图 7.2, 收集器 C_1 探测再聚束的粒子. 非共振作用的样品飞行到 C_2(在原子炉对面, 图中未示出). 钠原子的速度为 $v_0 = 2 \times 10^4 \text{cm/s}$, 被与 Na 原子的 D_2 线为共振的激光所偏转, $\rho = 4.0 \text{cm}$. 由原子炉出来的原子束, 经过与纸面垂直高度 $\bar{h}$ 的窗口, 按 $\dfrac{\pi}{\sqrt{3}}\rho\bar{h}$ 计算激光通光面. 炉温 510°C, Na 原子蒸汽压为 10^{-3} torr, 原子密度 $n_0 = 3.4 \times 10^{13}$ 原子 $/\text{cm}^3$, 平均速度 $v_{\text{ar}} = (2kT/m)^{1/2} = 6.1 \times 10^4 \text{cm/s}$, 平均自由程 $L = 30 \text{cm}$. 若将 v_0 设计在 $v_0 = v_{\text{ar}}/3 = 2 \times 10^4 \text{cm/s}$, 则 (7.1.4) 式定出 $\rho = 4.0 \text{cm}$. 又取窗口 $\bar{h} = 0.1 \text{cm}$, $p(\nu_0) = 10^2$, 则入射激光功率为 $2.1 \times 10^{-2} \times 10^2 \times \pi/\sqrt{3} \times 4 \times 0.1 = 1.5\text{W}$, 而 $p(\nu)$ 在 $10 \sim 10^2$ 调变. 对应于原子束角度 $\pm 2.6°$, 因速度为 v_0 与轨道成 $\pm 2.6°$ 运动的原子, 将产生 $\nu - \nu_0 = 1.5\nu_{\text{N}}$ 的 Doppler 频移, 即 $p(\nu) = 10$. 取定窗口宽度, 高度 w、$\bar{h}$ 为 0.04cm、0.1cm, 可估算出通过窗口的原子束流约 10^8 原子 $/\text{s}$, 可作许多实验用的原子束源. 如果激光束是分布在球面上, 还可获得空间会聚的原子束.

7.1.2 激光作用于原子上的力

在上述讨论的基础上, 我们可以更仔细地讨论作用于原子上的力. 这个力 $\boldsymbol{F}(\boldsymbol{r}, \boldsymbol{v})$ 可表示为[6~10]

$$\boldsymbol{F}(\boldsymbol{r}, \boldsymbol{v}) = \nabla \boldsymbol{E} \cdot \boldsymbol{\mu}(\rho_{ab} + \rho_{ba}) \tag{7.1.10}$$

即作用于原子的力为场的梯度与原子极化的标积. 参照 (1.5.32) 式、(1.5.37) 式, 共振光的作用下, 单原子的极化

$$\boldsymbol{p}^{(1)} = \boldsymbol{\mu}(\rho_{ab} + \rho_{ba}) = \mathrm{i}\frac{\mu^2}{\hbar}\frac{\boldsymbol{E}}{\gamma_2}$$

代入 (7.1.10) 式得

$$\boldsymbol{F}(\boldsymbol{r}, \boldsymbol{v}) = \mathrm{i}\frac{\mu^2}{\hbar\gamma_2}\boldsymbol{E} \cdot \nabla \boldsymbol{E} \tag{7.1.11}$$

式中, i 表示 $\boldsymbol{p}^{(1)}$ 相对于 $\boldsymbol{E}$ 有 $\pi/2$ 角的相移. 将这个力与电磁波对自由电子有质动力 $\boldsymbol{F}_{\mathrm{p}} = -\dfrac{-2e^2}{m\omega^2}\boldsymbol{E} \cdot \nabla \boldsymbol{E}$ 进行比较[9] 得

$$\frac{|\boldsymbol{F}_{\mathrm{p}}|}{|\boldsymbol{F}|} = \frac{2e^2}{m\omega^2}\frac{\hbar\gamma_2}{\mu^2} = \frac{2\gamma_2}{\omega}\frac{a^2}{r_{ab}^2} \tag{7.1.12}$$

式中, $a = \sqrt{\dfrac{\hbar}{m\omega}}$ 为氢原子的 Bohr 半径, r_{ab} 为 a、b 能级间的跃迁矩阵元, γ_2 为横弛豫系数. 一般来说, 由于 $\gamma_2/\omega \ll 1$, 故偶极作用力 $\boldsymbol{F}$ 要比 $\boldsymbol{F}_{\mathrm{p}}$ 大得多.

现按 (4.1.28) 式计算密度矩阵元 ρ_{ab}

$$\rho_{ab} = \frac{\mathrm{i}\mu}{\hbar} \sum_n \left\{ \frac{E_n u_n \Delta}{\frac{1}{T_2} + i(\omega_0 - kv - \omega_n)} + \frac{E_n u_n \Delta}{\frac{1}{T_2} + i(\omega_0 + kv - \omega_n)} \right\} \mathrm{e}^{-i(\omega_n t + \phi_n)}$$

(7.1.13)

式中, n 为模式指标, 如果是单模, 则 n 以及对 n 的求和可略去. 为简化起见, 相位 ϕ_n 也去掉, 并分两种情形计算光压作用于电偶极的力 $\boldsymbol{F}$. 一种情形是行波场

$$u = \mathrm{e}^{ikz}$$
$$\boldsymbol{E} = \boldsymbol{E}_0 \mathrm{e}^{ikz - \mathrm{i}\omega t} + \text{c.c} = 2\boldsymbol{E}_0 \cos(\omega t - kz)$$

(7.1.14)

$$\nabla \boldsymbol{E} = 2\boldsymbol{k}\boldsymbol{E}_0 \sin(\omega t - kz)$$

由于 Doppler 效应, 以速率 v 向前运动的原子所见到的场的频率为 $\omega + kv$, 即 (7.1.13) 式的前一项. 于是

$$\boldsymbol{\mu}(\rho_{ab} + \rho_{ba}) = \frac{\mathrm{i}\mu^2}{\hbar} \boldsymbol{E}_0 \Delta \frac{\mathrm{e}^{-\mathrm{i}(\omega t - kz)}}{\frac{1}{T_2} + \mathrm{i}(\omega_0 - kv - \omega)} + \text{c.c.}$$

(7.1.15)

将 (7.1.14) 式、(7.1.15) 式代入 (7.1.10) 式, 得

$$\boldsymbol{F}(z, v, t) = \frac{4T_2 \mu^2 E_0^2 \Delta \boldsymbol{k}}{\hbar} \sin(\omega t - kz)$$

$$\times \left[T_2(\omega_0 - kv - \omega) \cos(\omega t - kz) + \sin(\omega t - kz) \right] L(\omega_0 - kv - \omega)$$

$$L(\omega_0 - kv - \omega) = \frac{\left(\dfrac{1}{T_2}\right)^2}{\left(\dfrac{1}{T_2}\right)^2 + (\omega_0 - kv - \omega)^2}$$

(7.1.16)

对时间求平均得

$$< \boldsymbol{F}(z, v, t) > = \frac{2T_2 \mu^2 E_0^2 \Delta \boldsymbol{k}}{\hbar} L(\omega_0 - kv - \omega)$$

(7.1.17)

式中, 粒子数反转 Δ, 可参照 (4.1.18) 式, (4.1.19) 式得

$$\Delta = \frac{\Delta_0}{1 + 2T_1 R}, \quad R = \frac{E_0^2 \mu^2}{\hbar^2} T_2 L(\omega_0 - kv - \omega)$$

(7.1.18)

引进参量 $G = \dfrac{2E_0^2 \mu^2}{\hbar^2} T_2^2$, 并注意到当取定 $T_1 = T_2$, 则由 (7.1.17) 式、(7.1.18) 式给出

$$\langle \boldsymbol{F}(z, v, t) \rangle = \frac{\hbar \boldsymbol{k}}{T_2} G \frac{L(\omega_0 - kv - \omega) \Delta_0}{1 + GL(\omega_0 - kv - \omega)}$$

(7.1.19)

(7.1.19) 式给出行波场 e^{ikz} 作用于原子的力. 现考虑驻波情形

$$u = e^{ikz} + e^{-ikz}$$

$$\nabla \boldsymbol{E} = 2\boldsymbol{k}\boldsymbol{E}_0(\sin(\omega t - kz) - \sin(\omega t + kz))$$

$$= -4\boldsymbol{k}\boldsymbol{E}_0 \cos \omega t \sin kz \tag{7.1.20}$$

ρ_{ab} 仍按 (7.1.13) 式计算, 但和式中的两项均应包括进去, 因为是驻波场. 经过与行波场几乎相同的运算, 最后得

$$\langle \boldsymbol{F}(z, v, t) \rangle = \boldsymbol{F}_{\text{sp}} + \boldsymbol{F}_{\text{ind}} \tag{7.1.21}$$

$$\boldsymbol{F}_{\text{sp}} = \frac{2\hbar\boldsymbol{k}}{T_2} \frac{G\left[L(\omega_0 - kv - \omega) - L(\omega_0 + kv - \omega)\right] \Delta_0}{1 + G(L(\omega_0 - kv - \omega) + L(\omega_0 + kv - \omega))} \sin^2 kz \tag{7.1.22}$$

$$\boldsymbol{F}_{\text{ind}} = \frac{\hbar\boldsymbol{k}G\left[(\omega_0 - kv - \omega)L(\omega_0 - kv - \omega) + (\omega_0 + kv - \omega)L(\omega_0 + kv - \omega)\right] \Delta_0}{1 + G(L(\omega_0 - kv - \omega) + L(\omega_0 + kv - \omega))} \sin 2kz$$
$$\tag{7.1.23}$$

$\boldsymbol{F}_{\text{sp}}$、$\boldsymbol{F}_{\text{ind}}$ 分别为自发辐射力与感生力, $\boldsymbol{F}_{\text{sp}} \propto 1/T_2$, 而 $\boldsymbol{F}_{\text{ind}} \propto (\omega_0 - kv - \omega)$ 与 $(\omega_0 + kv - \omega)$. 由 (7.1.19) 式, 行波情形的作用力也 $\propto \dfrac{1}{T_2}$, 属自发辐射力, 与 (7.1.2) 式相同, 但数值有差异, 主要是物理模型不一样引起的.

7.1.3 原子在速度空间的扩散

上面讨论了辐射场作用于原子的力. 原子在力 $\boldsymbol{F}$ 作用下, 将沿一确定的轨道做有规运动. 但除了这一运动外, 还会因原子在速度空间的分布不均 (即存在速度梯度) 而产生扩散. 这就需要对密度矩阵所满足的运动方程 (4.1.2)、(4.1.5) 作进一步分析, 特别是在导出这些方程时, 并没有考虑光量子在被原子辐射或吸收时对原子的反冲速度 $V_{\text{r}} = \dfrac{\hbar\boldsymbol{k}}{M}$. 在考虑到这些因素后, 适用于二能级原子气体的输运方程为[11]

$$\left(\frac{\partial}{\partial t} + v\frac{\partial}{\partial z}\right)\rho_{ab}(z, v, t) = -\left(\mathrm{i}\omega_0 + \frac{1}{T_2}\right)\rho_{ab}(z, v, t) - \frac{\mathrm{i}\mu}{\hbar}E(\boldsymbol{r}, t)$$
$$\times \left(\rho_{aa}\left(z, v - \frac{V_{\text{r}}}{2}, t\right) - \rho_{bb}\left(z, v + \frac{V_{\text{r}}}{2}, t\right)\right) \tag{7.1.24}$$

$$\left(\frac{\partial}{\partial t} + v\frac{\partial}{\partial z}\right)\rho_{aa}(z, v, t) = \lambda_a - \gamma_a\rho_{aa}(z, v, t) - \frac{\mathrm{i}\mu}{\hbar}E(\boldsymbol{r}, t)$$
$$\times \left[\rho_{ab}\left(z, v + \frac{V_{\text{r}}}{2}, t\right) - \rho_{ba}\left(z, v + \frac{V_{\text{r}}}{2}, t\right)\right] \tag{7.1.25}$$

$$\left(\frac{\partial}{\partial t} + v\frac{\partial}{\partial z}\right)\rho_{bb}(z, v, t) = \lambda_b - \gamma_b\rho_{bb}(z, v, t) + \frac{\mathrm{i}\mu}{\hbar}E(\boldsymbol{r}, t)$$

$$\times \left[\rho_{ab}\left(z, v - \frac{V_{\mathrm{r}}}{2}, t\right) - \rho_{ba}\left(z, v - \frac{V_{\mathrm{r}}}{2}, t\right) \right] \quad (7.1.26)$$

式中, V_{r} 为原子与辐射场交换一个光量子所获得的反冲速度. $\lambda_b(z, v, t)$、$\lambda_a(z, v, t)$分别为原子被抽运到基态、激发态的速率. γ_b、γ_a 为分别基态、激发态的阻尼系数. 而 $\frac{1}{T_2} = \frac{1}{2}(\gamma_a + \gamma_b)$. (7.1.24) 式的解仍可近似写为 (7.1.13) 式的形式, 只是其中的反转粒子数密度 Δ 由下式给出:

$$\Delta = \rho_{aa}\left(z, v - \frac{V_{\mathrm{r}}}{2}, t\right) - \rho_{bb}\left(z, v + \frac{V_{\mathrm{r}}}{2}, t\right)$$

$$= \rho_{aa}(z, v, t) - \rho_{bb}(z, v, t) - \frac{V_{\mathrm{r}}}{2}\frac{\partial}{\partial v}[\rho_{aa}(z, v, t) + \rho_{bb}(z, v, t)] \quad (7.1.27)$$

而 (7.1.25) 式、(7.1.26) 式中的因子

$$\rho_{ab}\left(z, v \pm \frac{V_{\mathrm{r}}}{2}, t\right) - \rho_{ba}\left(z, v \pm \frac{V_{\mathrm{r}}}{2}, t\right) = \left(1 \pm \frac{V_{\mathrm{r}}}{2}\frac{\partial}{\partial v}\right)(\rho_{ab}(z, v, t) - \rho_{ba}(z, v, t))$$

$$(7.1.28)$$

将 (7.1.27) 式代入 (7.1.13) 式得 ρ_{ab}, 进一步求出

$$\frac{\mathrm{i}\mu E(\boldsymbol{r}, t)}{\hbar}\{\rho_{ab}(z, v, t) - \rho_{ba}(z, v, t)\} = R\left\{\rho_{aa} - \rho_{bb} - \frac{V_{\mathrm{r}}}{2}\frac{\partial}{\partial v}(\rho_{aa} + \rho_{bb})\right\} \quad (7.1.29)$$

于是 (7.1.28) 式、(7.1.29) 式代入 (7.1.25) 式、(7.1.26) 式后, 得

$$\dot{\rho}_{aa} \simeq \lambda_a - \gamma_a\rho_{aa} - R\left(1 + \frac{V_{\mathrm{r}}}{2}\frac{\partial}{\partial v}\right)\left\{\rho_{aa} - \rho_{bb} - \frac{V_{\mathrm{r}}}{2}\frac{\partial}{\partial v}(\rho_{aa} + \rho_{bb})\right\} \quad (7.1.30)$$

$$\dot{\rho}_{bb} \simeq \lambda_b - \gamma_b\rho_{bb} + R\left(1 - \frac{V_{\mathrm{r}}}{2}\frac{\partial}{\partial v}\right)\left\{\rho_{aa} - \rho_{bb} - \frac{V_{\mathrm{r}}}{2}\frac{\partial}{\partial v}(\rho_{aa} + \rho_{bb})\right\} \quad (7.1.31)$$

对于定态 $\dot{\rho}_{aa} = \dot{\rho}_{bb} = 0$, 取定

$$N = \frac{\lambda_a}{\gamma_a} - \frac{\lambda_b}{\gamma_b}, \quad R_{\mathrm{s}} = \frac{\gamma_a\gamma_b}{\gamma_a + \gamma_b} \quad (7.1.32)$$

将 (7.1.30) 式、(7.1.31) 两式相减, 并设 $\gamma_a \simeq \gamma_b$, 得

$$\rho_{aa} - \rho_{bb} = \frac{N + \dfrac{R}{R_{\mathrm{s}}}\dfrac{V_{\mathrm{r}}}{2}\dfrac{\partial}{\partial v}(\rho_{aa} + \rho_{bb})}{1 + R/R_s} \quad (7.1.33)$$

这个结果即考虑到光子对原子反冲作用后的 (4.1.18) 式、(4.1.19) 式. $N = N(z, v, t)$ 为不计光场作用时的初始反转粒子数, 即 (7.1.18) 式中的 Δ_0, 分子中的 $\dfrac{R}{R_{\mathrm{s}}}\dfrac{V_{\mathrm{r}}}{2}\dfrac{\partial}{\partial v}$ $(\rho_{aa} + \rho_{bb})$ 为计及光子对原子的反冲后带来的修正.

对于处于平衡态附近的非定态, 可定义为光泵浦抽运与原子的阻尼达到平衡

$$\lambda_a + \lambda_b - \gamma_a\rho_{aa} - \gamma_b\rho_{bb} = 0 \tag{7.1.34}$$

于是由 (7.1.30) 式、(7.1.31) 式相加得

$$\left(\frac{\partial}{\partial t} + v\frac{\partial}{\partial z}\right)(\rho_{aa} + \rho_{bb}) \simeq \frac{-RV_{\mathrm{r}}\dfrac{\partial}{\partial v}N + \dfrac{RV_{\mathrm{r}}^2}{2}\dfrac{\partial^2}{\partial v^2}(\rho_{aa} + \rho_{bb})}{1 + R/R_{\mathrm{s}}} \tag{7.1.35}$$

N 为不计及光场作用时的反转粒子密度, 基本上处于基态, $N = 2\rho_{bb} - (\rho_{aa} + \rho_{bb}) \simeq -(\rho_{aa} + \rho_{bb})$. 因子 $\dfrac{1}{1 + R/R_{\mathrm{s}}}$ 为激光对反转粒子的排空. 又注意到 (7.1.18) 式、(7.1.17) 式, 当 $\Delta_0 = -1$ 时, $\Delta = \dfrac{-1}{1 + R/R_{\mathrm{s}}}$, 故有

$$V_{\mathrm{r}}R = \frac{\hbar k}{M}\frac{E_0^2\mu^2}{2\hbar^2}T_2L(\omega_0 - kv - \omega) = -\frac{F}{M}\left(1 + \frac{R}{R_{\mathrm{s}}}\right) \tag{7.1.36}$$

于是 (7.1.35) 式可写为 $W = \rho_{aa} + \rho_{bb}$

$$\left(\frac{\partial}{\partial t} + v\frac{\partial}{\partial z}\right)W = -\frac{\partial}{\partial v}\left[\frac{F}{M}W + \frac{V_{\mathrm{r}}}{2}\frac{F}{M}\frac{\partial}{\partial v}W\right] \tag{7.1.37}$$

等式右端第 1 项为驱动项, 第 2 项为扩散项, 一般较小. 式中 $W = W(z, v, t)$, 而我们关心的是原子的速度分布, 故可对空间坐标 z 求积分. 令

$$W(v, t) = \int_{-\infty}^{\infty} W(z, v, t)\mathrm{d}z \tag{7.1.38}$$

取规一化

$$\delta = T_2(\omega - \omega_0), \quad T_2kv \to v, \quad \frac{\hbar k^2}{M}t \to t \tag{7.1.39}$$

在略去扩散项后, $W(v, t)$ 满足如下的方程:

$$\frac{\partial}{\partial t}W(v, t) = \frac{\partial}{\partial v}[A(v)W(v, t)] \tag{7.1.40}$$

参照 (7.1.37) 式、(7.1.19) 式及归一化 (7.1.39) 式, (7.1.40) 式 $A(v)$ 为

$$A(v) = \frac{GL(\omega_0 - kv - \omega)}{1 + GL(\omega_0 - kv - \omega)} = \frac{G}{1 + G + (v + \delta)^2} \tag{7.1.41}$$

(7.1.40) 式可表示为

$$\left(\frac{\partial}{\partial t} - A(v)\frac{\partial}{\partial v}\right)\ln W(v, t) = \frac{\partial A(v)}{\partial v} \tag{7.1.42}$$

(7.1.42) 式齐次部分的解为

$$c_1 = Gt + (1+G)(v+\delta) + \frac{1}{3}(v+\delta)^3 \tag{7.1.43}$$

$$\left(\frac{\partial}{\partial t} - A(v)\frac{\partial}{\partial v}\right)c_1 = 0 \tag{7.1.44}$$

$W(v,t)$ 的通解易于求出

$$W(v,t) = W(c_1)\mathrm{e}^{-\int_{v(c_1)} \frac{\partial A(v)}{\partial v}/A(v)\mathrm{d}v} = \frac{A(v(c_1))}{A(v)}W(c_1) \tag{7.1.45}$$

式中, v 满足 $t=0$ 时的 (7.1.43) 式, 而 $v(c_1)$ 满足 $t \neq 0$ 时的 (7.1.43) 式. $v(c_1)$ 的解可表示为

$$\begin{aligned}
v(c_1) + \delta &= \alpha(v,t) + \beta(v,t) \\
\alpha(v,t) &= \left[q^{1/2}(v,t) + \frac{3}{2}c_1(t)\right]^{1/3} \\
\beta(v,t) &= -\left[q^{1/2}(v,t) - \frac{3}{2}c_1(t)\right]^{1/3} \\
q(v,t) &= (1+G)^3 + \frac{9}{4}c_1^2(t) \\
c_1(t) &= c_1 - Gt
\end{aligned} \tag{7.1.46}$$

又设初始分布为平衡分布

$$W(v,0) = g\exp\left\{-4\ln 2\left(\frac{v-v_0}{\Delta v}\right)^2\right\} \tag{7.1.47}$$

则由 (7.1.41) 式、(7.1.43) 式、(7.1.45) 式 ~(7.1.47) 式得

$$W(v,t) = g\frac{1+G+(v+\delta)^2}{1+G+[\alpha(v,t)+\beta(v,t)]^2}\exp\left\{-4\ln 2\left[\frac{\alpha(v,t)+\beta(v,t)-\delta-v_0}{\Delta v}\right]^2\right\} \tag{7.1.48}$$

g 为规一化因子, 选择 g 使得 $W(v,t)$ 满足规一化条件

$$\int_{-\infty}^{\infty} W(v,t)\mathrm{d}v = 1 \tag{7.1.49}$$

　　上面我们假定了原子的初始速度分布为平衡分布, 其速度宽度为 Δv, 峰值在 $v=v_0$, 而解是普适的. 当原子与场处于共振相互作用时, 即 $v+\delta = 0$ 的情况下, 其作用力为最大. 由 (7.1.41) 式给出 $A(v) = \dfrac{G}{1+G}$. 当 $\boldsymbol{k}$ 与 $\boldsymbol{v}_0$ 同方向时为加速, 反方向时为减速. 由于加速 (或减速), 原子束 $(v = v_0 \pm \Delta v)$ 会很快由共振相互作

用进入非共振相互作用 $|v + \delta| \geqslant \Delta v$, 作用力 $A(v)$ 随之逐渐减小. 当然这不仅与原子束流的速度宽度 Δv 有关, 还与光的频宽 $\Delta \omega$ 有关. 当 $\Delta \omega$ 越宽, 共振相互作用的时间越长, 反之越短. 易于看出, 考虑到激光谱宽后, 共振相互作用可定义为 $|v + \delta| \leqslant \Delta v + \Delta \omega / k$. 但谱宽 $\Delta \omega$ 增大后, 平均功率下降, G 的值也就下降. 即此我们曾提出利用序列脉冲激光[12] 的光压力, 实现对原子的减速与冷却. 因为序列脉冲激光包含许多旁频, 将中心频率调谐到 Doppler 谱增宽的低频侧, 通过适当调整序列脉冲参数, 可使其旁频布满低频侧, 从而加宽原子与辐射的共振相互作用区. 我们的计算结果表明, 采用序列脉冲激光可以更有效地降低原子的速度和动能. 要进行这个计算还要推广作用力的表达式 (7.1.17)、(7.1.19), 使其适用于包含多个谐波分量的情形. 设

$$E = E_0 F(t, z) \mathrm{e}^{-\mathrm{i}(\omega t + kz)} + \text{c.c.}$$

$$F(t, z) = \mathrm{e}^{-a^2 \sin^2(\Delta \omega t + \Delta k z)} = \sum_{n=0}^{\infty} \mathrm{J}_n \cos 2n(\Delta \omega t + \Delta k z) \tag{7.1.50}$$

式中, $E_0 F(t, z)$ 为序列脉冲波包, $F(t, z)$ 为调制函数, $\Delta \omega$ 为调制频率, $\Delta k = \dfrac{\Delta \omega}{c}$, a^2 决定脉冲的半宽度和调制深度. 图 7.3 给出调制函数参数形状 ($a^2 = 4$). 和式中的 J_n 为

$$\mathrm{J}_0 = \mathrm{e}^{-a^2/2} \mathrm{I}_0(a^2/2), \quad \mathrm{J}_n = 2\mathrm{e}^{-a^2/2} \mathrm{I}_n(a^2/2)$$

I_n 为虚宗量的 Bessel 函数. 表 7.1 给出不同 a^2 值下的调制参数. 随着 a^2 的增大, 序列脉冲的脉冲宽度和脉冲的最小值减小.

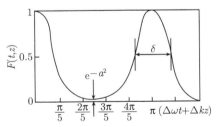

图 7.3　序列脉冲振幅调制函数 $F(t, z)$[12]

当场为 (7.1.50) 式表示的多模场时, 重复 (7.1.14) 式 ~(7.1.17) 式的推导得出

$$\langle \boldsymbol{F}(z, v, t) \rangle = \frac{\boldsymbol{k} T_2 \mu^2 E_0^2 \Delta}{\hbar} \sum_{-\infty}^{\infty} \left[\left(1 - 2n\frac{\Delta k}{k}\right) L(\Delta \omega_n^+) + \left(1 + 2n\frac{\Delta k}{k}\right) L(\Delta \omega_n^-) \right] \mathrm{J}_n^2 \tag{7.1.51}$$

式中

$$\Delta \omega_n^{\pm} = (\omega_0 - \omega - kv) \pm 2n(\Delta \omega + \Delta k v)$$

参照 (4.1.18) 式、(4.1.19) 式, 多模情形的粒子反转 Δ 为

$$\Delta = \frac{\Delta_0}{1 + 2T_1 R}, \quad R = \frac{E_0^2 \mu^2}{4\hbar^2} T_2 \sum_{-\infty}^{\infty} \left[L(\Delta\omega_n^+) + L(\Delta\omega_n^-) \right] \mathrm{J}_n^2 \tag{7.1.52}$$

表 7.1　调制参量

a^2	1	4	10	20
e^{-a^2}	0.368	1.83×10^{-2}	4.54×10^{-5}	2.06×10^{-9}
$\eta = \dfrac{\delta}{2\pi}$	31.3%	13.7%	8.48%	5.96%

同样引进参数 $G = \dfrac{2E_0^2 \mu^2}{\hbar^2} T_2^2$, 将 (7.1.52) 式代入 (7.1.51) 式得

$$<\boldsymbol{F}(z,v,t)> = \frac{\hbar \boldsymbol{k} \Delta_0}{2T_2} G \frac{\displaystyle\sum_{n=0}^{\infty} \left[\left(1 - 2n\frac{\Delta k}{k}\right) L(\Delta\omega_n^+) + \left(1 + 2n\frac{\Delta k}{k}\right) L(\omega_n^-) \right] \mathrm{J}_n^2}{1 + \dfrac{G}{2} \displaystyle\sum_{n=0}^{\infty} \left[L(\Delta\omega_n^+) + \mathcal{L}(\Delta\omega_n^-) \right] \mathrm{J}_n^2} \tag{7.1.53}$$

用 (7.1.53) 式代替 (7.1.44) 式中的 $A(v)$, 虽然也可求出相应的积分

$$C_1 = t + \int \frac{\mathrm{d}v}{<\boldsymbol{F}(z,v,t)> /M} \tag{7.1.54}$$

但这个解是形式解. 一方面积分求不出来, 另一方面也无法通过解方程求解 $v = v(C_1, t)$. 但有了 (7.1.53) 式后, 就可按 $A(v) = -\dfrac{\langle F(z,v,t) \rangle}{M}$ 数值求解 (7.1.40) 式.

图 7.4 给出激光对原子产生的光压力随原子速度的分布函数, 脉宽参数 a^2 分别取 0, 4, 20, 计算时取调制频率 $\Delta\omega = 7/T_2$, 激光频率调谐到 $\omega - \omega_0 = -\dfrac{70}{T_2}$, 激光强度参数 $\bar{G} = 6.7$, 其中

$$\bar{G} = \frac{1}{T} \int_0^T \frac{G}{2} F^2(t) \mathrm{d}t = \frac{G}{2} \mathrm{e}^{-a^2} I_0(a^2) \tag{7.1.55}$$

对连续激光 ($a^2 = 0$) 情形, 光压力的速度分布具有 Lorentz 线型. 而序列脉冲的情形 (即图中 $a^2 = 4$ 和 $a^2 = 20$), 光压力速度分布出现多峰结构, 并且随着脉冲的变窄, 即 a^2 的增大, 高级子峰增大, 光压力速度分布范围增宽.

图 7.5~ 图 7.7 为数值求解 (7.1.40) 式的结果. 计算时取原子初始分布宽度 $\Delta v = 80$, 并具有平动速度 $v_0 = 70$. 原子沿 z 轴的平均平动速度

$$\langle v \rangle = \int_{-\infty}^{\infty} v W(v,t) \mathrm{d}v \tag{7.1.56}$$

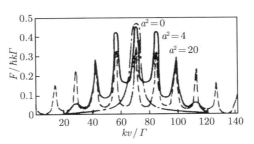

图 7.4 不同脉宽参数 a^2 下光压速度分布[12]

原子的平均动能用均方速度 $\langle v^2 \rangle$ 表示

$$\langle v^2 \rangle = \int_{-\infty}^{\infty} v^2 W(v,t) \mathrm{d}v \tag{7.1.57}$$

图 7.5 为不同时刻原子的速度分布. 图中实线为 $a^2 = 4$, 而虚线为 $a^2 = 0$. 激光参数均为 $\bar{G} = 10$, 初始条件也相同, 即点画线给出的原子气体初始热平衡分布曲线. 由图 7.5 看出, 在激光与原子相互作用的初阶段, 原子速度分布函数发生了很复杂的变化. 但是经过一定的时间以后, 原子速度分布函数变窄, 并向低速方向发生了显著的移动. 在相同激光强度条件下, 序列脉冲光压可比连续激光光压更加迅速地使原子速度分布函数发生变化.

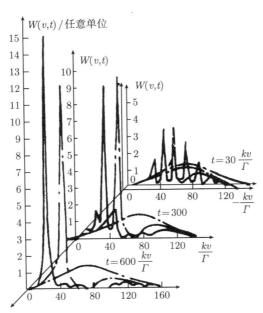

图 7.5 在不同作用时间 t, 原子的速度分布函数 $W(v,t)$[12]

图 7.6 和图 7.7 比较了序列脉冲激光和连续激光光压的减速、冷却作用. 图中虚线代表连续激光的作用, 实线代表序列脉冲的作用. 参数为 $a^2 = 4$, $\Delta\omega = \dfrac{7}{T_2}$, $\omega - \omega_0 = \dfrac{70}{T_2}$. 图中, 1~3; 4~6; 7~9 各曲线的参数分别为 $\bar{G} = 1, 0.67, 1; 10, 6.7, 10; 100, 67, 100$. 可以看出, 当平均功率相同或者下降 1/3, 使用序列脉冲激光对原子的减速和冷却效应都比连续激光有效, $\langle v \rangle$、$\langle v^2 \rangle$ 均下降得很快.

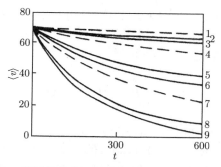

图 7.6　原子的速度平均值 $\langle v \rangle$ 随时间 t 的变化[12]

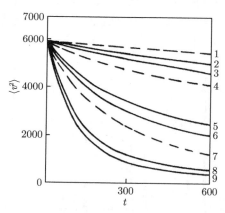

图 7.7　原子的速度平方平均值 $\langle v^2 \rangle$ 随时间的变化[12]

由上面分析计算表明, 采用序列脉冲激光并适当选择调制函数, 能够获得较宽的光压力分布, 从而比相同功率的连续激光更为有效地使原子束冷却或减速. 以 Na 原子 $3^2S_{1/2}$-$3^2P_{3/2}$ 跃迁为例, 不计超精细子能级影响, 取 $\lambda = 5890\text{Å}$, $\dfrac{1}{2\pi T_2} = 10\text{MHz}$, 则如图 7.6、图 7.7 所示的 Na 原子初始在激光传播相反方向的平均速度为 $4.1 \times 10^4 \text{cm/s}$, 速度平方的平均值为 $2.0 \times 10^9 \text{cm}^2/\text{s}^2$. 图中 $\bar{G} = 10$ 相应于激光平均强度为 500mW/cm^2, 无量纲时间 $t = 600$, 相当于 1.92ms. 当采用连续激光, 经过 1.92ms 后, Na 原子气体在激光传播相反方向的平均速度下降为 $3.2 \times 10^4 \mathrm{cm/s}$, 均方速度下降为 $1.4 \times 10^9 (\mathrm{cm/s})^2$. 如果使用平均强度为 $330 \mathrm{mW/cm}^2$, 重复频率为 70MHz 的序列脉冲激光经过相同的时间作用后, 平均速度下降为 $2.2 \times 10^4 \mathrm{cm/s}$, 平均速度平方下降为 $8.5 \times 10^8 (\mathrm{cm/s})^2$. 低强度序列脉冲激光也可产生速度分布范围较宽的光压力, 不需采用频率扫描, 就可能使整个原子气体实现深度冷却.

7.2 激光冷却原子与光学黏胶

7.1 节已讨论了只要激光频率 ω 相对于原子跃迁的频率 ω_0 为红移 $\omega - \omega_0 < 0$ 在激光作用下的原子会由于 Doppler 效应被减速被制冷, 即如图 7.6、图 7.7 所示的 $\langle v \rangle$、$\langle v^2 \rangle$ 随作用时 t 的增加而下降. 但这只是受到迎面而来的激光辐射压力作用的结果. 如果是受到正反方向传播的激光作用, 这原子将在传播方向例如 x 轴方向被减速. 如果是采用 6 个光束沿 x、y、z 正反方向作用于原子, 则原子将被禁锢在 6 束光作用的小区域内. 又考虑到原子的速度扩散, 原子很像是在一带有黏性的液体即光学黏胶 (optical molasses) 中运动. 又假定沿 x、y、z 轴进行的光束是彼此不相干的, 这就是光学黏胶模型[13]. 现分析这模型的一维问题, 即在 z 方向加上一驻波场对原子所产生的减速、阻尼、速度扩散与加热. 参照 (7.1.22) 式、(7.1.23) 式, 辐射场作用于原子的力 $\boldsymbol{F}_{\mathrm{sp}} + \boldsymbol{F}_{\mathrm{ind}}$ 对 z 求平均后, 由于 $\frac{1}{l} \int_0^l \sin^2 kz \mathrm{d}z = \frac{1}{2}, \frac{1}{l} \int_0^l \sin 2kz \mathrm{d}z = 0$, 仅 $\boldsymbol{F}_{\mathrm{sp}}$ 有贡献, 去掉矢量记号, 用 F 来表示, 并取初始反转粒子 $\Delta_0 = -1$

$$F = \frac{-\hbar k}{T_2} \frac{G\left[L(\omega_0 - kv - \omega) - L(\omega_0 + kv - \omega)\right]}{1 + G(L(\omega_0 - kv - \omega) + L(\omega_0 + kv - \omega))} \tag{7.2.1}$$

对于弱场 $G \ll 1$, 又设 $\bar{\Delta} = \omega - \omega_0$, 则 (7.2.1) 式可简化为

$$F = \frac{\hbar k}{T_2} Gkv \cdot 2T_2 \frac{\bar{\Delta} \cdot 2T_2}{1 + 2(\bar{\Delta}^2 + k^2 v^2)T_2^2 + (\bar{\Delta}^2 - k^2 v^2)^2 T_2^4} \tag{7.2.2}$$

又参照 (7.1.37) 式, 在驻波场作用下, 原子的扩散方程

$$\frac{\mathrm{d}}{\mathrm{d}t} W = -\frac{\partial}{\partial v}\left(\frac{F}{M} W\right) + \frac{1}{2}\frac{\partial}{\partial v}\left(D\frac{\partial}{\partial v} W\right) \tag{7.2.3}$$

$$D = -\frac{\hbar k}{M^2} \frac{\hbar k}{T_2} \frac{G\left[L(\omega_0 - kv - \omega) + L(\omega_0 + kv - \omega)\right]}{1 + G(L(\omega_0 - kv - \omega) + L(\omega_0 + kv - \omega))}$$

同样令 $\bar{\Delta} = \omega - \omega_0$, 并设 $|kv| \ll |\bar{\Delta}|$, $G \ll 1$ 则得

$$D \simeq \frac{(\hbar k)^2}{M^2} \frac{2G}{T_2} \frac{1}{1 + (\bar{\Delta} T_2)^2} \tag{7.2.4}$$

(7.2.2) 式为驻波场对原子产生的辐射压力, 而行波场的辐射压力, 则由 (7.1.19) 式给出, 即

$$F_{\pm} = \pm \hbar k \frac{1}{T_2} \frac{G}{1 + G + ((\bar{\Delta} \mp kv)T_2)^2} \tag{7.2.5}$$

图 7.8 为 F(实线)、$F_{\pm}$(点线) 相对于 kvT_2 的变化曲线. 我们注意到在 $v = 0$ 附近 F 与 v 的线性关系, $F \simeq -\alpha v$, α 即阻尼系数. 由 (7.2.2) 式

$$\alpha = -4\hbar k^2 G \frac{\bar{\Delta} \bar{T}_2}{(1 + (\bar{\Delta} T_2)^2)^2} \tag{7.2.6}$$

故在 $kv \simeq 0$ 附近原子动能 $\mathcal{E}$ 的减少率, 即冷却速率为

$$\left(\frac{\mathrm{d}\mathcal{E}}{\mathrm{d}t} \right)_c = Fv = -\alpha v^2 \tag{7.2.7}$$

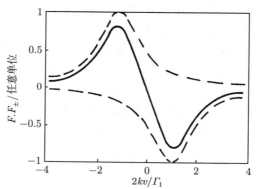

图 7.8　F、$F_{\pm}$ 随 $\dfrac{kv}{-\Delta} = 2kv/\Gamma_1 = kvT_2$ 变化的曲线[13]

将 Fokker-Planck 方程等价为 Ito 方程, (7.2.3) 式可写为

$$\mathrm{d}v(t) = \frac{F}{M}\mathrm{d}t + \sqrt{D}\xi(t)\mathrm{d}t = -\frac{\alpha}{M}v(t)\mathrm{d}t + \sqrt{D}\xi(t)\mathrm{d}t \tag{7.2.8}$$

$$\langle \xi(t)\xi(t') \rangle = \delta(t - t'), \quad \langle \xi(t) \rangle = 0$$

(7.2.8) 式的解可写为

$$v(t) = v(0)\mathrm{e}^{(-\frac{\alpha}{M}t)} + \sqrt{D} \int_0^t \mathrm{e}^{(-\frac{\alpha}{M}(t-t'))}\xi(t')\mathrm{d}t' \tag{7.2.9}$$

由此可得速度 $v(t)$ 的均方差及平均值

$$\langle (\Delta v)^2 \rangle = \langle (v(t) - \langle v(t) \rangle)^2 \rangle$$

$$= D \int_0^t \int_0^t \mathrm{d}t'\mathrm{d}t'' \mathrm{e}^{-\frac{\alpha}{M}(t-t') - \frac{\alpha}{M}(t-t'')} \langle \xi(t')\xi(t'') \rangle = \frac{DM}{2\alpha}(1 - \mathrm{e}^{-\frac{2\alpha}{M}t})$$

$$\tag{7.2.10}$$

$$\langle v(t) \rangle = \langle v(0) \rangle \mathrm{e}^{\left(-\frac{\alpha}{M}t\right)} \tag{7.2.11}$$

当 $t \to \infty$ 时, (7.2.10) 式给出

$$\langle (\Delta v)^2 \rangle \simeq \frac{MD}{2\alpha} \tag{7.2.12}$$

当 t 很小时, (7.2.10) 式给出

$$\langle (\Delta v)^2 \rangle \simeq Dt, \quad \frac{\mathrm{d}\langle (\Delta v)^2 \rangle}{\mathrm{d}t} = D \tag{7.2.13}$$

(7.2.13) 式用 $M/2$ 乘, 便得加热原子的速率为 $\dfrac{MD}{2}$. 但考虑到为保持原子的动量 Mv 在零点附近, 故吸收一光子后, 又辐射一光子. 总的加热速率应为此数的两倍[13]

$$\left(\frac{\mathrm{d}\mathcal{E}}{\mathrm{d}t}\right)_{\mathrm{h}} = 2\frac{MD}{2} = MD \tag{7.2.14}$$

平衡时, 应有 $\left(\dfrac{\mathrm{d}\mathcal{E}}{\mathrm{d}t}\right)_{\mathrm{c}} + \left(\dfrac{\mathrm{d}\mathcal{E}}{\mathrm{d}t}\right)_{\mathrm{h}} = 0$. 将 (7.2.7) 式、(7.2.14) 式代入得

$$v^2 = \frac{MD}{\alpha} \tag{7.2.15}$$

与 (7.2.12) 式比较, 得知平衡时的 v^2 恰为 $\langle (\Delta v)^2 \rangle$ 当 $t \to \infty$ 时取值的两倍. 原子的热动能 $Mv^2/2$ 与按能量均分定理每一个自由度的热能 $kT_{\mathrm{B}}/2$ 相等, 得

$$kT_{\mathrm{B}} = Mv^2 = \frac{M^2 D}{\alpha} = \frac{\hbar}{2T_2}\frac{1 + (\bar{\Delta}T_2)^2}{-\bar{\Delta}T_2} \tag{7.2.16}$$

当 $\bar{\Delta}T_2 = -1$ 时, (7.2.16) 式取极小值

$$kT_{\min} = \frac{\hbar}{T_2} \tag{7.2.17}$$

这个温度称为 Doppler 冷却极限. 对于钠原子 5890 Å 线, $\dfrac{1}{T_2} = \dfrac{1}{2T_1} = 2\pi \times 10^7 \mathrm{Hz}$, 故有

$$kT_{\min} = 6.62 \times 10^{-27} \times 10^7 \mathrm{erg} = 240\mu\mathrm{K}$$

但实验测得的温度要比极限温度 $240\mu\mathrm{K}$ 低得多.

扩散系数及阻尼系数的表达式 (7.2.4)、(7.2.6) 是就 $G = I/I_0 \ll 1$ 情形导出的. 若 G 并不很小, 则 D 与 α 的表达式分别为

$$D \simeq \frac{(\hbar k)^2}{M^2}\frac{2G}{T_2}\frac{1}{1 + 2NG + (\bar{\Delta}T_2)^2} \tag{7.2.18}$$

$$\alpha \simeq -4\hbar k^2 G \frac{\bar{\Delta} T_2}{(1 + 2NG + (\bar{\Delta} T_2)^2)^2} \tag{7.2.19}$$

式中, $N = 1$, 2, 3 分别对应于 1, 2, 3 维光学黏胶. 相应地冷却温度 (7.2.16) 式也应修正为[13]

$$kT_{\mathrm{B}} = \frac{\hbar}{2T_2} \frac{1 + 2NG + (\bar{\Delta} T_2)^2}{-\bar{\Delta} T_2} \tag{7.2.20}$$

为了描述原子在光学黏胶中受阻冷却, 现定义速度衰减时间常数 τ_{d}

$$\tau_{\mathrm{d}} = \frac{-v}{\left(\dfrac{\mathrm{d}v}{\mathrm{d}t}\right)_{\mathrm{c}}} = \frac{M}{\alpha} \tag{7.2.21}$$

对于钠原子, 冷却极限温度为 $kT_{\min} = 240\mu\mathrm{K}$, 对应的速度为 30cm/s. 原子在光胶中做 Brownian 运动, 其扩散距离 r 的均方值 $\langle r^2 \rangle$ 与扩散时间 t_{D} 的关系为

$$\langle r^2 \rangle = N \langle x^2 \rangle, \quad \langle x^2 \rangle = 2D_x t_{\mathrm{D}}, \quad D_x = \frac{kT_{\mathrm{B}}}{\alpha} \tag{7.2.22}$$

由 (7.2.19) 式、(7.2.20) 式消去 (7.2.22) 式中的 kT_{B}、α, 得

$$t_{\mathrm{D}} = \frac{\langle r^2 \rangle}{2N} \frac{\alpha}{kT_{\mathrm{B}}} = \frac{4k^2 \langle r^2 \rangle T_2}{N} G \frac{(\bar{\Delta} T_2)^2}{(1 + 2NG + (\bar{\Delta} T_2)^2)^3} \tag{7.2.23}$$

将 (7.2.23) 式对 G 及失谐 $\bar{\Delta}$ 求极值, 我们得

$$t_{\mathrm{D}} = \frac{2k^2 \langle r^2 \rangle}{27N^2} T_2, \quad \bar{\Delta} T_2 = -1, \quad G = \frac{1}{2N} \tag{7.2.24}$$

用钠原子 $\lambda = 5890\,\mathrm{\AA}$, $1/T_2 = 2\pi \times 10^7\mathrm{Hz}$ 及扩散距离 $\langle r^2 \rangle = 0.5^2\mathrm{cm}^2$, $N = 3$ 代入 t_{D} 的表达式得扩散时间 $t_{\mathrm{D}} = 742\mathrm{ms}$. 如果不是光学黏胶而按 $240\mu\mathrm{K}$ 的平动速度 30cm/s 逃逸 0.5cm 距离, 则只需 17ms, 约为 742ms 的 1/44. 这一结果是假定了光学黏胶的体积为无限大, 而求得的原子的扩散距离均方值 $\langle r^2 \rangle$ 与扩散时间 t_{D} 的关系. 如果一开始光学黏胶的体积就是一个半径为 r 的球, 原子一扩散到球面, 便很快逃逸. 又设球内初始原子数为 n_0, 经过 t 时的扩散, 球内的原子数 $n(t)$ 将按指数衰减[14, 15]

$$n(t) = n_0 \exp(-t/\tau_{\mathrm{M}}), \quad \tau_{\mathrm{M}} = \frac{r^2}{\pi^2 D_x} \tag{7.2.25}$$

仍取 $r = 0.5\mathrm{cm}$, 则按 (7.2.25) 式计算得 $\tau_{\mathrm{M}} = 450\mathrm{ms}$, 这些是设计观察原子冷却温度实验的依据. 在没有讨论这些实验以前, 应指出已测到冷却温度 $25\mu\mathrm{K}$[16], 远低于钠原子的 Doppler 冷却极限 $240\mu\mathrm{K}$, 究其原因, 除了上述冷却机制外, 还存在新的冷却机制[17], 即偏振梯度冷却.

7.3 激光偏振梯度冷却原子

利用激光偏振梯度冷却原子的机制分别由 chu 等[15]、Lett 等[16]、Dalibard[17] 独立提出. 基本原理是基态与激发态均包含了简并的子能级. 当激光的偏振随空间坐标变化, 即存在偏振梯度时, 对与其相互作用的原子呈现出阻力, 而且这时的阻尼系数当原子的速度 $v \to 0$ 时, 几乎与光强无关. 偏振梯度有两种, 一种是 $\sigma^+\sigma^-$ 型, 另一种是 $\pi^x\pi^y$ 型, 分别如图 7.9(a)、(b) 所示. 图 7.9(a) 示出 $\sigma^+\sigma^-$ 型为两束沿相反方向传输的左右椭圆偏振光, 总的电场 $E(z,t)$ 可表示为

$$E(z,t) = \mathcal{E}^+(z)\mathrm{e}^{-\mathrm{i}\omega_\mathrm{L}t} + \mathrm{c.c} \tag{7.3.1}$$

正频分量 $\mathcal{E}^+(z)$ 由下式给出:

$$\mathcal{E}^+(z) = \varepsilon_0\epsilon\mathrm{e}^{\mathrm{i}kz} + \varepsilon_0'\epsilon'\mathrm{e}^{-\mathrm{i}kz} \tag{7.3.2}$$

$$\epsilon = \epsilon_+ = -\frac{1}{\sqrt{2}}(\epsilon_x + \mathrm{i}\epsilon_y)$$
$$\epsilon' = \epsilon_- = \frac{1}{\sqrt{2}}(\epsilon_x - \mathrm{i}\epsilon_y) \tag{7.3.3}$$

式中, ε_0、ε_0' 分别为沿 z 轴正、反方向传输的光的振幅, 可取为实值, ϵ_-、ϵ_+ 分别为左、右旋圆偏振. 将 (7.3.3) 式代入 (7.3.2) 式得

$$\mathcal{E}^+(z) = \frac{1}{\sqrt{2}}(\varepsilon_0' - \varepsilon_0)\epsilon_{\bar{x}} - \frac{\mathrm{i}}{\sqrt{2}}(\varepsilon_0' + \varepsilon_0)\epsilon_{\bar{y}} \tag{7.3.4}$$

式中

$$\epsilon_{\bar{x}} = \epsilon_x \cos kz - \epsilon_y \sin kz$$
$$\epsilon_{\bar{y}} = \epsilon_x \sin kz - \epsilon_y \cos kz \tag{7.3.5}$$

合成后为一椭圆偏振光, 而且椭圆轴绕 z 轴转动角为 $\varphi = -kz$.

在负失谐条件下, 原子从 σ^- 光场中吸收光子数比 σ^+ 光场中吸收的光子数多, 阻尼系数为

$$\alpha = -\frac{120}{17}\frac{\bar{\Delta}T_2}{5 + (\bar{\Delta}T_2)^2}\hbar k^2 \tag{7.3.6}$$

平衡温度

$$kT_\mathrm{B} = \frac{\hbar\Omega^2}{\bar{\Delta}}\left[\frac{29}{300} + \frac{354}{75}\frac{1}{1 + (\bar{\Delta}T_2)^2}\right]$$

对于 $\pi^x\pi^y$ 型, 两束沿相反方向传播, 且偏振方向互相垂直的线偏振光

$$\epsilon = \epsilon_x, \quad \epsilon' = \epsilon_y \tag{7.3.7}$$

将 (7.3.7) 式代入 (7.3.2) 式, 并令 $\varepsilon_0 = \varepsilon_0'$, 则得

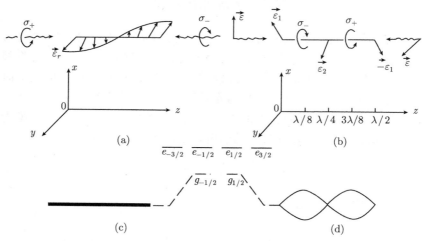

图 7.9　两种类型的偏振梯度及对应的光移位基态子能级, 跃迁为 $J_{\mathrm{g}} = 1/2 \leftrightarrow J_{\mathrm{e}} = 3/2$

(a) $\sigma^+\sigma^-$ 型; (b) $\pi^x\pi^y$ 型; (c) 对应于 $\sigma^+\sigma^-$ 型的光移位基态子能级; (d) 对应于 $\pi^x\pi^y$ 型的光移位基态子能级[13]

$$\mathcal{E}^+(z) = \varepsilon_0\sqrt{2}\left(\cos kz\,\frac{\epsilon_x + \epsilon_y}{\sqrt{2}} - \mathrm{i}\sin kz\,\frac{\epsilon_x - \epsilon_y}{\sqrt{2}}\right) \tag{7.3.8}$$

由 (7.3.8) 式看出合成后的场强 $\mathcal{E}^+(z)$ 在 $z = 0$ 处为线偏振光, 在 $z = \lambda/8$ 处为椭圆偏振光 (σ^-). 当原子沿 z 轴飞行时, 原子基态子能级由于光所产生的能级移位的大小随空间位置交替变化. 光抽运总是将基态高子能级的粒子抽至低子能级, 如图 7.10 所示. 这样, 原子在运动时, 总是吸收红移光子, 放出蓝移光子, 导致原子动能的损耗. 对于弱光强、负失谐情况, 一维 $\pi^x\pi^y$ 光胶的阻尼系数为

$$\alpha = -3\hbar k^2\,\frac{\bar{\Delta}T_2}{2} \tag{7.3.9}$$

平衡温度

$$kT_{\mathrm{B}} = \frac{\hbar\Omega^2}{8\bar{\Delta}}. \tag{7.3.10}$$

$\sigma^+\sigma^-$ 和 $\pi^x\pi^y$ 激光场对原子的辐射压力和速度的关系如图 7.11 所示. 从图中可以看出, 在低速范围, 偏振梯度冷却更有效; 而在高速范围, Doppler 冷却更有效. 因此, 利用偏振梯度冷却, 在光强很弱、失谐很大时, 可使冷却温度低于 Doppler 极限. 这由 (7.3.6) 式、(7.3.10) 式可以看出来.

现对一维 $\pi^x\pi^y$ 光胶作更仔细地讨论. 基态为二重简并, 简并能级为 $g_{1/2}$、$g_{-1/2}$, 激发态为四重简并, 能级为 $e_{\pm1/2}$、$e_{\pm2/3}$, 它们之间的 Clebsh-Gordon 系数如图 7.12 所示. 采用旋波近似后, 原子与光场间的电偶极相互作用 V

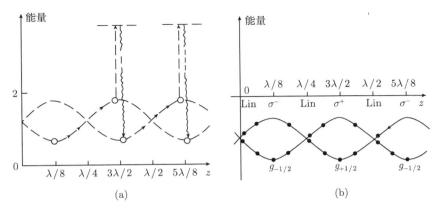

图 7.10 基态原子能级移位随子的变化曲线

(a) $\pi^x \pi^y$ 型的基态子能级光移位与光抽运;

(b) 在基态子能级上的粒子数分布, 用实心点的大小来表示[13]

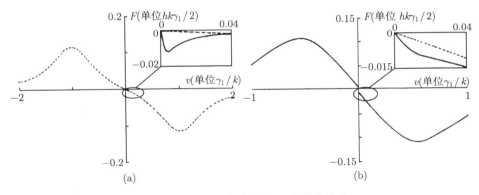

图 7.11 辐射压力随速度 v 的变化曲线

(a) $\pi^x \pi^y$ 型激光场对原子的辐射压力 F(单位为 $\hbar k \Gamma_1/2$) 随速度 v(单位为 Γ_1/k) 的变化曲线, 实线为偏振梯度压力, 虚线为 Doppler 失谐相对传播光束辐射压力之和. 参数为 $\Omega = 0.3\gamma_1$, $\delta = -\gamma_1$;

(b) $\sigma^+\sigma^-$ 型的辐射压力 F 随 v 的变化. 参数为 $\Omega = 0.25\gamma_1$, $\delta = -0.5\gamma_1$[17]

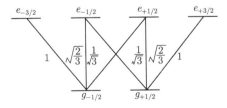

图 7.12 $J_{\mathrm{g}} = 1/2 \longleftrightarrow J_{\mathrm{e}} = 3/2$ 跃迁的 Clebsh-Gordon 系数[17]

$$V = -\left(D^+ \cdot \mathcal{E}^+(r)\mathrm{e}^{-\mathrm{i}\omega_{\mathrm{L}}t} + D^- \cdot \mathcal{E}^-(r)\mathrm{e}^{\mathrm{i}\omega_{\mathrm{L}}t} \right) \tag{7.3.11}$$

式中, D^+、D^- 为原子电偶极上升与下降算子, $\mathcal{E}^+(r)$、$\mathcal{E}^-(r)$ 为激光场的正频、负频分量, $\mathcal{E}^- = (\mathcal{E}^+)^*$, $\mathcal{E}^+(r)$ 由 (7.3.8) 式定义. 根据 (7.3.8) 式、(7.3.11) 式及图 8.12 得出相互作用 V 的矩阵元为

$$\langle e_{3/2}|V|g_{1/2}\rangle = \frac{\hbar\Omega}{\sqrt{2}}\sin kz e^{-i\omega_L t}, \quad \langle e_{1/2}|V|g_{-1/2}\rangle = \frac{\hbar\Omega}{\sqrt{6}}\sin kz e^{-i\omega_L t}$$

$$\langle e_{-3/2}|V|g_{-1/2}\rangle = \frac{\hbar\Omega}{\sqrt{2}}\cos kz e^{i\omega_L t}, \quad \langle e_{-1/2}|V|g_{1/2}\rangle = \frac{\hbar\Omega}{\sqrt{6}}\cos kz e^{i\omega_L t} \tag{7.3.12}$$

由激光场产生的能级移位为

$$\Delta E_{1/2} = \mathrm{Re}\sum_m \frac{<g_{1/2}|V|m><m|V|g_{1/2}>}{\hbar(\bar{\Delta}+i1/T_2)}$$

$$= \hbar\bar{\Delta}s_0\left(\sin^2 kz + \frac{1}{3}\cos^2 kz\right) = E_0 - \frac{\hbar\bar{\Delta}s_0}{3}\cos 2kz \tag{7.3.13}$$

$$E_0 = \frac{2}{3}\hbar\bar{\Delta}s_0, \quad s_0 = \frac{\Omega^2/2}{\bar{\Delta}^2 + (1/T_2)^2}$$

同样可以求得

$$\Delta E_{-1/2} = \hbar\bar{\Delta}s_0\left(\cos^2 kz + \frac{1}{3}\sin^2 kz\right) = E_0 + \frac{\hbar\bar{\Delta}s_0}{3}\cos 2kz \tag{7.3.14}$$

将能级移位 $\Delta E_{1/2}$、$\Delta E_{-1/2}$ 对 z 作图, 得图 7.10. 注意 (7.3.12) 式也可用另一种方式表述, 即定义基态与相互作用为

$$g = \sin kz g_{1/2} + \cos kz g_{-1/2}$$

$$V = \frac{\hbar\Omega}{\sqrt{2}}(D^+ e^{-i\omega_L t} + D^- e^{i\omega_L t}) \tag{7.3.15}$$

于是有 (D^+、D^- 的矩阵元, 参看 Clebsb–Gordon 系数图 7.12)

$$\langle e_{3/2}|V|g\rangle = \frac{\hbar\Omega}{\sqrt{2}}e^{-i\omega_L t}\sin kz\langle e_{3/2}|D^+|g_{1/2}\rangle = \frac{\hbar\Omega}{\sqrt{2}}e^{-i\omega_L t}\sin kz \tag{7.3.16}$$

将这结果与 (7.3.12) 式比较, 完全相同. 同样, $\langle e_{-3/2}|V|g\rangle$, $\langle e_{1/2}|V|g\rangle$, $\langle e_{-1/2}|V|g\rangle$ 也与 (7.3.12) 式其余等式 $\langle e_{-3/2}|V|g_{-1/2}\rangle$, $\cdots$ 为一致. 故 (7.3.12) 式各矩阵元均可看成不同激发态向一基态跃迁的矩阵元. 一个很重要的结论是由 g 的定义式 (7.3.15) 式, 得知原子处于 $g_{1/2}$、$g_{-1/2}$ 态的概率分别为 $\sin^2 kz$、$\cos^2 kz$. 产生 $\Delta E_{\pm 1/2}$ 能级移位的力 $f_{\pm 1/2}$ 由 (7.3.13) 式、(7.3.14) 式得出

$$f_{\pm 1/2} = -\frac{\mathrm{d}}{\mathrm{d}z}\Delta E_{\pm 1/2} = \mp\frac{2}{3}\hbar k\bar{\Delta}s_0\sin 2kz \tag{7.3.17}$$

对状态 $g_{1/2}$、$g_{-1/2}$ 求平均后得

$$f = f_{1/2}\pi_{1/2} + f_{-1/2}\pi_{-1/2} \tag{7.3.18}$$

式中, $\pi_{\pm 1/2}$ 为处于状态 $g_{\pm 1/2}$ 的概率. 如果用 $\sin^2 kz$、$\cos^2 kz$ 代入, 得

$$f(z) = \frac{2}{3}\hbar k \bar{\Delta} s_0 \sin 2kz \cos 2kz \qquad (7.3.19)$$

注意到 $\sin^2 kz$、$\cos^2 kz$ 可看成初始时的概率 $\pi_{1/2}(z)$, $\pi_{-1/2}(z)$, 经 τ_{p} 时原子已由 z 运动到 $z - v\tau_{\mathrm{p}}$

$$\pi_{\pm 1/2}(z - v\tau_{\mathrm{p}}) \simeq \pi_{\pm 1/2}(z) - v\tau_{\mathrm{p}}\frac{\mathrm{d}\pi_{\pm 1/2}(z)}{\mathrm{d}z} \qquad (7.3.20)$$

将 (7.3.20) 式代入 (7.3.18) 式得

$$f(z - v\tau_{\mathrm{p}}) = f(z) + \frac{4}{3}\hbar k^2 \bar{\Delta} s_0 v\tau_{\mathrm{p}} \sin^2(2kz) \qquad (7.3.21)$$

将 (7.3.21) 式对空间 z 求平均, 很明显 $\bar{f}(z) = 0$, 故有

$$\bar{f}(z - v\tau_{\mathrm{p}}) = -\alpha v$$
$$\alpha = -\frac{2}{3}\hbar k^2 \bar{\Delta} s_0 \tau_{\mathrm{p}} \qquad (7.3.22)$$

式中, τ_{p} 为原子在基态逗留的时间, $1/\tau_{\mathrm{p}} = \frac{4}{T_2}\frac{s_0}{9}$, 代入 (7.3.22) 式得 $\alpha = -3\hbar k^2$ $(\bar{\Delta}T_2/2)$, 此即 (7.3.9) 式. 于是按 $kT_{\mathrm{B}} = \dfrac{D_{\mathrm{p}}}{\alpha}$, 求得平衡温度 $kT_{\mathrm{B}} = \dfrac{\hbar|\bar{\Delta}|^2}{4}s_0 \simeq \dfrac{\hbar\Omega^2}{8|\bar{\Delta}|}$, 即 (7.3.10) 式. D_{p} 为动量扩散系数.

7.4 光学黏胶温度测量

三维光学黏胶是.Chu 等在 1985 年提出来的. 他们用观察在光胶中的原子的荧光随时间的衰变, 也称其为 R & R (Release& Recapture)方法来测定原子温度. 如图 7.13 所示[18], 由原子炉出来经 Zeeman 调谐磁铁线圈, 并被迎面来的激光束对撞冷却后的慢原子束逃离至光轴旁(约 2.5cm) 的光学黏胶区被俘获. 设被俘获的原子数为 n_0, 这些原子将按 (7.2.25) 式指数律衰减, 观察到的光黏胶中原子的荧光强度也同样按 (7.2.25)式指数衰减. 如果挡掉形成光胶的激光一段时间 t_{off}(如 $t_{\mathrm{off}} = 20\mathrm{ms}$), 然后又将激光加上, 在 t_{off} 时间内光胶已去掉, 原子将以热速度逃离光胶区. 温度高、热速度高, 逃离快; 反之逃离慢. t_{off} 后, 光胶又恢复了, 荧光又按 t_{off} 前的指数衰减, 但强度起点要比 t_{off} 前低, 如图 7.14 所示. 根据这点可测定在 t_{off} 时间内逃离的原子数及热速度与温度. 应用这种方法测得的钠原子的光胶冷却温度为 240μK, 铯原子的光胶冷却温度为 100μK[19], 分别与 Doppler 冷却极限 240μK, 120μK 接近. 但进一步实验, 便发现结果与经典光胶理论及 Doppler 极限均不符[13]. 图 7.15 是周期地挡掉与加上激光束 (即光胶) 的原子荧光强度随时间的变化曲线. 这曲线反映了光胶慢化与聚集原子的效果. 使人感到惊奇的是即使激光失谐大到 $\bar{\Delta} = -6/T_2$, 这已经远远偏离于 (7.2.24) 式给出的最佳失谐 $\bar{\Delta} \simeq -1/T_2$,

仍能有图 7.15 所示的实验结果, 即仍有慢化与聚集原子的效果. 这表明经典光胶理论的失效. 又由荧光强度的衰变, 可测定 τ_M 及 t_D. 按 (7.2.23) 式, t_D 与失谐 $\bar{\Delta}$ 的变化关系即图 7.16 中的实线, 极大在 $-\bar{\Delta}T_2 = 1$. 但实验测得的点则大为红移了, 极大在 $-\bar{\Delta}T_2 \simeq 3$ 处. 经典理论与实验不符, 还可从飞行时间 (TOF) 测量得到证明, 即在光胶下面与光胶相距 $1 \sim 2$ 个光胶直径的地方加一探测光, 当原子在 t_{off} 时间内由光胶逃离并进入探测光时, 便发荧光. 图 7.17 为荧光强度随时的变化, TOF 给出 $kT_B = 250\mu\mathrm{K}$, $25\mu\mathrm{K}$ 实线. 实验数据与 $25\mu\mathrm{K}$ 理论曲线相符合. 这表明光胶中原子处于温度 $25\mu\mathrm{K}$, 而不是 Doppler 极限 $250\mu\mathrm{K}$.

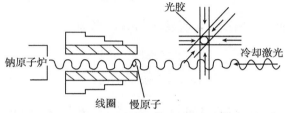

图 7.13　Zeeman 调谐磁铁与光胶区位置[13]

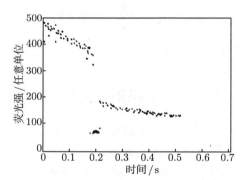

图 7.14　光胶区原子的荧光衰减[13]

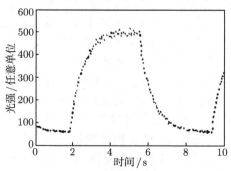

图 7.15　光胶中原子荧光的上升与衰减曲线[13]

原子炉出来的慢原子, 周期地被挡掉与开启. 可看到光胶中的原子可维持约 4s

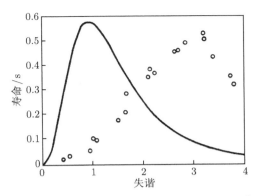

图 7.16 光胶中原子寿命 t_D 随失谐 $\bar{\Delta}$ 的变化[13]

实线为按 (7.2.23) 式算得的理论曲线 $G \simeq 0.5$, 空心圈为实验点

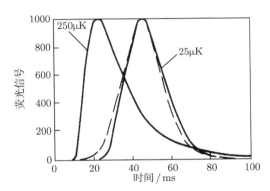

图 7.17 光胶中原子飞行时间测量 $\Delta = -2.5\gamma_1$[13]

7.5 电磁衰波场对原子的作用力与原子镜

上几节讨论激光辐射压力可以使原子减速并冷却. 同样也可以应用激光辐射压力作成反射原子的原子镜[20]; 衍射原子的原子栅. 图 7.18 就是通过平面电磁波在电介质的内全反射产生的衰波做成的原子镜. $y > 0$ 为真空, $y < 0$ 为电介质, 激光透过界面 $y = 0$ 产生的衰波为

$$\boldsymbol{E}(x,t) = \boldsymbol{\epsilon}\boldsymbol{\mathcal{E}} \exp(-\alpha y) \left[\mathrm{e}^{\mathrm{i}(\omega t - kt)} + \mathrm{c.c.}\right] \tag{7.5.1}$$

式中, $\boldsymbol{\epsilon}$ 为偏振矢量, α、k 分别为

$$\alpha = \frac{\omega}{c}\left(n^2 \sin^2\theta - 1\right)^{1/2}, \quad k = \frac{\omega}{c}n\sin\theta \tag{7.5.2}$$

式中, θ 为平面波在介质内的入射角, $\mathcal{E}$ 为 $y = 0$ 处的波幅, 产生内全反射的条件为 $\theta > \theta_c = \arcsin(1/n)$. 衰波沿界面 x 方向传播, 衰波对原子产生的力可参照 (7.1.14) 式、(7.1.15) 式求得, 并注意到衰波的梯度

$$\nabla \boldsymbol{E}(x,t) = \in \mathcal{E} \left[(-\boldsymbol{\alpha} - \mathrm{i}\boldsymbol{k}) \mathrm{e}^{-\alpha y + \mathrm{i}(\omega t - kx)} + \text{c.c.} \right] \tag{7.5.3}$$

将 (7.1.15) 式、(7.5.3) 式代入 (7.1.10) 式, 得

$$\boldsymbol{F} = \frac{\boldsymbol{\alpha}}{\alpha} F_y + \frac{\boldsymbol{k}}{k} F_x \tag{7.5.4}$$

式中, $\boldsymbol{\alpha}$、$\boldsymbol{k}$ 分别平行于 y 与 x 轴, F_x、F_y 由下式给出:

$$\begin{aligned}
F_x &= \frac{4 T_2 \mu^2 \mathcal{E}^2 \Delta k}{\hbar} \sin(\omega t - kx) \mathrm{e}^{-2\alpha y} \left[T_2 (\omega_0 - kv_x - \omega) \cos(\omega t - kx) \right. \\
&\quad \left. + \sin(\omega t - kx) \right] L(\omega_0 - kv_x - \omega) \\
F_y &= \frac{-4 T_2 \mu^2 \mathcal{E}^2 \alpha \cos(\omega t - kx) \mathrm{e}^{-2\alpha y}}{\hbar} \Delta \left[T_2 (\omega_0 - kv_x - \omega) \cos(\omega t - kx) \right. \\
&\quad \left. + \sin(\omega t - kx) \right] L(\omega_0 - kv_x - \omega)
\end{aligned} \tag{7.5.5}$$

将 (7.5.5) 式对 t 求平均, 并应用 (7.1.19) 式, 且取 $\Delta_0 = -1$, 得

$$\begin{aligned}
F_x &= \frac{\hbar k}{T_2} \frac{GL(\omega_0 - kv_x - \omega)}{1 + GL(\omega_0 - kv_x - \omega)} \\
F_y &= -\frac{\alpha}{k} (\omega - kv_x - \omega) T_2 F_x \\
G &= \frac{2 \mathcal{E}^2 \mathrm{e}^{-2\alpha y} \mu^2 T_2^2}{\hbar^2}
\end{aligned} \tag{7.5.6}$$

对于正失谐 $\bar{\Delta} = \omega - \omega_0 > 0$, 且 $\bar{\Delta} \gg kv_x$ 的情形, (7.5.6) 式可化简为

$$F_x = \frac{\hbar k}{T_2} \frac{G}{G + 1 + \bar{\Delta}^2 T_2^2}, \quad F_y = \hbar \alpha \frac{\bar{\Delta} G}{G + 1 + \bar{\Delta}^2 T_2^2} \tag{7.5.7}$$

对应于 F_y 的势为 $F_y = -\nabla V(y)$

$$V(y) = \frac{\hbar \bar{\Delta}}{2} \ln \left[1 + G + \bar{\Delta}^2 T_2^2 \right] \tag{7.5.8}$$

具有质量 M, 初速 v_y 的原子, 只要 $\dfrac{Mv_y^2}{2} < V(0)$. 当运动到薄层衰波势附近时被反射回来, 即被反射回来的原子在 y 方向的速度分量最大值 $v_y^{\max}$ 应是

$$v_y^{\max} = \left[\frac{\hbar \bar{\Delta}}{M} \ln(1 + G + \bar{\Delta}^2 T_2^2) \right]^{1/2} \tag{7.5.9}$$

值得一提的是将图 7.18 结构稍加改变, 便可做成衍射原子的衍射栅 [22]. 主要是加了一面与激光束成垂直的全反射镜. 于是在界面 $y = 0$ 附近形成激光场驻波栅, 由真空 ($y > 0$) 来的原子在其上衍射.

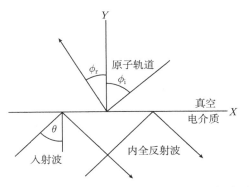

图 7.18 平面电磁波在真空 —— 电解质表面的内全反射形成衰波, 原子在衰波上的反射

7.6 原子镜面对原子量子态选择反射实验[23]

如图 7.19 所示, 激光束射入石英片, 在其内全反射, 透过界面的衰波形成原子镜. 作用力 F_y 及势 $V(y)$ 参照 (7.5.8) 式、(7.5.7) 式, 并考虑到 Doppler 修正后可写为

$$F_y = \hbar\alpha \frac{(\bar{\Delta} - k_x v_x)G}{G + 1 + (\bar{\Delta} - k_x v_x)^2 T_2^2} \tag{7.6.1}$$

$$k_x = k\sin\theta, \quad \alpha = k(\sin^2\theta - n^{-2})^{1/2}, \quad \bar{\Delta} = \omega - \omega_0$$

$$V(y) = \frac{\hbar}{2}(\bar{\Delta} - k_x v_x)\ln\left[1 + G + (\bar{\Delta} - k_x v_x)^2 T_2^2\right] \tag{7.6.2}$$

$F(y)$、$V(y)$ 均与失谐 $(\bar{\Delta} - k_x v_x)$ 成正比. 若为正失谐, $\bar{\Delta} - k_x v_x > 0$, $F(y) > 0$ 为排斥力, 原子被原子镜所反射; 若为负失谐, $\bar{\Delta} - k_x v_x < 0$, $F(y) < 0$ 为吸引力, 原子将被吸附在镜面. 为观察此效应, 可选择基态有精细结构的钠原子. 基态 $3S_{1/2}$ 有两个超精细结构 $F = 1, 2$, 间距 1772MHz. 在热平衡情况下, $F = 2$ 态的原子占 37.5%, $F = 1$ 态的原子占 62.5%. 若将激光频率调谐到个能态之间, 即 $\omega_{20} + k_x v_x < \omega < \omega_{10} + k_x v_x$, ω_{10}、ω_{20} 分别为 $F = 1, 2$ 态到激发态 $3P_{3/2}$ 间的跃迁频率. 很明显 ω 相对 $F = 2$ 能态为正失谐, 将反射 $F = 2$ 能态的原子. 而对 $F = 1$ 能态来说, 便是负失谐, 将吸附 $F = 1$ 能态的原子. 被镜面反射的原子, 再用探测激光通过观测其吸收谱. 如图 7.20(a) 所示, $\frac{\omega - (\omega_{10} + k_x v_x)}{2\pi} = -1.2\text{GHz}$, $\frac{\omega - (\omega_{20} + k_x v_x)}{2\pi} = 0.5\text{GHz}$, 热原子平动速度 $v_x = 8.2 \times 10^4$ cm/s, $F = 2$ 能态吸收谱的强度远大于 $F = 1$ 能态. $F = 1$ 能态的小峰, 是由于背景信号引起的. 这个结果恰表明 $F = 2$ 能态原子被原子镜反射, $F = 1$ 能态原子被镜面吸附. 现在看图 7.20(b), $\frac{\omega - (\omega_{10} + k_x v_x)}{2\pi} = 2.9\text{GHz}$, $\frac{\omega - (\omega_{10} + k_x v_x)}{2\pi} = 4.6\text{GHz}$, 均为正失谐,

$F = 1, 2$ 均被反射, 均有吸收峰. 图 7.20(c) 为撤掉强激光束, 无原子镜, 小量散射原子形成吸收背景信号.

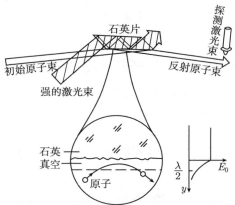

图 7.19　原子在原子栅镜面的反射实验装置[23]

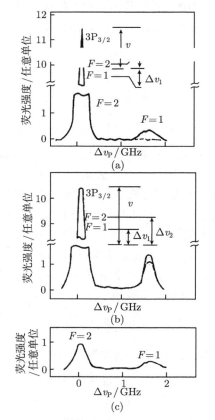

图 7.20　钠原子在原子镜面选择反射后的吸收谱[23]

7.7 二能级原子在激光衰波场中反射的准确解

7.6 节已讨论二能级原子在激光衰波镜面的反射, 并研究了作用于原子上的力 F_y 随着激光的正失谐或负失谐 Δ 而表现出的差异. 这些结论已从实验上得到证实. 但如何从求解原子与光场相互作用满足的 Schrödiger 方程, 并准确求解来进一步确认, 还是很有实际意义的. 这一节就在准确求解二能级原子与场相互作用的 Schrödiger 方程的基础上讨论原子波函数的边界条件及反射率随 Rabi 频率的变化规律[22~27].

7.7.1 二能级原子在激光衰波场中满足的 Schrödiger 方程及其解

参照文献 [11], 原子在衰波场中总的 Hamilton H 可表示为原子内部的 Hamilton 量 H_a, 原子重心 (x, y, z) 的动能 $\frac{1}{2}(p_x^2 + p_y^2 + p_z^2)$ 及原子与激光场 $\varepsilon(x, y, t)$ 的耦合能 $-\boldsymbol{\mu} \cdot \boldsymbol{\varepsilon}$ 之和

$$H = H_a + \frac{1}{2m}(p_x^2 + p_y^2) - \boldsymbol{\mu} \cdot \boldsymbol{\varepsilon} \tag{7.7.1}$$

参照图 7.19 在 xy 平面内的平行光束在玻璃介质的内全反射形成的衰波 $\varepsilon(x, y, t)$ 与 z 无关. 原子在 z 方向的动量 p_z 将是一个常数. 为方便起见, 可去掉 (7.7.1) 式中相应的动能部分 $p_z^2/2m$, 这样便得出原子满足的 Schrödiger 方程为

$$i\hbar \frac{\partial \psi}{\partial t} = -\frac{\hbar^2}{2m}\left(\frac{\partial^2}{\partial x^2} + \frac{\partial^2}{\partial y^2}\right)\psi + H_a(\boldsymbol{q})\psi - \boldsymbol{\mu} \cdot \boldsymbol{\varepsilon}\psi \tag{7.7.2}$$

式中, $\boldsymbol{q}$ 为原子内部坐标. 假定原子只有两个能级, 即基态与激发态. 定态解为

$$\begin{aligned} H_a(\boldsymbol{q})\phi_e(\boldsymbol{q}) &= E_e\phi_e(\boldsymbol{q}) \\ H_a(\boldsymbol{q})\phi_g(\boldsymbol{q}) &= E_g\phi_g(\boldsymbol{q}) \end{aligned} \tag{7.7.3}$$

又设激光场为单频的, 其频率为 ω

$$\varepsilon(x, y, t) = \varepsilon(x, y)\mathrm{e}^{-\mathrm{i}\omega t} + \varepsilon^*(x, y)\mathrm{e}^{\mathrm{i}\omega t} \tag{7.7.4}$$

将 ψ 表示为

$$\psi = u_e(x, y)\phi_e(\boldsymbol{q})\exp\left(-\mathrm{i}\frac{E_e + E_g}{2\hbar}t - \mathrm{i}\frac{\omega t}{2} - \frac{\mathrm{i}Et}{\hbar}\right)$$
$$+ u_g(x, y)\phi_g(\boldsymbol{q})\exp\left(-\mathrm{i}\frac{E_e + E_g}{2\hbar}t + \mathrm{i}\frac{\omega t}{2} - \frac{\mathrm{i}Et}{\hbar}\right) \tag{7.7.5}$$

将 (7.7.4) 式、(7.7.5) 式代入 (7.7.2) 式中, 应用 (7.7.3) 式, 然后用 $\int \phi_e(\boldsymbol{q})\mathrm{d}q, \int \phi_g(\boldsymbol{q})\mathrm{d}q$

作用于等式两边, 采用旋波近似, 将电偶极 $\boldsymbol{\mu} = -e\boldsymbol{q}$ 的矩阵元 $\int \phi_e(\boldsymbol{q})\boldsymbol{\mu}\phi_g(\boldsymbol{q})\mathrm{d}q$ 仍记为 $\boldsymbol{\mu}$, 最后得

$$Eu_e = \left(-\frac{\hbar^2}{2m}\left(\frac{\partial^2}{\partial x^2} + \frac{\partial^2}{\partial y^2} \right) - \frac{\hbar}{2}\Delta \right)u_e - \boldsymbol{\mu} \cdot \boldsymbol{\varepsilon}u_g$$

$$Eu_g = \left(-\frac{\hbar^2}{2m}\left(\frac{\partial^2}{\partial x^2} + \frac{\partial^2}{\partial y^2} \right) + \frac{\hbar}{2}\Delta \right)u_g - \boldsymbol{\mu} \cdot \boldsymbol{\varepsilon}u_e$$

$$(7.7.6)$$

式中, $\Delta = \omega - \dfrac{E_e - E_g}{\hbar}$ 为激光频率 ω 相对于二能级原子跃迁频率的失谐. 激光通过界面内全反射形成的衰波场为

$$\boldsymbol{\varepsilon}(x,y) = \boldsymbol{\epsilon}\varepsilon e^{-\eta y + \mathrm{i}\xi x}$$

$$\eta = k_0\sqrt{n^2\sin^2\theta - 1}, \quad \xi = k_0 n\sin\theta$$

$$(7.7.7)$$

这是一沿 x 轴方向传播的波, 其偏振方向 $\boldsymbol{\epsilon}$ 与 z 轴平行, 即 s 偏振. 波幅沿 y 轴方向指数衰减, 下面为书写方便, 略去单位矢量 $\boldsymbol{\epsilon}$, 并将 $\boldsymbol{\mu}$ 写成 μ. 将 (7.7.7) 式代入 (7.7.6) 式, 得 u_e、u_g 的解为

$$u_e = u_e(y)e^{\mathrm{i}p_e x/\hbar}$$

$$u_g = u_g(y)e^{\mathrm{i}p_g x/\hbar}, \quad p_g = p_e - \hbar\xi$$

$$(7.7.8)$$

将 (7.7.8) 式代入 (7.7.6) 式得出 $u_e(y)$、$u_g(y)$ 满足如下的方程:

$$Eu_e = \left(-\frac{\hbar^2}{2m}\frac{\mathrm{d}^2}{\mathrm{d}y^2} + \frac{p_e^2}{2m} - \frac{\hbar\Delta}{2} \right)u_e - \mu\varepsilon e^{-\eta y}u_g$$

$$Eu_g = \left(-\frac{\hbar^2}{2m}\frac{\mathrm{d}^2}{\mathrm{d}y^2} + \frac{p_g^2}{2m} + \frac{\hbar\Delta}{2} \right)u_g - \mu\varepsilon e^{-\eta y}u_e$$

$$(7.7.9)$$

(7.7.8) 式表明在反射过程中, 可能发生由基态跃迁到激发态, 并吸收一个光子的能量与动量. 现在对方程 (7.7.9) 式进行规一化, 引进 Rabi 频率 $\Omega = \dfrac{2\mu\varepsilon}{\hbar}$, 规一化频率 $\Omega_0 = \hbar\eta^2/m$, 并取规一化

$$\frac{T_{ey}}{\hbar\Omega_0/2} = \frac{E + \hbar\Delta/2 - p_e^2/2m}{\hbar\Omega/2} = \gamma_1$$

$$\frac{T_{gy}}{\hbar\Omega_0/2} = \frac{E - \hbar\Delta/2 - p_g^2/2m}{\hbar\Omega/2} = \gamma_2$$

$$\frac{\hbar^2/2m}{\hbar\Omega_0/2}\frac{\mathrm{d}^2}{\mathrm{d}y^2} = \frac{1}{\eta^2}\frac{\mathrm{d}^2}{\mathrm{d}y^2} \Rightarrow \frac{\mathrm{d}^2}{\mathrm{d}y^2}, \quad \frac{\Omega}{\Omega_0} \Rightarrow \Omega$$

$$\gamma_1 - \gamma_2 = \frac{\hbar\Delta - (\hbar\xi)^2/2m - p_g\hbar\xi/m}{\hbar\Omega/2}$$

$$(7.7.10)$$

式中, T_{ey}、T_{gy} 分别为激发态、基态原子垂直于靶面的平动能, $\hbar\Omega_0/2$ 为光子在 y 方向对原子产生的反冲移位, 而 $\dfrac{p_g\hbar\xi}{2m}$、$\dfrac{(\hbar\xi)^2}{2m}$ 分别为 Doppler 移位能及光子的反冲能. 当 $\gamma_1 - \gamma_2 > 0$ 时为正失谐, 当 $\gamma_1 - \gamma_2 < 0$ 时为负失谐. 经规一化后, 方程 (7.7.9) 便可写为

$$\frac{\mathrm{d}^2}{\mathrm{d}y^2}u = -\bar{\gamma}u + \bar{M}\mathrm{e}^{-y}u \tag{7.7.11}$$

式中, $u = \begin{pmatrix} u_e \\ u_g \end{pmatrix}$, $\bar{\gamma} = \begin{pmatrix} \gamma_1 & \\ & \gamma_2 \end{pmatrix}$, $\bar{M} = \begin{pmatrix} & -\Omega \\ -\Omega & \end{pmatrix}$. 将 (7.7.11) 式写为一阶方程, 得

$$\frac{\mathrm{d}u}{\mathrm{d}y} = v, \quad \frac{\mathrm{d}v}{\mathrm{d}y} = -\bar{\gamma}u + \bar{M}\mathrm{e}^{-y}u \tag{7.7.12}$$

$$\frac{\mathrm{d}w}{\mathrm{d}y} = -\Gamma w + N\mathrm{e}^{-y}w \tag{7.7.13}$$

式中

$$w = \begin{pmatrix} u \\ v \end{pmatrix}, \quad \Gamma = \begin{pmatrix} & -1 \\ \bar{\gamma} & \end{pmatrix}, \quad N = \begin{pmatrix} & \\ \bar{M} & \end{pmatrix} \tag{7.7.14}$$

对 (7.7.13) 式进行 Laplace 变换

$$\tilde{w} = \int_0^\infty \mathrm{e}^{-sy}w(y)\mathrm{d}y$$

$$s\tilde{w} = w(0) - \Gamma\tilde{w}(s) + N\tilde{w}(s+1)$$

$$\begin{aligned}
\tilde{w}(s) &= \frac{w(0)}{s+\Gamma} + \frac{1}{s+\Gamma}N\tilde{w}(s+1) \\
&= \left(\frac{1}{s+\Gamma} + \frac{1}{s+\Gamma}N\frac{1}{s+1+\Gamma} \right. \\
&\quad \left. + \frac{1}{s+\Gamma}N\frac{1}{s+\Gamma+1}N\frac{1}{s+\Gamma+2} + \cdots \right)w(0)
\end{aligned} \tag{7.7.15}$$

由 (7.7.14) 式得

$$s + \Gamma = \begin{pmatrix} s & -1 \\ \bar{\gamma} & s \end{pmatrix} \tag{7.7.16}$$

$$\frac{1}{s+\Gamma} = \frac{1}{s^2+\gamma}\begin{pmatrix} s & 1 \\ -\bar{\gamma} & s \end{pmatrix} \tag{7.7.17}$$

$$(s+\Gamma)\frac{1}{s+\Gamma} = \frac{1}{s^2+\gamma}\begin{pmatrix} s & -1 \\ \bar{\gamma} & s \end{pmatrix}\begin{pmatrix} s & 1 \\ -\bar{\gamma} & s \end{pmatrix} = 1 \tag{7.7.18}$$

注意到

$$N\frac{1}{s+1+\Gamma}=\begin{pmatrix}&\\\bar{M}&\end{pmatrix}\frac{1}{(s+1)^2+\gamma}\begin{pmatrix}s+1&1\\-\bar{\gamma}&s+1\end{pmatrix}$$

$$=M\frac{1}{(s+1)^2+\gamma}\begin{pmatrix}&\\s+1&1\end{pmatrix}\tag{7.7.19}$$

$$M=\begin{pmatrix}&\bar{M}\\\bar{M}&\end{pmatrix}$$

$$N\frac{1}{s+1+\Gamma}N\frac{1}{s+2+\Gamma}=M^2\frac{1}{(s+1)^2+\tilde{\gamma}}\frac{1}{(s+2)^2+\gamma}\begin{pmatrix}&\\s+2&1\end{pmatrix}\tag{7.7.20}$$

式中, 矩阵 γ 中的 γ_1、γ_2 互换便得到 $\tilde{\gamma}$ 矩阵, 又注意到 $M^2=\Omega^2$, 故有

$$N\frac{1}{s+1+\Gamma}N\frac{1}{s+2+\Gamma}=\frac{\Omega}{(s+1)^2+\tilde{\gamma}}\frac{\Omega}{(s+2)^2+\gamma}\begin{pmatrix}&\\s+2&1\end{pmatrix}\tag{7.7.21}$$

又引进记号

$$\begin{aligned}
&d_0=D_0&\cdots&\quad d_{2n}=D_0\tilde{D}_1\cdots D_{2n}\\
&\tilde{d}_1=\tilde{D}_0D_1&\cdots&\quad \tilde{d}_{2n+1}=\tilde{D}_0D_1\tilde{D}_2\cdots D_{2n+1}\\
&d_1=D_0\tilde{D}_1&\cdots&\quad d_{2n+1}=D_0\tilde{D}_1D_2\cdots D_{2n+1}
\end{aligned}\tag{7.7.22}$$

$$D_n=\frac{1}{(s+n)^2+\gamma},\quad \tilde{D}_n=\frac{1}{(s+n)^2+\tilde{\gamma}}$$

注意到

$$\begin{pmatrix}s&1\\-\bar{\gamma}&s\end{pmatrix}\begin{pmatrix}&\\s+n&1\end{pmatrix}=\begin{pmatrix}s+n&1\\s+n&s\end{pmatrix}\tag{7.7.23}$$

于是有

$$\tilde{w}(s)=\left\{d_0\begin{pmatrix}s&1\\-\bar{\gamma}&s\end{pmatrix}+d_2\begin{pmatrix}s+2&1\\s(s+2)&s\end{pmatrix}+d_4\begin{pmatrix}s+4&1\\s(s+4)&s\end{pmatrix}+\cdots\right.$$

$$\left.+M\left(\tilde{d}_1\begin{pmatrix}s+1&1\\s(s+1)&s\end{pmatrix}+\tilde{d}_3\begin{pmatrix}s+3&1\\s(s+3)&s\end{pmatrix}+\cdots\right)\right\}w(0)\tag{7.7.24}$$

注意到 $M\tilde{d}_1=d_1M$, $M\tilde{d}_3=d_3M$,$\cdots$, 将 (7.7.24) 式中的 $M\tilde{d}_{2n+1}$ 换成 $d_{2n+1}M$, 再对 (7.7.24) 式求逆变换, 便得 $u(y)$、$v(y)$. 主要涉及如下逆变换:

$$l_1=\sum_{n=0}^{\infty}d_{2n}(s+2n),\quad l_2=-\sum_{n=0}^{\infty}d_{2n+1}(s+(2n+1))$$

$$l_3=\sum_{n=0}^{\infty}d_{2n},\quad l_4=-\sum_{n=0}^{\infty}d_{2n+1}\tag{7.7.25}$$

设 $l_1 \cdots l_4$ 的逆变换分别为 $L_1 \cdots L_4$, L_i 可表示为

$$
L_i = \begin{pmatrix} I_i & & & \\ & \tilde{I}_i & & \\ & & I_i & \\ & & & \tilde{I}_i \end{pmatrix}
\tag{7.7.26}
$$

$I_i(i = 1, \cdots, 4)$ 的详细计算在附录 7A 中给出. 根据 (7.7.24) 式、(7.7.26)式可得出 u_e、u_g、v_e、v_g 的解, 通过 $I_1 \sim I_4$, $\tilde{I}_1 \sim \tilde{I}_4$, $\dfrac{\mathrm{d}I1}{\mathrm{d}y} \sim \dfrac{\mathrm{d}I_4}{\mathrm{d}y}$, $\dfrac{\mathrm{d}\tilde{I}_1}{\mathrm{d}y} \sim \dfrac{\mathrm{d}\tilde{I}_4}{\mathrm{d}y}$ 及其边值 $u_\mathrm{e}(0)$、$u_\mathrm{g}(0)$、$v_\mathrm{e}(0)$、$v_\mathrm{g}(0)$ 来表示, 其中 $I_1 \cdots I_4$, $\dfrac{\mathrm{d}I_1}{\mathrm{d}y} \cdots \dfrac{\mathrm{d}I_4}{\mathrm{d}y}$ 的 γ_1、γ_2 互换, 得 $\tilde{I}_1 \cdots \tilde{I}_4$, $\dfrac{\mathrm{d}\tilde{I}_1}{\mathrm{d}y} \cdots \dfrac{\mathrm{d}\tilde{I}_4}{\mathrm{d}y}$. 这样

$$
\begin{pmatrix} u_\mathrm{e} \\ u_\mathrm{g} \\ v_\mathrm{e} \\ v_\mathrm{g} \end{pmatrix} = \begin{pmatrix} I_1 & I_2 & I_3 & I_4 \\ \tilde{I}_2 & \tilde{I}_1 & \tilde{I}_4 & \tilde{I}_3 \\ \dfrac{\mathrm{d}I_1}{\mathrm{d}y} & \dfrac{\mathrm{d}I_2}{\mathrm{d}y} & \dfrac{\mathrm{d}I_3}{\mathrm{d}y} & \dfrac{\mathrm{d}I_4}{\mathrm{d}y} \\ \dfrac{\mathrm{d}\tilde{I}_2}{\mathrm{d}y} & \dfrac{\mathrm{d}\tilde{I}_1}{\mathrm{d}y} & \dfrac{\mathrm{d}\tilde{I}_4}{\mathrm{d}y} & \dfrac{\mathrm{d}\tilde{I}_3}{\mathrm{d}y} \end{pmatrix} \begin{pmatrix} u_\mathrm{e}(0) \\ u_\mathrm{g}(0) \\ v_\mathrm{e}(0) \\ v_\mathrm{g}(0) \end{pmatrix}
\tag{7.7.27}
$$

7.7.2　二能级原子波函数的边值条件及反射率计算

由于自发辐射, 激发态原子在离靶面很远的 y_m 处几乎全部向基态原子跃迁, 故有

$$
\begin{aligned}
& u_\mathrm{e}(y_m) \simeq 0, \quad v_\mathrm{e}(y_m) \simeq 0 \\
& y_m \gg 1, \quad \frac{p_\mathrm{ey}}{m} \times k_0 \sqrt{n^2 \sin^2\theta - 1}
\end{aligned}
\tag{7.7.28}
$$

式中, 1 为规一化的衰波厚度, 条件 $y_m \gg 1$ 表明衰波已完全不起作用, 第二个条件中的 $\frac{p_\mathrm{ey}}{m} \times k_0 \sqrt{n^2 \sin^2\theta - 1}$ 项表示激发态原子在自发辐射时间 T_1 内飞行的距离, 而 y_m 远大于此距离, 即激发态原子在到达 y_m 处前已经跃迁到基态. 典型的数据为: $k_0 = \dfrac{2\pi}{640\mathrm{nm}}$, 激光在玻璃介质内的全反射角 $\theta = 45°$, $\sin\theta = 1/\sqrt{2}$, $n = 1.5$, 原子的自发辐射寿命 $T_1 = 10^{-8}$ s, $p_\mathrm{ey}/m = 0.5\mathrm{m/s}$, 于是有 $\frac{p_\mathrm{ey}}{m} \times k_0 \sqrt{n^2 \sin^2\theta - 1} \simeq 1.73$, 如取 $y_m = 7$, 则条件 (8.7.28) 是满足的. 应用 (7.7.27) 式可将 (7.7.28) 式的第一式表示为

$$
\begin{aligned}
& u_\mathrm{e}(y_m) = I_{1m}u_\mathrm{e0} + I_{2m}u_\mathrm{g0} + I_{3m}v_\mathrm{e0} + I_{4m}v_\mathrm{g0} = 0 \\
& v_\mathrm{e}(y_m) = I'_{1m}u_\mathrm{e0} + I'_{2m}u_\mathrm{g0} + I'_{3m}v_\mathrm{e0} + I'_{4m}v_\mathrm{g0} = 0
\end{aligned}
\tag{7.7.29}
$$

式中, 下标 "m" 表示在 $y = y_m$ 处取值. 右上标 "$\prime$" 表示对 y 求导. 由 (7.7.27) 式消去 u_{e0}、v_{e0} 得

$$
u_{\mathrm{e}} = \begin{vmatrix} I_4 & I_1 & I_3 \\ I_{4m} & I_{1m} & I_{3m} \\ I'_{4m} & I'_{1m} & I'_{3m} \end{vmatrix} \frac{v_{g0}}{W(I_{1m}, I_{3m})} + \begin{vmatrix} I_2 & I_1 & I_3 \\ I_{2m} & I_{1m} & I_{3m} \\ I'_{2m} & I'_{1m} & I'_{3m} \end{vmatrix} \frac{u_{g0}}{W(I_{1m}, I_{3m})}
$$
$$
= u_{\mathrm{e}1} u_{g0} + u_{\mathrm{e}2} v_{g0} \tag{7.7.30}
$$

式中, $W(a, b) = \begin{vmatrix} a & b \\ a' & b' \end{vmatrix}$ 为 a、b 的 Wranski. 同样

$$
u_{\mathrm{g}} = \begin{vmatrix} \tilde{I}_3 & \tilde{I}_2 & \tilde{I}_4 \\ I_{4m} & I_{1m} & I_{3m} \\ I'_{4m} & I'_{1m} & I'_{3m} \end{vmatrix} \frac{v_{g0}}{W(I_{1m}, I_{3m})} + \begin{vmatrix} \tilde{I}_1 & \tilde{I}_2 & \tilde{I}_4 \\ I_{2m} & I_{1m} & I_{3m} \\ I_{2m} & I'_{1m} & I'_{3m} \end{vmatrix} \frac{u_{g0}}{W(I_{1m}, I_{3m})}
$$
$$
= u_{\mathrm{g}1} u_{g0} + u_{\mathrm{g}2} v_{g0} \tag{7.7.31}
$$

另外, 我们假定那些已经透过衰波的原子全部被吸附在靶面上, 没有被靶面反弹回来. 这就意味着在靠近靶面, 即 y 很小时, 基态原子波函数具有行波结构

$$
u_{\mathrm{g}}(y) = u_{g0} \mathrm{e}^{\mathrm{i}\sqrt{\gamma_2} y} = (\cos(\sqrt{\gamma_2} y) + \mathrm{i}\sin(\sqrt{\gamma_2} y)) u_{g0} \tag{7.7.32}
$$

将 (7.7.32) 式与附录 7B 中的方程 (7B.4) 给出的当 y 很小时 u_g 的表示式相比较, 可得

$$
v_{g0} = \mathrm{i}\sqrt{\gamma_2} u_{g0} \tag{7.7.33}
$$

将 (7.7.33) 式代入 (7.7.31) 式给出

$$
u_{\mathrm{g}}(y) = (u_{\mathrm{g}1}(y) + \mathrm{i}\sqrt{\gamma_2} u_{\mathrm{g}2}) u_{g0} = u_{g0} \rho_{\mathrm{g}} \mathrm{e}^{\mathrm{i}\theta_{\mathrm{g}}}
$$
$$
\rho_{\mathrm{g}} = \sqrt{u_{\mathrm{g}1}^2 + \gamma_2 u_{\mathrm{g}2}^2}, \quad \theta_{\mathrm{g}} = \arctan \frac{\sqrt{\gamma_2} u_{\mathrm{g}2}}{u_{\mathrm{g}1}} \tag{7.7.34}
$$

现在让我们回到离靶面很远的 $y_m \gg 1$ 处. 波函数 $u_{\mathrm{g}}(y)$ 可表示为入射波 $|A|\mathrm{e}^{\mathrm{i}\sqrt{\gamma_2} y + \varphi}$ 与反射波 $|B|\mathrm{e}^{-\mathrm{i}\sqrt{\gamma_2} y + \varphi}$ 的叠加. 于是

$$
u_{\mathrm{g}}(y) = |A|\mathrm{e}^{\mathrm{i}(\sqrt{\gamma_2} y + \varphi)} + |B|\mathrm{e}^{-\mathrm{i}(\sqrt{\gamma_2} y + \varphi)} = \rho_{AB} \mathrm{e}^{\mathrm{i}\varphi_{AB}} = u_{g0} \rho_{\mathrm{g}} \mathrm{e}^{\mathrm{i}\theta_{\mathrm{g}}}
$$
$$
\rho_{AB} = \sqrt{|A|^2 + |B|^2 + 2|AB|\cos 2(\sqrt{\gamma_2} y + \varphi)} = |u_{g0}|\rho_{\mathrm{g}} \tag{7.7.35}
$$

这式子给出: 当 $\sqrt{\gamma_2} y + \varphi = n\pi$ 时, $\rho_{AB\max} = |A| + |B| = |u_{g0}|\rho_{\max}$; 当 $\sqrt{\gamma_2} y + \varphi = (n + 1/2)\pi$ 时, $\rho_{AB\min} = |A| - |B| = |u_{g0}|\rho_{\min}$. 故反射率 R 可写为

$$R = \frac{|B|}{|A|} = \frac{\rho_{AB\mathrm{max}} - \rho_{AB\mathrm{min}}}{\rho_{AB\mathrm{max}} + \rho_{AB\mathrm{min}}} = \frac{\rho_{\mathrm{max}} - \rho_{\mathrm{min}}}{\rho_{\mathrm{max}} + \rho_{\mathrm{min}}} \qquad (7.7.36)$$

由 ρ_{g} 与 y 的曲线读出 ρ_{max}、ρ_{min}, 代入 (7.7.36) 式, 便能算出反射率 R.

7.7.3 数值计算与讨论

参见 (7.7.10) 式, 我们取定数值计算中的规一化参量为

$$\gamma_1, \gamma_2 = \left\{ \begin{array}{ll} 1.96, \ 12.6 & （负失谐） \\ 12.6, \ 1.96 & （正失谐） \end{array} \right. \qquad (7.7.37)$$

$$y_m = 7, \quad \Omega = 25.0$$

计算 ρ_{g} 随 y 变化的曲线如图 7.21(a)、(b) 所示. 由图 7.21(a)、(b) 读出 ρ_{max}、ρ_{min}, 代入方程 (7.7.36), 得 $R = \dfrac{253.89 - 1.09}{253.89 + 1.09} = 0.991$(正失谐), $R = \dfrac{5.156 - 0.928}{5.156 + 0.928} = 0.695$(负失谐). 由于垂直于靶面的平动能 $\gamma_2 = 1.96, 12.6$ 比规一化的 Rabi 频率 $\Omega = 25$ 小很多, 故不论是正失谐还是负失谐, 反射率 R 均是很高的. 现在改变 Rabi 频率 Ω, 计算正失谐、负失谐情况下, 反射系数 R 随 Ω 变化, 这时 γ_1、γ_2 保持图 7.22 中的数值. 计算结果在图 7.22 中给出. 图中的曲线有三点值得讨论: 第一, 当 Ω 很小时, 作用于原子上的力趋于 0, 像预期的那样, 这时的反射率 R 不论是正失谐还是负失谐情形均趋近与 0; 第二, 一般来说, 正失谐情形反射率要比负失谐情形高得多. 第三, 负失谐情形的 R 曲线表现出振荡, 其极大值发生在 $\Omega = 12.5, 25, 37.5, 50$ 等处.

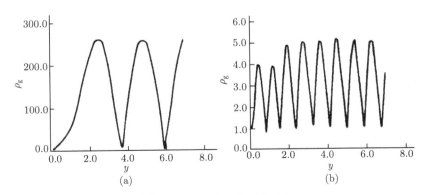

图 7.21 ρ_{g} 随 y 的变化曲线

(a) 正失谐情形 ρ_{g} 随 y 的变化; (b) 负失谐情形 ρ_{g} 随 y 的变化[26]

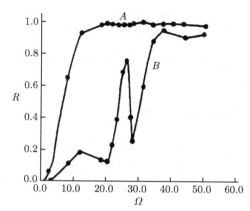

图 7.22　反射率 R 随 Ω 的变化曲线

曲线 A：正失谐情形反射率 R 随 Rabi 频率 Ω 的变化；

曲线 B：负失谐情形反射率 R 随 Rabi 频率 Ω 的变化[26]

7.8　激光冷却原子与原子的 BEC

由于前几节提到的激光冷却原子技术的进展, 人们最终能在实验室观察到原子的玻色－爱因斯坦凝聚 (Bose-Einstein condensation, BEC). 这涉及包括分子原子物理、量子光学、统计物理以及凝聚态物理等多学科领域. 但究其实质来说也还是从光子服从"Bose 统计"推广到"中性原子", 并从理论上预言"原子的 BEC", 而且最终也主要依靠"激光冷却原子技术"使得预言在实验上被证实. 本节简要地叙述这一过程.

7.8.1　由"光子服从 Bose 统计"到"理想气体的 Bose 统计"

在 5.1 节中, 我们讨论了 Bose 对 Planck 分布的推导, 最后得出光子简并度

$$\langle n \rangle = \frac{\exp(-\beta\hbar\omega)}{(1 - \exp[-\beta\hbar\omega])}, \quad \beta = 1/kT \tag{7.8.1}$$

如果将同样的方法应用于理想的中性原子气体. 这个体系含 N 个质量为 m 的无相互作用的中性原子处体积为 V 的空间, 其 Hamilton 为

$$H = \sum_{i=1}^{N} \frac{p_i^2}{2m} \tag{7.8.2}$$

式中, $p_i^2 = \boldsymbol{p}_i \cdot \boldsymbol{p}_i, \boldsymbol{p}_i$ 为第 i 个粒子的动量算符. 系统的能量本征值为如下单个粒子能量本征值之和:

$$\varepsilon_p = \frac{p^2}{2m} \tag{7.8.3}$$

$p = | \boldsymbol{p} |, \boldsymbol{p} = \dfrac{2\pi\hbar}{L}\boldsymbol{n}, \boldsymbol{n}$ 是大小为 0 和正负整数的矢量. $L = V^{1/3}$.

按 5.1 节几乎同样方法计算粒子在各个量子能态的分布概率. 在 (5.1.20) 式中 $E = \sum\limits_{\mathrm{d}\omega} N\hbar\omega, N = \sum \mathrm{i}n_i$. 应用 $\delta E = 0, \delta P = 0$ 及未知乘子法, $\sum(\ln z - \ln n_i + \beta\hbar\omega \mathrm{i} n_i)\delta n_i = 0$, 便得出 (5.1.22) 式. 在中性原子理想气体情形, 还要加上粒子数守恒即 $\sum \mathrm{i}\delta n_i = 0$. 应用未知乘子法, $\sum(\ln z - \ln n_i + \alpha\mathrm{i} + \beta\hbar\omega\mathrm{i})\delta n_i = 0$, 便得出相应于 (5.1.22) 式适用于中性理想原子气体的 Bose-Einstien 分布.

$$\frac{n_i}{z} = \exp[-\mathrm{i}(\alpha + \beta\hbar\omega)](1 - \exp[-(\alpha + \beta\hbar\omega)])$$

用记号 $\tilde{z} = \exp[-\alpha], \beta = 1/kT, \hbar\omega \to \varepsilon_p$, 代入便是

$$<n_p> = \frac{\tilde{z}\exp[-\varepsilon_p/kT]}{(1 - \tilde{z}\exp[-\varepsilon_p/kT])}, \quad \tilde{z} = \exp[-\alpha] = \exp[\mu/kT] \tag{7.8.4}$$

μ 为化学势. 总粒子数

$$N = <n_0> + \sum_{p\neq 0} <n_p> \tag{7.8.5}$$

当 $V \to \infty$ 时, $\boldsymbol{p}$ 的可能值构成连续谱. $\sum\limits_{p} \to \dfrac{V}{\hbar^3}\int \mathrm{d}^3 p$. 但值得注意的是, 当 $\tilde{z} \to 1$ 时, (7.8.5) 式中的 $\varepsilon = 0$ 第一项是发散的. 因此, 这一项可以单独分离出来, 而把和式其余的项以积分代替. 自由粒子的态密度可以这样来计算. 5.1 节已给出态密度 $z\mathrm{d}\omega = \dfrac{\omega^2}{\pi^2 c^3}\mathrm{d}\omega = \dfrac{8\pi}{h^3}\left(\dfrac{h\nu}{c}\right)^2 \mathrm{d}\left(\dfrac{h\nu}{c}\right) = \dfrac{8\pi}{h^3}p^2\mathrm{d}p$. 但这式子中, 已包含了光的两个偏振自由度. 对于中性原子, 因不存在偏振, 故应除以 2. 又考虑 $p = (2m\varepsilon)^{1/2}$, 得中性原子的态密度 (单位体积内的状态数) 为 $D(\varepsilon)\mathrm{d}\varepsilon = \dfrac{2\pi}{h^3}(2m)^{3/2}\varepsilon^{1/2}\mathrm{d}\varepsilon$. 将这些结果代入 (7.8.5) 式

$$\frac{N}{V} = \frac{1}{V}\frac{\tilde{z}}{1 - \tilde{z}} + \frac{2\pi}{h^3}(2m)^{3/2}\int_0^\infty \frac{\varepsilon^{1/2}\mathrm{d}\varepsilon}{\exp[\beta(\varepsilon - \mu)] - 1} \tag{7.8.6}$$

当 $\varepsilon \to 0, D(\varepsilon) \to 0$ 积分是不发散的. 可进一步将 (7.8.6) 式写为

$$\frac{N}{V} = \frac{1}{V}\frac{\tilde{z}}{1 - \tilde{z}} + \frac{1}{\lambda^3}g_{3/2}(\tilde{z}) \tag{7.8.7}$$

式中, $g_n(\tilde{z}) = \dfrac{1}{\Gamma(n)}\int_0^\infty \mathrm{d}x\dfrac{x^{n-1}}{\tilde{z}^{-1}\exp[x] - 1}$, 且 $g_{3/2}(\tilde{z}) \leqslant g_{3/2}(1) = 2.612$, 当 $0 \leqslant \tilde{z} \leqslant 1$. $\Gamma(n)$ 为伽马函数. $\lambda = \sqrt{2\pi\hbar^2/mk_{\mathrm{B}}T}$ 为热波长. (7.8.7) 式表明, 当粒子密度

$n = N/V > g_{3/2}(1)/\lambda^3$ 一部分分布在第二项的热波态, 还有一部分在 $\varepsilon = 0$ 即第一项代表的凝聚态. 当这条件不满足, 即 $n = N/V < g_{3/2}(1)/\lambda^3$, 应该说绝大部分粒子均在热波态. 当粒子密度 $n = N/V$ 给定后, 由条件 $N/V = g_{3/2}(1)/\lambda^3$ 定义一个临界温度 T_c

$$T_c = \frac{2\pi\hbar^2}{k_B m}\left(\frac{N}{g_{3/2}(1)V}\right)^{2/3} \tag{7.8.8}$$

当 $T < T_c$ 就是能观察到 BEC 的条件. 这时化学势 $\mu \to 0^-, \tilde{z} \to 1^{[32]}$ 若将凝聚到凝聚态的原子数用 N_0 来表示, 则 (7.8.7) 式的第一项为 N_0/V, 并应用 (7.8.8) 式将 (7.8.7) 式写为

$$\frac{N}{V} = \frac{N_0}{V} + \left(\frac{T}{T_c}\right)^{3/2}\frac{N}{V}, \quad N_0/N = 1 - \left(\frac{T}{T_c}\right)^{3/2} \tag{7.8.9}$$

7.8.2   简谐势阱中的中性原子的 BEC

由上节讨论的实现中性原子 BEC 的条件是要获得低温高密度的原子 BEC 分布. 在实验中 BEC 的形成是借助某种形式的原子势. 例如, 在碱金属原子的 BEC 中, 就是用了磁阱的束获势. 它可以用下式来表示:

$$V_{\text{ext}} = \frac{m}{2}(\omega_x^2 x^2 + \omega_y^2 y^2 + \omega_z^2 z^2) \tag{7.8.10}$$

在不考虑原子间的相互作用情况下, 具有简谐势的 Hamilton $H = \dfrac{p^2}{2m} + V$ 的 Schrödinger 方程的能量本征值

$$\varepsilon_{n_x n_y n_z} = ((n_x + 1/2)\hbar\omega_x + (n_y + 1/2)\hbar\omega_y + (n_z + 1/2)\hbar\omega_z) \tag{7.8.11}$$

则由 (7.8.4) 式、(7.8.5) 式得

$$N = \sum_{n_x, n_y, n_z} \frac{1}{\exp[(\varepsilon_{n_x n_y n_z} - \mu)/k_B T] - 1} \tag{7.8.12}$$

总能量为

$$E = \sum_{n_x, n_y, n_z} \varepsilon_{n_x n_y n_z} \frac{1}{\exp[(\varepsilon_{n_x n_y n_z} - \mu)/k_B T] - 1} \tag{7.8.13}$$

当温度是在临界温度以上, 未观察到 BEC 时, 解 (7.8.12) 式得出化学势是粒子数及温度的函数 $\mu = \mu(N, T)$. 当温度在临界温度以下 $(1/2(\hbar\omega_x + \hbar\omega_y + \hbar\omega_z) - \mu) \to 0$. 用 N_0 代表聚集到凝聚态 $(n_x = n_y = n_z = 0)$ 的原子数, 则由 (7.8.12) 式

$$N - N_0 = \sum_{n_x, n_y, n_z \neq 0} \frac{1}{\exp[\hbar(\omega_x n_x + \omega_y n_y + \omega_z n_z)/k_B T] - 1} \tag{7.8.14}$$

当能级间隔密集时, (7.8.14) 式求和用积代替得

$$N - N_0 = \int_0^\infty \mathrm{d}n_x \mathrm{d}n_y \mathrm{d}n_z \frac{1}{\exp[\hbar(\omega_x n_x + \omega_y n_y + \omega_z n_z)/k_B T] - 1}$$

$$= \zeta(3) \left(\frac{k_B T}{\hbar \omega_T}\right)^3, \quad \omega_T = (\omega_x \omega_y \omega_z)^{1/3} \tag{7.8.15}$$

式中, $\zeta(3)$ 为黎曼 ζ 函数. 从这个结果可得出观察到 BEC 的临界温度. 让 $N_0 \to 0$, 得

$$k_B T_c = \hbar \omega_T \left(\frac{N}{\zeta(3)}\right)^{1/3} = 0.94 \hbar \omega_T N^{1/3} \tag{7.8.16}$$

将 (7.8.16) 式代入 (7.8.15) 式便得出 $T < T_c$ 时的凝聚原子与总原子的比

$$\frac{N_0}{N} = 1 - \left(\frac{T}{T_c}\right)^3 \tag{7.8.17}$$

将 (7.8.17) 式与 (7.8.9) 式比较, 易看出简谐势的作用是将原子约束在局域空间, 比没有约束的自由运动的原子更容易实现 BEC. 只要 $\frac{T}{T_c} < 1$ 就有较大部分原被凝聚.

7.8.3 排斥相互作用对 BEC 的影响

在理想中性原子气体的 BEC 理论中不仅没有考虑势场 V 的作用, 也没有考虑原子间的相互作用. 实际上原子气体的凝聚一般总是在低温高密度情形下实现的. 原子间的相互作用是必然存在且不可忽略. 相互作用有排斥与吸引两种. 这节主要讨论排斥相互作用对 BEC 的影响. 有排斥相互作用的中性原子应满足非线性 Schrödinger 方程, 即通常所说的 Gross-Pitaevskii 方程[33,34]

$$\left(-\frac{\hbar^2}{2m}\nabla + V + g \mid \Psi \mid^2\right) \Psi = E \Psi \tag{7.8.18}$$

式中, $g = Nu, u = \frac{4\pi \hbar^2 \bar{a}}{m}, \bar{a}$ 为散射长度.

1. 方阱势中 Schrödinger 波方程的解

当 $g \to 0$ 时, 方程 (7.8.18) 可写为

$$\left(\frac{\mathrm{d}^2}{\mathrm{d}x^2} + k_n^2\right) \tilde{\Psi} = E \tilde{\Psi} \tag{7.8.19}$$

若给定边界条件为方阱, 即当 $x = 0, a, \tilde{\Psi} = 0$ 则方程 (7.8.19) 的解为

$$\tilde{\Psi}_n = \sqrt{\frac{2}{a}} \sin(k_n x), \quad k_n = \frac{n\pi}{a}, \quad \tilde{E}_n = \frac{(\hbar k_n)^2}{2m} \tag{7.8.20}$$

方程 (7.8.20) 为不考虑排斥相互作用的中性原子在一维方阱势中的 Schrödinger 方程的解. 同样可得出三维方盒 $(x = 0, a; y = 0, a; z = 0, a)$ 不考虑排斥相互作用的中性原子所满足的线性 Schrödinger 方程的解, $\tilde{E}_{p,q,r} = \sigma kT(p^2 + q^2 + r^2)$, $\sigma kT = \dfrac{(\hbar\pi/a)^2}{2m}$, p、q、r 为正整数. 将这个结果代入 (7.8.12) 式, 得

$$N = \frac{z}{1-z} + \sum_{p,q,r=0}^{\prime} \frac{z\mathrm{e}^{-\sigma(p^2+q^2+r^2)}}{1 - z\mathrm{e}^{-\sigma(p^2+q^2+r^2)}} = N_1 + N_2 \tag{7.8.21}$$

式中, 第二项 $\displaystyle\sum_{p,q,r=0}^{\prime}$ 不含 $p = q = r = 0$ 的情形. 第一项 N_1 为凝聚到基态 $p = q = r = 0$ 的原子数, 第二项 N_2 为处于激发态的原子数.

2. 方阱势中有排斥相互作用时波方程的解

对于 $g > 0$ 即有排斥相互作用的情形, 需要求解非线性 Schrödinger 方程 (7.8.18). 这比没有有排斥相互作用的线性 Schrödinger 方程 (7.8.19) 要困难得多. 但仍可用 Jacobi 椭圆函数解析求解[39~43]. 用 Jacobi 椭圆函数解析求解得出的能量本征 E_n 可表示为 $E_n = \varepsilon_n \tilde{E}_n$. $\tilde{E}_n$ 即 (7.8.20) 式给出的能量本征值, ε_n、E_n 的数值由图 7.23、图 7.24 给出. 图中参数 $n_g = \dfrac{1}{\pi}\sqrt{\dfrac{mg}{\hbar^2 a}} = \sqrt{\dfrac{4N\bar{a}}{ma}}$ 在这个基础上, 便可得出相应于 (7.8.21) 的粒子数 N 的表示式

$$N = \frac{z}{1-z} + \sum_{p,q,r=0}^{\prime} \frac{z\mathrm{e}^{-\sigma(p^2\varepsilon_p + q^2\varepsilon_q + r^2\varepsilon_r)}}{1 - z\mathrm{e}^{-\sigma(p^2\varepsilon_p + q^2\varepsilon_q + r^2\varepsilon_r)}} = N_1 + N_2 \tag{7.8.22}$$

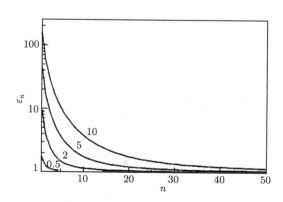

图 7.23　本征值 ε_n 随 n 的变化曲线[40]

$n_g = 0.5, 2, 5, 10$. 已在曲线上标出

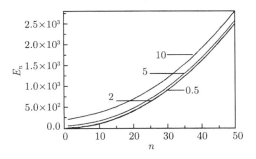

图 7.24 本征值 E_n 随 n 的变化曲线[40]

$n_g = 0.5, 2, 5, 10$. 已在曲线上标出

图 7.25 ∼ 图 7.27 分别给出 $N_1, N_2; N_2; N_c/N$ 随 $z; \sigma^{-1}; (\sigma/\sigma_c)$ 的变化曲线, $\sigma = \hbar^2\pi^2/(2ma^2KT)$. 首先看图 7.25, 当 z 小时, N_1 的变化缓慢, 但当 $z \to 1$, N_1 急剧上升, 远远超过 N_2, 这就是发生凝聚的情形. 为求得系统发生 BEC 的临界温度 T_c 以及 g 对 T_c 的影响, 我们又计算了当 $z \to 1$ 时 N_2 随 σ^{-1} 的变化曲线即图 7.26. 从图中看出, 当温度 ($\propto \sigma^{-1}$) 给定, 由于排斥相互作用 $g > 0$, 使得激发态能容纳的原子数 N_2 比 $g = 0$ 情形减少了. 若取定总粒子数 $N = 16963$, 如图中虚线所示, 与这些曲线的交点定出凝聚的临界温度, 用 σ^{-1} 来表示. 得 $\sigma^{-1} = 500, 518, 587, 724$.

然后按凝聚态的粒子数 $N_c/N = (N - N_2)/N$ 对 $\left(\dfrac{\sigma}{\sigma_c}\right)^{-1} = \left(\dfrac{T}{T_c}\right)$ 作图 7.27. 由此

看出, 与理想情形 ($\varepsilon_p = \varepsilon_q = \varepsilon_r = 1$, (7.8.21) 的和式 $\sum'$ 用积分代替)$1 - \left(\dfrac{T}{T_c}\right)^{3/2}$

相近, 但有差别. g 的影响主要体现在临界温度 T_c. g 增大, 亦即 n_g 增大, 对应的临界温度 T_c 也随之增大. 这与图 7.27 显示的当 n_g 增大时, 激发态能容纳的原子 N_2 减少是一致的.

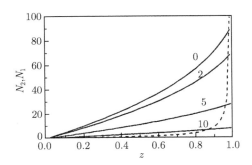

图 7.25 $\sigma = 0.05$ 时, 激发态原子 N_2(实线)、基态原子 N_1(虚线) 随 z 的变化曲线[40]

$n_g = 0.5, 2, 5, 10$

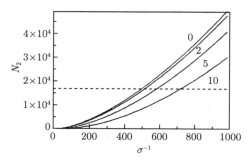

图 7.26 $z = 1$ 时, 激发态原子 N_2(实线), 总原子数 N(虚线) 随 σ^{-1} 的变化曲线[40]

$$n_g = 0, 2, 5, 10$$

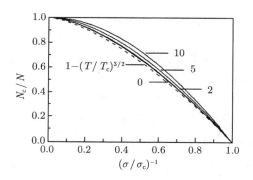

图 7.27 $z = 1$ 时, 凝聚原子数与总原子数之比 N_c/N 随 $(\sigma/\sigma_c)^{-1}$ 的变化曲线,
$n_g = 0.5, 2, 5, 10.$, 虚线为 $1 - (T/T_c)^2 = 1 - (\sigma_c/\sigma)^{3/2}$ 随 $(\sigma/\sigma_c)^{-1}$ 的变化曲线[40]

3. 简谐势阱中有排斥相互作用的中性原子基态解

上面讨论了方阱势中有排斥相互作用的中性原子的非线性 Schrödinger 方程的解及其 BEC. 如果将方阱势换成简谐势阱求其解就要困难得多, 详细参见文献 [39] ∼ [43]. 这里只就基态解的一些结果进行讨论. 简谐势场 $\left(V(r) = \dfrac{1}{2}m\omega_T^2 r^2 \right)$ 中有排斥相互作用的中性原子所满足的非线性 Schrödinger 方程[33,34] 为

$$-\frac{\hbar^2}{2m}\nabla^2 \Psi(r) + \frac{1}{2}m\omega_T^2 r^2 \Psi(r) + NU_0 \mid \Psi(r) \mid^2 \Psi(r) = \mu \Psi(r) \qquad (7.8.23)$$

令

$$r = \left(\frac{\hbar}{2m\omega_T}\right) x, \quad \beta = \frac{\mu}{\hbar\omega_T}, \quad C_0 = \frac{2N\bar{a}}{\sqrt{\dfrac{\hbar}{2m\omega_T}}}, \quad \Psi(r) = \frac{1}{\sqrt{4\pi}\left(\dfrac{\hbar}{2m\omega_T}\right)^{3/4}} \frac{\Phi(x)}{x}$$

则上式可写为

$$\left(\frac{\mathrm{d}^2}{\mathrm{d}x^2} + \beta - \frac{x^2}{4} - C_0\frac{\Phi^2(x)}{x^2}\right)\Phi(x) = 0 \tag{7.8.24}$$

规一化条件为 $4\pi\int_0^\infty \Psi^2(r)r^2\mathrm{d}r = \int_0^\infty \Phi^2(x)\mathrm{d}x = 1$. 在实际求解 (7.8.24) 式时, 可将它写为两个一阶方程

$$\frac{\mathrm{d}\Phi}{\mathrm{d}x} = y, \quad \frac{\mathrm{d}y}{\mathrm{d}x} = \left(-\beta + \frac{x^2}{4} + C_0\frac{\Phi^2}{x^2}\right)\Phi \tag{7.8.25}$$

边界条件为①当 $x \to \infty$ 时, $\Phi(x)_{x\to\infty} = 0, y(x)_{x\to\infty} = 0$;②在 $x \to 0$ 附近, $\Phi(x)_{x\to\epsilon} = \Phi'(0)\epsilon, y(x) = \Phi'(0)$. 当 $\Phi'(0)$ 给定后, 就可按 Runge-Kutta 方法由 $x=0$ 到 $x \to \infty$ 进行积分. 当本征值 β 选择不当, 积分在 $x \to \infty$ 附近是发散的. 只有适当选择本征值 β, 积分 $\Phi(x)$ 在 $x \to \infty$ 附近才是收敛的. 经过这样适当选择本征值 β, 积分得出的基态波函数 $\frac{\Phi(x)}{x}$ 随 x 变化如图 7.28 所示. 横坐标以谐振子基态长度 $\left(\frac{\hbar}{2m\omega_\mathrm{T}}\right)^{1/2}$ 为单位. 可以看出基态波函数的分布随 C_0 的逐渐增大变宽为超高斯型. 基态能量 β 随 C_0 的变化如图 7.29 所示. 当 C_0 增大, 即凝聚体的原子数增多时, 其体系的单粒子能量本征值随之增大, 这恰是凝聚原子间相互作用的反映. 基态能量 β 的本征值与非线性系数 C_0 间有如下的拟合关系:

$$\beta = (C_0 + 1.5^{2/5})^{2/5} \tag{7.8.26}$$

或写成

$$\mu(N) = \hbar\omega(2N\bar{a}(\hbar/2m\omega)^{-1/2} + 1.5^{2/5})^{2/5} \tag{7.8.27}$$

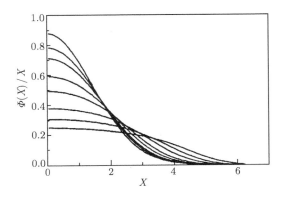

图 7.28 非线性常数 C_0 分别为 $0.1, 1.5, 10, 25, 50, 100, 150$ 的 BEC 基态波函数[39]

按宽度增加顺序

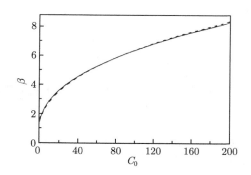

图 7.29   基态能量随非线性常数 C_0 的变化[39]

实线为数值解结果, 虚线为 (7.8.27) 式的计算结果

7.8.4   吸引相互作用对 BEC 的影响

碱金属 (^{87}Rb, ^{23}Na, ^{7}Li) 原子气体的 BEC 是通过激光冷却, 蒸发冷却磁阱中的原子而观察到的. 其中, 铷与钠的散射长度 $\bar{a}$ 为正, 当原子靠近时, 表现出排斥作用, 对于实现稳定凝聚态是有利的. 而锂的散射长度 $\bar{a}$ 为负, 当原子靠近时, 表现出吸引作用, 对于实现稳定凝聚态是不利的. 因而对锂原子的凝聚机制的研究也备受关注. 一般认为锂原子体系不能形成稳定的 BEC 态[37,38], 这是因为锂原子间的吸引相互作用会引起凝聚体的崩塌. 然而, 具有吸引相互作用的中性原子体系在空间束缚条件下可形成亚稳的 BEC, 且凝聚的原子数 N_0 小于某临界值 N_c. 在这节中我们给出有吸引相互作用的中性原子在一维与三维势阱中的能级和态函数的解析解[41,42], 求得能级本征值, 波函数随凝聚原子数的变化, 计算密度涨落对 BEC 的影响以及从亚稳凝聚到塌缩的速率.

1. 一维箱势中有吸引相互作用的中性原子体系的能级与波函数

参照 (7.8.18) 式中性满足的 Gross-Pitaevskii 方程为

$$\left(-\frac{\hbar^2}{2m}\nabla^2 + V + g \mid \Psi \mid^2\right) \Psi = E\Psi \tag{7.8.28}$$

式中, $g = Nu, u = \dfrac{4\pi\hbar^2\bar{a}}{m}$, $\bar{a}$ 为散射长度, 为负值. 对于一维箱势, 这个方程可写为

$$\left(-\frac{\hbar^2}{2m}\nabla^2 + g \mid \Psi \mid^2\right) \Psi = E\Psi, \quad 0 < x < a \tag{7.8.29}$$

令 $\Psi = \tilde{N}^{1/2}\Psi_n$, $k_n^2 - 2k_g^2 = 2mE/\hbar^2$, $k_g^2 = \dfrac{-mg}{\hbar^2 a}\tilde{N}a = k_{g_0}^2\tilde{N}a$, $\tilde{N}\displaystyle\int_0^a \Psi_n^2 \mathrm{d}x = 1, \tilde{N}$

为规一化系数, 于是方程 (7.8.29) 可写为

$$\left(\frac{\mathrm{d}^2}{\mathrm{d}x^2} + (k_n^2 - 2k_g^2) + 2k_g^2\,\Psi_n^2\right)\Psi_n = 0 \tag{7.8.30}$$

换变数 $\lambda^2 = \dfrac{k_g^2}{k_n^2 - k_g^2}$, $\xi = \sqrt{k_n^2 - k_g^2}\,x$ 则 (7.8.30) 式为

$$\left(\frac{\mathrm{d}^2}{\mathrm{d}\xi^2} + (1 - \lambda^2) + 2\lambda^2\,\Psi_n^2\right)\Psi_n = 0, \quad \left(\frac{\mathrm{d}\,\Psi_n}{\mathrm{d}\xi}\right)^2 = 1 - (1 - \lambda^2)\,\Psi_n^2 - \lambda^2\,\Psi_n^4 \tag{7.8.31}$$

(7.8.31) 式的积分为

$$\xi = \int_0^{\Psi_n} \frac{\mathrm{d}\,\Psi_n}{\sqrt{(1 - \Psi_n^2)(1 - \lambda^2\,\Psi_n^2)}}$$

故 Ψ_n 可用第一类 Jacobi 椭圆函数来表示

$$\Psi_n = \mathrm{sn}(\xi, \mathrm{i}\lambda) = \frac{1}{\sqrt{1 + \lambda^2}}\mathrm{sd}\left(\sqrt{1 + \lambda^2}\xi, \frac{\lambda}{\sqrt{1 + \lambda^2}}\right) \tag{7.8.32}$$

由规一化条件, $\tilde{N}a$ 可表示为

$$\tilde{N}a = \frac{\sqrt{k_n^2 - k_g^2}\,a}{\displaystyle\int_0^{\sqrt{k_n^2 - k_g^2}\,a} \Psi_n^2(\xi)\mathrm{d}\xi} \tag{7.8.33}$$

又由边界条件 $x = 0, a$; $\Psi_n = 0$, 即 $\mathrm{sd}\left(\sqrt{1 + \lambda^2}\sqrt{k_n^2 - k_g^2}\,a, \dfrac{\lambda}{\sqrt{1 + \lambda^2}}\right) = 0$ 于是有量子化条件

$$\sqrt{k_n^2 - k_g^2}\,a = \sqrt{1 - \tilde{\lambda}^2}2nK, \quad \tilde{\lambda} = \lambda/\sqrt{1 + \lambda^2}, \quad n = 1, 2, 3, \cdots \tag{7.8.34}$$

式中, $K = \displaystyle\int_0^1 \frac{\mathrm{d}t}{\sqrt{(1 - t^2)(1 - \tilde{\lambda}^2t^2)}}$ 为全椭圆积分. 由 (7.8.33) 式、(7.8.34) 式并考虑到波函数的周期性得

$$\tilde{N}a = \frac{\sqrt{1 - \tilde{\lambda}^2}2nK}{\displaystyle\int_0^{\sqrt{1 - \tilde{\lambda}^2}2nK} \Psi_n^2(\xi)\mathrm{d}\xi} = \frac{\sqrt{1 - \tilde{\lambda}^2}2K}{\displaystyle\int_0^{\sqrt{1 - \tilde{\lambda}^2}2K} \Psi_1^2(\xi)\mathrm{d}\xi} \tag{7.8.35}$$

利用量子化条件及 λ、$\tilde{\lambda}$ 的定义 (7.8.34) 式得 $k_n = 2nK/a, k_g = 2nK\tilde{\lambda}/a$, 又令 $n_g = \dfrac{k_{g0}a}{\pi}$, 并注意到 $k_g = k_{g0}\sqrt{\tilde{N}a}$ 则得

$$\frac{n_g}{n} = \frac{2K\tilde{\lambda}}{\sqrt{\tilde{N}a}\pi}, \quad k_g^2/(k_n^2 - k_g^2) = \tilde{\lambda}^2/(1 - \tilde{\lambda}^2) \tag{7.8.36}$$

由 (7.8.35) 式 $\tilde{N}a$ 是 $\tilde{\lambda}$ 的函数. 由 (7.8.36) 式, 当 n_g、n 给定后, 可求出本征值 $\tilde{\lambda}$ 及 $K(\tilde{\lambda})$, 并计算出 k_n、k_g 以及能量本征值.

$$E_n = \frac{\hbar^2}{2m}(k_n^2 - 2k_g^2) = \frac{\hbar^2 n^2 \pi^2}{2ma^2}\left(\frac{2K}{\pi}\right)^2 (1 - 2\tilde{\lambda}^2) = \tilde{E}_n \varepsilon_n, \quad \varepsilon_n = \left(\frac{2K}{\pi}\right)^2 (1 - 2\tilde{\lambda}^2)$$
$$(7.8.37)$$

图 7.30 给出当 n_g 给定后, 本征值 $\tilde{\varepsilon}$ 随 n 的变化曲线. 由图看出, 吸引作用对能级的影响是使得体系的能级降低. 当 $g \to 0$ 即 $\tilde{\lambda} \to 0$ 时, $K \to \pi/2$, Ψ_n、E_n 趋于无相互作用情况的波函数 $\tilde{\Psi}_n = \sqrt{2/a}\sin(n\pi x/a)$, 和本征值 $\tilde{E}_n = n^2\pi^2\hbar^2/(2ma^2)$. 图 7.31 给出体系在不同 $n_g(g < 0)$ 情况下的基态波函数 (实线表示), 为了比较也在同一图上绘出在不同 $n_g(g > 0)$ 情况下的基态波函数 (虚线表示). 由图看出, 随相互作用的增强, 吸引作用使原子的空间分布趋于集中, 而排斥作用使原子分布趋于分散.

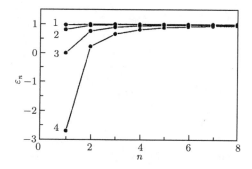

图 7.30　本征值 ε_n 随 n 的变化曲线[42]

曲线 1,2,3,4 分别对应 $n_g = 0.1, 0.25, 0.56, 1.0$

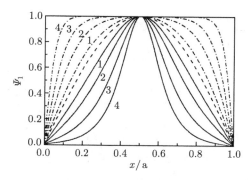

图 7.31　基态波函随 n_g 的变化曲线[42]

实线 1,2,3,4 分别对应于 $n_g = \sqrt{-4N\bar{a}/\pi a} = 0.75, 1.0, 1.25, 1.5$(吸引势), 点画线 1,2,3,4 对应于 $n_g = \sqrt{4N\bar{a}/\pi a} = 0.75, 1.0, 1.25, 1.5$(排斥势), 虚线对应于 $n_g = 0$(无相互作用)

2. 三维箱势中有吸引相互作用的中性原子体系的基态解

根据方程 (7.8.28), 半径为 r_0 球方阱势中 s 波函数 $\Psi(r)$ 满足的方程可写为

$$-\frac{\hbar^2}{2m}\frac{1}{r^2}\frac{\mathrm{d}^2}{\mathrm{d}r^2}(r^2\Psi(r)) + g\mid\Psi(r)\mid^2\Psi(r) = E\Psi(r) \tag{7.8.38}$$

采用无量纲的长度, 能量单位, 令

$$r = r_0 x, \quad \beta = 2ma^2E/\hbar^2, \quad C_0 = 2N\bar{a}/r_0, \quad \Psi(r) = (4\pi a_0^2)^{-1/2}\Phi(x) \tag{7.8.39}$$

得到

$$\left(\frac{\mathrm{d}^2}{\mathrm{d}x^2} + \frac{2}{x} + \beta - C_0\Phi^2(x)\right)\Phi(x) = 0 \tag{7.8.40}$$

波函数的边界条件为

$$\Phi(x)\mid_{x=1} = 0, \quad \Phi(x)\mid_{x=\epsilon} = \Phi(0), \quad \Phi'(x)\mid_{x=\epsilon} = \epsilon \quad (\epsilon = 10^{-6}) \tag{7.8.41}$$

按 (7.8.3) 节 C 中的数值计算方法得出非线性系数 C_0 随能量本征值 β 的变化曲线图 7.32, 及凝聚原子数 N 与能量本征值 β 的关系图 7.33. 图 7.32 表明当 $\beta = -0.225$ 时, 非线性系数有一极小值 $C_{0\min} = -0.65276$, 由此及方程 (7.8.39) 易推出临界原子数 N_c, 它是吸引型 BEC 能容纳的最大原子数. 取实验据[29]$\mid a\mid = 1.45\mathrm{nm}, r_0 = 5\mathrm{\mu m}$, 可得出 $N_c = r_0C_{0\min}/\bar{a} = 1080$. 这与简谐势阱中临界的凝聚原子数 1300[30,36] 是同一量级.

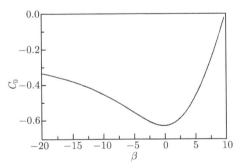

图 7.32 非线性常数 C_0 与能量征值 β 的关系[43]

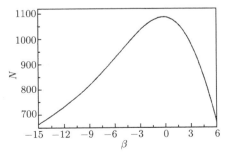

图 7.33 凝聚原子数 N 与能量征值 β 的关系[43]

3. 简谐势阱中有吸引相互作用的中性原子体系的基态解及其稳定性分析

在充分低的温度和外加势场 $V(r) = \frac{1}{2} m \omega_T^2 r_2$ 的条件下, 弱相互作用玻色凝聚体可通过波函数 $\Psi(r)$ 来描写. 原子间的相互作用由 s 波散射长度 $\bar{a}$ 来表示. 波函数 $\Psi(r)$ 满足 Gross-Pitaevskii 方程

$$-\frac{\hbar^2}{2m} \nabla^2 \Psi(\boldsymbol{r}) + \frac{1}{2} m \omega_T^2 r^2 \Psi(\boldsymbol{r}) + \frac{4\pi\hbar^2 \bar{a}}{m} \mid \Psi(\boldsymbol{r}) \mid^2 \Psi(\boldsymbol{r}) = \mu \Psi(\boldsymbol{r}) \tag{7.8.42}$$

式中, μ 为化学势. $\Psi(r)$ 的归一化

$$\int \mathrm{d}\boldsymbol{r} \mid \Psi(r) \mid^2 = N_0 \tag{7.8.43}$$

式中, N_0 为凝聚体的原子数. 考虑到基态波函数是球对称的, 作变换, 使长度和波函数无量纲化.

$$r = (\hbar/2m\omega_T)^{1/2} x = \alpha x, \quad \beta = \mu/(\hbar\omega_T), \quad C_0 = 2N\bar{a}/\alpha, \Psi(r) = (N_0/(4\pi\alpha^3))^{1/2} \Phi(x) \tag{7.8.44}$$

这样, 方程 (7.8.42) 有如下的形式:

$$\left(\frac{\mathrm{d}^2}{\mathrm{d}x^2} + \frac{2}{x} \frac{\mathrm{d}}{\mathrm{d}x} + \beta - \frac{x^2}{4} - C_0 \Phi^2(x) \right) \Phi(x) = 0 \tag{7.8.45}$$

由 (7.8.43) 式、(7.8.44) 式, 得波函数规一化的条件为

$$\int_0^\infty \Phi(x) x^2 \mathrm{d}x = 1 \tag{7.8.46}$$

波函数的边界条件为

$$\Phi(x) \mid_{x=\infty} = 0, \quad \Phi(x) \mid_{x=\epsilon} = \Phi(0), \quad \Phi'(x) \mid_{x=\infty} = 0, \quad \Phi'(x) \mid_{x=\epsilon} = \epsilon \quad (\epsilon = 10^{-6}) \tag{7.8.47}$$

图 7.34 和图 7.35 分别为基态波函数 $\Phi(x)$ 和能量本征值 $\beta(C_0)$ 的数值解. 先看图 7.34, 在 $\beta = 0.365$ 处, 非线性系数有一极小值 $C_{0\min} = -1.62625$, 由方程 (7.8.44) 推出临界原子数 N_c. 它是吸引型 BEC 能包含的最大原子数. $N_c = -1.626 \times \alpha/2\bar{a}$(关于这一点还可看图 7.35 中的插图). 代入锂原子 BEC 的实验数据[29]. $\mid \bar{a} \mid = 1.45 \mathrm{nm}, \omega = (\omega_x \omega_y \omega_z)^{1/3} = 908 \mathrm{s}^{-1}, m_{\mathrm{Li}} = 1.16 \times 10^{23} \mathrm{g}, \alpha = \sqrt{\frac{\hbar}{2m\omega}} = 2.236 \mu\mathrm{m}$, 可得 $N_c = 1254$. 这与实验最大凝聚体原子数在 650 与 1300 之间是相符的. 对每一个 $C_0 > C_{0\min}$ 有两个能量本征值. 例如, $C_0 = -1.033$ 相应于波函数曲线 1 与 6 分别对应 $\beta = 1.115$ 和 -1.75, 这就是我们所说的双稳态. 对于能量本征值 $\beta(C_0) > 0.365$

的态, 凝聚体原子数随 β 的增加而减少. 而对于能量本征值 $\beta(C_0) < 0.365$ 的态, 凝聚体原子数随 β 的减少而减少, 但原子的空间分布越来越密集, 如图 7.34 中的 4, 5, 6 曲线分别对应于 $\beta = 0, -0.75, -1.75$ 便是. 图 7.35 给出能量本征值 β 随非线性系数 C_0 而变的曲线. 图 7.36 给出波函数宽度 q 随 β 而变的单调增加曲线. 这里基态波函数宽度 q 是这样被定义的, $\Phi(q) = \frac{1}{2}\Phi(0)$. 下面用 $\Phi_q(x)$ 表示宽度为 q 的基态波函数. 为了表现相干基态波函数 $\Phi_q(x)$ 的原子密度分布的集中程度. 我们作如下密度积分:

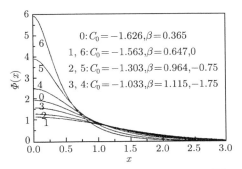

图 7.34 不同 C_0 和 β 的基态波函数[43]

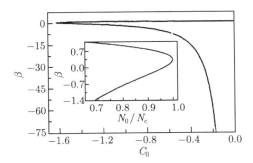

图 7.35 非线性系数 C_0 本征值 β 之间的关系, 内插图为能量本征值 β 随本凝聚原子数与临界原子数之比的变化关系[43]

$$E(\Phi_q) = \frac{\hbar^2 N_0}{2m\alpha} \int x^2 \mathrm{d}x \left[4\left(\frac{\mathrm{d}\Phi_q(x)}{\mathrm{d}x}\right)^2 + x^2 \Phi_q^2(x) + 2\frac{2N_0\bar{a}}{\alpha} \mid \Phi_q(x) \mid^4 \right]$$

$$= \frac{\hbar^2 N_0}{2m\alpha} E(q) = N_0 V(q) \tag{7.8.48}$$

式中, $\Phi_q(x)$ 是当 N_0 即 $C_0 = 2N_0\bar{a}/\alpha$ 给定并满足方程 (7.8.45) 及宽度 $\Phi(q) = \frac{1}{2}\Phi(0)$ 的各种宽度波函数的泛函. 其中 q 是泛函参数. 给定 N_0 改变 q 算出 $E(q)$ 随 q 而

变的实线. 图 7.37 中的各条实线 (由上至下), 相应于 $N_0/N_c = 0.992, 0.993, \cdots, 1.0$.
虚线相应于这些曲线的极点的轨迹. 由图看出, $\beta > 0.365$ 的态在 $E(q)$ 的极小点,
可称其为亚稳的 BEC 态, 并用 $\Phi_{0,N_0}(x)$ 来表示; 而 $\beta < 0.365$ 的态在 $E(q)$ 的极大
点, 可称其为不稳定的稠密态[48], 用 $\Phi_{d,N_0}(x)$ 来表示. 借助于图 7.37, 我们还可研
究宏观量子隧穿效应[49~52], 即由图中的亚稳态 Φ_{q_0} 向塌缩态 Φ_{q_1} 隧穿过去, 其 q_1
点满足 $E(q_1) = E(q_0)$, 而隧穿速率可按 WKB 公式[49] 和方程 (7.8.48) 计算

$$
\begin{aligned}
\Gamma_0 &= A \exp\left[-2N_0/\hbar \int_{q_0}^{q_1} \mathrm{d}q[2(3m/2)(V(q)-V(q_0))]^{1/2}\right] \\
&= A \exp\left[-1.225 N_0/\hbar \int_{q_0}^{q_1} \mathrm{d}q[E(q)-E(q_0))]^{1/2}\right]
\end{aligned}
\tag{7.8.49}
$$

隧穿速率 Γ_0/A 随 N_0/N_c 的变化曲线见图 7.38 中的曲线 1. 而另外两条曲线 2、3
分别取自文献 [50]、[51] 为有效势模型与高斯型. 虚线为亚稳凝聚态 $\Phi_{0,N_0}(x)$ 和稠
密态 $\Phi_{d,N_0}(x)$ 的交叠积分.

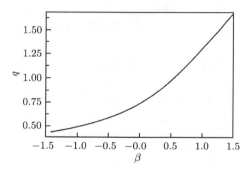

图 7.36　波函数的宽度 q 随本征值 β 的变化[43]

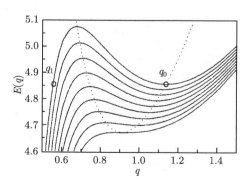

图 7.37　实线: $E(q)$ 作为 q 的函数, 相应于 $N_0/N_c = 0.992, 0.993, \cdots, 1.0$(由上而下的顺序),
虚线相应于这些曲线的极点轨迹[43]

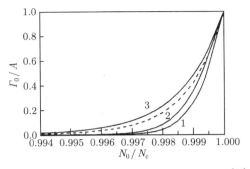

图 7.38 隧道速率 Γ_0/A 随 N_0/N_c 的变化[43]

曲线 1~3 分别相应于严格解、$\exp\left[-(1-N_0/N_c)^{5/4}\right]$ 和 $\exp\left[-0.57(1-N_0/N_c)\right]$，虚线为亚稳凝聚态

$\Phi_{0,N_0}(x)$ 和稠密态 $\Phi_{d,N_0}(x)$ 的交叠积分

7.8.5 中性原子的 BEC

随着激光冷却和约束原子的技术向前推进，再加上蒸发冷却与磁阱约束，终于实现了中性原子氢的 BEC. MIT 的 Kleppner 小组最早研究氢原子的 BEC. 在 1991 年就已获得 $100\mu K$ 的低温和 $8 \times 10^{13} cm^{-3}$ 原子密度[28]，该密度所对应的临界温度为 $30\mu K$，应该说离实现 BEC 条件不远了，可是由于一对自旋反平行的氢原子在第三个氢原子的碰撞下会复合成氢分子 $H\uparrow + H\downarrow \longrightarrow H_2 + 4.6ev$. 复合速率正比于密度的三次方，从而限制了密度的增加；发热则妨碍进一步降温，这些均在很大程度上推迟了氢原子 BEC 的实现. 而在 1995 年 Anderson 等已首次观察到铷原子的 BEC[28]，稍后有 MIT 的 Ketterle 研究观察到钠原子的 BEC[29]，还有 Rice 大学的 Hulet 等也看到锂原子的 BEC 迹象[30]. Anderson 等用激光冷却与约束碱金属蒸气原子，又结合蒸发冷却和磁阱约束，并在实验中解决了关键的堵住磁阱"漏洞"问题，当温度降到 170nK，约束磁场中心的铷原子速度从 Gaussian 分布变为非 Gaussian 分布的尖峰. "堵漏"的办法是用一射频交变场使约束磁像陀螺样旋转，以致中央部分磁场求平均后不为零. 凝聚体原子密度达 $2.5 \times 10^{12} cm^{-3}$，持续时间约 15s. MIT Ketterle 等是用一种新的约束场构形，用另一束激光形成光学"塞子"，使钠原子密度达到 $10^{14} cm^{-3}$，温度达 $2\mu K$，观察到 BEC. Rice 大学小组在温度 400nK，离子密度 $2 \times 10^{12} cm^{-3}$，原子总数 2×10^5，看到 BEC 迹象，用恒定的偏转磁场"堵漏". 在经过几年的努力后，MIT 的 Kleppner 小组在 1998 年终于实现了氢原子的 BEC[32]. 技术仍是激光冷却与约束，并结合蒸发冷却、磁阱等技术. 达到的氢原子密度为 $10^{15} cm^{-3}$，温度为 $50\mu K$，处于凝聚态的原子为 10^8，约 10 倍于钠原子凝聚体的原子数. 氢原子以其很弱的相互作用，是最早选作进行 BEC 实验的原子，但真正实现 BEC 要比碱金属原子晚几年. 在最终实现氢原子的 BEC 实验中，所用的探测方法也与以前的办法"将原子从凝聚体中引出来，并测其速度分

布"[30] 不一样, 而是用的双光子谱探测. 即氢原子同时吸收两个光子, 由 1S 态跃迁到 2S 态, 实验中加电场时 2S 态与靠得很近的寿命很短的 2D 态混合, 原子由 2P 态衰变并辐射出 Lymanα 线, 通过对 L_α 光子的计数检测出经由双光子吸收跃迁到 2S 态氢原子数. 图 7.39 为计数率对激光失谐的双光子吸收谱. 按实验安排氢原子吸收双光子可分为两种情形:

(1) 吸收两个反向运动的光子, 原子获得的净动量为零, 没有光子的反弹移位或 Doppler 加宽, 如图中那个靠近原点 "0" 的尖峰.

(2) 吸收同向运动的两个光子, 双光子的动量及反弹能均被原子所接收, 使原子产生约 6.7MHz 的移位并有 Doppler 加宽轮廓. 在图中原点 "0" 的右边, 这加宽体现了未凝聚原子气体的温度. 图中的原点 "0" 是双光子激光频率 $2\omega_L$ 等于 1S–2S 跃迁频率处 (对应的跃迁波长为 243nm). 对于第 (1) 种情形, 原子吸收了两个反向运动的光子, 没有反弹能引起的移位及 Doppler 加宽, 计数峰值应严格与原点 "0" 重合, 但实际上还是向左移位了 18kHz, 这是由邻近的高密度原子 (达 10^{14}cm^{-3} 密度) 引起的氢原子能级移位, 移位正比于原子密度. 我们还注意到在零点左面 400 ∼ 500kHz 处的计数峰值, 也是高密度原子引起的能级移位, 对应的原子密度约为气体原子密度的 20 多倍, 而这就是高密度原子凝聚体的明证. 我们还注意到在右侧的 Doppler 加宽谱峰值附近也发现高密度原子凝聚体. 当然重要的是原点左面的 400 ∼ 500kHz 处的峰, 真正代表了无 Doppler 移位的双光子吸收谱, 这是一个线宽接近于自然线宽的超冷原子源.

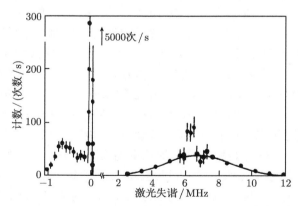

图 7.39　氢原子的 BEC 的双光子吸收谱[31]

附录 7A　I_1、I_2、I_3、I_4 的计算

我们给出 l_3 的反演 L_3

$$l_3 = d_0 + \sum_{n=1}^{\infty} d_{2n} \tag{7A.1}$$

$$d_0 = D_0 = \begin{pmatrix} \dfrac{1}{s^2 + \nu_1^2} & & & \\ & \dfrac{1}{s^2 + \nu_2^2} & & \\ & & \dfrac{1}{s^2 + \nu_1^2} & \\ & & & \dfrac{1}{s^2 + \nu_2^2} \end{pmatrix} \tag{7A.2}$$

$\nu_1 = \sqrt{\gamma_1}$，$\nu_2 = \sqrt{\gamma_2}$，$d_{2n} = D_0 \tilde{D}_1 \cdots D_{2n}$ 是一个 4×4 对角矩阵. 为了方便起见，我们这里仅给出对角矩阵中第一个对角矩阵元的反演，并且采用相同的记号来表示. 例如，d_0 的第一个对角矩阵元的反演可表示为

$$d_0 = \frac{1}{s^2 + \nu_1^2} = \frac{1}{(s + \mathrm{i}\nu_1)(s - \mathrm{i}\nu_1)} \Rightarrow \frac{\sin \nu_1 y}{\nu_1} \tag{7A.3}$$

比较复杂的 d_{2n} 的反演可按以下步骤进行：

$$d_{2n} = D_0 \tilde{D}_1 D_2 \cdots D_{2n} = (D_0 D_2 \cdots D_{2n})(\tilde{D}_1 \tilde{D}_3 \cdots \tilde{D}_{2n-1}) \tag{7A.4}$$

式中，因子 $D_0 \, D_1 \, \cdots \, D_{2n}$ 有如下的反演：

$$
\begin{aligned}
D_0 D_2 \cdots D_{2n} &= \Omega^n \frac{1}{(s + \mathrm{i}\nu_1)(s + 2 + \mathrm{i}\nu_1) \cdots (s + 2n + \mathrm{i}\nu_1)} \\
&\quad \times \frac{1}{(s - \mathrm{i}\nu_1)(s + 2 - \mathrm{i}\nu_1) \cdots (s + 2n - \mathrm{i}\nu_1)} \\
&\Rightarrow \frac{\Omega^n}{(n!)^2} \int_0^y \mathrm{e}^{-\mathrm{i}\nu_1 y' + \mathrm{i}\nu_1(y-y')} \left(\frac{1 - \mathrm{e}^{-2y'}}{2} \times \frac{1 - \mathrm{e}^{-2(y-y')}}{2} \right)^n \mathrm{d}y'
\end{aligned}
\tag{7A.5}
$$

同理 $\tilde{D}_1 \cdots \tilde{D}_{2n-1}$ 的反演为

$$
\begin{aligned}
&\tilde{D}_1 \tilde{D}_3 \cdots \tilde{D}_{2n-1} \\
&= \Omega^n \frac{1}{(s + 1 + \mathrm{i}\nu_2) \cdots (s + (2n-1) + \mathrm{i}\nu_2)} \\
&\quad \times \frac{1}{(s + 1 - \mathrm{i}\nu_2) \cdots (s + (2n-1) - \mathrm{i}\nu_2)} \\
&\Rightarrow \frac{\Omega^n}{(n-1)!^2} \int_0^y \mathrm{e}^{-y - \mathrm{i}\nu_2 y' + \mathrm{i}\nu_2(y-y')} \left(\frac{1 - \mathrm{e}^{-2y'}}{2} \times \frac{1 - \mathrm{e}^{-2(y-y')}}{2} \right)^n \mathrm{d}y' \quad (7A.6)
\end{aligned}
$$

因此 l_3 的反演对角矩阵的第一个矩阵元 $I_3 = (L_3)_{11}$ 为

$$
I_3 = (L_3)_{11} = \frac{\sin \nu_1 y}{\nu_1} + \int_0^y \mathrm{d}y_1 \int_0^{y_1/2} \mathrm{d}u_1 \int_0^{(y-y_1)/2} \mathrm{d}u_2 4\mathrm{e}^{-(y-y')} \cos(2\nu_1) \cos(2\nu_2 u_2)
$$
$$
\times \sum_{n=1}^{\infty} \frac{\Omega^{2n}}{(n!)^2((n-1)!)^2} \left(\frac{1-\mathrm{e}^{-2(u_1+y_1/2)}}{2} \times \frac{1-\mathrm{e}^{-2(-u_1+y_1/2)}}{2} \right)^n
$$
$$
\times \left(\frac{1-\mathrm{e}^{-2(u_2+(y-y_1)/2)}}{2} \times \frac{1-\mathrm{e}^{-2(-u_2+(y-y_1)/2)}}{2} \right)^{n-1} \tag{7A.7}
$$

到现在为止, 我们已经求得 I_3 的表示式, I_1、I_2、I_4 的计算可按上述过程进行, 这里就直接给出它们的最终表示式

$$
I_1 = (L_1)_{11} = \cos(\nu_1 y) + \int_0^y \mathrm{d}y_1 \int_0^{y_1/2} \mathrm{d}u_1 \int_0^{(y-y_1)/2} \mathrm{d}u_2 4\mathrm{e}^{-(y-y_1)} \cos(2\nu_1 u_1) \cos(2\nu_2 u_2)
$$
$$
\times \frac{1}{2} \left(\frac{1-\mathrm{e}^{-2(u_1+y_1/2)}}{2} + \frac{1-\mathrm{e}^{-2(-u_1+y_1/2)}}{2} \right)
$$
$$
\times \sum_{n=1}^{\infty} \frac{\Omega^{2n+1}}{n!((n-1)!)^3} \left(\frac{1-\mathrm{e}^{-2(u_1+y_1/2)}}{2} \times \frac{1-\mathrm{e}^{-2(-u_1+y_1/2)}}{2} \right)^n
$$
$$
\times \left(\frac{1-\mathrm{e}^{-2(u_2+(y-y_1)/2)}}{2} \times \frac{1-\mathrm{e}^{-2(-u_2+(y-y_1)/2)}}{2} \right)^{n-1} \tag{7A.8}
$$

$$
I_4 = (L_4)_{11} = -\int_0^y \mathrm{d}y_1 \int_0^{y_1/2} \mathrm{d}u_1 \int_0^{(y-y_1)/2} \mathrm{d}u_2 4\mathrm{e}^{-(y-y_1)} \cos(2\nu_1 u_1) \cos(2\nu_2 u_2)
$$
$$
\times \sum_{n=0}^{\infty} \frac{\Omega^{2n+1}}{(n!)^4} \left(\frac{1-\mathrm{e}^{-2(u_1+y_1/2)}}{2} \times \frac{1-\mathrm{e}^{-2(-u_1+y_1/2)}}{2} \right)^n
$$
$$
\times \left(\frac{1-\mathrm{e}^{-2(u_2+(y-y_1)/2)}}{2} \times \frac{1-\mathrm{e}^{-2(-u_2+(y-y_1)/2)}}{2} \right)^n \tag{7A.9}
$$

$$
I_2 = (L_2)_{11} = -\frac{\Omega}{2\nu_1} \left\{ \frac{\sin(\nu_1 y) - (\nu_1 + \nu_2) \cos(\nu_1 y)}{1 + (\nu_1 + \nu_2)^2} \right.
$$
$$
- \mathrm{e}^{-y} \frac{-\sin(\nu_2 y) - (\nu_1 + \nu_2) \cos(\nu_2 y)}{1 + (\nu_1 + \nu_2)^2}
$$
$$
\left. + \frac{\sin(\nu_1 y) - (\nu_1 - \nu_2) \cos(\nu_1 y)}{1 + (\nu_1 - \nu_2)^2} - \mathrm{e}^{-y} \frac{\sin(\nu_2 y) - (\nu_1 - \nu_2) \cos(\nu_2 y)}{1 + (\nu_1 - \nu_2)^2} \right\}
$$
$$
- \int_0^y \mathrm{d}y_1 \int_0^{y_1/2} \mathrm{d}u_1 \int_0^{(y-y_1)/2} \mathrm{d}u_2 4\mathrm{e}^{-(y-y_1)} \cos(2\nu_1 u_1) \cos(2\nu_2 u_2)
$$
$$
\times \frac{1}{2} \left(\frac{1-\mathrm{e}^{-2(u_2+(y-y_1)/2)}}{2} + \frac{1-\mathrm{e}^{-2(-u_2+(y-y_1)/2)}}{2} \right)
$$
$$
\times \sum_{n=1}^{\infty} \frac{\Omega^{2n+1}}{(n!)^3(n-1)!} \left(\frac{1-\mathrm{e}^{-2(u_1+y_1/2)}}{2} \times \frac{1-\mathrm{e}^{-2(-u_1+y_1/2)}}{2} \right)^n
$$

$$\times \left(\frac{1 - e^{-2(u_2 + (y - y_1)/2)}}{2} \times \frac{1 - e^{-2(-u_2 + (y - y_1)/2)}}{2} \right)^{n-1} \tag{7A.10}$$

附录 7B 当 y 很小时 $u_g(y)$ 的极限解

当原子在靶面附近时, y 很小, 根据 (7A.6) 式 $\sim$(7A.9) 式, (7.7.28) 式中的矩阵元 $I_1, \cdots, I_4$ 有极限

$$I_1 = \cos \nu_1 y + O(y^2) \simeq \cos \nu_1 y \tag{7B.1}$$

$$I_3 = \frac{\sin \nu_1 y}{\nu_1} + O(y^2) \simeq \frac{\sin \nu_1 y}{\nu_1} \tag{7B.2}$$

$$I_2 = I_4 = O(y^2) \simeq 0 \tag{7B.3}$$

根据 (7.7.31) 式, 我们得到 y 很小时 $u_g(y)$ 的极限解

$$u_g(y) = \cos(\nu_2 y) u_{g0} + \frac{\sin(\nu_2 y)}{\nu_2} v_{g0} \tag{7B.4}$$

参 考 文 献

[1] Ashkin A. Acceleration and trapping of partics by radiation pressure. Phys. Rev. Lett., 1970, 24 :156; Atomic beam deflection by resonance-radiation pressure. Phys. Rev. Lett., 1970, 25:1321.

[2] Hänsch T W, Schawlow A L. Cooling of gases by laser radiation. Optics, Comm., 1975, 13: 68.

[3] Wineland D, Dehmelt H. Bull. Am. Phys. Soc, 1975, 20: 637.

[4] Balykin V I, Letokhov V S, Ovchinnikov Y B, et al. Quantum-state-selection reflections of atoms by laser light. Phys. Rev. Lett., 1988, 60: 2137.

[5] Cook R J, Hill R K. An electromagnetic mirror for neutral atoms. Opt. Commu., 1982, 43: 250.

[6] Minogin V G. Deceleration and mono-chromatization of atomic beams. Opt. Commu., 1980, 34: 265.

[7] Minogin V G, Serimaa O T, Resonant light pressure forces in a strong standing laser wave. Opt. Commu., 1979, 30: 373.

[8] Letokhov V S, Minogin V G, Pavik P D. Cooling and trapping of atoms and molecules by a resonant laser field. Opt. Commu., 1976, 19 :72.

[9] Motz H. The Physics of Laser Fusion. London: Academic Press, 1979: 104.

[10] Schiff L I, Quantum Mechanics. 3rd ed. New York: McGraw-Hill Book Company, 1968.

[11] КазацевАЛ, УъесниковАОЧ, ЯковевВП.Hysteresis in a two-level system and frictional force in a standing light wave. JETP, 1986, 63:951.

[12] 栾绍金, 谭维翰. 序列脉冲产生的光压及其对原子束的冷却与减速效应. 激光, 1982, 9: 1(1):1.

[13] Lett P D, Phillips W D, et al. Optical molasses. J.O.S.A, B, 1989, 6 :2084.

[14] Buchwald E. Ann. Phys., 1921, 66, I: 1.

[15] Chu S, Hollberg L, Bjorkholm J, et al. Three dimensional viscous confinement and cooling of atoms by resonant radiation pressure. Phys. Rev. Lett., 1985, 55(48):48.

[16] Lett P, Watts R, Westbrook C, et al. Observation of atoms laser cooled by Doppler limit. Phys. Rev. Lett., 1988, 61:169.

[17] Dalilard J, Chohen–Tannoudji C. Laser cooling below the Doppler limit by polarization gradients; simple theoretical models. J.O.S.A,B. 1989, 6: 2023.

[18] Phillips W, Prodan J, Metcalf H. Laser cooling and electromagnetic trapping of neutral atoms. J. Opt. Sec. Am. B, 1985, 2 :1751.

[19] Sesko D, Fan C, Wieman C. Production of a cold atomic vapor using diode laser cooling. J. Opt. Soc. Am. B, 1988, 5: 1225.

[20] Cook R J. Atomic motion in resonant radiation: an application of Ehrentfest's theorem. Phys. Rev. A, 1979, 20:224; Optcs. Commu., 1982, 43: 258.

[21] Jackson J D. Classical Electrodynamics. New York: John Wiley and Sons, 1962: 278–284.

[22] Hajnal J V, Opat G I. Diffraction of atoms by a standing evanescent light wave-a reflection grating for atom. Opt. Commu., 1989, 71 :119.

[23] Dalilard J, Chohen-Tannoudji C., Dressed-atom approach to atomic medium in laser light. J.O.S.A. B, 1985, 2: 1707.

[24] Deutschmanm R, Entmer W, Wallis H. Reflection and diffraction of atomic de Broglie waves by an evanescent laser wave. Phys. Rev. A, 1993, 47:2169.

[25] Tan W H, Li Q N. Exactly solvable model of two level atoms reflected by an evanescent laser wave. 第四届压缩态与测不准关系国际会议报告, Ficssur–Taiyuan China June 5–8 1995.

[26] Tan W H, Li Q N. On the general and resonance solutions of atoms reflected by an evanescent laser wave. Chin. Phys. Lett., 1996, 13:587.

[27] Yu I A, Doyle J M, Sandberg J C, et al. Evidence for universal quantum reflection of hydrogen from liquid. Phys. Rev. Lett., 1993, 71: 1589.

[28] Anderson M H, Ensher I R, Matthews M R, et al. Observation of Bose-Einstein condensation in a dilute atomic vapor. Science, 1995, 269: 198.

[29] Davis K B, Mewes M O, Andrews M R, et al. Bose-Einstein condensation in a gas of sodium atom1. Phys. Rev. Lett., 1995, 75: 3969.

[30] Bradley C C, Sackett C A, Hulet R G. Bose-Einstein condensation of lithium: observation of limited condensate number. Phys. Rev. Lett., 1997, 78: 985.

[31] Barbara Goss Levi, At long last. a Bose-Einstein condensation is formed in hydrogen. Phys. Today. Oct., 1998: 17.

[32] 汪志诚. 热力学 —— 统计物理. 第三版. 北京: 高等教育出版社, 2000: 299.

[33] Pitaevskii L P. Sov. Phys., JETP., 1961, 13: 451.

[34] Fetter A L. Nonuniform states of an imperfect Bose gas. Ann. Phys.(N.Y.), 1972, 70: 67; Phys. Rev., 1996, A53: 4245.

[35] Edwards M, Burnet K. Numerical solution of the nonlinear *Schrödinger* equation for small samples of trapped neutral atoms. Phys. Rev., 1995, A51: 1382.

[36] Ruprecht P A, Holland M, Burnett J K, et al. Time-dependent solution of the nonlinear Schrödinger equation for Bose-Condensed trapped neutral atoms. Phys. Rev., 1995, A51: 4704.

[37] Lifshitz E M, Pitaevskii L P. Statistical Physics. Part 2. New York: Pergamon Press Ltd, 1980.

[38] Stoof H T C. Atomic Bose gas with a negative scattering length. Phys. Rev., 1994, A49: 3824.

[39] 闫珂柱, 谭维翰. 简谐势阱中中性原子的非线性 Schrödiger 方程的定态解. 物理学报, 1999, 48: 1185.

[40] 谭维翰, 闫珂柱. 解有排斥相互作用中性原子的玻色–爱因斯坦凝聚的一般方法. 物理学报, 1999, 48: 1983.

[41] 闫珂柱, 谭维翰. 简谐势阱中有吸引相互作用中性原子的玻色–爱因斯坦凝聚. 物理学报, 2000, 49: 2000.

[42] 闫珂柱, 谭维翰. 箱势中有吸引相互作用中性原子的中性原子体系的非线性薛定谔方程的严格解. 量子光学学报, 2000, 6: 158.

[43] 闫珂柱. 玻色–爱因斯坦凝聚体的形成的动力学和光学性质研究. 上海大学博士学位论文, 2000.

[44] Yan K Z, Tan W H. A model for macroscopic quantum tunneling of a Bose condensate with attractive interaction. Chin. Phys. Lett., 2000, 17: 231.

[45] Yan K Z, Tan W H, The growth rate and statistical fluctuation of Bose-Einstein condensate formation. Chin. Phys., 2000, 16:485.

[46] Yan K Z,Tan W H. Bose-Einstein condensate of neutral atoms with attractive interaction in a harmonic trap.*In*: Frontiers of Laser Physics and Quantum Optics (Proeedings of International Conference on Laser Physics and Quantum Optics). New York: Springer, 2000: 595.

[47] Tan W H, Yan K Z. The enhancement of spontaneous and induced transition rate by a Bose-Einstein Condensate. *In*: Frontiers of Laser Physics and Quantum Optics

(Proeedings of International Conference on Laser Physics and Quantum Optics). New York: Springer, 2000: 567.

[48] Tan W H, Yan K Z. The enhancement of spontaneous and induced transition rate by a Bose-Einstein Condensate. J. Mod. Opt., 2000,47: 1729.

[49] Yu K G, Shlyapnikov G V, Waltraven J T M. Bose-Einstein condensation in atrapped Bose gas with negative scattering length. Phys. Rev. Lett., 1998, 80: 933.

[50] Stoof H T C. Macroscopic quantum tunneling of a Bose condensate. J. Stat. Phys., 1997, 87: 1353.

[51] Shurryak E V. Metastable Bose condensate made of atom with attractive interaction. Phys. Rev., 1996, A54: 3151.

[52] Ueda M, Leggtt A J. Macroscopic quantum tunneling of a Bose-Einstein condensation with attractive interaction. Phys. Rev. Lett., 1998, 80: 1576.

第8章 光学参量下转换的动力学及其应用

光学参量振荡与放大是产生压缩态光较常用的也是在实验上最先实现的方法[1~24]. 在第 6 章已对简并参量放大有些讨论, 由于频率简并偏振非简并的参量光在演示 EPR 佯谬, 验证 Bell 不等式及量子信息方面的广泛应用[25~42], 较多地受人关注. 近年来对非简并光学参量的研究, 包括理论与实验正在逐渐地增多[46~66]. 本章将较深入地研究涉及光学参量放大亦即光学参量下转换的问题. 这些问题有非简并参量放大、参量放大的位相补偿、非线性参量放大、含时的光学参量放大等. 最后讨论在 EPR 佯谬演示方面的应用.

对简并参量放大 (DOPA) 获得压缩态光的理论研究, 最先由文献 [7] 给出腔内压缩态光在阈值附近处于最大压缩时的量子起伏为 1/8, 恰为真空起伏 1/4 的 1/2 倍. 后来通过求解 DOPA 与简并四波混频的 Fokker-Planck 方程也得到上述结论. 这些研究均是对 DOPA 情形进行的. 如果是非简并参量放大 (NOPA), 结果又会是怎样的呢? 故非简并参量放大问题的求解是我们首先要解决的问题. 在这之前, 还要简述简并与非简并参量放大的产生方案.

8.1 由非简并光学参量放大获得的压缩态

8.1.1 产生简并与非简并参量下转换的参量振荡器

参量振荡器的最大特点是其输出频率可以在一定范围内连续改变, 不同的非线性介质和不同的泵浦源, 可以得到不同的调谐范围. 当泵浦光频率 ω_0 固定时, 参量振荡器的振荡频率应同时满足频率和相位匹配条件 $\omega_0 = \omega_1 + \omega_2$, $\boldsymbol{k}_0 = \boldsymbol{k}_1 + \boldsymbol{k}_2$, 其中 ω_0、ω_1、ω_2 和 $\boldsymbol{k}_0$、$\boldsymbol{k}_1$、$\boldsymbol{k}_2$ 分别表示泵浦光、信号光和闲置光的频率和波矢. 若三波波矢共线代入 $\boldsymbol{k} = \dfrac{\boldsymbol{n}\omega}{c}$, 则有如下关系式[17]:

$$\omega_0 n_0^{\mathrm{e}}(\omega_0, \theta) = \omega_1 n_1^{\mathrm{o}}(\omega_1) + \omega_2 n_2^{\mathrm{o}}(\omega_2)$$

右上标 "e"、"o" 分别表示非常光和寻常光, 上式只有在各向异性的晶体中才成立. 对于处于正常色散区域的负单轴晶体, $n_0(\omega_0, \theta)$ 必须是非常折射率, 而 $n_1(\omega_1)$ 和 $n_2(\omega_2)$ 可以都是寻常折射率 (I 类相位匹配), 也可以一个是寻常折射率而另一个是非常折射率 (II 类相位匹配). 一般通过外部参数改变, 就可以使振荡器的输出频率调谐. 调谐一般分为角度调谐与温度调谐. 早期实验多用 LiNbO₃ 非线性晶体的角度或温度调谐实现 I 型参量下转换. 这个过程可表示为 e → o+o, 也就是产生的双光子偏振相同且都垂直于抽运光偏振方向. 为了获得高强度的纠缠偏振态, 近年来 Kuwait 报道了采用 BBO 晶体实现 I 型和 II 型光学参量下转换[44,45]. 这方法的优点是可以方便地产生最大纠缠态, 只要改变泵浦光的偏振态即可, 因而对于如何操控量子纠缠态具有重要意义.

(1) 用两个 I 型参量下转换过程制备偏振纠缠的双光子, 如图 8.1 所示. 其中 H 表示水平偏振, V 表示垂直偏振, 采用两块按 I 型匹配切割的晶体, 泵浦光传播方向与第一块晶体的晶轴构成垂直面, 与第二块晶体的晶轴构成水平面. 入射一束垂直偏振的泵浦光, 下转换只发生在第一块晶体中 (此时泵浦光是非常光), 产生一个水平偏振的光锥. 类似地, 入射一束水平偏振的泵浦光, 下转换只发生在第二块晶体中 (此时泵浦光是非常光), 产生一个垂直偏振的光锥. 若入射一束 45° 偏振的泵浦光, 则下转换同时发生在两块晶体中, 产生水平偏振和垂直偏振的两个光锥, 其交叠处纠缠态可表示为 $HH + VV \exp(\mathrm{i}\phi)$, 这里 HH, VV 是指两个光锥已完全重叠, 分不清到底是由哪块晶体产生的, HH 相对于 VV 相移 ϕ 可通过晶体厚度与相位匹配来实现.

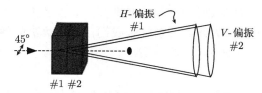

图 8.1   I 型参量下转换示意图[44,45]

(2) 用一个 II 型参量下转换制备双光子纠缠态, 只需要一块晶体就可以产生. 如图 8.2 所示.

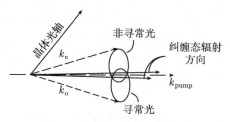

图 8.2   II 型参量下转换示意图[44,45]

设入射面 (包括晶轴与入射光线) 为垂直面, 即入射光是沿垂直方向偏振的. 出射的两个下转换是沿不同方向传输的光锥, 其中一个是水平偏振 (o 光), 另一个是垂直偏振 (e 光). 两个光锥在重叠区处的纠缠态可表示为

$$|\psi\rangle = (|H_1, V_2\rangle + \exp(\mathrm{i}\alpha)|V_1, H_2\rangle)/\sqrt{2}$$

式中, 下标 1、2 指两光锥重叠区, 相位 α 由晶体的双折射引起.

8.1.2 非简并参下转换系统满足的 Fokker-Planck 方程[14,53]

我们考虑一个频率简并而偏振非简并的 NOPA 系统. 与 DOPA 系统不一样, 一个 NOPA 系统总的 Hamilton 可写为

$$H = H_0 + V + W$$

式中

$$
\begin{aligned}
H_0 ={}& \hbar\omega_1 a_1^\dagger a_1 + \hbar\omega_2 a_2^\dagger a_2 + \hbar\omega_0 a_0^\dagger a_0 \\
&+ \mathrm{i}\hbar(E\exp[-\mathrm{i}\omega_0 t]a_0^\dagger - E^*\exp[\mathrm{i}\omega_0 t]a_0) + \sum_{j,i=1,2}\hbar\omega_j B_{ji}^\dagger B_{ji}
\end{aligned}
$$

$$V = \hbar\sum_j k_j(B_{j1}a_1^\dagger + B_{j2}a_2^\dagger) + \hbar\sum_j k_j^*(B_{j1}^\dagger a_1 + B_{j2}^\dagger a_2)$$

$$W = \frac{\mathrm{i}\hbar}{2}(2\varepsilon a_1^\dagger a_2^\dagger - 2\varepsilon^* a_1 a_2) \tag{8.1.1}$$

$a_1^\dagger(a_1)$、$a_2^\dagger(a_2)$ 分别表示信号光和闲置光的产生和湮没算子. 由于频率简并, 故有 $\hbar\omega_1 = \hbar\omega_2 = \hbar\omega_0/2$. 但信号光与闲置光的偏振是非简并的 (分别为左、右旋圆偏振光, 或 x、y 方向的线偏振光). H_0 式右端的前三项分别表示信号光、闲置光与泵浦光的 Hamilton 量, 第四项为由外面注入的驱动场, E 表示驱动场的振幅. 第五项为热库的 Hamilton 量, $B_j^\dagger$、B_j 为热库的产生与湮没算子. V 为信号光, 闲置光与热库相互作用 Hamilton 量. W 则表示非简并参量放大, 由一个泵浦光子 (包含在增益因子 ε 中) 的湮没而导致的一对非简并的即信号光、闲置光子 $a_1^\dagger$、$a_2^\dagger$ 的产生. 在简并参量情形下, $a_1^\dagger$、$a_2^\dagger$ 属同一偏振模式, 即 $a_1^\dagger = a_2^\dagger = a^\dagger$, 故有 $a_1 a_2 - a_2^\dagger a_1 = aa^\dagger - a^\dagger a = 1$, 是不可对易的. 这时 (8.1.1) 式的 V 与 W 分别成为 (5.6.20) 式中的 V 与 W. 而在非简并参量情形下, $a_1^\dagger(a_1)$ 与 $a_2^\dagger(a_2)$ 属不同的偏振模式, 故有 $a_1 a_2^\dagger - a_2^\dagger a_1 = 0$, 是可对易的. 假设

$$a_1 = \frac{b_1}{\sqrt{2}} + \frac{b_2}{\sqrt{2}}, \quad a_2 = \frac{b_1}{\sqrt{2}} - \frac{b_2}{\sqrt{2}}$$

可得

$$b_1 = \frac{a_1}{\sqrt{2}} + \frac{a_2}{\sqrt{2}}, \quad b_2 = \frac{a_1}{\sqrt{2}} - \frac{a_2}{\sqrt{2}} \tag{8.1.2}$$

故有

$$b_1 b_1^\dagger - b_1^\dagger b_1 = \left(\frac{a_1+a_2}{\sqrt{2}}\right)\left(\frac{a_1^\dagger + a_2^\dagger}{\sqrt{2}}\right) - \left(\frac{a_1^\dagger + a_2^\dagger}{\sqrt{2}}\right)\left(\frac{a_1+a_2}{\sqrt{2}}\right) = 1$$

同样可证

$$b_2 b_2^\dagger - b_2^\dagger b_2 = 1, \quad b_1 b_2^\dagger - b_2^\dagger b_1 = 0$$

$$V = \hbar \left(\sum k_j A_{j1} b_1^\dagger + \sum k_j^* A_{j1}^\dagger b_1 \right) + \hbar \left(\sum k_j A_{j2} b_2^\dagger + \sum k_j^* A_{j2}^\dagger b_2 \right) = V_1 + V_2 \quad (8.1.3)$$

$$A_{j1} = \frac{B_{j1} + B_{j2}}{\sqrt{2}}, \quad A_{j1}^\dagger = \frac{B_{j1}^\dagger + B_{j2}^\dagger}{\sqrt{2}}, \quad A_{j2} = \frac{B_{j1} - B_{j2}}{\sqrt{2}}, \quad A_{j2}^\dagger = \frac{B_{j1}^\dagger - B_{j2}^\dagger}{\sqrt{2}}$$

将 (8.1.2) 式代入 (8.1.1) 式, 则 W 可写为

$$W = \frac{\mathrm{i}\hbar}{2}(\varepsilon b_1^{\dagger 2} - \varepsilon^* b_1^2) - \frac{\mathrm{i}\hbar}{2}(\varepsilon b_2^{\dagger 2} - \varepsilon^* b_2^2) = W_1 + W_2 \quad (8.1.4)$$

比较 (8.1.1) 式与 (8.1.3) 式、(8.1.4) 式, 我们发现: 一个 NOPA(ε, k) 系统可以看成是由两个 DOPA 系统 $1(\varepsilon, k)$ 与 $2(-\varepsilon, k)$ 所组成的. 这里 (ε, k) 分别表示 NOPA 系统的增益与损耗. 这样我们就可用求解 DOPA 系统所用的方法求解系统 1 与 2, 最后得到 NOPA 系统的解. 一个 NOPA 系统的密度矩阵可通过两个 DOPA 系统 1、2 的密度矩阵 ρ_1、ρ_2 的乘积来表示. 相应的在相干态 P 表示中, 准概率 p 可通过准概率 p_1、p_2 的乘积来表示. 而 p_1、p_2 可按 DOPA 系统写出它的 Fokker-Planck 方程, 即 $\rho = \rho_1 \rho_2 \longleftrightarrow p = p_1 p_2$. 参照 (5.6.24) 式, 得

$$\begin{aligned}
\frac{\partial p_1}{\partial t} =& k \left(\frac{\partial}{\partial \alpha_1} \alpha_1 + \frac{\partial}{\partial \alpha_1^*} \alpha_1^* \right) p_1 - \left(\varepsilon \alpha_1^* \frac{\partial}{\partial \alpha_1} + \varepsilon^* \alpha_1 \frac{\partial}{\partial \alpha_1^*} \right) p_1 \\
& + \frac{1}{2} \left(\varepsilon \frac{\partial^2}{\partial \alpha_1^2} + \varepsilon^* \frac{\partial^2}{\partial \alpha_1^{*2}} \right) p_1 + 2k\bar{n} \frac{\partial^2}{\partial \alpha_1 \partial \alpha_1^*} p_1
\end{aligned} \quad (8.1.5)$$

$$\begin{aligned}
\frac{\partial p_2}{\partial t} =& k \left(\frac{\partial}{\partial \alpha_2} \alpha_2 + \frac{\partial}{\partial \alpha_2^*} \alpha_2^* \right) p_2 + \left(\varepsilon \alpha_2^* \frac{\partial}{\partial \alpha_2} + \varepsilon^* \alpha_2 \frac{\partial}{\partial \alpha_2^*} \right) p_2 \\
& - \frac{1}{2} \left(\varepsilon \frac{\partial^2}{\partial \alpha_2^2} + \varepsilon^* \frac{\partial^2}{\partial \alpha_2^{*2}} \right) p_2 + 2k\bar{n} \frac{\partial^2}{\partial \alpha_2 \partial \alpha_2^*} p_2
\end{aligned} \quad (8.1.6)$$

(8.1.5) 式、(8.1.6) 式就是将一个 NOPA 系统表示为两个 DOPA 系统 1 与 2 时的 Fokker-Planck 方程. 其中 ε 可取为实数, $\bar{n}$ 为热库的平均光子数.

8.1.3　简并参量下转换系统的 Fokker-Planck 方程的求解

(8.1.5)、(8.1.6) 两方程的求解相当于解如下的 DOPA 的 Fokker-Planck 方程:

$$\begin{aligned}
\frac{\partial p}{\partial t} =& k \left(\frac{\partial}{\partial \alpha} \alpha + \frac{\partial}{\partial \alpha^*} \alpha^* \right) p - \left(\varepsilon \alpha^* \frac{\partial}{\partial \alpha} + \varepsilon^* \alpha \frac{\partial}{\partial \alpha^*} \right) p \\
& + \frac{1}{2} \left(\varepsilon \frac{\partial^2}{\partial \alpha^2} + \varepsilon^* \frac{\partial^2}{\partial \alpha^{*2}} \right) p + 2k\bar{n} \frac{\partial^2}{\partial \alpha \partial \alpha^*} p
\end{aligned} \quad (8.1.7)$$

用实变量 β、$\tilde{\beta}$ 代替复变量 α、α^*，作如下变换：

$$\beta = \frac{\alpha + \alpha^*}{\sqrt{2}}, \quad \tilde{\beta} = \frac{\alpha - \alpha^*}{\sqrt{2}\mathrm{i}} \tag{8.1.8}$$

我们有

$$\frac{\partial p}{\partial t} = \left[(k-\varepsilon)\frac{\partial}{\partial\beta}\beta + (k+\varepsilon)\frac{\partial}{\partial\tilde{\beta}}\tilde{\beta} + \left(\frac{\varepsilon}{2} + k\bar{n}\right)\frac{\partial^2}{\partial\beta^2}\right. $$
$$\left. - \left(\frac{\varepsilon}{2} - k\bar{n}\right)\frac{\partial^2}{\partial\tilde{\beta}^2}\right]p \tag{8.1.9}$$

设形式解为：$p = p(\beta)\tilde{p}(\tilde{\beta})$，(8.1.9) 式变为

$$\frac{\partial p(\beta)}{\partial t} = \left[(k-\varepsilon)\frac{\partial}{\partial\beta}\beta + \left(\frac{\varepsilon}{2} + k\bar{n}\right)\frac{\partial^2}{\partial\beta^2}\right]p(\beta)$$

$$\frac{\partial\tilde{p}(\tilde{\beta})}{\partial t} = \left[(k+\varepsilon)\frac{\partial}{\partial\tilde{\beta}}\tilde{\beta} - \left(\frac{\varepsilon}{2} - k\bar{n}\right)\frac{\partial^2}{\partial\tilde{\beta}^2}\right]\tilde{p}(\tilde{\beta}) \tag{8.1.10}$$

(8.1.10) 式为 Ornstein-Uhlenbeck 方程[18]，参照 5.10.3 节，可得 (8.1.10) 式解为

$$p(\beta)\mathrm{d}\beta = \frac{\exp\left[-\dfrac{c(\beta - \beta_0\exp[-(k-\varepsilon)t])^2}{(1 - \exp[-2(k-\varepsilon)t])}\right]\mathrm{d}\beta}{\sum\exp\left[-\dfrac{c(\beta - \beta_0\exp[-(k-\varepsilon)t])^2}{(1 - \exp[-2(k-\varepsilon)t])}\right]\mathrm{d}\beta}, \quad c = \frac{k-\varepsilon}{\varepsilon + 2k\bar{n}} \tag{8.1.11}$$

$$\tilde{p}(\tilde{\beta})\mathrm{d}\tilde{\beta} = \frac{\exp\left[\dfrac{\tilde{c}(\tilde{\beta} - \tilde{\beta}_0\exp[-(k+\varepsilon)t])^2}{(1 - \exp[-2(k+\varepsilon)t])}\right]\mathrm{d}\tilde{\beta}}{\sum\exp\left[\dfrac{\tilde{c}(\tilde{\beta} - \tilde{\beta}_0\exp[-(k+\varepsilon)t])^2}{(1 - \exp[-2(k+\varepsilon)t])}\right]\mathrm{d}\tilde{\beta}}, \quad \tilde{c} = \frac{k+\varepsilon}{\varepsilon - 2k\bar{n}} \tag{8.1.12}$$

在阈值以下，$k - \varepsilon > 0$，热噪声很低，$\varepsilon - 2k\bar{n} > 0$ 的情况下，c, $\tilde{c} > 0$. (8.1.11) 式的分子当 $\beta \to \infty$ 是收敛的，分母为规一化因子. 但 (8.1.12) 式的分子当 $\tilde{\beta} \to \infty$ 时是发散的，分母为规一化因子也是发散的，故称之为形式解. 但并不妨碍求统计平均，参见 (6.10.30) 式对 DOPA 系统所用的方法. 我们得出统计平均值如下：

$$\left\langle(\beta - \beta_0\exp[-(k-\varepsilon)t])^2\right\rangle = \frac{1}{2c}(1 - \exp[-2(k-\varepsilon)t])$$

$$\left\langle(\tilde{\beta} - \tilde{\beta}_0\exp[-(k+\varepsilon)t])^2\right\rangle = -\frac{1}{2\tilde{c}}(1 - \exp[-2(k+\varepsilon)t]) \tag{8.1.13}$$

我们将 (8.1.13) 式中的参数用 (ε, k) 表示, 便得 DOPA 系统 1 的解

$$\left\langle (\beta_1 - \beta_{10} \exp[-(k-\varepsilon)t])^2 \right\rangle = \frac{1}{2c_1}(1 - \exp[-2(k-\varepsilon)t])$$

$$\left\langle (\tilde{\beta}_1 - \tilde{\beta}_{10} \exp[-(k+\varepsilon)t])^2 \right\rangle = -\frac{1}{2\tilde{c}_1}(1 - \exp[-2(k+\varepsilon)t])$$

$$c_1 = \frac{k-\varepsilon}{\varepsilon + 2k\bar{n}}, \quad \tilde{c}_1 = \frac{k+\varepsilon}{\varepsilon - 2k\bar{n}} \tag{8.1.14}$$

用参数 $(-\varepsilon, k)$ 代换, 同样求得 DOPA 系统 2 的解

$$\left\langle (\beta_2 - \beta_{20} \exp[-(k-\varepsilon)t])^2 \right\rangle = \frac{1}{2c_2}(1 - \exp[-2(k-\varepsilon)t])$$

$$\left\langle (\tilde{\beta}_2 - \tilde{\beta}_{20} \exp[-(k+\varepsilon)t])^2 \right\rangle = -\frac{1}{2\tilde{c}_2}(1 - \exp[-2(k+\varepsilon)t])$$

$$c_2 = \frac{k+\varepsilon}{-\varepsilon + 2k\bar{n}} = -\tilde{c}_1, \quad \tilde{c}_2 = \frac{k-\varepsilon}{-\varepsilon - 2k\bar{n}} = -c_1 \tag{8.1.15}$$

这里我们需要强调一点, 由 (8.1.15) 式表示出能量为 $-\varepsilon$ 的系统 2 的量子起伏, 而 (8.1.14) 则是能量为 ε 的系统 1 的量子起伏. 因此求包括系统 1 与系统 2 总的量子起伏时, 应将系统 1 的正能部分起伏 $\left\langle (\Delta\beta_1)^2 \right\rangle$ 与系统 2 的负能部分起伏 $\left\langle (\Delta\tilde{\beta}_2)^2 \right\rangle$ 相加并乘以权重 1/2, 同样系统 1 的负能部分起伏 $\left\langle (\Delta\tilde{\beta}_1)^2 \right\rangle$ 与系统 2 的正能部分起伏 $\left\langle (\Delta\beta_2)^2 \right\rangle$ 相加并乘以权重 1/2, 有

$$\left\langle (\Delta\beta)^2 \right\rangle = \frac{1}{2}[\left\langle (\Delta\beta_1)^2 \right\rangle + \left\langle (\Delta\tilde{\beta}_2)^2 \right\rangle]$$

$$\left\langle (\Delta\tilde{\beta})^2 \right\rangle = \frac{1}{2}[\left\langle (\Delta\tilde{\beta}_1)^2 \right\rangle + \left\langle (\Delta\beta_2)^2 \right\rangle] \tag{8.1.16}$$

8.1.4　非简并参量下转换系统的量子起伏计算

(8.1.16) 式可证明如下. 参照 (8.1.4) 式, W 又可以写为

$$W = 2\frac{\mathrm{i}\hbar}{2}\left(\varepsilon \frac{b_1^{\dagger 2} + (\mathrm{i}b_2^{\dagger})^2}{2} - \varepsilon^* \frac{b_1^2 + (-\mathrm{i}b_2)^2}{2} \right) \tag{8.1.17}$$

令

$$b = \frac{b_1 - \mathrm{i}b_2}{\sqrt{2}}, \quad \beta = \frac{\beta_1 + \tilde{\beta}_2}{\sqrt{2}}, \quad \tilde{\beta} = \frac{\tilde{\beta}_1 - \beta_2}{\sqrt{2}}$$

在相干态 P 表象中, 得出

$$\Delta b = \Delta \frac{b_1 - \mathrm{i}b_2}{\sqrt{2}}, \quad \Delta\beta = \Delta \frac{\beta_1 + \tilde{\beta}_2}{\sqrt{2}}, \quad \Delta\tilde{\beta} = \Delta \frac{\tilde{\beta}_1 - \beta_2}{\sqrt{2}} \tag{8.1.18}$$

由于 b_1、b_2 是独立的, (8.1.18) 式取方差即 (8.1.16) 式. 由此得 b 的实部 $x = \dfrac{\beta}{\sqrt{2}}$, 虚部 $y = \dfrac{\tilde{\beta}}{\sqrt{2}}$ 的量子起伏为

$$\langle(\Delta x)^2\rangle = \frac{1}{4} + \langle : (\Delta x)^2 : \rangle = \frac{1}{4} + \left\langle \frac{(\Delta\beta)^2}{2} \right\rangle = \frac{1}{4} + \frac{1}{4}\left[\langle(\Delta\beta_1)^2\rangle + \langle(\Delta\tilde{\beta}_2)^2\rangle\right]$$

$$= \frac{1}{4} + \frac{1}{4}\left[\frac{\varepsilon + 2k\bar{n}}{k - \varepsilon}(1 - \exp[-2(k-\varepsilon)t])\right]$$

$$\langle(\Delta y)^2\rangle = \frac{1}{4} + \langle : (\Delta y)^2 : \rangle = \frac{1}{4} + \left\langle \frac{(\Delta\tilde{\beta})^2}{2} \right\rangle = \frac{1}{4} + \frac{1}{4}\left[\langle(\Delta\tilde{\beta}_1)^2\rangle + \langle(\Delta\beta_2)^2\rangle\right]$$

$$= \frac{1}{4} - \frac{1}{4}\left[\frac{\varepsilon - 2k\bar{n}}{k + \varepsilon}(1 - \exp[-2(k+\varepsilon)t])\right] \tag{8.1.19}$$

我们就 (8.1.19) 式进行讨论. 当 $\bar{n} \approx 0$ 时

$$\langle(\Delta y)^2\rangle = \frac{1}{4} - \frac{1}{4}\left[\frac{\varepsilon - 2k\bar{n}}{k + \varepsilon}(1 - \exp[-2(k+\varepsilon)t])\right] \leqslant \frac{1}{4}\frac{k}{k + \varepsilon} \tag{8.1.20}$$

$\langle(\Delta x)^2\rangle$、$\langle(\Delta y)^2\rangle$ 满足测不准关系. 当 $k \geqslant \varepsilon$ 时

$$\langle(\Delta x)^2\rangle\langle(\Delta y)^2\rangle \approx \frac{1}{16}\left(1 + \frac{\varepsilon}{k - \varepsilon}\right)\left(1 - \frac{\varepsilon}{k + \varepsilon}\right) = \frac{1}{16}\frac{k^2}{k^2 - \varepsilon^2} \geqslant \frac{1}{16} \tag{8.1.21}$$

当 $k \leqslant \varepsilon$ 且 t 很大时, 易看出 $\langle(\Delta x)^2\rangle \approx \exp[2(\varepsilon - k)t]$, $\langle\Delta(y)^2\rangle$ 仍由 (8.1.20) 式给出, 故测不准关系是满足的.

8.1.5 正 P 表象

将 (8.1.13) 的第二式写成如下形式:

$$\left\langle (\mathrm{i}\tilde{\beta} - \mathrm{i}\tilde{\beta}_0 \exp[-(k+\varepsilon)t])^2 \right\rangle = \frac{1}{2\tilde{c}}(1 - \exp[-2(k+\varepsilon)t]) \tag{8.1.22}$$

这就是正 P 表象[13]. 因为在正 P 表象中, 认为 α, α^* 是独立的复变量, 而不是互为共轭的数, 这样 $\beta = (\alpha + \alpha^*)/\sqrt{2}$, $\mathrm{i}\tilde{\beta} = (\alpha - \alpha^*)/\sqrt{2}$ 也是独立的复变量, $\mathrm{i}\tilde{\beta}$ 在虚轴上, 而 $\Delta\mathrm{i}\tilde{\beta}$ 沿实轴方向, 可以是正的, 也就是 (8.1.22) 式所表示的. 这时 (8.1.14) 式第二式便写为

$$\left\langle (\mathrm{i}\tilde{\beta}_1 - \mathrm{i}\tilde{\beta}_{10} \exp[-(k+\varepsilon)t])^2 \right\rangle = \frac{1}{2\tilde{c}_1}(1 - \exp[-2(k+\varepsilon)t]), \quad \tilde{c}_1 = \frac{k+\varepsilon}{\varepsilon - 2k\bar{n}} \tag{8.1.23}$$

同样 (8.1.15) 第二式也可写成正 P 表象形式. 而 (8.1.14)、(8.1.15) 第一式在正 P 表象中形式不变.

8.2　位相不匹配 Fokker-Planck 方程在 QPM 中的应用[54,55]

8.1 节是对于理想情况而言, 即不考虑相位失谐以及泵浦吃空的影响. 这节我们研究相位失谐, 但仍不考虑泵浦吃空, 系统经过准相位匹配装置后的量子起伏特性. 由于非线性晶体在进行频率下转换时, 必须满足相位匹配这一要求, 通常才采用各向异性晶体双折射特性实现位相匹配 (PM). 但用各向异性晶体双折射特性实现位相匹配有许多难以克服的缺点, 极大地限制了能量转换效率. 早在 1962 年, Armstrong 等首次提出了周期结构的准位相匹配 (QPM) 概念[43], 后来又有 Fejer 等的进一步研究[46~52], 使得 QPM 得以实现. QPM 技术主要是周期地改变介电系数的符号, 亦即周期改变介电系数的极性, 以便能获得高效率非线性频率转换. 利用非线性晶体的双折射特性进行位相补偿的有效传输距离通常只有几微米的数量级 (相干长度 $l_e = \pi/\Delta k$, 这里 Δk 表示波矢不匹配)[47], 所以不可能获得很大的参量增益. 而 QPM 技术使经历每半个相干长度时极性就反转一下, 这种周期变化补偿了每半个相干长度内泵浦场相对于信号场积累的相位延迟. 关于 QPM 的理论与实验研究, 较早有 Bencheikh[47]、Noirie[48], 以及最近文献 [49]~[51] 的工作. 他们主要是通过求解不计损耗情况下, 相位不匹配后的波耦合方程得到的. 但损耗的存在会降低压缩态光的压缩度是不可忽略的. 参量放大对相位不匹配以及损耗都很敏感, 故本节在 8.1 节的基础上, 求得同时考虑相位不匹配和损耗情况下的 Fokker-Planck 方程的解, 并把这个解应用于计算系统在进行了准相位匹配后的量子起伏特性[54,55,67~81].

8.2.1　位相不匹配情况下的 Fokker-Planck 方程的解

本节首先求得 P 表象中相位失谐 Fokker-Planck 方程的通解, 为了比较, 我们又求得了相位失谐的 Wigner 方程的解.

1. P 表象

参照文献 [11]、[12]、[43] 以及 (8.1.7) 式, 我们同样可以写出 P 表象中位相不匹配情况下的准概率所满足的 Fokker-Planck 方程

$$
\begin{aligned}
\frac{\partial p}{\partial t} =& k\left(\frac{\partial}{\partial \alpha}\alpha + \frac{\partial}{\partial \alpha^*}\alpha^*\right)p - \left(\varepsilon \exp[\mathrm{i}\Delta kx]\alpha^*\frac{\partial}{\partial \alpha} + \varepsilon^* \exp[-\mathrm{i}\Delta kx]\alpha\frac{\partial}{\partial \alpha^*}\right)p \\
&+ \frac{1}{2}\left(\varepsilon \exp[\mathrm{i}\Delta kx]\frac{\partial^2}{\partial \alpha^2} + \varepsilon^* \exp[-\mathrm{i}\Delta kx]\frac{\partial^2}{\partial \alpha^{*2}}\right)p + 2k\bar{n}\frac{\partial^2}{\partial \alpha \partial \alpha^*}p
\end{aligned} \tag{8.2.1}
$$

式中, $\Delta k = k_p - k_i - k_s$ 表示由色散引起的波矢不匹配, $\Delta k \cdot x = \Delta kx$ 表示传播后的位相不匹配. 当不考虑相位失谐时, (8.2.1) 式与 (8.1.7) 式一致. 当 $\Delta kx = 0$ 时, 增益 $\varepsilon \exp[\mathrm{i}\Delta kx]$ 是正的, 但当 Δkx 增至 $\Delta kx = \pi$ 时, 增益 $\varepsilon \exp[\mathrm{i}\Delta kx]$ 就变成负

的了. 增益为正时, 信号光与闲置光均能得到放大, 但增益为负时, 便要减小了. 为了有效地进行放大, 进行位相补偿使之不出现增益为负的情形是十分必要的. 我们采用与 (8.1.8) 式相同的变换, 得到如下的关系式:

$$\alpha^* \frac{\partial}{\partial \alpha} = \frac{1}{2}(\beta - \mathrm{i}\tilde{\beta})\left(\frac{\partial}{\partial \beta} - \mathrm{i}\frac{\partial}{\partial \tilde{\beta}}\right), \quad \alpha \frac{\partial}{\partial \alpha^*} = \frac{1}{2}(\beta + \mathrm{i}\tilde{\beta})\left(\frac{\partial}{\partial \beta} + \mathrm{i}\frac{\partial}{\partial \tilde{\beta}}\right)$$

$$\frac{\partial^2}{\partial \alpha^2} = \frac{1}{2}\left(\frac{\partial^2}{\partial \beta^2} - \frac{\partial^2}{\partial \tilde{\beta}^2}\right) - \mathrm{i}\frac{\partial^2}{\partial \beta \partial \tilde{\beta}}, \quad \frac{\partial^2}{\partial \alpha^{*2}} = \frac{1}{2}\left(\frac{\partial^2}{\partial \beta^2} - \frac{\partial^2}{\partial \tilde{\beta}^2}\right) + \mathrm{i}\frac{\partial^2}{\partial \beta \partial \tilde{\beta}}$$

$$\frac{\partial^2}{\partial \alpha \partial \alpha^*} = \frac{1}{2}\left(\frac{\partial^2}{\partial \beta^2} + \frac{\partial^2}{\partial \tilde{\beta}^2}\right) \tag{8.2.2}$$

将上面的结果代入 (8.2.1) 式中, 便得

$$\frac{\partial p}{\partial t} = \Bigg([k - \varepsilon \cos(\Delta k x)]\frac{\partial}{\partial \beta}\beta + [k + \varepsilon \cos(\Delta k x)]\frac{\partial}{\partial \tilde{\beta}}\tilde{\beta} + \left[\frac{\varepsilon}{2}\cos(\Delta k x) + k\bar{n}\right]\frac{\partial^2}{\partial \beta^2}$$

$$- \left[\frac{\varepsilon}{2}\cos(\Delta k x) - k\bar{n}\right]\frac{\partial^2}{\partial \tilde{\beta}^2} - \varepsilon\sin(\Delta k x)\left(\beta\frac{\partial}{\partial \tilde{\beta}} + \tilde{\beta}\frac{\partial}{\partial \beta}\right) + \varepsilon\sin(\Delta k x)\frac{\partial^2}{\partial \beta \partial \tilde{\beta}}\Bigg)p \tag{8.2.3}$$

假设波沿 x 轴传播, 左端 $\dfrac{\partial}{\partial t} = c\dfrac{\partial}{\partial x}$, 右端 $k = c\left(\dfrac{k}{c}\right)$, $\varepsilon = c\left(\dfrac{\varepsilon}{c}\right)$, k、ε 为单位时间的损耗与增率. 而 k/c、ε/c 为单位长度的损耗与增益. 为简单计, 仍将 k/c、ε/c 计为 k、ε 并令

$$k_1 = k - \varepsilon\cos(\Delta k x), \quad k_2 = k + \varepsilon\cos(\Delta k x)$$

$$D_1 = \frac{\varepsilon}{2}\cos(\Delta k x) + k\bar{n}, \quad D_2 = \frac{\varepsilon}{2}\cos(\Delta k x) - k\bar{n}, \quad G = \varepsilon\sin(\Delta k x) \tag{8.2.4}$$

则 (8.2.3) 式变为

$$\frac{\partial p}{\partial x} = \left(k_1\frac{\partial}{\partial \beta}\beta + k_2\frac{\partial}{\partial \tilde{\beta}}\tilde{\beta} + D_1\frac{\partial^2}{\partial \beta^2} - D_2\frac{\partial^2}{\partial \tilde{\beta}^2} - G\left(\beta\frac{\partial}{\partial \tilde{\beta}} + \tilde{\beta}\frac{\partial}{\partial \beta}\right) + G\frac{\partial^2}{\partial \beta \partial \tilde{\beta}}\right)p \tag{8.2.5}$$

对准概率 p 作 Fourier 变换, 有

$$\phi = \int \exp(\mathrm{i}s\beta + \mathrm{i}\tilde{s}\tilde{\beta})p(\beta, \tilde{\beta}, x \mid \beta_0, \tilde{\beta}_0, 0)\mathrm{d}\beta\mathrm{d}\tilde{\beta} \tag{8.2.6}$$

应用分部积分, 并设 p 在边界处为零, 对 (8.2.5) 式左右两边同时作 Fourier 变换, 则有

$$\int \exp(\mathrm{i}s\beta + \mathrm{i}\tilde{s}\tilde{\beta})\beta\frac{\partial}{\partial \tilde{\beta}}p\mathrm{d}\beta\mathrm{d}\tilde{\beta} = -\mathrm{i}\frac{\partial}{\partial s}\int \exp(\mathrm{i}s\beta + \mathrm{i}\tilde{s}\tilde{\beta})\frac{\partial}{\partial \tilde{\beta}}p\mathrm{d}\beta\mathrm{d}\tilde{\beta} = -\tilde{s}\frac{\partial}{\partial s}\phi$$

同样可以得到如下的关系式:

$$\int \exp(\mathrm{i}s\beta + \mathrm{i}\tilde{s}\tilde{\beta})\tilde{\beta}\frac{\partial}{\partial\beta}p\mathrm{d}\beta\mathrm{d}\tilde{\beta} = -s\frac{\partial}{\partial\tilde{s}}\phi, \quad \int \exp(\mathrm{i}s\beta + \mathrm{i}\tilde{s}\tilde{\beta})\frac{\partial^2}{\partial\beta\partial\tilde{\beta}}p\mathrm{d}\beta\mathrm{d}\tilde{\beta} = -s\tilde{s}\phi$$

$$\int \exp(\mathrm{i}s\beta + \mathrm{i}\tilde{s}\tilde{\beta})\frac{\partial}{\partial\beta}\beta p\mathrm{d}\beta\mathrm{d}\tilde{\beta} = -s\frac{\partial}{\partial s}\phi, \quad \int \exp(\mathrm{i}s\beta + \mathrm{i}\tilde{s}\tilde{\beta})\frac{\partial}{\partial\tilde{\beta}}\tilde{\beta}p\mathrm{d}\beta\mathrm{d}\tilde{\beta} = -\tilde{s}\frac{\partial}{\partial\tilde{s}}\phi$$

$$\int \exp(\mathrm{i}s\beta + \mathrm{i}\tilde{s}\tilde{\beta})\frac{\partial^2}{\partial\beta^2}p\mathrm{d}\beta\mathrm{d}\tilde{\beta} = -s^2\phi, \quad \int \exp(\mathrm{i}s\beta + \mathrm{i}\tilde{s}\tilde{\beta})\frac{\partial^2}{\partial\tilde{\beta}^2}p\mathrm{d}\beta\mathrm{d}\tilde{\beta} = -\tilde{s}^2\phi \quad (8.2.7)$$

于是 (8.2.5) 式变为 s、$\tilde{s}$ 的方程

$$\frac{\partial}{\partial x}\ln\phi + (k_1 s - G\tilde{s})\frac{\partial}{\partial s}\ln\phi + (k_2\tilde{s} - Gs)\frac{\partial}{\partial\tilde{s}}\ln\phi = -D_1 s^2 + D_2\tilde{s}^2 - Gs\tilde{s} \quad (8.2.8)$$

我们假设

$$\ln\phi = As^2 + \tilde{A}\tilde{s}^2 + \mathrm{i}Bs + \mathrm{i}\tilde{B}\tilde{s} + Es\tilde{s} \quad (8.2.9)$$

代入 (8.2.8) 式, 得

$$\frac{\partial A}{\partial x}s^2 + \frac{\partial\tilde{A}}{\partial x}\tilde{s}^2 + \mathrm{i}\frac{\partial B}{\partial x}s + \mathrm{i}\frac{\partial\tilde{B}}{\partial x}\tilde{s} + \frac{\partial E}{\partial x}s\tilde{s} + (k_1 s - G\tilde{s})(2As + \mathrm{i}B + E\tilde{s})$$
$$+ (k_2\tilde{s} - Gs)(2\tilde{A}\tilde{s} + \mathrm{i}\tilde{B} + Es) = -D_1 s^2 + D_2\tilde{s}^2 - Gs\tilde{s} \quad (8.2.10)$$

等式两边系数分别相等, (8.2.10) 式可表示为两个一阶线性变系数常微分方程组, 分别为

$$\frac{\mathrm{d}A}{\mathrm{d}x} = -2k_1 A + GE - D_1$$

$$\frac{\mathrm{d}\tilde{A}}{\mathrm{d}x} = -2k_2\tilde{A} + GE + D_2, \quad A(0) = \tilde{A}(0) = E(0) = 0$$

$$\frac{\mathrm{d}E}{\mathrm{d}x} = 2G(A + \tilde{A}) - 2kE - G \quad (8.2.11)$$

和

$$\frac{\mathrm{d}B}{\mathrm{d}x} = -k_1 B + G\tilde{B}, \quad \frac{\mathrm{d}\tilde{B}}{\mathrm{d}x} = -k_2\tilde{B} + GB$$

$$B(0) = \beta_0, \quad \tilde{B}(0) = \tilde{\beta}_0 \quad (8.2.12)$$

用数值方法求解得出的 A、$\tilde{A}$、E、B、$\tilde{B}$ 均为 x 的函数, 故 (8.2.9) 式可表示为

$$\phi = \phi(x, s, \tilde{s}; \beta_0, \tilde{\beta}_0) \quad (8.2.13)$$

现取 $s, \tilde{s} \to t, \tilde{t}$; $\beta, \tilde{\beta} \to \alpha, \tilde{\alpha}$ 的正交变换 (注意: 这里的 t、$\tilde{t}$ 不是时间, 实数 α、$\tilde{\alpha}$ 也不是 (8.2.1) 式中的复数, 这里只是为了方便仍用 t、$\tilde{t}$ 与 α、$\tilde{\alpha}$). 我们设

$$s = t\cos(\theta) + \tilde{t}\sin(\theta), \quad \tilde{s} = -t\sin(\theta) + \tilde{t}\cos(\theta) \quad (8.2.14)$$

$$\beta = \alpha \cos(\theta) + \tilde{\alpha} \sin(\theta), \quad \tilde{\beta} = -\alpha \sin(\theta) + \tilde{\alpha} \cos(\theta) \tag{8.2.15}$$

将 (8.2.14) 式代入 (8.2.9) 式, 并且令 $t\tilde{t}$ 的系数为零

$$\tan(2\theta) = -\frac{E}{A - \tilde{A}} \tag{8.2.16}$$

则 (8.2.9) 式可变为

$$\ln \phi = -Ht^2 - \tilde{H}\tilde{t}^2 + \mathrm{i}Ct + \mathrm{i}\tilde{C}\tilde{t} \tag{8.2.17}$$

式中

$$-H = A \cos^2(\theta) + \tilde{A} \sin^2(\theta) - E \sin(\theta) \cos(\theta)$$

$$-\tilde{H} = A \sin^2(\theta) + \tilde{A} \cos^2(\theta) + E \sin(\theta) \cos(\theta)$$

$$C = B \cos(\theta) - \tilde{B} \sin(\theta), \quad \tilde{C} = B \sin(\theta) + \tilde{B} \cos(\theta) \tag{8.2.18}$$

由 (8.2.11) 式, $x = 0$ 时初值 $\theta = 0$. 根据 (8.2.12) 式、(8.2.15) 式得到

$$C(0) = B(0) = \beta_0 = \alpha_0, \quad \tilde{C}(0) = \tilde{B}(0) = \tilde{\beta}_0 = \tilde{\alpha}_0$$

$$s\beta + \tilde{s}\tilde{\beta} = t\alpha + \tilde{t}\tilde{\alpha}, \quad \mathrm{d}s\mathrm{d}\tilde{s} = \mathrm{d}t\mathrm{d}\tilde{t} \tag{8.2.19}$$

于是通过 Fourier 反变换

$$\int \phi \exp(-\mathrm{i}s\beta - \mathrm{i}\tilde{s}\tilde{\beta}) \mathrm{d}s\mathrm{d}\tilde{s}$$

$$= \int \exp(-Ht^2 - \tilde{H}\tilde{t}^2 + \mathrm{i}Ct + \mathrm{i}\tilde{C}\tilde{t} - \mathrm{i}t\alpha - \mathrm{i}\tilde{t}\tilde{\alpha}) \mathrm{d}t\mathrm{d}\tilde{t}$$

$$= \int \exp \left[-H \left(t + \mathrm{i}\frac{\alpha - C}{2H} \right)^2 - \tilde{H} \left(\tilde{t} + \mathrm{i}\frac{\tilde{\alpha} - \tilde{C}}{2\tilde{H}} \right)^2 - \frac{(\alpha - C)^2}{4H} - \frac{(\tilde{\alpha} - \tilde{C})^2}{4\tilde{H}} \right] \mathrm{d}t\mathrm{d}\tilde{t}$$

$$= \frac{1}{\sqrt{4H\pi}} \frac{1}{\sqrt{4\tilde{H}\pi}} \exp \left[-\frac{(\alpha - C)^2}{4H} - \frac{(\tilde{\alpha} - \tilde{C})^2}{4\tilde{H}} \right] \tag{8.2.20}$$

p 的形式解可写为 $p = p(\alpha)\tilde{p}(\tilde{\alpha})$

$$p(\alpha) = \frac{\exp \left[-\dfrac{(\alpha - C)^2}{4H} \right]}{\displaystyle\int \exp \left[-\dfrac{(\alpha - C)^2}{4H} \right] \mathrm{d}\alpha}, \quad \tilde{p}(\tilde{\alpha}) = \frac{\exp \left[-\dfrac{(\tilde{\alpha} - \tilde{C})^2}{4\tilde{H}} \right]}{\displaystyle\int \exp \left[-\dfrac{(\tilde{\alpha} - \tilde{C})^2}{4\tilde{H}} \right] \mathrm{d}\tilde{\alpha}} \tag{8.2.21}$$

由此得

$$\langle (\Delta\alpha)^2 \rangle = \int (\alpha - C)^2 p(\alpha) \mathrm{d}\alpha = \frac{\displaystyle\int x^2 \exp \left(-\frac{x^2}{4H} \right) \mathrm{d}x}{\displaystyle\int \exp \left(-\frac{x^2}{4H} \right) \mathrm{d}x} = 2H$$

$$\langle (\Delta \tilde{\alpha})^2 \rangle = \int (\tilde{\alpha} - \tilde{C})^2 \tilde{p}(\tilde{\alpha}) \mathrm{d}\tilde{\alpha} = \frac{\int y^2 \exp \left(-\dfrac{y^2}{4\tilde{H}} \right) \mathrm{d}y}{\int \exp \left(-\dfrac{y^2}{4\tilde{H}} \right) \mathrm{d}y} = 2\tilde{H} \tag{8.2.22}$$

参照 (8.2.15) 式, 得

$$\begin{aligned}
\langle (\Delta \beta)^2 \rangle &= \langle (\Delta \alpha)^2 \rangle \cos^2(\theta) + \langle (\Delta \tilde{\alpha})^2 \rangle \sin^2(\theta) \\
&= -2A + (A - \tilde{A}) \left[\sin^2(2\theta) + \frac{E}{A - \tilde{A}} \sin(2\theta) \cos(2\theta) \right] = -2A
\end{aligned}$$

$$\begin{aligned}
\langle (\Delta \tilde{\beta})^2 \rangle &= \langle (\Delta \alpha)^2 \rangle \sin^2(\theta) + \langle (\Delta \tilde{\alpha})^2 \rangle \cos^2(\theta) \\
&= -2\tilde{A} + (\tilde{A} - A) \left[\sin^2(2\theta) + \frac{E}{A - \tilde{A}} \sin(2\theta) \cos(2\theta) \right] = -2\tilde{A} \tag{8.2.23}
\end{aligned}$$

场算子的正规编序方差为

$$\langle : (\Delta x_1)^2 : \rangle = \left\langle \left(\Delta \frac{\alpha + \alpha^*}{2} \right)^2 \right\rangle = \left\langle \frac{(\Delta \beta)^2}{2} \right\rangle = -A$$

$$\langle : (\Delta x_2)^2 : \rangle = \left\langle \left(\Delta \frac{\alpha - \alpha^*}{2i} \right)^2 \right\rangle = \left\langle \frac{(\Delta \tilde{\beta})^2}{2} \right\rangle = -\tilde{A} \tag{8.2.24}$$

加上真空起伏后的实际的量子起伏为

$$\langle (\Delta x_1)^2 \rangle = \frac{1}{4} + \langle : (\Delta x_1)^2 : \rangle = \frac{1}{4} - A$$

$$\langle (\Delta x_2)^2 \rangle = \frac{1}{4} + \langle : (\Delta x_2)^2 : \rangle = \frac{1}{4} - \tilde{A} \tag{8.2.25}$$

由于起初输入信号场的量子起伏为 $\langle (\Delta x_1)^2 \rangle = \langle (\Delta x_2)^2 \rangle = \dfrac{1}{4}$. 由此, 根据 (8.2.25) 式可以得出 $A(0) = \tilde{A}(0) = 0$, 这与 (8.2.11) 式所给出的初始条件一致. 我们从 E 的解 $E = E(0) \exp(-2kx) + \displaystyle\int_0^x \exp[-2k(x - x')](2G(A + A') - G)\mathrm{d}x'$ 可以看出 E 等式右边第一项相对于 E 随 x 的增加呈指数衰减. 为了简化计算, 我们一般认为 $E(0) = 0$.

2. Wigner 表象

参照文献 [65]、[66], 在 Wigner 表象中, 对应无泵浦吃空和相位匹配条件下 Wigner 函数 W 所满足的方程为

$$\frac{\partial W}{\partial t} = \left[k \left(\frac{\partial}{\partial \alpha} \alpha + \frac{\partial}{\partial \alpha^*} \alpha^* \right) - \left(\varepsilon \alpha^* \frac{\partial}{\partial \alpha} + \varepsilon^* \alpha \frac{\partial}{\partial \alpha^*} \right) + k(1 + 2\bar{n}) \frac{\partial^2}{\partial \alpha \partial \alpha^*} \right] W \tag{8.2.26}$$

与方程 (8.2.1) 的推导过程相类似, W 的相位失谐方程可写为

$$
\frac{\partial W}{\partial t} = \left[k \left(\frac{\partial}{\partial \alpha} \alpha + \frac{\partial}{\partial \alpha^*} \alpha^* \right) - \left(\varepsilon \exp[\mathrm{i}\Delta kx] \alpha^* \frac{\partial}{\partial \alpha} + \varepsilon^* \exp[-\mathrm{i}\Delta kx] \alpha \frac{\partial}{\partial \alpha^*} \right) \right.
$$
$$
\left. + k(1 + 2\bar{n}) \frac{\partial^2}{\partial \alpha \partial \alpha^*} \right] W \tag{8.2.27}
$$

采用 (8.1.8) 和 (8.2.2) 相同的变换, 方程 (8.2.27) 变为

$$
\frac{\partial W}{\partial x} = \left[k_1 \frac{\partial}{\partial \beta} \beta + k_2 \frac{\partial}{\partial \tilde{\beta}} \tilde{\beta} - G \left(\beta \frac{\partial}{\partial \tilde{\beta}} + \tilde{\beta} \frac{\partial}{\partial \beta} \right) + D \left(\frac{\partial^2}{\partial \beta^2} + \frac{\partial^2}{\partial \tilde{\beta}^2} \right) \right] W \tag{8.2.28}
$$

式中

$$
k_1 = k - \varepsilon \cos(\Delta kx), \quad k_2 = k + \varepsilon \cos(\Delta kx), \quad G = \varepsilon \sin(\Delta kx), \quad D = k \left(\bar{n} + \frac{1}{2} \right)
$$

方程 (8.2.28) 的扩散系数总是正的, 可以求得上式的通解. 对 (8.2.27) 式取 Fourier 变换很容易得到如下的结果:

$$
\phi_W = \int \exp(\mathrm{i}s\beta + \mathrm{i}\tilde{s}\tilde{\beta}) W(\beta, \tilde{\beta}, x | \beta_0, \tilde{\beta}_0, 0) \mathrm{d}\beta \mathrm{d}\tilde{\beta} \tag{8.2.29}
$$

$$
\frac{\partial}{\partial x} \ln \phi_W + (k_1 s - G\tilde{s}) \frac{\partial}{\partial s} \ln \phi_W + (k_2 \tilde{s} - Gs) \frac{\partial}{\partial \tilde{s}} \ln \phi_W = -D(s^2 + \tilde{s}^2) \tag{8.2.30}
$$

令

$$
\ln \phi_W = A_W s^2 + \tilde{A}_W \tilde{s}^2 + \mathrm{i}B_W s + \mathrm{i}\tilde{B}_W \tilde{s} + E_W s\tilde{s} \tag{8.2.31}
$$

$$
\frac{\mathrm{d}A_W}{\mathrm{d}x} = -2k_1 A_W + G E_W - D
$$

$$
\frac{\mathrm{d}\tilde{A}_W}{\mathrm{d}x} = -2k_2 \tilde{A}_W + G E_W - D, \quad A_W(0) = -\frac{1}{4}, \quad \tilde{A}_W(0) = -\frac{1}{4}, \quad E_W = 0
$$

$$
\frac{\mathrm{d}E_W}{\mathrm{d}x} = 2G(A_W + \tilde{A}_W) - 2k E_W \tag{8.2.32}
$$

同样, 可以得到 Wigner 表象中的起伏为

$$
\left\langle \frac{(\Delta\beta)^2_W}{2} \right\rangle = -A_W \quad \left\langle \frac{(\Delta\tilde{\beta})^2_W}{2} \right\rangle = -\tilde{A}_W \tag{8.2.33}
$$

B_W、$\tilde{B}_W$ 满足与方程 (8.2.12) 中的 B, $\tilde{B}$ 相同的微分方程. 总的来说, 我们是从方程 (8.2.1) 出发, 经过变换 (8.2.2) 式将复参数 α、α^* 用实参量 $\beta, \tilde{\beta}$ 代替, 相应的含复参量的 Fokker-Planck 方程变成 (8.2.5) 式. 又对 p 作 Fourier 变换, 使 ϕ 的解可用不含交叉项 $t\tilde{t}$, 仅含 t^2、$\tilde{t}^2$ 的二次型表示, 即 (8.2.17) 式, 其中系数 A、$\tilde{A}$; C、$\tilde{C}$ 均为 x 的函数. 最后用数值方法求解两个一阶变系数常微分方程组. 在此基础上, 进一步求出方差, 然后根据 (8.2.24) 式、(8.2.32) 式求出量子起伏. 我们还要研究 Langevin 方程与 Fokker-Planck 方程之间的关系.

8.2.2 参量下转换的 Langevin 方程与 Fokker-Planck 方程解的关系

为了弄清楚解 Fokker-Planck 方程 (8.2.1) 得出的方程 (8.2.12) 的物理意义, 我们先研究参量下转换的 Langevin 方程, 若位相不匹配, 参照文献 [74], 加入损耗和随机力, 有

$$\frac{\mathrm{d}}{\mathrm{d}x}a = -ka + \varepsilon \exp(\mathrm{i}\Delta kx)a^\dagger + F$$

$$\frac{\mathrm{d}}{\mathrm{d}x}a^\dagger = -ka^\dagger + \varepsilon \exp(-\mathrm{i}\Delta kx)a + F^\dagger \tag{8.2.34}$$

式中, F、$F^\dagger$ 表示无规力算子. 我们令

$$B = \frac{a+a^\dagger}{2}, \quad \tilde{B} = \frac{a-a^\dagger}{2\mathrm{i}}, \quad f = \frac{F+F^\dagger}{2}, \quad \tilde{f} = \frac{F-F^\dagger}{2\mathrm{i}} \tag{8.2.35}$$

则 (8.2.34) 式可写为

$$\frac{\mathrm{d}B}{\mathrm{d}x} = -kB + \varepsilon \cos(\Delta kx)B + \varepsilon \sin(\Delta kx)\tilde{B} + f$$

$$\frac{\mathrm{d}\tilde{B}}{\mathrm{d}x} = -k\tilde{B} - \varepsilon \cos(\Delta kx)\tilde{B} + \varepsilon \sin(\Delta kx)B + \tilde{f} \tag{8.2.36}$$

这就是位相不匹配情况下的 Langevin 方程, 对其求统计平均, 并令 $\langle f \rangle = \langle \tilde{f} \rangle = 0$, $B = \langle B \rangle$ 和 $\tilde{B} = \langle \tilde{B} \rangle$, (8.2.36) 式便过渡到一阶的变系数常微分方程组

$$\frac{\mathrm{d}B}{\mathrm{d}x} = -[k - \varepsilon \cos(\Delta kx)]B + \varepsilon \sin(\Delta kx)\tilde{B}$$

$$\frac{\mathrm{d}\tilde{B}}{\mathrm{d}x} = -[k + \varepsilon \cos(\Delta kx)]\tilde{B} + \varepsilon \sin(\Delta kx)B \tag{8.2.37}$$

我们把 (8.2.4) 式的 k_1、k_2 代入 (8.2.12) 式也得到 (8.2.37) 式. 这表明方程 (8.2.12) 与求统计平均后的 Langevin 方程即 (8.2.37) 式一致. 求解 (8.2.37) 式, 得

$$\frac{\mathrm{d}}{\mathrm{d}x}\begin{pmatrix} B \\ \tilde{B} \end{pmatrix} = -k\begin{pmatrix} B \\ \tilde{B} \end{pmatrix} + \varepsilon \begin{pmatrix} \cos\left(\dfrac{\Delta kx}{2}\right) & \sin\left(\dfrac{\Delta kx}{2}\right) \\ \sin\left(\dfrac{\Delta kx}{2}\right) & -\cos\left(\dfrac{\Delta kx}{2}\right) \end{pmatrix}$$

$$\times \begin{pmatrix} \cos\left(\dfrac{\Delta kx}{2}\right) & \sin\left(\dfrac{\Delta kx}{2}\right) \\ -\sin\left(\dfrac{\Delta kx}{2}\right) & \cos\left(\dfrac{\Delta kx}{2}\right) \end{pmatrix}\begin{pmatrix} B \\ \tilde{B} \end{pmatrix}$$

$$= -k\begin{pmatrix} B \\ \tilde{B} \end{pmatrix} + \varepsilon \begin{pmatrix} \bar{C} & \bar{S} \\ \bar{S} & -\bar{C} \end{pmatrix}\begin{pmatrix} \bar{C} & \bar{S} \\ -\bar{S} & \bar{C} \end{pmatrix}\begin{pmatrix} B \\ \tilde{B} \end{pmatrix}$$

$$=-k\begin{pmatrix} B \\ \tilde{B} \end{pmatrix} + \varepsilon \begin{pmatrix} \bar{C} & \bar{S} \\ \bar{S} & -\bar{C} \end{pmatrix}\begin{pmatrix} p \\ q \end{pmatrix} \qquad (8.2.38)$$

即

$$\frac{\mathrm{d}}{\mathrm{d}x}\begin{pmatrix} \bar{C} & \bar{S} \\ -\bar{S} & \bar{C} \end{pmatrix}\begin{pmatrix} B \\ \tilde{B} \end{pmatrix} - \frac{\Delta k}{2}\begin{pmatrix} -\bar{S} & \bar{C} \\ -\bar{C} & -\bar{S} \end{pmatrix}\begin{pmatrix} B \\ \tilde{B} \end{pmatrix}$$

$$=-k\begin{pmatrix} \bar{C} & \bar{S} \\ -\bar{S} & \bar{C} \end{pmatrix}\begin{pmatrix} B \\ \tilde{B} \end{pmatrix} + \varepsilon\begin{pmatrix} p \\ -q \end{pmatrix}$$

$$\frac{\mathrm{d}}{\mathrm{d}x}\begin{pmatrix} p \\ q \end{pmatrix} = -k\begin{pmatrix} p \\ q \end{pmatrix} + \varepsilon\begin{pmatrix} p \\ -q \end{pmatrix} + \frac{\Delta k}{2}\begin{pmatrix} q \\ -p \end{pmatrix} \qquad (8.2.39)$$

其解析解可采用如下简单的形式表示:

$$C = \exp(-kx)\cos(Kx), \quad S = \exp(-kx)\sin(Kx)$$

$$\Delta = \frac{\Delta k}{2K}, \quad G = \frac{\varepsilon}{K}, \quad K = \sqrt{\left(\frac{\Delta k}{2}\right)^2 - \varepsilon^2}$$

故有

$$\begin{pmatrix} p \\ q \end{pmatrix} = \begin{pmatrix} C + GS & \Delta S \\ -\Delta S & C - GS \end{pmatrix}\begin{pmatrix} p(0) \\ q(0) \end{pmatrix} \qquad (8.2.40)$$

当 $k = 0$ 时, (8.2.40) 式即文献 [47] 中 (11) 式. 简并参量放大[47~49] 的 Langevin 方程的解与 Fokker-Planck 方程的解一致. 当 $k \neq 0$ 时, 且 $x \to \infty$, C 与 S 的值均趋近于零, Langevin 方程的上述解不再成立, 而上述 Fokker-Planck 方程的解仍然适用, 故 Fokker-Planck 方程的解更具有普遍性.

8.2.3 位相不匹配的 Fokker-Planck 方程的解应用到 QPM 技术上

由文献 [43]、[47] 提出的理想的 QPM, 如图 8.3 所示. 第一半周期为正极化, 第二半周期为负极化, 以后以此类推. 半周期长度为 L, 周期长度为 $\Lambda = 2L = \pi/K = 2\pi/\Delta k$. 因此, $\Delta k = \pi/L$.

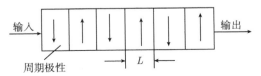

图 8.3 理想位相匹配示意图[54,55]

参照解 (8.2.40) 式, 并令其中阻尼 $k = 0$. 第一个半周期内传输矩阵可写为

$$\begin{pmatrix} p(L) \\ q(L) \end{pmatrix} = \begin{pmatrix} G & \Delta \\ -\Delta & -G \end{pmatrix} \begin{pmatrix} p(0) \\ q(0) \end{pmatrix}$$

第二个半周期内传输矩阵可写为

$$\begin{pmatrix} p(2L) \\ q(2L) \end{pmatrix} = \begin{pmatrix} -G & \Delta \\ -\Delta & G \end{pmatrix} \begin{pmatrix} p(L) \\ q(L) \end{pmatrix} = \begin{pmatrix} -(G^2 + \Delta^2) & -2\Delta G \\ -2\Delta G & -(G^2 + \Delta^2) \end{pmatrix} \begin{pmatrix} p(0) \\ q(0) \end{pmatrix}$$

以此类推, 得到传播 n 个周期后的传输矩阵可写为

$$\begin{pmatrix} p(2nL) \\ q(2nL) \end{pmatrix} = \begin{pmatrix} -(G^2 + \Delta^2) & -2\Delta G \\ -2\Delta G & -(G^2 + \Delta^2) \end{pmatrix}^n \begin{pmatrix} p(0) \\ q(0) \end{pmatrix}$$

$$= \begin{pmatrix} \dfrac{\lambda_1^n + \lambda_2^n}{2} & \dfrac{\lambda_1^n - \lambda_2^n}{2} \\ \dfrac{\lambda_1^n - \lambda_2^n}{2} & \dfrac{\lambda_1^n + \lambda_2^n}{2} \end{pmatrix} \begin{pmatrix} p(0) \\ q(0) \end{pmatrix}$$

式中

$$\lambda_1 = -(G + \Delta)^2, \quad \lambda_2 = -(\Delta - G)^2 \tag{8.2.41}$$

根据文献 [47] 给出的总输出光子数的起伏, 可导出振幅方差的量子起伏[49]

$$X = a + a^\dagger, \quad Y = -\mathrm{i}(a - a^\dagger)$$

$$\langle (\Delta X)^2 \rangle = 1 + \frac{(\lambda_1^n - \lambda_2^n)^2}{2} + \frac{\lambda_1^{2n} - \lambda_2^{2n}}{2} \times \cos\left(\phi + \frac{\pi}{2}\right)$$

$$\langle (\Delta Y)^2 \rangle = 1 + \frac{(\lambda_1^n - \lambda_2^n)^2}{2} + \frac{\lambda_1^{2n} - \lambda_2^{2n}}{2} \times \cos\left(\phi - \frac{\pi}{2}\right) \tag{8.2.42}$$

式中, $\phi = \phi_{\mathrm{p}} - \phi_{\mathrm{s}} - \phi_{\mathrm{i}}$ 是泵浦光与闲置光、信号光之间的相对位相. 由 (8.2.42) 式看出最大压缩出现在 $\phi = \pi/2$ 处, $\phi = 0$ 是没有压缩的. 这在下面图 8.5 中可明显看出. 参照上述 QPM 技术的理论处理, 我们将位相不匹配的 Fokker-Planck 的解应用到 QPM 上, 只需改变通过每半个周期长度的增益系数的符号即可

$$\varepsilon = \varepsilon_0 \times \mathrm{sgn}\left[\sin\left(\frac{\pi x}{L} + \phi\right)\right] = \varepsilon_0 \times \mathrm{sgn}[\sin(\Delta k x + \phi)] \tag{8.2.43}$$

式中, ε_0 为没有 QPM 时的增益.

8.2.4 数值计算结果与分析

计算中参数的选取可包括以下几点:

(1) 取 LiNbO$_3$ 晶体作为参量放大晶体, 参照文献 [17], 计算中取没有 QPM 时的增益为 $\varepsilon_0 = 0.1 \text{mm}^{-1}$. 通常假设热库中的平均光子数 $\bar{n} \approx 0$.

(2) QPM 结构参数, 参照文献 [49], 周期长度 $\Lambda = 2L = 30\mu\text{m} = 3 \times 10^{-2}\text{mm}$. 在计算中取定 $L = (\pi/200)\text{mm}$, 于是有 $K = \pi/2L = [(\Delta k/2)^2 - \varepsilon^2]^{1/2} \approx \Delta k/2$, 得 $\Delta k = \dfrac{\pi}{L}$. 我们又取定 L 为长度单位, 于是便得出经 L 长度后的位相不匹配为 $\dfrac{\Delta k}{1/L} = \pi$, 而增益为 $\varepsilon_0 L = 0.1 \times \pi/200$, $G = \varepsilon_0/K = 0.001$, $\Lambda = \Delta k/2K \approx 1$.

(3) 根据上述参数, 数值求解方程 (8.2.11)、(8.2.43), 所得结果如图 8.5~图 8.7 所示. 图 8.4、图 8.5 和图 8.6、图 8.7 分别为当 $k = 0 \times \varepsilon_0$ 时和 $k = 0.2, 1, 2, 10 \times \varepsilon_0$ 时, 量子起伏随传输距离的变化曲线图. 我们只要在正规编序方差 $\langle : (\Delta x_1)^2 : \rangle$, $\langle : (\Delta x_2)^2 : \rangle$ 两边同时加上真空起伏 $1/4$ 即可以获得相应的量子起伏为 $\langle (\Delta x_1)^2 \rangle$, $\langle (\Delta x_2)^2 \rangle$. 而 $\langle (\Delta x_1)^2 \rangle$, $\langle (\Delta x_2)^2 \rangle$ 即变量 $\langle (\Delta \beta)^2 \rangle/2$, $\langle (\Delta \tilde{\beta})^2 \rangle/2$. 在无损耗 ($\Delta k = 0$) 的理想情况下, 图 8.5 表示 $\phi = \pi/2$ 时压缩最大的情形, 这与 (8.2.42) 式估算的一致. 顺便提一下, $\phi = 0$ 是没有压缩的, 实际计算中也证明了这一点, 但在图中没有给出. 从图 8.7 中可以看到, 实线 1 表示阈值以上, 损耗很小, $k = 0.2 \times \varepsilon_0$ 时, 压缩为 $\langle (\Delta x_2)^2 \rangle = 1/4 - 0.2 = 0.05$, 接近于理想情况; 然而实线 2 表示阈值处 $k = \varepsilon_0$ 时, 压缩为 $\langle (\Delta x_2)^2 \rangle = 1/4 - 0.1 = 1/6.7$, 稍小于文献 [43]、[46] 给出的阈值附近的结果 $1/8$, 这是由 QPM 的内在性质所决定的, 即准位相匹配稍逊于位相匹配. 点画线表示阈值以下, 损耗继续增大, $k = 2 \times \varepsilon_0$ 时, 压缩减小; 虚线表示损耗很大, $k = 10 \times \varepsilon_0$ 时, 压缩继续减小接近于真空起伏. 很显然, 图中的曲线显示随着损耗逐步增大压缩呈减小的趋势. 最后图 8.8 和图 8.9 分别表示当 $\Delta k = \pi$, $k = \varepsilon_0$, $\varepsilon_0 = 0.1 \times \pi/200$ 时, $<(\Delta \beta)^2_W >/2$, $<(\Delta \tilde{\beta})^2_W >/2$ 随 x(单位长度 L) 的变化曲线, 与 p 表象图 8.6、图 8.7 的结果 $+1/4$ 进行比较, 基本相符.

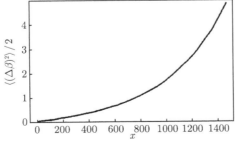

图 8.4 $\Delta k / \dfrac{1}{L} = \pi$, $k = 0 \times \varepsilon_0$, $\varepsilon_0 L = 0.1 \times \pi/200$ 时, $\langle (\Delta \beta)^2 \rangle/2$ 随 x 的变化曲线图, x 的单位为 L, 下同[54,55]

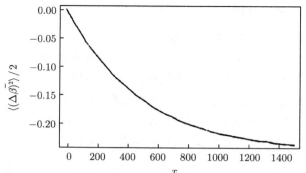

图 8.5　$\Delta k / \dfrac{1}{L} = \pi$, $k = 0 \times \varepsilon_0$, $\varepsilon_0 L = 0.1 \times \pi/200$ 时, $\left\langle (\Delta \tilde{\beta})^2 \right\rangle / 2$ 随 x 的变化
曲线图[54,55]

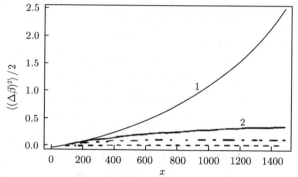

图 8.6　$\Delta k / \dfrac{1}{L} = \pi$, $\varepsilon_0 L = 0.1 \times \pi/200$, 实线 1、实线 2、点画线、虚线分别表 $k = 0.2 \times \varepsilon_0$,
$k = 1 \times \varepsilon_0$, $k = 2 \times \varepsilon_0$, $k = 10 \times \varepsilon_0$ 时, $\left\langle (\Delta \beta)^2 \right\rangle / 2$ 随 x 的变化曲线图[54,55]

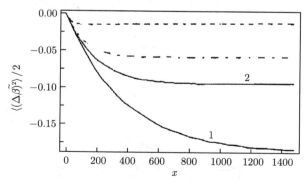

图 8.7　$\Delta k / \dfrac{1}{L} = \pi$, $\varepsilon_0 L = 0.1 \times \pi/200$, 实线 1、实线 2、点画线、虚线分别表 $k = 0.2 \times \varepsilon_0$,
$k = 1 \times \varepsilon_0$, $k = 2 \times \varepsilon_0$, $k = 10 \times \varepsilon_0$ 时, $\left\langle (\Delta \tilde{\beta})^2 \right\rangle / 2$ 随 x 的变化曲线图[54,55]

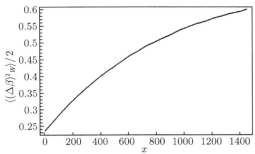

图 8.8 $\Delta k / \dfrac{1}{L} = \pi$, $k = \varepsilon_0$, $\varepsilon_0 L = 0.1 \times \pi / 200$ 时, $\langle (\Delta \beta)^2_W \rangle / 2$ 随 x 的变化曲线图[54,55]

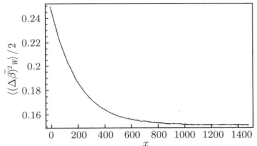

图 8.9 $\Delta k / \dfrac{1}{L} = \pi$, $k = \varepsilon_0$, $\varepsilon_0 L = 0.1 \times \pi / 200$ 时, $\left\langle (\Delta \tilde{\beta})^2_W \right\rangle / 2$ 随 x 的变化曲线图[54,55]

8.3 含时的线性驱动简并参量放大系统的量子起伏

近年来, 参量放大器在阈值以下的压缩在理论和实验上都已经进行了许多研究. 文献 [65] 在抽运参量接近于但小于阈值 1(即 $\mu = \varepsilon / k < 1$) 处, 作微扰展开. 取线性近似后, 按 (8.1.19) 式, 令 $y_1 = \Delta y$, 则场的压缩分量为 $\langle y_1^2 \rangle = \dfrac{1}{\mu + 1}$, 当 $\mu = 1$, 获得了量子起伏为真空起伏的 1/2 倍. 可是考虑到微扰展开的非线性项后, 相当于增加了正比于 $\dfrac{1}{1 - \mu}$ 的项. 当 $\mu \to 1$ 时, 该项发散. 稍后, 文献 [66] 采用稍不同的微扰方式, 避免了当抽运场 $\mu \to 1$ 时场的压缩分量 $\langle y_1^2 \rangle$ 的发散, 但是结果只适用于阈值附近, 离阈值稍远就不成立了. 考虑到泵浦吃空以后的简并光学参量放大 Fokker-Planck 方程, 可采用含时的 (正比于泵浦波) 线性 (正比于参量波) 驱动 Fokker-Planck 方程, 并解析求其解以及量子起伏特性, 而不采用非线性 Fokker-Planck 方程, 因为后者的求解甚难. 这就是本节要做的.

8.3.1 含时的线性驱动简并参量放大 Fokker-Planck 方程

参照 (5.10.9) 式简并参量放大泵浦场与信号场闲置场的相互作用 Hamilton 量

为

$$W = \frac{\mathrm{i}\hbar}{2}(\varepsilon a^{\dagger 2} - \varepsilon^* a^2)$$

式中, a、$a^\dagger$ 分别为参量场的淹没与产生算符, ε、ε^* 表示驱动场, 取为实数. 而文献 [65] 用的是

$$H_{\mathrm{int}} = \mathrm{i}\hbar(\bar{\varepsilon}^* a_2 - \bar{\varepsilon} a_2^\dagger) + \frac{\mathrm{i}\chi\hbar}{2}(a_2 a_1^{\dagger 2} - a_2^\dagger a_1^2)$$

式中, a_2、a_1 分别为泵浦场、参量场的算符, χ 为三阶非线性系数. 前一项表示抽运, 抽率为 $\bar{\varepsilon}$、$\bar{\varepsilon}^*$, 而后一项则表示泵浦场与信号场, 闲置场的相互作用. 将 W 与 H_{int} 的第二项进行比较, 得到驱动场与泵浦波之间有如下的关系:

$$\frac{\varepsilon}{2} = \frac{\chi}{2}\alpha_2 \Rightarrow \varepsilon = \chi\alpha_2 \tag{8.3.1}$$

引进变量, 并取实数解, 于是在此基础上, 导出的变率方程[65] 为

$$\frac{\mathrm{d}\alpha_1}{\mathrm{d}\tau} = -\alpha_1 + \frac{\chi}{\gamma_1}\alpha_2\alpha_1^*$$

$$\frac{\mathrm{d}\alpha_2}{\mathrm{d}\tau} = -\gamma_r\alpha_2 + \frac{\bar{\varepsilon}}{\gamma_1} - \frac{\chi}{2\gamma_1}\alpha_1^2 \tag{8.3.2}$$

式中, $\gamma_r = \frac{\gamma_2}{\gamma_1}$. 稳态解为

$$\alpha_1 = \frac{\chi}{\gamma_1}\alpha_2\alpha_1^*, \quad \alpha_2 = \frac{1}{\gamma_2}\left(\bar{\varepsilon} - \frac{\chi}{2}\alpha_1^2\right) \tag{8.3.3}$$

由 (8.3.3) 式, 可以得到阈值

$$\bar{\varepsilon}_c = \alpha_2\gamma_2 = \frac{\gamma_1\gamma_2}{\chi}$$

(8.3.2) 式中参量 $\frac{\chi}{\gamma_1}$、$\frac{\bar{\varepsilon}}{\gamma_1}$, 可用 γ_r、η、μ 来表示

$$\frac{\chi}{\gamma_1} = \sqrt{2\gamma_r\eta}, \quad \frac{\bar{\varepsilon}}{\gamma_1} = \frac{\bar{\varepsilon}_c}{\gamma_1}\frac{\bar{\varepsilon}}{\bar{\varepsilon}_c} = \mu\sqrt{\frac{\gamma_r}{2\eta}}$$

式中, $\eta = \chi^2/(2\gamma_1\gamma_2)$, $\mu = \bar{\varepsilon}/\bar{\varepsilon}_c = \chi\alpha_{20}/\gamma_1 = \varepsilon/\gamma_1$, η 即文献 [65] 中定义的 g^2.

α_1、α_2 的稳态值为

$$\bar{\alpha}_1 = \pm\sqrt{\frac{2}{\chi}(\bar{\varepsilon} - \bar{\varepsilon}_c)} = \sqrt{\frac{2}{\chi}\frac{\gamma_1\gamma_2}{\chi}(\mu - 1)} = \sqrt{\frac{\mu - 1}{\eta}}$$

$$\bar{\alpha}_2 = \frac{1}{\gamma_r}\left(\frac{\bar{\varepsilon}}{\gamma_1} - \frac{1}{2}\frac{\chi}{\gamma_1}\frac{\mu - 1}{\eta}\right) = \frac{1}{\sqrt{2\gamma_r\eta}} \tag{8.3.4}$$

当 $\mu = 2$, $\eta = \dfrac{1}{1000}$, $\gamma_r = 0.5$, $\alpha_{10} = 1$, $\alpha_{20} = \dfrac{\mu}{\sqrt{2\gamma_r\eta}}$ 时, 图 8.10(a)、(b) 给出方程 (8.3.2) 的数值计算结果即 $\alpha_1(\tau)$、$\alpha_2(\tau)$ 随 τ 的变化曲线图. 当 τ 增大时, 趋近于稳态值与 (8.3.4) 式给出的结论相符.

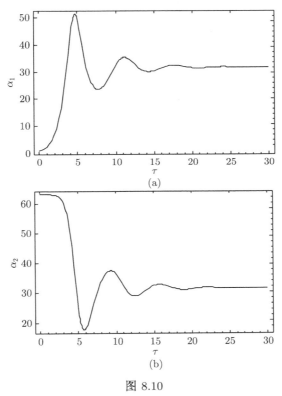

图 8.10

(a) 参量场 $\alpha_1(\tau)$ 随 τ 变化曲线图[56]; (b) 泵浦场 $\alpha_2(\tau)$ 随 τ 变化曲线图[56]

由图 8.10(a) 可以看出参量放大基本上是由开始的放大阶段与后来由于抽空而导致的饱和阶段共同组成的. 开始阶段, 参量波 α_1 指数放大. 后一阶段, 参量波 α_1 趋于饱和, 而泵浦波 α_2 急剧下降到低的稳定值. 一般情况下, 稳态解 (8.3.3) 式是不成立的, 只有当 $\gamma_2 \gg \gamma_1$ 时才成立, 此时 α_2 绝热地随 α_1 变化, 则有驱动场 $\varepsilon = \chi\alpha_2 \approx (\bar{\varepsilon} - \dfrac{\chi}{2}\alpha_1^2)\dfrac{\chi}{\gamma_2}$. 应用这个关系绝热地消去参量放大 Fokker-Planck 方程中的驱动场 ε, 便得非线性简并参量放大的 Fokker-Planck 方程[17]. 若对 α_2 不采用绝热近似, 那么可以通过数值求解 (8.3.2) 式得到驱动场 $\varepsilon(\tau) = \chi\alpha_2$, 然后将其代入 Fokker-Planck 方程, 得出含时的线性驱动 Fokker-Planck 方程. 到底哪种方法更加适用这个系统呢? 我们可以通过下面的分析知道.

图 8.11 表示 $\alpha_2(\tau)$ 与绝热近似 (8.3.3) 式中第二式的偏差 $\Delta(\tau) = \alpha_2 - \dfrac{1}{\gamma_2}\left[\bar{\varepsilon} - \dfrac{\chi}{2}\alpha_1^2\right]$ 随 τ 变化曲线图. $\gamma_r = 0.5$(虚线), $\gamma_r = 5$(实线), 其他参数与图 8.10 一致. 由图 8.11 可看出: 当 γ_r 增加时, $\Delta(\tau)$ 急剧减小, 这就是绝热近似成立的条件. 但当 γ_r 不是很大, $\Delta(\tau)$ 不是很小, 如图中虚线所示, 绝热近似不能用. 还是要用含时的线性驱动 Fokker-Planck 方程. 本节采用 $\alpha_2(\tau)$, 而不用绝热近似即 (8.3.3) 式中的第二式. 线性理论假设 $\varepsilon = \chi\alpha_2$ 为常数, 从而得出常系数线性驱动 Ornstein-Uhlenbeck 方程可以解析求解的结论. 然而, 当驱动场 $\varepsilon = \chi\alpha_2$ 为含时的函数时, 相应的 Fokker-Planck 方程即变系数 (或含时) 的线性驱动 Fokker-Planck 方程是否仍然可以解析求解呢? 接下来, 我们先研究这个问题.

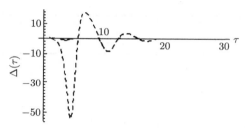

图 8.11　偏差 $\Delta(\tau)$ 随 τ 变化曲线图[56]

8.3.2　含时的线性驱动 Fokker-Planck 方程的解

常系数线性驱动 Fokker-Planck 方程即 Ornstein-Uhlenbeck 方程为

$$\frac{\partial p}{\partial t} = \frac{\partial}{\partial x}(kxp) + \frac{1}{2}D\frac{\partial^2}{\partial x^2}p$$

$$p = p(x, t|x_0, 0) \tag{8.3.5}$$

这里 k, D 均为常数, 取 $p(x, t|x_0, 0)$ 的 Fourier 变换, 得[18]

$$\phi(s, t) = \int_{-\infty}^{\infty} \exp(\mathrm{i}sx)p(x, t|x_0, 0)\mathrm{d}x \tag{8.3.6}$$

$$\phi = \exp\left[-\frac{Ds^2}{4k}(1 - \exp(-2kt)) + \mathrm{i}sx_0\exp(-kt)\right] \tag{8.3.7}$$

对于变系数的情形 $k = k(t)$, $D = D(t)$, 将 (8.3.6) 式代入 (8.3.5) 式, 得

$$\frac{\partial\phi}{\partial t} + ks\frac{\partial}{\partial s}\phi = -\frac{D}{2}s^2\phi$$

$$\frac{\partial\ln\phi}{\partial t} + ks\frac{\partial}{\partial s}\ln\phi = -\frac{D}{2}s^2 \tag{8.3.8}$$

我们先求其特解. 假设 $\ln\phi = -A(t)s^2$, 则有 $\dfrac{\partial A}{\partial t} + 2kA = \dfrac{D}{2}$

$$A = A_0 \exp\left(-2\int_{t_0}^{t+t_0} k\mathrm{d}t'\right) + \exp\left(-2\int_{t_0}^{t+t_0} k\mathrm{d}t'\right)\int_{t_0}^{t+t_0}\exp\left(2\int_{t_0}^{t'+t_0} k\mathrm{d}t''\right)\frac{D}{2}\mathrm{d}t' \quad (8.3.9)$$

故特解为 $\tilde\phi = \exp(-As^2)$, 而通解为

$$\phi = \exp(-As^2)g\left[s\exp\left(-\int_{t_0}^{t+t_0} k\mathrm{d}t'\right)\right] \quad (8.3.10)$$

初值为 $\phi(s,0) = \exp(\mathrm{i}sx_0)$, 则有

$$\phi = \exp\left(-As^2 + A_0 s^2\exp\left(-2\int_{t_0}^{t+t_0} k\mathrm{d}t'\right) + \mathrm{i}sx_0\exp\left(-\int_{t_0}^{t+t_0} k\mathrm{d}t'\right)\right) \quad (8.3.11)$$

如果 k、D 均为常数, 则很容易证明 (8.3.11) 式中的 $A = \dfrac{D}{4k}$. 返回 (8.3.7) 式, 对于一般情形而言, 求 ϕ 的 Fourier 逆变换, 有

$$p(x,t\,|x_0\,,0) = 4\pi\left(A - A_0\exp\left(-2\int_{t_0}^{t+t_0} k\mathrm{d}t'\right)\right)^{-1/2}$$

$$\times\exp\left[-\frac{\left(x - x_0\exp\left(-\displaystyle\int_{t_0}^{t+t_0} k\mathrm{d}t'\right)\right)^2}{4\left(A - A_0\exp\left(-2\displaystyle\int_{t_0}^{t+t_0} k\mathrm{d}t'\right)\right)}\right] \quad (8.3.12)$$

8.3.3 含时的线性驱动简并参量放大 Fokker-Planck 方程的解

在上面讨论的基础上, 我们求解简并参量放大系统的情况, 参照 (8.1.7) 式, 我们可以写出它的 Fokker-Planck 方程[8,29]

$$\frac{\partial p}{\partial t} = \left[k\left(\frac{\partial}{\partial\alpha}\alpha + \frac{\partial}{\partial\alpha^*}\alpha^*\right) - \varepsilon\left(\alpha^*\frac{\partial}{\partial\alpha} + \alpha\frac{\partial}{\partial\alpha^*}\right) + \frac{\varepsilon}{2}\left(\frac{\partial^2}{\partial\alpha^2} + \frac{\partial^2}{\partial\alpha^{*2}}\right) + 2k\bar{n}\frac{\partial^2}{\partial\alpha\partial\alpha^*}\right]p$$

通过 (8.1.8) 式的变换

$$\alpha = \frac{\beta + \mathrm{i}\tilde\beta}{\sqrt{2}}, \quad \alpha^* = \frac{\beta - \mathrm{i}\tilde\beta}{\sqrt{2}}$$

得到形如 (8.1.10) 式~(8.1.13) 式的形式解 $p(\alpha,\alpha^*) = p(\beta)\tilde{p}(\mathrm{i}\tilde\beta)$

$$\frac{\partial p(\beta)}{\partial t} = \left[(k - \varepsilon)\frac{\partial}{\partial\beta}\beta + \left(\frac{\varepsilon}{2} + k\bar{n}\right)\frac{\partial^2}{\partial\beta^2}\right]p(\beta) \quad (8.3.13)$$

$$\frac{\partial \tilde{p}(\mathrm{i}\tilde{\beta})}{\partial t} = \left[(k + \varepsilon) \frac{\partial}{\partial(\mathrm{i}\tilde{\beta})}(\mathrm{i}\tilde{\beta}) + \left(\frac{\varepsilon}{2} - k\bar{n}\right) \frac{\partial^2}{\partial(\mathrm{i}\tilde{\beta})^2} \right] \tilde{p}(\mathrm{i}\tilde{\beta}) \qquad (8.3.14)$$

(8.3.13) 式与 (8.3.14) 式分别为 $p(\beta)$、$\tilde{p}(\mathrm{i}\tilde{\beta})$ 的 Fokker-Planck 方程, 而且扩散系数分别为 $\varepsilon/2 + k\bar{n}$、$\varepsilon/2 - k\bar{n}$. 一般 $k\bar{n}$ 贡献很小, 故均为正的, 可略去不计. 与 (8.3.5) 式进行比较, 则 (8.3.13) 式与 (8.3.14) 式的驱动与扩散变系数分别为 $k - \varepsilon$, ε; $k + \varepsilon$, ε. 因为驱动场 $\varepsilon = \chi\alpha_2$, 故 (8.3.13) 式、(8.3.14) 式即为变系数线性驱动场的 Fokker-Planck 方程. 现在按 (8.3.9) 式求解 A, $\tilde{A}$ 然后将其代入 (8.3.12) 式便得到分布函数 $p(\beta)$、$\tilde{p}(\mathrm{i}\tilde{\beta})$

$$p(\beta) = \frac{1}{\sqrt{4\pi \left(A - A_0 \exp\left[-2 \int_{t_0}^{t+t_0} (k - \varepsilon)\mathrm{d}t' \right] \right)}}$$
$$\times \exp\left[-\frac{1}{4} \frac{\left(\beta - \beta_0 \exp\left[-\int_{t_0}^{t+t_0} (k - \varepsilon)\mathrm{d}t' \right] \right)^2}{\left(A - A_0 \exp\left[-2 \int_{t_0}^{t+t_0} (k - \varepsilon)\mathrm{d}t' \right] \right)} \right] \qquad (8.3.15)$$

$$\tilde{p}(\mathrm{i}\tilde{\beta}) = \frac{1}{\sqrt{4\pi \left(\tilde{A} - \tilde{A}_0 \exp\left[-2 \int_{t_0}^{t+t_0} (k + \varepsilon)\mathrm{d}t' \right] \right)}}$$
$$\times \exp\left[-\frac{1}{4} \frac{\left(\mathrm{i}\tilde{\beta} - \mathrm{i}\tilde{\beta}_0 \exp\left[-\int_{t_0}^{t+t_0} (k + \varepsilon)\mathrm{d}t' \right] \right)^2}{\left(\tilde{A} - \tilde{A}_0 \exp\left[-2 \int_{t_0}^{t+t_0} (k + \varepsilon)\mathrm{d}t' \right] \right)} \right] \qquad (8.3.16)$$

由常微分方程 (8.3.2) 中第一式, 得

$$\frac{\mathrm{d}}{\mathrm{d}t} \ln \alpha_1(t) = -1 + \frac{\chi\alpha_2}{\gamma_1} = -1 + \frac{\varepsilon}{k}$$

其解为 $\alpha_1(t + t_0) = \alpha_1(t_0) \exp\left[-\int_{t_0}^{t+t_0} (k - \varepsilon)\mathrm{d}t' \right]$, 即 $\exp\left[-\int_{t_0}^{t+t_0} (k - \varepsilon)\mathrm{d}t' \right] = \frac{\alpha_1(t + t_0)}{\alpha_1(t_0)} = \alpha(t)$. 同理可得

$$\exp\left[-\int_{t_0}^{t+t_0} (k + \varepsilon)\mathrm{d}t' \right] = \exp\left[-2 \int_{t_0}^{t+t_0} k\mathrm{d}t' + \int_{t_0}^{t+t_0} (k - \varepsilon)\mathrm{d}t' \right]$$
$$= \exp(-2kt)\alpha(t)^{-1} = \tilde{\alpha}(t) \qquad (8.3.17)$$

对于参量下转换情形, 比较 (8.3.9) 式与 (8.3.13) 式, 只需将 (8.3.9) 式中的 k, D 分别用 $k - \varepsilon$ 与 ε 代换, 便可得

$$
\begin{aligned}
A =& A_0 \exp\left[-2 \int_{t_0}^{t+t_0} (k - \varepsilon) \mathrm{d}t'\right] \\
& + \exp\left[-2 \int_{t_0}^{t+t_0} (k - \varepsilon) \mathrm{d}t'\right] \int_{t_0}^{t+t_0} \exp\left[2 \int_{t_0}^{t'+t_0} (k - \varepsilon) \mathrm{d}t''\right] \frac{\varepsilon}{2} \mathrm{d}t' \\
=& \alpha^2(t) \left[A_0 + \frac{1}{4}\right] - \frac{1}{4} + \frac{\alpha_1^2(t + t_0)k}{2} \int_{t_0}^{t+t_0} \alpha_1^{-2}(t') \mathrm{d}t'
\end{aligned}
$$

同样可得

$$
\tilde{A} = \tilde{\alpha}^2(t) \left[\tilde{A}_0 + \frac{1}{4}\right] - \frac{1}{4} + \frac{\tilde{\alpha}_1^2(t + t_0)k}{2} \int_{t_0}^{t+t_0} \tilde{\alpha}_1^{-2}(t') \mathrm{d}t' \tag{8.3.18}
$$

式中, t_0 为初始时, $\alpha_1(t_0)$ 为给定的, 而 $t = \dfrac{L}{c}$ 为信号在放大 L 距离后而产生的时间延迟. t 的增大, 也意味着 L 的增大. 但实际情况, 往往是 L 为固定的, 而输入信号 $\alpha_1(t_0)$ 会随 t_0 而变, 故宜于将上面的参量 $t + t_0$, t_0 变为 t, $t - t_0$, 而 $t_0 = \dfrac{L}{c}$. 故有

$$
A = \alpha^2(t) \left[A_0 + \frac{1}{4}\right] - \frac{1}{4} + \frac{\alpha_1^2(t)k}{2} \int_{t-t_0}^{t} \alpha_1^{-2}(t') \mathrm{d}t', \quad \alpha(t) = \frac{\alpha_1(t)}{\alpha_1(t - t_0)}
$$

$$
\tilde{A} = \tilde{\alpha}^2(t) \left[\tilde{A}_0 + \frac{1}{4}\right] - \frac{1}{4} + \frac{\tilde{\alpha}_1^2(t)k}{2} \int_{t-t_0}^{t} \tilde{\alpha}_1^{-2}(t') \mathrm{d}t', \quad \tilde{\alpha}(t) = \frac{\tilde{\alpha}_1(t)}{\tilde{\alpha}_1(t - t_0)} \tag{8.3.19}
$$

8.3.4 简并参量放大系统的量子起伏计算

在 (8.3.15) 式~(8.3.18) 式的基础上, 可求得简并参量放大系统的量子起伏为

$$
\begin{aligned}
\left\langle (\Delta\beta)^2 \right\rangle &= \left\langle \left(\beta - \beta_0 \exp\left[-\int_{t_0}^{t+t_0} (k - \varepsilon) \mathrm{d}t'\right]\right)^2 \right\rangle \\
&= 2\left(A - A_0 \exp\left[-2 \int_{t_0}^{t+t_0} (k - \varepsilon) \mathrm{d}t'\right]\right) = 2(A - A_0 \alpha^2(\tau)) \\
\left\langle (\Delta\mathrm{i}\tilde{\beta})^2 \right\rangle &= \left\langle \left(\mathrm{i}\tilde{\beta} - \mathrm{i}\tilde{\beta}_0 \exp\left[-\int_{t_0}^{t+t_0} (k + \varepsilon) \mathrm{d}t'\right]\right)^2 \right\rangle \\
&= 2\left(\tilde{A} - \tilde{A}_0 \exp\left[-2 \int_{t_0}^{t+t_0} (k + \varepsilon) \mathrm{d}t'\right]\right) = 2(\tilde{A} - \tilde{A}_0 \tilde{\alpha}^2(\tau)) \tag{8.3.20}
\end{aligned}
$$

加上真空起伏后, 系统实际的量子起伏为

$$
\left\langle (\Delta x)^2 \right\rangle = \frac{1}{4} + \left\langle : (\Delta x)^2 : \right\rangle = \frac{1}{4} + \frac{\left\langle (\Delta\beta)^2 \right\rangle}{2} = \frac{1}{4} + (A - A_0 \alpha^2(\tau))
$$

$$\langle(\Delta y)^2\rangle = \frac{1}{4} + \langle:(\Delta y)^2:\rangle = \frac{1}{4} + \frac{\langle(\Delta\tilde{\beta})^2\rangle}{2} = \frac{1}{4} - \frac{\langle(\Delta i\tilde{\beta})^2\rangle}{2} = \frac{1}{4} - (\tilde{A} - \tilde{A}_0\tilde{\alpha}^2(\tau)) \quad (8.3.21)$$

Fokker-Planck 方程中的 k 即 (8.3.2) 式中的 γ_1, 参照 (8.3.4) 式的定义, $\mu = \varepsilon_0/\gamma_1 = \varepsilon_0/k$. 下面我们选择参数: $\eta = 1/1000$, $\gamma_r = 0.5$, 初值 $\alpha_{10} = 1$, $\alpha_{20} = \dfrac{\mu}{\sqrt{2\gamma_r\eta}}$, 数值求解微分方程 (8.3.2), 并应用 (8.3.17) 式和 (8.3.18) 式计算 $A(\tau)$, $\tilde{A}(\tau)$, 应用 (8.3.19) 式和 (8.3.20) 式计算量子起伏 $\langle(\Delta y)^2\rangle$ 随时间 τ 的变化过程, 我们分以下两种情况讨论. ①对于 $\mu \leqslant 1$ 的情况当 $\mu = 0.8$ 时, 压缩度为 $0.14/0.25 = 0.56$, 与线性理论 $1/(1+\mu) = 0.556$ 近似相接近 (图 8.12(a)); 当 $\mu = 1$ 时, 压缩度为 $0.125/0.25 = 0.5$, 与线性理论近似 $1/(1+\mu) = 0.5$ 相同 (图 8.12(b)). ②对于 $\mu \geqslant 1$ 的情况当 $\mu = 2$ 时, 压缩曲线由两个压缩平台构成, 一个接近线性理论近似 $1/(1+\mu)$, 另一个则接近于 $1/2$. 第一压缩平台的压缩度为 $0.085/0.25 = 0.34$, 与线性理论相近. 对于第二压缩平台的压缩度为 $0.125/0.25 = 0.5$, 完全区别于线性理论 (图 8.12(c)).

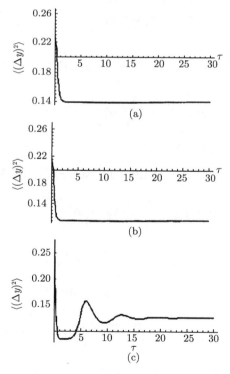

图 8.12 (a)$\mu = 0.8$, (b)$\mu = 1$, (c)$\mu = 2$. 当 $\alpha_{10} = 1$, $\eta = \dfrac{1}{1000}$, $\gamma_r = 0.5$ 时量子起伏 $\langle(\Delta y)^2\rangle$ 随时间 τ 的变化曲线图[56]

第一个平台的宽度 $\Delta\tau$ 取决于初值 α_{10} 及稳态值 $\bar{\alpha}$, 可按 $\alpha_{10}\exp[-(k-\varepsilon)\Delta\tau \approx \bar{\alpha}_1]$ 计算, 即 $\Delta\tau = \ln\dfrac{\bar{\alpha}_1}{\alpha_{10}}/(\mu-1)$. 下面图 8.13 给出了初值 $\alpha_{10} = 0.001$ 时的压缩计算.

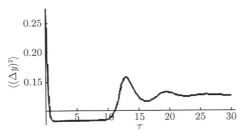

图 8.13　$\alpha_{10} = 0.001$, $\eta = \dfrac{1}{1000}$, $\gamma_r = 0.5$, $\mu = 2$ 时量子起伏 $(\Delta y)^2$ 随时间 $\Delta\tau$ 的变化[56]

由 $\Delta\tau$ 的公式估算出图 8.12(c) 和图 8.13 的 $\Delta\tau$ 分别为 3.4 和 10.4. 与图示的宽度基本相同. 上面两平台及 $\Delta\tau$ 结论是根据 $\mu = 2$ 计算得出的, 对 $\mu \geqslant 1$ 的情形, 如 $\mu = 1.3$, $\mu = 4$ 也核算过仍然是成立的. 根据这些压缩特点, 为获得高的压缩度, 应采用大的 μ, 并将作用时间 $\Delta\tau$ 选在第一平台即 $\Delta t \leqslant \Delta\tau/k$, 损耗 k 减小, 则作用时间增大, 因为 $\bar{\alpha}_1 = \sqrt{(\mu-1)/\eta}$, 所以为了使得第一平台的参量振幅 $\approx 2\bar{\alpha}_1$ 足够大, 应尽量采用小的 η.

8.3.5　小结

本节首先将一个在 P 表象中的非线性简并参量放大 Fokker-Planck 方程转换为一个含时线性驱动的 Fokker-Planck 方程并求其解. 在阈值以下或阈值附近, 含时驱动 Fokker-Planck 方程的解与线性理论或阈值附近的微扰理论预言的基本相符. 但在阈值以上, 含时驱动 Fokker-Planck 方程解的短时行为也与线性近似解相近. 但增大后的长时行为压缩度为 1/2, 完全区别于线性理论的结果. 这些特点提供了获得最大压缩最大参量输出选择参数的依据[56].

8.4　非线性简并光学参量放大系统的量子起伏

这一节我们研究考虑了泵浦吃空后简并参量放大系统的量子起伏特性, 这有利于我们了解非线性泵浦吃空对参量放大器的影响. 本节不采用微扰法, 而是解析求解不显含时但包括泵浦吃空的非线性简并光学参量放大 Fokker-Planck 方程, 得到了适用于包括阈值在内的整个区域的解析解, 并对其进行数值计算. 与线性理论以及微扰理论结果进行了分析与比较.

8.4.1　P 表象中非线性简并参量放大 Fokker-Planck 方程的通解

参照 8.3 节 (8.3.1) 式与 (8.3.3) 式的第二式[56,57], 得到

$$\varepsilon = \chi\alpha_2 = \frac{\chi}{\gamma_2}\left(\bar{\varepsilon} - \frac{\chi}{2}\alpha_1^2\right) = \gamma_1\left(\frac{\bar{\varepsilon}\chi}{\gamma_1\gamma_2} - \frac{\chi^2}{2\gamma_1\gamma_2}\alpha_1^2\right) = \gamma_1(\mu - \eta\alpha_1^2)$$

式中, $\frac{\varepsilon}{\gamma_1} = \mu - \eta\alpha_1^2$ 即由于非线性相互作用而导致的泵浦吃空函数. 采用复变量 α、α^* 时, P 表象中的非线性简并参量放大系统的 Fokker-Planck 方程可写为[62,63]

$$\frac{\mathrm{d}}{\mathrm{d}\tau}p(\alpha, \alpha^*, \tau) = \left\{\frac{\partial}{\partial\alpha}[\alpha - \alpha^*(\mu - \eta\alpha^2)] + \frac{\partial}{\partial\alpha^*}[\alpha^* - \alpha(\mu - \eta\alpha^{*2})]\right.$$
$$\left. + \frac{1}{2}\frac{\partial^2}{\partial\alpha^2}(\mu - \eta\alpha^2) + \frac{1}{2}\frac{\partial^2}{\partial\alpha^{*2}}(\mu - \eta\alpha^{*2})\right\}p(\alpha, \alpha^*, \tau) \quad (8.4.1)$$

式中, 泵浦吃空函数为复数形式. 考虑到取线性近似时, 将过渡到熟知的线性解, 应将抽空函数取为实数, 并写成如下的实函数形式, 即

$$\frac{\varepsilon}{\gamma_1} \Rightarrow G, \quad \frac{\varepsilon^*}{\gamma_1} \Rightarrow G$$

G 是由不显含时间的变量 α、α^* 和显含时间的变量 g、g^* 所共同构成的泵浦抽空函数, G 可由下式定义:

$$G = \mu - \frac{\eta}{2}\left(g^2 + g^{*2} - 2\mu gg^* + 2\mu\alpha\alpha^*\right) \quad (8.4.2)$$

当 $\tau \to 0$ 时, g, $g^* \to 0$, 故 (8.4.2) 式变为 $G = \mu - \eta\mu\alpha\alpha^*$, 即泵浦吃空的实函数形式. 含时变量 g、g^* 的介入表明参量光强 α、α^* 并不能即刻反映到泵浦吃空上. 根据 ε 取实数的假定, 则 (8.4.1) 式可写为

$$\frac{\mathrm{d}}{\mathrm{d}\tau}p = \left(2 + \alpha\frac{\partial}{\partial\alpha} + \alpha^*\frac{\partial}{\partial\alpha^*} - \alpha^*\frac{\partial}{\partial\alpha}G - \alpha\frac{\partial}{\partial\alpha^*}G + \frac{1}{2}\frac{\partial^2}{\partial\alpha^2}G + \frac{1}{2}\frac{\partial^2}{\partial\alpha^{*2}}G\right)p \quad (8.4.3)$$

我们在附录 8A 中给出证明 p 的解可表示为

$$p = \exp(2\alpha\alpha^*)G^{-1+\frac{2}{\eta}}h_1h_2 = f(g, g^*; \alpha, \alpha^*)h_1h_2$$
$$= h_1h_2\exp\left[2\alpha\alpha^* + \left(\frac{2}{\eta} - 1\right)\ln\left(\mu - \frac{\eta}{2}\left(g^2 + g^{*2} - 2\mu(gg^* - \alpha\alpha^*)\right)\right)\right] \quad (8.4.4)$$

式中, h_1、h_2 为

$$h_1 = (1 - \exp[-2(1-\mu)\tau])^{-\frac{1}{2}}, \quad h_2 = (1 - \exp[-2(1+\mu)\tau])^{-\frac{1}{2}}$$

$$g = \frac{1}{\sqrt{2}}(g_1 + \mathrm{i}g_2)$$

$$g_1 = h_1\Delta\beta = h_1(\beta - \beta_0\exp[-(1-\mu)\tau])$$

$$g_2 = h_2\Delta\tilde{\beta} = h_2(\tilde{\beta} - \tilde{\beta}_0\exp[-(1+\mu)\tau]) \quad (8.4.5)$$

8.4.2　线性近似解

当 η 很小时 (8.4.4) 式向线性理论过渡. p 的渐近式为

$$p \approx h_1 h_2 \exp\left[\left(\frac{2}{\eta} - 1\right)\ln\mu\right]\exp\left[2gg^* - \frac{1}{\mu}(g^2 + g^{*2})\right] \propto$$

$$h_1 h_2 \exp\left[2gg^* - \frac{1}{\mu}(g^2 + g^{*2})\right] = p_l \tag{8.4.6}$$

p_l 即线性理论结果, 取近似后的 p 与 p_l 只差一个可规一化的常数. 应用方程 (8.4.5), p_l 还可以表示为

$$p_l = h_1 h_2 \exp\left[\left(1 - \frac{1}{\mu}\right)(h_1\Delta\beta)^2 - \left(1 + \frac{1}{\mu}\right)(h_2\Delta\mathrm{i}\tilde{\beta})^2\right]$$

$$= h_1 h_2 \exp\left[\left(1 - \frac{1}{\mu}\right)\frac{h_1^2 x^2}{2} - \left(1 + \frac{1}{\mu}\right)\frac{h_2^2 y^2}{2}\right] \tag{8.4.7}$$

式中, $(\Delta\beta)^2$、$(\Delta\mathrm{i}\tilde{\beta})^2$ 分别表示为 $x^2/2$、$y^2/2$. 在 8.1.5 节正 P 表象中已提到, $\mathrm{i}\tilde{\beta}$ 在虚轴上, 而 $\Delta\mathrm{i}\tilde{\beta}$ 沿实轴方向, 见图 8.14 所示. 故我们有 $(\Delta\mathrm{i}\tilde{\beta})^2 = y^2/2$. 通过 (8.4.7) 式计算出 x^2、y^2 再加上 $1/4$ 真空起伏, 便可得实际量子起伏[9,11]

$$\langle(\Delta x)^2\rangle = \frac{1}{4} + \frac{\langle(\Delta\beta)^2\rangle}{2} = \frac{1}{4} + \frac{\langle x^2\rangle}{4}$$

$$\langle(\Delta y)^2\rangle = \frac{1}{4} + \frac{\langle(\Delta\tilde{\beta})^2\rangle}{2} = \frac{1}{4} - \frac{\langle y^2\rangle}{4} \tag{8.4.8}$$

式中

$$\langle x^2\rangle = \frac{\iint px^2\mathrm{d}x\mathrm{d}y}{\iint p\mathrm{d}x\mathrm{d}y}, \quad \langle y^2\rangle = \frac{\iint py^2\mathrm{d}x\mathrm{d}y}{\iint p\mathrm{d}x\mathrm{d}y} \tag{8.4.9}$$

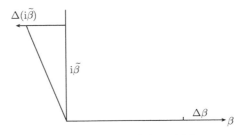

图 8.14　正 P 表象示意图

按 (8.4.8) 式、(8.4.9) 式当工作于阈值以下时, $\mu \leqslant 1$, 压缩分量为

$$\langle (\Delta y)^2 \rangle \geqslant \frac{1}{4} - \frac{1}{4}\frac{\mu}{1+\mu} = \frac{1}{4}\frac{1}{1+\mu} \tag{8.4.10}$$

与 (8.1.20) 同.

8.4.3　非线性项修正

现按 (8.4.4) 式取零阶及 $\propto \eta$ 阶近似, 但略去 $\propto \eta^2$ 以上的项, 并略去可经规一化去掉的项后, p 可写为

$$p = \exp\left[2gg^* - \frac{1}{\mu}(g^2 + g^{*2}) + \frac{\eta}{2\mu}(g^2 + g^{*2} - 2\mu(gg^* - \alpha\alpha^*)) \right.$$
$$\left. - \frac{1}{2}\frac{\eta}{2\mu^2}(g^2 + g^{*2} - 2\mu(gg^* - \alpha\alpha^*))^2 \right] \tag{8.4.11}$$

通过下面的定义:

$$R = 2gg^* - \frac{1}{\mu}(g^2 + g^{*2}) = \frac{\mu-1}{\mu}\frac{h_1^2 x^2}{2} - \frac{1+\mu}{\mu}\frac{h_2^2 y^2}{2} \tag{8.4.12}$$

$$Q = 2\alpha\alpha^* = \beta^2 + \tilde{\beta}^2$$
$$= \Delta\beta^2 + \Delta\tilde{\beta}^2 + (\beta_0 \exp[-(1-\mu)\tau])^2 + (\tilde{\beta}_0 \exp[-(1+\mu)\tau])^2$$
$$= \frac{1}{2}[(x^2 - y^2) + (x_0(\tau))^2 + (y_0 \exp[-(1+\mu)\tau])^2] \tag{8.4.13}$$

将 (8.4.11) 式表示为

$$p = \exp\left[R(\tau) - \frac{\eta}{2}(R(\tau) - Q(\tau)) - \frac{\eta}{4}(R(\tau) - Q(\tau))^2 \right] \tag{8.4.14}$$

将 p 的表达式 (8.4.14) 代入 (8.4.9) 式就可计算含时情况下的压缩分量 $\langle (\Delta y)^2 \rangle$. 因为 h_1、h_2 是含时的, 在计算 h_1、h_2 时, 应注意到, 当 $\mu \leqslant 1$, $\tau \to \infty$, $h_1, h_2 \to 1$, 稳态值. 但当 $\mu > 1$, $\tau \to \infty$, $h_1 \to 0$, $h_2 \to 1$, 这是不正确的. 参看图 8.10(a), 初始增加到一个上限, 然后振荡, 趋于饱和. 故我们可将信号放大过程描述为 $\sqrt{2}\beta_0 \exp[-(1-\mu)\tau] = x_0 \exp[-(1-\mu)\tau] \Rightarrow x_0(\tau)$

$$\tilde{x}_0(\tau) = \begin{cases} \tilde{x}_0 \exp[-(1-\mu)\tau], & \tau < \tau_M \\ \tilde{x}_s, & \tau \geqslant \tau_M \end{cases} \tag{8.4.15}$$

此处 $\tau_M = (\ln(x_s/x_0))/(\mu-1), x_s = \sqrt{2}\beta_s = 2\sqrt{(\mu-1)/\eta}$. 函数 h_1 修正为

$$h_1 = \begin{cases} \dfrac{1}{\sqrt{1-\exp[-2(1-\mu)\tau]}}, & \tau < \tau_M \\[4mm] \dfrac{1}{\sqrt{1-\exp[-2(1-\mu)\tau_M]}}, & \tau \geqslant \tau_M \end{cases} \tag{8.4.16}$$

h_2 的定义不变, 仍为 $h_2 = (1-\exp[-2(1+\mu)\tau])^{-\frac{1}{2}}$. 按 (8.4.14) 式 $\sim$(8.4.16) 式 计算量子起伏 $\langle y_1^2 \rangle$(这里表示压缩的符号 $\langle y_1^2 \rangle$ 用了文献 [66] 的定义, 它是 (8.4.8) 式、(8.4.9) 式定义的 4 倍, 即 $\langle y_1^2 \rangle = 4\langle \Delta y^2 \rangle$) 随 $\mu(0 \sim 10)$ 的变化曲线如图 8.15 所示. 此时参数 $\eta = 1/1000, \tau = 0.5, 2, 10$). 我们看到 $\tau = 2, 10$ 两条曲线基本重合 (实线). 这意味着 $\tau = 10$ 已经趋于稳态压缩了. 在 $\tau = 0.5$(暂态压缩, 虚线) 情形, 曲线与稳态 (实线) 稍有区别.

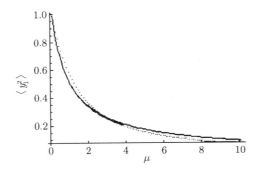

图 8.15 量子起伏 $\langle y_1^2 \rangle = 4\langle \Delta y^2 \rangle$ 随 $\mu(0 \sim 10)$ 的变化曲线, 此时参数
$\eta = 1/1000, \ \tau = 0.5, 2, 10$[57]

图 8.16 为按非线性方程 (8.4.14) 算出的压缩曲线 (实线) 与线性理论 (8.4.10) 曲线 (虚线) 比较. 参数仍为 $\tau = 10, \mu(0 \sim 10)$. 当 $\mu \to 0$, 两条曲线基本重合. 当 μ 增大, 非线性理论的压缩曲线 (实线) 稍高于线性理论 (虚线) 的情况. 为了比较, 需导出文献 [66] 的微扰理论结果, 我们令 $h_1 = h_2 = 1, \beta_0 = \tilde{\beta}_0 = 0$, 这样便有 $gg^* - \alpha\alpha^* = 0$, 按 (8.4.11) 式得

$$\begin{aligned} P =& \exp\left[\left(1-\frac{1}{\mu}\right)(\Delta\beta)^2 + \left(1+\frac{1}{\mu}\right)(\Delta\tilde{\beta})^2 \right. \\ &\left. + \frac{\eta}{2\mu}((\Delta\beta)^2 - (\Delta\tilde{\beta})^2) - \frac{\eta}{4\mu^2}((\Delta\beta)^2 - (\Delta\tilde{\beta})^2)^2 \right] \\ =& \exp\left[\left(1-\frac{1}{\mu}\right)\frac{x^2}{2} - \left(1+\frac{1}{\mu}\right)\frac{y^2}{2} + \frac{\eta}{4\mu}(x^2+y^2) - \frac{\eta}{16\mu^2}(x^2+y^2)^2 \right] \end{aligned} \tag{8.4.17}$$

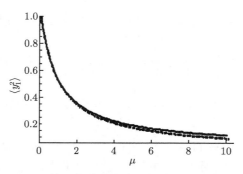

图 8.16　按非线性方程 (8.4.14) 算出的压缩曲线 (实线) 与线性理论 (8.4.10) 曲线 (虚线) 比较, 参数仍为 $\tau = 10$, $\mu(0 \sim 10)$[57]

又按文献 [66] 的算法略去 $(\Delta\tilde{\beta})^2$ 即 y^2 项的影响, 并考虑到 $1 - \dfrac{1}{\mu} \gg \dfrac{\eta}{2\mu}$, $1 + \dfrac{1}{\mu} \gg \dfrac{\eta}{2\mu}$, (8.4.17) 式第三项也可略去, (8.4.17) 式变为

$$P \approx \exp\left[\left(1 - \frac{1}{\mu}\right)\frac{x^2}{2} - \frac{\eta}{16\mu^2}x^4\right] = \exp\left[\tilde{\eta}\frac{\tilde{x}^2}{2} - \frac{\tilde{x}^4}{16}\right] \tag{8.4.18}$$

(8.4.18) 式即文献 [66] 中的 (3.7) 式. 其中 $\tilde{x} = x\sqrt{\dfrac{\eta^{\frac{1}{2}}}{\mu}}$. $\tilde{\eta} = \dfrac{\mu - 1}{\eta^{\frac{1}{2}}}$ 即文献 [66] 中的参量 $\dfrac{\mu - 1}{g}$, 下面将按 (8.4.18) 式计算 $\langle \tilde{x}^2 \rangle$, 并代入文献 [66] 的微扰理论表达式

$$\langle y_1^2 \rangle = 1 + \langle\, :y_1^2: \,\rangle = \frac{1}{2} - \frac{\mu - 1}{4} + \eta^{\frac{1}{2}}\frac{2 + 3\gamma_r}{16(2 + \gamma_r)}\langle \tilde{x}^2 \rangle$$

便可计算按微扰理论 $\langle y_1^2 \rangle$ 相对于 μ 的变化曲线, 即图 8.17 中的虚线与实线. 其中虚线是按上式微扰理论算得的, 而实线是按非线性理论 (8.4.14) 式算得的. 相比之下, 在阈值 $\mu = 1$ 附近, 二者很接近. 但当离开阈值后, 偏差就明显表现出来. 故微扰理论只适用于阈值 $\mu = 1$ 附近, 而非线性理论则适用于更大范围.

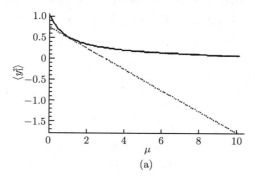

(a)

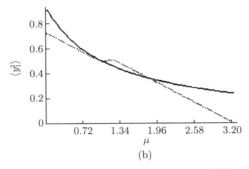

图 8.17 $\langle y_1^2 \rangle$ 相对于 μ 的变化曲线[57]

图 8.17 中的虚线是按上式微扰理论算得的, 而实线是按非线性理论 (8.4.14) 式算得的.

8.4.4 小结

在这一节中, 我们解析求解了在 P 表象中考虑泵浦吃空后的非线性简并参量放大系统的 Fokker-Planck 方程的解, 并且计算了它在阈值附近及远离阈值的区域的量子起伏. 研究表明: 若略去与 η 成正比的项, 则通解很自然过渡到线性近似解. 计及与 η 成正比的项后, 将我们的解与微扰解[66] 相比较, 发现微扰解只适用于阈值附近的情况, 远离阈值处就不成立了. 而我们的理论在阈值附近及离阈值较远的整个区域都适用. 当 $\mu \to 0$ 时, 起伏趋近于真空起伏; 而 $\mu > 1$ 时, 压缩增大, 趋近于线性理论近似 $\dfrac{1}{1+\mu}$. 要指出的是这个超阈值的压缩只是暂时的, 当 τ 继续增大, 最终还是要回到稳态, 那里压缩仍为 $1/2$, 这只要看图 8.10(a)、(c) 就清楚了.

8.5 应用非简并参量放大输出演示 EPR 佯谬

第 5 章已讨论到 EPR 佯谬及 Bell 不等式验证. 在实验上主要采用了光学参量下转换技术来产生关联光子对, 从而实现对分立变量的 Bell 不等式的检验[42]. 同时也引起了演示原始由 EPR 提出的连续变量 EPR 佯谬实验的兴趣. 1988 年, Reid 首次从理论上提出可以在非简并参量放大系统中用实验演示连续变量的 EPR 佯谬[67,68], 并给出详细的理论分析. 1992 年, Ou 等利用 II 类匹配的 KTP 晶体作为非线性介质, 经过参量下转换作用, 在实验上首次演示了连续变量的 EPR 佯谬. 最小方差的乘积为 0.70 ± 0.01[69,71], 但由于输入信号为真空场, 导致输出场的平均能量接近零. 2000 年, 国内山西大学光电研究所利用注入场平均功率不为零的非简并光学参量放大获得明亮 EPR 光束做实验, 最小方差的乘积为 0.73 ± 0.004[78,79]. 2001 年, Silberhorn 等得到的最小方差的乘积为 0.64 ± 0.08[77]. 对上面结果的分析都是通过求解略去损耗 k 的 Langevin 方程获得的. 在这一节中, 我们利用非简并参量放大系统中 Fokker-Planck 方程的解来推导最佳实现 EPR 佯谬的条件[58,82~84]. 与分立变量的 Bell 不等式判定不一样, 为了演示 EPR 佯谬首先就要建立一个判定两个连续变量的态是否为纠缠的判据. 这就是下面我们所讨论的 Reid 定义的 $V_1 V_2$ 方差判据.

8.5.1　复合系统不可分的 $V_1 V_2$ 判据

一个泵浦光子经参量下转换得出信号光 $X_1 (X_2)$ 与闲置光 $Y_2 (Y_1)$. 显然 X_1 与 Y_2、X_2 与 Y_1 间存在关联. 如已测得闲置光 Y_2 应能估算得信号光 X_1 的振幅 $X_{\text{inf}} = gY_2$. 当然这个估算与实际的测量值会有一些偏差. 可令 $\Delta X_{\text{inf}} = X_1 - X_{\text{inf}} = X_1 - gY_2$. 为使得偏差的均方值尽可能小, 就要调整参数 g 使得方差为最小, 即

$$V_1(g) = \left\langle (\Delta X_{\text{inf}})^2 \right\rangle = \left\langle (x_1 - gY_2)^2 \right\rangle = \left\langle X_1^2 - 2gX_1Y_2 + g^2Y_2^2 \right\rangle$$

由 $\dfrac{\delta V_1(g)}{\delta g} = 0$ 得 $g = \dfrac{\langle X_1 Y_2 \rangle}{\langle Y_2^2 \rangle}$, 代入 V_1 的表示式得

$$V_1 = \left\langle X_1^2 \right\rangle - \frac{\left\langle X_1 Y_2 \right\rangle^2}{\left\langle Y_2^2 \right\rangle} \tag{8.5.1}$$

同样可得

$$V_2 = \left\langle X_2^2 \right\rangle - \frac{\left\langle X_2 Y_1 \right\rangle^2}{\left\langle Y_1^2 \right\rangle} \tag{8.5.2}$$

下面将证明当输入为真空起伏 $\langle X_1(0) \rangle = \langle Y_2(0) \rangle = 0$, $\langle X_1(0)^2 \rangle = \langle Y_2(0)^2 \rangle = 1$, 且不计损耗的光参量放大方程的解给出

$$V_1 = \cosh(2r) - \frac{\sinh^2(2r)}{\cosh(2r)} = \frac{1}{\cosh(2r)} \tag{8.5.3}$$

式中, $r = \varepsilon L$ 为压缩度, ε 为放大系数, L 为工作物质的长度. 故 $L \to 0$ 或放大系数 ε 很小时 $r \to 1$, 即没有压缩时 V_1 为最大 $V_1 = 1$. 有压缩时 X_1 与 Y_2 有关联, $\langle X_1 Y_2 \rangle = \sinh(2r)$. 由 (8.5.3) 式得出 V_1 的值下降, 同样 V_2 的值也下降. 故 $V_1 V_2 < 1$, 即信号光 X_1 与闲置光 Y_2 为纠缠, 也是系统 1 与 2 有纠缠亦即不可分的判据. 但我们注意到这判据是在输入为真空情况下得出的. 如果不是真空场输入, 即 $\langle X_1(0) \rangle \neq 0 \langle Y_2(0) \rangle \neq 0$, 则可取

$$v_1 = X_1 + cY_2, \quad v_2 = X_2 + cY_1$$

$$
\begin{aligned}
V_1 &= \left\langle (\Delta v_1)^2 \right\rangle = \left\langle v_1^2 \right\rangle - \left\langle v_1 \right\rangle^2 \\
&= \left\langle X_1^2 + 2c X_1 Y_2 + c^2 Y_2^2 \right\rangle - \left(\left\langle X_1 \right\rangle^2 + 2c \left\langle X_1 \right\rangle \left\langle Y_2 \right\rangle + c^2 \left\langle Y_2 \right\rangle^2 \right) \\
&= \left\langle (\Delta X_1)^2 \right\rangle + c^2 \left\langle (\Delta Y_2)^2 \right\rangle + 2c \left\langle \Delta X_1 \Delta Y_2 \right\rangle
\end{aligned}
\tag{8.5.4}
$$

应用 $\dfrac{\partial V_1}{\partial c} = 0$, 得出

$$
g = \frac{\left\langle \Delta X_1 \Delta Y_2 \right\rangle}{\left\langle (\Delta Y_2)^2 \right\rangle}, \quad V_1 = \left\langle (\Delta X_1)^2 \right\rangle - \frac{\left\langle \Delta X_1 \Delta Y_2 \right\rangle^2}{\left\langle (\Delta Y_2)^2 \right\rangle}
\tag{8.5.5}
$$

同样可证

$$
V_2 = \left\langle (\Delta X_2)^2 \right\rangle - \frac{\left\langle \Delta X_2 \Delta Y_1 \right\rangle^2}{\left\langle (\Delta Y_1)^2 \right\rangle}
\tag{8.5.6}
$$

如将真空场输入 $\left\langle X_1(0) \right\rangle = \left\langle Y_2(0) \right\rangle = 0$ 代入 (8.5.6) 式便得 (8.5.1) 式.

8.5.2 非简并参量放大输出实现 EPR 佯谬的理论分析

我们继续采用 8.1 节的理论模型, 通过类似于 (8.1.8) 式的变换

$$
\beta_1 = \frac{\alpha_1 + \alpha_2}{\sqrt{2}}, \quad \tilde{\beta}_1 = \frac{\tilde{\alpha}_1 + \tilde{\alpha}_2}{\sqrt{2}}
$$

$$
\beta_2 = \frac{\alpha_1 - \alpha_2}{\sqrt{2}}, \quad \tilde{\beta}_2 = \frac{\tilde{\alpha}_1 - \tilde{\alpha}_2}{\sqrt{2}}
$$

我们首先计算非简并参量系统的实部 $x = \beta/\sqrt{2}$ 与虚部 $y = \tilde{\beta}/\sqrt{2}$ 的量子起伏 Δx、Δy. 虽然 x、y 与 Reid 精确定义的 $\bar{X}_1$、$\bar{Y}_2$ 还不完全一样 (这在后面再讨论). 但 $2\Delta x$ 与 $2\Delta y$ 间的关系相当于 $\Delta \bar{X}_1$ 与 $\Delta \bar{Y}_2$ 的关系. 下面将 $2\Delta x$ 与 $2\Delta y$ 写为 ΔX_1 与 ΔY_2

$$
\begin{aligned}
\left\langle : (\Delta X_1)^2 : \right\rangle &= \frac{1}{2} \left\langle : (\sqrt{2}\Delta \beta_1)^2 : \right\rangle + \frac{1}{2} \left\langle : (\sqrt{2}\Delta \beta_2)^2 : \right\rangle = \left\langle : (\Delta \beta_1)^2 : \right\rangle + \left\langle : (\Delta \beta_2)^2 : \right\rangle \\
&= \frac{1}{2C_1}(1 - \exp[-2(k - \varepsilon)t]) + \frac{1}{2C_2}(1 - \exp[-2(k + \varepsilon)t])
\end{aligned}
$$

$$
\begin{aligned}
\left\langle : (\Delta Y_2)^2 : \right\rangle &= \frac{1}{2} \left\langle : (\sqrt{2}\Delta \tilde{\beta}_1)^2 : \right\rangle + \frac{1}{2} \left\langle : (\sqrt{2}\Delta \tilde{\beta}_2)^2 : \right\rangle = \left\langle : (\Delta \tilde{\beta}_1)^2 : \right\rangle + \left\langle : (\Delta \tilde{\beta}_2)^2 : \right\rangle \\
&= -\frac{1}{2\tilde{C}_1}(1 - \exp[-2(k + \varepsilon)t]) - \frac{1}{2\tilde{C}_2}(1 - \exp[-2(k - \varepsilon)t])
\end{aligned}
\tag{8.5.7}
$$

这里的 $\dfrac{1}{2}$ 因子表明了系统的偏振并不总是处于同位相 (b_1 的本征态) 或者反位相 (b_2 的本征态). 而是部分处于同位相, 部分处于反位相的中间状态. 权重均为 $\dfrac{1}{2}$. 现就理想与实际情况讨论 X_1 与 Y_2 间的关联.

(1) 理想情况 (损耗 k 很小, 可忽略不计) 由 (8.1.14) 式、(8.1.15) 式得知

$$C_1 = -1, \quad \tilde{C}_1 = 1, \quad C_2 = -1, \quad \tilde{C}_2 = 1 \tag{8.5.8}$$

则 (8.5.7) 式变为

$$\langle : (\Delta X_1)^2 : \rangle = \langle : (\Delta Y_2)^2 : \rangle = \frac{1}{2}[\exp(2\varepsilon t) + \exp(-2\varepsilon t)] - 1$$

加上真空起伏后, 系统实际的量子起伏为

$$\langle (\Delta X_1)^2 \rangle = 1 + \langle : (\Delta X_1)^2 : \rangle = \langle (\Delta Y_2)^2 \rangle = 1 + \langle : (\Delta Y_2)^2 : \rangle = \mathrm{sh}^2(\varepsilon t) + \mathrm{ch}^2(\varepsilon t) \tag{8.5.9}$$

由于

$$\langle X_1^2 \rangle = \langle (\Delta X_1)^2 \rangle + \bar{X}_1^2 = \mathrm{sh}^2(\varepsilon t) + \mathrm{ch}^2(\varepsilon t) + \bar{X}_1^2$$

$$\langle Y_2^2 \rangle = \langle (\Delta Y_2)^2 \rangle + \bar{Y}_2^2 = \mathrm{sh}^2(\varepsilon t) + \mathrm{ch}^2(\varepsilon t) + \bar{Y}_2^2 \tag{8.5.10}$$

式中, $\bar{X}_1 = \langle X_1 \rangle$, $\bar{Y}_2 = \langle Y_2 \rangle$. 对于无关联的真空输入场, 有如下关系:

$$\langle X_1 \rangle = \langle X_{10} \rangle_{\mathrm{vac}} = 0, \quad \langle Y_2 \rangle = \langle Y_{20} \rangle_{\mathrm{vac}} = 0$$

$$\langle X_{10}^2 \rangle_{\mathrm{vac}} = \langle Y_{20}^2 \rangle_{\mathrm{vac}} = 1, \quad \langle X_{10} Y_{20} \rangle_{\mathrm{vac}} = 0 \tag{8.5.11}$$

(8.5.10) 式变为

$$\langle X_1^2 \rangle = \langle Y_2^2 \rangle = \mathrm{sh}^2(\varepsilon t) + \mathrm{ch}^2(\varepsilon t) = \mathrm{ch}(2\varepsilon t) = \mathrm{ch}(2r) \tag{8.5.12}$$

其正交相位振幅解可以写成如下的形式:

$$X_1 = X_{10}\mathrm{ch}(\varepsilon t) + Y_{20}\mathrm{sh}(\varepsilon t), \quad Y_2 = Y_{20}\mathrm{ch}(\varepsilon t) + X_{10}\mathrm{sh}(\varepsilon t)$$

X_1 与 Y_2 之间的函数为

$$\langle X_1 Y_2 \rangle = \langle X_{10}^2 \rangle \mathrm{sh}(\varepsilon t)\mathrm{ch}(\varepsilon t) + \langle Y_{20}^2 \rangle \mathrm{sh}(\varepsilon t)\mathrm{ch}(\varepsilon t) = \mathrm{sh}(2\varepsilon t) = \mathrm{sh}(2r) \tag{8.5.13}$$

由 (8.5.12) 式与 (8.5.13) 式, 可以得到归一化后的关联函数

$$g = \frac{\langle X_1 Y_2 \rangle}{\sqrt{\langle X_1^2 \rangle \langle Y_2^2 \rangle}} = \frac{\mathrm{sh}(2\varepsilon t)}{\mathrm{sh}^2(\varepsilon t) + \mathrm{ch}^2(\varepsilon t)} = \frac{2\tanh(\varepsilon t)}{1 + \tanh^2(\varepsilon t)} = \tanh(2\varepsilon t)$$

将 (8.5.12) 式的 $\langle X_1^2 \rangle$、$\langle Y_2^2 \rangle$, (8.5.13) 式的 $\langle X_1 Y_2 \rangle$ 代入 V_1 的表示式 (8.5.1), 便得 (8.5.3). 对 V_2 的计算也是一样的

$$V_1 = \cosh(2r) - \frac{\sinh^2(2r)}{\cosh(2r)} = \frac{1}{\cosh(2r)}$$

(2) 实际情况 (考虑损耗 k 的影响 $(k \neq 0)$) 考虑损耗 k 后, (8.5.7) 式可写成如下形式:

$$
\begin{aligned}
\langle (\Delta X_1)^2 \rangle =& 1 + \frac{1}{2C_1}(1 - \exp[-2(k-\varepsilon)t]) + \frac{1}{2C_2}(1 - \exp[-2(k+\varepsilon)t]) \\
=& \left(\frac{\exp[-(k+\varepsilon)t] + \exp[-(k-\varepsilon)t]}{2} \right)^2 \\
& + \left(\frac{\exp[-(k+\varepsilon)t] - \exp[-(k-\varepsilon)t]}{2} \right)^2 \\
& + \frac{k}{2(k-\varepsilon)}(1 - \exp[-2(k-\varepsilon)t]) + \frac{k}{2(k+\varepsilon)}(1 - \exp[-2(k+\varepsilon)t]) \quad (8.5.14)
\end{aligned}
$$

$$
\begin{aligned}
\langle (\Delta Y_2)^2 \rangle =& 1 - \frac{1}{2\tilde{C}_1}(1 - \exp[-2(k+\varepsilon)t]) - \frac{1}{2\tilde{C}_2}(1 - \exp[-2(k-\varepsilon)t]) \\
=& \left(\frac{\exp[-(k-\varepsilon)t] + \exp[-(k+\varepsilon)t]}{2} \right)^2 \\
& + \left(\frac{\exp[-(k-\varepsilon)t] - \exp[-(k+\varepsilon)t]}{2} \right)^2 \\
& + \frac{k}{2(k+\varepsilon)}(1 - \exp[-2(k+\varepsilon)t]) + \frac{k}{2(k-\varepsilon)}(1 - \exp[-2(k-\varepsilon)t]) \quad (8.5.15)
\end{aligned}
$$

由 (8.5.12) 式以及当 k 很大而 ε 很小, 方差 $\langle (\Delta X_1)^2 \rangle$、$\langle (\Delta Y_2)^2 \rangle$ 均趋近于真空起伏 1 的考虑可以得到 (8.5.14) 式与 (8.5.15) 式的算子解分别为

$$
\begin{aligned}
X_1 =& X_{10} \frac{\exp[-(k-\varepsilon)t] + \exp[-(k+\varepsilon)t]}{2} + Y_{20} \frac{\exp[-(k-\varepsilon)t] - \exp[-(k+\varepsilon)t]}{2} \\
& + \int_0^t \exp(-(k-\varepsilon)(t-t'))\xi(t')\mathrm{d}t' - \int_0^t \exp(-(k+\varepsilon)(t-t'))\eta(t')\mathrm{d}t'
\end{aligned}
$$

$$
\begin{aligned}
Y_2 =& Y_{20} \frac{\exp[-(k-\varepsilon)t] + \exp[-(k+\varepsilon)t]}{2} + X_{10} \frac{\exp[-(k-\varepsilon)t] - \exp[-(k+\varepsilon)t]}{2} \\
& + \int_0^t \exp[-(k-\varepsilon)(t-t')]\xi(t')\mathrm{d}t' + \int_0^t \exp[-(k+\varepsilon)(t-t')]\eta(t')\mathrm{d}t' \quad (8.5.16)
\end{aligned}
$$

随机力 $\xi(t')$、$\eta(t')$ 的引入主要是基于前两项与损耗 k 有关, 其关联函数为 $\langle \eta(t')\xi(t'') \rangle = 0$, $\langle \xi(t')\xi(t'') \rangle = \langle \eta(t')\eta(t'') \rangle = k\delta(t'-t'')$, 仅仅决定于 k. 这样我们就得到了 X_1 与 Y_2 之间的关联

$$
\langle X_1 Y_2 \rangle = \left(\frac{\exp[-(k-\varepsilon)t] + \exp[-(k+\varepsilon)t]}{2} \right) \times \left(\frac{\exp[-(k-\varepsilon)t] - \exp[-(k+\varepsilon)t]}{2} \right)
$$

$$+\left(\frac{\exp[-(k-\varepsilon)t]+\exp[-(k+\varepsilon)t]}{2}\right)\times\left(\frac{\exp[-(k-\varepsilon)t]-\exp[-(k+\varepsilon)t]}{2}\right)$$

$$+\frac{k}{2(k-\varepsilon)}(1-\exp[-2(k-\varepsilon)t])-\frac{k}{2(k+\varepsilon)}(1-\exp[-2(k+\varepsilon)t]) \quad (8.5.17)$$

根据方差 (8.5.14) 式、(8.5.15) 式以及关联 (8.5.17) 式便可按 (8.5.1) 式、(8.5.2) 式计算最小均方差 V_1 与 V_2.

令 $k=\eta\varepsilon$, 我们很容易计算得到最小方差的 $g=\dfrac{\langle X_1 Y_2\rangle}{\sqrt{\langle X_1^2\rangle\langle Y_2^2\rangle}}$ 时乘积 $V_1 V_2$ 随压缩参量 $r=\varepsilon t$ 的变化曲线图. 如图 8.18 所示, 由下而上分别为 $\eta=0.0$(理想情况, 实线); $\eta=0.1$(阈值以上, 虚线 1); $\eta=0.5$(阈值以上, 虚线 2); $\eta=1.001$(阈值以下, 虚线 3); $\eta=2$(阈值以下, 虚线 4); 各线的极小点用点标出, 随 η 的增大, 极小点向左移. 实验上, 如参考文献 [69]、[71] 给出的, $V_1 V_2=0.7$, $g^2=(\tanh 2r)^2=0.58$, 很容易计算出 $V=\sqrt{(V_1 V_2)}=0.836$, $r=0.5$, 在图 8.18 中用粗点表示. 这个点很靠近图上第 3 虚线, 接近阈值. 图 8.19 给出压缩 $\langle(\Delta y_2)\rangle^2$ 随压缩参量 $r=\varepsilon t$ 的变化曲线图. 由下至上各曲线 $\eta=0, 0.1, 0.5, 1, 2$.

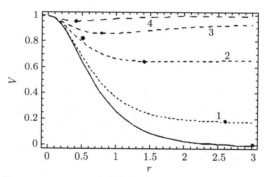

图 8.18　$V_1(V_2)$ 随压缩参量 $r=\varepsilon t$ 的变化曲线图

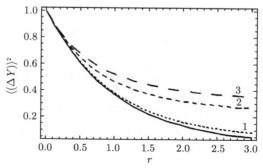

图 8.19　压缩 $\langle(\Delta Y_2)\rangle^2$ 随压缩参量 $r=\varepsilon t$ 的变化曲线图

8.5.3 考虑到泵浦吃空解含时的 Fokker-Planck 方程对 $V_1(V_2)$ 的计算

由 (8.5.9) 式、(8.3.18) 式、(8.3.20) 式得

$$
\begin{aligned}
\langle(\Delta X_1)^2\rangle &= 1 + \langle :(\Delta X_1)^2:\rangle = 1 + \langle :(\Delta\beta_1)^2:\rangle + \langle :(\Delta\beta_2)^2:\rangle \\
&= \langle(\Delta Y_2)^2\rangle = 1 + \langle :(\Delta Y_2)^2:\rangle = 1 + \langle :(\Delta\tilde\beta_1)^2:\rangle + \langle :(\Delta\tilde\beta_2)^2:\rangle \\
&= \alpha^2(t)/2 + \alpha_1^2(t)k\int_0^t \alpha_1^{-2}(t')\mathrm{d}t' + \tilde\alpha^2(t)/2 + \tilde\alpha_1^2(t)k\int_0^t \tilde\alpha_1^{-2}(t')\mathrm{d}t' \quad (8.5.18)
\end{aligned}
$$

$$
\begin{aligned}
\langle X_1 Y_2\rangle &= \left(\frac{\tilde\alpha(t)+\alpha(t)}{2}\right)\times\left(\frac{\alpha(t)-\tilde\alpha(t)}{2}\right) + \left(\frac{\tilde\alpha(t)+\alpha(t)}{2}\right)\times\left(\frac{\alpha(t)-\tilde\alpha(t)}{2}\right) \\
&\quad + \alpha_1^2(t)k\int_0^t \alpha_1^{-2}(t')\mathrm{d}t' - \tilde\alpha_1^2(t)k\int_0^t \tilde\alpha_1^{-2}(t')\mathrm{d}t' \quad (8.5.19)
\end{aligned}
$$

现按 8.3 节解含时 Fokker-Planck 方程. 取 $k/\mu = 2, 1.001, 0.5, 0.1$. $\eta = 1/1000$; $\gamma_r = 10$; $\alpha_{10} = 1.0$; $\alpha_{20} = 0$; 计算出 V_1 随压参量 $r = \varepsilon t$ 的变化曲线, 即图 8.20 中给出的第 1, 2, 3, 4, 四条虚线. 与图 8.18 的四条虚线 4, 3, 2, 1 相对应, 相比起来趋势一致, 但差别还是明显的.

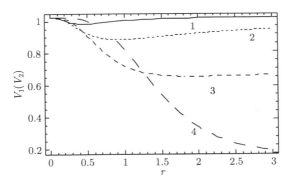

图 8.20 $V_1(V_2)$ 随压缩参量 r 而变化的曲线图

8.5.4 小结

作为小结, 我们要讨论 (8.5.16) 式的物理意义以及前面提到的与我们的记号 x、y 与 Reid 定义 $\bar X_1$、$\bar Y_2$ 的对应关系. 先讨论第一个问题.

(1) 由 (8.5.16) 式, 得

$$
X_1 + Y_2 = (X_{10} + Y_{20})\exp[-(k-\varepsilon)t] + 2\int_0^t \exp(-(k-\varepsilon)(t-t'))\xi(t')\mathrm{d}t'
$$

$$
X_1 - Y_2 = (X_{10} - Y_{20})\exp[-(k+\varepsilon)t] + 2\int_0^t \exp(-(k+\varepsilon)(t-t'))\eta(t')\mathrm{d}t' \quad (8.5.20)
$$

由方程 (8.5.20) 得

$$\frac{\mathrm{d}}{\mathrm{d}t}(X_1 + Y_2) = -(k - \varepsilon)(X_1 + Y_2) + \xi(t)$$

$$\frac{\mathrm{d}}{\mathrm{d}t}(X_1 - Y_2) = -(k + \varepsilon)(X_1 - Y_2) + \eta(t) \tag{8.5.21}$$

这就是 $X_1 + Y_2$, $X_1 - Y_2$ 亦即 $x + y$, $x - y$ 所满足的 Langevin 方程.

(2) 在文献 [68] 中 Reid 采用的参量下转换相互作用 Hamiltonian 为 $H_{\mathrm{I}} = -\hbar K(a^\dagger b^\dagger + ab)$, 而我们用的记号即 (8.1.1) 式为 $W = \mathrm{i}\hbar(\varepsilon a_1^\dagger a_2^\dagger - \varepsilon^* a_1 a_2)$, 比较一下, 便得对应关系为

$$K \to \varepsilon, \quad a^\dagger \to a_1^\dagger \mathrm{e}^{-\mathrm{i}\pi/4}, \quad b^\dagger \to a_2^\dagger \mathrm{e}^{-\mathrm{i}\pi/4}, \quad a \to a_1 \mathrm{e}^{\mathrm{i}\pi/4}, \quad b \to a_2 \mathrm{e}^{\mathrm{i}\pi/4}$$

又按 Reid 定义 (用 $\bar{X}_1 - \bar{Y}_2$ 表示) 及 (8.1.2) 式

$$X_\theta = a\mathrm{e}^{-\mathrm{i}\theta} + a^\dagger \mathrm{e}^{\mathrm{i}\theta}, \quad Y_\phi = b\mathrm{e}^{-\mathrm{i}\phi} + b^\dagger \mathrm{e}^{\mathrm{i}\phi} \tag{8.5.22}$$

$$\bar{X}_1 = X_0 = a + a^\dagger \to a_1 \mathrm{e}^{\mathrm{i}\pi/4} + a_1^\dagger \mathrm{e}^{-\mathrm{i}\pi/4} = \frac{b_1 + b_2}{\sqrt{2}}\mathrm{e}^{\mathrm{i}\pi/4} + \frac{b_1^\dagger + b_2^\dagger}{\sqrt{2}}\mathrm{e}^{-\mathrm{i}\pi/4}$$

$$\bar{Y}_2 = Y_{\pi/2} = b\mathrm{e}^{-\mathrm{i}\pi/2} + b^\dagger \mathrm{e}^{\mathrm{i}\pi/2} \to a_2 \mathrm{e}^{-\mathrm{i}\pi/4} + a_2^\dagger \mathrm{e}^{\mathrm{i}\pi/4} = \frac{b_1 - b_2}{\sqrt{2}}\mathrm{e}^{-\mathrm{i}\pi/4} + \frac{b_1^\dagger - b_2^\dagger}{\sqrt{2}}\mathrm{e}^{\mathrm{i}\pi/4}$$
$$\tag{8.5.23}$$

故有

$$\bar{X}_1 + \bar{Y}_2 = b_1 + b_1^\dagger + \mathrm{i}b_2 - \mathrm{i}b_2^\dagger = 2\beta_1 - 2\tilde{\beta}_2, \quad \bar{X}_1 - \bar{Y}_2 = \mathrm{i}b_1 - \mathrm{i}b_1^\dagger + b_2 + b_2^\dagger = -2\tilde{\beta}_1 + 2\beta_2$$
$$\tag{8.5.24}$$

b_1, b_2 分属于简并参量系统 $1(\varepsilon, k)$ 与 $2(-\varepsilon, k)$, 故有

$$\frac{\mathrm{d}}{\mathrm{d}t}\beta_1 = -(k - \varepsilon)\beta_1, \quad \frac{\mathrm{d}}{\mathrm{d}t}\tilde{\beta}_1 = -(k + \varepsilon)\tilde{\beta}_1$$

$$\frac{\mathrm{d}}{\mathrm{d}t}\beta_2 = -(k + \varepsilon)\beta_2, \quad \frac{\mathrm{d}}{\mathrm{d}t}\tilde{\beta}_2 = -(k - \varepsilon)\tilde{\beta}_2 \tag{8.5.25}$$

由 (8.5.24) 式、(8.5.25) 式, 加上无规力的影响便得

$$\frac{\mathrm{d}}{\mathrm{d}t}(\bar{X}_1 + \bar{Y}_2) = -(k - \varepsilon)(\bar{X}_1 + \bar{Y}_2) + \xi(t)$$

$$\frac{\mathrm{d}}{\mathrm{d}t}(\bar{X}_1 - \bar{Y}_2) = -(k + \varepsilon)(\bar{X}_1 - \bar{Y}_2) + \eta(t) \tag{8.5.26}$$

由 (8.5.21) 式、(8.5.26) 式表明我们用的 $x + y$、$x - y$ 即 $X_1 + Y_2$、$X_1 - Y_2$ 与 Reid 的 $\bar{X}_1 + \bar{Y}_2$、$\bar{X}_1 - \bar{Y}_2$ 相对应, 均满足同样的 Langevin 方程.

8.6   周期泵浦驱动的 DOPA 的量子起伏以及 NOPA 的量子纠缠[85]

在 (8.3) 节中, 我们求解了含时的 DOPA 系统的 Fokker-Planck 方程, 并计算了体现量子起伏的压缩度的变化. 在 8.5 节中, 我们又求解了含时的 NOPA 系统的 Fokker-Planck 方程的解和量子纠缠特性. 这些都是在驱动场振幅 ε 为常数的情形下进行的. 在 8.3 节的计算中我们已看到当驱动场工作于超阈值时, 压缩度在短时间内可达 $1/(1 + \mu)$, 但很快趋于 $1/2$ 的低压缩状况. 这使我们想到采用振幅周期变化的驱动场泵浦以获得瞬时的高压度 $1/(1 + \mu)$ 态以及强的纠缠. 在计算中, 我们采用了两种周期泵浦场: ①Sine 泵浦 $\varepsilon = \mu(1 + \sin \omega \tau)$; ②Gauss 泵浦 $\varepsilon = \mu \times 5.45 \exp[-10 \sin^2 \omega \tau]$. 图 8.21、图 8.22 分别给出采用两种周期泵浦后的参量波 $\alpha_1(\tau)$ 与压缩度 $4\langle (\Delta y)^2 \rangle$ 随作用时间 τ 的变化, 图 8.23、图 8.24 分别给出 V_1 随作用时间 τ 的变化.

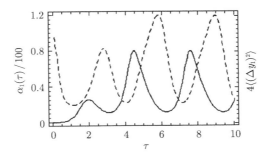

图 8.21   Sine 泵浦情形的参量波与压缩曲线, 参数为 $\mu = 2$, $\eta = 1/1000$, $\gamma_r = 10$, $\omega = 2$, $\tau_0 = 9$, 实线为参量波 $\alpha_1/100$vs τ, 虚线为压缩 $4\langle (\Delta y_1) \rangle^2$vs τ[85]

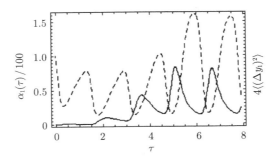

图 8.22   Gauss 泵浦情形的参量波与压缩曲线, 参数为 $\mu = 2$, $\eta = 1/1000$, $\gamma_r = 10$, $\omega = 2$, $\tau_0 = 9$, 实线为参量波 $\alpha_1/100$vs τ, 虚线为压缩 $4\langle (\Delta y_1) \rangle^2$vs τ[85]

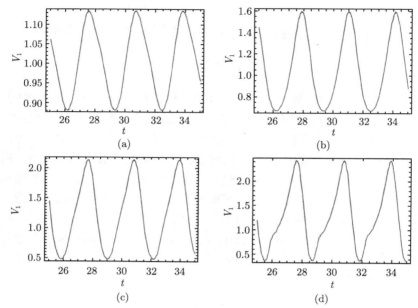

图 8.23　Sine 泵浦情形 V_1 随 τ 的变化曲线, 参数为 $\eta = 1/1000$, $\gamma_r = 10$, $\omega = 2$

(a)$\mu = 0.5$; (b)$\mu = 1.001$; (c)$\mu = 2$; (d)$\mu = 4$

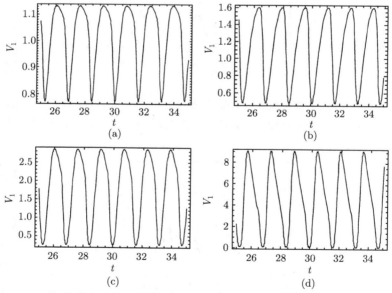

图 8.24　Gauss 泵浦情形 V_1 随 τ 的变化曲线, 参数为 $\eta = 1/1000$, $\gamma_r = 10$, $\omega = 2$[85]

(a)$\mu = 0.5$; (b)$\mu = 1.001$; (c)$\mu = 2$; (d)$\mu = 4$

8.7 应用 N 个非简并参量放大输出演示 EPR 伴谬

上面 8.5 节我们研究了通常 $N = 2$ 个 NOPA 系统的参量下转换及 EPR 伴谬演示. 这时一个泵浦光子 $\hbar\omega_0$ 转换为一个信号光子 $\hbar\omega_1$ 和一个闲光子 $\hbar\omega_2$ 而且频率是简并的, 即 $\hbar\omega_1 = \hbar\omega_2 = \hbar\omega_0/2$, 但偏振是非简并的. 在这一节中, 假定偏振是简并的, 但频率是非简并的, 而且有多个这样的泵浦光子 $\hbar\omega_0$ 的参量下转换. 要在这种 N 个非简并参量放大情况下求解系统的 Fokker-Planck 方程并推导最佳实现 EPR 伴谬的条件. 将 8.5 节看成是通解 "$N = 2$" 的特例, 先讨论一个简并参量放大系统的 Fokker-Planck 方程的解, 再讨论 N 个非简并参量放大系统的 Fokker-Planck 方程的解及多粒子方差 V 判据.

8.7.1 单个简并参量系统的 Fokker-Planck 方程的解

参照 (8.1.1) 式, 并令 $a_1 = a_2 = b$ 则一个简并参量系统 DOPA 的总 Hamilton 可写为

$$H = H_0 + V + W$$

$$H_0 = \hbar\omega_0 a_0^\dagger a_0 + \hbar\omega b^\dagger b + \mathrm{i}\hbar(E\exp[-\mathrm{i}\omega_\mathrm{L}t]a_0^\dagger - E^*\exp[\mathrm{i}\omega_\mathrm{L}t]a_0) + \sum_j \hbar\omega_j B_j^\dagger B_j$$

$$V = \hbar\sum_j (k_j B_j b^\dagger + k_j^* B_j^\dagger b)$$

$$W = \mathrm{i}\hbar(\varepsilon b^{\dagger 2} - \varepsilon^* b^2) \tag{8.7.1}$$

$b^\dagger (b)$ 表示信号光和闲置光的产生和湮没算子. 由于频率简并, 故有 $\hbar\omega_1 = \hbar\omega_2 = \hbar\omega_0/2$. 在正 P 表象中, 上述 Fokker-Planck 方程有如下的形式 (参见 (8.1.7) 式):

$$\frac{\partial p}{\partial t} = k\left(\frac{\partial}{\partial b}b + \frac{\partial}{\partial b^*}b^*\right)p - \left(\varepsilon b^*\frac{\partial}{\partial b} + \varepsilon^* b\frac{\partial}{\partial b^*}\right)p$$
$$+ \frac{1}{2}\left(\varepsilon\frac{\partial^2}{\partial b^2} + \varepsilon^*\frac{b^2}{\partial b^{*2}}\right)p + 2k\bar{n}\frac{b^2}{\partial b\partial b^*}p \tag{8.7.2}$$

如泵浦吃空可略去, 则泵浦振幅 α_0 以及增益系数 $\varepsilon = \chi\alpha_0$ 为常数, 而 DOPA 系统是一个不显含时的系统. 将算子 b、$b^\dagger$ 用 c 数 β、$\tilde{\beta}$ 代. 而 β、$\tilde{\beta}$ 分别为复数的实部与虚部, $\beta = (b + b^\dagger)/\sqrt{2}$, $\tilde{\beta} = (-\mathrm{i}b + \mathrm{i}b^\dagger)/\sqrt{2}$. 现定义在 V 判据中要用到的量

$$X = \beta + \tilde{\beta} = \frac{1}{\sqrt{2}}(b + b^\dagger - \mathrm{i}b + \mathrm{i}b^\dagger)$$

$$Y = \beta - \tilde{\beta} = \frac{1}{\sqrt{2}}(b + b^\dagger + \mathrm{i}b - \mathrm{i}b^\dagger) \tag{8.7.3}$$

则参照 (8.1.14) 式得出 X、Y 的量子起伏为

$$\langle : X^2 : \rangle = \langle \beta^2 \rangle + \langle \tilde{\beta}^2 \rangle$$
$$= \frac{1}{2c}\left(1 - \frac{1}{2c}(1 - \exp[-2(k-\varepsilon)t])\right) - \frac{1}{2\tilde{c}}(1 - \exp[-2(k+\varepsilon)t]))$$

$$\langle : Y^2 : \rangle = \langle \beta^2 \rangle + \langle \tilde{\beta}^2 \rangle$$
$$= \frac{1}{2c}\left(1 - \frac{1}{2c}(1 - \exp[-2(k-\varepsilon)t])\right) - \frac{1}{2\tilde{c}}(1 - \exp[-2(k+\varepsilon)t]))$$

$$\langle XY \rangle = \langle \beta^2 \rangle - \langle \tilde{\beta}^2 \rangle$$
$$= \frac{1}{2c}\left(1 - \frac{1}{2c}(1 - \exp[-2(k-\varepsilon)t])\right) + \frac{1}{2\tilde{c}}(1 - \exp[-2(k+\varepsilon)t]))$$

$$c = \frac{k-\varepsilon}{\varepsilon + 2k\bar{n}}, \quad \tilde{c} = \frac{k+\varepsilon}{\varepsilon - 2k\bar{n}} \tag{8.7.4}$$

8.7.2　多粒子纠缠的 V 判据

参照上面 (8.7.1) 式, 在多粒子纠缠情况下, 描述多粒子非简并参量系统 NOPA 的总 Hamilton 可写为

$$H = H_0 + V + W$$
$$H_0 = \hbar\omega_0 a_0^\dagger a_0 + \sum_{m=1}^{N} \hbar\omega_m a_m^\dagger a_m$$
$$+ \mathrm{i}\hbar(E\exp[-\mathrm{i}\omega_0 t]a_0^\dagger - E^*\exp[\mathrm{i}\omega_0 t]a_0) + \sum_j \sum_{m=1}^{N} \hbar\omega_j B_{jm}^\dagger B_{jm}$$
$$V = \hbar\sum_j (k_j B_{jm} a_m^\dagger + k_j^* B_{jm}^\dagger a_m)$$
$$W = \frac{\mathrm{i}\hbar}{2}\sum_{j \neq k}^{N} (2\varepsilon a_j^\dagger a_k^\dagger - 2\varepsilon^* a_j a_k) \tag{8.7.5}$$

式中, $a_0^\dagger(a_0)$、$a_j^\dagger(a_j)$、$a_k^\dagger(a_k)$ 分别表示泵浦光、信号光、闲置光的产生 (湮没) 算符. 而 ω_0、ω_j、ω_k 指相应的频率. E 则是频率为 ω_0 的相干驱动场的振幅. H_0 的最后一项则是描述热库的 Hamilton, $B_{jm}^\dagger(B_{jm})$ 为热库的产生 (湮没) 算符. V 表示信号光、闲置光与热库的相互作用 Hamilton. W 表示泵浦光 α_0(包含在增益因子 $\varepsilon_{jk} = \chi_{jk}\alpha_0$ 中 α_0 由下面半经典方程给出的泵浦振幅) 与信号光、闲置光 $a_j^\dagger(a_j)$、$a_k^\dagger(a_k)$ 的相互作用. $a_j^\dagger(a_j)$ 与 $a_k^\dagger(a_k)$ 属不同偏振 (或频率), 可相互对易, 为非简并模式. 算子 a_j、$a_k^\dagger$ 满足如下动力学方程:

$$\frac{\mathrm{d}}{\mathrm{d}t}a_j = -k_j a_j + \sum_k \varepsilon_{jk} a_k^\dagger$$

$$\frac{\mathrm{d}}{\mathrm{d}t}a_k^\dagger = -k_k a_k^\dagger + \sum_j \varepsilon_{jk} a_j \tag{8.7.6}$$

下面先从双粒子纠缠情形进行讨论.

参照 (8.7.6) 式, 得出 $N=2$ 时即双粒子纠缠的动力学方程为

$$\frac{\mathrm{d}}{\mathrm{d}t}a_1 = -k_1 a_1 + \varepsilon_{12} a_2^\dagger, \quad \frac{\mathrm{d}}{\mathrm{d}t}a_2 = -k_2 a_2 + \varepsilon_{21} a_1^\dagger \tag{8.7.7}$$

为简单起见, 令 $k_1 = k_2 = k$, 并定义 $L = \mathrm{d}/\mathrm{d}x + k$, 则方程 (8.7.7) 又可写成矩阵形式

$$\begin{pmatrix} L & 0 & 0 & -\varepsilon_{12} \\ 0 & L & -\varepsilon_{21} & 0 \\ 0 & -\varepsilon_{21}^* & L & 0 \\ -\varepsilon_{12}^* & 0 & 0 & L \end{pmatrix} \begin{pmatrix} a_1 \\ a_2 \\ a_1^\dagger \\ a_2^\dagger \end{pmatrix} = 0 \tag{8.7.8}$$

现定义转换矩阵 U, 并设 $\varepsilon = \varepsilon_{12} = \varepsilon_{21}$, 则

$$U = \begin{pmatrix} u & u^{-1} \\ u & u^{-1} \end{pmatrix}, \quad u = u^{-1} = \frac{1}{\sqrt{2}}\begin{pmatrix} 1 & 1 \\ 1 & -1 \end{pmatrix}$$

$$u\begin{pmatrix} 0 & -\varepsilon \\ -\varepsilon & 0 \end{pmatrix}u^{-1} = \begin{pmatrix} -\varepsilon & 0 \\ 0 & \varepsilon \end{pmatrix} \tag{8.7.9}$$

用 U 作用于 (8.7.8) 式两端

$$\begin{pmatrix} L & 0 & -\varepsilon & 0 \\ 0 & L & 0 & \varepsilon \\ -\varepsilon^* & 0 & L & 0 \\ 0 & \varepsilon^* & 0 & L \end{pmatrix} \begin{pmatrix} b_1 \\ b_2 \\ b_1^\dagger \\ b_2^\dagger \end{pmatrix} = 0, \quad \begin{pmatrix} b_1 \\ b_2 \\ b_1^\dagger \\ b_2^\dagger \end{pmatrix} = \begin{pmatrix} (a_1+a_2)/\sqrt{2} \\ (a_1-a_2)/\sqrt{2} \\ (a_1+a_2)^\dagger/\sqrt{2} \\ (a_1-a_2)^\dagger/\sqrt{2} \end{pmatrix} \tag{8.7.10}$$

这样关于非简并模式 a_1、a_2 的 NOPA 方程可以等价为一个模式为 b_1 的 DOPA1(k, ε) 方程与一个模式为 b_2 的 DOPA2$(k, -\varepsilon)$ 方程, 后者的解是知道的, 即 (8.7.1) 式和 (8.7.4) 式. 用矩阵形式写出, 便是

$$\begin{pmatrix} L & -\varepsilon \\ -\varepsilon^* & L \end{pmatrix}\begin{pmatrix} b_1 \\ b_1^\dagger \end{pmatrix} = 0, \quad \begin{pmatrix} L & \varepsilon \\ \varepsilon^* & L \end{pmatrix}\begin{pmatrix} b_2 \\ b_2^\dagger \end{pmatrix} = 0 \tag{8.7.11}$$

b_i, $i=1,2$ 的通解为

$$b_i = \beta_i + \mathrm{i}\tilde{\beta}_i, \quad \frac{\mathrm{d}}{\mathrm{d}t}\beta_1 = \varepsilon\beta_1, \quad \frac{\mathrm{d}}{\mathrm{d}t}\tilde{\beta}_1 = -\varepsilon\tilde{\beta}_1$$

$$\beta_1 = \beta_{10}\exp[\varepsilon t] = \beta_{10}\exp[r], \quad \tilde{\beta}_1 = \tilde{\beta}_{10}\exp[-\varepsilon t] = \tilde{\beta}_{20}\exp[-r]$$

$$\beta_2 = \beta_{20} \exp[-\varepsilon t] = \beta_{20} \exp[-r], \quad \tilde{\beta}_2 = \tilde{\beta}_{20} \exp[\varepsilon t] = \tilde{\beta}_{20} \exp[r] \tag{8.7.12}$$

式中, $r = \varepsilon t = \varepsilon \dfrac{l}{c}$ 为压缩因子, 依赖于非线性晶体的长度与二阶极化率、腔的损耗、泵浦光强等. 参照方程 (8.7.4)

$$X_1 = \beta_1 + \tilde{\beta}_1, \quad Y_1 = \beta_1 - \tilde{\beta}_1; \quad X_2 = \beta_2 + \tilde{\beta}_2, \quad Y_2 = \beta_2 - \tilde{\beta}_2$$

$$\langle : (\Delta X_1)^2 : \rangle = \left\langle \left(\Delta\beta_1 + \Delta\tilde{\beta}_1 \right)^2 \right\rangle$$
$$= \frac{1}{2c_1}(1 - \exp[-2(k-\varepsilon)t]) - \frac{1}{2\tilde{c}_1}(1 - \exp[-2(k+\varepsilon)t])$$

$$\langle : (\Delta Y_1)^2 : \rangle = \left\langle \left(\Delta\beta_1 - \Delta\tilde{\beta}_1 \right)^2 \right\rangle$$
$$= \frac{1}{2c_1}(1 - \exp[-2(k-\varepsilon)t]) - \frac{1}{2\tilde{c}_1}(1 - \exp[-2(k+\varepsilon)t])$$

$$\langle : (\Delta X_2)^2 : \rangle = \left\langle \left(\Delta\beta_2 + \Delta\tilde{\beta}_2 \right)^2 \right\rangle$$
$$= \frac{1}{2c_2}(1 - \exp[-2(k+\varepsilon)t]) - \frac{1}{2\tilde{c}_2}(1 - \exp[-2(k-\varepsilon)t])$$

$$\langle : (\Delta Y_2)^2 : \rangle = \left\langle \left(\Delta\beta_2 - \Delta\tilde{\beta}_2 \right)^2 \right\rangle$$
$$= \frac{1}{2c_2}(1 - \exp[-2(k+\varepsilon)t]) - \frac{1}{2\tilde{c}_2}(1 - \exp[-2(k-\varepsilon)t]) \tag{8.7.13}$$

式中

$$c_1 = \frac{k-\varepsilon}{\varepsilon + 2k\bar{n}}, \quad \tilde{c}_1 = \frac{k+\varepsilon}{\varepsilon - 2k\bar{n}}, \quad c_2 = \frac{k+\varepsilon}{-\varepsilon + 2k\bar{n}}, \quad \tilde{c}_2 = \frac{k-\varepsilon}{-\varepsilon - 2k\bar{n}} \tag{8.7.14}$$

上面的 X、Y 表示按 (8.7.3) 定义的振幅与相位分量, 而下角标 "1" 与 "2" 则表示非简并的两个模式. $\bar{n}$ 为真空光子简并度, 一般取为零 $\bar{n} = 0$. 下面先考虑损耗系数 $k = 0$ 的理想情况.

参照文献 [68], 对于 $N = 2$ 非简并 NOPA 系统, 信号光与闲置光的解可用 (8.7.11) 来表示

$$X_1(l) = \beta_1 + \tilde{\beta}_1 = (\beta_{10} + \tilde{\beta}_{10})\cosh r + (\beta_{10} - \tilde{\beta}_{10})\sinh r = X_{10}\cosh r + Y_{20}\sinh r$$

$$Y_2(l) = \beta_2 - \tilde{\beta}_2 = (\beta_{20} - \tilde{\beta}_{20})\cosh r + (\beta_{20} + \tilde{\beta}_{20})\sinh r = Y_{20}\cosh r + X_{10}\sinh r \tag{8.7.15}$$

方程 (8.7.15) 的物理意义可以这样来理解: 两个非简并的信号光与闲置光的输入 X_{10}、Y_{20} 经参量放大后, 变为 $X_1(l)$、$Y_2(l)$, $l = rc/\varepsilon$. 由于这两个光场是非简并的, 我们可以将 $X_1(l)$、$Y_2(l)$ 从 "空间" (或 "频率") 上分离开来. 若输入 X_{10}、Y_{20} 为

真空场, 则真空场的起伏 $\langle X_{10}^2 \rangle = \langle Y_{20}^2 \rangle = 1$, $\langle X_{10} \rangle = \langle Y_{20} \rangle = 0$, $\langle X_{10}Y_{20} \rangle = 0$. 由 (8.7.15) 式易导出

$$\langle X_1(l)^2 \rangle = \langle Y_2(l)^2 \rangle = \cosh 2r, \quad \langle X_1(l)Y_2(l) \rangle = \sinh 2r \tag{8.7.16}$$

上述结果表明, 若对闲置光的相位 $Y_2(l)$ 进行了测量, 测量结果为 Y_2, 那么若对信号光的振幅 $X_1(l)$ 也进行测量, 估计测量结果应是 $X_1^0 = gY_2$. 这个估计可靠吗? 不妨在远处也放一探测器, 对信号光的振幅 $X_1(l)$ 测量一次, 实际测量结果为 X_1. 计算实测结果 X_1 与估计结果 X_1^0 间的均方差

$$V_1(g) = \langle [X_1 - X_1^0]^2 \rangle = \langle [X_1 - gY_2]^2 \rangle = \langle [X_1]^2 + [gY_2]^2 \rangle - 2g \langle [X_1Y_2] \rangle \tag{8.7.17}$$

最佳的估计结果 X_1^0 应使上述均方差为最小. 根据这一点, 可调变估值参数 g, 即设定 $\partial V(g)/\partial g = 0$, 得出 $g = \langle [X_1(l)Y_2(l)] \rangle / \langle [Y_2(l)]^2 \rangle$. 代入 (8.7.17) 式得

$$V_1 = [V_1(g)]_{\min} = \langle [X_1(l)]^2 \rangle - \frac{\langle [X_1Y_2] \rangle^2}{\langle [Y_2(l)]^2 \rangle} \tag{8.7.18}$$

在导出 (8.7.17) 式时, 我们注意到关键之处在于信号光的振幅 X_1(位置 1 处) 与闲置光的相位 Y_2(位置 2 处) 间的 "纠缠" 或 "关联". 振幅相位分量 X_1、Y_2 是通过 NOPA 系统产生并包含在方程 (8.7.1) 的相互作用 W 中的. 如果有更多的 NOPA 系统, 会产生更多的非简并的信号光与闲置光光子对, 而泵浦光束是共同的. 在这种情况下, 我们就有了多个信号光振幅与闲置光的相位分量. 除了在 "2" 的位置测定 Y_2 外, 还可测定 $Y_i(i = 3 \sim N)$, 因为它们是非简并的, 可以做到测量不互相干扰. 根据这些 $Y_i(i = 2 \sim N)$ 的测量, 我们就可以对信号光振幅 $X_1(l)$ 的测量值进行预估 $X_1^0 = \sum\limits_{i=2}^{N} g_iY_i$. 而信号光振幅是的实测值 X_1 与预估值 X_1^0 的偏差 $X_1 - X_1^0 = X_1 - \sum\limits_{i=2}^{N} g_iY_i$, 均方差

$$V_1(g_2, \cdots, g_N) = \langle [X_1 - X_1^0]^2 \rangle = \left\langle \sum_{i=2}^{N}[X_1 - g_iY_i]^2 \right\rangle$$

$$= \left\langle [X_1]^2 + \sum_{i=2}^{N}([g_iY_i]^2) - 2g_i \langle [X_1Y_i] \rangle \right\rangle \tag{8.7.19}$$

同样设 $\partial V_1(g_2, \cdots, g_N)/\partial g_i = 0$, $i = 2 \sim N$ 得出

$$V_1 = [V_1(g_2, \cdots, g_N)]_{\min} = \langle [X_1(l)]^2 \rangle - \sum_{i=2}^{N} \frac{\langle [X_1Y_i] \rangle^2}{\langle [Y_i(l)]^2 \rangle} \tag{8.7.20}$$

当 $N = 2$ 时, (8.7.19) 式即 (8.7.17) 式. 若用 (8.7.16) 式的结果代入 (8.7.18) 式, 便得 $N = 2$ 时的均方差

$$V_1 = \cosh 2r - \frac{[\sinh 2r]^2}{\cosh 2r} = \frac{1}{\cosh 2r} \tag{8.7.21}$$

再考虑 $k \neq 0$ 的实际情况. 这时应用 (8.7.4) 式及 (8.7.13) 式易于得出

$$\langle [\Delta X_1]^2 \rangle = 1 + \langle [: \Delta X_1]^2 :\rangle$$
$$= 1 + \frac{\varepsilon}{2(k - \varepsilon)}(1 - \exp[-2(k - \varepsilon)t]) + \frac{-\varepsilon}{2(k + \varepsilon)}(1 - \exp[-2(k + \varepsilon)t])$$

$$\langle [\Delta Y_2]^2 \rangle = 1 + \langle [: \Delta Y_2]^2 :\rangle$$
$$= 1 + \frac{\varepsilon}{2(k - \varepsilon)}(1 - \exp[-2(k - \varepsilon)t]) + \frac{-\varepsilon}{2(k + \varepsilon)}(1 - \exp[-2(k + \varepsilon)t])$$

$$\langle [X_1 Y_2] \rangle = \frac{\varepsilon}{2(k - \varepsilon)}(1 - \exp[-2(k - \varepsilon)t]) + \frac{\varepsilon}{2(k + \varepsilon)}(1 - \exp[-2(k + \varepsilon)t]) \tag{8.7.22}$$

8.7.3　三粒子纠缠 ($N = 3$)

将上面的双模 a_1、a_2 纠缠举例推广到三模 a_1、a_2、a_3 纠缠态 ($N = 3$). 参照 (8.7.7) 式, 描述三模相互作用的半经典方程为

$$\frac{\mathrm{d}}{\mathrm{d}t}a_1 = -k_1 a_1 + \varepsilon_{12} a_2^\dagger + \varepsilon_{13} a_3^\dagger$$

$$\frac{\mathrm{d}}{\mathrm{d}t}a_2 = -k_2 a_2 + \varepsilon_{21} a_1^\dagger + \varepsilon_{23} a_3^\dagger$$

$$\frac{\mathrm{d}}{\mathrm{d}t}a_3 = -k_3 a_3 + \varepsilon_{31} a_1^\dagger + \varepsilon_{32} a_2^\dagger \tag{8.7.23}$$

设 $k_1 = k_2 = k_3 = k, L = \dfrac{\mathrm{d}}{\mathrm{d}t} + k$, 则方程的矩阵形式为

$$\begin{pmatrix} L & 0 & 0 & 0 & -\varepsilon_{12} & -\varepsilon_{13} \\ 0 & L & 0 & -\varepsilon_{21} & 0 & -\varepsilon_{23} \\ 0 & 0 & L & -\varepsilon_{31} & -\varepsilon_{32} & 0 \\ 0 & -\varepsilon_{12}^* & -\varepsilon_{13}^* & L & 0 & 0 \\ -\varepsilon_{21}^* & 0 & -\varepsilon_{23}^* & 0 & L & 0 \\ -\varepsilon_{31}^* & -\varepsilon_{32}^* & 0 & 0 & 0 & L \end{pmatrix} \begin{pmatrix} a_1 \\ a_2 \\ a_3 \\ a_1^\dagger \\ a_2^\dagger \\ a_3^\dagger \end{pmatrix} = 0 \tag{8.7.24}$$

为求得 (8.7.24) 式的解, 我们用如下的矩阵作用于 (8.7.24) 式:

$$U = \begin{pmatrix} u & u^{-1} \\ u & u^{-1} \end{pmatrix}, \quad U^{-1} = \begin{pmatrix} u^{-1} & u^{-1} \\ u & u \end{pmatrix}$$

$$u \begin{pmatrix} 0 & -\varepsilon_{12} & -\varepsilon_{13} \\ -\varepsilon_{21} & 0 & -\varepsilon_{23} \\ -\varepsilon_{31} & -\varepsilon_{32} & 0 \end{pmatrix} u^{-1} = \begin{pmatrix} \lambda_1 & 0 & 0 \\ 0 & \lambda_2 & 0 \\ 0 & 0 & \lambda_3 \end{pmatrix} \quad (8.7.25)$$

特征根 λ_1、λ_2、λ_3 即下面特征行列式的解:

$$\begin{pmatrix} -\lambda & -\varepsilon_{12} & -\varepsilon_{13} \\ -\varepsilon_{21} & -\lambda & -\varepsilon_{23} \\ -\varepsilon_{31} & -\varepsilon_{32} & -\lambda \end{pmatrix} = -\lambda^3 + p\lambda - 2q = 0$$

$$p = \varepsilon_{12}\varepsilon_{21} + \varepsilon_{23}\varepsilon_{32} + \varepsilon_{31}\varepsilon_{13}, \quad \varrho = \left(\frac{4p}{3}\right)^{1/2}$$

$$q = \frac{1}{2}(\varepsilon_{12}\varepsilon_{23}\varepsilon_{31} + \varepsilon_{21}\varepsilon_{32}\varepsilon_{13}), \quad \cos 3\theta = q\left(\frac{p}{3}\right)^{-3/2}$$

$$\lambda_1 = \varrho\cos\theta, \quad \lambda_2 = \varrho\cos(\theta + 2\pi/3), \quad \lambda_3 = \varrho\cos(\theta + 4\pi/3) \quad (8.7.26)$$

应用 (8.7.24) 式与 (8.7.26) 式, 可得三粒子纠缠的变换矩阵元

$$u_{ij}(-\lambda_i) = \Delta_{ij}(-\lambda_i) \left/ \sqrt{\sum_{j=1}^{N} \Delta_{ij}(-\lambda_i)^2} \right. \quad (8.7.27)$$

若所有的非对角矩阵元均相等 $\varepsilon_{ij} = \varepsilon_{ij}^* = \varepsilon$, 易于证明方程 (8.7.24) 和方程 (8.7.26) 的特征值解 $\lambda_1 = -2\varepsilon$, $\lambda_2 = \varepsilon$, $\lambda_3 = \varepsilon$ 且

$$u = \frac{1}{\sqrt{3}} \begin{pmatrix} 1 & 1 & 1 \\ 1 & \omega & \omega^2 \\ 1 & \omega^2 & \omega \end{pmatrix}, \quad u^{-1} = \frac{1}{\sqrt{3}} \begin{pmatrix} 1 & 1 & 1 \\ 1 & \omega^2 & \omega \\ 1 & \omega & \omega^2 \end{pmatrix}, \quad \omega = \exp[-\mathrm{i}2\pi/3] \quad (8.7.28)$$

作用于 (8.7.24) 式, 便得

$$\begin{pmatrix} L & 0 & 0 & -2\varepsilon & 0 & 0 \\ 0 & L & 0 & 0 & \varepsilon & 0 \\ 0 & 0 & L & 0 & 0 & \varepsilon \\ -2\varepsilon & 0 & 0 & L & 0 & 0 \\ 0 & \varepsilon & 0 & 0 & L & 0 \\ 0 & 0 & \varepsilon & 0 & 0 & L \end{pmatrix} \begin{pmatrix} b_1 \\ b_2 \\ b_3 \\ b_1^\dagger \\ b_2^\dagger \\ b_3^\dagger \end{pmatrix} = 0, \quad \begin{pmatrix} b_1 \\ b_2 \\ b_3 \\ b_1^\dagger \\ b_2^\dagger \\ b_3^\dagger \end{pmatrix} = \frac{1}{\sqrt{3}} \begin{pmatrix} a_1 + a_2 + a_3 \\ a_1 + \omega a_2 + \omega^2 a_3 \\ a_1 + \omega^2 a_2 + \omega a_3 \\ a_1^\dagger + a_2^\dagger + a_3^\dagger \\ a_1^\dagger + \omega a_2^\dagger + \omega^2 a_3^\dagger \\ a_1^\dagger + \omega^2 a_2^\dagger + \omega a_3^\dagger \end{pmatrix}$$

$$(8.7.29)$$

故三粒子纠缠 NOPA 复合系统可分解为三个 DOPA 系统

$$\begin{pmatrix} L & -2\varepsilon \\ -2\varepsilon & L \end{pmatrix} \begin{pmatrix} b_1 \\ b_1^\dagger \end{pmatrix} = 0, \quad \begin{pmatrix} L & \varepsilon \\ \varepsilon & L \end{pmatrix} \begin{pmatrix} b_2 \\ b_2^\dagger \end{pmatrix} = 0, \quad \begin{pmatrix} L & \varepsilon \\ \varepsilon & L \end{pmatrix} \begin{pmatrix} b_3 \\ b_3^\dagger \end{pmatrix} = 0$$

$$(8.7.30)$$

参照方程 (8.7.12), 求得 β_i、$\tilde{\beta}_i$ 的通解为

$$\beta_1 = \beta_{10} \exp[2r], \quad \tilde{\beta}_1 = \tilde{\beta_{10}} \exp[-2r]$$

$$\beta_2 = \beta_{20} \exp[-r], \quad \tilde{\beta}_2 = \tilde{\beta_{20}} \exp[r] \tag{8.7.31}$$

$$\beta_3 = \beta_{30} \exp[-r], \quad \tilde{\beta}_3 = \tilde{\beta_{30}} \exp[r]$$

对于理想的无损耗情形, $k = 0$ 而且是真空场输入, 仿上面双粒子纠缠 (8.7.15) 方程的推导参照 (8.7.12) 式和 (8.7.30) 式得出

$$X_1 = X_{10} \cosh 2r + \frac{1}{\sqrt{3-1}}(Y_{20} \sinh r + Y_{30} \sinh r)$$

$$Y_2 = Y_{20} \cosh r + \frac{1}{\sqrt{3-1}}(X_{10} \sinh 2r + X_{30} \sinh 2r) \tag{8.7.32}$$

$$Y_3 = Y_{30} \cosh r + \frac{1}{\sqrt{3-1}}(X_{10} \sinh 2r + X_{30} \sinh 2r)$$

可求出量子起伏与均方差分别为

$$\langle X_1^2 \rangle = \cosh^2 2r + \sinh^2 r, \quad \langle Y_2^2 \rangle = \langle Y_3^2 \rangle = \cosh^2 r + \sinh^2 2r$$

$$\begin{aligned}
V_1 &= \langle X_1^2 \rangle - \frac{\langle X_1 Y_2 \rangle^2}{\langle Y_2^2 \rangle} - \frac{\langle X_1 Y_3 \rangle^2}{\langle Y_3^2 \rangle} \\
&= \cosh^2 2r + \sinh^2 r - \frac{(\cosh 2r \sinh 2r + \cosh r \sinh r)^2}{\cosh^2 r + \sinh^2 2r}
\end{aligned} \tag{8.7.33}$$

如果损耗 $k > 0$, 参照 (8.7.13) 式、(8.7.32) 式我们得出

$$\begin{aligned}
\langle X_1^2 \rangle =& \frac{1}{2}(\cosh[4r] + \cosh[2r]) \rightarrow \frac{1}{2}\bigg(1 + \frac{2\varepsilon}{2(k-2\varepsilon)}(1 - e^{-2(k-2\varepsilon)}) \\
& - \frac{2\varepsilon}{2(k+2\varepsilon)}(1 - e^{-2(k+2\varepsilon)}) + 1 + \frac{\varepsilon}{2(k-\varepsilon)}(1 - e^{-2(k-\varepsilon)}) \\
& - \frac{\varepsilon}{2(k+\varepsilon)}(1 - e^{-2(k+\varepsilon)})\bigg)
\end{aligned}$$

$$\begin{aligned}
\langle Y_2^2 \rangle =& \frac{1}{2}(\cosh[2r] + \cosh[4r]) \rightarrow \frac{1}{2}\bigg(1 + \frac{\varepsilon}{2(k-\varepsilon)}(1 - e^{-2(k-\varepsilon)}) \\
& - \frac{\varepsilon}{2(k+\varepsilon)}(1 - e^{-2(k+\varepsilon)}) + 1 + \frac{2\varepsilon}{2(k-2\varepsilon)}(1 - e^{-2(k-2\varepsilon)}) \\
& - \frac{2\varepsilon}{2(k+2\varepsilon)}(1 - e^{-2(k+2\varepsilon)})\bigg)
\end{aligned}$$

$$\langle X_1 Y_2 \rangle = \frac{1}{2\sqrt{3}-1}(\sinh[4r] + \sinh[2r]) \to \frac{1}{2\sqrt{3}-1}\left(\frac{2\varepsilon}{2(k+2\varepsilon)}(1-\mathrm{e}^{-2(k+2\varepsilon)})\right.$$
$$+\frac{2\varepsilon}{2(k-2\varepsilon)}(1-\mathrm{e}^{-2(k-2\varepsilon)}) + \frac{\varepsilon}{2(k-\varepsilon)}(1-\mathrm{e}^{-2(k-\varepsilon)})$$
$$\left.+\frac{\varepsilon}{2(k+\varepsilon)}(1-\mathrm{e}^{-2(k+\varepsilon)})\right) \tag{8.7.34}$$

将 (8.7.34) 式代入 (8.7.33) 式右端, 便得 $k>0$ 情形的 V_1 判据. 上面的讨论均是在 $\varepsilon_{ij} = \varepsilon_{ij}^* = \varepsilon$ 假定下进行的. 对于一般情行, $\varepsilon_{ij} \neq \varepsilon_{ij}^* \neq \varepsilon$, 就只有数值求特征值、特征矢进行计算了. 例如

$$u\begin{pmatrix} 0 & -\varepsilon_{12} & -\varepsilon_{13} \\ -\varepsilon_{21}^* & 0 & -\varepsilon_{23} \\ -\varepsilon_{31}^* & -\varepsilon_{32}^* & 0 \end{pmatrix} u^{-1} = \begin{pmatrix} \lambda_1 & 0 & 0 \\ 0 & \lambda_2 & 0 \\ 0 & 0 & \lambda_3 \end{pmatrix} \tag{8.7.35}$$

$$\varepsilon_{12} = \varepsilon_{21}^* = 1.2\varepsilon, \quad \varepsilon_{13} = \varepsilon_{31}^* = 0.8\varepsilon, \quad \varepsilon_{23} = \varepsilon_{32}^* = \varepsilon$$

则得特征值、特征矢为

$$-\lambda_1, -\lambda_2, -\lambda_3 = -2.008, 1.235, 0.773\varepsilon$$

$$u = \begin{pmatrix} -0.579 & -0.613 & -0.536 \\ 0.592 & -0.769 & 0.238 \\ -0.559 & -0.179 & 0.809 \end{pmatrix}\varepsilon \tag{8.7.36}$$

$$V_1 = \langle X_1^2 \rangle - \frac{1}{2}\left(\frac{\langle X_1 Y_2 \rangle^2}{\langle Y_2^2 \rangle} + \frac{\langle X_1 Y_3 \rangle^2}{\langle Y_3^2 \rangle}\right) \tag{8.7.37}$$

8.7.4 N 粒子纠缠 ($N > 3$)

当 ($N > 3$) 时, 若仍成立 $\varepsilon_{ij} = \varepsilon_{ij}^* = \varepsilon$ 则多粒子纠缠的通解为

$$u = \frac{1}{\sqrt{N}}\begin{pmatrix} 1 & 1 & 1 & \cdots & \cdots & 1 \\ 1 & \omega & \omega^2 & \cdots & \cdots & \omega^{(N-1)} \\ 1 & \omega^2 & \omega^4 & \cdots & \cdots & \omega^{2(N-1)} \\ 1 & \cdots & \cdots & \cdots & \cdots & \cdots \\ \cdots & \cdots & \cdots & \cdots & \cdots & \cdots \\ 1 & \omega^{(N-1)} & \cdots & \cdots & \cdots & \omega^{(N-1)(N-1)} \end{pmatrix}$$

$$
u^{-1} = \frac{1}{\sqrt{N}}
\begin{pmatrix}
1 & 1 & 1 & \cdots & \cdots & 1 \\
1 & \omega^{-1} & \omega^{-2} & \cdots & \cdots & \omega^{-(N-1)} \\
1 & \omega^{-2} & \omega^{-4} & \cdots & \cdots & \omega^{-2(N-1)} \\
1 & \cdots & \cdots & \cdots & \cdots & \cdots \\
\cdots & \cdots & \cdots & \cdots & \cdots & \cdots \\
1 & \omega^{-(N-1)} & \cdots & \cdots & \cdots & \omega^{-(N-1)(N-1)}
\end{pmatrix},
\quad \omega = \exp\left[i2\pi/N\right]
$$

$$(8.7.38)$$

$$
u
\begin{pmatrix}
0 & -\varepsilon & -\varepsilon & \cdots & \cdots & -\varepsilon \\
-\varepsilon & 0 & -\varepsilon & \cdots & \cdots & -\varepsilon \\
-\varepsilon & -\varepsilon & 0 & \cdots & \cdots & -\varepsilon \\
\cdots & \cdots & \cdots & \cdots & \cdots & \cdots \\
\cdots & \cdots & \cdots & \cdots & \cdots & \cdots \\
-\varepsilon & -\varepsilon & -\varepsilon & \cdots & \cdots & 0
\end{pmatrix}
u^{-1} =
\begin{pmatrix}
-(N-1) & 0 & 0 & \cdots & \cdots & 0 \\
0 & 1 & 0 & \cdots & \cdots & 0 \\
0 & 0 & 1 & \cdots & \cdots & 0 \\
0 & & \cdots & \cdots & \cdots & \cdots \\
\cdots & & & & & \\
0 & 0 & \cdots & \cdots & \cdots & 1
\end{pmatrix} \varepsilon
$$

$$(8.7.39)$$

特征值为 $\lambda = -(N-1)\varepsilon, \varepsilon, \cdots, \varepsilon$. 量子起伏为: 易证 $\langle X_1 Y_2 \rangle = \langle X_1 Y_i \rangle$, (8.7.20) 式即 (8.7.18) 式. 为求得 V_1 的值, 只要求出量子起伏 $\langle X_1^2 \rangle$、$\langle Y_2^2 \rangle$、$\langle X_1 Y_2 \rangle$ 就可以了.

(1) $k = 0$ 理想情形为

$$
\langle X_1^2 \rangle = \cosh^2\left[(N-1)r\right] + \sinh^2 r = \frac{1}{2}\left(\cosh\left[2(N-1)r\right] + \cosh\left[2r\right]\right)
$$

$$
\langle Y_2^j \rangle = \cosh^2 r + \sinh^2\left[(N-1)r\right] = \frac{1}{2}\left(\cosh\left[2r\right] + \cosh\left[2(N-1)r\right]\right)
$$

$$
\langle X_1 Y_j \rangle = \frac{1}{\sqrt{N-1}}\left(\cosh\left[(N-1)r\right]\sinh\left[(N-1)r\right] + \cosh r \sinh r\right)
$$

$$
= \frac{1}{2\sqrt{N-1}}\left(\sinh\left[2(N-1)r\right] + \sinh\left[2r\right]\right) \tag{8.7.40}
$$

V_1 判据为

$$
V_1 = \langle X_1^2 \rangle - \sum_{j=1}^{N} \frac{\langle X_1 Y_j \rangle^2}{\langle Y_2^j \rangle}
$$

$$
= \cosh^2\left[(N-1)r\right] + \sinh^2 r - \frac{\left(\cosh\left[(N-1)r\right]\sinh\left[(N-1)r\right] + \cosh r \sinh r\right)^2}{\cosh^2 r + \sinh^2\left[(N-1)r\right]}
$$

$$(8.7.41)$$

(2) $k \neq 0$ 理想情形为

$$
\langle X_1^2 \rangle = \frac{1}{2}\left[1 + \frac{(N-1)\varepsilon}{2(k-(N-1)\varepsilon)}\left(1 - e^{-2(k-(N-1)\varepsilon)t}\right)\right]
$$

$$-\frac{(N-1)\varepsilon}{2(k+(N-1)\varepsilon)}(1-\mathrm{e}^{-2(k+(N-1)\varepsilon)t})$$

$$+1+\frac{\varepsilon}{2(k-\varepsilon)}(1-\mathrm{e}^{-2(k-\varepsilon)t})-\frac{\varepsilon}{2(k+\varepsilon)}(1-\mathrm{e}^{-2(k+\varepsilon)t})\Bigg]$$

$$\left\langle Y_2^j \right\rangle = \frac{1}{2}\Bigg[1+\frac{\varepsilon}{2(k-\varepsilon)}(1-\mathrm{e}^{-2(k-\varepsilon)t})-\frac{\varepsilon}{2(k+\varepsilon)}(1-\mathrm{e}^{-2(k+\varepsilon)t})$$

$$+1+\frac{(N-1)\varepsilon}{2(k-(N-1)\varepsilon)}(1-\mathrm{e}^{-2(k-(N-1)\varepsilon)t})$$

$$-\frac{(N-1)\varepsilon}{2(k+(N-1)\varepsilon)}(1-\mathrm{e}^{-2(k+(N-1)\varepsilon)t})\Bigg]$$

$$\left\langle X_1 Y_j \right\rangle = \frac{1}{2\sqrt{N-1}}\Bigg[\frac{\varepsilon}{2(k-\varepsilon)}(1-\mathrm{e}^{-2(k-\varepsilon)t})+\frac{\varepsilon}{2(k+\varepsilon)}(1-\mathrm{e}^{-2(k+\varepsilon)t})$$

$$+\frac{(N-1)\varepsilon}{2(k-(N-1)\varepsilon)}(1-\mathrm{e}^{-2(k-(N-1)\varepsilon)t})$$

$$+\frac{(N-1)\varepsilon}{2(k+(N-1)\varepsilon)}(1-\mathrm{e}^{-2(k+(N-1)\varepsilon)t})\Bigg] \tag{8.7.42}$$

8.7.5 N 粒子纠缠的数值计算与讨论

参照 (8.7.18)、(8.7.21)、(8.7.22)、(8.7.40)、(8.7.41) 诸式, 我们数值计算了 N 粒子纠缠的 V 判据. 结果如图 8.25(a)~(d) 所示, 分别对应于 $k = 0, 0.5, 0.9, 1.1$ 的

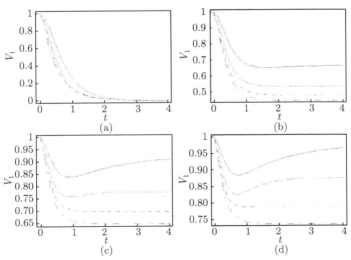

图 8.25 V_1 随压缩参量 $r = \varepsilon t$ 而变化的曲线图, 每一图中 $N = 2$ 为最上的一条线, $N = 3 \sim 5$ 由上而下为虚线[90]

(a)$k = 0$; (b)$k = 0.5$; (c)$k = 0.9$; (d)$k = 1.1$

$V \propto t$ 曲线图. $\varepsilon = 1$, 随压缩参量 $r = \varepsilon t = t$. 其中图 8.25(a) 中 $k = 0$, $N = 2$ 为最上的一条线, $N = 3 \sim 5$ 由上而下为虚线. 类似地图 8.25(b)~(d) 对应于 $k = 0.5, 0.9$(阈值上), $k = 1.1$(阈值下). 这些结果表明方差 V 的值随相互作用时间 t 的增加而下降. 正如所预期的 $r = \varepsilon t$, 压缩参量在 t 增加的情况下也增加了. 这些图又表明方差 V 的值的减小很强地依赖纠缠体的个数 N. 大的 N 将会给出很小的 V 值. 最后图 8.26 给出 $N = 3$, 本征值本征矢按 (8.7.36) 式, 而 V 判据 (8.7.20) 式计算的 $V \propto t$ 曲线图. 图中 $k = 0$ 为实线, $k = 0.5, 0.9, 1.1$ 为虚线 (由下而上).

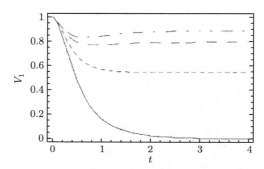

图 8.26　当 $N = 3$ 时 V_1 随压缩参量 $r = \varepsilon t$ 而变化的曲线图[90]

$k = 0$ 为实线, $k = 0.5, 0.9, 1.1$, 由下而上为虚线

8.8　复合系统的密度矩阵分解

含系统 1 与 2 的复合系统可分离的充要条件即复合系统密度矩阵 ρ 可写为[91]

$$\rho = \sum_A W_A \rho_{A1} \bigotimes \rho_{A2} \tag{8.8.1}$$

式中, A 为分立态, W_A 为处于状态 A 的权重, 取正值 $W_A > 0$, 且规一化 $\sum W_A = 1$. 将 (8.8.1) 式用密度矩阵元写出便是

$$\rho_{m\mu, n\nu} = \sum_A W_A (\rho_{A1})_{mn} (\rho_{A2})_{\mu\nu} \tag{8.8.2}$$

拉丁字母 m、n, 希腊字母 μ、ν 分别指系统 1、2 密度矩阵元下标. Peres 提出对 (8.8.2) 式两边进行部分转置[91], 即 m 与 n 对换而 μ、ν 不变, 得出新密度矩阵 σ

$$\sigma = \sum_A W_A (\rho_{A1})^{\mathrm{T}} \bigotimes \rho_{A2}, \quad (\sigma)_{m\mu, n\nu} = \rho_{n\mu, m\nu} \tag{8.8.3}$$

由 ρ 到 σ 的部分转置不是酉变换, 但 σ 矩阵仍是 Hermitian 矩阵. 若复合系统是可分的, 则经部分转置后的 σ 矩阵仍应具有正的本征值. 这就是 ρ 矩阵为可分的

必要条件, 但不是充分条件. 文献 [92] 已给出两个二维系统 $2 \otimes 2$ 或一个二维一个三维系统 $2 \otimes 3$, 经部分转置后的 σ 矩阵具有正的本征值既是必要条件, 也是充分条件. 但除此而外的高维系统, 则是必要条件, 不一定是充分条件. 上面所说的是 m、n、μ、ν 为分立可变的情形. 对于 m、n、μ、ν 为连续可变的态, 如 EPR 文中的 $x_1 + x_2$、$p_1 - p_2$ 即粒子 1 与 2 的坐标和与动量差, x_1, x_2; p_1, p_2 是连续可变的, 不是分立的. 这样两个含连续变量的复合系统的分离性判据, 仍可按 (8.8.1) 式来定义. 只是将其中 A 理解为连续可变就可以了. 为明确起见, 这节我们主要研究 A 为分立变量情形 $N \otimes N$ 高维复合系统密度矩阵的分解. 我们的做法是, 一开始就不去寻求复合系统的密度矩阵 ρ 为可分的充分与必要条件, 而是努力将密度矩阵 ρ 写成如下形式, 并称这一过程为对复合系统的密度矩阵 ρ 分解

$$\rho = \sum_A W_A \rho_A' \bigotimes \rho_A'', \quad \sum_A W_A = 1 \tag{8.8.4}$$

与 (8.8.1) 式不同之处, 在密度矩阵 ρ 分解过程中, 我们并不限于 $W_A > 0$, 也包含 $W_A < 0$ 的情形. 只是在最后, 如果所有的 A 均有 $W_A > 0$, 则复合系统密度矩阵 ρ 是可分离的. 否则哪怕只有一个 W_A 不满足 $W_A > 0$ 条件, 复合系统密度矩阵 ρ 也是不可分离的, 或纠缠的. 所以现在的问题是如何求出形如 (8.8.4) 的分解式. 只要求得了分解式, 就可直接按 "$W_A > 0$ 是否对所有的 A 均成立" 判定复合系统密度矩阵是 "可分离的" 或 "纠缠的", 竟不需再去回答充分与必要条件了. 当然要求得 $N \times N$ 复合系统的分解, 一般来说并不容易. 下面只就 2×2 与 3×3 的复合系统密度矩阵分解进行讨论.

8.8.1　2×2 复合系统

设粒子的两个态为 $|0\rangle$ 与 $|1\rangle$, 于是两个粒子的复合体系的态便是 $|00\rangle$, $|01\rangle$, $|10\rangle$, $|11\rangle$. 给定形状如下的 2×2 复合系统密度矩阵:

$$\rho = \begin{pmatrix} a_0 & \alpha & \beta & \gamma \\ \alpha & a_1 & \delta & \lambda \\ \beta & \delta & a_2 & \mu \\ \gamma & \lambda & \mu & a_3 \end{pmatrix} \tag{8.8.5}$$

对角和 $\sum_{i=0}^{3} a_i = 1$. 对矩阵 ρ 分解可分几步进行.

1. 矩阵函数与可分离的密度矩阵

先定义矩阵函数

$$|\phi_1\rangle\langle\phi_1| = \frac{|00\rangle + |11\rangle}{\sqrt{2}} \frac{\langle 00| + \langle 11|}{\sqrt{2}}$$

$$= \frac{1}{2}(|00\rangle\langle 00| + |11\rangle\langle 11| + |00\rangle\langle 11| + |11\rangle\langle 00|)$$

$$= \frac{1}{2}(\rho'_{00}\rho''_{00} + \rho'_{11}\rho''_{11} + \rho'_{01}\rho''_{01} + \rho'_{10}\rho''_{10})$$

$$|\phi_2\rangle\langle\phi_2| = \frac{|00\rangle - |11\rangle}{\sqrt{2}}\frac{\langle 00| - \langle 11|}{\sqrt{2}}$$

$$= \frac{1}{2}(|00\rangle\langle 00| + |11\rangle\langle 11| - |00\rangle\langle 11| - |11\rangle\langle 00|)$$

$$= \frac{1}{2}(\rho'_{00}\rho''_{00} + \rho'_{11}\rho''_{11} - \rho'_{01}\rho''_{01} - \rho'_{10}\rho''_{10})$$

$$|\psi_1\rangle\langle\psi_1| = \frac{|01\rangle + |10\rangle}{\sqrt{2}}\frac{\langle 01| + \langle 10|}{\sqrt{2}}$$

$$= \frac{1}{2}(|01\rangle\langle 01| + |10\rangle\langle 10| + |01\rangle\langle 10| + |10\rangle\langle 01|)$$

$$= \frac{1}{2}(\rho'_{00}\rho''_{11} + \rho'_{11}\rho''_{00} + \rho'_{01}\rho''_{10} + \rho'_{10}\rho''_{01})$$

$$|\psi_2\rangle\langle\psi_2| = \frac{|01\rangle - |10\rangle}{\sqrt{2}}\frac{\langle 01| - \langle 10|}{\sqrt{2}}$$

$$= \frac{1}{2}(|01\rangle\langle 01| + |10\rangle\langle 10| - |01\rangle\langle 10| - |10\rangle\langle 01|)$$

$$= \frac{1}{2}(\rho'_{00}\rho''_{11} + \rho'_{11}\rho''_{00} - \rho'_{01}\rho''_{10} - \rho'_{10}\rho''_{01}) \tag{8.8.6}$$

应用这些矩阵函数, 可构造出如下可分离的密度矩阵:

$$S_1 = \frac{1}{2}(|\phi_1\rangle\langle\phi_1| + |\phi_2\rangle\langle\phi_2|) = \frac{1}{2}(\rho'_{00}\rho''_{00} + \rho'_{11}\rho''_{11})$$

$$S_2 = \frac{1}{2}(|\psi_1\rangle\langle\psi_1| + |\psi_2\rangle\langle\psi_2|) = \frac{1}{2}(\rho'_{00}\rho''_{11} + \rho'_{11}\rho''_{00}) \tag{8.8.7}$$

$$S_3 = \frac{1}{2}(|\phi_2\rangle\langle\phi_2| + |\psi_1\rangle\langle\psi_1|)$$

$$= \frac{1}{4}(\rho'_{00}\rho''_{00} + \rho'_{11}\rho''_{11} + \rho'_{00}\rho''_{11} + \rho'_{11}\rho''_{00} - \rho'_{01}\rho''_{01} - \rho'_{10}\rho''_{10} + \rho'_{01}\rho''_{10} + \rho'_{10}\rho''_{01})$$

$$= \frac{1}{8}((\rho'_{00} + \rho'_{11} - \mathrm{i}\rho'_{01} + \mathrm{i}\rho'_{10})(\rho''_{00} + \rho''_{11} - \mathrm{i}\rho''_{01} + \mathrm{i}\rho''_{10})$$

$$+ (\rho'_{00} + \rho'_{11} + \mathrm{i}\rho'_{01} - \mathrm{i}\rho'_{10})(\rho''_{00} + \rho''_{11} + \mathrm{i}\rho''_{01} - \mathrm{i}\rho''_{10}))$$

$$= \frac{1}{2}\left(\left(\frac{|0\rangle + \mathrm{i}|1\rangle}{\sqrt{2}}\frac{\langle 0| - \mathrm{i}\langle 1|}{\sqrt{2}}\right)'\left(\frac{|0\rangle + \mathrm{i}|1\rangle}{\sqrt{2}}\frac{\langle 0| - \mathrm{i}\langle 1|}{\sqrt{2}}\right)''\right.$$

$$\left.+ \left(\frac{|0\rangle - \mathrm{i}|1\rangle}{\sqrt{2}}\frac{\langle 0| + \mathrm{i}\langle 1|}{\sqrt{2}}\right)'\left(\frac{|0\rangle - \mathrm{i}|1\rangle}{\sqrt{2}}\frac{\langle 0| + \mathrm{i}\langle 1|}{\sqrt{2}}\right)''\right) \tag{8.8.8}$$

$$S_4 = \frac{1}{2}(|\phi_2\rangle\langle\phi_2| + |\psi_2\rangle\langle\psi_2|)$$

$$= \frac{1}{4}(\rho'_{00}\rho''_{00} + \rho'_{11}\rho''_{11} + \rho'_{00}\rho''_{11} + \rho'_{11}\rho''_{00} - \rho'_{01}\rho''_{01} - \rho'_{10}\rho''_{10} - \rho'_{01}\rho''_{10} - \rho'_{10}\rho''_{01})$$

$$= \frac{1}{8}((\rho'_{00} + \rho'_{11} - \rho'_{01} - \rho'_{10})(\rho''_{00} + \rho''_{11} + \rho''_{01} + \rho''_{10})$$

$$+ (\rho'_{00} + \rho'_{11} + \rho'_{01} + \rho'_{10})(\rho''_{00} + \rho''_{11} - \rho''_{01} - \rho''_{10}))$$

$$= \frac{1}{2}\left(\left(\frac{|0\rangle - |1\rangle}{\sqrt{2}}\frac{\langle 0| - \langle 1|}{\sqrt{2}}\right)'\left(\frac{|0\rangle + |1\rangle}{\sqrt{2}}\frac{\langle 0| + \langle 1|}{\sqrt{2}}\right)''\right.$$

$$\left. + \left(\frac{|0\rangle + |1\rangle}{\sqrt{2}}\frac{\langle 0| + \langle 1|}{\sqrt{2}}\right)'\left(\frac{|0\rangle - |1\rangle}{\sqrt{2}}\frac{\langle 0| - \langle 1|}{\sqrt{2}}\right)''\right) \quad (8.8.9)$$

参照 (8.8.4) 式, 由 (8.8.7) 式定义的 S_1、S_2 明显具有分离密度矩阵形式, 满足 $\sum W_A = 1$, $W_A > 0$. 而由 (8.8.8) 式、(8.8.9) 式定义的 S_3、S_4, 经过一些变换后, 也具有分离密度矩阵形式故称 S_1、S_2、S_3、S_4 为可分离的密度矩阵. 在 00, 11, 01, 10 的基下, 它们可写成

$$\begin{array}{cc} & 00 \quad 11 \\ S_1 = \frac{1}{2} & \begin{pmatrix} 1 & 0 \\ 0 & 1 \end{pmatrix} \end{array}, \quad \begin{array}{cc} & 01 \quad 10 \\ S_2 = \frac{1}{2} & \begin{pmatrix} 1 & 0 \\ 0 & 1 \end{pmatrix} \end{array}, \quad \begin{array}{c} 00 \quad 01 \quad 10 \quad 11 \\ S_3 = \frac{1}{4}\begin{pmatrix} 1 & & & -1 \\ & 1 & 1 & \\ & 1 & 1 & \\ -1 & & & 1 \end{pmatrix} \end{array}$$

$$\begin{array}{c} 00 \quad 01 \quad 10 \quad 11 \\ T_3 = \frac{1}{4}\begin{pmatrix} 1 & & & 1 \\ & 1 & -1 & \\ & -1 & 1 & \\ 1 & & & 1 \end{pmatrix} \end{array}, \quad \begin{array}{c} 00 \quad 01 \quad 10 \quad 11 \\ S_4 = \frac{1}{4}\begin{pmatrix} 1 & & & -1 \\ & 1 & -1 & \\ & -1 & 1 & \\ -1 & & & 1 \end{pmatrix} \end{array}, \quad S_1 + S_2 = S_3 + T_3$$

$$(8.8.10)$$

应用部分转置操作, 密度矩阵元 $\rho'_{mn}\rho''_{\mu\nu} \rightarrow \rho'_{nm}\rho''_{\mu\nu}$, 因而态函数 $(|00\rangle, |11\rangle, |01\rangle, |10\rangle) \rightarrow (|10\rangle, |01\rangle, |11\rangle, |00\rangle)$, 分离密度矩阵 $S_3 \rightarrow T_3$, $S_4 \rightarrow T_4 = S_4$. 对密度矩阵 S_3、S_4 求得的分解式 (8.8.8)~(8.8.9) 进行部分转置操作, 便是密度矩阵 T_3、T_4 的分解式. 参照 (8.8.8) 式~(8.8.9) 式

$$S_3 = \frac{1}{2}\left(\left(\frac{|0\rangle + \mathrm{i}|1\rangle}{\sqrt{2}}\frac{\langle 0| - \mathrm{i}\langle 1|}{\sqrt{2}}\right)'\left(\frac{|0\rangle + \mathrm{i}|1\rangle}{\sqrt{2}}\frac{\langle 0| - \mathrm{i}\langle 1|}{\sqrt{2}}\right)''\right.$$

$$\left. + \left(\frac{|0\rangle - \mathrm{i}|1\rangle}{\sqrt{2}}\frac{\langle 0| + \mathrm{i}\langle 1|}{\sqrt{2}}\right)'\left(\frac{|0\rangle - \mathrm{i}|1\rangle}{\sqrt{2}}\frac{\langle 0| + \mathrm{i}\langle 1|}{\sqrt{2}}\right)''\right)$$

$$\to T_3 = \frac{1}{2}\left(\left(\frac{|1\rangle + i|0\rangle}{\sqrt{2}}\frac{\langle 1| - i\langle 0|}{\sqrt{2}}\right)'\left(\frac{|0\rangle + i|1\rangle}{\sqrt{2}}\frac{\langle 0| - i\langle 1|}{\sqrt{2}}\right)''\right.$$
$$\left.+ \left(\frac{|1\rangle - i|0\rangle}{\sqrt{2}}\frac{\langle 1| + i\langle 0|}{\sqrt{2}}\right)'\left(\frac{|0\rangle - i|1\rangle}{\sqrt{2}}\frac{\langle 0| + i\langle 1|}{\sqrt{2}}\right)''\right)$$

$$S_4 = \frac{1}{2}\left(\left(\frac{|0\rangle - |1\rangle}{\sqrt{2}}\frac{\langle 0| - \langle 1|}{\sqrt{2}}\right)'\left(\frac{|0\rangle + |1\rangle}{\sqrt{2}}\frac{\langle 0| + \langle 1|}{\sqrt{2}}\right)''\right.$$
$$\left.+ \left(\frac{|0\rangle + |1\rangle}{\sqrt{2}}\frac{\langle 0| + \langle 1|}{\sqrt{2}}\right)'\left(\frac{|0\rangle - |1\rangle}{\sqrt{2}}\frac{\langle 0| - \langle 1|}{\sqrt{2}}\right)''\right)$$

$$\to T_4 = \frac{1}{2}\left(\left(\frac{|1\rangle - |0\rangle}{\sqrt{2}}\frac{\langle 1| - \langle 0|}{\sqrt{2}}\right)'\left(\frac{|0\rangle + |1\rangle}{\sqrt{2}}\frac{\langle 0| + \langle 1|}{\sqrt{2}}\right)''\right.$$
$$\left.+ \left(\frac{|1\rangle + |0\rangle}{\sqrt{2}}\frac{\langle 1| + \langle 0|}{\sqrt{2}}\right)'\left(\frac{|0\rangle - |1\rangle}{\sqrt{2}}\frac{\langle 0| - \langle 1|}{\sqrt{2}}\right)''\right) \tag{8.8.11}$$

2. 在上述可分离的密度矩阵基础上, 可构造出可分离的密度矩阵 ρ_p, $\rho_1 \sim \rho_4$, 分别取如下形式

$$
\begin{array}{cccc}
00 & 01 & 10 & 11
\end{array}
$$

$$\rho_p = \begin{pmatrix} \dfrac{1-x}{4} & & & \dfrac{-x_1}{2} \\ & \dfrac{1+x}{4} & \dfrac{-x_2}{2} & \\ & \dfrac{-x_2}{2} & \dfrac{1+x}{4} & \\ \dfrac{-x_1}{2} & & & \dfrac{1-x}{4} \end{pmatrix}$$

$$= \frac{1-2(x_1+x_2)-x}{2}S_1 + \frac{1-2(x_1+x_2)+x}{2}S_2 + x_1 S_3 + x_2 T_3 + (x_1+x_2)S_4 \tag{8.8.12}$$

$$
\begin{array}{cc}
00 & 01
\end{array}
$$

$$\rho_1 = \begin{pmatrix} \dfrac{1+x}{2} & \dfrac{-y_1}{2} \\ \dfrac{-y_1}{2} & \dfrac{1-x}{2} \end{pmatrix} = \rho'_{00}(s^2\rho''_{00} + sc(\rho''_{01} + \rho''_{10}) + c^2\rho''_{11}) = \rho'_{00}\rho''_{y_1} \tag{8.8.13}$$

此处 $1 - \sqrt{x^2 + y_1^2} \geqslant 0$, $s/c = y_1/(\sqrt{x^2 + y_1^2} - x)$, $s^2 + c^2 = 1$.

$$\rho_2 = \begin{array}{cc} 00 & 10 \\ \begin{pmatrix} \dfrac{1+x}{2} & \dfrac{-y_2}{2} \\ \dfrac{-y_2}{2} & \dfrac{1-x}{2} \end{pmatrix} \end{array} = (s^2\rho'_{00} + sc(\rho'_{01} + \rho'_{10}) + c^2\rho'_{11})\rho''_{00} = \rho'_{y_2}\rho''_{00} \quad (8.8.14)$$

此处 $1 - \sqrt{x^2 + y_2^2} \geqslant 0$, $s/c = y_2/(\sqrt{x^2 + y_2^2} - x)$, $s^2 + c^2 = 1$.

$$\rho_3 = \begin{array}{cc} 00 & 10 \\ \begin{pmatrix} \dfrac{1-x}{2} & \dfrac{-z_2}{2} \\ \dfrac{-z_2}{2} & \dfrac{1+x}{2} \end{pmatrix} \end{array} = \rho'_{11}(s^2\rho''_{00} + sc(\rho''_{01} + \rho''_{10}) + c^2\rho''_{11}) = \rho'_{11}\rho''_{z_2} \quad (8.8.15)$$

此处 $1 - \sqrt{x^2 + z_2^2} \geqslant 0$, $s/c = z_2/(\sqrt{x^2 + z_2^2} - x)$, $s^2 + c^2 = 1$.

$$\rho_4 = \begin{array}{cc} 01 & 11 \\ \begin{pmatrix} \dfrac{1-x}{2} & \dfrac{-z_1}{2} \\ \dfrac{-z_1}{2} & \dfrac{1+x}{2} \end{pmatrix} \end{array} = (s^2\rho'_{00} + sc(\rho'_{01} + \rho'_{10}) + c^2\rho'_{11})\rho''_{11} = \rho'_{z_1}\rho''_{11} \quad (8.8.16)$$

此处 $1 - \sqrt{x^2 + z_1^2} \geqslant 0$, $s/c = y_2/(\sqrt{x^2 + z_1^2} - x)$, $s^2 + c^2 = 1$.

3. 复合的 2×2 密度矩阵的分解

到现在为止, 我们可将形如方程 (8.8.1) 的密度矩阵 ρ 的分解写为

$$\rho = p_p\rho_p + p_1(\rho_1 + \rho_2) + p_2(\rho_3 + \rho_4), \quad p_p + 2p_1 + 2p_2 = 1 \quad (8.8.17)$$

由于 $a_3 = 1 - a_0 - a_1 - a_2$, $p_p = 1 - 2p_1 - 2p_2$, 参照方程 (8.8.5)~(8.8.16), 方程 (8.8.17) 左端给定的独立参数 a_0、a_1、a_2、α、β、γ、δ、λ、μ 的个数恰等于方程 (8.8.17) 右端待定的独立参数 p_1、p_2、x、x_1、x_2、y_1、y_2、z_1、z_2 的个数. 等式左右两端的对角密度矩阵元相等给出

$$p_p\frac{1-x}{4} + p_1\frac{1+x}{2} + p_1\frac{1+x}{2} = a_0, \quad p_p\frac{1+x}{4} + p_1\frac{1-x}{2} + p_1\frac{1-x}{2} = a_1$$

$$p_p\frac{1+x}{4} + p_2\frac{1-x}{2} + p_2\frac{1-x}{2} = a_2, \quad p_p\frac{1-x}{4} + p_2\frac{1+x}{2} + p_2\frac{1+x}{2} = a_3 \quad (8.8.18)$$

由此得

$$\frac{p_p}{2} + p_1 + p_2 = \frac{1}{2}, \quad (p_1 - p_2)x = a_0 + a_2 - \frac{1}{2}$$

$$(p_1 - p_2)(1 + x) = a_0 - a_3, \quad p_1 - p_2 = \frac{1}{2} - (a_2 + a_3) \tag{8.8.19}$$

若 $\frac{1}{2} - a_2 - a_3 \neq 0$, 则 $p_1 - p_2 \neq 0$, $x = \left(a_0 + a_2 - \frac{1}{2}\right) \Big/ \left(\frac{1}{2} - a_2 - a_3\right)$, 由方程 (8.8.18) 得出

$$(1 - 2p_1 - 2p_2)\frac{1 - x}{4} + p_1(1 + x) = a_0$$

$$-(p_1 + p_2)\frac{1 - x}{2} + p_1(1 + x) = a_0 - \frac{1 - x}{4}$$

$$(p_1 + p_2)x = a_0 - \frac{1 - x}{4} - \frac{1}{2}(p_1 - p_2)(1 + x)$$

$$= a_0 - \frac{1 - x}{4} - \frac{1}{2}(a_0 - a_3) = \frac{1}{2}(a_0 + a_3) - \frac{1 - x}{4} \tag{8.8.20}$$

解 (8.8.19) 式 ~ (8.8.20) 式得

$$p_1 x = \frac{1}{2}\left(\frac{a_0 - 2a_1 - a_3}{2} + \frac{1 + x}{4}\right)$$

$$p_2 x = \frac{1}{2}\left(\frac{a_3 - 2a_2 - a_0}{2} + \frac{1 + x}{4}\right), \quad p_p x = \frac{1 + x}{2} - (a_0 + a_3) \tag{8.8.21}$$

若 $\frac{1}{2} - a_2 - a_3 = 0$, 则解 (8.8.18) 式 ~ (8.8.19) 式得出

$$a_0 - a_3 = 0, \quad a_0 + a_2 - \frac{1}{2} = \frac{a_1 - a_2}{2} = 0$$

$$p_1 = p_2 = \frac{1 - p_p}{4}, \quad p_p x = -2a_0 + \frac{1 + x}{2} \tag{8.8.22}$$

(8.8.17) 式的非对角矩阵元相等给出如下方程:

$$x_1 = -2\gamma/p_p, \quad x_2 = -2\delta/p_p, \quad y_1 = 2\alpha/p_1,$$

$$y_2 = 2\beta/p_1, \quad\quad z_1 = 2\lambda/p_2, \quad z_2 = 2\mu/p_2 \tag{8.8.23}$$

4. 2 × 2 复合系统分解举例

1) Wener 态[94]

前面已提及两个粒子的复合体系的态便是 $|00\rangle, |01\rangle, |10\rangle, |11\rangle$. 这些态也可耦合成具有三重简并的 "三重态" 和只有一重简并的 "单态". Wener 态实际上就是这种 "单态" 与一种 "无规态" 的 "混合态", 概率各为 x 与 $1 - x$. 它的密度矩阵为由下式定义的 ρ_w, 经部分转置后便是 σ_w

$$\rho_w = \begin{pmatrix} \dfrac{1-x}{4} & & & \\ & \dfrac{1+x}{4} & \dfrac{-x}{2} & \\ & \dfrac{-x}{2} & \dfrac{1+x}{4} & \\ & & & \dfrac{1-x}{4} \end{pmatrix}, \quad \sigma_w = \begin{pmatrix} \dfrac{1-x}{4} & & & \dfrac{-x}{2} \\ & \dfrac{1+x}{4} & & \\ & & \dfrac{1+x}{4} & \\ \dfrac{-x}{2} & & & \dfrac{1-x}{4} \end{pmatrix}$$

（列标为 00　01　10　11）
$$\tag{8.8.24}$$

将 ρ_w 的矩阵元代入方程 $(8.8.22) \sim (8.8.23)$ 中, 得

$$a_0 = a_3 = \frac{1-x}{4}, \quad a_1 = a_2 = \frac{1+x}{4}, \quad p_1 - p_2 = 0, \quad p_p x = -\frac{1-x}{4} + \frac{1+x}{4} = x$$

$$p_p = 1, \quad p_p x_2 = x, \quad p_p x_1 = 0, \tag{8.8.25}$$

$(8.8.25)$ 式给出 $x_2 = x$, $x_1 = 0$, $p_p = 1$, 参照 $(8.8.12)$ 式故有

$$\rho_w = \rho_p = \frac{1-3x}{2}S_1 + \frac{1-x}{2}S_2 + xT_3 + xS_4 \tag{8.8.26}$$

若 $x \leqslant \dfrac{1}{3}$ 则所有的 $W_A \geqslant 0$, 即 ρ_w 是可以分离的. 对于 σ_w 矩阵, 用同样方法可算得 $x_2 = 0$, $x_1 = x$ 且 $\rho_w = \dfrac{1-3x}{2}S_1 + \dfrac{1-x}{2}S_2 + xT_3 + xS_4$, 在满足 $x \leqslant \dfrac{1}{3}$ 条件后, 同样是可分离的.

2) 混态 ρ_G 由 Gisin 提出[95]

$$\rho_G = \begin{pmatrix} \dfrac{1-\bar{x}}{2} & & & \\ & \bar{x}|a|^2 & \bar{x}ab^* & \\ & \bar{x}a^*b & \bar{x}|b|^2 & \\ & & & \dfrac{1-\bar{x}}{2} \end{pmatrix}, \quad \sigma_G = \begin{pmatrix} \dfrac{1-\bar{x}}{2} & & & \bar{x}ab^* \\ & \bar{x}|a|^2 & & \\ & & \bar{x}|b|^2 & \\ \bar{x}a^*b & & & \dfrac{1-\bar{x}}{2} \end{pmatrix}$$

（列标为 00　01　10　11）
$$\tag{8.8.27}$$

应用 $(8.8.19)$ 式 $\sim (8.8.21)$ 式得

$$p_1 - p_2 = \frac{1}{2} - (a_2 + a_3) = -\bar{x}|b|^2 + \frac{\bar{x}}{2} \neq 0, \quad (p_1 - p_2)(1+x) = a_0 - a_3 = 0, \quad 1 + x = 0$$

参照 $(8.8.21)$ 式

$$x = -1, \quad 2p_1 = a_1 = \bar{x}|a|^2, \quad 2p_2 = a_2 = \bar{x}|b|^2, \quad p_p = 1 - 2p_1 - 2p_2 = 1 - \bar{x}$$

$$
\begin{array}{cccccccc}
 00 & 01 & & 00 & 01 & & 10 & 11 & & 10 & 11
\end{array}
$$

$$
\rho_1 = \begin{pmatrix} \dfrac{1+x}{2} & 0 \\[2mm] 0 & \dfrac{1-x}{2} \end{pmatrix}_{x=-1} = \begin{pmatrix} 0 & 0 \\ 0 & 1 \end{pmatrix}, \quad \rho_3 = \begin{pmatrix} \dfrac{1-x}{2} & 0 \\[2mm] 0 & \dfrac{1+x}{2} \end{pmatrix}_{x=-1} = \begin{pmatrix} 1 & 0 \\ 0 & 0 \end{pmatrix}
$$

$$(8.8.28)$$

$$
\begin{array}{cccc}
00 & 01 & 10 & 11
\end{array}
$$

$$
p_p \rho_p = \sigma_G - 2p_1\rho_1 - 2p_2\rho_3 = (1-\bar{x}) \begin{pmatrix} \dfrac{1}{2} & & & \dfrac{2\bar{x}ab^*}{2(1-\bar{x})} \\[2mm] & 0 & & \\[2mm] & & 0 & \\[2mm] \dfrac{2\bar{x}ab^*}{2(1-\bar{x})} & & & \dfrac{1}{2} \end{pmatrix}
$$

$$
= (1-\bar{x}) \times \left(\dfrac{1 - \dfrac{4\bar{x}|ab|}{1-\bar{x}} + 1}{2} S_1 + \dfrac{1 - \dfrac{4\bar{x}|ab|}{1-\bar{x}} - 1}{2} S_2 + \dfrac{2\bar{x}|ab|}{1-\bar{x}} S_3 + \dfrac{2\bar{x}|ab|}{1-\bar{x}} S_4 \right)
$$

$$
= (1 - \bar{x} - 2|ab|\bar{x})S_1 + (-2|ab|\bar{x})S_2 + 2|ab|\bar{x}S_3 + 2|ab|\bar{x}S_4 \tag{8.8.29}
$$

$$
\sigma_G = \bar{x}|a|^2 \rho_1 + \bar{x}|b|^2 \rho_3 + (1 - \bar{x} - 2|ab|\bar{x})S_1
$$
$$
+ (-2|ab|\bar{x})S_2 + 2|ab|\bar{x}S_3 + 2|ab|\bar{x}S_4 \tag{8.8.30}
$$

一般情形 (8.8.30) 式中 S_2 的系数是负的, σ_G 是纠缠的. 但在特殊情形下, $a^2 = b^2 = |ab| = \dfrac{1}{2}$, $\dfrac{1}{2}(\rho_1 + \rho_3) = S_2$, 因而 (8.8.30) 式给出

$$
\sigma_G = (1 - \bar{x} - 2|ab|\bar{x})S_1 + 2|ab|\bar{x}S_3 + 2|ab|\bar{x}S_4 \tag{8.8.31}
$$

若 $\bar{x} \rangle \dfrac{1}{1+2|ab|} = \dfrac{1}{2}$, ρ_G 是纠缠的. 只有在特殊的 $\bar{x} = \dfrac{1}{2}$ 情形 σ_G 才是分离的.

3) 纠缠态 ρ_B[96]

$$
\begin{array}{cccc}
00 & 01 & 10 & 11
\end{array}
\qquad\qquad
\begin{array}{cccc}
00 & 01 & 10 & 11
\end{array}
$$

$$
\rho_B = \begin{pmatrix} 1-p & & & \\ & \dfrac{p}{2} & \dfrac{-p}{2} & \\[2mm] & \dfrac{-p}{2} & \dfrac{p}{2} & \\[2mm] & & & 0 \end{pmatrix}, \quad \sigma_B = \begin{pmatrix} 1-p & & & \dfrac{-p}{2} \\ & \dfrac{p}{2} & & \\[2mm] & & \dfrac{p}{2} & \\[2mm] \dfrac{-p}{2} & & & 0 \end{pmatrix} \tag{8.8.32}
$$

像上面一样, 参照 (8.8.19) 式~(8.8.21) 式

$$p_1 - p_2 = \frac{1}{2} - (a_2 + a_3) = \frac{1}{2} - \frac{p}{2}, \quad (p_1 - p_2)(1+x) = a_0 - a_3 = 1 - p$$

$$x = \frac{a_0 + a_2 - 1/2}{1/2 - a_2 - a_3} = 1, \quad (p_1 + p_2)x = \frac{1}{2}(a_0 + a_3) - \frac{1-x}{4} = \frac{1-p}{2} \qquad (8.8.33)$$

由此得

$$p_1 = \frac{1}{2}(1-p), \quad p_2 = 0, \quad p_p = 1 - 2(p_1 + p_2) = p, \quad x_1 = \frac{-2\gamma}{p_1} = \frac{p}{p_1} = 1$$

$$
\rho_1 = \begin{array}{c} \\ \end{array}
\begin{array}{cc} 00 & 01 \end{array}
\begin{pmatrix} \dfrac{1+x}{2} & 0 \\ 0 & \dfrac{1-x}{2} \end{pmatrix}
=
\begin{array}{cc} 00 & 01 \end{array}
\begin{pmatrix} 0 & 0 \\ 0 & 1 \end{pmatrix}, \quad
\rho_3 =
\begin{array}{cc} 10 & 11 \end{array}
\begin{pmatrix} \dfrac{1-x}{2} & 0 \\ 0 & \dfrac{1+x}{2} \end{pmatrix}
=
\begin{array}{cc} 10 & 11 \end{array}
\begin{pmatrix} 1 & 0 \\ 0 & 0 \end{pmatrix}
$$

$$
p_p\rho_p = (\sigma_{\mathrm{B}} - 2p_1\rho_1 - 2p_2\rho_3)_{x=1} = p
\begin{array}{cccc} 00 & 01 & 10 & 11 \end{array}
\begin{pmatrix} 0 & & & \dfrac{-1}{2} \\ & \dfrac{1}{2} & & \\ & & \dfrac{1}{2} & \\ \dfrac{-1}{2} & & & 0 \end{pmatrix}
= p(-S_1 + S_3 + S_4)
$$

$$(8.8.34)$$

$$\sigma_{\mathrm{B}} = 2p_1\rho_1 + p_p\rho_p = (1-p)\rho_1 + p(-S_1 + S_3 + S_4)$$

S_1 的系数为 $-p$, σ_{B} 总有一个负的系数, 是不可分的.

4) 由 Horodecki 引入的 ρ_{H}[92,93] $\left(p = \dfrac{1-x}{2}\right)$

$$
\rho_{\mathrm{H}} =
\begin{array}{cccc} 00 & 11 & 01 & 10 \end{array}
\begin{pmatrix} pa^2 & & & pab \\ & (1-p)a^2 & (1-p)ab & \\ & (1-p)ab & (1-p)b^2 & \\ pab & & & (1-p)b^2 \end{pmatrix}
= 2\rho_{\mathrm{D}}\rho_{\mathrm{HC}}\rho_{\mathrm{D}}
$$

$$
\rho_{\mathrm{D}} =
\begin{array}{cccc} 00 & 01 & 10 & 11 \end{array}
\begin{pmatrix} a & & & \\ & a & & \\ & & -b & \\ & & & -b \end{pmatrix}, \quad
\rho_{\mathrm{HC}} =
\begin{array}{cccc} 00 & 01 & 10 & 11 \end{array}
\begin{pmatrix} \dfrac{1-x}{4} & & & -\dfrac{1-x}{4} \\ & \dfrac{1+x}{4} & -\dfrac{1+x}{4} & \\ & -\dfrac{1+x}{4} & \dfrac{1+x}{4} & \\ -\dfrac{1-x}{4} & & & \dfrac{1-x}{4} \end{pmatrix}
$$

$$(8.8.35)$$

易于证明, ρ_H 的分解等价于 ρ_{HC} 的分解, 因 ρ_D 是一个分别作用于 ρ'、ρ'' 的变换, 并不影响它们间的可分与否, 现求 ρ_{HC} 的分解. 参照前面的计算方法, 得出 $p_1 - p_2 = 0$, $p_p = 1$, $x_1 = \dfrac{1-x}{2}$, $x_2 = \dfrac{1+x}{2}$, $x_1 + x_2 = 1$, $S_1 + S_2 = S_3 + T_3$. 故可构造密度矩阵 ρ_p 如下:

$$
\begin{aligned}
\rho_p &= \frac{1 - 2(x_1 + x_2) - x}{2} S_1 + \frac{1 - 2(x_1 + x_2) + x}{2} S_2 + x_1 S_3 + x_2 T_3 + (x_1 + x_2) S_4 \\
&= \frac{-1-x}{2} S_1 + \frac{-1+x}{2} S_2 + \frac{1-x}{2} S_3 + \frac{1+x}{2} T_3 + S_4 \\
&= \frac{-x}{2} S_1 + \frac{x}{2} S_2 + \frac{-x}{2} S_3 + \frac{x}{2} T_3 + S_4
\end{aligned} \tag{8.8.36}
$$

只要 $x \neq 0$, 便是不可分的. 在特殊的 $x = 0$ 情形 ρ_p 才是可分的.

在上面的分析中, 如下几点值得提出: ①参照方程 (8.8.13)$\sim$(8.8.16), 密度矩阵 $\rho_1 \sim \rho_4$ 明显是分离的. 我们称 ρ_1、ρ_3 为右分离矩阵, 而 ρ_2、ρ_4 为左分离矩阵, 或称之为约化密度矩阵. ②一个任意的 2×2 密度矩阵 ρ 的解包含了一个 ρ_p, 我们称之为 "主矩阵", 还有一些约化密度矩阵 $\rho_1 \sim \rho_4$. 解一些简单的代数方程, 便能求的各个权重 W_A. 只在这些权重 W_A 解均大于零时, 我们说复合系统的密度矩阵 ρ 是可分的, 否则便是不可分或纠缠的.

8.8.2　3×3 复合系统

1. 对角方块矩阵的分解

在附录 8B 中, 我们从矩阵函数 φ_j、ψ_j、ϕ_j 出发, 导出了可分离的密度矩阵 S_j、$\Sigma_{j,k}$. 基于这些可分离的密度矩阵, 可求得如下对角方块矩阵 D_{jr}、D_{ji} 的分解:

$$
D_{1r} = \begin{pmatrix}
1 & \alpha_{1r} & \beta_{1r} & & & & & & \\
\alpha_{1r}^* & 1 & \gamma_{1r} & & & & & & \\
\beta_{1r}^* & \gamma_{1r}^* & 1 & & & & & & \\
& & & 1 & & & & & \\
& & & & 1 & & & & \\
& & & & & 1 & & & \\
& & & & & & 1 & & \\
& & & & & & & 1 & \\
& & & & & & & & 1
\end{pmatrix}, \quad
D_{1i} = \begin{pmatrix}
1 & \alpha_{1i} & \beta_{1i} & & & & & & \\
\alpha_{1i}^* & 1 & \gamma_{1i} & & & & & & \\
\beta_{1i}^* & \gamma_{1i}^* & 1 & & & & & & \\
& & & 1 & & & & & \\
& & & & 1 & & & & \\
& & & & & 1 & & & \\
& & & & & & 1 & & \\
& & & & & & & 1 & \\
& & & & & & & & 1
\end{pmatrix}
$$

$$\tag{8.8.37}$$

式中, α_{1r}、α_{1i} 分别表示复数 α_1 的实部与虚部. 其他类似. 我们将 D_{1r} 的解表示为

$$D_{1r} = \frac{\lambda_{1r}}{3}(S_1 + S_2 + S_3) + A_{1r}\Sigma_{11} + B_{1r}\Sigma'_{12} + C_{1r}\Sigma''_{13} \tag{8.8.38}$$

(8.8.38) 式 λ_{1r} 为特征值. 将 (8.8.38) 式代入 (8.8.37) 式, 并令左右两方的矩阵元相等

$$A_{1r} + \cos(\theta''_0 - \theta'_1 - \varphi)B_{1r} + \cos(\theta''_0 - \theta''_1 + \varphi)C_{1r} = \alpha_{1r}$$

$$A_{1r} + \cos(\theta''_0 - \theta'_2 + \varphi)B_{1r} + \cos(\theta''_0 - \theta''_2 - \varphi)C_{1r} = \beta_{1r}$$

$$A_{1r} + \cos(\theta'_1 - \theta'_2 - \varphi)B_{1r} + \cos(\theta''_1 - \theta''_2 + \varphi)C_{1r} = \gamma_{1r}$$

$$\sin(\theta''_0 - \theta'_1 - \varphi)B_{1r} + \sin(\theta''_0 - \theta''_1 + \varphi)C_{1r} = 0$$

$$\sin(\theta''_0 - \theta'_2 + \varphi)B_{1r} + \sin(\theta''_0 - \theta''_2 - \varphi)C_{1r} = 0$$

$$\sin(\theta'_0 - \theta'_1 - \varphi)B_{1r} + \sin(\theta''_0 - \theta''_1 + \varphi)C_{1r} = 0, \quad \varphi = \frac{2\pi}{3}$$

$$A_{1r} + B_{1r} + C_{1r} = 1 - \lambda_{1r} \tag{8.8.39}$$

方程 (8.8.39) 中的七个方程唯一地确定了未知参数 A_{1r}, B_{1r}, C_{1r}, $\theta'_0 - \theta'_1$, $\theta'_2 - \theta'_0$, $\theta''_0 - \theta''_1$, $\theta''_2 - \theta''_0$, $(\theta'_1 - \theta'_2 = -(\theta'_0 - \theta'_1) - (\theta'_2 - \theta'_0)$, $\theta''_1 - \theta''_2 = -(\theta''_0 - \theta''_1) - (\theta''_2 - \theta''_0))$. 若令 $B_{1r} = C_{1r}$, $\theta'_0 - \theta'_1 = -\theta''_0 + \theta''_1$, $\theta'_1 - \theta'_2 = -\theta''_1 + \theta''_2$, $\theta'_0 - \theta'_2 = -\theta''_0 + \theta''_2$, 很明显 (8.8.39) 中的后三式得以满足. 计算其余的式子, 便得

$$B_{1r} = C_{1r} = \frac{\alpha_{1r} - 1 + \lambda_{1r}}{2(\cos(\theta''_0 - \theta''_1 + \varphi) - 1)} = \frac{\beta_{1r} - 1 + \lambda_{1r}}{2(\cos(\theta''_2 - \theta''_0 + \varphi) - 1)}$$

$$= \frac{\gamma_{1r} - 1 + \lambda_{1r}}{2(\cos(\theta''_1 - \theta''_2 + \varphi) - 1)} = R_{1r}2$$

$$\frac{\sqrt{1 - \alpha_{1r} - \lambda_{1r}}}{\sin\left(\dfrac{\theta''_0 - \theta''_1 + \varphi}{2}\right)} = \frac{\sqrt{1 - \beta_{1r} - \lambda_{1r}}}{\sin\left(\dfrac{\theta''_2 - \theta''_0 + \varphi}{2}\right)} = \frac{\sqrt{1 - \gamma_{1r} - \lambda_{1r}}}{\sin\left(\dfrac{\theta''_1 - \theta''_2 + \varphi}{2}\right)} = 2R_{1r} \tag{8.8.40}$$

我们注意到 $\dfrac{\theta''_0 - \theta''_1 + \varphi}{2} + \dfrac{\theta''_2 - \theta''_0 + \varphi}{2} + \dfrac{\theta''_1 - \theta''_2 + \varphi}{2} = \dfrac{3\varphi}{2} = \pi$, R_{1r} 即具有边长 $a = \sqrt{1 - \alpha_{1r} - \lambda_{1r}}$, $b = \sqrt{1 - \beta_{1r} - \lambda_{1r}}$, $c = \sqrt{1 - \gamma_{1r} - \lambda_{1r}}$ 的三角形的外接圆半径. λ_{1r} 为特征值, 特征值的求解见附录 C. 又令 $s = \dfrac{a + b + c}{2}$, 则 $R_{1r} = \dfrac{abc}{4\sqrt{s(s-a)(s-b)(s-c)}}$. 类似地, 对于 D_{1i} 有

$$D_{1i} = \frac{\lambda_{1i}}{3}(S_1 + S_2 + S_3) + A_{1i}\Sigma_{11} + B_{1i}\Sigma'_{12} + C_{1i}\Sigma''_{13}$$

$$A_{1i} + \cos(\theta'_0 - \theta'_1 - \varphi)B_{1i} + \cos(\theta''_0 - \theta''_1 + \varphi)C_{1r} = 0$$

$$A_{1i} + \cos(\theta'_0 - \theta'_2 + \varphi)B_{1i} + \cos(\theta''_0 - \theta''_2 - \varphi)C_{1r} = 0$$

$$A_{1i} + \cos(\theta'_1 - \theta'_2 - \varphi)B_{1i} + \cos(\theta''_1 - \theta''_2 + \varphi)C_{1r} = 0$$

$$\sin(\theta'_0 - \theta'_1 - \varphi)B_{1i} + \sin(\theta''_0 - \theta''_1 + \varphi)C_{1i} = \alpha_{1i}$$

$$\sin(\theta'_0 - \theta'_2 + \varphi)B_{1i} + \sin(\theta''_0 - \theta''_2 - \varphi)C_{1i} = \beta_{1i}$$

$$\sin(\theta'_0 - \theta'_1 - \varphi)B_{1i} + \sin(\theta''_0 - \theta''_1 + \varphi)C_{1i} = \gamma_{1i}, \quad \varphi = \frac{2\pi}{3}$$

$$A_{1i} + B_{1i} + C_{1i} = 1 - \lambda_{1i} \tag{8.8.41}$$

设 $A_{1i} = 0$, $B_{1i} = C_{1i}$, $\theta'_0 - \theta'_1 = \pi - (\theta''_0 - \theta''_1)$, $\theta'_1 - \theta'_2 = \pi - (\theta''_1 - \theta''_2)$, $\theta'_0 - \theta'_2 = \pi - (\theta''_0 - \theta''_2)$, 则 (8.8.41) 式的前三个方程是满足的, 后四个方程的解为

$$B_{1i} = C_{1i} = \frac{\alpha_{1i}}{2\sin(\theta''_0 - \theta''_1 + \varphi)} = \frac{\beta_{1i}}{2\sin(\theta''_2 - \theta''_0 + \varphi)} = \frac{\gamma_{1i}}{2\sin(\theta''_1 - \theta''_2 + \varphi)} = R_{1i}$$

$$B_{1i} + C_{1i} = 2R_{1i} = 1 - \lambda_{1i} \tag{8.8.42}$$

式中, λ_{1i} 为特征值. R_{1i} 是以 α_{1i}、β_{1i}、γ_{1i} 为边长的三角形的外接圆半径. 而外角分别为 $\theta''_0 - \theta''_1 + \varphi$, $\theta''_2 - \theta''_0 + \varphi$, $\theta''_1 - \theta''_2 + \varphi$. 外角之和为 $3\varphi = 2\pi$. 条件是 $\theta''_0 - \theta''_1 + \varphi \geqslant 0$, $\theta''_2 - \theta''_0 + \varphi \geqslant 0$, $\theta''_1 - \theta''_2 + \varphi \geqslant 0$. 若此条件不满足, 则负号可吸收到相应的相位中. 例如, $\alpha = -|\alpha|$, 则 $-\sin(\theta''_0 - \theta''_1 + \varphi) = \sin(-\pi + \theta''_0 - \theta''_1 + \varphi)$, 此时三个角将变成三角形的内角了. 很明显上述求解 D_{1r}, D_{1i} 的方法也同样适用于求 D_{2r}、D_{2i}、D_{3r}、D_{3i} 的分解.

$$D_{2r} = \begin{pmatrix} 1 & & & & & & & & \\ & 1 & & & & & & & \\ & & 1 & & & & & & \\ & & & 1 & \alpha_{2r} & \beta_{2r} & & & \\ & & & \alpha_{2r} & 1 & \gamma_{2r} & & & \\ & & & \beta_{2r} & \gamma_{2r} & 1 & & & \\ & & & & & & 1 & & \\ & & & & & & & 1 & \\ & & & & & & & & 1 \end{pmatrix}, \quad D_{2i} = \begin{pmatrix} 1 & & & & & & & & \\ & 1 & & & & & & & \\ & & 1 & & & & & & \\ & & & 1 & \alpha_{2i} & \beta_{2i} & & & \\ & & & -\alpha_{2i} & 1 & \gamma_{2i} & & & \\ & & & -\beta_{2i} & -\gamma_{2i} & 1 & & & \\ & & & & & & 1 & & \\ & & & & & & & 1 & \\ & & & & & & & & 1 \end{pmatrix}$$

$$\tag{8.8.43}$$

$$
D_{3\mathrm{r}}=\frac{1}{9}\begin{pmatrix} 1 & & & & & & & & \\ & 1 & & & & & & & \\ & & 1 & & & & & & \\ & & & 1 & & & & & \\ & & & & 1 & & & & \\ & & & & & 1 & & & \\ & & & & & & 1 & \alpha_{3\mathrm{r}} & \beta_{3\mathrm{r}} \\ & & & & & & \alpha_{3\mathrm{r}} & 1 & \gamma_{3\mathrm{r}} \\ & & & & & & \beta_{3\mathrm{r}} & \gamma_{3\mathrm{r}} & 1 \end{pmatrix}, \quad D_{3\mathrm{i}}=\frac{1}{9}\begin{pmatrix} 1 & & & & & & & & \\ & 1 & & & & & & & \\ & & 1 & & & & & & \\ & & & 1 & & & & & \\ & & & & 1 & & & & \\ & & & & & 1 & & & \\ & & & & & & 1 & \alpha_{3\mathrm{i}} & \beta_{3\mathrm{i}} \\ & & & & & & -\alpha_{3\mathrm{i}} & 1 & \gamma_{3\mathrm{i}} \\ & & & & & & -\beta_{3\mathrm{i}} & -\gamma_{3\mathrm{i}} & 1 \end{pmatrix}
$$

$$(8.8.44)$$

2. 3×3 复合系统的分解

给定一般的 3×3 复合系统 ρ 如下:

$$
\begin{array}{ccccccccc}
00 & 11 & 22 & 01 & 12 & 20 & 10 & 21 & 02
\end{array}
$$

$$
\rho=\frac{1}{9}\begin{pmatrix}
a_0 & \alpha_1 & \beta_1 & R & \otimes & L & L & \otimes & R \\
\alpha_1^* & a_1 & \gamma_1 & L & R & \otimes & R & L & \otimes \\
\beta_1^* & \gamma_1^* & a_2 & \otimes & L & R & \otimes & R & L \\
R^* & L^* & \otimes^* & a_3 & \alpha_2 & \beta_2 & \otimes & L & R \\
\otimes^* & R^* & L^* & \alpha_2^* & a_4 & \gamma_2 & R & \otimes & L \\
L^* & \otimes^* & R^* & \beta_2^* & \gamma_2^* & a_5 & L & R & \otimes \\
L^* & R^* & \otimes^* & \otimes^* & R^* & L^* & a_6 & \alpha_3 & \beta_3 \\
\otimes^* & L^* & R^* & L^* & \otimes^* & R^* & \alpha_2^* & a_7 & \gamma_3 \\
R^* & \otimes^* & L^* & R^* & L^* & \otimes^* & \beta_3^* & \gamma_3^* & a_8
\end{pmatrix}=\rho_{\mathrm{dig}}+\rho_{\odot}+\rho_{\otimes}+\rho_{\mathrm{R}}
$$

$$
\begin{array}{ccccccccc}
00 & 11 & 22 & 01 & 12 & 20 & 10 & 21 & 02
\end{array}
$$

$$
\rho_{\otimes}=\frac{1}{9}\begin{pmatrix}
 & & & & & \otimes & & \otimes & \\
 & & & & & & \otimes & & \otimes \\
 & & & \otimes & & & \otimes & & \\
 & & \otimes^* & & & & \otimes & & \\
 & \otimes^* & & & & & & \otimes & \\
 \otimes^* & & & & \otimes^* & \otimes^* & & & \otimes \\
 & & \otimes^* & & & \otimes^* & & & \\
 & \otimes^* & & & & & \otimes^* & & \\
 & & & & & & & &
\end{pmatrix}
$$

$$
\rho_{\mathrm{R}} = \frac{1}{9}
\begin{array}{c}
\begin{array}{ccccccccc}
00 & 11 & 22 & 01 & 12 & 20 & 10 & 21 & 02
\end{array} \\
\left(
\begin{array}{ccccccccc}
b_0 & & & & R & & L & L & R \\
& b_1 & & & L & R & & R & L \\
& & b_2 & & L & R & & R & L \\
R^* & L^* & & b_3 & \alpha_2 & \beta_2 & & L & R \\
\otimes^* & R^* & L^* & & b_4 & & R & \otimes & L \\
L^* & & R^* & & & b_5 & L & R & \\
L^* & R^* & & & R^* & L^* & b_6 & & \\
& L^* & R^* & L^* & & & R^* & b_7 & \\
R^* & & & L^* & R^* & L^* & & & b_8
\end{array}
\right)
\end{array}
\tag{8.8.45}
$$

式中, ρ_{dig} 为对角矩阵, 其对角矩阵元为 $c_i = \dfrac{a_i - b_i}{9}$. ρ_{R} 为约化矩阵, 类似于 2×2 中的 $\rho_1 \sim \rho_4$, 其自身表现为可分的. 有下面 6 种约化矩阵定义如下:

$$
R_0^r = \frac{1}{3}
\begin{array}{c}
\begin{array}{ccc} 00 & 01 & 02 \end{array} \\
\left(
\begin{array}{ccc}
1+x & R_{01}^0 & R_{02}^0 \\
R_{10}^0 & 1-x+y & R_{20}^0 \\
R_{20}^0 & R_{21}^0 & 1-y
\end{array}
\right)
\end{array},
\quad
R_1^r = \frac{1}{3}
\begin{array}{c}
\begin{array}{ccc} 10 & 11 & 12 \end{array} \\
\left(
\begin{array}{ccc}
1+x & R_{01}^1 & R_{02}^1 \\
R_{10}^1 & 1-x+y & R_{20}^1 \\
R_{20}^1 & R_{21}^1 & 1-y
\end{array}
\right)
\end{array}
$$

$$
R_2^r = \frac{1}{3}
\begin{array}{c}
\begin{array}{ccc} 20 & 21 & 22 \end{array} \\
\left(
\begin{array}{ccc}
1+x & R_{01}^2 & R_{02}^2 \\
R_{10}^2 & 1-x+y & R_{20}^2 \\
R_{20}^2 & R_{21}^2 & 1-y
\end{array}
\right)
\end{array};
\quad
L_0^l = \frac{1}{3}
\begin{array}{c}
\begin{array}{ccc} 00 & 10 & 20 \end{array} \\
\left(
\begin{array}{ccc}
1+x & L_{01}^0 & L_{02}^0 \\
L_{10}^0 & 1-x+y & L_{20}^0 \\
L_{20}^0 & L_{21}^0 & 1-y
\end{array}
\right)
\end{array}
$$

$$
L_1^l = \frac{1}{3}
\begin{array}{c}
\begin{array}{ccc} 01 & 11 & 21 \end{array} \\
\left(
\begin{array}{ccc}
1+x & L_{01}^1 & L_{02}^1 \\
L_{10}^1 & 1-x+y & L_{20}^1 \\
L_{20}^1 & L_{21}^1 & 1-y
\end{array}
\right)
\end{array},
\quad
L_2^l = \frac{1}{3}
\begin{array}{c}
\begin{array}{ccc} 02 & 12 & 22 \end{array} \\
\left(
\begin{array}{ccc}
1+x & L_{01}^2 & L_{02}^2 \\
L_{10}^2 & 1-x+y & L_{20}^2 \\
L_{20}^2 & L_{21}^2 & 1-y
\end{array}
\right)
\end{array}
$$

$$
\tag{8.8.46}
$$

(8.8.45) 式中矩阵 $\rho_\otimes$ 与 $\rho_\odot$ 各自包含矩阵元 $\otimes$ 与 $\odot$, 而矩阵元 $\odot$ 又是经过 $\otimes$ 的部分转置得来的. 亦即将部分转置操作 P 作用于 $\otimes$ 上, 便得出相应的 $\odot$. 反之亦然. 将这种对应关系用 $\leftrightarrow$ 来表示, 参照 (8.8.45) 式得出

$$
\otimes_1 |00\rangle\langle 12| \leftrightarrow \odot_1 |10\rangle\langle 02|, \quad \otimes_2 |11\rangle\langle 20| \leftrightarrow \odot_2 |21\rangle\langle 10|
$$

$$
\otimes_3 |22\rangle\langle 01| \leftrightarrow \odot_3 |02\rangle\langle 21|, \quad \otimes_4 |00\rangle\langle 21| \leftrightarrow \odot_4 |20\rangle\langle 01|
$$

$$
\otimes_5 |11\rangle\langle 02| \leftrightarrow \odot_5 |01\rangle\langle 12|, \quad \otimes_6 |22\rangle\langle 10| \leftrightarrow \odot_6 |12\rangle\langle 20|
$$

$$\otimes_7|01\rangle\langle10| \leftrightarrow \odot_7|11\rangle\langle00|, \quad \otimes_8|12\rangle\langle21| \leftrightarrow \odot_8|22\rangle\langle11|$$

$$\otimes_9|20\rangle\langle02| \leftrightarrow \odot_9|00\rangle\langle22|, \quad \otimes_1^*|12\rangle\langle00| \leftrightarrow \odot_1^*|02\rangle\langle10|$$

$$\otimes_2^*|20\rangle\langle11| \leftrightarrow \odot_2^*|10\rangle\langle21|, \quad \otimes_3^*|01\rangle\langle22| \leftrightarrow \odot_3^*|21\rangle\langle02|$$

$$\otimes_4^*|21\rangle\langle00| \leftrightarrow \odot_4^*|01\rangle\langle20|, \quad \otimes_5^*|02\rangle\langle11| \leftrightarrow \odot_5^*|12\rangle\langle01|$$

$$\otimes_6^*|10\rangle\langle22| \leftrightarrow \odot_6^*|20\rangle\langle12|, \quad \otimes_7^*|10\rangle\langle01| \leftrightarrow \odot_7^*|00\rangle\langle11|$$

$$\otimes_8^*|21\rangle\langle12| \leftrightarrow \odot_8^*|11\rangle\langle22|, \quad \otimes_9^*|02\rangle\langle20| \leftrightarrow \odot_9^*|22\rangle\langle00|$$

$$
\rho_\otimes + \rho_\odot = \frac{1}{9}
\begin{array}{c}
\begin{array}{ccccccccc}
00 & 11 & 22 & 01 & 12 & 20 & 10 & 21 & 02
\end{array} \\
\left(
\begin{array}{ccccccccc}
 & \odot_7^* & \odot_9 & & \otimes_1 & & & \otimes_4 & \\
\odot_7 & & \odot_8^* & & & \otimes_2 & & & \otimes_5 \\
\odot_9^* & \odot_8 & & \otimes_3 & & & \otimes_6 & & \\
 & & & \otimes_3^* & & \odot_5 & \odot_4^* & \otimes_7 & \\
\otimes_1^* & & & & \odot_5^* & & \odot_6 & & \otimes_8 \\
 & \otimes_2^* & & & \odot_4 & \odot_6^* & & & \otimes_9 \\
 & & \otimes_6^* & \otimes_7^* & & & & \odot_2^* & \odot_1 \\
\otimes_4^* & & & & \otimes_8^* & & \odot_2 & & \odot_3^* \\
 & \otimes_5^* & & & & \otimes_9^* & \odot_1^* & \odot_3 &
\end{array}
\right)
\end{array}
\quad (8.8.47)
$$

式中, 矩阵元 $\odot$ 包含在对角方块矩阵 D_{jr}、D_{ji} 之内, 我们称 $\rho_\odot$ 为内矩阵. 而 $\otimes$ 不包含在对角方块矩阵 D_{jr}、D_{ji} 之内, 我们称 $\otimes$ 为外矩阵. 应用部分转置变换 P 可以将外矩阵元 $\otimes$ 移至内矩阵元 $\odot$ 处, 使之成为内矩阵元, $P\otimes \to \odot$. 反之亦然. 例如, 由 (8.8.37) 式定义的 D_{1r} 与下面定义的 E_{1r} 分别属于内矩阵 $\rho_\odot$ 与外矩阵 $\rho_\otimes$, 但 PD_{1r} 与 PE_{1r} 就属于外矩阵 $\rho_\otimes$ 与内矩阵 $\rho_\odot$ 了.

$$
D_{1r} = \frac{1}{9}
\begin{pmatrix}
1 & \odot_{7r}^* & \odot_{9r} & & & & & & \\
\odot_{7r} & 1 & \odot_{8r}^* & & & & & & \\
\odot_{9r}^* & \odot_{8r} & 1 & & & & & & \\
 & & & 1 & & & & & \\
 & & & & 1 & & & & \\
 & & & & & 1 & & & \\
 & & & & & & 1 & & \\
 & & & & & & & 1 & \\
 & & & & & & & & 1
\end{pmatrix}
$$

$$
= \frac{1}{9}
\begin{pmatrix}
1 & \alpha_{1r} & \beta_{1r} & & & & & & \\
\alpha_{1r} & 1 & \gamma_{1r} & & & & & & \\
\beta_{1r} & \gamma_{1r} & 1 & & & & & & \\
& & & 1 & & & & & \\
& & & & 1 & & & & \\
& & & & & 1 & & & \\
& & & & & & 1 & & \\
& & & & & & & 1 & \\
& & & & & & & & 1
\end{pmatrix}
\tag{8.8.48}
$$

$$
E_{1r} = \frac{1}{9}
\begin{pmatrix}
1 & & & & & & & & \\
& 1 & & & & & & & \\
& & 1 & & & & & & \\
& & & 1 & & & \otimes_{7r} & & \\
& & & & 1 & & & \otimes_{8r} & \\
& & & & & 1 & & & \otimes_{9r} \\
& & & \otimes_{7r}^{*} & & & 1 & & \\
& & & & \otimes_{8r}^{*} & & & 1 & \\
& & & & & \otimes_{9r}^{*} & & & 1
\end{pmatrix}
$$

$$
= \frac{1}{9}
\begin{pmatrix}
1 & & & & & & & & \\
& 1 & & & & & & & \\
& & 1 & & & & & & \\
& & & 1 & & & \lambda_{1r} & & \\
& & & & 1 & & & \nu_{1r} & \\
& & & & & 1 & & & \mu_{1r} \\
& & & \lambda_{1r} & & & 1 & & \\
& & & & \nu_{1r} & & & 1 & \\
& & & & & \mu_{1r} & & & 1
\end{pmatrix}
\tag{8.8.49}
$$

一般的 $D_{jk} = D_{jk}(\alpha_{jk}, \beta_{jk}, \gamma_{jk})$，$E_{jk} = E_{jk}(\lambda_{jk}, \nu_{jk}, \mu_{jk})$，$k = $ r, i 见附录 B. 关于 D_{jr}、D_{ji} 的分解已在 (8.8.38) 式~(8.8.42) 式中求得，故 E_{jr}、E_{ji} 的分解也可通过 $E_{jr} = P(PE_{jr})$、$E_{ji} = P(PE_{ji})$，因 PE_{jr}、PE_{ji} 已为对角方块矩阵 D_{jr}、D_{ji} 了. 只要将求得的解再进行一次 P 变换就是了. 故一般的 3×3 密度矩阵 ρ 的通解可用 6 种约化密度矩阵 (定义见 (8.8.46) 式) 与主密度矩阵 ρ_p 来展开

$$
\rho = p\rho_p + p_{0r}R_0^r + p_{0l}L_0^l + p_{1r}R_1^r + p_{1l}L_1^l + p_{2r}R_2^r + p_{2l}L_2^l
$$

$$\rho_p = \frac{1}{3}(1 - g - h - \tilde{x})S_1 + \frac{1}{3}(1 - g - h + \tilde{x} - \tilde{y})S_2 + \frac{1}{3}(1 - g - h + \tilde{y})S_3$$

$$+ g_{1\mathrm{r}}D_{1\mathrm{r}} + g_{1\mathrm{i}}D_{1\mathrm{i}} + g_{2\mathrm{r}}D_{2\mathrm{r}} + g_{2\mathrm{i}}D_{2\mathrm{i}} + g_{3\mathrm{r}}D_{3\mathrm{r}} + g_{3\mathrm{i}}D_{3\mathrm{i}}$$

$$+ h_{1\mathrm{r}}E_{1\mathrm{r}} + h_{1\mathrm{i}}E_{1\mathrm{i}} + h_{2\mathrm{r}}E_{2\mathrm{r}} + h_{2\mathrm{i}}E_{2\mathrm{i}} + h_{3\mathrm{r}}E_{3\mathrm{r}} + h_{3\mathrm{i}}E_{3\mathrm{i}}$$

$$g = \sum_{j=1}^{3} \sum_{k=\mathrm{r,i}} g_{jk}, \quad h = \sum_{j=1}^{3} \sum_{k=\mathrm{r,i}} h_{jk}, \quad k = \mathrm{r,i} \tag{8.8.50}$$

由 (8.8.50) 式左右两方的对角矩阵元相等得出

$$p\left(\frac{1 - \tilde{x}}{9}\right) + 2p_0\frac{1 + x}{3} = \frac{a_0}{9}, \quad p\left(\frac{1 - \tilde{x}}{9}\right) + 2p_1\frac{1 - x + y}{3} = \frac{a_1}{9}$$

$$p\left(\frac{1 - \tilde{x}}{9}\right) + 2p_2\frac{1 - y}{3} = \frac{a_2}{9}, \quad p\left(\frac{1 + \tilde{x} - \tilde{y}}{9}\right) + 2p_0\frac{1 - x + y}{3} = \frac{a_3}{9}$$

$$p\left(\frac{1 + \tilde{x} - \tilde{y}}{9}\right) + 2p_1\frac{1 - y}{3} = \frac{a_4}{9}, \quad p\left(\frac{1 + \tilde{x} - \tilde{y}}{9}\right) + 2p_2\frac{1 + x}{3} = \frac{a_5}{9}$$

$$p\left(\frac{1 + \tilde{y}}{9}\right) + 2p_0\frac{1 - y}{3} = \frac{a_6}{9}, \quad p\left(\frac{1 + \tilde{y}}{9}\right) + 2p_1\frac{1 + x}{3} = \frac{a_7}{9}$$

$$p\left(\frac{1 + \tilde{y}}{9}\right) + 2p_2\frac{1 - x + y}{3} = \frac{a_8}{9}, \quad 2p_j = p_{jr} + p_{jl} \tag{8.8.51}$$

当给定对角矩阵元 $a_0 \sim a_8$ 后, 由方程 (8.8.51) 可求解未知量 p、p_0、p_1、p_2、$\tilde{x}$、$\tilde{y}$、x、y. 首先消去 $\tilde{x}$、$\tilde{y}$, 得出

$$p_0(1 + x) - p_1(1 - x + y) = \frac{1}{6}(a_0 - a_1), \quad p_1(1 - x + y) - p_2(1 - y) = \frac{1}{6}(a_1 - a_2)$$

$$p_2(1 - y) - p_0(1 + x) = \frac{1}{6}(a_2 - a_0), \quad p_0(1 - x + y) - p_1(1 - y) = \frac{1}{6}(a_3 - a_4)$$

$$p_1(1 - y) - p_2(1 + x) = \frac{1}{6}(a_4 - a_5), \quad p_2(1 + x) - p_0(1 - x + y) = \frac{1}{6}(a_5 - a_3)$$

$$p_0(1 - y) - p_1(1 + x) = \frac{1}{6}(a_6 - a_7), \quad p_1(1 + x) - p_2(1 - x + y) = \frac{1}{6}(a_7 - a_8)$$

$$p_2(1 - x + y) - p_0(1 - y) = \frac{1}{6}(a_8 - a_6) \tag{8.8.52}$$

解代数方程 (8.8.52) 得 x, $y = rx$, $p = 1 - 2(p_0 + p_1 + p_2)$, p_0、p_1、p_2 为

$$x = \frac{B_2 - A_0 - H_2 + H_0}{H_2 - H_0 + (2 - r)H_0}, \quad r = \frac{A_1 - A_2 + B_0 - B_1 + C_2 - C_0}{A_0 - A_2 + B_2 - B_1 + C_1 - C_0}$$

$$p_1 = \frac{1}{\alpha - \beta}(A_0 - \alpha H_0), \quad p_2 = \frac{1}{\alpha - \beta}(C_1 - \alpha H_1), \quad p_0 = \frac{1}{\alpha - \beta}(B_2 - \alpha H_2) \tag{8.8.53}$$

式中

$$\alpha = 1 + x, \quad \beta = 1 - x + y, \quad \gamma = 1 - y$$

$$\alpha - \beta = 2x - y, \quad \beta - \gamma = 2y - x, \quad \gamma - \alpha = -x - y$$

$$A_0 = \frac{1}{6}(a_0 - a_1), \quad A_1 = \frac{1}{6}(a_1 - a_2), \quad A_2 = \frac{1}{6}(a_2 - a_0)$$

$$B_0 = \frac{1}{6}(a_3 - a_4), \quad B_1 = \frac{1}{6}(a_4 - a_5), \quad B_2 = \frac{1}{6}(a_5 - a_3)$$

$$C_0 = \frac{1}{6}(a_6 - a_7), \quad C_1 = \frac{1}{6}(a_7 - a_8), \quad C_2 = \frac{1}{6}(a_8 - a_6)$$

$$H_0 = \frac{1}{3}(A_0 + B_0 + C_0), \quad H_1 = \frac{1}{3}(A_1 + B_1 + C_1), \quad H_2 = \frac{1}{3}(A_2 + B_2 + C_2) \quad (8.8.54)$$

3. 举例

作为一个例子, 现考虑如下 3×3 矩阵 ρ_a[93] 的分解计算:

$$\rho_a = \frac{1}{8a+1} \begin{pmatrix} a & a & a & 0 & 0 & 0 & 0 & 0 & 0 \\ a & a & a & 0 & 0 & 0 & 0 & 0 & 0 \\ a & a & \frac{1}{2}(1+a) & 0 & 0 & \frac{1}{2}\sqrt{1-a^2} & 0 & 0 & 0 \\ 0 & 0 & 0 & a & 0 & 0 & 0 & 0 & 0 \\ 0 & 0 & 0 & 0 & a & 0 & 0 & 0 & 0 \\ 0 & 0 & \frac{1}{2}\sqrt{1-a^2} & 0 & 0 & \frac{1}{2}(1+a) & 0 & 0 & 0 \\ 0 & 0 & 0 & 0 & 0 & 0 & a & 0 & 0 \\ 0 & 0 & 0 & 0 & 0 & 0 & 0 & a & 0 \\ 0 & 0 & 0 & 0 & 0 & 0 & 0 & 0 & a \end{pmatrix} \quad (8.8.55)$$

其中列标记为: 00　11　22　01　12　20　10　21　02

(8.8.55) 式给出

$$a_0 = a_1 = a_3 = a_4 = a_6 = a_7 = a_8 = \frac{9a}{8a+1}, \quad a_2 = a_5 = \frac{9(1+a)}{2(8a+1)}$$

$$A_0 = \frac{1}{6}(a_0 - a_1) = 0, \quad A_1 = \frac{1}{6}(a_1 - a_2) = \frac{3(a-1)}{4(8a+1)}, \quad A_2 = \frac{1}{6}(a_2 - a_0) = \frac{-3(a-1)}{4(8a+1)}$$

$$B_0 = \frac{1}{6}(a_3 - a_4) = 0, \quad B_1 = \frac{1}{6}(a_4 - a_5) = \frac{3(a-1)}{4(8a+1)}, \quad B_2 = \frac{1}{6}(a_5 - a_3) = \frac{-3(a-1)}{4(8a+1)}$$

$$C_0 = \frac{1}{6}(a_6 - a_7) = 0, \quad C_1 = \frac{1}{6}(a_7 - a_8) = 0, \quad C_2 = \frac{1}{6}(a_8 - a_6) = 0$$

$$H_0 = 0, \quad H_1 = \frac{a-1}{2(8a+1)}, \quad H_2 = \frac{-(a-1)}{2(8a+1)} \quad (8.8.56)$$

由 (8.8.56) 式、(8.8.53) 式算出

$$r = \frac{A_1 - A_2 + B_0 - B_1 + C_2 - C_0}{A_0 - A_2 + B_2 - B_1 + C_1 - C_0} = -1,$$

$$x = \frac{B_2 - A_0 - H_2 + H_0}{H_2 - H_0 - H_2 + (2 - r)H_0} = \frac{1}{2}, \quad y = \frac{-1}{2}$$

$$\alpha = 1 + x = \frac{3}{2}, \quad \beta = 1 - x + y = 0, \quad \gamma = 1 - y = \frac{3}{2}$$

$$p_1 = \frac{1}{\alpha - \beta}(A_0 - \alpha H_0) = 0, \quad p_2 = \frac{1}{\alpha - \beta}(C_1 - \alpha H_1) = \frac{-(a-1)}{8a+1}$$

$$p_0 = \frac{1}{\alpha - \beta}(B_2 - \alpha H_2) = 0, \quad p = 1 - 2p_2 = 1 + \frac{a-1}{8a+1} = \frac{9a}{8a+1} \tag{8.8.57}$$

现按 (8.8.46) 式, 解约化密度矩阵 R_2^r、L_2^l. 将约化矩阵的非对角矩阵元取为

$$\begin{array}{ccc} 20 & 21 & 22 \end{array} \qquad\qquad \begin{array}{ccc} 02 & 12 & 22 \end{array}$$

$$R_2^r = \frac{1}{3}\begin{pmatrix} 1+x & & R_{02}^2 \\ & 1-x+y & \\ R_{20}^2 & & 1-y \end{pmatrix}, \quad L_2^l = \frac{1}{3}\begin{pmatrix} 1+x & & \\ & 1-x+y & \\ & & 1-y \end{pmatrix} \tag{8.8.58}$$

此处 R_{02}^2 满足方程

$$p_2 \frac{R_{02}^2}{3} = \frac{1-a}{2(8a+1)}\frac{R_{02}^2}{3} = \frac{\sqrt{1-a^2}}{2(8a+1)}, \quad R_{02}^2 = R_{20}^2 = 3\sqrt{\frac{1+a}{1-a}} \tag{8.8.59}$$

$$p\rho_p = \rho_a - (p_2 R_2^r + p_2 L_2^l) = \frac{1}{8a+1}\begin{pmatrix} a & a & a & 0 & 0 & 0 & 0 & 0 & 0 \\ a & a & a & 0 & 0 & 0 & 0 & 0 & 0 \\ a & a & a & 0 & 0 & 0 & 0 & 0 & 0 \\ 0 & 0 & 0 & a & 0 & 0 & 0 & 0 & 0 \\ 0 & 0 & 0 & 0 & a & 0 & 0 & 0 & 0 \\ 0 & 0 & 0 & 0 & 0 & a & 0 & 0 & 0 \\ 0 & 0 & 0 & 0 & 0 & 0 & a & 0 & 0 \\ 0 & 0 & 0 & 0 & 0 & 0 & 0 & a & 0 \\ 0 & 0 & 0 & 0 & 0 & 0 & 0 & 0 & a \end{pmatrix} = p\Sigma_{11} \tag{8.8.60}$$

由 (8.8.60) 式以及 (8.8.57) 式给出的 $p = \dfrac{9a}{8a+1}$ 故有 $\rho_p = \Sigma_{11}$.

这个结果也可从另一途径得到. 令 $D_{2r} = D_{3r} = 0, D_{1i} = D_{2i} = D_{3i} = 0$; $E_{1r} = E_{2r} = E_{3r} = E_{1i} = E_{2i} = E_{3i} = 0$, 故 ρ_p 的展开式为

$$\rho_p = \frac{1}{3}(1 - g_{1r})S_1 + \frac{1}{3}(1 - g_{1r})S_2 + \frac{1}{3}(1 - g_{1r})S_3 + g_{1r}D_{1r} \tag{8.8.61}$$

将 (8.8.60) 式与 (8.8.61) 式相比较, 得出 $g_{1r} = 1$, $D_{1r} = \Sigma_{11}$, $\rho_p = \Sigma_{11}$. 参照 (B.11), $\Sigma_{11} = \frac{1}{3}(S_{10} + S_4 + S_7)$ 是一可分的缔合密度矩阵, 而 ρ_a 用 ρ_p 及约化密度矩阵展开, 并令 $p_{2r} = p_{2l} = p_2$, 则得

$$\rho_a = p\rho_p + p_2(R_2^r + L_2^l) = \frac{p}{3}(S_{10} + S_4 + S_7) + p_2(R_2^r + L_2^l) \tag{8.8.62}$$

展开系数 p、p_2 均大于零, 故 ρ_a 也是可分离的, 非纠缠的.

8.8.3　小结

关于复合系统密度矩阵的纠缠或分离确是一个复杂且有理论与实际应用的问题. 过去的工作, 较多是放在寻求 "纠缠或分离判定条件" 上. 当然判定条件是重要的, 做起来并不容易. 而且即使判明了, 也还有一个关于分离矩阵的实际计算问题. 这后一过程也同样是复杂的. 我们的做法是干脆将 "判定条件放在一边, 直接求复合系统的分解". 对于一般意义 2×2 和 3×3 复合系统的分解, 我们是解决了. 对于维数更高 $N \times N$, $N > 3$ 的复合系统的分解, 还有待解决. 即将复合系统的解表示成主密度矩阵和几个可分离的约化密度矩阵的和, 如果分离的密度矩阵前的系数, 也就是出现的概率是全正的, 则复合系统密度矩阵为可分离, 而且分离后的密度矩阵也求出来了. 如果这些概率不全正, 则复合系统所涉及的态为纠缠态. 采用这方法很容易就验证了几个已知 2×2 系统的不可分离判据与 PPT 判据相一致. 作为例子, 对于一个 3×3 系统的密度矩阵也作了计算, 并得出概率是全正的解.

8.9　由超短光脉冲产生多光子纠缠态

这一章我们研究了由光学参量下转换产生双光子以及多光子纠缠态. 但 "光子纠缠态的产生是否一定要通过光学参量下转换"? 下面从两方面来探讨.

1. 一般情形下双光子纠缠态的 $V_1(V_2)$ 判据

在 8.5.1 节我们就光学参量下转换情形证明双光子纠缠态的 $V_1(V_2)$ 判据. 现考虑一超短 Gaussian 光脉冲其振幅 $x_1(t) = \exp\left(-\mu(t - t_0)^2\right)$ 满足如下方程:

$$\frac{\mathrm{d}^2 x_1}{\mathrm{d}t^2} + 2\mu(t - t_0)\frac{\mathrm{d}x_1}{\mathrm{d}t} + 2\mu x_1 = 0 \tag{8.9.1}$$

易证除 $x_1(t) = \exp\left(-\mu(t - t_0)^2\right)$ 外, $y_2(t) = \exp\left(-\mu(t - t_0)^2\right)\int_{t_0}^{t}\exp\left(\mu(t' - t_0)^2\right)$

$\mu^{1/2}\mathrm{d}t'$ 也是 (8.9.1) 式的解. 仿照 (8.5.13), 将正交振幅及相位算符 X_1、Y_2 表示为

$$X_1 = X_{10}x_1(t) + Y_{20}y_2(t), \quad Y_2 = Y_{20}x_1(t) + X_{10}y_2(t) \tag{8.9.2}$$

式中, X_{10}、Y_{20} 为真空输入场, 满足 (8.5.11) 式. 于是有

$$\langle X_1^2 \rangle = \langle Y_2^2 \rangle = x_1^2(t) + y_2^2(t), \quad \langle X_1 Y_2 \rangle = 2x_1(t)y_2(t) \tag{8.9.3}$$

代入 (8.5.1) 式得

$$
\begin{aligned}
V_1 &= \langle X_1^2 \rangle - \frac{\langle X_1 Y_2 \rangle^2}{\langle Y_2^2 \rangle} \\
&= \frac{\left(1 - \int_{t_0}^t \exp\left(\mu(t'-t_0)^2\right)\mu^{1/2}\mathrm{d}t'\right)^2}{1 + \left(\int_{t_0}^t \exp\left(\mu(t'-t_0)^2\right)\mu^{1/2}\mathrm{d}t'\right)^2} \exp\left(-2\mu(t-t_0)^2\right) < 1
\end{aligned} \tag{8.9.4}
$$

$V_1 < 1$ 表明来自超短 Gaussian 光脉冲内的两个光子也像参量下转换产生的两个光子一样是纠缠的, 除非 $\mu^{1/2}(t-t_0) \approx 0$, $V_1 \approx 1$

2. 光子符合计数测量

研究光子态是否纠缠的主要手段是对光子进行符合计数测量, 这在前面 5.7.5 节有关 Bell 不等式的验证及参量下转换所产生的双光子纠缠态的实验研究也已见到了. 现对这一过程作进一步讨论. 如图 8.27 所示, 由超短光脉冲来的两个光子, 模式分别处于 mod_1、mod_2, 并由 A, B 通道经四分之波片 HWP, 偏振分束器 PBS 然后进入 D_H, D_V 被符合计数. 鉴于 Bell 态 $|\phi\rangle^\pm = (1/\sqrt{2})(|H_1\rangle|H_2\rangle \pm |V_1\rangle|V_2\rangle)$, $|\psi\rangle^\pm = (1/\sqrt{2})(|H_1\rangle|V_2\rangle \pm |V_1\rangle|H_2\rangle)$. 若观测到探测器 D_{H1} 与 D_{H2} 或探测器 D_{V1} 与 D_{V2} 的符合计数, 便能判明双光子是处于 $|\phi\rangle^\pm$ 态. 若观测到探测器 D_{H1} 与 D_{V2} 或探测器 D_{V1} 与 D_{H2} 的符合计数, 便判明双光子是处于 $|\psi\rangle^\pm$ 态. 就以观测到探测器 D_{H1} 与 D_{H2} 符合计数为例, 设由超短 Gaussian 光脉冲的峰值处至 D_{H1}、D_{H2} 的距离分别为 l_{10}、l_{20}, 因而初位相为 $\delta_{10} = k_1 l_{10} = \Omega_1 t_{10}$, $\delta_{20} = k_2 l_{20} == \Omega_2 t_{20}$. k_1、k_2 为处于 mod_1、mod_2 的光子的波数. Ω_1、Ω_2 为模式的本征频率. 还要考虑光子 1、2 到达探测器 D_{H1}、D_{H2} 的时间延迟 t_1、t_2, 故真正到达探测器 D_{H1}、D_{H2} 的位相应为 $\delta_1 = \delta_{10} + \Omega_1 t_1$, $\delta_2 = \delta_{20} + \Omega_2 t_2$. 考虑到时间延迟 t_1、t_2 在 Gaussian 波包内分布, 故符合态 $|H_1\rangle|H_2\rangle$ 应修正为

$$
\begin{aligned}
\sum_{t_1 t_2} |H_1\rangle|H_2\rangle =& \mathrm{e}^{\mathrm{i}\delta_{10}+\mathrm{i}\delta_{20}} \frac{\sqrt{\mu_1\mu_2}}{2\pi} \int_{-\infty}^{\infty}\int_{|t_1-t_2|<\varepsilon} \\
&\times \mathrm{e}^{(-\mu t_1^2 - \mu t_2^2)} \mathrm{e}^{(\mathrm{i}\Omega_1 t_1 + \mathrm{i}\Omega_2 t_2)} \mathrm{d}t_1 \mathrm{d}t_2 |H_1\rangle|H_2\rangle
\end{aligned} \tag{8.9.5}
$$

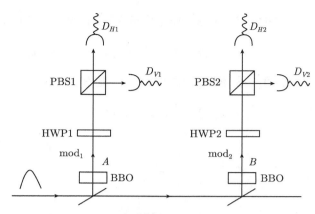

图 8.27　由超短光脉冲来的两个光子的符合计数实验

为简便起见, 先略去初位相 δ_{10}、δ_{20}. 它的影响稍后考虑. 并将 (8.9.5) 式写为 $\tilde{A}_2|H_1\rangle|H_2\rangle$. 符合计数 $\tilde{A}_2$ 由下式定义:

$$
\begin{aligned}
\tilde{A}_2 =& \frac{\sqrt{\mu_1\mu_2}}{2\pi} \int_{-\infty}^{\infty} \int_{|t_1-t_2|<\varepsilon} \mathrm{e}^{(-\mu t_1^2 - \mu t_2^2)} \mathrm{e}^{(\mathrm{i}\Omega_1 t_1 + \mathrm{i}\Omega_2 t_2)} \mathrm{d}t_1 \mathrm{d}t_2 \\
=& \int_{-\infty}^{\infty} \int_{|t_1-t_2|<\varepsilon} \int_{-\infty}^{\infty} \int_{-\infty}^{\infty} f_1(\nu_1) f_2(\nu_2) \mathrm{e}^{(-\mathrm{i}(\Omega_1+\nu_1)t_1 - \mathrm{i}(\Omega_2+\nu_2)t_2)} \\
& \mathrm{e}^{(\mathrm{i}\Omega_1 t_1 + \mathrm{i}\Omega_2 t_2)} \mathrm{d}t_1 \mathrm{d}t_2 \mathrm{d}\nu_1 \mathrm{d}\nu_2 \\
=& 2\pi \times \int_{|t_1-t_2|<\varepsilon} \int_{-\infty}^{\infty} \int_{-\infty}^{\infty} f_1(\nu_1) f_2(\nu_2) \delta(\nu_1+\nu_2) \mathrm{e}^{-\mathrm{i}\nu_1(t_1-t_2)} \mathrm{d}(t_1-t_2) \mathrm{d}\nu_1 \mathrm{d}\nu_2 \\
=& 2\pi \times \int_{|t_1-t_2|<\varepsilon} \int_{-\infty}^{\infty} f_1(\nu_1) f_2(-\nu_1) \mathrm{e}^{-\mathrm{i}\nu_1(t_1-t_2)} \mathrm{d}(t_1-t_2) \mathrm{d}\nu_1 \\
=& \frac{1}{2\pi} \int_{|t_1-t_2|<\varepsilon} \int_{-\infty}^{\infty} \mathrm{e}^{-\frac{1}{4}(\frac{1}{\mu_1}+\frac{1}{\mu_2})\nu_1^2} \mathrm{e}^{-\mathrm{i}\nu_1(t_1-t_2)} \mathrm{d}(t_1-t_2) \mathrm{d}\nu_1 \\
=& \sqrt{\frac{\mu_1\mu_2}{\pi(\mu_1+\mu_2)}} \int_{|t_1-t_2|<\varepsilon} \mathrm{e}^{-\frac{\mu_1\mu_2}{\mu_1+\mu_2}(t_1-t_2)^2} \mathrm{d}(t_1-t_2) \mathrm{d}\nu_1
\end{aligned}
\tag{8.9.6}
$$

符合计数 $\tilde{A}_2$ 的大小依赖积分限即符合门的宽度 $(\varepsilon, -\varepsilon)$, 还依赖于 Gaussian 脉冲的宽度 $\sqrt{\dfrac{\mu_1+\mu_2}{\mu_1\mu_2}}$. 当双光子到达探测器的时间间隔 t_1-t_2 大于上述宽度则不会对符合计数作出贡献. 符合计数率 $R = \tilde{A}_2^{\,2}$, 故符合计数 $\tilde{A}_2$ 的大小也是从实验上来判明双光子 (或多子) 是否纠缠的一个重要方面. 文献 [97]、[98] 已给出参量下转换量子理论的二阶、三阶相关函数计算. 其中二阶相关函数为

$$
G^2 = \sum_{\boldsymbol{k}_3} \left| \langle 0 | a_{\boldsymbol{k}_3} E_2^+ E_1^+ | \Psi \rangle \right|^2 = C_0 G_t^2(\tau_1-\tau_2) \times G_l^2(\boldsymbol{\rho}_1-\boldsymbol{\rho}_2)
$$

$$G_t^2(\tau_1 - \tau_2) = \int d\nu_3 |\int d\nu_1 f_1(\nu_1) f_2(\nu_1 + \nu_2) \Phi(\nu_1, \nu_3) e^{-i\nu_1(\tau_1 - \tau_2)}|^2 \qquad (8.9.7)$$

式中, $\Phi(\nu_1, \nu_3) = \dfrac{1 - e^{ix}}{ix}$, $x = L\Delta$, $\Delta = (\boldsymbol{k}_p - \boldsymbol{k}_1 - \boldsymbol{k}_2 - \boldsymbol{k}_3) \cdot \boldsymbol{z}$. 当位相匹配时 $\Delta \approx 0$, $\Phi(\nu_1, \nu_3) \approx 1$, 此时二阶时间相关函数可简化为

$$G_t^2(\tau_1 - \tau_2) = \int d\nu_3 |\int d\nu_1 f_1(\nu_1) f_2(\nu_1 + \nu_2) e^{-i\nu_1(\tau_1 - \tau_2)}|^2 \qquad (8.9.8)$$

由此可导出符合计数率[99]

$$R_2 = |\tilde{A}_2|^2 = (2\pi)^3 \times \int d\nu_3 |\int_{|\tau_1 - \tau_2 \leqslant \varepsilon} \int_{-\infty}^{\infty} f_1(\nu_1) f_2(\nu_1 + \nu_2) e^{-i\nu_1(\tau_1 - \tau_2)} d\nu_1 d(\tau_1 - \tau_2)|^2 \qquad (8.9.9)$$

这与 (8.9.6) 式即超短光脉冲源得到的结果是一致的. 故从上述两个方面来看, 不需光学参量下转换, 即撤去图 8.27 中的非线性晶体 BBO, 仅利用来自同一超短光脉冲的不同模式的两个光子也能获得双光子的纠缠态[99].

附录 8A 关于方程 (8.4.4) 的证明

方程 (8.4.4) 可写为

$$\frac{\partial f}{\partial \tau} + \left(\frac{\partial \ln h_1}{\partial \tau} + \frac{\partial \ln h_2}{\partial \tau} \right) f$$
$$= \left(2 + \alpha \frac{\partial}{\partial \alpha} + \alpha^* \frac{\partial}{\partial \alpha^*} - \alpha^* \frac{\partial}{\partial \alpha} G - \alpha \frac{\partial}{\partial \alpha^*} G + \frac{1}{2} \frac{\partial^2}{\partial \alpha^2} G + \frac{1}{2} \frac{\partial^2}{\partial \alpha^{*2}} G \right) f \qquad (8A.1)$$

由方程 (8.4.5) 得

$$dg_1 = \frac{\partial g_1}{\partial \beta} d\beta + \frac{\partial g_1}{\partial \tau} d\tau = h_1 d\beta + (1 - \mu) h_1 (\beta - h_1 g_1) d\tau$$

$$\frac{\partial g_1}{\partial \tau} = (1 - \mu) h_1 (\beta - h_1 g_1) = (1 - \mu)(\beta - h_1 g_1) \frac{\partial g_1}{\partial \beta} \qquad (8A.2)$$

$$\frac{\partial g_2}{\partial \tau} = (1 + \mu)(\tilde{\beta} - h_2 g_2) \frac{\partial g_2}{\partial \tilde{\beta}} \qquad (8A.3)$$

故有

$$\frac{\partial f}{\partial \tau} = \left(\frac{\partial g_1}{\partial \tau} \frac{\partial}{\partial g_1} + \frac{\partial g_2}{\partial \tau} \frac{\partial}{\partial g_2} \right) f$$
$$= \left[(1 - \mu)(\beta - h_1 g_1) \frac{\partial g_1}{\partial \beta} \frac{\partial}{\partial g_1} + (1 + \mu)(\tilde{\beta} - h_2 g_2) \frac{\partial g_2}{\partial \tilde{\beta}} \frac{\partial}{\partial g_2} \right] f$$

$$= \left[(1-\mu)(\beta - h_1 g_1)\frac{\partial}{\partial \beta} + (1+\mu)(\tilde{\beta} - h_2 g_2)\frac{\partial}{\partial \tilde{\beta}} \right] f \tag{8A.4}$$

而且

$$\frac{\partial g}{\partial \alpha} = \frac{\partial g^*}{\partial \alpha^*} = \frac{1}{2}(h_1 + h_2), \quad \frac{\partial g^*}{\partial \alpha} = \frac{\partial g}{\partial \alpha^*} = \frac{1}{2}(h_1 - h_2) \tag{8A.5}$$

故有

$$\frac{1}{2}\frac{\partial^2 (Gf)}{\partial \alpha^2} = \frac{\partial f}{\partial \alpha}\left\{ \alpha^* G - \left[g\frac{h_1+h_2}{2} + g^*\frac{h_1-h_2}{2} - \mu\left(g\frac{h_1-h_2}{2} + g^*\frac{h_1+h_2}{2} - \alpha^* \right) \right] \right\}$$

$$\frac{1}{2}\frac{\partial^2 (Gf)}{\partial \alpha^{*2}} = \frac{\partial f}{\partial \alpha^*}\left\{ \alpha G - \left[g^*\frac{h_1+h_2}{2} + g\frac{h_1-h_2}{2} - \mu\left(g^*\frac{h_1-h_2}{2} + g\frac{h_1+h_2}{2} - \alpha \right) \right] \right\} \tag{8A.6}$$

直接计算表明

$$\left(g\frac{h_1+h_2}{2} + g^*\frac{h_1-h_2}{2} \right)\frac{\partial}{\partial \alpha} + \left(g\frac{h_1-h_2}{2} + g^*\frac{h_1+h_2}{2} \right)\frac{\partial}{\partial \alpha^*} = g_1 h_1\frac{\partial}{\partial \beta} + g_2 h_2\frac{\partial}{\partial \tilde{\beta}}$$

$$\left(g^*\frac{h_1+h_2}{2} + g\frac{h_1-h_2}{2} \right)\frac{\partial}{\partial \alpha} + \left(g^*\frac{h_1-h_2}{2} + g\frac{h_1+h_2}{2} \right)\frac{\partial}{\partial \alpha^*} = g_1 h_1\frac{\partial}{\partial \beta} - g_2 h_2\frac{\partial}{\partial \tilde{\beta}} \tag{8A.7}$$

由 (8A.6) 式、(8A.7) 式导出

$$\left(-\alpha^*\frac{\partial}{\partial \alpha}G - \alpha\frac{\partial}{\partial \alpha^*}G + \frac{1}{2}\frac{\partial^2}{\partial \alpha^2}G + \frac{1}{2}\frac{\partial^2}{\partial \alpha^{*2}}G \right) f$$

$$= \left[-(1-\mu)h_1^2 - (1+\mu)h_2^2 - \mu\left(\alpha^*\frac{\partial}{\partial \alpha} + \alpha\frac{\partial}{\partial \alpha^*} \right) - (1-\mu)h_1 g_1\frac{\partial}{\partial \beta} - (1+\mu)h_2 g_2\frac{\partial}{\partial \tilde{\beta}} \right] f \tag{8A.8}$$

将 (8A.4) 式、(8A.8) 式代入 (8A.1) 式并应用关系

$$\beta\frac{\partial}{\partial \beta} + \tilde{\beta}\frac{\partial}{\partial \tilde{\beta}} = \alpha\frac{\partial}{\partial \alpha} + \alpha^*\frac{\partial}{\partial \alpha^*}$$

$$\beta\frac{\partial}{\partial \beta} - \tilde{\beta}\frac{\partial}{\partial \tilde{\beta}} = \alpha^*\frac{\partial}{\partial \alpha} + \alpha\frac{\partial}{\partial \alpha^*} \tag{8A.9}$$

便得出 h_1、h_2 所满足的方程

$$\frac{\mathrm{d}\ln h_1 h_2}{\mathrm{d}\tau} \approx 2 - (h_1^2 + h_2^2 - \mu h_1^2 + \mu h_2^2) = 2 - (1-\mu)h_1^2 - (1+\mu)h_2^2 \tag{8A.10}$$

将 (8.4.5) 式代入 (8A.10) 式是自恰的.

附录 8B　3×3 密度矩阵函数,
可分离的密度矩阵及可分离的密度矩阵方块

现定义 3×3 密度矩阵函数

$$|\varphi_1\rangle\langle\varphi_1| = \frac{|00\rangle + |11\rangle + |22\rangle}{\sqrt{3}} \frac{\langle00| + \langle11| + \langle22|}{\sqrt{3}} = \frac{1}{3}(X_0 + X_1 + X_2)$$

此处

$$X_0 = \rho'_{00}\rho''_{00} + \rho'_{11}\rho''_{11} + \rho'_{22}\rho''_{22}, \quad X_1 = \rho'_{01}\rho''_{01} + \rho'_{12}\rho''_{12} + \rho'_{20}\rho''_{20}$$

$$X_2 = \rho'_{10}\rho''_{10} + \rho'_{21}\rho''_{21} + \rho'_{02}\rho''_{02}$$

$$|\varphi_2\rangle\langle\varphi_2| = \frac{|00\rangle + \omega|11\rangle + \omega^2|22\rangle}{\sqrt{3}} \frac{\langle00| + \langle11|\omega + \langle22|}{\sqrt{3}}$$

$$= \frac{1}{3}(X_0 + \omega^2 X_1 + \omega X_2), \omega = \frac{-1}{2} + i\frac{\sqrt{3}}{2} = e^{i\varphi}, \quad \varphi = \frac{2\pi}{3}$$

$$|\varphi_3\rangle\langle\varphi_3| = \frac{|00\rangle + \omega^2|11\rangle + \omega|22\rangle}{\sqrt{3}} \frac{\langle00| + \omega\langle11| + \omega^2\langle22|}{\sqrt{3}}$$

$$= \frac{1}{3}(X_0 + \omega X_1 + \omega^2 X_2)$$

$$|\psi_1\rangle\langle\psi_1| = \frac{|01\rangle + |12\rangle + |20\rangle}{\sqrt{3}} \frac{\langle01| + \langle12| + \langle20|}{\sqrt{3}} = \frac{1}{3}(Y_0 + Y_1 + Y_2)$$

此处

$$Y_0 = \rho'_{00}\rho''_{11} + \rho'_{11}\rho''_{22} + \rho'_{22}\rho''_{00}, \quad Y_1 = \rho'_{01}\rho''_{12} + \rho'_{12}\rho''_{20} + \rho'_{20}\rho''_{01}$$

$$Y_2 = \rho'_{10}\rho''_{21} + \rho'_{21}\rho''_{02} + \rho'_{02}\rho''_{10}$$

$$|\psi_2\rangle\langle\psi_2| = \frac{|01\rangle + \omega|12\rangle + \omega^2|20\rangle}{\sqrt{3}} \frac{\langle01| + \omega^2\langle12| + \omega\langle20|}{\sqrt{3}}$$

$$= \frac{1}{3}(Y_0 + \omega^2 Y_1 + \omega Y_2)$$

$$|\psi_3\rangle\langle\psi_3| = \frac{|01\rangle + \omega^2|12\rangle + \omega|20\rangle}{\sqrt{3}} \frac{\langle01| + \omega\langle12| + \omega^2\langle20|}{\sqrt{3}}$$

$$= \frac{1}{3}(Y_0 + \omega Y_1 + \omega^2 Y_2)$$

$$\lvert \phi_1 \rangle \langle \phi_1 \rvert = \frac{\lvert 10 \rangle + \lvert 21 \rangle + \lvert 02 \rangle}{\sqrt{3}} \frac{\langle 10 \rvert + \langle 21 \rvert + \langle 02 \rvert}{\sqrt{3}}$$

$$= \frac{1}{3}(Z_0 + Z_1 + Z_2)$$

此处

$$Z_0 = \rho'_{11}\rho''_{00} + \rho'_{22}\rho''_{11} + \rho'_{00}\rho''_{22}, \quad Z_1 = \rho'_{12}\rho''_{01} + \rho'_{20}\rho''_{12} + \rho'_{01}\rho''_{20}$$

$$Z_2 = \rho'_{21}\rho''_{10} + \rho'_{02}\rho''_{21} + \rho'_{10}\rho''_{02}$$

$$\lvert \phi_2 \rangle \langle \phi_2 \rvert = \frac{\lvert 10 \rangle + \omega \lvert 21 \rangle + \omega^2 \lvert 02 \rangle}{\sqrt{3}} \frac{\langle 10 \rvert + \omega^2 \langle 21 \rvert + \omega \langle 02 \rvert}{\sqrt{3}}$$

$$= \frac{1}{3}(Z_0 + \omega^2 Z_1 + \omega Z_2)$$

$$\lvert \phi_3 \rangle \langle \phi_3 \rvert = \frac{\lvert 10 \rangle + \omega^2 \lvert 21 \rangle + \omega \lvert 02 \rangle}{\sqrt{3}} \frac{\langle 10 \rvert + \omega \langle 21 \rvert + \omega^2 \langle 02 \rvert}{\sqrt{3}}$$

$$= \frac{1}{3}(Z_0 + \omega Z_1 + \omega^2 Z_2) \tag{8B.1}$$

以上述矩阵函数为基础, 可构造出如下可分离的密度矩阵:

$$S_1 = \frac{1}{3}(\lvert \varphi_1 \rangle \langle \varphi_1 \rvert + \lvert \varphi_2 \rangle \langle \varphi_2 \rvert + \lvert \varphi_3 \rangle \langle \varphi_3 \rvert) = \frac{1}{3}X_0$$

$$S_2 = \frac{1}{3}(\lvert \psi_1 \rangle \langle \psi_1 \rvert + \lvert \psi_2 \rangle \langle \psi_2 \rvert + \lvert \psi_3 \rangle \langle \psi_3 \rvert) = \frac{1}{3}Y_0$$

$$S_3 = \frac{1}{3}(\lvert \phi_1 \rangle \langle \phi_1 \rvert + \lvert \phi_2 \rangle \langle \phi_2 \rvert + \lvert \phi_3 \rangle \langle \phi_3 \rvert) = \frac{1}{3}Z_0$$

$$S_4 = \frac{1}{3}(\lvert \varphi_1 \rangle \langle \varphi_1 \rvert + \lvert \psi_2 \rangle \langle \psi_2 \rvert + \lvert \phi_3 \rangle \langle \phi_3 \rvert) = \frac{1}{9}(x'x'' + y'y'' + z'z'')$$

$$= \frac{1}{27}((x' + y' + z')(x'' + y'' + z'') + (x' + \omega y' + \omega^2 z')(x'' + \omega^2 y'' + \omega z''))$$

$$+ (x' + \omega^2 y' + \omega z')((x'' + \omega y'' + \omega^2 z''))$$

$$= \frac{1}{3}\left(\frac{\lvert 0 \rangle + \lvert 1 \rangle + \omega^2 \lvert 2 \rangle}{\sqrt{3}} \frac{\langle 0 \rvert + \langle 1 \rvert + \omega \langle 2 \rvert}{\sqrt{3}} \right)'$$

$$\times \left(\frac{\lvert 0 \rangle + \lvert 1 \rangle + \omega \lvert 2 \rangle}{\sqrt{3}} \frac{\langle 0 \rvert + \langle 1 \rvert + \omega^2 \langle 2 \rvert}{\sqrt{3}} \right)''$$

$$+ \frac{1}{3}\left(\frac{\lvert 0 \rangle + \omega^2 \lvert 1 \rangle + \lvert 2 \rangle}{\sqrt{3}} \frac{\langle 0 \rvert + \omega \langle 1 \rvert + \langle 2 \rvert}{\sqrt{3}} \right)'$$

$$\times \left(\frac{\lvert 0 \rangle + \omega \lvert 1 \rangle + \lvert 2 \rangle}{\sqrt{3}} \frac{\langle 0 \rvert + \omega^2 \langle 1 \rvert + \langle 2 \rvert}{\sqrt{3}} \right)''$$

$$+\frac{1}{3}\left(\frac{\omega^2|0\rangle + |1\rangle + |2\rangle}{\sqrt{3}} \frac{\omega\langle 0| + \langle 1| + \langle 2|}{\sqrt{3}}\right)'$$

$$\times \left(\frac{\omega|0\rangle + |1\rangle + |2\rangle}{\sqrt{3}} \frac{\omega^2\langle 0| + \langle 1| + \langle 2|}{\sqrt{3}}\right)''$$

$$=\frac{1}{3}((|a\rangle\langle a|)'(|a^*\rangle\langle a^*|)'' + (|b\rangle\langle b|)'(|b*\rangle\langle b*|)''$$

$$+(|c\rangle\langle c|)'(|c*\rangle\langle c*|)'') \tag{8B.2}$$

式中

$$x' = \rho'_{00} + \rho'_{11} + \rho'_{22}, \quad x'' = \rho''_{00} + \rho''_{11} + \rho''_{22}$$

$$y' = \rho'_{01} + \omega\rho'_{12} + \omega^2\rho'_{20}, \quad y'' = \rho''_{01} + \omega^2\rho''_{12} + \omega\rho''_{20}$$

$$z' = \rho'_{10} + \omega^2\rho'_{21} + \omega\rho'_{02}, \quad z'' = \rho''_{10} + \omega\rho''_{21} + \omega^2\rho''_{02}$$

而且

$$\frac{1}{3}(x + y + z) = |a\rangle\langle a|, \quad |a\rangle = \frac{|0\rangle + |1\rangle + \omega^2|2\rangle}{\sqrt{3}}$$

$$\frac{1}{3}(x + \omega y + \omega^2 z) = |b\rangle\langle b|, \quad |b\rangle = \frac{|0\rangle + \omega^2|1\rangle + |2\rangle}{\sqrt{3}}$$

$$\frac{1}{3}(x + \omega^2 y + \omega z) = |c\rangle\langle c|, \quad |c\rangle = \frac{\omega^2|0\rangle + |1\rangle + |2\rangle}{\sqrt{3}} \tag{8B.3}$$

同样有

$$S_5 = \frac{1}{3}(|\varphi_2\rangle\langle\varphi_2| + |\psi_3\rangle\langle\psi_3| + |\phi_1\rangle\langle\phi_1|) = \frac{1}{9}(x'x'' + y'y'' + z'z'')$$

$$= \frac{1}{27}((x' + y' + z')(x'' + \omega^2 y'' + \omega z'') + (x' + \omega y' + \omega^2 z')(x'' + \omega y'' + \omega^2 z'')$$

$$+ (x' + \omega^2 y' + \omega z')(x'' + y'' + z''))$$

$$= \frac{1}{3}((|a\rangle\langle a|)'(|b^*\rangle\langle b^*|)'' + (|b\rangle\langle b|)'(|c^*\rangle\langle c^*|)''$$

$$+ (|c\rangle\langle c|)'(|c^*\rangle\langle c^*|)'')$$

$$S_6 = \frac{1}{3}(|\varphi_3\rangle\langle\varphi_3| + |\psi_1\rangle\langle\psi_1| + |\phi_2\rangle\langle\phi_2|) = \frac{1}{9}(x'x'' + y'y'' + z'z'')$$

$$= \frac{1}{27}((x' + y' + z')(x'' + \omega y'' + \omega^2 z'') + (x' + \omega^2 y' + \omega z')(x'' + \omega y'' + \omega^2 z'')$$

$$+ (x' + \omega^2 y' + \omega z')(x'' + y'' + z''))$$

$$= \frac{1}{3}((|a\rangle\langle a|)'(|c^*\rangle\langle c^*|)'' + (|b\rangle\langle b|)'(|a^*\rangle\langle a^*|)''$$
$$+ (|c\rangle\langle c|)'(|b^*\rangle\langle b^*|)'') \tag{8B.4}$$

$$S_7 = \frac{1}{3}(|\varphi_1\rangle\langle\varphi_1| + |\psi_3\rangle\langle\psi_3| + |\phi_2\rangle\langle\phi_2|) = S_4^*$$

$$S_8 = \frac{1}{3}(|\varphi_3\rangle\langle\varphi_3| + |\psi_2\rangle\langle\psi_2| + |\phi_1\rangle\langle\phi_1|) == S_5^*$$

$$S_9 = \frac{1}{3}(|\varphi_2\rangle\langle\varphi_2| + |\psi_1\rangle\langle\psi_1| + |\phi_3\rangle\langle\phi_3|) == S_6^* \tag{8B.5}$$

又设

$$\bar{x}' = \rho_{00}' + \rho_{11}' + \rho_{22}', \quad \bar{x}'' = \rho_{00}'' + \rho_{11}'' + \rho_{22}''$$

$$\bar{y}' = \rho_{01}' + \rho_{12}' + \rho_{20}', \quad \bar{y}'' = \rho_{01}'' + \rho_{12}'' + \rho_{20}''$$

$$\bar{z}' = \rho_{10}' + \rho_{21}' + \rho_{02}', \quad \bar{z}'' = \rho_{10}'' + \rho_{21}'' + \rho_{02}''$$

$$|\bar{a}\rangle = \frac{|0\rangle + |1\rangle + |2\rangle}{\sqrt{3}}, \quad |\bar{b}\rangle = \frac{|0\rangle + \omega^2|1\rangle + \omega|1\rangle + \omega|2\rangle}{\sqrt{3}}$$

$$|\bar{c}\rangle = \frac{|0\rangle + \omega|1\rangle + \omega^2|2\rangle}{\sqrt{3}} \tag{8B.6}$$

$$S_{10} = \frac{1}{3}(|\varphi_1\rangle\langle\varphi_1| + |\psi_1\rangle\langle\psi_1| + |\phi_1\rangle\langle\phi_1|) = \frac{1}{9}(\bar{x}'\bar{x}'' + \bar{y}'\bar{y}'' + \bar{z}'\bar{z}'')$$

$$= \frac{1}{27}((\bar{x}' + \bar{y}' + \bar{z}')(\bar{x}'' + \bar{y}'' + \bar{z}'') + (\bar{x}' + \omega\bar{y}' + \omega^2\bar{z}')(\bar{x}'' + \omega^2\bar{y}'' + \omega\bar{z}'')$$

$$+ (\bar{x}' + \omega^2\bar{y}' + \omega\bar{z}')(\bar{x}'' + \omega\bar{y}'' + \omega^2\bar{z}''))$$

$$= \frac{1}{3}((|\bar{a}\rangle\langle\bar{a}|)'(|\bar{a}^*\rangle\langle\bar{a}^*|)'' + (|\bar{b}\rangle\langle\bar{b}|)'(|\bar{b}^*\rangle\langle\bar{b}^*|)''$$

$$+ (|\bar{c}\rangle\langle\bar{c}|)'(|\bar{c}^*\rangle\langle\bar{c}^*|)'') \tag{8B.7}$$

$S_1 \sim S_{10}$ 矩阵形式为

$$
\begin{array}{ccc}
00 \ 11 \ 22 & 01 \ 12 \ 20 & 10 \ 21 \ 02
\end{array}
$$

$$S_1 = \frac{1}{3}\begin{pmatrix} 1 & & \\ & 1 & \\ & & 1 \end{pmatrix}, \quad S_2 = S_1 = \frac{1}{3}\begin{pmatrix} 1 & & \\ & 1 & \\ & & 1 \end{pmatrix}, \quad S_3 = \frac{1}{3}\begin{pmatrix} 1 & & \\ & 1 & \\ & & 1 \end{pmatrix}$$

$$\tag{8B.8}$$

$$S_4 = \frac{1}{9} \begin{pmatrix} 1 & 1 & 1 & & & & & & \\ 1 & 1 & 1 & & & & & & \\ 1 & 1 & 1 & & & & & & \\ & & & 1 & \omega^2 & \omega & & & \\ & & & \omega & 1 & \omega^2 & & & \\ & & & \omega^2 & \omega & 1 & & & \\ & & & & & & 1 & \omega & \omega^2 \\ & & & & & & \omega^2 & 1 & \omega \\ & & & & & & \omega & \omega^2 & 1 \end{pmatrix}$$

$$S_5 = \frac{1}{9} \begin{pmatrix} 1 & \omega^2 & \omega & & & & & & \\ \omega & 1 & \omega^2 & & & & & & \\ \omega^2 & \omega & 1 & & & & & & \\ & & & 1 & \omega & \omega^2 & & & \\ & & & \omega^2 & 1 & \omega & & & \\ & & & \omega & \omega^2 & 1 & & & \\ & & & & & & 1 & 1 & 1 \\ & & & & & & 1 & 1 & 1 \\ & & & & & & 1 & 1 & 1 \end{pmatrix}$$

$$S_6 = \frac{1}{9} \begin{pmatrix} 1 & \omega & \omega^2 & & & & & & \\ \omega^2 & 1 & \omega & & & & & & \\ \omega & \omega^2 & 1 & & & & & & \\ & & & 1 & 1 & 1 & & & \\ & & & 1 & 1 & 1 & & & \\ & & & 1 & 1 & 1 & & & \\ & & & & & & 1 & \omega^2 & \omega \\ & & & & & & \omega & 1 & \omega^2 \\ & & & & & & \omega^2 & \omega & 1 \end{pmatrix} \tag{8B.9}$$

$$S_{10} = \frac{1}{9} \begin{pmatrix} 1 & 1 & 1 & & & & & & \\ 1 & 1 & 1 & & & & & & \\ 1 & 1 & 1 & & & & & & \\ & & & 1 & 1 & 1 & & & \\ & & & 1 & 1 & 1 & & & \\ & & & 1 & 1 & 1 & & & \\ & & & & & & 1 & 1 & 1 \\ & & & & & & 1 & 1 & 1 \\ & & & & & & 1 & 1 & 1 \end{pmatrix} \tag{8B.10}$$

在 $S_1 \sim S_{10}$ 的基础上, 我们可构造出如下可分离矩阵 (下面称之为缔合分离矩阵)$\Sigma_{11} = \frac{1}{3}(S_{10} + S_4 + S_7)$, $\Sigma_{22} = \frac{1}{3}(S_{10} + S_6 + S_9)$, $\Sigma_{33} = \frac{1}{3}(S_{10} + S_5 + S_8)$, 矩阵形式为

$$
\Sigma_{11} = \frac{1}{9}
\begin{pmatrix}
1 & 1 & 1 & & & & & & \\
1 & 1 & 1 & & & & & & \\
1 & 1 & 1 & & & & & & \\
& & & 1 & & & & & \\
& & & & 1 & & & & \\
& & & & & 1 & & & \\
& & & & & & 1 & & \\
& & & & & & & 1 & \\
& & & & & & & & 1
\end{pmatrix}, \quad
\Sigma_{22} = \frac{1}{9}
\begin{pmatrix}
1 & & & & & & & & \\
& 1 & & & & & & & \\
& & 1 & & & & & & \\
& & & 1 & 1 & 1 & & & \\
& & & 1 & 1 & 1 & & & \\
& & & 1 & 1 & 1 & & & \\
& & & & & & 1 & & \\
& & & & & & & 1 & \\
& & & & & & & & 1
\end{pmatrix}
$$

$$
\Sigma'_{11} = \frac{1}{9}
\begin{pmatrix}
1 & e^{-i(\theta'_0 - \theta'_1 + \varphi)} & e^{-i(\theta'_0 - \theta'_2 + 2\varphi)} & & & & & & \\
e^{i(\theta'_0 - \theta'_1 + \varphi)} & 1 & e^{-i(\theta'_1 - \theta'_2 + \varphi)} & & & & & & \\
e^{i(\theta'_0 - \theta'_2 + 2\varphi)} & e^{i(\theta'_1 - \theta'_2 + \varphi)} & 1 & & & & & & \\
& & & 1 & & & & & \\
& & & & 1 & & & & \\
& & & & & 1 & & & \\
& & & & & & 1 & & \\
& & & & & & & 1 & \\
& & & & & & & & 1
\end{pmatrix}
$$

$$(8B.11)$$

$$
PE_{1r} = \frac{1}{9}
\begin{pmatrix}
1 & \lambda_{1r} & \mu_{1r} & & & & & & \\
\lambda_{1r} & 1 & \nu_{1r} & & & & & & \\
\mu_{1r} & \nu_{1r} & 1 & & & & & & \\
& & & 1 & & & & & \\
& & & & 1 & & & & \\
& & & & & 1 & & & \\
& & & & & & 1 & & \\
& & & & & & & 1 & \\
& & & & & & & & 1
\end{pmatrix}
$$

$$PE_{1i} = \frac{1}{9} \begin{pmatrix} 1 & -i\lambda_{1i} & -i\mu_{1i} & & & & & & \\ i\lambda_{1i} & 1 & -i\nu_{1i} & & & & & & \\ i\mu_{1i} & i\nu_{1i} & 1 & & & & & & \\ & & & 1 & & & & & \\ & & & & 1 & & & & \\ & & & & & 1 & & & \\ & & & & & & 1 & & \\ & & & & & & & 1 & \\ & & & & & & & & 1 \end{pmatrix} \quad (8B.12)$$

注意在上面列出的缔合矩阵中, 除了 Σ_{11}、Σ_{22}、Σ_{33} 外, 还有 $\Sigma'_{11}, \cdots$. 这是考虑到态函数的初始位相而引起的. 前者的态函数为 $|0\rangle$, $|1\rangle$, $|2\rangle$, 初位相为零. 而后者的态函数为 $e^{i\theta_0}|0\rangle$, $e^{i(\theta_1-\varphi)}|1\rangle$, $e^{i(\theta_2-2\varphi)}|2\rangle$, 初位相分别为 θ_0, $\theta_1 - \varphi$, $\theta_2 - 2\varphi$.

为参考方便起见, 在 (8B.12) 式中列出正文中提到的 PE_{1r}、PE_{1i}, 其余 PE_{2r}、PE_{2i}; PE_{3r}、PE_{3i} 类似.

附录 8C　对角方块矩阵 D_{1r} 的特征值

对角方块矩阵 D_{1r} 的解可表示为

$$D_{1r} - D_{1r}\frac{1}{3}(S_1 + S_2 + S_3) = A_{1r}\Sigma_{11} + B_{1r}\Sigma'_{11} + C_{1r}\Sigma''_{11} \quad (8C.1)$$

下面为了方便, 略去下标 "1r". 特征值为 λ. 于是 (8C.1) 式的左边为

$$\left| D - \frac{\lambda}{3}(S_1 + S_2 + S_3) \right| = \begin{pmatrix} 1-\lambda & \alpha & \beta \\ \alpha & 1-\lambda & \gamma \\ \beta & \gamma & 1-\lambda \end{pmatrix}$$

$$= (1-\lambda)^3 - (\alpha^2 + \beta^2 + \gamma^2)(1-\lambda) + 2\alpha\beta\gamma = 0 \quad (8C.2)$$

(8C.2) 式的判别式为 $\Delta = -4(-(\alpha^2 + \beta^2 + \gamma^2))^3 - 27(2\alpha\beta\gamma)^2 = 108(A^6 - G^6) \geqslant 0$. 式中, $A = \frac{1}{\sqrt{3}}(\alpha^2 + \beta^2 + \gamma^2)^{1/2}$, $G = (\alpha^2\beta^2\gamma^2)^{1/6}$, 故 $(1-\lambda)$ 有三个实根,

$$1-\lambda = \frac{2}{\sqrt{3}}\rho\cos u, \quad \frac{2}{\sqrt{3}}\rho\cos\left(u + \frac{2\pi}{3}\right), \quad \frac{2}{\sqrt{3}}\rho\cos\left(u + \frac{4\pi}{3}\right)$$

$$\rho = \sqrt{\alpha^2 + \beta^2 + \gamma^2}, \quad (\alpha, \beta, \gamma) = (\rho\cos\theta, \rho\sin\theta\cos\varphi, \rho\sin\theta\sin\varphi)$$

$$\cos(3u) = -\alpha\beta\gamma \left(\frac{\alpha^2 + \beta^2 + \gamma^2}{3} \right)^{-3/2} = -\mathrm{sgn}(\alpha\beta\gamma) \left(\frac{G}{A} \right)^3$$
$$= -\mathrm{sgn}(\alpha\beta\gamma) 3\sqrt{3} \cos\varphi \sin\varphi \cos\theta (1 - \cos^2\theta) \qquad (8\mathrm{C}.3)$$

(8C.3) 式有解的条件为下式必须满足 (参见 (8.8.40) 式, $a = \sqrt{1 - \alpha - \lambda} \geqslant 0$, 亦即 $1 - \lambda \geqslant \alpha$, 同样 $1 - \lambda \geqslant \beta$, $1 - \lambda \geqslant \gamma$):

$$1 - \lambda = \frac{2}{\sqrt{3}} \rho \cos u \geqslant \rho\cos\theta, \quad \rho\sin\theta\cos\varphi, \quad \rho\sin\theta\sin\varphi \qquad (8\mathrm{C}.4)$$

对于 $\mathrm{sgn}(\alpha\beta\gamma) = 1$ 的情形, 可将 (8C.3) 式写为

$$\xi = \frac{1-\lambda}{\rho} = \frac{2}{\sqrt{3}} \cos u, \quad \eta = \cos\theta, \quad E = 2\sin\varphi\cos\varphi \leqslant 1$$

$$\xi^3 - \xi = \frac{2}{\sqrt{3}} \frac{4\cos u^3 - 3\cos u}{3} = \frac{2}{3\sqrt{3}} \cos(3u) = -E\eta(1 - \eta^2) \qquad (8\mathrm{C}.5)$$

若 $\xi = \dfrac{1-\lambda}{\rho} = \dfrac{2}{\sqrt{3}} \cos u \leqslant \cos\theta, \ \sin\theta\cos\varphi, \ \sin\theta\sin\varphi$ 则 (8.8.40) 式可写为

$$\frac{\sqrt{\alpha - (1-\lambda)}}{\sin\left(\dfrac{\theta_0 - \theta_1 + \varphi}{2} \right)} = \frac{\sqrt{\beta - (1-\lambda)}}{\sin\left(\dfrac{\theta_2 - \theta_0 + \varphi}{2} \right)} = \frac{\sqrt{\gamma - (1-\lambda)}}{\sin\left(\dfrac{\theta_1 - \theta_2 + \varphi}{2} \right)} = 2R$$

$$\alpha - (1-\lambda) \geqslant 0, \quad \beta - (1-\lambda) \geqslant 0, \quad \alpha - (1-\gamma) \geqslant 0 \qquad (8\mathrm{C}.6)$$

则问题也就解决了. 如果不是这样, 那么上面不等式中, 至少有一个是不满足的. 不失去一般性, 我们设 $\alpha - (1 - \lambda) \leqslant 0$, 亦即 $\eta = \cos\theta = r\xi$, $r \leqslant 1$. (8C.5) 式的解可写为 $\xi = \dfrac{1-\lambda}{\rho} = \sqrt{\dfrac{1 - Er}{1 - -Er^3}}$, 于是 (8C.4) 式取形式

$$\frac{1-\lambda}{\rho} - \cos\theta = \xi - \eta = (1 - r)\xi \geqslant 0$$

$$\frac{(1-\lambda)^2}{\rho^2} - (\sin\theta\cos\varphi)^2$$
$$= \xi^2 - (1 - \eta^2)\frac{1 + \cos(2\varphi)}{2}$$
$$= \frac{1 - Er}{1 - Er^3} - \left(1 - r\frac{1 - Er}{1 - Er^3} \right)\frac{1 + \sqrt{1 - E^2}}{2} = \frac{2(1 - Er) - (1 - r^2)(1 + \sqrt{1 - E^2})}{2(1 - Er^3)}$$
$$= \frac{1 + r^2 - 2Er - (1 - r^2)\sqrt{1 - E^2}}{2(1 - Er^3)} = \frac{1 - \cos(2\varphi) + r^2(1 + \cos(2\varphi) - 2r\sin(2\varphi)}{2(1 - Er^3)}$$
$$= \frac{\sin^2\varphi + r^2\cos^2\varphi - 2r\sin\varphi\cos\varphi}{1 - Er^3} = \frac{(\sin\varphi - r\cos\varphi)^2}{1 - Er^3} \geqslant 0 \qquad (8\mathrm{C}.7)$$

类似地可证

$$\frac{(1-\lambda)^2}{\rho^2} - (\sin\theta\sin\varphi)^2 = \frac{(\cos\varphi - r\sin\varphi)^2}{1 - Er^3} \geqslant 0 \tag{8C8}$$

由 (8C.7)、(8C.8) 不等式 (8C.4) 得以证明.

参 考 文 献

[1] Heisenberg W. The Physical Principles of the Quantum Theory. Chicago: University of Chicago Press, 1930.

[2] Hollenhust H N. Quantum limits on resonant-mass gravitational-radiation detectors. Phys. Rev. D, 1979, 19(6): 1669–1679.

[3] Yuen H P. Two-photon coherent states of the radiation field. Phys. Rev. A, 1976, 13(6): 2226–2243.

[4] Walls D F. Squeezed states of light. Nature, 1983, 306: 141–146.

[5] Wu L A, Kimble H J, Hall J L, et al. Generation of squeezed states by parametric down conversion. Phys. Rev. Lett., 1986, 57(20): 2520–2523.

[6] Slusher R E, Hollberg L W, Yurke B, et al. Observation of squeezed states generated by four-wave mixing in an optical cavity. Phys. Rev. Lett., 1985, 55(22): 2409–2412.

[7] Milburn G, Walls D F. Production of squeezed states in a degenerate parametric amplifier. Opt. Commu., 1981, 39(6): 401–404.

[8] Kumar P, Shapiro J H. Squeezed-State generation via forward degenerate four-wave mixing. Phys. Rev. A, 1984, 30(3): 1568–1571.

[9] Wolinsky M, Carmichael H J. Squeezing in the degenerate parametric oscillator. Opt. Commu., 1985, 55(2): 138–142.

[10] Bondurant R S, Kumar P, Shapiro J H, et al. Degenerate four-wave mixing as a possible source of squeezed-state light. Phys. Rev. A, 1984, 30(1): 343–353.

[11] 谭维翰, 李宇舫, 张卫平. 具有零或负扩散系数的 Fokker-Planck 方程的形式解及其在量子光学中的应用. 物理学报, 1988, 37(3): 396–407.

[12] Tan W H, Li Y F, Zhang W P. The solution of the Fokker-Planck equation with zero or negative diffusion coefficients in Quantum Optics. Opt. Commu., 1987, 64(2): 195–199.

[13] Drummond P D, Gardiner C W. Generalised P-representations in quantum optics. J. Phys. A: Math. Gen., 1980, 13(7): 2353–2368.

[14] Wall D F, Milburn G J. Quantum Optics. 2nd ed. New York: Springer-Verlag, 1994: 100–177.

[15] Drummond P D, Gardiner C W. Generalised P-representations in quantum optics. J. Phys. A: Math. Gen., 1980, 13(7): 2353–2368.

[16] 谭维翰. 量子与非线性光学. 第二版. 北京: 科学出版社, 2000: 374–375.

[17] Shen Y R. The Principles of Nonlinear Optics. New York: John Wiley & Sons Inc., 1984: 127–128.

[18] Gardiner C W. Handbook of Stochastic Methods. New York: Springer-Verlag, 1983: 75–76.

[19] Smith R G, Geusic J E, Levinstein H J, et al. Low-threshold optical parametric oscillator using $Ba_2NaNb_5O_{15}$. J. Appl. Phys., 1968, 39(8): 4030–4032.

[20] Giordmaine J A, Miller R C. Optical parametric oscillation in the visible spectrum. Appl. Phys. Lett., 1966, 9(8): 298–300.

[21] Bjorkholm J E. Some spectral properties of doubly and singly resonant pulsed optical parametric oscillators. Appl. Phys. Lett., 1968, 13(12): 399–401.

[22] Bjorkholm J E. Efficient optical parametric oscillator using doubly and singly resonant cavities. Appl. Phys. Lett., 1968, 13(2): 53–56.

[23] Kreuzer L B. Single mode oscillation of a pulsed singly resonant optical parametric oscillation. Appl. Phys. Lett., 1969, 15(8): 263–265.

[24] Smith R G. Effects of momentum mismatch on parametric gain. J. Appl. Phys., 1970, 41(10): 4121–4124.

[25] Einstein A, Podolsky B, Rosen N. Can quantum-mechanical description of physical reality be considered complete? Phys. Rev., 1935, 47(10): 777–780.

[26] Bell. J. Speakable and Unspeakable in Quantum Mechanics. London: Cambridge University, 1987.

[27] Bell J. On the problem of hidden variables in quantum mechanics. Rev. Mod. Phys., 1996, 38(3): 447–452.

[28] Aspect A, Grangier P, Roger G. Experimental tests of realistic local theories via Bell's theorem. Phys. Rev. Lett., 1981, 47(7): 460–463.

[29] Aspect A, Grangier P, Roger G. Experimental test of Bell's inequalities using time-varying analyzers. Phys. Rev. Lett., 1982, 49(25): 1804–1807.

[30] Ekert A K. Quantum cryptography based on Bell's theorem. Phys. Rev. Lett., 1991, 67(6): 661–663.

[31] Divincenzo D P. Quantum computation. Science, 1995, 270(5234): 255–261.

[32] Levenson J A, Abram I, Rivera T, et al. Quantum optical cloning amplifier. Phys. Rev. Lett., 1993, 70(3): 267–270.

[33] Barnett C H, Brassard G, Crepeau C, et al. Teleporting an unknown quantum state via dual classical and Einstein-Podolsky-Rosen channels. Phys. Rev. Lett., 1993, 70(13): 1895–1899.

[34] Bouwmeester D, Pan J W, Mattle K, et al. Experimental quantum teleportation. Nature, 1997, 390(12): 575–579.

[35] Barenco A, Ekert A K. Dense coding based on quantum entanglement. J. Mod. Opt., 1995, 42(6): 1253–1259.

[36] Shimizu K, Imoto N, Mukai T.Dense coding in photonic quantum communication with enhanced information capacity. Phys. Rev. A, 1999, 59(2): 1092–1097.

[37] Pan J W, Bouwmeaster D, Weinfurter H. A zeilinger experimental entanglement swapping: entangling photons that never interacted. Phys. Rev. Lett., 1998, 80(18): 3891–3894.

[38] Bouwmeaster D, Pan J W, Daniell M, et al. Observation of three-photon greenberger-horne-zeilinger entanglement. Phys. Rev. Lett., 1999, 82(7): 1345–1349.

[39] Pan J W, Daniell M, Gasparoni S, et al. Experimental demonstration of four-photon entanglement and high-fidelity teleportation. Phys. Rev. Lett., 2001, 86(20): 4435–4439.

[40] Furasawa A, Sorensen J L, Brawnstein S L, et al. Unconditional quantum teleportation. Science, 1998, 282(5389): 706–709.

[41] Tapster P R, Rarity J G, Satchell S. Use of parametric down-conversion to generate sub-Poissonian light. Phys. Rev. A, 1988, 37(8): 1963–1965.

[42] Shih Y H, Alley C O. New type of Einstein-Podolsky-Rosen-Bohm experiment using pairs of light quanta produced by optical parametric down conversion. Phys. Rev. Lett., 1988, 61(26): 2921–2924.

[43] Armstrong J A, Bloembergen N, Ducuing J, et al. Interactions between light waves in nonlinear dielectric. Phys. Rev., 1962, 127(6): 1918–1939.

[44] Kwiat P G, Waks E, White A G, et al. Ultrabright source of polarization-entangled photons. Phys. Rev. A, 1999, 60(2): R773–R776.

[45] Kwiat P G, Mattle K, Weinfurter H, et al. New high-intensity source of polarization-entangled photon pairs. Phys. Rev. Lett., 1995, 75(24): 4337–4341.

[46] Fejer M M, Magel G A, Jundt D H, et al. Quasi-phase-matched second harmonic generation: tuning and tolerances. IEEE J. Quantum Electron, 1992, 28(11): 2631–2654.

[47] Bencheikh K, Huntziger E, Levenson J A. Quantum noise reduction in quasi-phase-matched optical parametric amplification. J. Opt. Soc. Am. B, 1995, 12(5): 847–852.

[48] Noirie L, Vidakovic P, Levenson J A. Squeezing due to cascaded second- order nonlinearities in quasi-phase-matched media. J. Opt. Soc. Am. B, 1997, 14(1): 1–10.

[49] Li Y M, Wu Y R, Zhang K S, et al. Influence of the randomly varying domain length of quasi-phase-matched crystals on quadrature squeezing performance. Chin. Phys., 2002, 11(8): 790–794.

[50] Chickarmane V S, Agarwal G S. Squeezing in down-conversion in a quasi-phase-matched medium. Opt. Lett., 1998, 23(14): 1132–1134.

[51] Longhi S, Marano M, Laporta P. Dispersive properties of quasi-phase-matched optical parametric amplifiers. Phys. Rev. A, 2002, 66(3): 033803(1)–033803(10).

[52] Zhu S N, Zhu Y Y, Ming N, B. Quasi-phase-matched third-harmonic generation in a quasi-periodic optical super-lattice. Science, 1997, 278(5339): 843–846.

[53] 赵超樱, 谭维翰, 郭奇志. 由非简并光学参量放大系统获得压缩态光所满足的 Fokker-Planck 方程及其解. 物理学报, 2003, 52(11): 2694–2699.

[54] 赵超樱, 谭维翰. 位相不匹配情形 Fokker-Planck 方程的解及其在准位相匹配参量放大中的应用. 物理学报, 2005, 54(6): 2723–2730.

[55] Zhao C Y, Tan W H. The quantum travelling–wave analysis of a quasi-phase-matched parameric amplifier. J. Mod. Opt., 2006, 53(8): 1069–1081.

[56] 赵超樱, 谭维翰. 含时的线性驱动简并参量放大系统的量子起伏. 物理学, 2005, 54(10): 4526–4531.

[57] 赵超樱, 谭维翰. 非线性简并光学参量放大系统的量子起伏. 光学学报, 2005, 25(8): 1136–1142.

[58] 赵超樱, 谭维翰. 在非简并参量放大系统中 EPR 佯谬的最佳实现. 物理学报, 2006, 55(1): 19–23.

[59] Zhao C Y, Tan W H. Influence of pump depletion of non-degenerate optical parametric amplification on the optimum realization of EPR paradox, 2005 年国际量子光学研讨会.

[60] Gardiner C W, Collett M J. Input and output in damped quantum systems: quantum stochastic differential equations and the master equation. Phys. Rev. A, 1985, 31(6): 3761–3774.

[61] Collett M J, Walls D F. Squeezing spectra for nonlinear optical systems. Phys. Rev. A, 1985, 32(5): 2887–2892.

[62] Kinsler P, Drummond P D. Quantum dynamics of the parametric oscillator. Phys. Rev. A, 1991, 43(11): 6194–6208.

[63] Kinsler P, Drummond P D. Critical fluctuations in the quantum parametric oscillator. Phys. Rev. A, 1995, 52(1): 783–790.

[64] Plimak L I, Walls D F. Dynamical restrictions to squeezing in a degenerate optical parametric oscillator. Phys. Rev. A, 1994, 50(3): 2627–2641.

[65] Chaturvedi S, Dechoum K, Drummond P D. Limits to squeezing in the degenerate optical parametric oscillator. Phys. Rev. A, 2002, 65(3): 033805-1-033805-15.

[66] Drummond P D, Dechoum K, Chaturvedi S. Critical quantum fluctuations in the degenerate parametric oscillator. Phys. Rev. A, 2002, 65(3): 033806-1-033806-8.

[67] Reid M D, Drummond P D. Quantum correlations of phase in non-degenerate parametric oscillation. Phys. Rev. Lett., 1988, 60(26): 2731–2733.

[68] Reid M D. Demonstration of the Einstein-Podolsky-Rosen paradox using non-degenerate parametric amplification. Phys. Rev. A, 1989, 40(2): 913–923.

[69] Ou Z Y, Pereira S F, Kimble H J. Realization of the Einstein-Podolsky-Rosen Paradox for continuous variables in non-degenerate parametric amplification. Appl. Phys. B, 1992, 55(3): 265–278.

[70] Drummond P D, Reid M D. Correlations in non-degenerate parametric oscillation. II. Below threshold results. Phys. Rev. A, 1990, 41(7): 3930–3949.

[71] Ou Z Y, Pereira S F, Kimble H J, et al. Realization of the Einstein-Podolsky-Rosen for continuous variables. Phys. Rev. Lett., 1992, 68(25): 3663–3666.

[72] 李小英, 荆杰泰, 张靖, 等. 由 NOPA 产生高质量明亮压缩光及明亮 EPR 光束. 物理学报, 2002, 51(5): 966–972.

[73] Zhang Y, Wang H, Li X Y, et al. Experimental generation of bright two-mode quadrature squeezed light from a narrow-band non-degenerate optical parametric amplifier. Phys. Rev. A, 2000, 62(2): 023813(1)–023813(4).

[74] Boyd R W. Nonlinear Optics. New York: Academic, 1992, 70–71.

[75] Bohm D. A suggested interpretation of the quantum theory in terms of "Hidden" variables. I. Phys. Rev., 1952, 82(2): 166–179.

[76] Bohm D. A suggested interpretation of the quantum theory in terms of "Hidden" variables. II. Phys. Rev., 1952, 85(2): 180–193.

[77] Silberhorn C, Lam P K, Weiß O, et al. Generation of continuous variable Einstein-Podolsky-Rosen entanglement via the Kerr nonlinearity in an optical fiber. Phys. Rev. Lett., 2001, 86(19): 4267–4270.

[78] Zhang Y, Su H, Xie C D, et al. Quantum variances and squeezing of output field from NOPA. Phys. Lett. A, 1999, 259(8): 171–177.

[79] Li X Y, Pan Q, Jing J T, et al. Quantum dense coding exploiting a bright Einstein-Podolsky-Rosen beam. Phys. Rev. Lett., 2002, 88(4): 047904-1-047904-4.

[80] Reid M D, Drummond P D. Correlations in nondegenerate parametric oscillation: squeezing in the presence of phase diffusion. Phys. Rev. A, 1989, 40(8): 4493–4506.

[81] Zhao C Y, Tan W H. Quantum fluctuation of nonlinear degenerate optical parametric amplification. J. Mod. Opt., 2006, 53(14): 1965–1976.

[82] Zhao C Y, Tan W H. Optimum realization of EPR paradox in the non-degenerate parametric amplification system. J. Mod. Opt., 2007, 54(1): 97–105.

[83] Zhao C Y, Tan W H. Quantum fluctuations in the time depent linearly driven degenerate parametric amplifier. J. Opt. Soc. Am. B, 2006, 23(10): 2174–2179.

[84] Zhao C Y, Tan W H. The solution of the time-dependent Fokker-Planck equation of non-degenerate optical parametric amplification and its application to the optimum realization of EPR paradox. Chinese Physics., 2007, 16(3): 0644–0649.

[85] Zhao C Y, Tan W H. Einstein-Podolsky-Rosen entanglement in time-dependent periodic pumping non-degenerate optical parametric amplification. Chinese Physics., 2009, 18(10): 1674–1600.

[86] Zhao C Y, Tan W H. The prapagation characteristic of the EPR entanglement for a composite non-degenerate optical parametric amplification system. Chinese Physics., 2010, 19(3): 030312.

[87] 赵超樱, 谭维翰. 色散效应对光学参量放大器量子伏特性的影响. 物理学报, 2010, 59(4): 2498–07.

[88] Zhao C Y, Tan W H. The prapagation characteristic of the EPR entanglement for a composite non-degenerate optical parametric amplification system. Chinese Physics., 2011, 20(1): 010305.

[89] Zhao C Y, Tan W H. The high squeezing and entanglement in regular loss modulated optical parametric amplifier. Chinese Physics., 2010, 19(11): 110312.

[90] Zhao C Y, Tan W H, Xu J R, et al. Multipartite continuous-variable entanglement in nondegenerate optical parametric amplification system. J. Opt. Soc. Am. B, 2011, 28(5): 1067.

[91] Peres A. Separability critrion for density matrix. Phys. Rev. Lett., 1996, 77: 1413.

[92] Horodecki M, Horodecki P, Horodecki R. Separability of mixed states: necesary and sufficient conditions. Phys. Letters A, 1996, 223: 1.

[93] Horodecki P. Separability criterion and inseparable mixed states with positive partial transposition. Phys. Letters A, 1997, 232: 333.

[94] Werner R F. Quantum states with Einstein-Podolsky-Rosen correlations admitting a hidden variable model. Phys. Rev. A, 1989, 40: 4277.

[95] Gisin N. Hidden quantum nonlocality revealed by local filters. Phys. Lett. A, 1996, 210: 151.

[96] Bennet C H, Bernstain H J, Popescu S, et al. Phys. Rev. A, 1996, 53: 2046.

[97] Wen J M, Oh E, Du S. Tripartite entanglement generation via four-wave mixings: narrowband triphoton W state. J. Opt. Soc. Am. B, 2010, 27, No.6/June,A11.

[98] Wen J M, Rubin M H. Distinction of tripartite Greenberger-Horne-Zeilinger and W states entangled in time (or energy) and space. Phys. Rev. A, 2009, 79: 025802.

[99] Guo Q Z, Zhao C Y, Tan W H. Multipartite entanglement generation via ultra-short pulse. J. Opt. Soc. Am. B, 2011, 28(9): 2240.

《现代物理基础丛书·典藏版》书目